铝用炭素材料制造技术与产业研究

Manufacturing Technology and Industry Research of Modern Carbon Materials Used for Aluminium Smelting

◎ 姜玉敬　沈建林　著

北　京
冶 金 工 业 出 版 社
2021

内 容 提 要

本书共分 9 章，主要内容包括铝用炭素材料产业发展绪论、基础知识、铝电解用炭素制品的原料和物理化学性能、现代铝用预焙炭阳极制造技术、现代铝用炭阴极制造技术、生产技术管理与检测技术、铝用炭素材料生产过程中的环境保护技术、铝用炭素工业安全生产与管理、铝电解用炭素行业生产技术的进展与可持续发展。

本书可供从事铝用炭素生产的企业技术人员、管理人员以及科研院所研究人员阅读，也可供高等院校师生参考。

图书在版编目(CIP)数据

现代铝用炭素材料制造技术与产业研究/姜玉敬，沈建林著．—北京：冶金工业出版社，2020.3（2021.1 重印）

ISBN 978-7-5024-8353-1

Ⅰ.①现… Ⅱ.①姜… ②沈… Ⅲ.①炼铝—炭素材料—制造 Ⅳ.①TF821.02

中国版本图书馆 CIP 数据核字（2019）第 294943 号

出 版 人 苏长永

地 址 北京市东城区嵩祝院北巷 39 号 邮编 100009 电话 (010)64027926

网 址 www.cnmip.com.cn 电子信箱 yjcbs@cnmip.com.cn

责任编辑 姜晓辉 美术编辑 吕欣童 版式设计 孙跃红

责任校对 王永欣 责任印制 李玉山

ISBN 978-7-5024-8353-1

冶金工业出版社出版发行；各地新华书店经销；北京虎彩文化传播有限公司印刷

2020 年 3 月第 1 版，2021 年 1 月第 2 次印刷

169mm×239mm；28 印张；556 千字；435 页

118.00 元

冶金工业出版社 投稿电话 (010)64027932 投稿信箱 tougao@cnmip.com.cn

冶金工业出版社营销中心 电话 (010)64044283 传真 (010)64027893

冶金工业出版社天猫旗舰店 yjgycbs.tmall.com

（本书如有印装质量问题，本社营销中心负责退换）

前 言

铝电解用炭素材料是铝冶炼生产中不可或缺的重要材料，在采用电解法冶炼铝的过程中，炭阳极俗称铝电解生产过程中的“心脏”，炭阴极被称为铝电解生产过程中的“肾脏”，可见铝电解用炭素材料对铝冶炼生产的重要性。

我国铝用炭素产业是随着我国铝电解工业的发展和世界科技的进步而发展起来的，无论是在生产规模、生产工艺技术、装备水平、环境治理，还是在劳动生产率、产品质量、能耗指标等方面，都取得了巨大进步。新技术的到来，特别是信息技术、5G 通信技术、人工智能技术的发展，为铝用炭素产业发展提出了新的挑战。

我国原铝产量已连续 19 年雄踞世界第一位，我国铝电解用炭素产品产量也是连续 19 年位列世界第一，且已成为世界上最大的铝电解用炭素产品出口国。然而，目前国内外专门全面系统地介绍铝电解用炭素制造技术的著作较少。为满足我国铝电解用炭素产业高质量发展的需要，全面提高我国铝电解用炭素产业整体水平，全面系统地总结我国铝电解用炭素制造技术，面向未来，提升行业竞争力，为满足广大科研人员、工程设计人员、生产管理人员、高校师生、生产技术和岗位操作人员以及产业研究和咨询人员的参考、学习、培训的需要，作者根据长期的工作积累，结合自己 2010 年出版的《铝电解用炭素材料技术与工艺》一书，并参考了有关文献撰写了本书，以享广大的同仁。

作者在撰写过程中得到了中商碳素研究院、山东华鹏精机股份有限公司、北方工业大学的大力支持，杜海燕、王毅、铁军、郑艳珍、赵青、沈建华、陈晓楠、姜海漪等同志为此付出了辛勤劳动，在此表示衷心感谢！

由于作者水平所限，书中疏漏和不足之处，敬请读者批评指正。

作 者

2019 年 10 月于北京

目　录

1 绪　论

炭素材料是国民经济建设和发展不可或缺的基础材料。近年来，我国炭素材料的生产工艺、装备及自动化水平均取得大幅度提升，已发展为世界炭素材料第一生产大国。

在我国的炭素材料生产体系中，铝用炭素材料生产量约占炭素材料生产总量的65%，铝用炭素材料主要包括炭阳极、炭阴极、阴极糊和炭砖等。目前，我国电解铝工业已100%的采用了现代大型预焙铝电解槽生产工艺，普遍采用预焙阳极和石墨化阴极或半石墨质阴极。预焙炭阳极被俗称为铝电解过程中的“心脏”，既是铝电解槽导电的电极，又参与铝电解的电化学反应，其在铝电解槽上起着至关重要的作用；炭阴极俗称铝电解生产过程中的“肾脏”，不仅起到导电的作用，而且起到维护铝电解过程中的电、热平衡和防止高温铝液、电解质的渗透等作用，是铝电解槽上不可或缺的重要组成之一。因此，预焙炭阳极和炭阴极的质量好坏直接影响着铝电解槽的正常生产，对铝电解槽电流效率、电能消耗、阳极消耗、铝液纯度、电解槽的使用寿命等铝电解生产技术经济指标有着很大的影响。

21世纪全球社会面临的巨大挑战中除了要应对全球变暖带来的威胁，还要为人类未来经济活动方式开创一条可持续发展之路，铝是国民经济发展的重要的基础原材料之一，更是国家战略储备物资，正在并将进一步在为人类经济活动的可持续发展方案中扮演着不可或缺的重要角色。

到2018年，铝工业化生产及应用已有130年历史；截至2018年底，全球累计原铝产量约14.06亿吨，中国累计原铝产量约3.49亿吨，占全球累计原铝产量的24.8%；中国已连续18年雄居世界各国铝产量第一大国，2018年中国原铝产量占世界当年铝总产量的56.24%；今后相当长历史时期内，中国铝产量列世界各国之首已成定局。

被俗称铝冶炼“心脏”的预焙炭阳极和“肾脏”的炭阴极是铝冶炼生产必需且没有其他材料可以取代的铝用炭素材料，经过我国几代人坚持不懈的努力，到2018年年底，预焙炭阳极已达到年总产能3047万吨、铝用炭阴极年总产能达到66.4万吨的规模，是世界名副其实的铝用炭素材料第一生产大国，而且也是世界上最大的预焙阳极出口供应国，每年出口量在120万吨左右。到2018年年底，中国向其他国家累计出口铝用炭素材料约1462万吨。其中，预焙阳极1362

万吨，炭阴极和阴极糊等约100万吨，为世界铝工业的发展做出了重要贡献。

中国铝用炭素行业围绕着国民经济发展的主战场，统筹规划，科学发展，勇于担当，以“报效国家、造福人类”为己任，经全行业的努力奋斗，中国铝用炭素行业不仅满足了国家基础原材料的铝工业快速发展的需要，而且已成为全球铝用炭素最大生产国和最大出口供应国；与此同时，全行业全力打造“社会和谐、环境友好型”的绿色产业发展道路，已涌现出一批在世界上具有一流竞争力、享誉世界的著名企业，使全行业在发展质量上实现了质的飞跃，在中华人民共和国的史册上谱写了新的篇章。

1.1 中国铝用炭素工业发展简史

中国铝用炭素工业的发展历史是一个不平凡的艰苦奋斗的历史，从无到有、从有到齐全、从齐全到现代化、从现代化到高质量的可持续发展。

中国铝用炭素材料工业是伴随着中国铝工业的发展而发展的，大体上可分为4个发展阶段：

第一阶段：从无到有阶段（1949~1957年）。

新中国成立前，我国没有自己的铝用炭素工业。新中国成立初期，我国的铝用炭素工业还是一片空白。

中华人民共和国成立初期，抚顺铝厂被列为苏联援建的156项国家重点工程。抚顺铝厂阳极糊车间就是按照苏联设计，与电解铝厂配套建设的。工艺流程及设备基本上属于苏联20世纪40年代末期技术水平。所采用原料为抚顺石油焦和鞍钢生产的软化点为65~75℃（水银法）的中温沥青作粘结剂。当时的建设原则是尽量利用旧有设施，仅用一年多时间建成并具备年产20000t阳极糊的生产能力。在苏联专家指导下，顺利投入了生产，满足了电解铝生产建设的需要。以后经过数次改造扩建，生产能力达到年产60000t阳极糊水平并能制造一部分预焙阳极块。

吉林炭素厂也是由苏联援建的156项重点建设项目之一，为配合抚顺铝厂生产以制造阴极炭块和铝电解槽侧部炭砖为主，同时生产钢铁冶金和化工所需要的石墨电极和化学阳极。1955年建成投产以后，抚顺铝厂生产所需要的电解槽炭素内衬材料改为国内供应，不再从苏联进口。随着国家工业发展，吉林炭素厂几经改造和扩建已经发展成为黑色冶金服务的以生产石墨电极和高炉炭块为主的大型炭素厂。

抚顺铝厂阳极糊车间和吉林炭素厂的相继建成，为我国铝用炭素材料生产奠定了基础。

第二阶段：从有到不断研究提高阶段（1957~1987年）。

1958年以后，我国已经能够依靠自己的力量自行设计和建设炭素厂。继抚顺铝厂之后，先后建成投产的7个重点铝厂中有6个厂附有炭素车间，某些工厂技术制备以及工艺流程都超过了20世纪50年代初期同类工厂的设计水平。

我国铝用炭素厂（车间）从无到有，从简易生产发展到较机械化装备，满足了国内电解铝生产建设的需要，培养造就了一大批专业技术人才和骨干力量。在生产技术上，尽管我们克服了许多困难自行设计研制了一批新的装备，改进了操作技术，但整个技术水平还是比较低的。为了适应铝工业生产建设的发展，自主设计和建设了一系列相应的铝用阳极糊厂（车间）和独立的专业铝用阴极炭素厂。

发展的基本情况如下：

山东铝厂电解铝厂阳极糊车间、包头铝厂阳极糊车间及合肥铝厂阳极糊车间，都是为了与电解铝厂配套，按照定型设计建设的，装备水平与抚顺铝厂相似，1957~1966年相继投产，基本上满足本厂电解铝生产的需要。

郑州铝厂炭素分厂是1964年建成的，主要生产预焙阳极块，满足郑州铝厂年产30000t铝电解的需要。此外，还生产阳极糊，供应地方铝厂。预焙阳极块生产采用2500t水压机挤压成型，用环式焙烧炉焙烧。

贵州铝厂第一电解铝厂阳极糊车间是为1966年9月建成年产32000t铝锭上插槽系列配套建设的，采用了ϕ1.6m×36m的回转窑煅烧石油焦和我国自己设计的连续混捏机等设备，采用软化点为80~85℃的沥青为粘结剂，大颗粒焦炭配方，制作成小块糊供电解铝车间使用。

青铜峡铝厂阳极糊车间是70年代初期建成的，采用（ϕ1.6mm~1.9m）×36m变径回转窑煅烧石油焦，间断混捏机混捏等进行生产。

连城铝厂阳极糊车间是1974年建成投产的，采用风动对辊磨粉机和新型的四层阶梯筛，并以电动称量车配料。采用带转动装载小车的皮带运输机，将固体沥青直接从原料仓加入沥青熔化槽，装备水平比先前建设的生产线有较大提高。

介休炭素厂是20世纪80年代建设的专门生产铝电解槽用阴极炭块和侧部炭块的专业工厂，年产炭素制品40000t，其中阴极炭块17000t。

贵州铝厂第二电解铝厂阳极车间及阴极车间是在改革开放初期专门为引进80000t电解铝工程配套生产炭素建设的。阳极车间年产阳极块50000t，用作160kA预焙铝电解槽的阳极。主要设备有瑞士生产的BUSS连续混捏机、联邦德国生产的KHD振动成型机、法国生产的全套阳极组装技术及装备。阴极车间技术与装备按合同由日本轻金属公司承办，由日本电极公司提供，年产阴极炭块6000t、侧部炭块1000t及各种糊类3000t。

在艰难的岁月里，铝用炭素界的同仁们克服了重重困难，艰苦创业，勇于探索，取得一系列生产技术成就，具体体现在：

（1）降低阳极糊用煅后焦的真密度，提高阳极糊的质量。早在1958年初，抚顺铝厂在生产实践中认识到阳极糊中骨料焦炭和粘结剂（沥青）焦化的炭，二者的氧化速度应尽可能趋于相同，这样阳极在电解槽上就可大量地减少炭渣脱落量，从而降低阳极糊消耗。为此曾在两台铝电解槽上试验将煅后焦真密度从 2.08g/cm^3 降低为 2.00~2.03g/cm^3，结果比较满意，通过生产实践修改了苏联专家原定的工艺流程。

（2）降低阳极糊粘结剂沥青比例。沥青在铝电解槽中受热挥发，散发出的沥青烟气含有 3%~4%苯并芘成分，对人体健康危害很大。1964 年抚顺铝厂在铝电解槽上试用了中温沥青、配比为 28%（原配比为 30%以上）的阳极糊，沥青烟气明显减少。

（3）采用延迟焦代替釜式焦。20 世纪 50 年代，电解铝生产中，阳极糊的原料石油焦系釜式焦，在铝厂中经罐式炉煅烧。随着我国石油工业的发展，釜式焦已逐步被延迟石油焦所代替，但由于延迟焦含挥发分较大，且强度较差，在罐式炉中煅烧有结焦现象，造成操作上的困难。以后采取添加一定比例的沥青焦的办法减少挥发分发展结焦现象。经试验取得了成功，以后在山东、包头、郑州等铝厂的罐式煅烧炉上进行了改造，使设备适应了延迟焦的特性，不仅可百分之百地煅烧单一的延迟焦，而且可以利用延迟焦自身逸出的挥发物代替煤气燃料，节约了大量能源。

（4）用回转窑代替罐式煅烧炉煅烧石油焦。我国第一批铝用炭素厂（车间）煅烧设备是罐式煅烧炉。以后在大庆炼油厂安装了一台（ϕ2.44mm~3.05m）×57m 变径回转窑，采取在原料基地就地利用能源进行延迟焦的煅烧，取得了成功的经验。青铜峡铝厂设计安装了一台（ϕ1.6mm~1.9m）×36m 变径回转窑，目的在于降低窑尾烟气速度，有利水分蒸发。贵州铝厂则在回转窑上增加了“二次风”装置，提高了热效率。

（5）研制振动成型机制作预焙炭阳极。1971~1973 年，贵阳铝镁设计院和吉林炭素厂共同研制了振动成型机，同期抚顺铝厂也研制了一台振动成型机。两个厂都进行了以振动成型方法制作阳极炭块的试验，生产的阳极块在 80kA 预焙槽上做了铝电解生产实验。实践证明，振动成型法制作的预焙阳极块的机械强度、气孔率、电阻率等主要技术指标都符合使用标准，但设备噪声大，自动化水平不高。自贵州铝厂第二电解铝厂引进了联邦德国 KHD 振动成型机并消化应用后，我国在铝用炭阳极成型技术上得到逐步提高和成熟。

（6）大颗粒配方。

1965 年抚顺铝厂研制上插槽用阳极糊，骨料选用的最大尺寸为 10~15mm 粒度。实验证明，大颗粒可以减少干料组分的比表面积，从而降低粘结剂配比，有利于改善阳极在烧结焦化过程中的收缩率。其后，影响侧插槽生产的铝厂，也采用大颗粒配方制作阳极糊，提高了阳极质量。

（7）高温沥青的研制。

20世纪80年代初期为了适应贵州铝厂第二电解铝厂引进的阳极生产技术对沥青的要求，贵阳铝镁设计研究院和水城钢厂共同研制成功高温改质沥青，基本符合所要求的各项技术指标。

（8）阳极炭块焙烧炉的改进。

1973年郑州铝厂根据国外考察资料，将该厂有盖式环式焙烧炉改为敞开式环式炉。几经局部改造试验，于1977年完成了32室环式炉的改造任务，每吨炭块节约重油80kg，降低了成本。1978年由沈阳铝镁设计院设计，在抚顺铝厂建成一台38室敞开式环式焙烧炉，还研制成功一台焙烧炉用多功能天车。

第三阶段：从粗放到逐步向现代化发展的阶段（1987~2000年）。

随着国家改革开放政策的实施和大型现代化铝电解槽的开发与应用，面对我国落后的铝用炭素生产工艺和装备以及环境污染严重等问题，迫使我们必须采用现代化的设备和工艺生产技术生产铝用炭素产品，以满足现代化铝冶炼生产的需要。

青海铝厂是国家“七五”重点工程。青海铝厂炭素分厂于1987年7月建成投产，是我国自行设计建设的第一座现代化的预焙炭阳极制造工厂，是与青海铝厂电解系统160kA大型中间下料预焙槽相匹配的；其预焙阳极组装生产系统，设计年产预焙阳极组装成品63000t。青海铝厂炭素分厂主要包括煅烧、成型、焙烧、烟气净化、组装等生产车间。煅烧车间包括1座11个货位，储存容量为9600t石油焦的原料库、2台ϕ2.4m×20m/ϕ2.2m×25m的大型回转窑、2台ϕ1.8m×18m的冷却窑、2台5t原料抓斗天车。成型车间包括1套联邦德国KHD公司沥青快速熔化（4.5t/h）设备、2台ϕ2100mm×3700mm风扫球磨机、1台联邦德国KHD公司的四轴1300mm×6100mm预热螺旋输送机、1台瑞士BUSS公司的K500KE/9.5D连续混捏机、1台联邦德国KHD公司的转台式三工位振动成型机、1台6.84×10^6kJ/h的热煤锅炉。焙烧车间包括2台54室敞开式环式焙烧炉、3台多功能天车、2台堆垛天车。净化车间引进美国PEC公司的pleno-Ⅳ干法净化全套设备。组装车间包括1套WTJ-6型悬链输送机、2台联邦德国KHD公司的倾斜回转清理机、1台裙边垂直皮带输送机、1台残极压脱机、2台磷铁环压脱机、1台步进式浇铸机、2台500t油压式残极破碎机。基本建成具有现代化的预焙炭阳极制造工厂。

我国280kA大型现代化预焙铝电解槽成套技术的研究成功，是我国铝工业走向世界先进行列的标志，极大地推动了我国铝电解工业迈上世界先进行列的步伐，提升了我国铝电解工业的世界竞争力。为此，我国独立的、专业的民营经济发展起来的大型预焙阳极企业和石墨化或半石墨质阴极企业应运而生，主要在山东平阴一带的铝用炭阳极企业和山西晋中一带的铝用炭阴极企业。

但在向现代化迈进的过程中，由于经济实力、技术水平等原因，铝用炭素产业仍然存在着环境污染、能源浪费、自动化程度等亟待解决的问题。

第四阶段：从现代化到高质量的可持续发展阶段（2000 年至今）。

通过铝用炭素行业几代人坚持不懈的努力，我国铝用炭素行业已成功开发了石油焦煅烧余热发电技术、石油焦煅烧的脱硫脱硝新技术、炭素材料的自动化配料技术、物料平衡的计算机优化与控制技术、成型系统的自动控制技术、新型焙烧炉结构的优化技术、焙烧燃气自动控制技术、全流程的生产工艺技术优化技术、低温余热利用技术、全系统污水零排放技术等，经过工业生产实践证明：全系统污水零排放，排空烟气全部低于国家排放标准，产品质量国际一流（每年出口预焙炭阳极在 120 万吨左右），运营成本最具国际竞争力的水平；通过铝用炭素产业的全面升级与技术创新，我国预焙炭阳极质量处于国际领先水平。正因为如此，使我国电解铝平均吨铝能耗创造了世界最先进水平，2018 年中国电解铝平均吨铝能耗比世界各国平均吨铝能耗低 671kW · h；按照 2018 我国年产 3580 万吨电解铝、电价按照 0.3 元/千瓦时计算，全国电解铝行业比国际平均水平节约电费约 72.06 亿元，主要技术经济指标达到了国际领先水平，使我国铝用炭素行业成为世界同行业最具竞争力的产业，每年为国家创造外汇约 6 亿美元。

我国已连续 18 年成为世界第一大铝用炭素材料生产国，我国铝用炭素生产企业正从现代化向着高质量的可持续发展方向奋进。主要体现在：

（1）我国铝用炭素行业稳健高质量发展，积极开展资源综合利用，变“废”为宝，充分利用炼油行业的渣料——石油焦为原料生产铝电解工业的“心脏”产品预焙炭阳极，铝用预焙阳极产量稳步增长，2018 年我国预焙阳极产量达到 1940.1 万吨，5 年来平均每年以 5.6%的增长速度发展，完全满足了我国铝工业快速发展的需要，铝用预焙阳极产量约占全球总产量的 58.2%，成为世界最大铝用炭素材料生产国。

（2）我国铝用炭素行业实行科技创新，具有一大批骨干企业，采用国际上先进的生产技术，生产出可以满足世界电解铝工业各种容量电解槽炼铝要求的、世界领先水平的预焙阳极；我国一直保持着铝用预焙阳极出口最大国家，出口到世界 16 个国家，每年稳定在出口量为 120 万吨左右。

（3）培育和促进骨干企业带头发展，我们欣喜地看到中国铝用炭素行业第一家成功在主板上市的公司——索通发展股份有限公司；通过培育骨干企业，带动行业科学发展，现在我国铝用炭素行业已有近 20 家企业能够生产世界上要求极为严格的预焙阳极质量要求，使大宗工业产品中的十几种杂质含量控制在 ppm（$ppm=1\times10^{-6}$）级的世界领先水平，呈现出全行业性质的兴旺发展。

（4）行业先后投入巨资对传统产业进行升级改造创新，全力打造“社会和谐、环境友好型”的绿色产业发展道路，诸多骨干企业在全国同行业中率先实现了煅烧余热的综合利用；率先实现石油焦煅烧和阳极焙烧的脱硫脱硝一体化烟气净化，达到了国家行业上的极值排放标准；率先开发应用了世界上最大型节能型罐式煅烧炉和阳极焙烧炉等。坚定不移地生产绿色预焙阳极、节能预焙阳极、技术预焙阳极，成为全球最大的、世界领先的铝用炭素预焙阳极生产国和供应国。

（5）我国铝用炭素行业在中国作为一个新兴行业，在资源综合利用上、技术创新上、投入产出整合和集约化程度的提升上还有很大的发展空间，在全球经济一体化进程的加速和市场激烈竞争加剧的当下，全行业要清醒地认识到行业可持续发展的方向。可持续发展是铝用炭素行业的必然抉择，而且成为衡量铝电解用炭素行业发展质量、发展水平和发展程度的客观标准之一：因为企业的发展早已不是仅仅满足于物质利益的最大化，而是在追求利益最大化的同时，把建设舒适、安全、清洁、优美的环境和人与自然的和谐作为实现企业自身价值的重要目标。面对新的经济形势与新技术日新月异的挑战，铝用炭素制造业的可持续发展问题是未来行业科学发展的关键。

（6）目前，影响铝用炭素行业发展的重要问题是原材料石油焦和沥青的质量日趋变差。为此，我们主张不能以牺牲上游工序的利益而保下游副产品的质量。从总体产业链上看，要面对现实，高度重视，充分研究，采取积极的应对措施；针对粉焦比例高、硫分和钒等有害的微量元素含量升高等，加大科技攻关力度，以较低的成本、高效率地解决除杂问题，同时开发应用粉焦比例高的石油焦。对沥青中的高硫含量和有害微量元素备受关注，如何将沥青中高硫成分去除或降低其含量是解决沥青原料的重要课题，目前尚没有良好的解决办法，需进一步加快研究。

（7）全行业要大力推广应用节能技术并不断开发新技术，我国铝用炭素行业存在着节能的巨大潜力，全行业应加快推广应用成熟的节能技术，并不断研发新技术，包括加大已成熟的煅烧余热发电技术和加热导热油技术的推广应用；煅烧、焙烧的低压烟气余热利用技术的开发，目前煅烧的高压部分的余热利用技术成熟可靠，但煅烧和焙烧的低压部分的余热（不大于 300℃的）还没有广泛开展利用，开发低压部分的综合利用技术是走可持续发展的科学道路。在铝用炭素行业中，低压余热利用的潜力巨大，开发成功不仅对我国的铝用炭素行业有重要意义，对中国的电解铝行业也有着重大的指导意义。

（8）加快新工艺技术与装备的改进速度，我国铝用预焙阳极生产工艺和相关设备需要进一步优化和改进，主要包括炭阳极生产工艺的优化与改进，石油焦煅烧工艺技术的优化等。设备是提高生产效率、产品质量的保证，全行业进一步开发应用自适应的煅烧配套设备、新型高效环保的破碎筛分一体化设备、更高效连续混捏机、大型真空振动成型机、新型结构焙烧炉及其先进的控制系统、先进高效的残极清理设备等是非常必要的。

（9）提高环保意识，自觉加快推广应用成熟环保技术和开发新的环保技术。随着国家对环境保护要求的日日严格和人类文明发展的客观要求，治理污染、减少排放是生产企业应尽的责任。在我国铝用炭素行业生产过程中，目前难以完全控制的污染物是过程中的粉尘、二氧化硫、氮氧化物和沥青烟，需要尽快开发相关的烟气收集和净化的技术、粉尘收集技术等，确保全行业实现“清洁生产、绿色发展”。

（10）面向未来，我国铝用炭素产业走智能化发展之路是必然选择。随着5G通信技术、互联网技术、人工智能技术等的应用，铝用炭素产业将迎来智能化车间、智能工厂和智能制造的革命性变革。

1.2　铝用炭素行业的发展状况

我国铝用炭素工业起步较晚，是随着铝电解工业的发展而发展，其生产技术也是随着铝电解生产技术的不断进步而进步，无论是生产工艺技术、装备水平、环境治理，还是劳动生产率、产品质量、能耗指标等，都有很大的改进提高。

1.2.1　我国铝用预焙炭阳极产业的发展概况

到2018年年底，我国已建成铝用预焙阳极厂家142家，年产能达到3047万吨。其中，电解铝企业配套产能为1276万吨，商用预焙阳极产能为1771万吨。2018年，中国预焙阳极总产量为1940.1万吨，同比产量增长5.5%；其中，商用预焙阳极产量为937.3万吨，电解铝企业配套用预焙阳极产量为1002.8万吨。

1.2.1.1　我国预焙阳极产能及其分布情况

我国电解铝工业的迅猛发展强力拉动了铝用炭素工业的快速发展。从总体上看，我国铝用炭素工业的实际产量不仅完全满足了电解铝工业生产和发展的需求，也保障了世界电解铝工业的发展需求。

我国铝用预焙阳极按区域共有生产企业（含生产基地）142家。其中，商用预焙阳极85家，电解铝配套厂家57家，总产能达到3047万吨/年，平均规模为21.5万吨/年。其中，商用预焙阳极厂家平均规模在16.1万吨/年，电解铝配套预焙阳极平均规模为22.6万吨/年。预焙阳极厂家广泛分布于全国19个省市自治区。百万吨以上的省市有辽宁、内蒙古、山东、广西、河南、甘肃、新疆、青海。其中，山东省产能达到1135万吨/年，占全国总产能的37.25%，河南省、新疆维吾尔自治区产能超过350万吨/年。2018年我国各省市自治区预焙阳极产能分布见表1-1。

表 1-1　2018 年我国预焙阳极产能及分布

序号	省自治区	厂家数	自备产能/万吨	商用产能/万吨	产能合计/万吨	占比/%
1	山西	6	24. 2	52. 3	76. 5	2. 51
2	河北	3	1. 2	56. 5	57. 7	1. 89
3	内蒙古	8	168	50	218	7. 15
4	青海	5	75	15	90	2. 95
5	甘肃	4	94	30	124	4. 07
6	陕西	2	55	0	55	1. 81
7	宁夏	3	63	0	63	2. 07
8	新疆	9	320. 5	35	355. 5	11. 67
9	江苏	3	0	75	75	2. 46
10	福建	1	0	10	10	0. 33
11	山东	39	263	872	1135	37. 25
12	河南	35	74. 25	307. 05	381. 3	12. 51
13	湖北	8	0	85	85	2. 79
14	辽宁	2	45	18	63	2. 07
15	重庆	4	8	19	27	0. 89
16	贵州	3	6	36	42	1. 38
17	四川	2	18	0	18	0. 59
18	云南	2	47	0	47	1. 54
19	广西	3	14	110	124	4. 07
全国		142	1276. 15	1770. 85	3047	100

从表 1-1 看出，我国铝用预焙阳极产能主要分布在山东、河南、新疆、内蒙古、甘肃等主要电解铝大省区，占全国总产能的 68. 26%，同时这些区域临近石油焦产地和能源价格相对较低的地区。

1. 2. 1. 2　2018 年我国的预焙阳极产量及其分布情况

2018 年我国电解铝产量达到 3580. 2 万吨，铝用预焙阳极生产总量达到 1940. 1 万吨，同比增长 5. 5%，同期预焙阳极出口量为 121. 8 万吨，国内消耗 1818. 3 万吨，和当年电解铝工业的生产需求基本一致。预焙阳极产量百万吨以上的省市自治区有山东省、河南省、新疆维吾尔自治区、内蒙古自治区、甘肃，而湖南、四川、广西、河南出现停产或减产现象。2018 年我国预焙阳极产量及分布情况见表 1-2。

表 1-2　2018 年我国预焙阳极产量及分布

序号	省自治区	产量/万吨			占比/%
		商用产量	铝厂配套产量	小计	
1	辽宁	13.7	20.95	34.65	1.78
2	河北	33.3	0	33.3	1.72
3	内蒙古	89.7	74.6	164.3	8.47
4	山西	9.2	31.73	40.93	2.11
5	山东	487.8	126.62	614.42	31.67
6	江苏	39.9	0	39.9	2.06
7	广西	63.8	12	75.8	3.90
8	河南	106	75.23	181.23	9.34
9	湖北	21.4	8.44	29.84	1.54
10	甘肃	61	52.46	113.46	5.85
11	贵州	6.6	18.91	25.51	1.31
12	重庆	10.5	16.8	27.3	1.41
13	新疆	1	285.77	286.77	14.78
14	湖南	0	14.45	14.45	0.74
15	青海	0	90.54	90.54	4.67
16	宁夏	0	55.36	55.36	2.85
17	陕西	0	32.98	32.98	1.70
18	福建	0	6.47	6.47	0.33
19	云南	0	60.5	60.5	3.12
20	四川	0	18.95	18.95	0.98
合计		937.3	1002.8	1940.1	100

从表 1-2 得知：2018 年我国铝用预焙阳极主要集中在山东、新疆、河南、内蒙古和甘肃，其总产量占全国预焙阳极总产量的 70.11%。

纵观 2018 年我国铝用预焙阳极工业的生产运行情况，其全年的产能运转率仅为 63.67%。其中，电解铝企业配套的阳极产能运转率为 78.58%，商用预焙阳极的产能运转率为 52.93%；电解铝企业配套的阳极产能运转率明显高于商用阳极的产能运转率；从全国主要的预焙阳极产区情况看，其产能运转率也有明显的差距，其主要产区的产能运转率排序见表 1-3。

从 2018 年我国主要预焙阳极产区情况看，我国电解铝产能和产量的主要省区山东（除新建的外）、新疆、内蒙古、甘肃的铝用预焙阳极企业的产能运转率明显高于其他省市自治区，其产能运转率均在 72.63%以上，而昔日的电解铝产

表 1-3 2018 年我国主要预焙阳极产区的产能运转率排序

排序	省自治区	产能运转率/%
1	甘肃	91.5
2	新疆	80.67
3	内蒙古	75.37
4	山东（除当年新建的外）	72.63
5	河南	47.53

能大省河南省其铝用预焙阳极的产能运转率仅为47.53%，超过50%的企业停产。原因主要有如下几方面：

（1）电解铝工业因受铝价长期低迷的影响，一些缺乏竞争力的电解铝企业停产或减产，造成与之紧密相关的预焙阳极产业厂家的生产受到影响。

（2）2018 年国家环保部门加大了环保监督力度，先后多次派出环保督察小组分别赴河南、山东、河北、山西等地区督查，将铝用预焙阳极生产企业作为重点行业督查，相当一部分预焙阳极生产企业停产整顿或限产。

（3）2018 年全国北方地区数次出现雾霾，环保部门对地处“雾霾”地区及其周边地区的有关预焙阳极生产企业下达了临时限产、停产的通知要求。

（4）我国铝用预焙阳极产业本身产能处于过剩，按照 2018 年铝用预焙阳极的产能计算，可以满足 6000 万吨电解铝产能的生产需要，产能过剩，且行业自律不够。

1.2.1.3 2018 年新增预焙阳极产能及在建项目情况

我国铝用预焙阳极工业的发展与电解铝工业的发展戚戚相关，是与电解铝的发展速度相适应的，2018 年我国电解铝工业发展处于艰难的爬坡时期。2018 年我国铝用预焙阳极工业新增产能 400 万吨，目前正建的铝用预焙阳极产能为 296 万吨，详见表 1-4。

表 1-4 2018 年新增产能及在建项目产能

企 业 名 称	2018 年/万吨	2019 年在建产能/万吨
平果百强碳素有限公司	0	20
阿拉尔市南疆碳素新材料有限公司	0	30
新疆新天瑞炭素制品有限公司	15	0
赤壁长城炭素制品有限公司	10	0
山东创新炭材料有限公司	60	120

续表 1-4

企业名称	2018年/万吨	2019年在建产能/万吨
索通齐力炭材料有限公司	30	0
营口忠旺铝业有限公司	25	0
山西华泽铝电有限公司	28	0
云南铝业股份有限公司	20	0
包头市森都碳素有限公司	15	0
山东正信新材料有限公司	30	30
广西强强碳素有限公司	20	0
茌平华信碳素有限公司	60	0
山东天阳碳素有限公司	20	0
中海碳素	25	0
青州泰龙炭化	12	0
贵州路兴碳素新材料有限公司	30	30
连云港临海新材料项目	0	50
重庆锦旗碳素有限公司	0	16
合　计	400	296

到2018年年底，我国已形成的铝用预焙阳极产能为3047万吨/年，可以满足电解铝为6000万吨产能的生产需要；如果2019年296万吨预焙阳极建成，我国铝用预焙阳极总产能达到3343万吨/年，可以满足6680万吨/年电解铝产能的需要；而到2018年年底我国电解铝已形成的产能约为4600万吨/年，说明我国的铝用预焙阳极的产能处于过剩状态。

1.2.1.4　中国预焙阳极工业发展呈现出新的发展态势

随着我国电解铝工业的发展，我国铝用预焙阳极工业的发展不仅得到了快速发展，而且也为世界电解铝工业的发展提供了强有力的发展支持，中国已是世界上最大的铝用预焙阳极供应国。近几年来，每年出口预焙阳极量在100万～140万吨。不仅如此，我国在预焙阳极自身技术的发展上也取得令人瞩目的进步，产业规模的不断集中和扩大、环保措施的有效实施、节能降耗技术的进步等，呈现出新的发展态势。

(1) 产业区域性集中态势明显。目前，我国铝用预焙阳极工业的发展，比较集中在原料石油焦供应基地和能源价格较低的区域，百万吨以上的省自治区有辽宁、内蒙古、山东、广西、河南、甘肃、新疆、青海。其中，山东省产能达到

1135 万吨/年，河南省、新疆维吾尔自治区产能超过 350 万吨/年。2018 年我国铝用预焙阳极主要集中在山东、新疆、河南、内蒙古和甘肃，其总产量占全国预焙阳极总产量的 70.11%。山东是中国铝用预焙阳极生产最大的地区，未来规模增长仍在继续。

（2）产量及出口量持续增长态势。我国铝用炭素制品产量也是连续 18 年列世界各国第一，且已成为世界上最大的铝用预焙阳极出口国。图 1-1 和图 1-2 分别显示出我国铝用预焙阳极近 15 年来的产量和出口情况。

图 1-1 近 15 年来我国预焙阳极产量情况

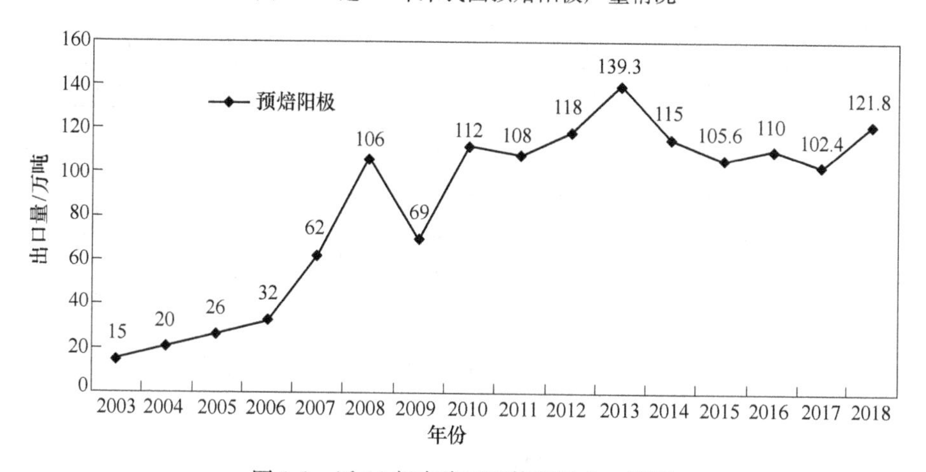

图 1-2 近 15 年来我国预焙阳极出口情况

从图 1-1 中可知，近 15 年来，我国铝用预焙阳极工业得到迅速发展，产量保持高速增长阶段，15 年来的产量平均增长率为 12.09%，也是世界铝用预焙阳极行业唯一也是发展速度最快、产量最大的国家。

从图 1-2 中可知，近 15 年来，我国铝用预焙阳极出口保持旺盛势头，15 年来的预焙阳极出口量平均增长率为 15%。到目前，我国每年预焙阳极出口量在 120 万吨左右，成为世界唯一的最大预焙阳极供应国。

（3）环保治理力度逐年加大。

除国家对环保要求逐年严格外，我国铝用预焙炭阳极生产企业自觉行动，纷纷采取措施，加大对环保设施的投入和环境综合治理措施的改进提高。

（4）智能化发展已开始起步，向纵深发展。

面向未来，信息技术、互联网技术、人工智能技术等的进一步发展，带来传统产业的巨大挑战，我国铝用炭素企业已在智能化发展道路上起步，但目前处于初级发展阶段。

1.2.2 我国铝用炭阴极产业的发展概况

2018 年我国炭阴极产能为 66.4 万吨，炭阴极总产量为 36.16 万吨，同比（2017 年我国炭阴极总产量为 31.15 万吨）产量增长 16.08%。

1.2.2.1 我国炭阴极产能及其分布情况

我国炭阴极已建成并生产运营的企业有 19 家，总产能达到 66.4 万吨/年。2018 年各省市自治区炭阴极产能分布见表 1-5 和图 1-3。

表 1-5 2018 年我国炭阴极产能及分布

序号	省自治区	产能/万吨	占比/%
1	山西	46	69.3
2	河北	2.5	3.8
3	贵州	2.4	3.6
4	宁夏	4	6.0
5	河南	5	7.5
6	四川	2.5	3.8
7	青海	2	3.0
8	山东	2	3.0
合 计		66.4	100

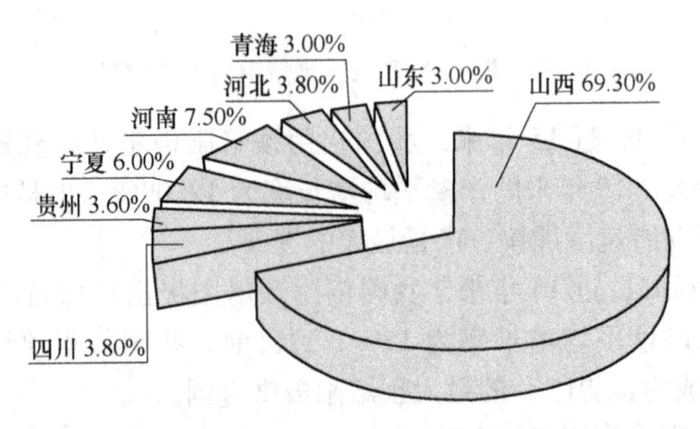

图 1-3 我国炭阴极产能分布情况

从图 1-3 中可看出，我国铝用炭阴极产能主要分布在山西、河北、贵州、宁夏、河南、四川等地。其中，山西地区集中了全国 69.30% 的炭阴极产能，是我国炭阴极块的主要供应基地。

1.2.2.2 2018 年我国炭阴极产量及其分布情况

2018 年我国炭阴极生产总量达到 36.16 万吨，同比增长 16.08%，同期炭阴极出口量为 3.23 万吨，国内消耗 32.93 万吨。2018 年我国炭阴极产量及分布情况见表 1-6 和图 1-4。

表 1-6 2018 年我国炭阴极产量及分布

序号	省自治区	产量/万吨	占比/%
1	山西	30.3	83.80
2	河北	1.32	3.65
3	贵州	0.48	1.33
4	宁夏	2.21	6.11
5	河南	1.26	3.48
6	四川	0.59	1.63
合 计		36.16	100

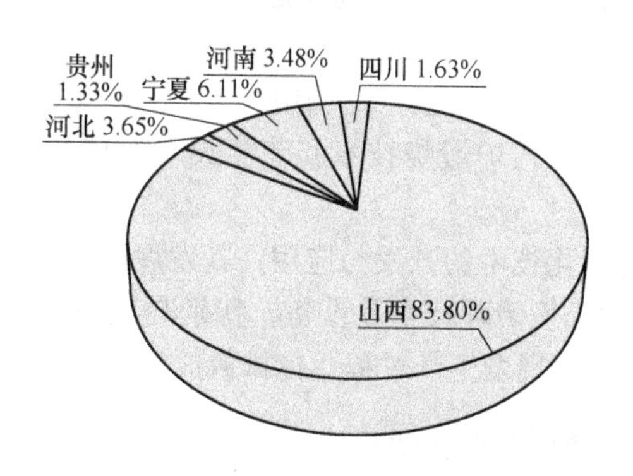

图 1-4 2018 年我国炭阴极产量及分布情况

纵观 2018 年我国铝用炭阴极工业的生产运行情况，其全年的产能运转率仅为 54.5%。从全国主要的炭阴极产区情况看，其产能运转率也有明显的差距，其主要产区的产能运转率排序见表 1-7。

表 1-7 2018 年我国主要炭阴极产区的产能运转率排序

排序	省自治区	产能运转率/%
1	山西	65.9
2	宁夏	55.3
3	河北	52.8
4	河南	25.2

1.3 国内外铝用炭素行业的发展趋势及挑战

21 世纪全球面临的巨大挑战中除了要应对全球变暖带来的威胁，还要为人类未来经济活动方式开创一条可持续发展之路。就国内外而言，因所处的地域不同、资源不同、技术装备不同等，所面临的挑战有所不同，但总体发展趋势上基本类似。

1.3.1 铝用预焙炭阳极发展趋势

（1）铝用炭素将与电解铝产业协同发展，配套炭阳极与商品炭阳极共存；

（2）生产规模化、设备大型化和智能化将成为行业主流方向；

（3）单位投资和生产成本进一步降低是企业的追求；

（4）铝电解槽大型化对炭阳极要求质量均匀、尺寸更大；

（5）严格的环保、职业健康、安全标准化是企业发展的必然；

（6）炭阳极生产企业市场化程度越来越高和稳定、高效的生阳极技术的进一步提升；

（7）大量先进可靠的技术将被广泛采用；

（8）大型、智能的罐式炉煅烧技术和节能长寿的焙烧炉技术的开发与推广应用；

（9）自动化与智能化技术的开发与应用，其发展速度将会得到快速提升；

（10）多种烟气的环境治理技术及设备，特别是脱硫、脱硝、净氟、除沥青烟、降尘技术的应用，实现全生产过程达标排放成为企业和行业发展的共识。

1.3.2 国内外铝用炭素生产对比情况

1.3.2.1 国内外铝用炭阳极生产情况

为满足电解铝生产的需要，国内外铝用阳极生产原理及工艺流程总体上基本相同，但在具体的工艺技术、装备、运营模式、产业布局、原材料选择等方面有些不同，归结见表 1-8。

表 1-8 国内外铝用炭阳极生产情况对比

项目名称	国外阳极生产	国内阳极生产
商业模式	以电解铝厂自产自用为主，只有少数专业商用阳极厂	阳极采用自产配套与市场采购结合，商用阳极厂约占45%
阳极生产厂家布局	大部分布局在沿海	配套阳极布局在电解铝厂内，商品阳极主要布局在石油焦资源丰富和物流方便地区
主要原料石油焦与沥青供应	直接采购专业厂的煅后焦（回转窑由专业厂集中煅烧）；直接采购液体沥青	多数采购生焦用罐式炉或回转窑自行煅烧；采购液体沥青或者固体沥青自行熔化
主要工艺与装备	连续混捏、振动成型、立装炉与控制系统、有残极（自动清理干净）	间断混捏为主连续混捏为辅、振动成型、立装炉与控制系统、无残极或者清理干净的残极
阳极质量	质量高、稳定、均匀	质量参差不齐、不稳定
生产规模	规模大，集中度高	规模大小不一、分散
自动化水平与劳动生产率	高度自动化、信息化 1000~25000t/(人·年)	机械化与人工结合 200~1000t/(人·年)
环保、安全与健康	标准高、治理彻底、人性化	标准较高、治理不彻底
生产成本	成本高、市场竞争力差	成本较低

1.3.2.2 国内外典型铝用炭阳极主要技术经济指标情况

因国内外在铝用炭阳极的工艺技术、装备、运营模式、原材料选择和管理等的不同，其主要的技术经济指标有所不同，表 1-9 列出了国内外典型的铝用炭阳极企业主要技术经济指标对比情况。

表 1-9 国内外典型炭阳极企业主要技术经济指标对比表

项目 \ 企业名称	国外标杆（××）	国内标杆（××炭素）	国内××公司
主要工艺技术与装备	外购煅后焦、连续混捏振动成型、立装炉、有干净残极	罐式炉、混捏锅、振动成型、立装炉、无残极或有干净残极	回转窑、连续混捏、振动成型、立装炉、有残极（不干净）
石油焦单耗（折生焦）/$t \cdot t^{-1}$	1.10	1.13	1.21

续表 1-9

项目＼企业名称		国外标杆（××）	国内标杆（××炭素）	国内××公司
沥青单耗/t·t^{-1}		0.13~0.14	0.15~0.16	0.15~0.18
焙烧燃料单耗（天然气）/m^3·t^{-1}		<55	<58	70~90
焙烧炉火道寿命/火焰周期		200	120~150	80~130
劳动生产率/t·(人·年)$^{-1}$		1500	550	400
阳极质量	一级品率/%	80	80	35
	二级品以上率/%	100	100	93
单位建设投资/元·t^{-1}		5000~6000	2000~2200	2500~3200

1.3.2.3 国内外铝用炭阴极情况

我国铝用炭阴极产业的发展较国外同行业相比起步较晚，但随着我国铝工业的发展，在进入21世纪大型预焙铝电解槽技术和规模的飞速发展，我国的铝用炭阴极产业在快速发展，而且我国的铝用炭阴极企业绝大部分是民营企业。为此，国内外铝用炭阴极企业必然有些不同，就国内外铝用炭阴极的生产方法和应用情况而言，大体上可归纳如表1-10。

表1-10 国内外铝用炭阴极企业的生产方法和应用情况对比

产品类型		生产方法	国内外应用情况
无烟煤基炭块	普通质	气煅无烟煤或电煅无烟煤，加少量石墨（10%以内），焙烧温度1200℃	国外已经淘汰产品；国内仅少数企业使用，今后不会继续采用
	半石墨质	电煅无烟煤，加10%~20%人造石墨，配沥青，焙烧温度1200℃	国外少数工厂使用；国内2014年前广泛使用，现在基本不用
	高石墨质	电煅无烟煤加30%~50%人造石墨，配沥青，焙烧温度1200℃	国内外新建电解槽上使用较多
全石墨质炭块		100%人造石墨，配沥青，焙烧温度1200℃	国内外少数使用
石墨化炭块		优质石油焦，配沥青，焙烧好的阴极炭块，经2200℃左右石墨化	国外新建系列主要使用；国内使用量正逐步增加

1.3.3 我国铝用炭素工业面临的主要挑战

在我国铝用炭素行业众多的企业中，发展水平差距较大，无论是规模，还是生产技术和装备水平等均存在参差不齐现象。在资源、能源日趋紧张和环保日趋严格的当下，铝电解用炭素材料工业的可持续发展尚存在诸多问题。

归结起来，主要存在着如下挑战：盲目扩张建设造成产能过剩；新能源产业的发展会带来原料的供应偏紧；环保要求日趋严格造成生产成本增加和部分企业关停；原材料质量日趋下滑，严重影响产品质量和生产的不稳定性；世界贸易的不稳定性明显，造成行业发展的不稳定性风险增大；人力资源和人才的缺乏影响企业的生产运营；上下游企业的拖欠款严重，造成企业经营困难；铝产业需要调整和铝电解工业的技术进步，对铝用炭素产业的企业发展提出了更高要求等，见图 1-5。

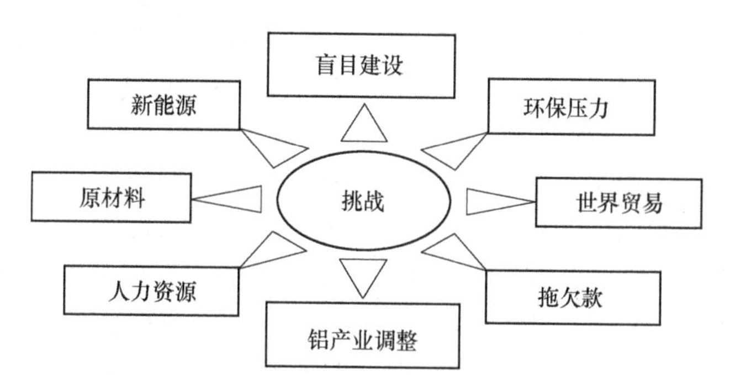

图 1-5　我国铝用炭素行业面临的主要挑战

（1）盲目扩张建设，带来产能过剩，造成行业竞争加剧。到 2018 年年底，我国铝用预焙阳极产能达到 3047 万吨/年，正在建设的还有 296 万吨/年；铝用阴极产能达到 66.4 万吨/年；而我国的铝电解产能为 4600 万吨/年；铝用预焙炭阳极、炭阴极、铝电解的产能运转率分别是 63.7%、54.5% 和 77.8%。这些说明：我国的铝用炭素行业呈现严重的产能过剩。

（2）新能源（新能源汽车、光伏、风电、水能、核能、可燃冰、页岩气等）的发展带来原料供给压力。由于世界一次能源（化石能源）的持续开采及全球性温室气体对气候的影响，世界各国都在积极开发和利用新能源，新能源的不断发展，将大大减少石油和煤的开采，也就意味着大大减少石油焦和沥青的产量；这对目前和今后铝电解工业必须使用的炭素阳极和阴极而言，其赖以生产的主要原材料石油焦和沥青的供应将面临挑战。

（3）环境保护的日趋严格和进一步加强，不仅影响生产成本，而且带来行业的调整提高。由于预焙阳极生产是采用石油焦和沥青为原料，石油焦需要煅烧工艺技术处理，产生大量的二氧化硫和氮氧化物等有害气体；生阳极是由煅后焦和沥青混合成型的中间产品，需要焙烧，同样产生大量有害有毒气体。我国的预焙炭阳极生产厂家众多，各家的发展参差不齐，有相当部分生产企业的环保措施和技术不到位，环保难以达到国家环保标准要求，导致了在我国出现大量雾霾的天气时，处于我国主要预焙炭阳极生产区域的山东、河南、河北的众多预焙阳极企业被勒令停产或限产，有的企业已被停产。随着国家环保政策的日趋严格和人类文明发展的客观要求，对于预焙炭阳极和炭阴极生产企业的环保压力加大。预焙阳极和阴极生产企业治理污染、减少排放是生产企业应尽的责任，应加大环保投入，满足国家环保政策和国家环保排放标准的要求。

（4）世界贸易单边主义和保护主义的盛行，为行业带来发展上的不稳定性。以美国为首的世界贸易保护行为，严重影响了世界经济的发展速度，为世界经济的发展及铝行业的发展带来不稳定性，必然影响铝用炭素行业的良性稳定发展。

（5）原材料质量将是长期需解决的问题。由于石油裂解技术的进步和产地的多处性，导致石油焦质量下降与波动是必然。我们不能以牺牲上游工序的利益来保下游副产品的质量，从总体产业链上看，既不科学，也有损总体经济利益。因此，要面对现实，高度重视，充分研究，采取积极的应对措施，针对粉焦比例高、硫分和钒等有害的微量元素含量升高等，加大科技攻关力度，以较低的成本、高效率地解决除杂问题，同时开发应用粉焦比例高的石油焦。

（6）石油焦质量指标的巨大波动，给炭阳极生产造成很大困难，是铝用炭素工业面临的一个重要的急需解决的问题。国产石油含硫量相对较低，而进口石油的硫、钒等含量较高，特别是中东石油的炼油厂生产的石油焦含硫量高达3%~7%。而我国从中东进口的石油量越来越多，国产高硫焦的比例也逐渐增加。进口石油生产的生焦用于铝用炭素生产，除了含硫量高、污染严重、使炼油设备造成腐蚀的问题外，还由于其钒等有害元素含量高，能强烈催化碳与二氧化碳、空气的氧化反应，造成炭阳极消耗增加。近年来石油焦质量下降情况体现为：

1）石油焦中硫、钒、钠、钙、镍、铁、硅等的含量，近年来不断上升，且波动大，有的达到无法应用的程度。如：石油焦含硫3%~6%，有的达8%以上；钒、钠、镍、钙的含量超过$400\times10^{-4}\%$，有的$1000\times10^{-4}\%$以上。

2）同一个厂家，石油焦质量波动较大。如：石油焦硫含量，上旬含量1.1%，下旬变为4.0%；挥发波动7%~17%，碱金属含量波动$(50\sim500)\times10^{-4}\%$；有的石油焦中金属含量超过$1000\times10^{-4}\%$，水分波动5%~11%。

3）球状焦，高沥青含量焦时有出现。

4）1mm以下的细粉焦比例不断增多。个别高达40%的比例。

（7）人力资源缺乏，行业整体人工操作技能在下降。由于我国计划生育政策和铝用炭素行业生产的高温、高强度、环境污染等因素的影响，铝用炭素行业出现了严重的一线技能工人和专业人才不足，招工困难的局面，将严重影响行业和生产企业的正常生产和可持续发展。

（8）铝电解行业要进一步改革，产业结构进一步优化和调整是必然。现代电解铝技术对铝用炭素产品提出更高的技术要求，就全球而言，电解铝工业的节能减排、增产降耗都将是永恒的主题。随着现代电解铝技术的不断进步，势必对铝用炭素行业提出了更高的要求，主要体现在：

1）原材料的质量要求越来越严格；2）生产工艺技术更加先进；3）产品质量更加严格；4）环保要求更加苛刻；5）对节能减排要求更高。

当前，世界经济的发展越来越依赖环境与资源的支撑，人们在没有充分认识可持续发展之前，由于传统发展模式的影响，使世界环境与资源发生了急剧的衰退，环境和资源能为发展提供的支撑越来越有限，经济越是高速发展，环境与资源越显得重要。可持续发展已经成为铝电解用炭素行业的必然抉择。而且可持续发展也已经成为衡量铝电解用炭素行业发展质量、发展水平和发展程度的客观标准之一：因为企业的发展早已不是仅仅满足于物质利益的最大化，而是在追求利益最大化的同时，把建设舒适、安全、清洁、优美的环境和人与自然的和谐作为实现企业自身价值的重要目标。

任何一个具有社会责任感的企业都应该把可持续发展作为自己的首要任务，为保护环境尽自己一分力量。每个企业家都应具有强烈的社会责任感和环保意识，热心环境保护事业，积极支持、参与并推动节能减排降耗活动的不断发展。

目前，铝电解用炭素制造业所面临的形势是：铝电解槽的大型化、阴极和阳极电流密度的提高，使开发生产高品质、大规格、新结构的阳极和阴极制品成为一个必然方向；原料供应的紧张、价格持续上涨和质量的劣化、波动，是制约铝用炭素工业降低成本、提高质量的关键因素；环保法规的日益严格和人们对环境、健康的关注，使炭素生产中减少污染物排放、实行清洁生产的压力日益紧迫；能源价格的上涨和国家对节约能源、资源综合利用的要求，使炭素生产过程中节能降耗、资源综合利用成为现实的重要课题。

总之，面对新的经济形势与新技术日新月异的挑战，铝电解用炭素制造业的可持续发展问题是未来行业科学发展的关键。

（9）铝电解行业市场的不稳定性、铝市场的持续低迷，造成对铝用炭素行业企业的拖欠款严重，势必影响铝用炭素企业的正常生产与运营。

1.4 铝用炭素产品的市场需求分析

世界经济发展不确定性和新技术的日新月异等，给铝用炭素行业的发展带来诸多不确定因素：国际上的竞争及各国间的博弈、主要经济体发展的不平衡与竞争、欧债危机没有结束、脱欧事态的发展、大国政府的更替等，国内经济结构的调整、长期积存的各种矛盾、产能过剩的调整、实体经济发展的艰难、环保政策的执行等，对我国电解铝工业及直接关联的铝用炭素工业的发展影响较大。但从我国自身发展的需求来看，应该是我国电解铝仍然处于稳步发展的减缓态势。到2018年年底，世界已累计的电解铝产量约14.06亿吨，我国累计电解铝产量3.49亿吨，约占世界累计铝总产量的24.8%。从我国的铝消费空间看，虽然仍是消费增长的发展期，在没有新的应用领域和带动世界经济发展的新科技出现前，在我国的电解铝发展的空间已是有限的，电解铝工业在“十三五”末期或“十四五”初期将受到严峻的挑战。

根据世界和我国电解铝的实际发展情况，通过大数据云计算和参考中商碳素研究院的数据库及姜玉敬教授的铝及铝用炭素数据库，推算出世界和我国未来若干年的原铝产量及铝用炭素产品的需求量，见表 1-11。

表 1-11　世界和我国未来若干年的原铝产量及铝用炭素产品的需求量预测

年份	全球/万吨			中国/万吨			备注
	原铝产量	预焙阳极产量	炭阴极产量	原铝产量	预焙阳极产量	炭阴极产量	
2018	6365.5	3120	63.5	3580.2	1940.1	36.16	1. 国内外阴极产量均不包括阴极糊料； 2. 21 世纪 20 年代中期，世界原铝产量可能出现负增长； 3. 国内阳极产量包括出口量
2019	6565	3210	65.5	3700	1970	37	
2020	6610	3240	66.0	3820	2030	38.2	
2021	6840	3350	68.0	3900	2075	39	
2022	7060	3425	70.5	3950	2100	39.5	
2023	7240	3510	72.2	3920	2085	39.2	
2024	7380	3580	73.5	3890	2065	39	
2025	7350	3565	73.0	3880	2060	38.8	

对世界和我国未来若干年的原铝产量及铝用炭素产品的需求量的预测是一项非常艰难的工作，涉及不确定因素太多太多；本预测数据没有考虑不可抗拒因素，如战争、我国自然灾害、全球性的自然灾害等；有关本行业的未来数据预测，至今尚没有看到有关的报道，表 1-11 为作者独家首次公开报道，其数据仅供同行们及行业研究参考。

值得关注的是：作者经过长期的产业深入研究，得出我国电解铝工业在 2023 年左右，可能出现拐点。由于铝消费和再生铝工业的发展等诸多因素，我国电解铝产量可能真正意义上达到“天花板”，除非铝的应用领域有新的重大突破，或者世界发生有关突变，如战争或世界性灾害等。

2 基 础 知 识

2.1 碳

2.1.1 碳的形成

碳是宇宙间较为稳定的一种化学元素，它存在于浩瀚的宇宙间和地球上。它的生成，可追溯到宇宙的起源与地球的形成。根据目前人们较普遍认同的宇宙爆炸（Big Bang）学说，最初在宇宙间是充满高能量的光，大约150亿年前，这个巨大的能量块突然产生爆炸，其温度下降，光开始转化为物质，最初生成基本粒子，其基本粒子又聚合生成氢（H）和氦（He），3个氦原子结合就生成了碳。

碳是地球上万物生机必不可缺少的重要物质之一，有了碳，才有地球上不断诞生万物生机，如果没有碳，包括人类在内的万物生机就不可能存在；人类开发利用碳更是体现了人类文明的进步与发展。

2.1.2 碳的发现简史

应该说，碳在史前就已被发现，它是人类接触到的最早的元素之一，也是人类最早利用的元素之一。自从人类在地球上诞生以后，人类就和碳有着直接接触，由于闪电和活火山等因素使植物、木材燃烧后残留下来木炭，动物被烧死以后，便会剩下骨碳，当人类在长期的进化过程中学会了使用火之后，碳就成为人类永久的“伙伴”，所以碳是远古时代就已经知道的元素。发现碳的精准日期是不可能查清楚的，但从拉瓦西（Lavoisier A L(1743~1794)），法国1789年编制的《元素表》中可以看出，碳是作为元素出现的。在古代的燃素理论的发展过程中碳起着重要的作用，根据这种理论，碳不是一种元素而是一种纯粹的燃素，由于研究煤和其他化学物质的燃烧，拉瓦西首先提出碳是一种元素，元素符号为C。

2.1.3 碳元素的基本性质

碳元素是元素周期表中的ⅣA族元素，原子序数为6，基态时，碳原子的电子层结构为$1s^2 2s^2 2p_x^1 2p_y^1$，外层价电子构型为$2s^2 2p_x^1 2p_y^1$，其中2s层上只有一个轨道，可容纳两个电子，但已有两个电子成对，故无成键能力。2p层上有3个轨道，而碳原子的2p层上只有两个轨道上各有一个未成对的价电子，对外只能形成两个共价键（σ 键），因此，基态碳原子是 2 价。由于 2s 和 2p 同属于一个电子壳层，它们的能级相差很小，当碳原子处于激发状态时，一个 2s 电子跃迁到 2p 轨道上，C 电子层结构就变成 $2s^1 2p_x^1 2p_y^1 2p_z^1$，形成 4 个不成对的价电子，成为 4 价。也就是说碳原子核电荷数为 6，碳原子核内的质子数为 6，或者说中性碳原子的核外电子数为 6，碳原子价数为 2 价、3 价或 4 价。

元素的相对原子质量是它们的自然丰度中比较稳定的同位素的相对质量的平均值，碳元素的相对原子质量为 12. 010，碳的同位素的相对原子质量和它们之间的比例如表 2-1 所示。

表 2-1　碳的同位素

碳元素		原子序数 6	K　L　M 2　2　1	
		原子价	2　3　4	
自然丰度/%		相对原子质量	半衰期	辐射
C10		10. 02084	19. 1s	B+2. 21
C11		11. 01499	20. 5s	B+0. 97
C12	98. 892	12. 00386		
C13	1. 108	13. 00756		
C14		14. 00707	5700 年	B−0. 155
C15				5. 5

碳的一些基本性质见图 2-1 和表 2-2。

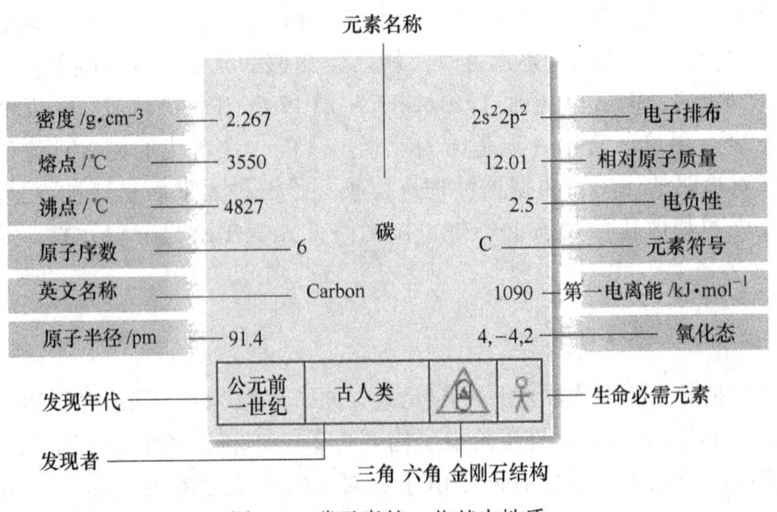

图 2-1　碳元素的一些基本性质

表 2-2 碳的一些基本性质

项 目	碳
元素符号	C
原子序数	6
相对原子质量	12.01
价电子层结构	$2s^2 2p^2$
主要氧化态	+Ⅳ，+Ⅱ，0（-Ⅱ，-Ⅳ）
共价半径/pm	77
离子半径/pm M^{4+}	15
M^{3+}	
第一电离能/kJ · mol^{-1}	1086.5
电子亲和能/kJ · mol^{-1}	121.9
电负性（x_p）	2.5

碳的熔点为3550℃（超过3500℃开始升华），沸点4200℃；密度：无定形碳为1.88g/cm^3、石墨为2.266g/cm^3、金刚石为3.514g/cm^3。

碳原子从基态到激发态，要吸收676.2kJ/mol（161.5kcal/mol）（1cal = 4.1868J）的能量，但和不同的原子化合时，需要的能量大小都不同，C单键的结合能见表2-3。

表 2-3 C单键的结合能（25℃） (kJ/mol)

元素	C	F	H	O	N	Cl	Br	I
C	347.9	441.3	413.7	351.7	291.8	328.7	275.5	240.3

根据碳原子的杂化轨道可知，碳原子不仅仅可以形成单键、双键和叁键，而且碳原子之间还可以形成长长的直链、环形链、支链等。纵横交错，变幻无穷，再配合上氢、氧、硫、磷和金属原子，就构成了种类繁多的碳化合物。

2.1.4 碳的存在形式与用途

2.1.4.1 碳在自然界中的存在概况

碳在地壳中的丰度为0.023%，占地壳中各元素含量排序的第13位。天然同位素^{12}C，相对原子质量12（作为相对原子质量的基准），同位素丰度98.93%；^{13}C相对原子质量13.003354826，同位素丰度1.07%；此外自然界还存在^{14}C放射性同位素，^{14}C系大气中的氮在高能宇宙射线的作用下生成的产物，很稳定，半衰期长达5700余年；^{14}C从大气中进入到动植物和有关介质中，动植物死后因^{14}C衰变又得不到补充，因此，可根据测定发掘出来的标本中^{14}C的含量判断年代，称^{14}C断代术。

碳在地壳中的含量并不多，但以单质和化合物形式广泛存在于自然界中。碳以单质状态的形式存在于自然界中有金刚石和石墨，但含量极少。碳主要是以化合态的形式存在，种类繁多、含量丰富。在自然界中碳的资源以两种形式存在，一种是循环型资源，如动、植物体中的脂肪、蛋白质、淀粉和纤维素等，生物碳都是碳水化合物，碳被视为组成一切动、植物体的基本元素；这种由植物和动物所代表的生物碳和大气、海洋中的 CO_2 不断进行着迁移和循环，形成了生物循环圈。另一种是循环速度很慢，数量极大的堆积物，这种堆积物均为化合物，如碳酸盐矿物和有机质堆积物等。天然的近于纯碳的物质数量非常少，如天然金刚石和石墨。无烟煤是最接近纯碳的天然物质。此外，碳含量高的原始物质还有煤、石油等，这些都是与铝用炭素生产原料密切相关的物质。总之，碳是地球上形成化合物最多的元素。

由于碳原子所具有的特性，几乎能与绝大多数金属和非金属原子形成无限数目的化合物，大气中有 CO_2，CO_2 还在天然水中溶解，在地壳中有碳酸钙、碳酸镁、碳酸钡等各种碳酸盐，还有煤（煤炭的含碳量约为60%~90%）、石油（石油和沥青含碳量为80%~90%）和天然气等以碳氢化合物为主组成的混合物，动植物体中的脂肪、蛋白质、淀粉和纤维素也都是由含碳的化合物组成的。天然石墨、煤、石油和天然气均是远古时代因地球和其他天体的运动埋藏在地下的动植物体，在隔绝空气下并受地热和地压的长期作用而形成的。现已发现的碳化合物就有50万种。碳是有机化学的基础，还是生物体的主要组成元素之一，人体中碳含量高达23mg/g，是构成人体有机物的基本元素。

碳的单质存在形式有无定形碳、卡宾（carbin）、石墨、金刚石和 C_{60} 系列碳。所谓无定形碳，是碳原子不规则排列的非晶质物，卡宾、石墨、金刚石和 C_{60} 是碳原子规则排列的晶质物。

2.1.4.2 碳的同素异构体种类和结构性质

碳的同素异构体有无定形碳、卡宾、石墨、金刚石和 C_{60} 系列碳。无定形碳通过加热处理可逐渐地转变成接近石墨结构，从无定形碳到完全的石墨晶体结构之间又存在着许多中间结构，且极其复杂。对其结构众说纷纭，迄今没有定论，而大部分炭素材料都属于这种中间结构的范围。层面重叠结构的石墨通过高温高压处理可转变成正四面体结构的金刚石。碳的结构及性质取决于碳原子彼此的结构方式和晶体或微晶的聚集方式等各种因素。碳的同素异构体的种类和性质与结构分别见表2-4和表2-5。

表2-4　碳同素异构体的对比

名称	化学键	结　构	晶体	主要特性
金刚石	sp^3	正四面体晶形结构	等轴八面晶体	硬度大，不导电、热，折光率好
石墨	sp^2	六角多层叠合晶体结构	片状	导电、导热好，耐腐蚀
炔碳	sp	零乱无规则堆积	无定形	挥发分高

$$炔块 \xrightarrow{>2300℃} 石墨 \xleftrightarrow{高温、高压、触媒} 金刚石$$

表 2-5 碳的同素异构体性质和结构

名称	金刚石	石墨	卡宾
杂化电子轨道	sp^3	sp^4	sp
键合形式	单键	双键	三键
构造	立体（正四面体）	平面（六角网）	线状
价键长度/nm	0.154	0.142	0.120
密度/$g \cdot cm^{-3}$	3.514	2.266	α：2.68，β：3.115
莫氏硬度	10	2 左右	
导电性	绝缘体	导体	半导体
比热容（25℃）/$J \cdot g^{-1}$	0.50	0.71	
燃烧热/$J \cdot g^{-1}$	32963	32866 左右	
颜色	无色透明	黑	银白

2.1.4.3 碳的同素异型体结构与用途

在自然界中，碳具有三种同素异型体——金刚石、石墨、C_{60}。金刚石和石墨早已被人们所知，拉瓦西做了燃烧金刚石和石墨的实验后，发现这两种物质燃烧都产生了 CO_2，因而得出结论，金刚石和石墨中都含有相同的碳。C_{60} 是在 1985 年由美国 Robert FCurl、英国 Harold WKroto 等人发现的，它是由 60 个碳原子组成的一种近似球状的稳定的碳分子。

碳的三种同素异型体结构见图 2-2。

金刚石

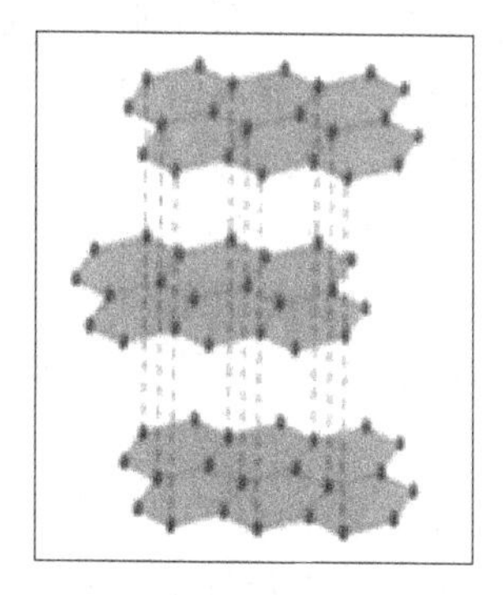

石墨

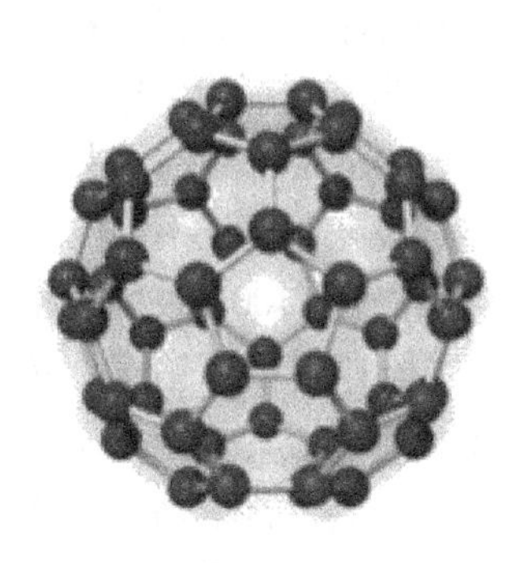

C_{60}

图 2-2 碳的三种同素异型体结构图

碳的三种同素异型体的性质见表 2-6。

表 2-6　碳的三种同素异型体的性质

性　质	金刚石	石墨	C_{60}
C 原子构型	四面体	三角形平面	近似球面
C—C—C 键角/(°)	109.5	120	116（平均）
杂化轨道形式	sp^3	sp^2	$sp^{2.28}$
密度/g · cm^{-3}	3.514	2.266	1.678
每个 C 原子占据体积/×10^{-3}nm^3	5.672	8.744	11.87
C—C 键长/pm	154.4	141.8	139.1（6/6）；145.5（6/5）

金刚石。纯金刚石的外观为无色透明，通常因所含杂质元素而呈淡黄色、天蓝色、蓝色或红色，有强烈的光泽。金刚石属于等轴晶形、立方晶系，通常呈八面体，它的晶体外观十分规整。

金刚石为四面体结构，整个晶体是一个巨大的碳分子，为单一的共价饱和键，键长 0.154nm，结合力极强，要使其破裂必须折断这些牢固的共价键。因此，金刚石在所有物质中是最硬的，可用于制造钻头，熔点很高。

金刚石的碳原子中，所有的价电子彼此互相共享完全形成共价键而无自由电子（sp^3 杂化），所以它几乎不导电，导热性能也很差，但它的折光率很高，

$$1Å = 10^{-7}mm = 10^{-10}m$$

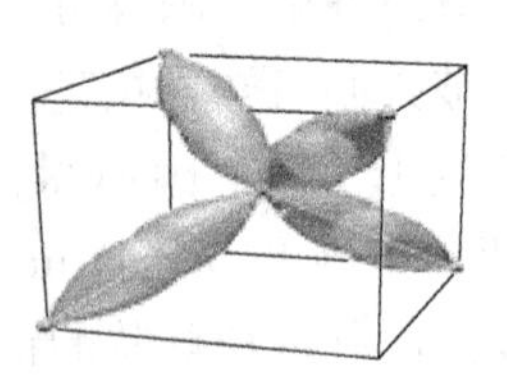

金刚石晶莹美丽，光彩夺目，是自然界最硬的矿石。在所有物质中，它的硬度最大，莫氏硬度为 10，它的熔点最高达 3823K。由于金刚石晶体中 C—C 键很强，所有价电子都参与了共价键的形成，没有自由电子，所以金刚石不仅硬度最大，熔点极高，而且不导电。室温下，金刚石对所有的化学试剂都显惰性，但在空气中加热到 1100K 左右时能燃烧生成 CO_2。

金刚石俗称钻石，除用作精美的装饰品外，工业上主要用于制造钻探用的钻头和磨削工具，价格昂贵。

石墨。石墨乌黑柔软，号称世界上最软的矿石，石墨的熔点为 3773K。与金刚石相比，石墨是一种碳原子之间呈六角环形片状体的多层叠合晶体，为 sp^2 杂化结构（含富勒烯碳），键长 0.142nm。

石墨有天然石墨和人造石墨两种。天然石墨根据其外观形状又可分为鳞片状和土状石墨。鳞片状石墨，其颗粒外形为鳞片状，外观呈银灰色，有闪闪光泽，手摸有滑腻感，并留有深灰色痕迹；土状石墨，颗粒外形为土粒状，呈深灰色，

手摸有较少滑腻感。

天然石墨含有较多杂质，较好的天然石墨含碳量达到90%左右。但大多数低于此值；人造石墨纯度要高得多，一般含碳量可达99%以上。石墨的2p z电子与三角形结构的平面垂直，不能形成共价键，称π键电子，属于非定域电子，在电场作用下可在层间自由运动，能像金属一样导电。具有共价键叠加金属键的力，层面间通过范德华力（分子键）结合，层间距0.3354nm。

在石墨晶体中，碳原子以sp^2杂化轨道和邻近的三个碳原子形成共价单键，构成六角平面的网状结构，这些网状结构又连成片层结构。层中每个碳原子均剩余一个未参加sp^2杂化的p轨道，其中有一个未成对的p电子，同一层中这种碳原子中的m电子形成一个m中心m电子的大π键。这些离域电子可以在整个碳原子平面层中活动，所以石墨具有层向的良好导电导热性质。石墨的层与层之间是以分子间力相结合，因此石墨容易沿着与层平行的方向滑动、裂开。石墨质软具有润滑性。由于石墨层中有自由的电子存在，石墨的化学性质比金刚石稍显活泼。

由于石墨能导电，具有一定的化学惰性，耐高温，易于成型和机械加工，所以石墨被大量用来制作电极、高温热电偶、坩埚、电刷、润滑剂和铅笔芯。

石墨具有层向的良好的导电、导热性。石墨的层与层之间的距离较大（335pm），是以范德华力结合，很容易沿着与层平行的方向滑动、裂解，因此石墨质软且具有润滑性。所以用它制作电极、高温热电偶、坩埚和冷凝器等化工设备，以及火箭发动机喷嘴、宇宙飞船、导弹的某些部件，在核反应堆中做中子减速剂及防射线材料等。石墨粉可用作润滑剂、颜料和铅笔芯，用途广泛。

自然界有金刚石和石墨矿，大量的工业用的石墨和金刚石是人工制造。人造石墨是用石油、焦炭和煤焦油或沥青，经过成型烘干，并在真空电炉中加热到3273K左右得到的。

石墨是碳的热力学稳定变体（$\Delta_f G_m^\ominus$和$\Delta_f H_m^\ominus$均为0），所以在室温和常压下，将石墨转变为金刚石比较难（金刚石的$\Delta_f G_m^\ominus = 2.9kJ/mol$，$\Delta_f H_m^\ominus = 1.9kJ/mol$）。但金刚石可以自发转变为石墨，其转变速率慢得几乎不发生。

鉴于金刚石的密度（$3.514g/cm^3$）比石墨的密度（$2.266g/cm^3$）大，在高压条件有利于使石墨转变为金刚石。工业上就是利用高温（1273K）、高压（$5\times10^6 \sim 6\times10^6$kPa）以CO或Ni（或Ni-Cr-Fe）为催化剂生产人造金刚石。后来发现，利用甲烷热解所产生的碳原子，能够沉积在加热的表面上形成混有石墨的金刚石微晶。这是因为CH_4在热解过程中，产生的原子态氢对金刚石微晶的形成有重要作用。因为原子态氢与石墨反应生成碳氢化合物的速率比与金刚石的反应速率大，从而使混杂于金刚石中的石墨被除去。人工合成的金刚石薄膜已找到实际用途，例如用来提高易磨损表面的硬度以制造电子器件。人们还利用爆炸（原子弹地下爆炸）产生的压力由石墨制得金刚石微晶。

C_{60}。C_{60}发现以后，又相继发现C_{44}、C_{50}、C_{70}、C_{84}、C_{120}、C_{180}……等纯碳组成的分子，这类由 n 个碳原子组成的分子，称为碳原子簇，其分子式以 C_n表示（n 一般小于 200），它们都呈现封闭的多面体形的近似球体或近似椭球体。在种类繁多的碳原子簇中，以 C_{60}研究得最为深入，因为它最稳定；通过 C_{60}的结构研究表明：C_{60}分子是一个直径为 1000pm 的空心圆球，60 个碳原子围成直径为 700pm 的球形骨架，球心到每个碳原子的平均距离为 350pm，圆球中心有一直径为 360pm 的空腔，可容纳其他原子；在球面上有 60 个顶点（60 个 C 原子），由 60 个碳原子组成 12 个五元环面，20 个六元环面，90 条棱；在 C_{60}分子中，每个碳原子以 sp^2 杂化轨道与相邻的 3 个碳原子相连，剩余的未参加杂化的一个 p 轨道在 C_{60}球壳的外围和内腔形成球面大 π 键，从而具有芳香性。见图 1-2。

C_{60}族系的发现有着重要意义。从 C_{60}被发现至今已 20 多年，C_{60}族系已经广泛地影响到物理学、化学、材料学、电子学、生物学、医药学各个领域，极大地丰富和提高了科学理论，同时也显示出有巨大的潜在应用前景。

据报道，对 C_{60}分子进行掺杂，使 C_{60}分子在其笼内或笼外俘获其他原子或集团，形成类 C_{60}的衍生物。例如 $C_{60}F_{60}$，就是对 C_{60}分子充分氟化，给 C_{60}球面加上氟原子，把 C_{60}球壳中的所有电子“锁住”，使它们不与其他分子结合。因此，$C_{60}F_{60}$表现出不容易粘在其他物质上，其润滑性比 C_{60}要好，可做超级耐高温的润滑剂，被视为“分子滚珠”。再如，把 K、Cs、Ti 等金属原子掺进 C_{60}分子的笼内，就能使其具有超导性能。用这种材料制成的电机，只需很少电量就能使转子不停地转动。再有 $C_{60}H_{60}$这些相对分子质量很大的碳氢化合物热值极高，可做火箭的燃料等。

人们发现 C_{60}与碱金属作用形成的 A_xC_{60}（A = K，Rb，Cs 等），具有超导性能，其超导临界温度（T_c）比金属合金超导体高（例如 K_3C_{60} T_c 为 19K，$RbCs_2C_{60}$ T_c为 33K），而且 A_xC_{60}是球状结构，属三维超导。因此，是很有发展前途的材料。C_{60}的化合物也可能作为新型催化剂和催化剂载体、超级润滑剂的材料。还有可能在半导体、高能电池和药物等领域得到应用。

2.2 炭素材料

2.2.1 炭和碳的区别与使用

汉字非同于其他文字，由于汉字的独特性，以及长期以来人们对炭和碳的区别与用法重视程度不足，再加上某些所谓专家的不正确引导和解释，造成了长期以来人们在使用炭和碳上较为混乱，这在众多的文章、报告、书刊以及名称的使用上可以清楚地看到。从化学的角度上，炭和碳是有着严格的本质区别和使用范畴的。为此，有必要重新认识炭和碳的区别和使用。

凡是能完全体现碳元素性质或碳原子性质的，或者由碳原子或碳离子与其他离子或离子团组成的化合物的纯净物，在表述上、名称上一律用带石旁的“碳”。如：碳元素、碳原子、碳六十、纳米碳、碳同位素、碳化物、芳香碳、环烷碳、碳网平面、芳碳率、α碳、β碳、伯碳、端碳、二氧化碳、碳含量、碳素钢、碳链、碳环、碳水化合物、碳氢化合物、渗碳、碳酸钙、碳酸盐、无定形碳、碳单质、碳的其他化合物等。

凡是不能完全体现碳元素性质或碳原子性质的，或者由碳原子或碳的化合物组成的混合物，在表述上、名称上一律用“炭”。如：木炭、煤炭、焦炭、活性炭、玻璃炭、热解炭、生物炭、炭砖、炭块、炭石墨材料、炭棒、炭杆、同性炭、炭纤维、炭黑、炭糊、炭素厂、炭素技术、炭素工艺、炭渣、炭素材料、炭素学会、炭素年会、炭电极、炭阳极、炭阴极、炭糊等。

2.2.2 炭素材料的定义与分类

鉴于“炭”和“碳”在我国长期存在着用法上的混乱，有必要对炭素材料的定义加以规范。

广义上，炭素材料是所有纯碳材料和含碳的混合物的炭素物质的统称。

狭义上，炭素材料是指选用石墨或者无定型碳作为主要固体原料，辅以其他原料，经过特定的生产工艺过程而得到的无机材料。在工业上，一般都采用后者的概念。

炭素材料包括炭素制品和炭素原料两大类。

炭素原料主要有煤炭、焦炭、石油焦、沥青、煤沥青、石墨、金刚石、煤焦油等。

炭素制品种类繁多，规格、型号和物理化学性能迥异，用途也十分广泛。由于产品的用途不同，采用的原料及加工工艺就存在差异，其产品本身的物理化学性能也存在明显的差别。炭素制品按材质及功能分，可分为炭素材料制品类（见表2-7）、炭素材料原料类（见表2-8）、石墨制品类（见表2-9）、炭质制品类（见表2-10）、电工机械炭制品类（见表2-11）和特种炭制品类（见表2-12）。

表2-7 炭素材料制品类

序号	名 称	代号	特 点 与 用 途
1	炭素材料原料	Y	各种炭素产品的生产原料，主要包括各种人造的和天然的碳质固体、有机烃类液体和气体以及炭素生产的返回料
2	冶金用石墨制品类	S	用于钢铁冶金和有色冶金各种石墨质炭素产品
3	冶金用炭素制品类	T	用于钢铁冶金和有色冶金各种碳质炭素产品
4	冶金用炭糊类	TH	用于钢铁冶金和有色冶金各种碳质炭糊产品

续表 2-7

序号	名　称	代号	特点与用途
5	电工机械用炭素材料	D	用于电工与机械行业的各种炭素产品
6	化工用炭素材料类	H	用于化工行业的各种炭素产品
7	特种石墨制品类	TS	用非传统工艺制取具有特殊的微观组织和晶体结构，呈现某种特殊性能和用途的石墨质炭素材料。用于电子、军工、航空航天、生物医学等行业
8	特种炭制品类	TT	用非传统工艺制取具有特殊的微观组织和晶体结构，呈现某种特殊性能和用途的碳质炭素材料。用于电子、军工、航空航天、生物医学等行业
9	炭纤维及复合材料类	TX	以炭纤维（包括石墨纤维）为主要结构材料和功能材料的各种产品和复合材料
10	纳米炭材料类	N	至少有一维尺度为纳米级的各种炭素材料

表 2-8　炭素材料原料类

序号	名　称	代号	特点与用途
1	石油焦	YJS	石油渣油、石油沥青经焦化后得到的可燃固体产物，它是所有的石油焦产品，如生焦、煅烧焦、针状石油焦的一个通用术语，属于易石墨化炭
2	煤沥青焦	YJLQ	以煤沥青为原料，经高温焦化或延迟焦化而获得的固体碳化产物，属于易石墨化炭
3	针状焦	YJZ	由精制的石油沥青或煤焦油沥青经延迟焦化而制的，针状焦层状结构高度平行，石墨化性能好的一种特殊类型的焦炭，属于易石墨化炭
4	冶金焦	YJY	煤或混合煤料在焦炉内高温干馏炭化生成的高强度大孔炭材料，用于高炉炼铁、熔铁、有色金属冶炼，铁合金和炭素制品生产的优质焦炭，属于难石墨化炭
5	煅烧石油焦	YJDS	由石油焦经高温煅烧处理后获得的焦炭
6	煅烧沥青焦	YJDL	由沥青焦经高温煅烧处理后获得的焦炭
7	石墨化焦	YJSM	经石墨化处理后的焦炭
8	无烟煤	YMW	煤炭分类中高煤化度的煤，是生产各种炭块、炭质电极和电极糊的原料。属于难石墨化炭
9	超低灰无烟煤	YMWC	可用于生产活性炭、增碳剂、高石墨阴极炭块等低灰炭素产品的煤
10	天然石墨	YST	一种黑色带有光泽、天然产出的石墨质矿物。根据外观和性状分为显晶石墨（也称鳞片石墨）和隐晶石墨（也称图状石墨）两类

续表 2-8

序号	名　称	代号	特点与用途
11	木炭	YM	由木质材料等在隔绝空气的条件下加热制得的一种含 85%~98%孔隙的多孔性固体材料。主要用于电炭行业制造电刷和多孔性的炭素制品
12	炭黑	YTH	由烃类化合物热分解或不充分燃烧而制得的具有高度分散性的黑色粉末状物质的统称。用作电工、机械、橡胶工业、油漆涂料工业等炭素制品的原材料及辅助材料
13	碳化硅	YGT	硅与碳元素以共价键结合的非金属碳化物，化学式为 SiC，相对分子质量 40.10，硬度仅次于金刚石和碳化硼，它分为人工合成碳化硅和天然碳化硅，主要用来生产炼铁高炉用耐火砖、耐氧化涂层电极的涂层耐火烧结料的配料等
14	煤沥青	YLM	煤经高温干馏产生的煤焦油经分级蒸馏后的釜底残渣，根据生产工艺和产品性能的不同，分为低温沥青、中温沥青、高温沥青和改质沥青四类。其中，中温煤沥青、高温煤沥青和改质沥青在炭素材料生产中都有重要应用
15	高温煤沥青	YLG	又称“高温沥青”。软化点（环球法）为 95~120℃的煤沥青。可用作生产沥青针状焦的原料
16	中温煤沥青	YLZ	又称“中温沥青”。软化点（环球法）为 75~90℃的煤沥青
17	改质沥青	YLGZ	按照炭素制品生产对粘结剂的特殊要求而生产的一类优质煤沥青，与中温沥青相比较有较好的粘结性、流变和较高的结焦值

表 2-9　石墨制品类

序号	名　称	代号	特点与用途
1	普通石墨电极	SDP	以优质石油焦、沥青焦为原料，经高温石墨化制成。导电性好，具有一定机械强度。主要用于钢铁、有色冶炼以及硅、磷冶炼等行业
2	高功率石墨电极	SDG	以优质石油焦、沥青焦为主要原料，经成型、焙烧、浸渍、石墨化和机械加工制成，使用电流密度为 18~25A/cm³ 的石墨电极。通常用于高功率电弧炉作导电电极，导电性、机械强度及抗热冲击性能均比普通石墨电极高，使用电流密度比普通石墨电极高 15%~20%，广泛应用于钢铁、有色金属冶炼以及硅、磷冶炼等行业
3	超高功率石墨电极	SDC	采用针状焦等原料，经成型、焙烧、浸渍、石墨化和机械加工制成，使用电流密度大于 25A/cm³ 的石墨电极。导电性、机械强度及抗热冲击性能均比高功率石墨电极高。使用电流密度比普通电极高 35%~55%以上。通常用于超高功率电弧炉作导电电极。广泛应用于钢铁、有色金属冶炼等行业

续表 2-9

序号	名　称	代号	特点与用途
4	高炉用石墨砖	SZG	以石油焦、沥青焦和煤沥青为主要原料制成的用于砌筑炼铁高炉的炉底底层的石墨材料
5	石墨块	SKG	以石油焦、沥青焦为骨料和粉料，经过成型、焙烧、石墨化和机械加工等工序而制成的，呈一定几何形状的石墨材料的统称。用于冶金炉、电阻炉的炉衬和导电材料，经过特殊处理的石墨块可用于加工不透性石墨热交换器
6	铝电解槽用石墨化阴极炭块	SKL	采用石油焦等为原料，经过成型、焙烧、石墨化制成。导电性、机械强度、导热率、钠膨胀系数和抗腐蚀性比铝电解用炭块高。使用时导电性、导热率和抗腐蚀性比铝电解用炭块提高 25%~50%

表 2-10　炭质制品类

序号	名　称	代号	特点与用途
1	铝电解用普通阴极炭块	TKLP	以煅烧无烟煤为骨料，冶金焦为粉料，并加入 0~15% 人造石墨进行焙烧制得。用作砌筑铝电解槽的阴极材料
2	铝电解用半石墨质阴极炭块	TKLB	以电煅烧无烟煤为主要骨料，煤沥青为粘结剂，并加入 0~15% 人造石墨，经模压成型后加工制成的铝电解槽用阴极炭块
3	铝电解用预焙阳极	TYLY	以石油焦、沥青焦为骨料，煤沥青为粘结剂，经振动成型和焙烧制成，用作预焙电解槽的阳极材料
4	电炉炭块	TKD	采用优质无烟煤、焦炭、石墨等为原料制成的炭块，具有较高的机械强度。用作铁合金炉、电石炉等的炉衬和导电材料
5	普通高炉炭块	TKPG	以优质无烟煤、冶金焦为主要原料制成的炭块，具有较高的机械强度，较好的导热性和耐腐蚀性，用于砌筑炼铁高炉的内衬
6	半石墨质高炉炭块	TKBG	以高温煅烧无烟煤、石墨为主要原料制成的，用于砌筑炼铁高炉的内衬材料
7	炭阳极	TY	采用优质石油焦和电极沥青等为主要原料制成的，具有较高的机械强度与导电性。用于铝电解槽作阳极导电材料
8	阴极炭块	TKY	以优质无烟煤、焦炭、石墨等为原料制成的炭块，用作铝电解槽的阴极

表 2-11　电工机械用炭素材料类

序号	名　称	代号	特点与用途
1	电刷	DS	又称“炭刷”。用在电机的换向器或集电环上，作为导入或导出电流的滑动接触体的统称
2	石墨电刷	DSS	以天然石墨、焦炭、炭黑为主要骨料，采用沥青或树脂做粘结剂经焙烧或在 10000℃ 高温烧结制成的电刷。润滑性能好，适用于一般速度，换向困难的电机

续表 2-11

序号	名 称	代号	特 点 与 用 途
3	炭棒	DP	以炭黑、石油焦和石墨同煤沥青在一定的温度下混捏、挤压成型、焙烧而成，作为各种电气设备中产生热能或光能的元器件
4	石墨机械	DJS	与腐蚀性介质接触的零部件用石墨材料制作或表面贴附材料的机械设备，具有耐腐蚀性强、热传效率高、使用寿命长等特点
5	电火花加工用电极	DDD	专用于电火花加工用的电极。通过其放电能使加工物熔融并进行加工

表 2-12 特种炭制品类

序号	名 称	代号	特 点 与 用 途
1	炼钢用增碳剂	TTZL	用电极块、焦炭粉和石墨化无烟煤等原料经过配料、粉碎、烘干和筛分等工序制成的，为了补足钢液中所需的碳含量而增加的含碳物质的统称。具有碳含量高、硫磷低、灰分少、强度高和抗氧化性强等特点
2	活性炭	TTH	由炭质原料（如木材、植物壳、煤炭和纤维等）经过炭化和活化等工序制成的，具有极大比表面积、很强吸附和脱色能力的一类炭素材料
3	人造炭质心瓣膜	TTX	用炭素材料制成的心瓣膜，用以取代发生病变的心脏瓣膜
4	生物炭	TTS	用于人体内与人体组织有良好相容性，可取代已病变的器官或组织的炭材料，生物炭具有与人体很好的相容性，是优良的生物工程材料之一。生物炭包括低温各向同性炭、玻璃炭、炭纤维、炭树脂复合材料和热解炭等。用于制造的人体器官主要有人造心脏瓣膜、人造骨、关节、牙根和韧带等
5	锂离子电池负极材料	TTFL	用于锂离子电池负极材料。二次锂电池负极材料经历了第一代的金属锂、二代的炭素材料，即石墨嵌入化合物，目前研究的焦点是锂合金负极材料

由于碳的同素异型体较多，因此可以制成很多炭素制品。炭素制品具有以下特征：

（1）耐高温，具有较高的熔点；

（2）较低的热膨胀系数，具有较强的抗热震性；

（3）是唯一具有良好导电性和导热性的非金属材料；

（4）化学稳定性好，在大部分非氧化性的酸、碱、盐溶液和气体中不受腐蚀；

(5) 具有较好的润滑性能。

2.2.3 典型炭素材料的性质与用途

本书主要讲的是铝电解用炭素材料制造技术，有关铝用炭素材料将作专门阐述；鉴于炭素材料已在当今有关领域起着重要作用，发展势头迅猛，有必要进一步了解典型炭素材料的性质和用途。

2.2.3.1 无定形碳

无定形碳是由石墨层形结构的分子碎片互相大致平行地无序堆积，而形成无序结构。无定形碳的颗粒有大小之分，有的形成分散度很大的颗粒，其直径在几个到几十个纳米。焦炭、木炭、炭黑、炭纤维和玻璃态碳等都是无定形碳的主要存在形式。

炭素材料的代表品种的一般特性见表2-13。

以木材、植物茎秆、煤、骨头或气态碳氢化合物（包括天然气、石油气等）为原料，用隔绝空气加热或干馏等方法可以制得木炭、焦炭、骨炭和炭黑等多种无定形碳。无定形碳具有大的比表面。经过活化处理的无定形碳，其比表面增大，有更高的吸附能力，称为活性炭（其比表面积高达400~2500m^2/g）；常用做吸附剂、净化空气、提纯物质、脱色和去臭等。焦炭和木炭还用于冶金工业。炭黑的颗粒很小，基本的结构单位是层形石墨分子；炭黑主要用作印刷油墨的颜料和橡胶制品的填料，汽车轮胎中加入炭黑能大大改善橡胶的耐磨强度，也能减缓其阳光下的老化过程。炭纤维是一种人工制造的纤维状的碳，可用含碳的有机高聚物纤维炭化得到。如，利用聚丙烯腈纤维为原料制备炭纤维，是将丙烯腈聚合后，首先在空气中较低温度（473~573K）下，进行前处理，促使支联化，使高聚物稳定；然后在惰性气氛中进一步提高温度至873K，此时分子间发生聚合反应。当温度达到1573K时，就形成了排列较好的炭纤维。若进一步在更高的温度下（2873~3273K）进行处理，促使晶体成长，可得石墨纤维。现在用沥青也能制得炭纤维。它是一种新型的结构材料，具有质轻、耐高温及很强的机械性能，可用作塑料的增强剂。炭纤维的强度比玻璃纤维高6倍，用炭纤维增强的塑料比玻璃钢更优越，是制造飞机（每架波音767型飞机需用1t炭纤维材料）和汽车的部件，火箭和导弹的推进器和发动机外壳等的重要材料。在外科医疗上做韧带和腱植入体内，它不仅可做代用器官，还能与机体组织结合，有利于促进新组织生长。

随着科学的不断发展，炭素材料的应用领域将更广泛，图2-3就是目前已得到应用的写照。

表 2-13 炭素材料的代表品种的一般特性

特性	硬质炭		一般炭素材料（软质炭）		热解碳（石墨）	
	炭素质	石墨质	炭素质	石墨质	炭素质	石墨质
密度/$g \cdot cm^{-3}$	1.3~1.5	1.3~1.5	1.5~1.7	1.55~1.75	2.1~2.2	约 2.26
比电阻/$\mu\Omega \cdot cm$	4000~6000	3000~5000	3000~5000	//500~1000 ⊥700~1200	//200~400 ⊥$3\times10^5 \sim 5\times10^5$	//50~60 ⊥$1\times10^5 \sim 2\times10^5$
导热系数/$W \cdot (m \cdot K)^{-1}$	4.2~8.4	16.75~25.12	4.2~8.4	//125.6~209.3 ⊥104.7~167.5	//334.9~502.4 ⊥20.9~4.2	约 1884.1
线胀系数（100℃）/$℃^{-1}$	$(2\sim3)\times10^{-8}$	$(2\sim3)\times10^{-8}$	$(1.0\sim5.0)\times10^{-8}$	//0.4~4.0 ⊥$(0.7\sim4.5)\times10^{-8}$	//0 ⊥$(20\sim30)\times10^{-8}$	//−1~0 ⊥$(20\sim30)\times10^{-8}$
抗弯强度/MPa	0.4~0.7	0.35~0.6	0.07~0.16	//0.06~0.15 ⊥0.04~0.12	//1~2 ⊥0.02~0.1	
弹性模量/GPa	20000~30000	15000~25000	8000~14000	//6000~12000 ⊥4500~10000	//30000~40000	//50000~60000
气孔率/$cm^2 \cdot s^{-1}$	$10^{-10} \sim 10^{12}$	$10^{-7} \sim 10^{-9}$	$10^1 \sim 10^2$	$10^4 \sim 10^1$		
硬度（肖氏）	100~120	70~80	60~90	20~40	//30~50 ⊥100~110	//0~5 ⊥30~50
备注 晶体构造	乱层构造（含有高度的桥架结构）		二维乱层构造（含有部分桥架结构）	三维石墨构造	二维乱层构造	三维石墨构造（近似单晶）
备注 炭化机理	固相炭化		液相炭化		气相炭化	
备注 方向性	各向同性	各向异性（根据制造方法有从近似的各向同性到各向异性系数为 2.0）			高度各向异性	

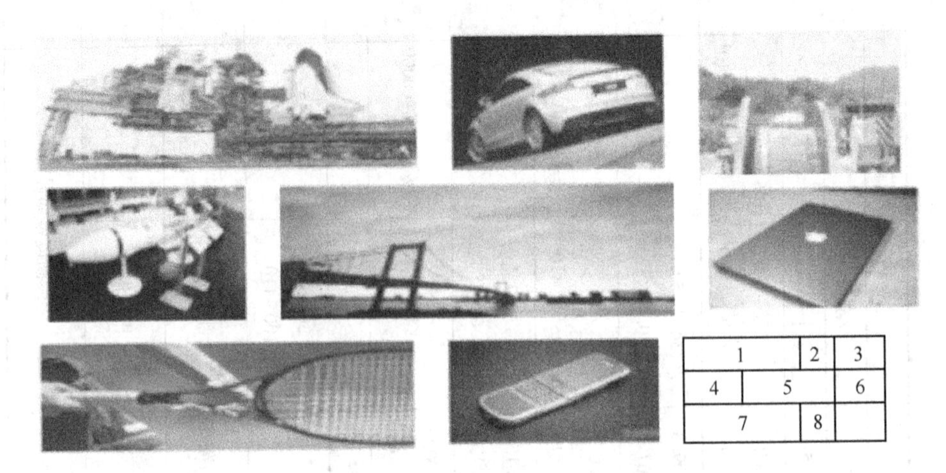

图 2-3　炭素材料的现代应用领域

1—航空航天领域的应用：卫星、宇宙飞船、运载火箭、战术导弹、飞机等；2—碳纤维跑车、轻型战略舰艇；3—碳纤维输变电缆、芯体等；4—碳纤维弹，用于破坏电网、输变电站等；5—在建筑领域中的应用；6—电脑笔记本；7—体育器材，如撑杆、球拍、自行车赛车等；8—通信器材等

2.2.3.2　石墨层间填充化合物

石墨层与层之间的作用力系范德华力，片层间结合疏松，许多分子或离子就能渗入层间形成插入化合物或称为层间填充化合物，总称为石墨化合物。这些插入化合物的渗入基本上不改变石墨原有的层状结构，但片层间的距离增加，表现为石墨“膨胀”了，其他性质也有变化。有两种类型的石墨层间填充化合物。

第一种为导电的石墨层间填充化合物。是指各种原子、分子和离子与石墨反应，被插入石墨的薄层之间而形成具有导电性质的一类化合物。这类化合物保留石墨的高导电能力并且还有所增强。这是由于有的插入物把电子加入到石墨本身的导电能级上，使片层带负电荷；或者是由于拿走了成键电子，在片层中留下了能够迁移的带正电荷的“空穴”，因而能传导电流。有的石墨插入化合物还有超导性，例如 SbF_5-石墨的导电能力为石墨的 15 倍，它是甲基戊烷裂解和异构化的催化剂及制备氟碳化合物的润滑剂。

石墨与钾、铷、铯的蒸气生成一系列石墨夹层离子化合物：C_8Y、$C_{24}Y$、$C_{36}Y$、$C_{48}Y$ 和 $C_{60}Y$（Y=K，Rb，Cs）。在 C_8Y、$C_{24}Y$、$C_{36}Y$、$C_{48}Y$ 和 $C_{60}Y$ 中分别每隔一层、二层、三层、四层、五层碳原子插入一层 Y 原子；与 Y 原子层相邻的上下两层碳原子的排列方式相同；在 C_8Y 中，Y 原子形成三角形，Y 有 12 个等距的配位碳原子，即上层和下层各有 6 个碳原子；在 $C_{24}Y$ 中，Y 原子形成六角形网。

石墨还可以和 NH_3、R_4N^+、卤素、酸及金属卤化物等生成多种石墨夹层化合物。例如，石墨能与一些强酸反应而生成石墨盐，如 $C_{24}^{+}HSO_4^{-} \cdot 2H_2SO_4$，它是一种由于石墨层带有正电荷空穴，而引起导电性增强的石墨化合物。

第二种类型是氟和氧与石墨形成的石墨层间填充化合物。由于氟与氧的插入而使具有良好导电性的石墨转变为非电导。这些化合物中，氟和氧同石墨平面中的碳原子结合时，用到离域 π 键的电子，所以 π 电子体系被破坏，它们不导电，而且碳原子不再处于同一平面，而是呈波浪起伏状。将石墨悬浮在按体积比为 1∶2 的浓硝酸和浓 H_2SO_4的混合溶液中，加入固体氯酸钾氧化，可得到一种不稳定的，淡柠檬黄色的氧化石墨。石墨与 F_2 在 723K 时反应，得到一种灰色固体-聚-氟化碳 $(CF)_x$，它是一种能抗大气氧化的润滑剂。

2.2.3.3 多晶体碳

从无定形碳到完全的石墨晶体结构中存在着许多中间结构，其结构极其复杂，至今人们尚难以完全弄明白，需要人们不断地探索。在结构上常常将无定形碳到完全石墨晶体结构的中间结构（含有微晶）的物质称为多晶碳，以区别石墨和金刚石。

鉴于多晶碳的种类、结构、性质等的复杂性和繁多性，其应用领域也需要人们更进一步探索发现。

2.3 铝用炭素材料

2.3.1 铝用炭素材料的分类

目前，世界工业炼铝的方法有两种，一种是较普遍采用的氧化铝-冰晶石熔盐电解法，另一种是焦炭-铝土矿烧结矿冶还原法。铝用炭素材料按照其在铝冶炼过程中的作用可分为三大类：铝用炭素阳极、铝用炭素阴极和还原剂。炭素阳极材料用作铝电解槽的阳极，既把电流导入电解槽，又参与电化学反应，并不断消耗。阴极材料用作铝电解槽的内衬，用以盛装铝液和电解质，并把电流导出电解槽外，炭阴极理论上只破损而不消耗，在炭阴极上析出的一层铝液才是实际上的阴极。还原剂主要是在矿冶法炼铝过程中参与化学反应，将铝还原。具体分类详见图 2-4。

2.3.2 铝电解用炭素阳极

铝电解用炭素阳极的成分是碳元素，这些碳元素来自于生产原料石油焦、煤沥青等，并经过各种形式的加工处理，因此其结构形态有所区别。因为炭素阳极材料生产原料的来源不同，所含杂质的种类和含量也不相同。这些都会对炭素阳极在铝电解过程中的行为产生影响。

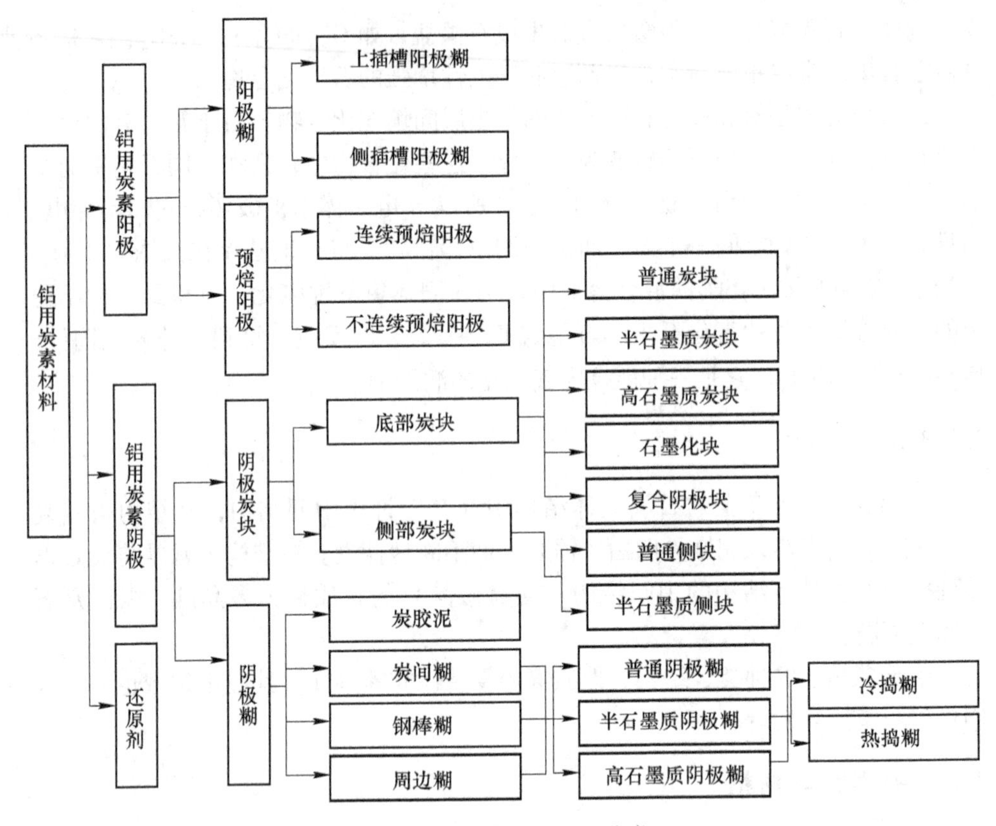

图 2-4　铝用炭素制品的分类

2.3.2.1　铝电解用炭素阳极的种类及作用

铝电解用炭素阳极材料分为两类：阳极糊和预焙阳极炭块。阳极糊是以石油焦、沥青焦为骨料，煤沥青为粘结剂制成的炭素糊料；用于连续自焙铝电解槽作阳极材料，因其粘结剂的含量高（超过24%），在铝电解槽上部被烧结成块之前呈糊状，故名阳极糊；阳极糊主要用于上插自焙铝电解槽和侧插自焙铝电解槽作阳极，鉴于我国自焙铝电解槽已基本淘汰，本书中将不对阳极糊进行赘述。预焙阳极炭块用作预焙铝电解槽的阳极，见图 2-5。

图 2-5　铝电解用预焙阳极

预焙阳极炭块是以石油焦、沥青焦为骨料，煤沥青为粘结剂经煅烧、配料、混捏、成形、焙烧工艺后而生产的炭块，作预焙铝电解槽的阳极材料。这种炭块已经过焙烧，具有稳定的几何形状，并作铝电解槽的阳极，故称预焙阳极炭块，习惯上又称铝电解用炭阳极。

预焙阳极炭块是预焙阳极铝电解槽的重要组成部分，其在铝电解过程中的主要作用为：参与铝电解过程中的电化学反应并把直流电流导入电解槽内；维持铝电解过程中的热平衡；维持铝电解过程中电磁场的相对稳定与平衡，尽力使电流分布均匀。

2.3.2.2 铝电解对预焙炭阳极质量的要求

铝电解用预焙阳极在预焙铝电解生产中起着非常重要的作用，特别是随着铝电解槽容量的大型化和全球性的节能减排要求越来越严格，对预焙阳极炭块质量要求也更加严格。

预焙阳极是铝电解的“心脏”。他的质量和工作状况不仅影响铝电解生产的正常运行，而且对电流效率、电能消耗，甚至产品质量等技术经济指标都有很大的影响。霍尔-埃鲁特冰晶石-氧化铝熔盐电解铝法，阳极采用炭素材料，在高温下参加电化学反应，部分裸露在高温氧化气氛中，被氧化，脱落、掉渣在电解质熔体中。电解质中存在一定量的炭渣，炭渣一方面产生，一方面被氧化消耗掉，当产生的量与消耗掉的量达到平衡时，对电解生产影响并不大。但由于国内铝电解用炭素所用的原料：石油焦、沥青焦、沥青分别是石油行业、煤炭焦化的副产品，并非专门为铝电解阳极所提供，质量得不到充分的保证。特别是沥青，质量更是不尽如人意。国内阳极生产设备工艺，远远落后于国外水平。预焙阳极质量差，电解生产中氧化、裂纹、掉块时有发生，炭渣不断积累，对生产构成了一定的影响。

在铝电解生产中，理论计算炭耗为333kg/t。而实际中，正常生产预焙槽炭耗一般为460kg/t，高出理论值38%。造成炭耗增加的原因主要是空气氧化烧损和阳极掉渣。在正常电解生产温度一般为940~950℃，阳极表面温度较高，槽内的热空气一接触裸露的阳极，就会迅速的被氧化燃烧。因此要求在阳极上覆盖一定厚度的氧化铝，不但保温而且阻止阳极与空气接触氧化，但即使氧化铝覆盖良好，仍有25%炭耗为阳极掉渣、掉角所致，而掉渣与预焙阳极的均匀性、机械强度、密实程度有直接关系。因此铝电解生产，使用高质量的预焙阳极，是降低阳极消耗、提高电流效率、降低电耗的关键。

为了满足铝电解工艺的各项技术要求，维持铝电解过程中的热、电、磁场的平衡，获得高效节能的经济效果，要求阳极具有良好的物理化学性能、良好的电化学性能等，预焙阳极在使用过程中必须具备如下基本条件：

（1）电阻率。电阻率低有利于降低电能消耗，阳极炭块电阻率一般小于

$60\mu\Omega \cdot m$。

（2）表观密度。较高的表观密度有利于抵抗冰晶石-氧化铝电解质熔盐的侵蚀，降低气体渗透、减少与 CO_2 和空气的反应消耗。炭块表观密度一般不小于 $1.52g/cm^3$。

（3）机械强度。在铝电解过程中，预焙阳极上部要加盖足够量的氧化铝覆盖料，其周围有凝结的电解质，在阳极运行和更换阳极时都要承载负荷，因此对预焙阳极的机械强度有一定的要求。炭阳极块的耐压强度应不小于30MPa。

（4）真密度。炭素材料的真密度是衡量材料的热处理温度及导电性的重要指标，炭阳极真密度指标一般在 $2.04 \sim 2.08g/cm^3$。

（5）杂质含量。铝用炭素材料中的杂质不仅影响电解铝的铝质量，而且也影响铝用炭素材料的性能。因此，要求尽可能降低阳极材料的杂质含量，一般不超过1%。

（6）与 CO_2 气体和空气的反应性能。铝用炭素材料在950℃左右的高温下使用。炭素阳极还处于铝电解反应所产生的 CO_2 气体和空气的包围之中。因此，抵抗 CO_2 气体渗透和降低其反应性和抗反应性成为铝用炭阳极的一项特殊性能要求。

铝用炭阳极的 CO_2 的反应性能指标为：

1）CO_2 的反应性残余率：不小于70%；

2）气化比率：小于20%；

3）脱落率：小于10%。

铝用炭阳极的抗空气反应性能指标为：

1）反应性残余率：不小于70%；

2）气化比率：小于20%；

3）脱落率：小于10%。

（7）要求阳极质量更均匀、更稳定，以求达到进一步稳定电解槽工作状态的目的。我国现行的预焙阳极质量标准（YS/T 285—2012），见表2-14。

表2-14　我国现行的预焙阳极质量标准（YS/T 285—2012）

牌号	理化性能							
	表观密度 /g · cm^{-3}	真密度 /g · cm^{-3}	耐压强度 /MPa	CO_2 反应性(残极率)/%	抗折强度 /MPa	电阻率 /$\mu\Omega \cdot m$	线膨胀系数 /K^{-1}	灰分含量 /%
	不小于					不大于		
TY-1	1.55	2.04	35.0	83.0	8	57	4.5	0.5
TY-2	1.52	2.02	32.0	73.0		52	5.0	0.8

我国现行的预焙阳极质量标准与国际标准仍有不小的差距，特别是空气、二氧化碳反应性、空气渗透率、微量元素含量等指标的要求上，我国应高度重视这

种差距，力求制定出更高的预焙阳极质量标准，满足并适应我国现代化铝冶炼和环保的新要求。我国现行的预焙阳极质量标准与国际标准的质量要求对比情况见表 2-15。

表 2-15 我国预焙阳极的标准与国际标准对比情况

理化指标		国内标准	国际标准	
		YS/T 285—2007	标准号	标准范围
灰分/%		≤0.80		0.2~0.5
表观密度/$g \cdot cm^{-3}$		≥1.50	ISO 12985-1	1.53~1.58
真密度/$g \cdot cm^{-3}$		≥2.00	ISO 9088：1997	2.05~2.10
电阻率/$\mu\Omega \cdot m$		≤60	ISO 11713：2000	52~60
线胀系数/K^{-1}		≤6.0×10^{-6}	ISO 14420	$(3.5\sim4.5)\times10^{-6}$
抗压强度/MPa		≥30	ISO 18515	40~45
抗折强度/MPa			ISO 12986-1：2000	8~14
空气渗透率/npm			ISO 15906	0.5~2.0
热导率/$W \cdot (m \cdot K)^{-1}$			ISO 12987	3.0~4.5
动态弹性模量/GPa			ISO 12986-1：2000	7~10
静态弹性模量/GPa				4.0~5.5
空气反应性/%	残余		ISO 12989-1：2000	70~90
	脱落			4~8
	损失			10~24
CO_2 反应性/%	残余	≤80 mg/($cm^2 \cdot h$)	ISO 12988-1：2000	84~95
	脱落			2~6
	损失			4~10
折断能量/$J \cdot m^{-2}$				250~350
微量元素	S/%		ISO 12980：2000	1.2~2.40
	Fe/ppm			100~500
	Si/ppm			100~300
	V/ppm			30~260
	Na/ppm			150~600
	Ni/ppm			80~200
	Ca/ppm			50~200
	Pb/ppm			10~50
	Zn/ppm			10~50
	K/ppm			5~30
	Mg/ppm			10~50
	F/ppm			100~400
	Cl/ppm			10~50

注：1ppm = 1×10^{-6}。

尽管我国预焙阳极的质量标准与国际标准有差距，但我国已是目前世界上最大的铝用预焙阳极供应商。我国为世界有关国家供应的铝用预焙阳极的质量典型指标见表 2-16。

表 2-16　我国出口炭阳极理化指标典型值

理化指标		俄罗斯（新）	美国炭阳极		德国炭阳极		AP-18 炭阳极
		保证值	保证值	标准值	保证值	典型值	保证值
体积密度/g·cm^{-3}		≥1.57	≥1.55	1.57	≥1.56	≥1.58	≥1.56
二甲苯中密度/g·cm^{-3}		≥2.04	≥2.06		≥2.06	≥2.08	≥2.07
热导率/W·(m·K)$^{-1}$			≤3.4		≤4.5	≤3.5	≤4.0
空气渗透率/npm			≤2		≤2.0	≤1.5	≤2.5
空气反应性	残余/%		≥80	88	≥92	≥95	≥91
	灰尘/%				≤5	≤3	
	损失						
CO_2 反应性	残余/%	≥89	≥85	88	≥88	≥90	≥86
	灰尘/%				≤6	≤5	
	损失						
电阻率/μΩ·m		≤58	≤60	58	≤58	≤56	≤58
抗压强度/MPa		32~45	≥35	40			≥38
抗折强度/N·m^{-1}					≥9.5	≥10.5	
灰分/%		≤0.5	≤0.5	0.30	≤0.5		≤0.5
微量元素	S/%	≤1.2	≤2.5	2.5	≤1.5	≤1.4	≤1.5
	Fe/ppm	≤600	≤450	450	≤400	≤330	≤450
	Si/ppm	≤600	≤250	250	≤300	≤250	≤275
	V/ppm	≤100	≤200	200	≤150	≤80	≤150
	Na/ppm	≤100	≤400	400	≤130	≤70	≤150
	Ti/ppm	≤30			≤100	<100	
	Ca/ppm	≤200	≤350				
	Ni/ppm		≤220	220	≤250	≤150	≤250
	Pb/ppm				≤100	<100	
	Zn/ppm				≤100	<100	

注：1ppm = 1×10^{-6}。

2.3.3　铝电解用炭素阴极

铝电解用炭阴极材料包括底部炭块、侧部炭块、连接炭块的阴极炭糊（周边糊、炭间糊、钢棒糊）和炭胶泥等。阴极炭块位于铝电解槽底部，其外部被耐火材料和钢壳包围和加固。炭阴极作为铝电解槽的最内层衬里，铝电解过程中的电化学反应就在其槽膛中进行，直接盛装电解质熔体和电解过程中析出的铝液；并将直流电流导出槽外，它是铝电解槽最重要组成部分之一，俗称铝电解槽的“肾脏”。用炭阴极材料组成的铝电解槽槽膛见图 2-6。

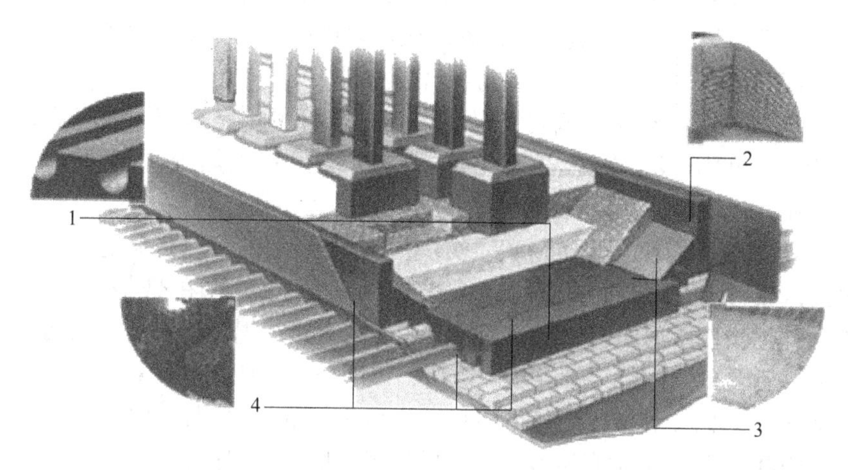

图 2-6 大型预焙铝电解槽内衬阴极材料结构图

1—阴极底块（无定形碳、石墨质、石墨化）；2—侧块（无定形碳、石墨质、石墨化）；3—捣固糊料（冷捣糊、热捣糊）；4—炭胶泥

铝电解生产对炭阴极的要求是耐熔盐及铝液浸蚀，有较高的电导率，较高的纯度和一定的机械强度，以保证电解槽的寿命和有利于降低铝生产成本。炭阴极的质量，安装质量及工作状况对铝电解的电流效率和电能消耗影响甚大。大型预焙铝电解槽的阴极电压降（又称炉底电压降）占铝电解槽工作电压的 8%～12%。在铝电解生产中，炭阴极在熔盐电解质和铝液的侵蚀及冲刷下会发生溶液渗透、选择吸收钠、生成碳化铝等物理化学作用及热应力作用，使炭阴极逐步产生变形、隆起和裂缝等，最终导致电解槽停产而要进行大修。炭阴极内衬破损需要进行大修的征兆为：铝中含铁量突然升高，炭阴极钢棒被铝液熔化，槽底电压显著升高，炭阴极内衬隆起严重，炭阴极电流分布严重不均，槽壳变形严重，危及正常操作等。

作为铝电解槽阴极结构的主要组成部分，阴极炭块在铝电解生产中既承担着阴极导电体的作用，要求具有良好的导电性能，又作为电解槽的主体内衬材料，要求其在高温下具有抵抗槽内冰晶石、氟化铝、氟化钠、氟化钙、氟化镁等电解质熔体侵蚀的能力，提高阴极炭块质量对延长铝电解槽寿命具有重要的现实意义。

2.3.3.1 铝电解用阴极炭块的种类及其性能要求

铝电解用阴极炭块的种类按照生产所用材料的不同，通常可分为四类：

（1）半石墨质阴极炭块。该炭块的骨料主要成分是半石墨质材料，粘结剂为沥青，成形后焙烧到1200℃左右。

（2）半石墨化阴极炭块。该炭块经过两步加热处理：一步是成形后阴极炭块在焙烧炉里焙烧；二步是经焙烧过的阴极炭块再送到石墨化炉内进行石墨化热处理，温度到2300℃左右，使其成为半石墨材料。

（3）石墨化阴极炭块。该阴极炭块具有与半石墨化完全相同的过程，不同的是焙烧而成的阴极炭块在石墨化炉中的最终石墨化热处理温度为2600～3000℃，使其炭块整体完全石墨化。

（4）无烟煤质炭块（无定形碳质炭块）。此类炭块的骨料是无定形碳（煅后无烟煤），或添加部分石墨质材料，成形后的阴极炭块在焙烧炉中焙烧到1200℃。此类炭块所用原料——无烟煤被煅烧的方式或温度的高低，又可分为如下两类：一类是低温煅烧无烟煤炭阴极块，该阴极炭块所用的原料主要是低温煅烧的无烟煤（用固体、液体或气体燃料燃烧后生成的燃气煅烧而成的），其煅烧温度约1300℃。第二类是高温煅烧无烟煤炭阴极块，该阴极炭块所用的主要原料为由电气煅烧炉生产的高温煅烧无烟煤（电极附近、靠近电极处煅烧温度高达2300℃，炉芯温度1600～1900℃。靠近炉壁1200～1300℃）。在电煅炉中，部分煅烧无烟煤被石墨化。

在上述的几种阴极炭块中，国内外最广泛使用的是无定形碳质阴极炭块，特别是电煅无烟煤阴极炭块。典型的铝用阴极炭块见图2-7。

图2-7 典型的铝用阴极炭块

2.3.3.2 铝电解对阴极炭块质量的要求

铝电解对阴极炭块质量和性能的总体要求是致密，没有空洞或裂纹，电导率高，阴极钢棒与炭块接触良好，且具有足够的硬度，能抵抗电解质与铝液的冲刷、磨蚀和侵蚀，膨胀系数较小，耐高温、确保在电解温度下不破裂等。要满足这些要求，除了对阴极炭块进行严格的质量控制外，还必须对各组成部分（如侧部炭块、炭缝糊料、炭胶等）提出严格的质量标准。对于侧部炭块要求，除比电阻不作规定外，其余与底部炭块相同；对炭素底糊和炭胶的质量要求为：灰分不大于12%，烧结后试样强度不小于15MPa，试样表观密度不小于1.4g/cm^3，含碳量不小于80%等。

铝电解用阴极在铝电解生产中同样起着非常重要的作用，特别是随着铝电解槽容量的大型化，要求电解槽寿命越来越长，炉底压降尽可能地小，对各种阴极炭块质量也有严格的要求。目前，铝电解用阴极炭素材料在铝电解过程中必须具备的基本条件如下：

（1）电阻率。阴极炭块的电阻率因阴极炭块种类的不同而存在着较大的差异，一般从10μΩ·m到40μΩ·m。

（2）表观密度。炭糊焙烧体的表观密度不小于1.36g/cm^3；炭块表观密度不小于1.55g/cm^3。

（3）机械强度。以炭素材料为主体构成的电解槽阳极重达几十吨，在电、热、熔盐的冲击下还要承载负荷。阴极炭块要承装几十吨的熔盐、铝液。因此，铝用炭素材料的机械强度要求比一般的炭素材料要高。阴极炭块的耐压强度应达到30~50MPa，炭糊焙烧体的耐压强度应为18~28MPa。

（4）真密度。阴极材料的真密度指标为1.84~2.20g/cm^3。

（5）杂质含量。阴极材料的杂质含量一般不超过10%。

我国和国际上现行的有关铝电解用阴极炭素材料的质量标准见表2-17~表2-22。

表2-17 《铝电解用半石墨质阴极炭块》（YS/T 287—2005）底部炭块理化性能要求

牌号	理化性能											
	灰分/%	真密度/g·cm^{-3}	表观密度/g·cm^{-3}	耐压强度/MPa	电阻率/μΩ·m	开气孔率/%	电解膨胀率/%	线膨胀率/%			杨氏模量/GPa	抗折强度/MPa
								250℃	500℃	950℃		
	≤	≥	≥	≥	≤	≤	≤	≤	≤	≤	≤	≥
TY-1	7	1.9	1.56	32	40	20	0.7	0.08	0.25	0.5	10	7.5
TY-2	8	1.88	1.54	30	43	21	1	0.08	0.25	0.5	10	7

表 2-18　《铝电解用高石墨质阴极炭块》（YS/T 623—2012）底部炭块理化性能要求

牌号	常规指标					参考指标			
	真密度 /g·cm^{-3}	表观密度 /g·cm^{-3}	电阻率 /μΩ·m	耐压强度 /MPa	灰分 /%	抗折强度 /MPa	杨氏模量 /GPa	线膨胀系数 (300℃)/℃$^{-1}$	钠膨胀率 /%
	≥	≥	≤	≥	≤	≤	≤	≤	≤
GS-1	1.91	1.56	39	32	8	10.0	10.0	4.2×10^{-6}	1.0
GS-3	1.95	1.57	35	24	5	7.0	7.0	4.0×10^{-6}	0.8
GS-5	1.99	1.57	30	24	4	7.0	7.0	4.0×10^{-6}	0.7
GS-10	2.08	1.59	21	26	2	7.5	6.5	4.0×10^{-6}	0.5

表 2-19　《铝电解用石墨化阴极底部炭块》（YS/T 699—2009）理化性能要求

牌号	理化性能								
	常规指标					参考指标			
	真密度 /g·cm^{-3}	表观密度 /g·cm^{-3}	电阻率 /μΩ·m	耐压强度 /MPa	灰分 /%	抗折强度 /MPa	杨氏模量 /GPa	热膨胀系数 /10^{-6}·K^{-1}	钠膨胀率 /%
	≥	≥	≤	≥	≤	≥	≤	≤	≤
SM	2.18	1.56	14	16	0.5	6	7	3.5	0.4

表 2-20　阴极炭块产品质量标准的比较

质量指标	石墨化阴极炭块				普通阴极炭块
	自行研制	Comalco 标准	德国 Sigri 公司	法国某公司	
真密度/g·cm^{-3}	2.18	2.13	2.2	2.19	1.88
表观密度/g·cm^{-3}	1.63	1.57	1.65	1.60	1.60
气孔率/%	28	<30	16~18	27	20
耐压强度/MPa	21.12	>17	30~40	21~23	32.5
电阻率/μΩ·m	11.81	<15	11~13	11~13	44.2
热导率/W·(m·K)$^{-1}$	113	>108	115~125	100~125	8
热膨胀系数/K^{-1}	2.22×10^{-6}	3×10^{-6}	$(2.2\sim2.5)\times10^{-6}$	$(2.5\sim3.0)\times10^{-6}$	4.13×10^{-6}
电解膨胀率/%	0.1	<0.3	0.2	0.03	1.2
灰分/%	<0.2	<1.5	0.3	0.25	7.07

表 2-21　30%左右石墨含量铝电解底部炭块送样检测结果统计表

质量指标	样本值	最大值	最小值	平均值	符合 GS-3 要求的值
表观密度/g·cm^{-3}，≥	45	1.66	1.57	1.61	45
真密度/g·cm^{-3}，≥	45	2.01	1.93	1.96	44

续表 2-21

质量指标	样本值	最大值	最小值	平均值	符合 GS-3 要求的值
温室电阻率/μΩ·m，≤	45	42	27	33	40
耐压强度/MPa，≥	45	41	23	30	44
抗折强度/MPa，≥	45	11.2	7.0	8.9	45
热膨胀系数/K^{-1}，≤	45×10^{-6}	4.1×10^{-6}	2.7×10^{-6}	3.3×10^{-6}	44×10^{-6}
热导率/$W\cdot(m\cdot K)^{-1}$	45	27	11	15	—
杨氏模量/GPa，≤	32	6.8	2.4	4.1	32
钠膨胀率/%，≤	45	0.65	0.38	0.53	45
开气孔率/%，≤	30	16.6	14.3	15.7	—
灰分/%，≤	45	4.76	2.35	3.57	42

表 2-22 部分国家铝用半石墨质阴极炭块的理化性能指标

质量指标	中国		挪威		法国某公司	德国某公司	日本某公司	
	BSL-1	BSL-2	无定形	半石墨质	HC3 30%AG	K2<20%AG	20-30%AG	AC-E
真密度/$g\cdot cm^{-3}$	1.9	1.87	1.85~1.95	2.05~2.15	1.94	1.96	1.95	1.87
表观密度/$g\cdot cm^{-3}$	1.56	1.54	1.50~1.55	1.60~1.70	1.55	1.59	1.53	1.54
总孔度/%	—	—	18~25	20~25	20.1	20.1	21.5	18
电阻率/μΩ·m	<40	45	30~50	15~30	31	33	28	35
热导率/$W\cdot(m\cdot K)^{-1}$	—	—	8~15	30~45	12	15	—	10
抗压强度/MPa	32	30	25~30	25~30	23	29	28	33
抗折强度/MPa	—	—	6~10	10~15	—	—	—	—
电解膨胀率/%	1.0	1.2	0.6~1.5	0.3~0.5	0.4	0.7	—	—
灰分/%	7	8	3~10	0.5~1.0	3.5	4.5	4	4

阴极炭块的主要性能指标包括热导率、电阻率、抗热冲击性能、抗冲蚀能力、抗压强度、抗 Ropoport 效应（抗钠渗透）等，表 2-23 为四类阴极炭块的基本性能。

表 2-23 四类阴极炭块的性能比较

项　目	一般无烟煤阴极炭块	电煅无烟煤阴极炭块	半石墨质阴极炭块	石墨化炭块
价格指数	1	0.8~0.9	1.5~1.7	2~3
热导率/$W\cdot(m\cdot K)^{-1}$	8~12	16~20	25~45	>100
电阻率/μΩ·m	55~65	40~50	20~25	10~15
抗热冲击性能	可以接受	较好	很好	最好
抗冲蚀能力	最好	好	较差	最差
抗压强度	高	高	次之	最次
抗 Rapoport 效应能力	—	好	好	最好

从表 2-23 可以看出，石墨化阴极炭块，无论是导电性能还是抗 Rapoport 效应的能力都是最好的，但其抗压强度和抗冲蚀能力最差，价格昂贵，筑炉费用较高。对半石墨质阴极炭块来说，其导电性能、抗热冲击性能以及抗 Rapoport 效应的能力均较石墨化阴极炭块差，但优于无定形炭质炭块，其缺点是抗冲蚀能力和抗压强度较差以及生产成本较高，半石墨质阴极炭块具有再生石墨电极的性质。无定形炭块具有抗冲蚀能力好、抗压强度高、生产成本低的优点，但其有电阻大、耐钠渗透能力差等缺点。

2.3.3.3 侧部炭块、阴极糊和炭胶泥

侧部炭块是用于砌筑铝电解槽侧部，构成电解槽侧部内衬主体——炉帮的炭质砌块。有时把侧部炭块和砌筑电解槽底部的底部炭块统称阴极炭块。现代大型预焙铝电解槽较普遍采用了碳化硅氮化硅复合砖替代了炭质侧部块。侧部炭块主要是作为电解槽抗侵蚀的内衬材料，并不作为导体；正常生产情况下不与熔融的电解质接触，其内表面凝结着一层电解质（炉帮），维持着电解槽的热平衡制度和电解槽的平稳运行。一旦电解槽过热或受其他条件的影响导致炉帮熔化，侧部炭块就会直接和熔融电解质接触并且被其冲刷或侵蚀，造成电解槽侧部破损，甚至漏炉；也会产生部分电流从侧部流过，造成电流的空耗。

根据外形结构分为普通侧部炭块和普通角部炭块及侧部异性炭块和角部异性炭块。侧部炭块不作为导体，而是作为槽子的抗侵蚀内衬材料。如按材质的差异可分为普通侧部炭块和半石墨侧部炭块。实践证明，侧部炭块石墨化程度越高，其散热性能和抵抗熔盐侵蚀的能力就越强，越有利于炉帮的形成，对延长电解槽的寿命就越有利，表 2-24 为普通侧部炭块和半石墨侧部炭块的理化性能指标。

表 2-24 《普通侧部炭块和半石墨侧部炭块的理化性能指标》
（YS/T 286—1999/287—2005）

炭块种类		灰分/%	耐压强度/MPa	表观密度/g · cm^{-3}	真密度/g · cm^{-3}
普通侧部炭块	TKL-1	≤9	≤32	≥1.54	≥1.86
	TKL-2	≤10	≤30	≥1.52	≥1.84
半石墨侧部炭块		≤8	≥31	≥1.56	≥1.9

现代大型预焙铝电解槽较普遍采用了碳化硅氮化硅复合砖作侧部材料，具有较高的导热性机械强度、抗冲刷、抗腐蚀和抗氧化能力较强、电阻率比较高，是一种较理想的电解槽侧部材料，但其价格较昂贵。

阴极糊是砌筑铝电解槽阴极内衬时用于连结阴极块与阴极块、阴极块与周边、阴极块与阴极导电钢棒间的必不可缺少的填充炭素材料，又称为捣固糊、扎糊或底糊。阴极糊与阴极炭块一样，都是电解槽底部的砌筑材料，由于它和阴极

炭块一样直接与熔融铝液和电解质接触，为了有效地提高电解槽的寿命，必须要求其具有与阴极炭块相似的性质，如灰分含量低，导电、导热性能良好，抵抗铝液和电解质的侵蚀效果好等。阴极糊与阴极炭块配套使用，普通炭块使用普通阴极糊，半石墨炭块使用半石墨阴极糊。在铝电解槽槽膛表面中，阴极糊的表面积（立缝、周边缝、人造伸腿）约占槽膛总面积的25%。表2-25为我国阴极糊理化性能指标。

表2-25 《铝电解用阴极糊的理化性能指标》（YS/T 65—2012）

牌号	电阻率 /μΩ·m	挥发/%	耐压强度 /MPa	表观密度 /g·cm^{-3}	真密度 /g·cm^{-3}	灰分/%	膨胀/收缩率/%	
							$\Delta L_A-\Delta L_B$	$\Delta L_A-\Delta L_C$
	≤		≥	≥	≥	≤	≤	≤
BSZH	—	7~11	17	1.46	1.87	7	0.85	0.95
BSTH	72	8~12	18	1.44	1.87	7	0.85	0.95
BSGH	72	9~14	25	1.46	1.89	4	0.75	0.85
GSZH	—	7~12	16	1.48	1.92	5	0.55	0.65
GSTH	65	8~13	16	1.48	1.92	5	0.80	0.95
GSGH	65	9~14	20	1.48	1.92	3	0.70	0.85
BSLD-1	—	9~13	18	1.44	1.87	7	0.70	1.04
BSLD-2	72	9~13	20	1.48	1.88	6	0.70	1.04
GSLD-1	—	9~13	16	1.46	1.89	5	0.68	1.02
GSLD-2	65	9~13	16	1.48	1.90	4	0.68	1.02

注：ΔL_A 表示糊料结焦期的膨胀/收缩率（稳态或最大值）；ΔL_B 表示恒温前最高温度点（950℃）时的膨胀/收缩率；ΔL_C 表示在最高温度点（950℃）恒温3h后的膨胀/收缩率。

炭胶泥在铝电解槽中是用于粘结电解槽侧部炭块的缝隙，有时为了减少阴极钢棒与阴极糊间的接触压降，也用于导电钢棒与捣糊的粘结剂。铝电解槽用炭胶泥是采用高温电煅无烟煤、石墨粉料和低软化点粘结剂（煤沥青与煤焦油的混合物）作原料，其基本配比是小于0.15mm的粉料和低软化点粘结剂各占50%。炭胶泥的质量指标见表2-26。

表2-26 炭胶泥的质量指标

灰分/%	≤5	固定炭/%	≤45
挥发分/%	≤50	针入度（20℃）/℃	450~650

2.4 铝电解用炭素材料在炼铝生产中的消耗

在铝电解生产过程中，由于所采用的冰晶石-氧化铝熔盐电解体系具有温度高、腐蚀性强等特点，以及炭阳极参与电化学反应等原因，铝用炭阳极和炭阴极消耗量非常大。迄今为止能够耐高温、抗腐蚀、价格低廉又具有良好导电性质的，唯有炭素制品。因此，铝工业上均采用炭阴极和炭阳极，甚至包括槽内衬。

2.4.1 铝电解用炭素阳极的消耗

自 1886 年发明冰晶石-氧化铝熔盐电解法生产铝至今，世界上尚没有完全研究清楚铝电解过程中的电化学反应机理（研究的困难很大），但总的反应结果是明确的。为此，对铝电解生产中的炭阳极消耗问题，只能根据最终的反应结果推断和计算。

（1）理论消耗。在铝电解过程中，炭阳极发生如下反应：

$$2Al_2O_3(diss)+3C = 4Al(l)+3CO_2(g) \tag{2-1}$$

$$Al_2O_3(diss)+3C = 2Al(l)+3CO(g) \tag{2-2}$$

维持上述反应（电流效率为 100%）所需的炭消耗量就是理论炭耗。

当只有反应式（2-1）进行时，吨铝阳极理论炭耗量为 333kg。

当只有反应式（2-2）进行时，吨铝阳极理论炭耗量为 667kg。

当阳极反应生成的气体有 30%为 CO 时（通常生产情况下），阳极理论炭耗量为 393kg/t(Al)。

（2）实际消耗。在铝电解生产过程中，炭阳极除了参与电化学反应而消耗以外，还存在着氧化燃烧、掉渣等诸多额外的影响因素导致阳极的消耗，这些因素引起的炭耗总和称为实际消耗。现代大型预焙槽吨铝阳极消耗约为 410~440kg。

（3）阳极毛耗和阳极净耗。生产 1t 原铝所消耗的阳极炭块的总量（包括残极）称阳极毛耗。除去残极后每生产 1t 原铝所消耗的阳极炭块量称为阳极净耗。

综上所述，不同消耗方式引起的炭耗份额列入表 2-27。

表 2-27 铝电解阳极炭耗份额

机 理	阳极消耗/%		机 理	阳极消耗/%	
	预焙阳极	自焙阳极		预焙阳极	自焙阳极
电化学消耗（基本消耗）： $2Al_2O_3(diss)+3C =$ $4Al(l)+3CO_2(g)$	70~81	56~68	机械消耗	0.3	3~4
化学消耗： 炭的氧化 $C(阳极)+O_2(g) \rightarrow CO_2(g)$ $2C(阳极)+O_2(g) \rightarrow 2CO(g)$	10~16	18~28	其他损耗（如：阳极杂质反应和残极回收炭损耗）	3~5	10~15
CO_2 燃烧 $CO_2(g)+C(阳极) \rightarrow 2CO(g)$	5~10		吨铝阳极炭净消耗/kg	0.40~0.45	0.5~0.55

（4）铝电解生产中阳极消耗的计算方法。从理论上计算，吨铝炭阳极消耗量应介于333~667kg之间。当阳极气体中CO占30%时，理论计算的吨铝炭耗量为393kg。由于阳极在铝电解过程中参与电化学反应被逐渐消耗，所以必须定期地更换阳极炭块。实践证明，大型预焙铝电解槽生产1t原铝所消耗的阳极炭块的总量（即毛耗）一般在480~510kg。除去残极后的吨铝净耗在410~440kg。在生产过程中，由于阳极的不断消耗而需要定期更换，同时，新更换到电解槽上的冷炭阳极并不能马上正常电流运行，需要有一个逐步升温和增加电流的过程。因此，为确定阳极更换周期和确定新阳极块的安装高度，有必要计算阳极的消耗速率，方法之一是通过计算炭块高度在单位时间内的减少量来衡量阳极炭块的消耗速率，从而确定阳极炭块的更换周期和新阳极安装高度。计算公式如下：

$$h = \frac{8.054 d_{阳} \times \eta \times w_0}{d_c} \times 10^{-3} \tag{2-3}$$

式中　h——阳极消耗速度，cm/d；

$d_{阳}$——阳极电流密度，A/cm^2；

η——电流效率，%；

w_0——阳极净消耗量，kg/t；

d_c——阳极体积密度，g/cm^3。

另外，诸多学者综合研究了各种因素对炭阳极消耗的影响，以预测工业炭阳极的消耗量。根据工业电解槽试验和经验数据建立了相应的数学模型，其中Peruchoud建立的数学模型较接近于实际，其模型是：

$$NC(净耗) = C + 334/CE + 1.2(BT - 960) - 1.7CRR + 9.3AP + 8TC - 1.5ARR \tag{2-4}$$

式中　NC——吨铝阳极净耗，kg，其范围为：400~500；

C——电流效率影响因素，其范围为：270~310；

CE——电流效率，其范围为：0.82~0.95；

BT——电解质温度，其范围为：945~985℃；

CRR——CO_2反应残存量，其范围为：75%~90%；

AP——空气渗透率，其范围为：0.5~5.0npm；

TC——热导率，其范围为：3.0~6.0W/(m·K)；

ARR——空气反应残存量，其范围为：60%~90%。

2.4.2　铝电解用炭素阴极的消耗

理论上，炭阴极是不消耗的，但在铝电解过程中，熔融电解质的腐蚀与冲刷、金属钠、铝液的渗透等，在重力、热力、电磁力等的综合作用下，阴极内衬会受到破坏，阴极一旦破损，电解槽就得被迫停产大修。大修时需要更换阴极内衬，消耗炭素阴极材料。国际上，运行先进的电解槽使用寿命在8~10年，一般在6年左右；我国电解槽使用寿命较短，一般在3~4年。

特别应该指出的是，铝电解过程中析出的钠对阴极材料的破损危害较大，这种危害称为Rapoport效应。即金属钠向阴极内部不断渗透，最终导致阴极炭块的破损。研究表明，Rapoport效应按如下的过程进行。

（1）在铝电解过程中电解槽阴极表面生成金属钠。金属钠主要是通过电化学反应生成的，也有是电解质中的氟化钠与电解产物金属铝按化学反应生成的：

$$Na^{+}+e = Na \quad （电化学反应） \tag{2-5}$$

$$Al+3NaF = 3Na+AlF_3 \quad （化学反应） \tag{2-6}$$

（2）阴极表面生成的金属钠通过炭素晶格和/或孔隙向阴极炭块体内扩散。

（3）金属钠扩散到炭素晶格层内，生成嵌入化合物 C_xNa，引起炭块膨胀和破裂。

铝电解槽由于Rapoport效应引起的钠膨胀除了与电解槽的温度，电解质成分和电流密度等因素有关外，还与阴极炭块的原料组成和结构特性有关。在铝电解过程中，尽力杜绝高电压运行，减少金属钠的析出以及控制所有原材料钠杂质的进入。

2.5 铝电解用炭素厂的建设与设计原则

铝用炭素厂在设计时，应注重考虑以下原则：

（1）应充分论证其可行性、先进性和发展前景。

1）要符合国家相关产业政策的要求，针对铝用炭素工业而言，鼓励高质量、高性能的节能环保材料的生产，满足铝工业发展的需要；

2）要服从于地区建设的整体规划和局域实际规划；

3）有利于节约投资、降低造价、提高综合经济效益；

4）有利于节能减排、注重环境保护和生态平衡、保护名胜古迹；

5）具有良好的交通运输、水、电、燃料以及辅助材料等的保障供应条件；

6）尽可能实现装备水平高、运营成本低；

7）产品必须要有市场。

（2）以市场需求和投资定规模的原则。要根据市场的实际和投资定规模，做到产品有销路，投资与规模相匹配，投资见效益。建设现代化工厂，不但要求具有一定的生产能力，而且要求工艺与设备的先进性，这二者相比，更应考虑工艺与设备的先进性。它不只是单一设备的先进性，而是整体设备的先进性及其相互的匹配。只有有了先进的设备，加上先进的技术和先进的管理及高素质的职工队伍，才能生产出优质的产品。因为产品的质量才是企业的生命线，是企业的立足点。所以在设计时应充分地注意这一点，还应注意建厂前后的资金平衡。切忌盲目投资。

（3）一次性设计的原则。工厂设计的步骤是：首先进行可行性研究，然后立项，再进行初步设计，即在确定投资额、产品品种与规格、产量以及产品市场后进行各车间、各工序的计算和设备选型，最后是施工设计。设计和施工建设与设备安装应是一次性完成，即所谓的一次性设计建设原则。一个工厂设计与施工建设期应远远小于正式生产的生产期，设计、施工建设期愈短愈好，以创造最佳的经济效益。若多次设计、多次施工，或边设计、边施工、边生产，不但施工受限制，而且影响正常生产。另一方面，虽然局部进行生产，若整体不能正常生产，它不能发挥整体的作用。若即使因故资金不能及时到位，需分二期施工，也应一次同时设计。

（4）铝用炭素厂设计应以成型机为核心的原则。通常说炭素生产“三炉一机”，应以机为核心，特别是采用挤压成型、等静压成型和振动成型。这是因为成型机的产量直接影响到产品的规格和产量。另一方面，成型机是重型机器，投资大。所以炭素厂设计时，应首先考虑成型机。对于预焙阳极生产，采用振动成型机成型，其投资虽然不如焙烧炉，但设计时仍然首先考虑振动成型机。

（5）防止出现瓶颈现象，整个生产流程中，各工序的生产能力应相匹配，防止出现瓶颈车间与设备。不能造成因为某个车间或工段及主要设备生产能力小，而造成制约整个生产系统或整个工厂的生产，造成不应有的浪费。

（6）设计时应满足产品品种和规格的要求，应满足生产工艺的要求，尽量采用新工艺、新设备。

（7）设计应考虑环境保护，尽量把工厂设计成园林式、花园式工厂。

（8）应具有较好的经济效益和社会效益。

3 铝电解用炭素制品的原料及物理化学性能

3.1 概述

铝电解用炭素阳极和阴极生产所用的原料分骨料和粘结剂两类，其中阳极骨料主要是石油焦和沥青焦；阴极部分（包括阴极炭块、侧部炭块、捣固炭糊及炭胶泥）的主体原料是低灰分无烟煤、沥青焦、冶金焦、天然石墨和人造石墨等。粘结剂包括沥青和煤焦油、蒽油、人造树脂等。现行工业生产中，无论是阳极生产还是阴极生产，所用的粘结剂基本是煤沥青。

原料的质量和性能直接关系和影响着产品的质量和性能。因此，控制原料质量对生产铝电解用炭素制品很重要。

3.2 铝电解用炭素制品的原料和辅助原料

3.2.1 石油焦

石油焦是铝用炭素制品的主要原料，它是石油炼制过程中的副产品。石油经过常压或减压蒸馏，分别得到汽油、煤油、柴油和蜡油等，剩下的残余物称为渣油。将渣油进行焦化便得到石油焦。

石油焦按其焦化前渣油的种类分为裂化焦和热解焦。裂化焦是以裂化工艺从加工石油产品的渣油中制得，而热解焦油由热解渣油制得；按焦化方法：延迟焦、釜式焦、流化床焦；按外观结构：球（丸）状焦、蜂窝状焦、针状焦，石油焦灰分比较低，一般小于1.0%，它在高温下容易石墨化，其特性对炭素材料的性能有很大影响。

石油焦从外观上看，其形状不规则，为大小不一的黑色块状颗粒，有金属光泽，颗粒具有多孔隙结构；主要的元素组成为碳，占有80%以上，其余的为氢、氧、氮、硫和金属。石油焦的形态和性能随工艺流程、操作条件及进料性质的不同是有所差异的。

目前，我国主要生产（釜式焦）延迟焦，各大炼油厂多采用延迟焦化设备，以便获得更多的石油产品，提高经济效益，改善劳动条件。

石油焦特殊的物理、化学及力学性质指标决定焦炭的化学性质，其物理性质中孔隙度及密度决定焦炭的反应能力和热物理性质。石油焦的质量评价指标主要包括：灰分、硫分、挥发分和1300℃煅烧后的真密度。具体指标见表3-1。

表3-1 中国延迟石油焦的质量标准

项 目	一号		二号		三号	
	A级	B级	A级	B级	A级	B级
水分/%	≤3.0	≤3.0	≤3.0	≤3.0	≤3.0	≤3.0
灰分/%	≤0.3	≤0.5	≤0.5	≤0.5	≤0.8	≤1.2
硫分/%	≤0.5	≤0.8	≤1.0	≤1.5	≤2.0	≤3.0
挥发分/%	≤10	≤12	≤12	≤15	≤16	≤18
真密度/$g \cdot cm^{-3}$	≥2.08	≥2.08	≥2.08	≥2.08		
粉焦含量/%	≤3.0	≤3.0	≤3.0	≤3.0		

注：1. 延迟石油焦的真密度是指1300℃煅烧5h的真密度；2. 石油焦的粉焦含量是指8mm以下。

3.2.1.1 石油焦质量

我国是石油消耗大国，近年来国产石油和进口石油基本各占总消耗的50%左右；随着我国经济的快速发展，石油焦的需求量在逐年增长，2018年我国石油焦年产量达到2760万吨。对于我国铝工业而言，电解铝发展迅速，2018年我国电解铝产能达到4600万吨，实际产量为3580.2万吨，铝电解工业年需求石油焦约2000万吨。

现代电解铝的技术不断发展，国家对环保要求日趋严格，铝电解的高效、节能和产品的高质量等，要求铝用炭素制品的质量也越来越高；由于石油裂解和蒸馏技术的不断进步，石油的来源地复杂，生产出的石油焦质量越来越差和不稳定。世界范围内的石油焦的质量正在逐步恶化，能用来生产铝用炭素材料的优质石油焦的比例正在下降。铝用炭素工业的生产如何应对石油焦质量的变化是全球铝工业共同关注的问题。

国产石油的含硫量相对较低，而进口石油的硫、钒含量较高，特别是使用中东石油的炼油厂生产的石油焦含硫量高达3%~7%。而我国从中东进口的石油量越来越多，国产高硫焦的比例也逐渐增加。进口石油生产的生焦用于铝用炭素生产，除了含硫量高、污染严重、使炼油设备造成腐蚀的问题外，还由于其钒等有害元素含量高，能强烈催化碳与二氧化碳、空气的氧化反应，造成由其生产的炭阳极消耗增加。近年来铝用石油焦质量下降情况体现为：

（1）石油焦中硫、钒、钠、钙、镍、铁、硅等的含量，近年来不断上升，且波动大，有的达到无法应用的程度。如：石油焦含硫3%~6%，有的达8%以上；钒、钠、镍、钙的含量超过400×10^{-4}%，有的达到1000×10^{-4}%以上。

（2）同一个生产厂家，石油焦质量波动较大。如：石油焦硫含量，上旬含量1.1%，下旬变为4.0%；挥发分波动7%～17%，碱金属含量波动（50～500）$\times10^{-4}$%；有的石油焦中金属含量超过1000$\times10^{-4}$%，水分波动5%～11%。

（3）球状焦，高沥青含量焦时有出现。

（4）1mm以下的细粉焦比例不断增多。个别高达40%的比例。

石油焦质量指标的巨大波动，给预焙炭阳极生产造成很大困难，是铝用炭素工业面临的一个重要的亟待解决的难题。表3-2铝电解用炭阳极用石油焦质量变动情况。

表3-2　铝电解用炭阳极用石油焦质量变动情况

时间段	硫	钒	钙，钠	1mm以下
1998年前后	0.8%～1.5%比较稳定	80$\times10^{-4}$%以下，比较稳定	100$\times10^{-4}$%以下，稳定	小于5%
2003年前后	1.0%～2.0%	(80～150)$\times10^{-4}$%小波动变化	(100～250)$\times10^{-4}$%小波动变化	5%～15%
现在	1.5%～4.0%个别5%以上，变化大	(150～300)$\times10^{-4}$%个别400以上，变化大	(250～350)$\times10^{-4}$%波动变化大	30以上个别40%以上

我国因区域和原油提炼工艺技术上的不同，石油焦质量存在区别，具体差异见表3-3。

表3-3　我国不同产地的石油焦质量

属　性	典型值	区域1	区域2	区域3	区域4	进口
水分/%	5～10	0.2～3.5				
挥发分/%	10～12	10.0～14.2				
S/%	0.4～2.8	0.42	0.46	1.38	1.78	4.49
V/$\times10^{-4}$%	25～280	14	34	55	49	531
Ni/$\times10^{-4}$%	40～180	63	382	199	159	129
Si/$\times10^{-4}$%	40～200	99	505	176	194	15
Fe/$\times10^{-4}$%	40～320	106	217	172	167	114
Na/$\times10^{-4}$%	25～100	41	38	25	18	37
Ca/$\times10^{-4}$%	15～100	56	501	236	256	44

我国近年专门开展石油焦煅烧的企业迅速成长，即专门从事以生焦为原料，煅烧生产煅后石油焦的专业厂家，生焦和煅后焦的质量对比见表3-4。

表 3-4 生石油焦与煅后石油焦的性质

性 质	生石油焦	煅后石油焦
表观密度（−8～+14 目(−2262～+1168μm)）/g · cm^{-3}	0.6～1.1	0.65～1.12
真密度/g · cm^{-3}	—	1.92～2.08
电阻率/Ω · cm^{-1}	—	0.09～0.11
灰分/%（质量分数）	0.1～0.7	0.15～0.70
铁/%（质量分数）	0.01～0.02	0.01～0.04
钒/%（质量分数）	0.004～0.1	0.004～0.100
镍/%（质量分数）	0.005～0.04	0.005～0.04
硫/%（质量分数）	0.2～6	0.2～6
氢/%（质量分数）	1～5	0.1～0.4
挥发分/%（质量分数）	5～15	0.2～0.5

3.2.1.2 石油焦质量对铝用炭素制品和铝电解生产的相关影响

石油焦质量直接影响着铝用炭素制品的生产、质量和铝电解生产的运行及技术经济指标，要完全研究清楚尚需进一步开展工作，在这里只做简要介绍。

石油焦挥发分影响炭素生产煅烧炉窑的稳定和结焦率，挥发分过大或过小均影响煅烧炉窑生产时的热平衡，造成煅后焦的质量不稳定。

石油焦水分影响煅烧炉窑的热效率和稳定性，石油焦的水分在炉子中要被加热到1200℃，水分过大或过小影响炉子温度，水分过大易与酸性气体反应生成酸而腐蚀炉窑体等。

石油焦粉料含量，尤其是 1mm 以下（甚至有 0.25mm 以下的粉料过多）含量过多会影响炉子的生产效率和配料配方，对炭素制品的质量带来一定影响。

石油焦硫含量影响环保、结焦率、阳极的导电性和铝电解电流效率等，要求硫含量越低越好。

石油焦金属含量，主要是钒、钠、镍、硅、钙等，它们影响阳极的气体反应性，金属含量增多其气体反应性增大，进而影响炭耗和电解槽稳定。金属含量，特别是铁和硅含量影响电解铝的质量，钠对电解槽寿命有较大影响。

石油焦的密度与结构、电阻率等指标影响炭素制品的质量以及电解铝的电耗、炭耗等。

鉴于上述原因，控制和提高石油焦的质量具有重要意义。

3.2.1.3 我国石油焦供应情况

随着我国经济的快速发展，石油焦产品的产量和消费量急剧增加。2000 年，全国石油焦总产量 452 万吨，到 2018 年达到约 2760 万吨，年平均产量增长率为 10.57%。

据统计，到 2018 年年底我国石油焦主要的生产地区和厂家见表 3-5。

表 3-5　我国石油焦主要生产地区和厂家

生产区域	生产厂家	实际年产能/万吨	生产区域	生产厂家	实际年产能/万吨
东北	锦州石化	26.4	华南	茂名石化	35
	锦西石化	36		北海石化	55
	抚顺石化	42	华东	高桥石化	60
	大庆石化	14.4		泰州石化	25
	吉林石化	21.6		金山石化	30
	宝来石化	28.8		金陵石化	50
	华锦通达化工	30		东营华联	10
	盘锦浩业化工	14.4		海科瑞林	30
	缘泰石化	12		亚通石化	30
	锦源石化	28.8		东营联合	60
	辽河石化	24		济南炼化	30
新疆	塔河炼化	98		齐鲁石化	40
	乌鲁木齐石化	28		青岛炼化	40
	独山子石化	27		青岛石化	20
	克拉玛依石化	23		滨阳燃化	30
西北	玉门炼化	12		永鑫化工	20
	兰州石化	30		昌邑石化	30
华北	大港石化	27		东明石化	80
	石家庄炼化	25		东方华龙	30
	沧州炼化	22		齐润化工	25
	鑫海化工	20		富宇化工	10
	燕山炼化	70		海科化工	10
华中	武汉石化	45		恒源石化	20
	长岭石化	36		华星石化	30
	荆门石化	35		汇丰石化	30
	金澳科技	25		金诚石化	30
	洛阳石化	26.4		京博石化	46.8
	九江石化	36		垦利石化	20
西南	云南石化	30		胜利油田	16.2
	龙海石化	25		齐成石化	7

续表 3-5

生产区域	生产厂家	实际年产能/万吨	生产区域	生产厂家	实际年产能/万吨
华东	清沂山石化	30	华东	恒邦石化	25
	海右石化	12		镇海石化	35
	岚桥石化	18		中金石化	40
	中海外能源	25		联合石化	10
	胜星化工	7		泉州石化	50
	鲁清石化	40		舟山石化	50
	万通石化	15		鑫岳化工	10
	友泰科技	18		天弘化学	25
	玉皇盛世	25		中海沥青	20
	正和集团	30		鑫泰石化	20
	弘润石化	30		华祥石化	10
	清源石化	12		安庆石化	30
	扬子石化	80		镇海炼化	100
	新海石化	25	总　计		2660.8

据统计，除上表之外，2018 年已开工建设的石油焦产能为 760 万吨/年，主要在山东、江苏、辽宁、甘肃、新疆等省自治区。

3.2.2 沥青焦

沥青焦是一种含灰分和硫分均较低的优质焦炭，其颗粒结构致密、气孔率小、挥发分较低、耐磨性和机械强度比较高；沥青焦是以煤沥青为原料，采用高温干馏（焦化）的方式制得。沥青焦虽然也是一种易石墨化焦，但与石墨焦相比，经过同样的高温石墨化后，真密度略低、电阻率较高、线膨胀系数较大。沥青焦是生产铝用炭素阳极和阳极糊的原料，也是生产石墨电极、电炭制品的原料。我国沥青焦的质量指标见表 3-6。

表 3-6　我国沥青焦质量指标

项　目	指　标	项　目	指　标
水分/%	≤3.0	挥发分/%	≤1.0
灰分/%	≤0.5	真密度/$g \cdot cm^{-3}$	≥1.96
硫分/%	≤0.5	粉焦含量/%	≤4.0

3.2.3 煤沥青

煤沥青是煤焦油加热蒸馏等处理后的剩余产物，是铝用炭素制品的粘结剂。

炼焦时得到的煤焦油，经预热和脱水后置于蒸馏釜内加热蒸馏，在 180℃前蒸馏出来的成分是轻油，180~230℃之间蒸馏出来的是中油，230~270℃之间蒸馏出来的是重油，270~360℃之间蒸馏出来的是蒽油，蒸馏釜最后留下的残余物是煤沥青。

煤沥青的组成很复杂，其中含有几十种脱氢化合物，常温下其密度为 1.25~1.35g/cm^3，呈黑色固体状态，在固态时，没有明显的结晶状态，属于无定形体，加热到一定温度时呈软化态；温度升高，黏度降低，当温度到达一定值后，则黏度趋于稳定。

根据软化点的不同分为低温沥青（又称软沥青，软化点低于 75℃）、中温沥青（软化点在 75~95℃之间）和高温沥青（又称硬沥青，软化点高达 95~120℃）。

在铝用炭素材料制品中所使用的煤沥青主要有中温沥青和改质（高温的）沥青两类。其质量指标见表 3-7~表 3-9。

表 3-7　中温沥青和高温沥青的质量指标

指　标	中温沥青	高温沥青	指　标	中温沥青	高温沥青
软化点/℃	75~95	95~120	灰分/%	≤0.3	
甲苯不溶物/%	15~25		挥发分/%	≤60~70	
喹啉不溶物含量/%	<10		水分/%	≤5.0	5.0

随着铝用炭素生产技术的发展，特别是由于先进的预焙阳极生产设备的使用，迫切要求应用具有高结焦值、低黏度、高强度的高质量煤沥青，以满足高质量优质阳极生产和现代大型铝电解工艺的需要。改质沥青质量指标见表 3-8。

表 3-8　YB/T 5194—2015 改质煤沥青标准

项　目	指　标			
	高温改质沥青			中温改质沥青
	特级	一级	二级	
软化点（环球法）/℃	106~112	105~112	105~120	90~100
甲苯不溶物含量（抽提法）（质量分数）/%	28~32	26~32	26~34	26~34
喹啉不溶物含量（质量分数）/%	6~12	6~12	6~15	5~12
B 树脂含量（质量分数）/%，不小于	20	18	16	16
结焦值（质量分数）/%，不小于	57	56	54	54
灰分（质量分数）/%，不大于				
水分（质量分数）/%，不大于	1.5	4.0	5.0	5.0
钠离子含量/$mg \cdot kg^{-1}$，不大于	150	—	—	—
中间相（≥10μm）（体积分数）/%，不大于	0	—	—	—

大量研究证明，阳极被空气和 CO_2 优先氧化的部分是所谓粘结剂基体，即沥青和细炭粉的混合物，此现象被称为选择氧化，所以选择优质的沥青是制造优质阳极的关键。世界有关国家和公司的预焙阳极所用的粘结剂已由中温沥青改换成改质沥青，其质量指标见表 3-9。

表 3-9 有关国家和公司预焙阳极用改质沥青的主要质量指标

国家及厂名	S. P. /℃	BI/%	QI/%	β-树脂含量/%	固定炭含量/%	灰分/%	水分/%	真密度/g·cm^{-3}
美国大湖公司	102	29（甲苯不溶物）	13.2	—	—	—	—	1.315
日本三菱公司	90~115	31~38	8~14	>22	>52	<0.3	<5	—
英国标准	95±3	32	12~15	—	59	<0.3	—	1.32
德国吕特格公司	80~90	25~35	6~14	>19	>50	<0.3	—	>1.3
加拿大铝业公司	114~120	—	11~16	>17	>58	<0.3	—	>1.3
中国某铝业公司	98~108	33~37	<12	≥22	54~59	≤0.3	<3	—

3.2.3.1 沥青粘结剂的作用

沥青是一个很复杂的碳氢化合物的混合体，它分成若干组分：高分子组分（α 组分）、中分子组分（β 组分）和低分子组分（γ 组分）。

沥青中起粘结作用的主要是中分子组分。因此，沥青中的中分子组分含量的多少对沥青的性能起着重要的作用。一般认为沥青中的中分子组分的含量在20%~35%时才能制得合格的炭石墨制品。中分子组分有一个最重要的特性就是不溶于苯（或甲苯），但溶于蒽油，据此测定沥青中的中分子组分含量。

体现沥青质量的另一个重要指标是结焦残炭值。它是指沥青在隔绝空气的条件下，加热到 800℃，干馏 3h，排除全部挥发分后残留的总碳量，也称固定碳。沥青中的挥发分含量越高，其固定碳含量越低。喹啉不溶物含量高的沥青，具有较高的密度与较高的焦化值，因此在热分解时留下较多的残余炭。

沥青用作粘结干料炭粒，使成型后的阳极糊粘结成一个整体，并在热分解时填充空隙。沥青在铝用阳极中的用量是根据生阳极的适宜密度和焙烧后阳极的最大密度、最高强度、最小电阻率、最大抗透气性和最强抗氧化性决定的。当生阳极在焙烧时，在温度范围 400~600℃内发生粘结作用，大量挥发分冒出，残留在阳极中的焦炭具有孔状结构，所以在该温度范围内宜缓慢升温；当挥发份基本冒出和固化后，需要焦化过程，升温速度应加快，焙烧的最终温度越高，由沥青所形成的焦炭的表面积越小，因而它的反应能力较小，其导电性和强度增强。

不同软化点的沥青对不同炭素骨料的吸附能力是有区别的，见表 3-10 不同软化点沥青的吸附力（180℃）。

表 3-10　不同软化点沥青的吸附力（180℃）

沥青软化点/℃	表面张力/10^{-5} N·cm^{-1}	生焦（挥发分 4.87%）		煅后焦（挥发分 1.35%）		生无烟煤（挥发分 10.87%）		煅烧无烟煤（挥发分 1.35%）	
		$\cos\theta$	吸引力/10^{-5} N·cm^{-1}	$\cos\theta$	吸引力/10^{-5} N·cm^{-1}	$\cos\theta$	吸引力/10^{-5} N·cm^{-1}	$\cos\theta$	吸引力/10^{-5} N·cm^{-1}
44.0	40.8			0.903	36.8				
47.2	42.2	0.914	38.6	0.914	38.8				
61.0	49.6	0.892	44.2	0.914	45.3	0.892	44.2	0.903	44.8
64.3	52.0	0.853	44.4	0.892	46.4	0.884	46.0	0.899	46.3
73.0	61.1	0.779	47.6	0.792	48.4	0.829	50.7	0.887	54.2
84.1	91.1	0.763	69.5	0.774	70.6	0.898	81.8	0.906	82.5

注：θ 为前进接触角。

在实际生产过程中，根据产品的质量要求、生产工艺技术的要求和经济效益方面，综合考虑选择合适种类的沥青。

3.2.3.2　我国煤沥青的供应

煤沥青是炼焦工业的副产品。随着我国钢铁工业的发展和西方工业国家冶金焦生产能力下降，我国冶金焦产量迅猛增加，从而使我国迅速成为煤沥青生产的大国。2018 年，我国煤沥青产量达到 550 万吨。

我国煤沥青生产行业的特点是规模小、布局分散，主要分布在东北、华北、华东、中南和西南地区，近年山东、山西省产能增加较快。据统计，我国到 2018 年底煤沥青生产厂家及产能分布情况见表 3-11。

表 3-11　2018 年我国煤沥青产能分布

省自治区、地区	厂家数量/家	年产能/万吨
新疆	4	90
内蒙古	3	83
山东	9	195
山西	11	177.5
河北	3	35
东北	3	40.44
河南	6	150
西北	3	75
湖北	1	25
云贵川	4	30.5
苏沪	2	55
全国	49	956.44

近年来，由于国际原油价格的大幅攀升，燃料重油价格随之不断高涨，煤系燃料油已在玻璃窑炉、耐火材料、铝用炭阳极焙烧窑等行业替代重油使用。沥青与杂酚油配制成燃料油，也有将煤焦油直接作为燃料，因此造成煤沥青供应紧张，价格持续上涨。煤沥青市场供应紧张和价格上涨对铝用炭素工业影响较大。

3.2.4 冶金焦

冶金焦是高炉焦、铸造焦、铁合金焦和有色金属冶炼用焦的统称。由于90%以上的冶金焦均用于高炉炼铁，因此往往把高炉焦称为冶金焦。冶金焦是生产各种炭块、炭电极以及各种电极糊、阴极糊等的主要原料，也是生产铝用阴极材料的主要原料，它在生产阴极制品生产配方中约占20%~30%。此外，还作为焙烧炉的填充料、石墨化炉的保温材料和电阻料。冶金焦是几种炼焦煤按照一定的配比在炼焦炉中高温干馏焦化而得到的一种固体残留物。

冶金焦的物理性质包括筛分组成、真密度、表观密度、气孔率、比热容、热导率、热应力、着火温度、线膨胀系数、收缩率、电阻率和透气性等。冶金焦的物理性质与其常温机械强度、热强度和化学性质密切相关。冶金焦的主要物理性见表3-12。

表3-12 冶金焦主要物理性质

指标名称		指标值
真密度/$g \cdot cm^{-3}$		1.8~1.95
表观密度/$g \cdot cm^{-3}$		0.88~1.08
气孔率/%		35~55
平均比热容/$kJ \cdot (kg \cdot K)^{-1}$	100℃	0.808
	1000℃	1.465
热导率/$kJ \cdot (m \cdot h \cdot K)^{-1}$	（常温）	2.64
	900℃	6.91
着火温度（空气中）/℃		450~650
干燥无灰基低热值/$kJ \cdot g^{-1}$		30~32
比表面积/$m^2 \cdot g^{-1}$		0.6~0.8
硫含量不大于/%		0.8
挥发分/%		0.8~1.2

在铝用预焙阳极生产过程中，炭阳极的焙烧较普遍采用了冶金焦作为填充材料。目前，每生产一吨炭阳极消耗冶金焦约30kg。

3.2.5 电煅煤

电煅煤是采用电炉高温而成，具有低灰、低硫、低磷、高发热量、高抗压强度的特点，是生产电极、各种铝用阴极炭块不可缺少的主要材料。

电煅煤的主要用途：优质电煅煤主要用于制造铝冶炼所需要的半石墨质阴极炭块或捣糊和制造高档电极，优质普煅煤主要用于制造矿冶炉所用的电极和高档增碳剂产品，增碳剂主要用于钢铁冶炼做还原剂、增碳剂。

电煅煤、普煅煤和增炭剂技术指标见表3-13。

表3-13 电煅煤、普煅煤和增炭剂技术指标

品种	规格	固定碳/%	灰分/%	挥发分/%	水分/%	硫分/%
电煅煤		>93	<5	<0.5	<1	<0.3
普煅煤	0.2	>94	<5	<1	<1	<0.3
增碳剂		>98.0	<1	<1	<0.3	<0.5

20世纪80年代前，我国铝电解槽用阴极炭块、全部采用罐式炉或回转窑煅烧的无烟煤，此种普煅无烟煤的煅烧温度仅为1250~1350℃的普煅煤，电阻率为1000~1300μΩ·m，导电、导热、耐化学侵蚀性能差，热稳定性差，生产出的阴极炭块电阻率高，抗钠侵蚀能力差，在铝电解过程中，造成铝电解槽阴极底部隆起、阴极压降增大，造成电解槽破损而停槽大修。

20世纪80年代，我国引进日本日轻公司160kA电解槽及电煅炉技术，通过消化吸收使我国掌握了电煅炉生产电煅煤的技术。使用电煅炉煅烧无烟煤，煅烧温度可达1700~2200℃，电煅无烟煤为半石墨质，其耐化学侵蚀性和高温下体积热稳定性有了很大的改善。与普煅无烟煤相比，电煅烧无烟煤具有良好的导电性、导热性能，耐化学腐蚀性，完好的尺寸稳定性，热膨胀系数较小，灰分含量相对较低，强度较高等特性。实践证明，用电煅煤生产的阴极炭块作铝电解槽内衬时，其电解膨胀率明显小于普煅无烟煤炭块，且电阻率较低，强度较高。因此，优质铝电解槽阴极炭块和阴极糊等产品的生产通常主要用电煅无烟煤做原料。

现代大型预焙铝电解槽普遍采用电煅煤加石墨碎生产高石墨质炭块。表3-14为我国不同厂家生产的电煅煤的质量指标。

表3-14 我国不同厂家生产的电煅煤质量指标

编号项目	灰分/%	挥发分/%	真密度/$g \cdot cm^{-3}$	粉末电阻率/μΩ·m	硫分/%
厂家1	5.05	0.77	1.83	759.2	0.516
厂家2	8.39	0.72	1.86	887.3	0.685
厂家3	3.74	0.69	1.9	550.5	0.15

3.2.6 无烟煤

煤是古代植物埋藏在地下，在细菌作用及一定的温度和压力下逐渐变质而得到的含碳量很高的矿物。自然界中有泥炭、褐煤、烟煤和无烟煤。变质程度越高，则煤的含碳量越高，颜色逐渐变深，密度逐渐增大，硬度和光泽也逐渐增强。

无烟煤（anthracite），俗称白煤或红煤，是变质程度较深的一种煤。无烟煤固定碳含量高，有机质含量少，密度大，硬度大，燃点高，燃烧时火焰短而少烟；黑色坚硬，有金属光泽，不结焦。一般含碳量在90%以上，挥发物在10%以下。无胶质层厚度。热值约26877~32604kJ/kg。有时把挥发物含量特大的称做半无烟煤；特小的称做高无烟煤。无烟煤是生产铝用阴极材料和冶金用高炉炭块、电极糊等产品的主要原料。

目前，我国生产采用的优质无烟煤主要来自于山西阳泉矿区和晋城矿区、河南焦作矿区、宁夏石嘴山汝箕沟矿区、贵州织金矿区和湖南金竹山矿区。其中，宁夏回族自治区石嘴山市汝箕沟的无烟煤质量最优（低灰、低硫）。

炭素生产原料的无烟煤必须具备以下4个要求：

（1）灰分含量要低。生产各种炭块的无烟煤灰分应在8%以下，生产电极糊的无烟煤灰分应小于10%

（2）要有足够的机械强度，经过一定时期储存后也能保持较高的机械强度。

（3）热稳定性要高。

（4）硫含量要小。

炭素生产用无烟煤质量指标要求如下：

（1）灰分：小于等于10%；硫分：小于等于2%；水分：小于等于3%。

（2）块度：大于等于50mm。

（3）抗磨试验（大于40mm残留量）大于等于35%。

无烟煤是生产铝用炭素阴极部分所需的电煅煤的原料，它是自然界中的泥煤经过煤化作用，逐渐形成褐煤、烟煤等变质煤，再进一步深度煤化达到高度变质（含炭量达到90%以上）而形成无烟煤。无烟煤典型的质量指标见表3-15。

表3-15 生产炭素材料用无烟煤的质量指标

项目	灰分/%	挥发分/%	硫分/%	水分/%	抗磨强度大于4mm残量/%
一级	≤10.0	≤7.0	≤2.0	≤3.0	≥35.0
二级	≤11.0	≤7.0	≤2.0	≤3.0	≥35.0

炭素材料工业使用的无烟煤应是块状的低灰的，无烟煤指标无标准。

3.2.6.1　我国无烟煤资源

我国煤炭资源丰富，煤炭储量仅次于美国和俄罗斯，居世界第三位。2002年底，我国煤炭经济可采储量为1886亿吨。其中，无烟煤的储量居世界第一，探明地质储量约1400亿吨，且分布地区广泛，在全国有20多个省（直辖市、自治区）都不同程度地赋存有无烟煤资源。其中，以山西省的无烟煤储量居全国首位，达500×10^8吨以上。贵州是我国无烟煤资源的第二大省，无烟煤储量占全国的20%以上。其中，织金-纳雍煤田的储量就达150×10^8吨。河南省的无烟煤资源居我国第三，其探明地质储量占全国的5%以上。我国无烟煤资源较多的还有宁夏、四川、重庆、福建、湖南、北京、河北、辽宁等省、自治区、直辖市。

虽然我国无烟煤资源非常丰富，但是可用于铝用炭素工业的无烟煤是有限的，目前已知的有宁夏、贵州、云南、山西等省的部分无烟煤，由于其复杂和灰分含量低，煅烧质量好，能够满足生产铝电解槽用阴极炭块的要求。

3.2.7　天然石墨

据美国地质调查局（USGS）统计，2017年世界天然石墨储量为2.7亿吨。其中，80%集中分布在土耳其、巴西、中国。

生产石墨制品以及多数炭制品一般不使用天然石墨，但是天然石墨可以用来生产天然石墨电极、电池炭棒和电刷、石墨坩埚、石墨质阴极块等多种产品。

天然石墨可分为结晶较为完善的鳞状石墨和块状石墨。我国有丰富的石墨矿资源，但由于灰分过高（主要是硅、铅、铁等氧化物），有时灰分含量高达50%以上，影响在炭素工业中的使用。天然石墨是一种重要的不可再生矿产资源，天然石墨相对于人造石墨，其结构一般为普通的层状，结构稳定性较差，充放电过程中与电解液的兼容性较差，容量较低，石墨是一种特殊的晶体。是层状结构，在同一层中，有许多许多非碳原子，一个碳原子和3个碳原子相连，形成很多很多各层正六边形。

3.2.7.1　天然石墨的主要性质

石墨是碳的结晶体，是一种非金属材料，色泽银灰，质软，具有金属光泽。莫氏硬度为1~2，真密度在2.2~2.3g/cm^3，表观密度一般为1.5~1.8g/cm^3。

石墨的熔点极高，在真空下到3000℃时才开始软化的趋向熔融状态，到3600℃时石墨开始蒸发升华，一般的材料在高温下强度逐渐降低，而石墨在加热到2000℃，其强度反而较常温时提高一倍，但石墨的耐氧化性能差，随着温度的提高石墨氧化速度逐渐增加。

石墨的导热性和导电性相当高，其导电性比不锈钢高4倍，比碳钢高2倍，比一般的非金属高100倍。其导热性，不仅超过钢、铁、铅等金属材料，而且随温度升高导热系数降低，这和一般金属材料不同，在极高的温度下，石墨甚至趋于绝热状态。因此，在超高温条件下，石墨的隔热性能是可靠的。

石墨具有良好的润滑性和可塑性，石墨摩擦系数小于0.1，石墨可展成透气透光薄片，在高强石墨硬度很大，以至用金刚石刀具都难以加工。

石墨具有化学稳定性，能耐酸、耐碱，耐有机溶剂的腐蚀。

3.2.7.2 天然石墨的用途

由于石墨具有很多优良的性能，在近代工业用途非常广泛，主要在如下方面：

（1）耐火材料。石墨及其制品具有耐高温、高强度的性质，在冶金工业中主要用来制造石墨坩埚，在炼钢中常用石墨作钢锭之保护剂冶金炉的内衬。

（2）导电材料。在电气工业上用作制造电极、电刷、碳棒、碳管、水银整流器的正极，石墨垫圈、电话零件，电视机显像管的涂层等。

（3）耐磨润滑材料。石墨在机械工业中常作为润滑剂。润滑油往往不能在高速、高温、高压的条件下使用，而石墨耐磨材料可在-200~2000℃温度中和在很高的滑动速度下不用润滑油工作。许多输送腐蚀介质的设备，广泛采用石墨材料制成活塞杯，密封圈和轴承，它们运转时勿须加入润滑油。石墨乳也是许多金属加工（如拔丝、拉管）时的良好的润滑剂。

（4）多个领域中替代金属材料。石墨具有良好的化学稳定性，经过特殊加工的石墨，具有耐腐蚀、导热性好，渗透率低等特点，大量用于制作热交换器，反应槽、凝缩器、燃烧塔、吸收塔、冷却器、加热器、过滤器、泵设备。广泛应用于石油化工、湿法冶金、酸碱生产、合成纤维、造纸等工业部门，可节省大量的金属材料。

（5）铸造、翻砂、压模及高温冶金材料。石墨的热膨胀系数小，能耐急冷急热的变化，可作为玻璃器的铸模，使用石墨后黑色金属得到铸件尺寸精确、表面光洁、成品率高，不经加工或稍作加工就可使用，可节约大量金属和生产成本。在生产硬质合金等粉末冶金工艺上，通常用石墨材料制成压模和烧结用的舟。单晶硅的晶体生长坩埚，区域精炼容器，支架夹具，感应加热器等都是用高纯石墨加工而成的。此外，石墨还可作真空冶炼的石墨隔热板和底座，高温电阻炉炉管，棒、板、格栅等元件。

（6）用于核工业和国防工业。石墨是良好的中子减速剂，在原子反应堆中，铀—石墨反应堆是目前应用较多的一种原子反应堆。作为动力用的核反应堆中的减速材料应当具有高熔点、稳定、耐腐蚀的性能，石墨完全能够满足要求。作为核反应堆用的石墨纯度要求很高，杂质含量不应超过几十个$\times 10^{-4}\%$。特别是其

中硼含量应小于 $0.5\times10^{-4}\%$。在国防工业中用石墨制造固体燃料火箭的喷嘴，导弹的鼻锥，宇宙航行设备的零件，隔热材料和防射线材料等。

（7）用于防止锅炉结垢。试验表明，在水中加入一定量的石墨粉（每吨水大约用 4~5g）就能防止锅炉表面结垢。另外石墨涂在金属烟囱、屋顶、桥梁、管道上等可以防腐防锈。

（8）制造铅笔芯、颜料、抛光剂。石墨经过特殊加工以后，可以制作各种特殊材料用于有关工业部门。如不透性石墨，定向高密度石墨，石墨纤维布等。

3.2.8　炭黑

碳黑（carbon black），又名炭黑，是一种碳原子排列不规则的无定形碳，具有很高的纯度，灰分小于 0.3%，轻、松而极细的黑色粉末，比表面积非常大，范围从 10~3000m^2/g，是含碳物质（煤、天然气、重油、燃料油等）在空气不足的条件下经不完全燃烧或受热分解而得的产物。比重 1.8~2.1g/cm^3。由天然气制成的称"气黑"，由油类制成的称"灯黑"，由乙炔制成的称"乙炔黑"；此外，还有"槽黑""炉黑"。按炭黑性能区分有"补强炭黑""导电炭黑""耐磨炭黑"等。可作黑色染料，用于制造中国墨、油墨、油漆等，也用于做橡胶的补强剂。

炭黑是一种用途广泛的化工产品，主要用于橡胶、树脂、印刷油墨、涂料、电线电缆、电池、纸张、铅笔、颜料等的生产，而作为各种橡胶特别是轮胎用橡胶的补强剂，炭黑最主要的用途是用于汽车轮胎的制造。在汽车轮胎行业中，炭黑用量占到炭黑使用总量的 67.5%，一条轮胎的重量 30%是炭黑。随着橡胶价格的波动，轮胎行业盈利普遍较差，但人均收入的提高及未来新车销售量的衬托将继续驱动轮胎行业产量稳定增长，炭黑的实际需求目前不会出现萎缩，炭黑在轮胎成本中占比不到 10%，需求弹性小。用于制取电阻系数大、机械程度高、纯度高的各向同性的炭制品。另外，在制造高密度的炭素制品时，加入少量的炭黑，约 10%，可以填充焦炭颗粒之间的微小空隙，起到密实和补强的作用。

我国炭黑产能主要分布在山东、河北、天津、宁夏省市自治区，2016 年国内炭黑实际产量约 407 万吨，同比增长 4.22%；2017 年，国内炭黑实际产量约 368 万吨。炭黑生产对空气污染严重，2016 年下半年以来，环保高压导致炭黑生产成本上升和供给收缩，驱动炭黑价格一路上涨。综合来看，预计未来炭黑行业盈利性将持续。

3.2.9　石墨碎

石墨碎/石墨电极碎在不同的资料中对石墨碎的定义也不同，有些资料和文献把石墨颗粒不是很大的都称为石墨碎（如石墨粉），有的说法是石墨产品有一定的大小，成块状为石墨碎，我们这里说的石墨碎为第二种，通常又称为石墨块。石墨碎产生来源于石墨制品石墨化和机加工过程。是用作添加剂和导电材料在炼钢和铸造工业的石墨废料，也可以根据客户要求尺寸加工。它们还被广泛用于电弧炉（炼钢）和电化学炉（冶金和化学工业）。

石墨碎的物理化学性质与成品石墨电极一样，主要是灰分低、导电性能好。配比10%~20%的石墨碎可以用作炼钢时的增炭剂或生产石墨塑料管。

石墨碎的粒度一般分为4~0mm和通风粉两种，是生产高石墨质、全石墨质阴极炭块的重要原料。在铝电解阴极材料生产中加入部分石墨碎可以改善阴极炭块的导电、导热性能，提高阴极炭块抗电解质和抗钠的腐蚀性能，有利于提高电解槽的寿命，降低阴极压降。在生产铝电解阴极材料时加入部分石墨碎可以改善糊的塑性，在挤压时可减少糊料对挤压嘴的摩擦阻力，有利于提高压形时生块的成品率，增加各工序阴极炭块的表观密度等。表3-16是我国不同石墨碎的质量指标。

表3-16 不同石墨碎质量指标

项目编号	灰分/%	挥发分/%	真密度/$g\cdot cm^{-3}$	粉末电阻率/$\mu\Omega\cdot m$	硫分/%
石墨碎1	0.90	0.67	2.20	76.8	0.062
石墨碎2	0.76	0.63	2.19	97.2	0.058
石墨碎3	0.22	0.58	2.21	86.5	0.035

3.2.10 煤焦油

煤焦油是生产煤沥青的原料，它是在干馏煤制焦炭和煤气时的副产物，是一种黑色或褐色黏稠液体，具有萘和酚的特殊气味，是多种碳氢化合物的混合物。根据煤焦化温度不同，煤焦油又可分为高温焦油和低温焦油两种。

在碳和石墨制品的生产中，很少单独用煤焦油作粘结剂，一般都是和煤沥青配合使用的，用来作为煤沥青的稀释剂以降低沥青的软化点。石墨制品需要浸渍时，有时为了降低沥青的黏度可加入适量的煤焦油或蒽油。这种与煤焦油或蒽油混合的沥青降低黏度后，其流动性得到提高，易于浸入焙烧半成品的气孔中。

为保证焦炭质量，选择炼焦用煤的最基本要求是挥发分、粘结性和结焦性；绝大部分炼焦用煤必须经过洗选，以保证尽可能低的灰分、硫分和磷含量。选择炼焦用煤时，还必须注意煤在炼焦过程中的膨胀压力。用低挥发分煤炼焦，由于其胶质体黏度大，容易产生实高膨胀压力，会对焦炉砌体造成损害，需要通过配煤炼焦来解决。煤焦油的质量指标见表3-17。

煤焦油是焦化工业的重要产品之一，产量约占装炉煤的3%~4%，组成极其复杂，多数情况下由煤焦油专业生产厂家进行分离、提纯后加以利用，煤焦油各

表 3-17 YB/T 5075—2010 煤焦油的质量指标

项 目	指 标	
	1号	2号
密度/g·cm^{-3} (20℃)	1.15~1.21	1.13~1.22
甲苯不溶物（无水基)/%	3.5~7.0	≤9.0
恩氏黏度/80℃	≤4.0	≤4.2
灰分/%	≤0.13	≤0.13
水分/%	≤3.0	≤4.0
萘含量（无水基)/%	≥7.0	≥7.0

馏分进一步加工，可分离出多种产品，可提取的主要产品有：

（1）萘：用来制取邻苯二甲酸酐，供生产树脂、工程塑料、染料、油漆及医药等用。

（2）酚及其同系物：用于生产合成纤维、工程塑料、农药、医药、燃料中间体、炸药等。

（3）蒽：制蒽醌染料、合成揉剂及油漆。

（4）菲：是蒽的同分异构体，含量仅次于萘，有不少用途，由于产量大，尚需进一步开发利用。

（5）咔唑：是染料、塑料、农药的重要原料。

（6）沥青：是焦油蒸馏残液，为多种多环高分子化合物的混合物。用于制屋顶涂料、防潮层和筑路、生产沥青焦和电炉电极等；是铝用炭素工业的重要原料，作为粘结剂。

3.2.11 蒽油

蒽油是煤焦油组分的一部分，通过蒸馏煤焦油切取280~360℃的馏分经冷凝后得到的褐色黏稠液体。蒽油的组成为：蒽为5.26%，菲为22.46%，蒽和菲的高沸点衍生物占42.70%、咔唑6.02%、苊5.68%。使用蒽油的目的与使用煤焦油相同，也是为了降低煤沥青的软化点或黏度。

蒽油的主要理化性质：呈黄绿色油状液体，室温下有结晶析出，结晶为黄色，有蓝色荧光，能溶于乙醇和乙醚，不溶于水，部分溶于热苯、氯苯等有机溶剂，有强烈刺激性。遇高温明火可燃，蒽的熔点217℃，密度1.24g/mL，沸点345℃，自燃点540℃，闪点121.11℃（闭杯），爆炸极限：下限0.6%，可燃，并有腐蚀性，属有机腐蚀物品。

工业上主要应用于制造涂料、电极、沥青焦、炭黑、木材防腐油和杀虫剂等的原料；用于提取粗蒽、芘、芴、菲、咔唑等化工原料；用于配置碳黑原料油、筑路沥青或燃料油等；也用于木材防腐和制取用于制蒽醌染料，可制合成鞣剂及油漆。蒽油质量指标见表3-18。

表 3-18 GB 8353—87 蒽油质量指标

指标名称	指　　标
馏程	大气压力 101.325kPa
≤300℃前馏出量	≥15%（容）
≤360℃前馏出量	≥50%（容）
水分%	≤1.0
密度（20℃）/$g \cdot cm^{-3}$	1.07

3.2.12 人造树脂

人造树脂具有一定弹性、塑性、强度、耐化学腐蚀性、绝缘性、绝热性等特征的一种高分子有机化合物，如酚醛树脂、环氧树脂等。

人造树脂中使用最多的是具有热固性的酚醛树脂，由于它具有良好的工艺性能，并且还可以根据不同的工艺需要配制成不同的黏度，因此它被广泛地用于碳素工业作为粘合剂。

人造树脂用来作为碳、炭素和石墨制品的粘结剂和浸渍剂，还直接作为某些制品的原料。

3.3 铝用炭素制品的物理化学性能

铝用炭素制品，无论是阳极部分，还是阴极部分，其物理化学性能决定着在铝电解中的作用，也是判断产品质量好坏的指标参数，非常重要。

3.3.1 物理性能

铝用炭素制品的物理性能指标，包括但不限于真密度、表观密度、气孔率、气体渗透率、力学性能、电磁性能等参数。

3.3.1.1 真密度与表观密度

炭和石墨材料属于多孔物质。衡量多孔物质的密度有两种表示方法：真密度与体积密度。

（1）真密度。

真密度是不包括孔度在内的单位体积材料的质量，单位是 g/cm^3，真密度一般用 d_u 表示。一般情况下，预焙阳极的真密度为 2.03~2.05g/cm^3，阴极炭块的真密度为 1.85~1.90g/cm^3，真密度的大小可以反映出它受热处理的程度，相应了解它的导电性、抗氧化性等。真密度的检测方法有三种，分别是溶剂置换法、气体置换法和 X 射线衍射法，其中最常用的是溶剂置换法。见表 3-19。

表 3-19　几种炭质材料的真密度

炭素物料	真密度/g · cm^{-3}	备　注
1300℃煅后石油焦	2.02~2.08	2.05~2.08
1300℃煅烧无烟煤	1.75~1.85	
电煅烧无烟煤	1.80~1.90	2000℃以上
冶金焦	1.95~2.03	
预焙阳极炭块	2.03~2.05	
半石墨阴极炭块	1.90~2.00	
石墨电极	2.20~2.25	

（2）表观密度。

表观密度是包括气孔在内的单位体积材料的质量，单位是 g/cm^3。表观密度可以表示材料或制品的宏观组织结构的密实程度。制品的气孔率越大，表观密度越低，则宏观组织越疏松。测定表观密度的方法是：将成品或半成品加工成一定尺寸的试样（立方体或圆柱体）然后称量，求出单位体积的重量。表观密度一般用 d_k 表示，可按下式求得：

$$表观密度\ d_k = 试样重量(g) \div 试样体积(cm^3)$$

预焙阳极的表观密度一般为 1.50~1.65g/cm^3。

表观密度的大小在一定程度上影响制品的力学性能和热力学性质。碳和石墨制品的体密度与使用原料的性质有关，与配料的颗粒组成及粘结剂用量关系更大，与混捏条件，压型压力，焙烧和石墨化温度都有一定的关系，经过浸渍的产品表观密度可显著提高。

3.3.1.2　气孔率和结构性质

（1）气孔率。

各种炭质原料及碳和石墨制品，从宏观上看是由固体物质和气孔两部分组成。气孔率就是指样块中的气孔体积占样块体积的百分比。样块中的气孔按其形式可以分为闭口气孔、开口气孔和贯通气孔三种类型。

（2）孔径的分布。

用水银气孔率可以测定不同的孔径分布和分布比例。孔径大小的分布对浸渍作业与制品的透气率有一定的影响。如用沥青浸渍，在一定条件下，仅能对大于250nm 的大孔起作用，而对中小气孔及微孔则几乎不起作用，可见第一次浸渍假比重的提高效果明显，第二次及第三次浸渍效果就要差一些，以后效果就越来越小。

若样块的总体积为 V，闭口气孔的总体积为 V_1，开口气孔的体积为 V_2，贯通气孔总体积为 V_3，则样块的全气孔率和显气孔率分别为：

$$全气孔率 = \frac{V_1 + V_2 + V_3}{V} \times 100\% \tag{3-1}$$

式中 V——试样总体积，m^3；

V_1——闭口气孔体积，m^3；

V_2——开口气孔体积，m^3；

V_3——连通气孔体积，m^3。

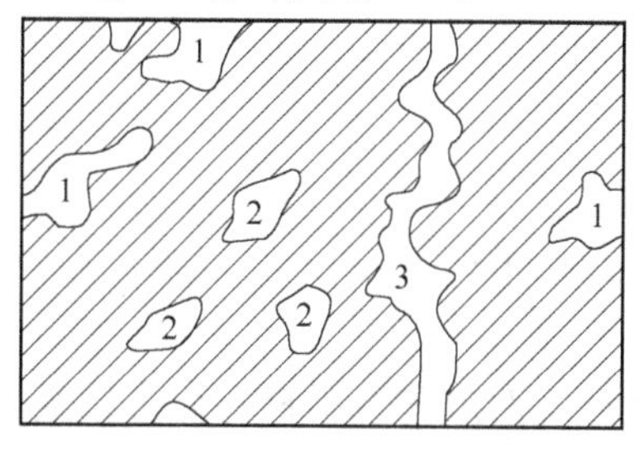

1—开口气孔
2—闭口气孔
3—贯通气孔

$$显气孔率 = \frac{V_2 + V_3}{V} \times 100\% \tag{3-2}$$

全气孔率可以由真密度与表观密度计算求得，其计算公式如下：

$$nop = \frac{d_u - d_k}{d_k} \times 100\% \tag{3-3}$$

式中 d_u——真密度，g/cm^3；

d_k——表观密度，g/cm^3。

3.3.1.3 气体渗透率/空气渗透率

由于炭和石墨制品是多孔材料，所以它们都能透过某些气体和液体。炭和石墨材料的渗透率，是在用一定的时间内，在一定压力下，气体透过一定断面和厚度试样的数量来表示的。

炭素阳极和阴极材料系多孔材料，在一定压力下的气体可以透过材料。炭素阳极的气体渗透率只与连通气孔的大小和形状有关，一般认为气体不能透过封闭气孔。因此，炭素阳极的气体渗透率与材料的气孔率没有数值上的比例关系。通常应用达尔绥定律测定气体渗透率，达尔绥定律的方程为：

$$V = \frac{B}{\eta} \cdot \overline{P} \cdot \frac{A}{L} \cdot \Delta P \tag{3-4}$$

式中 V——单位时间内通过多孔材料的气体体积，mL/s；

B——达尔绥常数；

A，L——被测材料气体流过的截面积和高度；

$\overline{P}$——气体流过材料中的平均压力，MPa；

ΔP——气体流过材料前后的压力差，MPa；

η——气体的黏度，Pa · s。

炭素阳极或阴极的气体渗透率测定采用空气作介质，称为空气渗透率。

$$D = \frac{V}{t} \cdot \frac{h \cdot Visc_{air}}{A \cdot \Delta p} \tag{3-5}$$

式中　D——空气渗透率，npm；

V——透过试样的空气体积，m^3；

t——体积为 V 的空气透过试样的时间，s；

A——试样的截面积，m^2；

h——试样高度，m；

Δp——空气流过材料前后的压力差，N/m^2；

$Visc_{air}$——空气黏度，Pa。

空气渗透率是表示材料透气性能的指标，对炭和石墨材料而言，其渗透率的大小，主要与它们的密实程度及孔径的分布情况有关。一般来说，材料的表观密度越大，其渗透率就越小；反之，就越大。同时，材料渗透率的大小，还取决于材料内部气孔的大小和贯通情况，也与气体（或液体）的压力及液体的黏度也有关。

3.3.1.4　力学性能

物体的力学性质是表示在一定条件下承受各种外力的能力，如抗压力、抗折力等。物体在外力（静载荷）作用下，而表现的抵抗变形或破裂的能力（极限抵抗能力）称为机械强度。机械强度用符号 δ 来表示，单位是：N/m^3 或 MPa、GPa。

机械强度：按外力对物体作用方向的不同，机械强度分为抗压强度、抗拉强度和抗弯强度等。

炭和石墨制品在不同方向上表现的力学性质常常是各向异性的，即在不同方向测得的数值不同。对挤压产品来说沿平行于试块挤压方向测得的数值，总是比沿垂直于挤压方向所测得的数值要大一些。而模压产品试样，加压方向测得的强度数值小于垂直于加压方向所测得的数值。

炭和石墨制品的机械强度，主要与下列因素有关：

（1）与原料的颗粒强度有关，原料的颗粒强度越大，成品的机械强度也越大。

（2）与配料的颗粒组成有关，一般来说，采用较细的颗粒组成（颗粒组成较细是指颗粒尺寸减小并多用于球磨料）可以提高产品的强度。

（3）与粘结剂的性质及用量有关，采用软化点较高的高温沥青比采用中温沥青所得的产品的强度大。配料时沥青用量过多或过少都会降低产品的强度。

（4）与原料的煅烧程度有关；升。

（5）与炭块等制品的焙烧程度有关；升。

（6）石墨化产品与石墨化程度有关；降。

（7）经过浸渍的产品比未经浸渍的强度要高，在一定限度内浸渍次数越多，越能提高强度。

3.3.1.5 弹性变形与弹性模量

在机械力学中，把固体材料受外力作用而产生变形，当去掉外力后仍能恢复到原来形状的性质称为弹性，这种变形称为弹性变形。按照胡克定律，在弹性限度内，材料所受的应力和它所产生的应变成正比。

表示炭素材料所受应力与产生应变之间关系的物理量，通常采用杨氏模量，有静态和动态两种测定方法。

静态弹性模量是将试样在万能材料试验机上施加静拉伸负荷，同时用引伸仪测定试样的弹性伸长量，然后用下式计算出弹性模量。

$$E = \frac{P \cdot Lo}{S \cdot \Delta L}(\mathrm{N/cm^2}) \tag{3-6}$$

式中 P——静拉伸载荷，N；

Lo——引伸仪标距，cm；

S——试样横截面，$\mathrm{cm^2}$；

ΔL——静拉伸载荷为 P 时试样的弹性伸长量，cm；

E——杨氏模量，$\mathrm{N/cm^2}$。

动态弹性模量是采用声频法测定，原理是超声波在试样内的传播速度与材料的密度和弹性有关。

3.3.1.6 热导率

炭素材料的导热是靠晶格原子的热振动传热的，晶格导热体，热导率是体现材料受热后引起变化关系的热学性质之一，可用下式计算：

$$\lambda = \frac{1}{3}C_v vL \tag{3-7}$$

式中 λ——热导率，W/(m · K)；

C_v——体积比热容，$\mathrm{kJ/(m^3 \cdot K)}$；

v——晶格波传递速度，m/s；

L——晶格波平均自由程，nm。

3.3.1.7　热膨胀现象与热膨胀系数

当物体温度发生变化时，物体的几何尺寸随之发生变化，受热时增大，冷却时减小（少数反常现象除外）；当物体受热时在某一方向上的线度变化叫（线）膨胀系数。固体的线膨胀系数都非常小，所以固体在0℃时的长度与通常在 t_1℃时的长度 L_1 相差很小，在温度变化不大的情况下，可以用 L_1 代替 L_0。

$L_2=L_0(1+\alpha t)$ 式中的 L_0 用 L_1 代替。

则：

$$\alpha=\frac{L_2-L_1}{L_1(T_2-T_1)}=\frac{\Delta L}{L_1\Delta T} \tag{3-8}$$

式中　α——线膨胀系数，K^{-1}；

L_1——试样在常温下的长度，mm；

L_2——试样在受热后的长度，mm；

T_2——试样加热温度，℃；

T_1——试验时常温，℃；

ΔL——线膨胀量，mm；

ΔT——试样加热温度与常温之差，℃。

炭素制品线膨胀系数的大小，直接影响制品本身在高温下使用性能，线膨胀系数越大的产品开裂的可能性越大。石墨制品的线膨胀系数与石墨化程度有关，石墨化程度越高，则产品的线膨胀系数越小。

炭和石墨制品的线膨胀系数也是具有各向异性的。如挤压产品平行于挤压方向的线膨胀比垂直方向小，通常差一倍或一倍以上。

3.3.1.8　耐热冲击性

炭和石墨制品在高温下使用时，能经受温度剧烈变化而不开裂的能力，称耐热冲击性或抗热震性。实践证明：炭和石墨制品的耐热冲击性的大小与制品线膨胀系数、导热系数、抗拉强度、组织结构、制品配方颗粒组成等因素有密切关系。

一般来说，制品的导热性越好，抗拉强度越大，线膨胀系数越小，弹性模量越小，其抗热震性能就越好，反之就越差。

材料在高温下使用时，能经受温度的剧变而不发生破坏的性能称为抗热震性。抗热震性也是体现材料受热后引起变化关系的热学性质之一。当温度剧变时，若材料不能及时把热量传走，材料表面和内部产生温度梯度，它们的膨胀和收缩不同而产生内应力，当应力达到极限强度时，材料就被破坏。为了提高制品的抗热震性应从减小热应力的产生、缓冲热应力的发展以及增强抗热应力的能力三方面综合考虑。

为了定量的反映材料抗热震性能的好坏，提出了抗热震性指标与耐热冲击参数。

$$R = \frac{P}{\alpha E}\left(\frac{\lambda}{C_p \cdot D_v}\right)^{1/2} \tag{3-9}$$

$$R^t = \frac{\lambda \cdot p}{\alpha \cdot E} \tag{3-10}$$

式中 R——抗热震性指标；

R^t——耐热冲击参数；

P——抗压强度，MPa；

α——线膨胀系数，1/℃；

E——杨氏模量，MPa；

λ——热导率，W/(m · K)；

C_p——定压比热容，kJ/(kg · K)；

D_v——体积密度，g/cm^3。

3.3.1.9 电阻和电阻率（比电阻）

阻碍导体导电能力的物理量称作导体的电阻。导体电阻的大小，与构成导体材料的性质有关（电阻率 ρ）、导体的长度成正比，与它的截面积成反比，即：

$$R = \rho \frac{L}{S} \tag{3-11}$$

式中 R——电阻，Ω；

ρ——导体的电阻率，也称比电阻，μΩ · m；

S——导体的截面积，m^2；

L——导体的长度，m。

炭和石墨制品的电阻有明显的方向性。对挤压成型的制品来说，试样沿平行于挤压方向测得的比电阻要比垂直方向小得多。见表 3-20。影响炭和石墨制品比电阻大小的主要因素有：

（1）原料（煅后焦）的比电阻越小，成品的比电阻就越小。

（2）在一定范围内，孔率小对产品比电阻影响不大，但孔率过大会提高比电阻。

（3）与焙烧温度有关，对预焙阳极炭块制品而言，焙烧温度高一些，则成品的比电阻就低一些，反之，成品的比电阻就高一些。

表 3-20　几种炭素煅烧后原料（粉末）和制品的比电阻

原料名称	比电阻/μΩ · m
石油焦	450～600
沥青焦	600～760
冶金焦	800～1000
煅烧无烟煤	1000～1400
烘干的人造石墨碎	250～350
石墨电极	7～13
炭阳极	50～65
半石墨质阴极炭块	35～45
普通阴极炭块	55～60

3.3.1.10　磁学性质

炭素阳极磁化后产生的磁场强度方向与外加磁场强度方向相反，所以它是一种抗磁性材料，其磁化率为负值。

3.3.2　化学性质

3.3.2.1　炭素材料的氧化反应

阳极材料在低温下不与空气、氧气等气体反应，随着温度的提高，其化学活性急剧增加。阳极材料大约是从 350℃ 开始氧化，石墨的氧化大约在 450～600℃ 左右。炭和石墨材料开始氧化的温度，会因原料的性质、矿物质的含量和热处理温度而略有不同。

在低温时主要是：$C+O_2 \longrightarrow CO_2$

在高温时主要是：$2C+O_2 \longrightarrow 2CO$　　$2CO+O_2 \longrightarrow 2CO_2$

碳在高温下氧化时，其生成物主要是 CO_2 和 CO 等气体。

在阳极材料氧化过程中内部晶体的完善程度、孔率、孔径是影响其氧化速度的主要因素，阳极材料中杂质含量的多少也是一个不可忽视的因素，这是因为许多微量元素如 Fe、Ca、Na、Ni、V、Cu、Mn 等在碳的氧化过程中，都会不同程度的起加速氧化过程——催化作用。因此，减少阳极材料中杂质元素的含量对降低阳极材料消耗十分重要。

在铝电解生产过程中，阳极底部存在一个明显的气膜层，发生碳与二氧化碳的气固反应，它的反应速度与气体分子向阳极内部扩散以及离子的迁移速度有关。如果阳极材料的气孔率过高，特别是开口气孔多，气体分子容易扩散到材料内部，参与反应的表面积大，氧化速度加快，提高阳极消耗的密度可有效降低氧化消耗。

3.3.2.2 碳化物和金属氧化物的生成

许多金属在高温下能与碳反应生成碳化物。金属氧化物则先在高温下被还原，然后生成碳化物，见表3-21。

表3-21 碳化物的生成及温度条件

元素	开始反应温度/℃	反应产物或效应
Al	800	Al_4C_3；在1400℃时反应强烈
Al_2O_3	1280	生成Al_4C_3
Be	900	Be_2C；在真空或氮中
BeO	960	生成Be_2C
Ca	218	Ca_3C；亚稳定的，CO_2不稳定
Fe	1550	Fe_3C
Hf	2000	HfC
Li	500	长时间反应后生成Li_2C_2，短时间内生成中间化合物
Mg	1100	接近镁的熔点时无反应
Mo	700	Mo_2C_3，在高于1200℃时形成MoC
Ni	1300	没有稳定的碳化物生成，在Ni中炭的溶解度为0.65%
W	1400	在H_2中生成WC和W_2C

开始起反应的温度高低，除了金属（氧化物）的物理化学性质外，还视反应物的颗粒大小而言，细磨的粉末相互混合，则在较低的温度下就开始反应。除（碱金属）Na、K、Rb、Cs和炭生成石墨层间化合物外，其余金属均与碳化合生成固体碳化物。

炭素材料除了与空气中的氧气反应外，还能和水蒸气、二氧化碳、卤素与磷酸、重铬酸混合液进行氧化反应。

在铝电解生产过程中，减少碳与其他杂质的反应对电解槽寿命的延长和提高生产运行效率十分有益。

3.3.2.3 氧化反应

炭素阳极在低温下，但随着温度的提高其化学活性急剧增加，大约从350℃开始氧化，在铝电解生产过程中，阳极底部存在一个明显的气膜层，发生炭与二氧化碳的气固反应，它的反应速度与气体分子向阳极内部扩散以及离子的迁移速度有关。如果阳极材料的气孔率高，特别是开口气孔多，气体分子容易扩散到材料内部，参与反应的表面积大，氧化速度加快，提高阳极的密度可有效降低氧化消耗。

3.3.2.4　碳化物的生成

在高温下，碳可以与 Fe、Al、Mo、Cr、Ni、V、Ti 等金属和 B、Si 等非金属反应生成碳化物。碳与碱金属、碱土金属、Al 及稀土类元素生成盐类碳化物，一般为绝缘体，大部分稳定性好。在停槽大修的阴极上容易看到黄色的碳化铝。试验表明：铁、铜及其他盐类等都能促进氧化反应，当铜、钾等含量达到（20~40）$\times 10^{-4}\%$时，石墨的氧化速度就会增加 6 倍；但硼、钛、钨等元素却能抑制氧化反应。

炭素材料除了与空气中的氧气反应外，还能和水蒸气、二氧化碳、卤素与磷酸、重铬酸混合液进行氧化反应。

在铝电解生产过程中，减少碳与其他杂质的反应对电解槽寿命的延长和提高生产运行效率十分有益。

4 现代铝用预焙炭阳极制造技术

4.1 概述

铝电解用炭阳极是指铝电解槽中与电源正极相联的炭质电极，包括预焙铝电解槽用的预焙炭阳极和自焙铝电解槽用的炭质阳极糊。在 20 世纪 90 年代中期之前，我国近 80%的电解铝生产采用自焙槽生产，根据导电棒的插入方式可将自焙槽分为侧插槽和上插槽，它们都使用炭质阳极糊作阳极，利用电解槽生产时的热量将阳极糊焙烧成炭块；自焙铝电解槽的炭阳极是连续的，需要对导电棒进行转接来实现电解过程。进入 21 世纪，我国自焙铝电解槽逐步在淘汰，截至 2010 年年底，我国已全部淘汰了自焙铝电解槽。因此，关于阳极糊生产工艺技术不再赘述，重点介绍预焙炭阳极的制造技术。

预焙炭阳极是采用预焙铝电解槽生产电解铝必不可少的材料之一，俗成铝电解槽的“心脏”。据统计，截至 2018 年年底，我国电解铝建成产能 4600 万吨/年，2018 年实际产量 3580.2 万吨，全国平均吨铝炭阳极毛耗为 495kg；2018 年全球电解铝产量为 6365.5 万吨，中国电解铝产量占全球比重从 2007 年的 32.36%增长至 2018 年的 56%。自 2001 年我国取代美国成为世界最大的电解铝生产国后，产量一直保持世界第一。

初步统计，目前我国现有大小规模不同的预焙阳极炭块生产厂家 142 家（包括铝电解厂自身配套的炭阳极厂），2018 年底我国铝用预焙阳极总产能为 3047 万吨/年，2018 年我国预焙阳极产量达到 1940.1 万吨，近 5 年来平均每年以 5.6%的增长速度发展，完全满足了我国铝工业快速发展的需要，铝用预焙阳极产量约占全球总产量的 58.2%，成为世界最大铝用炭素生产国。目前，我国国内年需求不同规格的预焙阳极炭块约 1900 万吨，年出口国外约 120 万吨。出口国家主要是马来西亚、欧洲、北美、中东和印度等国家和地区。随着我国电解铝工业结构性调整，预焙炭阳极也将根据需求进一步得到调整。

预焙炭阳极伴随着铝工业的发展而逐步发展起来。20 世纪 50 年代，发达国家用挤压和振动成型机制造大规模预焙阳极成功，预焙阳极开始逐步被广泛采用。20 世纪 70 年代末，我国从日本全套引进 160kA 预焙铝电解技术，以及配套的预焙阳极生产线，奠定了我国预焙阳极产业腾飞的基础。2011 年，国家发改委规定新建的独立预焙阳极项目年产须在 10 万吨以上，2013 年国家工信部又发布《铝行业规范条件》，规定禁止建设 15 万吨以下的独立铝用炭阳极项目，促进了国内规模化生产预焙炭阳极工业的发展。

我国由于独有的资源优势，拥有丰富的适合生产预焙阳极的炭素级石油焦，已成为全球预焙阳极的主要生产基地，预焙阳极产量约占全球预焙阳极产量的50%以上。目前，我国生产的预焙阳极有约45%是由独立的商用预焙阳极生产企业生产，每年出口的预焙阳极基本在120万吨左右。目前在全球范围内，电解铝厂配套的预焙阳极厂产量仍占预焙阳极总产量的大部分，但随着电解铝行业的市场规模越来越大、集中度越来越高，老旧铝厂升级步伐加快，铝工业对预焙阳极的质量要求越来越高，电解铝生产企业从规模化生产、资金利用效率、生产成本、管理成本、专业化程度等多种因素考虑，倾向于采用外购的方式来解决预焙阳极的供给。

我国铝电解工业普遍采用了现代大型预焙铝电解槽生产，随着我国铝工业的发展，我国铝用炭素工业也迅速得到发展，已形成了诸多规模大、装备水平高、生产质量优的专业预焙阳极炭块厂家，主要集中在原料供应基地和电解铝生产主产区，且我国目前已有多家预焙阳极厂家成为铝用预焙炭阳极出口供应商。

我国铝用预焙阳极生产技术日趋成熟，不管是专业炭素阳极厂，还是电解铝自身配套的炭素阳极系统，在工艺技术上较普遍采用了国内外先进、成熟的技术和成果；一般设备选择立足于国内，有关先进的关键性设备从国外引进，以满足预焙阳极制品质量的要求。预焙炭阳极生产工艺主要包括炭素原料仓库、沥青熔化工段、煅烧工段、破碎和筛分工段、配料工段、混捏工段、生阳极成型工段、焙烧工段及炭块库、残极处理、化验室等。

4.1.1　预焙炭阳极生产工艺流程

我国铝用预焙炭阳极生产工艺技术路线基本相同，但在装备水平、工艺过程控制、环境保护技术、质量控制技术、资源综合利用技术、管理水平等方面，生产厂家存在着较大差异。随着社会的进步，国家对环保和节能减排的要求越来越严格，以及未来面向智能化发展方向，我国铝用预焙炭阳极生产企业应高度重视，在追求利润最大化的过程中，有责任也有义务把本企业的环境污染治理好，废水、废气、废渣、粉尘、余热等综合利用好，尽到社会责任。铝用预焙炭阳极生产工艺流程图见图4-1。

4.1.2　预焙炭阳极生产物料平衡

铝用预焙炭阳极生产企业的正常生产要统一调度指挥，做到物流有序、库存适量、保障生产、安全运行、成品率高、成本可控并尽可能低等。为此，要对整个生产企业的物流量进行认真科学的计算和统筹协调。

因企业的规模、原材物料运输条件、生产技术工艺水平、管理水平等的不

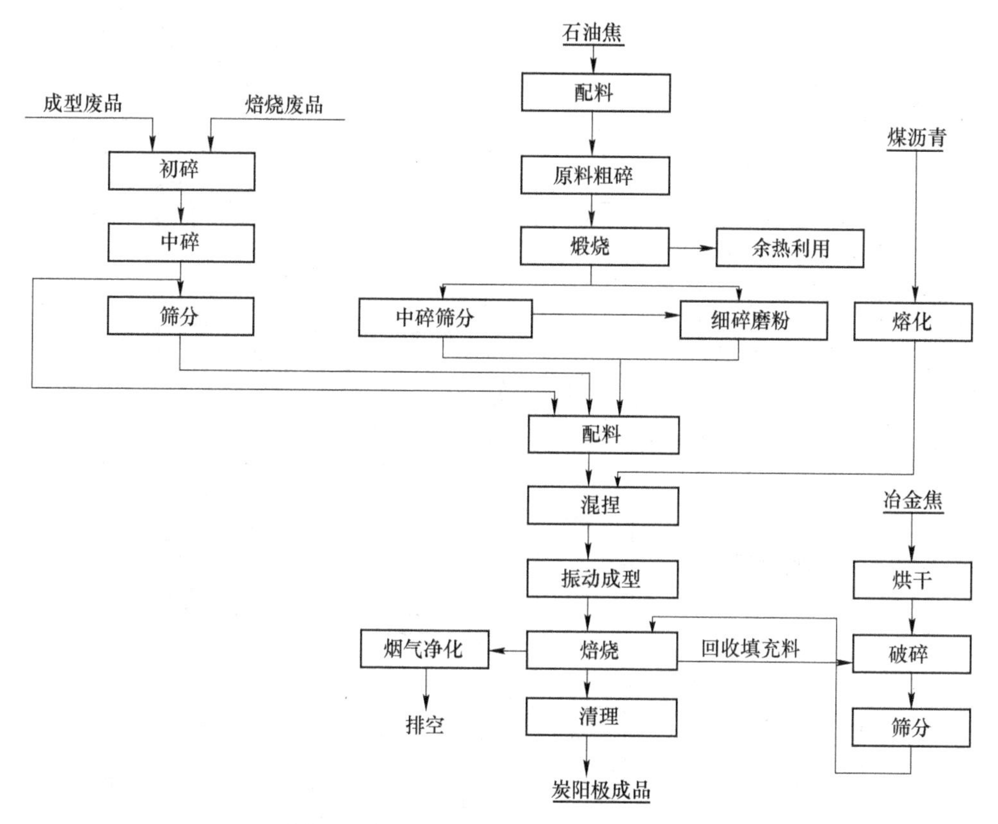

图 4-1 铝电解用炭阳极生产工艺流程图

同，预焙炭阳极生产过程中的物料量会有不同。一般正常生产情况下，延迟石油焦的储量保持 45 天，煤沥青储量保持在 60 天较为合理。企业可根据自身的条件，综合测算，合理调控储备量。但随着现代互联网、物联网和智能化的发展，传统的生产经营思想会得到彻底革命，未来现代化生产企业的仓储、物流将会实现最低库存和最优质的、尽可能低的成本的现代化远程、实时控制方式。

按照传统生产模式，现以年产 20 万吨炭阳极生产厂为例，正常生产时各项技术经济达到国内先进水平，其生产全过程中的物料平衡见图 4-2。在该图中标明了生产过程中所能达到主要技术经济指标，包括各工艺过程中的合格率、成品率、物料用量等，物料平衡测算的前提条件是所有原材物料必须符合国家或行业标准。

根据物料平衡计算结果，生产企业根据自身的原材物料供应保障条件、资金运转情况、交通运输条件等，统筹考虑，把握市场机遇，精打细算，保障生产，取得良好经济效益。特别指出的是，在原材物料供给市场价格波动较大的情况下，通过物料的总平衡，能从把握市场机遇上获得较好收益。

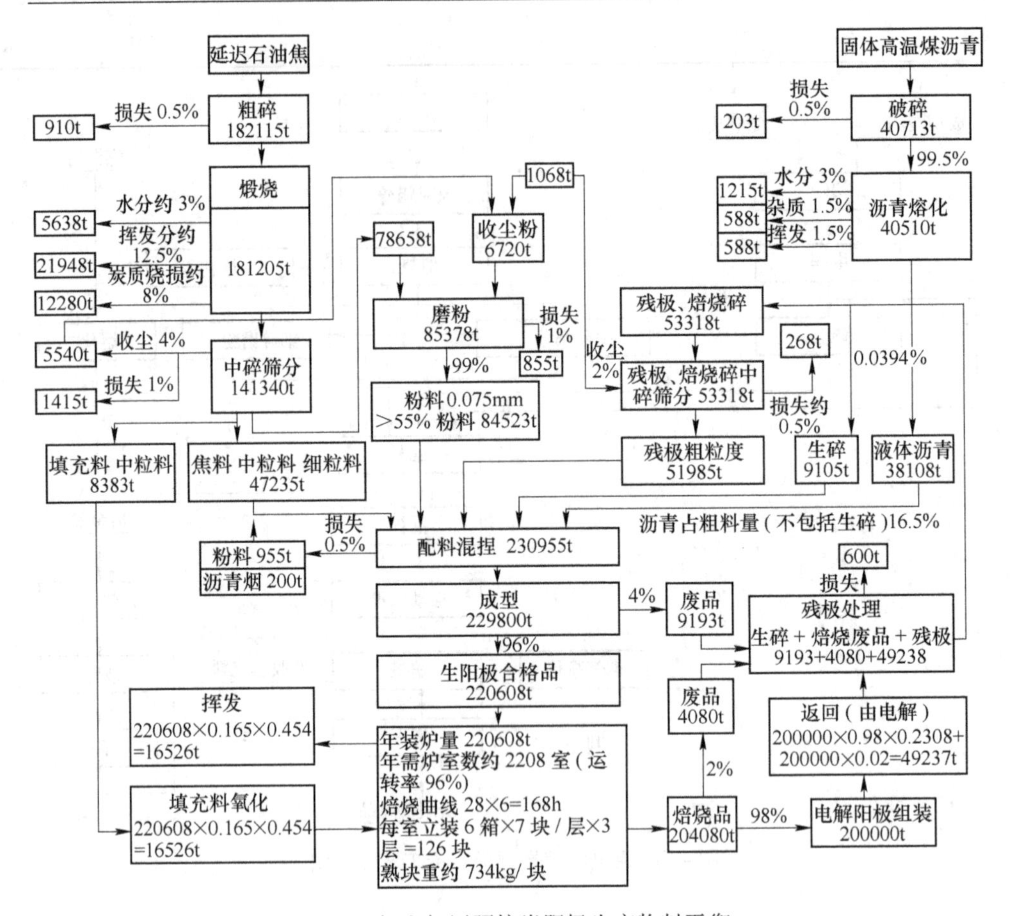

图 4-2　铝电解用预焙炭阳极生产物料平衡

4.2　原料的配料与预破碎

对于一座铝用预焙阳极生产厂而言，应从设计、施工建设、生产准备、生产全过程规范操作、科学进行。要生产出让用户满意的产品，就要从原料进厂的质量、储存、保管、原料配料、预破碎开始，生产预焙阳极的主要原料延迟石油焦及固体煤沥青由各种车辆运进仓库，因各种原料的质量不同，为确保生产的稳定和产品的质量，均需要原料的配料；为了减少延迟石油焦的过粉碎和在煅烧过程中减少石油焦的烧损，一般都采用把延迟石油焦先筛分再破碎的工艺。

4.2.1　原料的储备

为了保证正常连续生产，稳定产品质量，预焙阳极厂必须有贮备原料的仓库和场地，并有一定的库存量。

以年产 20t 预焙炭阳极生产厂为例，其原料仓库可建设两座 36m×312m 地坑式机械化原料仓库，其中一座 36m×312m 和另一座的 36m×132m 部分，地坑深 -3.5m 用来存放延迟石油焦；36m×1800m，地坑深-2.5m，堆放固体煤沥青；如果采用液体沥青的厂家，采用液体沥青储存罐体即可，不用建设固体沥青仓库。

进厂的各种原料，必须按规定的质量指标及时进行取样分析和检验，检验合格的原料要按不同品种、不同产地、不同批次分别入库保管，并做好记录和明确的标式。对于各种原料储存的数量则要根据生产用量的多少、原料运输、储存的条件、原料性质以及市场行情和企业资金周转等情况综合考虑。

实践证明，原料的性质直接影响着最终产品的性能，原料杂质含量的多少，将会影响预焙阳极的质量指标。因此，在原料的储存和保管的过程中必须注意以下几点：

（1）原料进厂务必按照原料进厂检验规程进行，根据原料的质量分别有序储存，切忌乱堆放储存。特别是要防止多质原料混入少质原料内。同一种原料，如果质量检验结果相差较大，也必须分别进行堆放。

（2）原料在储存过程中，严禁灰尘、泥沙及其他杂质侵入。特别注意风沙天气、汽车运输时的车轮上泥土的进入。

（3）要防止雨、雪淋湿，避免原料因雨或雪的侵入而增加其水分，在煅烧或烘干的过程中，影响煅烧温度、降低煅烧料的质量，并使燃料的消耗增多。

（4）要注意对储存的新旧原料的周转使用。有些原料储存的时间不宜过长。要加强对储存原料的质量检查，以便及时掌握储存原料的质量变化情况。对长期储存的原料不能直接使用，因为炭质原料在长期储存过程中质量会发生变化，外界杂质也可能混入原料中。因此长期储存的原料，检验合格的原料才能投入使用，检验不合格的原料应停止使用。

（5）预焙阳极原料仓库是专用仓库，避免其他材料的混储，同时远离火点。

4.2.2 原料的配料与破碎

4.2.2.1 原料的配料

配料目的：配料就是将各种石油焦按比例混合进入煅烧工序，以期达到稳定生产操作和技术要求的目的。对于石油焦挥发小于 8%，煅烧燃料不足，煅烧温度不够，煅后焦质量没有保证，而且炉温很难控制；挥发大于 13%，原料易于结焦，不便排料，而且炉壁结焦会造成挥发分道堵塞，煅烧炉不便操作，并对煅烧炉寿命造成影响。因此，对石油焦进行合理配料，不但能够稳定各种产品的灰分含量以及其他一些理化指标，而且能够稳定煅烧炉的正常操作，使煅烧炉的产量和质量得以保证。总之，配料应达到如下目的：

（1）进入煅烧炉的原料灰分应小于 0.5%。由于进厂石油焦灰分不同，特别是近年来，我国石油焦质量波动较大，往往大于 0.5%，有时高达 1.8%。为此，就必须将高灰分含量石油焦与低灰分含量石油焦按照检验结果计算后按比例配料，达到控制灰分含量的目的。

（2）挥发分含量控制在9%～12%。应特别注意：降低高挥发份石油焦的挥发分，避免原料在罐内结焦棚料。要根据实际生产的产量大小，对挥发分含量进行适当调整，努力确保煅烧时的热稳定性和煅后石油焦的质量的稳定。

（3）配好的原料应有稳定的性能，不至于影响煅烧炉的正常操作。应特别注意的是易于造成煅烧炉棚料的焦种与不棚料焦种配合使用的比例。

（4）含水分不同的物料在不影响以上几条目的的前提下应均匀使用，以免炉温波动。

（5）对于已开展了煅烧余热综合利用的企业，如煅烧余热发电等，应严格控制硫含量，配好的原料，其含硫量应尽可能的低，尽可能控制在0.5%以下。

配入煅后焦目的：

（1）有利于提高或控制煅后焦真密度。

（2）由于煅后焦挥发分已逸出，在煅烧过程中起良好的导热作用，加速煅烧过程。

（3）降低原料在料罐内棚料结焦的频次。

配料：

配料比较复杂，经验性较强，考虑的因素较多，归纳起来有以下几个主要因素：

（1）各种石油焦的灰分、挥发分、水分含量。

（2）各种石油焦在煅烧炉中的使用性能（棚不棚料）。

（3）各种石油焦储备量以及短期内供货量、供货品种、产地、分类保管程度。

（4）煅烧炉产量的高低。

（5）生产产品的质量要求。

在实际生产过程中，影响因素诸多，往往要根据当时的突出问题点进行配料，诸因素很难同时考虑进去。如当时进料灰分含量过高，则配料中应侧重灰分含量的控制。如当时某种石油焦棚料结焦严重，则应注重防止物料在炉罐中的棚料结焦。总之，要科学配料，具体问题具体处理。

4.2.2.2　原料的预破碎

预破碎的目的：原料预破碎是将配好的石油焦进行粗碎，粗碎后的粒度为50～70mm，其目的在于：

（1）有利于物料的输送及加排料。

（2）有利于煅后焦质量的均一性。

预破碎的设备通常有颚式破碎机或双齿辊破碎机（或称狼牙破碎机）。齿辊破碎机的作用原理见图 4-3。相对转动的二齿辊将物料压碎。

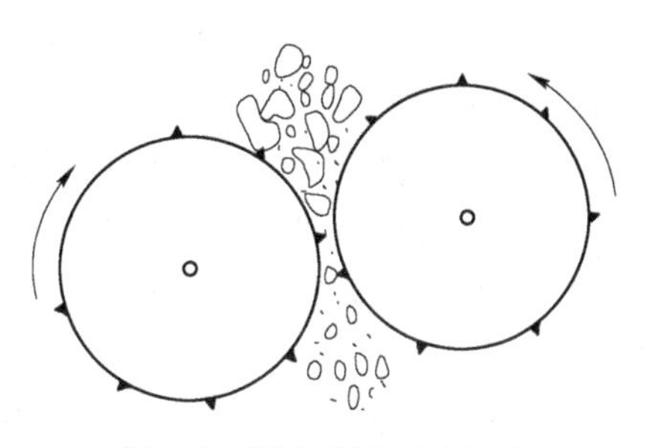
图 4-3 预破碎原理示意图

该齿辊式破碎机的特点是：

（1）破碎的粒度相对较为均匀，大块破碎后产生的粉末量少。

（2）产能大（40t/h），节能。

（3）适应于破碎稍有黏性或潮湿的物料。

4.2.2.3 石油焦上料量与煅后焦产量的关系

石油焦每天的上料量（用 M_1表示）与煅后焦产量（M）之间为对应的关系，煅后焦产量一般短时期内是不变的。设已知当天的煅后焦产量为 M 吨，物料挥发分含量为 $x\%$，水分含量为 $y\%$（结晶水+附着水），散场损失忽略不计，则有：

上料量：$M_1 = M \times 100/(100 - x - y - 12.9)$，式中的 12.9 为碳质烧损率。

上式只做指导工作时参考，因原料质量和煅烧工艺技术的不同等因素，实际会产生稍微的差异。

4.3 石油焦的煅烧

4.3.1 煅烧的目的

原料煅烧是铝用阳极生产过程中的一道必须工序，是把各种炭素原料在隔绝空气的条件下进行高温预热处理的过程。在煅烧过程中各种炭质原料在结构和元素组成上等都发生一系列深度变化，从而提高了它们的物理化学性能。原料煅烧质量对产品质量及各工序的技术指标都有明显的影响。因此，要保证最终产品的质量首先要保证原料煅烧质量。

各种炭素原料除天然石墨外都要进行煅烧，沥青焦和冶金焦的焦化温度高达 1100℃，含挥发分很低，单独使用时不必煅烧。但是当它们和石油焦、无烟煤混合使用时，也要起进行煅烧。在铝用阳极生产中煅烧的是石油焦。

煅烧石油焦的主要目的是：

（1）排出原料中的挥发物。

石油焦中含有相当数量的挥发物，延迟焦化的石油焦挥发物高达 12%～16%。原料含挥发物越多，说明这种原料碳化程度（或称焦化程度）越低。排除原料中的挥发物，提高含碳量是煅烧的目的之一。而且也是提高原料物理化学性能的前提。原料加热到 200℃以上，挥发物开始排出。随着温度的升高排出数量增加，石油焦的挥发物在 500～800℃之间排出量最大，一直到 1100℃以上才基本结束。经过1250~1350℃煅烧的各种原料挥发物的含量一般都低于0.5%。

（2）提高原料的密度和强度。

在煅烧的高温下，由于随着挥发物排出的同时，碳质原料中的芳香族化合物发生了缩合反应（即原料的各组成元素间产生了位移），进而引起了原料体积的收缩，所以，煅烧后的原料不论其真密度、表观密度和抗压强度等都较煅烧前有提高。

原料煅烧的越充分，煅后石油焦的质量越好，用它来作原料生产的生阳极块在焙烧时成品率就越高；相反，如果原料煅烧的程度不足，用它来生产的生阳极块在焙烧时就会产生二次收缩。从而使焙烧的阳极块大量出现裂纹，成品率降低。

煅烧后石油焦的真密度达到2.03~2.06g/cm^3，粉末电阻率小于600μΩ·m。

（3）提高原料的导电性能。

石油焦经过煅烧后排出了挥发物以及分子结构发生了深度变化，其导电性得到提高。对铝电解过程中降低阳极压降作用很大。测定石油焦煅烧后的导电性，可以直接判断其煅烧质量的好坏。一般地说，煅后石油焦导电性越好，原料的煅烧程度越高，阳极块的生产质量就越好。

（4）排除原料中的水分。

进厂的石油焦水分含量一般在3%~10%之间。石油焦水分含量高，既不利于破碎、筛分和磨粉作业，也不利于煅烧过程的控制和炉窑的使用寿命，而且也会影响原料颗粒对粘结剂的吸附。因此，石油焦必须要经过煅烧烘干以后才能使用。石油焦经过煅烧（或烘干后），其水分含量要求不大于0.3%。

（5）提高原料的抗氧化性能。

石油焦在煅烧过程中，由于在高温的作用下，氢、氧、硫等元素不断地排出，因而其化学活性下降。同时，又由于原料的气孔和表面被大量的热解碳（由碳氢化合物在高温下热分解而产生的次生焦）所沉积，并使其更紧密化。因此，煅烧后的石油焦的抗氧化性能得到提高。

4.3.2 煅烧过程中的物理化学变化

石油焦的煅烧过程是一个复杂的变化过程，既有物理变化又有化学变化。石油焦在低温烘干阶段主要是排除水分，属于物理变化；而在挥发分的排出阶段，主要是化学变化，既要完成原料中的芳香族化合物的分解，又要完成某些化合物的缩聚。

石油焦开始逸出其挥发分的温度，一般在150℃左右。挥发分的逸出量一般都随着温度的增高不断增加。由表4-1和图4-4可见，起初，气体的逸出量随着温度的上升而加强，当温度上升到一定值后，气体逸出量便急剧下降，大约1100℃后基本停止逸出。

表 4-1　石油焦挥发析出情况

原料名称	开始逸出温度/℃	大量析出温度/℃	最大析出量/%
延迟石油焦	150	400~500	10~25
釜式焦	200~250	550~650	4~6.5

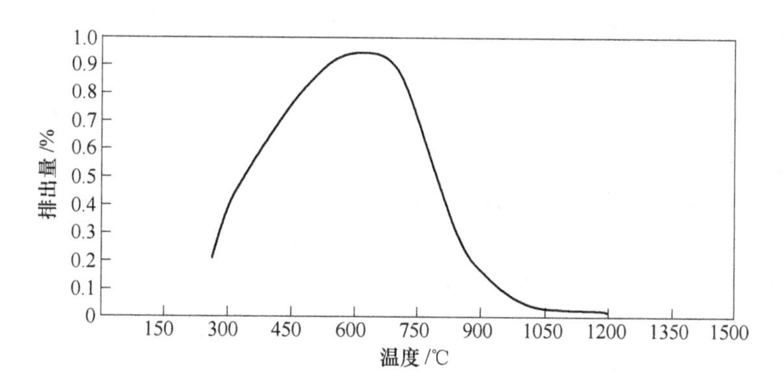

图 4-4　石油焦煅烧时挥发物排出量随温度的变化曲线

石油焦煅烧的焦化程度越好，其热解温度就越高，达到最大气体逸出量的温度也就愈高。

石油焦的挥发分在热的作用下，先后进行了热解，聚合以及碳结构的重排。其变化如图 4-5 所示。

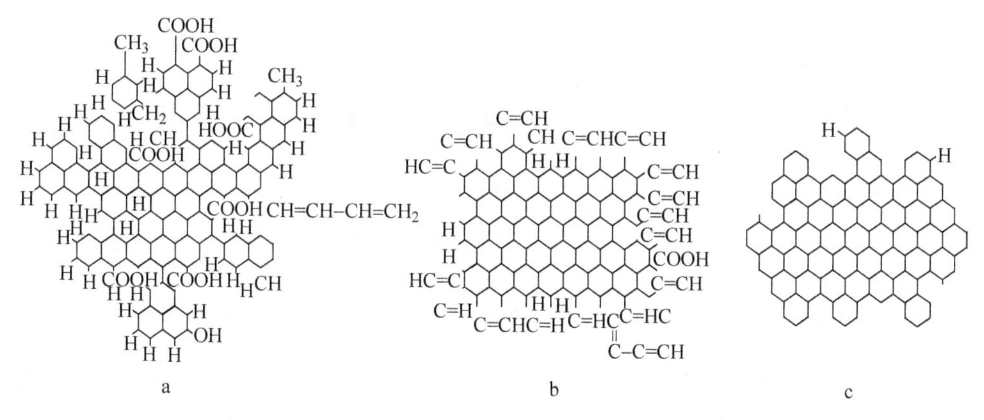

图 4-5　石油焦在不同煅烧温度下炭平面网络的变化

a—400℃；b—700℃；c—1300℃

石油焦与各种炭素原料一样是碳六角网格和线性聚合的碳氢化合物以及氧和氮等缩合原子的混合物。它的结构特点是：由碳六角网格组成的平面原子网格是炭质原料的基础，而直线聚合的碳及其他元素（如 O、H、N 等）的原子和原子团，在大多数炭素原料中则是与碳环相连结的。

石油焦在煅烧过程中的化学变化的复杂性与其结构上的复杂性有关。

一般地说，在500℃的煅烧温度范围内，石油焦中挥发分是呈油雾黄烟的形态逸出的。在400℃以下，从石油焦中所排出的挥发分，主要是来自焦炭中的少量的轻质馏分。

当煅烧温度升高到400~500℃的温度范围时，由于石油焦中的大分子及大分子中的原子或原子团的平均能量不断增加，当它们的平均动能大于其键能时，一方面可能逐步发生大分子裂解成小分子；而一方面会使部分侧链基团发生断裂，并以挥发分的形态排出。

在500~800℃范围内，石油焦的挥发分排出量最大。

当煅烧温度在700℃左右时，石油焦挥发分的主要成分是碳氢化合物及由碳氢化合物热解所分解的氢。当温度继续升高，将会引起碳氢化合物的强烈分解生成热解碳（即次生碳），这种热解碳不断沉积在焦炭气孔壁及其表面，形成一种坚实有光泽的碳膜，使焦炭的抗氧化能力和机械强度大为提高。与此同时，用电子显微镜可以观察到：随着碳沉积过程的进行，石油焦本身的结构元素将产生位移（即晶粒互相接近），导致石油焦本身收缩和致密化，而且各个方向都产生均匀收缩。这种收缩和致密化只有在挥发分热解和排除完毕以后才能结束。

随着温度的继续升高，气体的逸出量逐渐减少，热解的温度增加，进一步促进结构的紧密化，从而使焦炭的电阻率降低。电阻率降低的幅度视氢的排出程度而定。氢不仅以碳氢化合物的形态存在于焦炭内，而且以元素状态与碳原子形成共价键结合，使2s电子失去自由电子的性质。因此，石油焦的电阻率随着煅烧温度的升高，在氢的排除后才能降低。

煅烧温度在1100℃以上，石油焦的排出气体基本上停止，收缩也相对稳定，石油焦一般煅烧到不低于1250~1300℃。

在煅烧石油焦时，其他杂质也将受热相继排出。在低温时首先排出吸附的气体，如O_2、N_2、CO、CO_2等。接着是单体硫在450℃左右气化；硫和碳之间的化学键在更高的温度下断开，类似噻吩$-\left[\begin{matrix}HC\equiv C\diagdown \\ \qquad | \quad S \\ HC\equiv C\diagup\end{matrix}\right]-$的含硫化合物分解。但排硫量最多是在1200℃以上。硫的排出对产品的质量很有益，它不但可以提高产品的质量和成品率，而且可避免其他过程的污染。

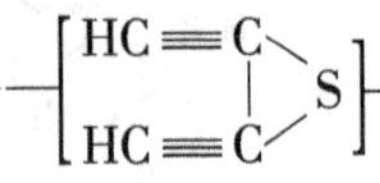

煅烧的最高温度一般控制在1350℃，此时，石油焦形成了碳原子的平面网格，呈两维空间的有序排列结构。煅后石油焦见图4-6。

综上所述，石油焦在煅烧过程中，其物理和化学性质的变化（如电阻率、真密度、机械强度等）主要取决于石油焦自身的性质，也取决于煅烧温度作用下逸气和初次收缩过程的进行情况，当石油焦热解和缩聚过程进行完毕，收缩达到稳

图 4-6 煅后石油焦

定后，其物理化学性质趋于稳定，所以生产过程中原料的选择和煅烧温度、工艺技术很重要。

4.3.3 煅烧工艺技术与设备

在预焙炭阳极生产过程中，石油焦的煅烧是关键工序之一，石油焦煅烧质量的好坏直接影响着产品质量。各生产厂家煅烧用的设备不同，操作和控制技术也不同，可根据自身的发展要求和对产品质量的要求综合考虑而定。

石油焦煅烧设备主要有罐式炉、回转窑和回转床。罐式炉煅烧质量稳定，能耗低，炭质烧损小，但基建投资大，产能低，劳动条件相对差，环保问题尚待进一步解决，不易实现全自动化，且对原料的适应差。当石油焦挥发份较高时，罐式炉需回配煅烧石油焦，以防止石油焦煅烧过程中在炉子内结焦。回转窑煅烧石油焦产能大，设备结构简单，投资少，对原料的适应性较强，产品质量容易控制，易于实现生产过程的自动化控制；但石油焦在煅烧时的炭质烧损大，回转窑内衬使用寿命周期短。回转床主要用于大型集中煅烧石油焦厂、设备结构较复杂、引进结构昂贵。

4.3.3.1 回转窑煅烧工艺技术与设备

回转窑是炭素工厂中应用较多的一种煅烧设备，具有设备生产能力大、机械化程度高、操作方便、使用寿命长和投资省等优点。但回转窑对原料烧损较大（多年平均炭质烧损约在 8%左右），检修量也较大。炭质原料在回转窑内是与火焰直接接触煅烧，而原料在窑内停留时间又较短（约少于 1 小时），这是回转窑的一大特点。

（1）回转窑的结构。

回转窑的结构如图 4-7 和图 4-8 所示。它主要由窑身、窑头、窑尾、托轮、滚圈、挡轮、传动装置、密封装置、燃料喷嘴和排烟以及冷却装置等组成。

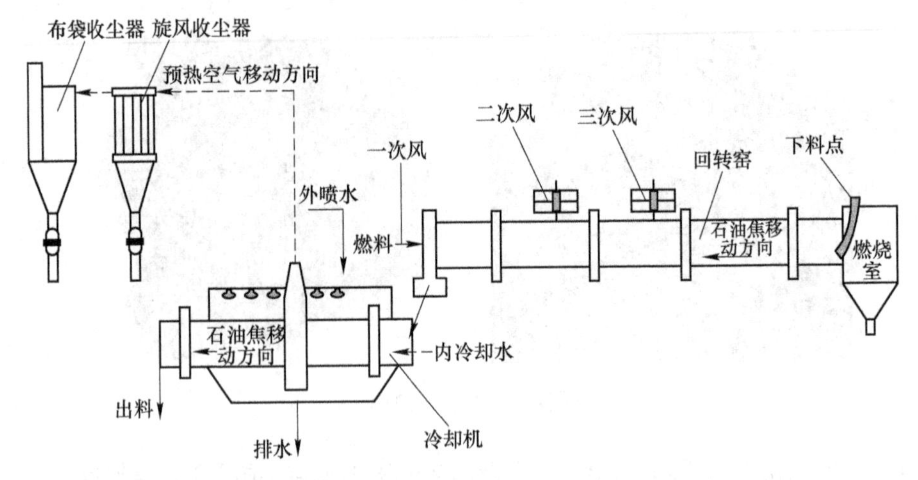

图 4-7　国内回转窑结构示意图

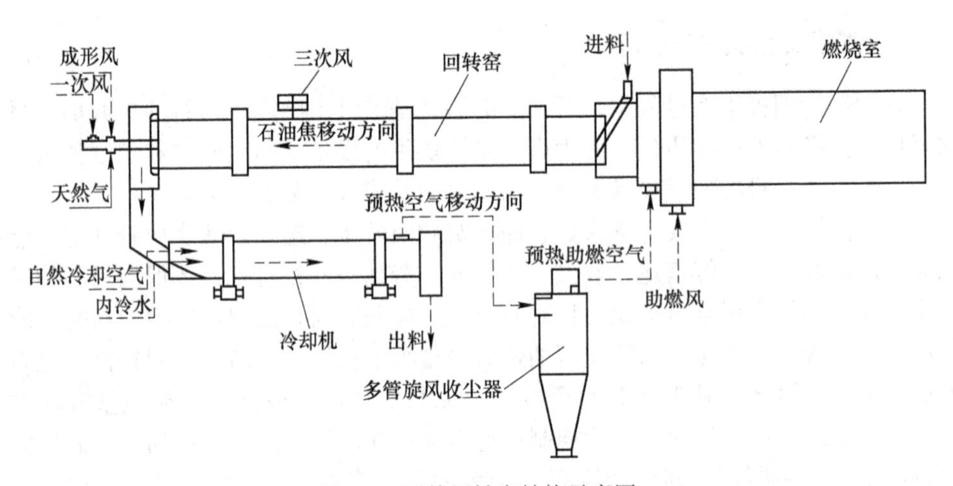

图 4-8　国外回转窑结构示意图

1）窑身。回转窑的窑身是一长形的圆筒体，筒体内衬耐火砖。回转窑筒体是由厚钢板卷焊或铆接而成的，圆筒的直径及长度根据产量需要可大可小，小的窑体直径只有 1m、长 20m，大的窑体直径可达 2.5～3.5m、长 60～70m。窑身按一定的倾角靠滚圈支承在两对或三对托辊上。为了冷却灼红的煅烧料，在窑的下方设有一台尺寸稍小并在表面淋水的冷却窑。

2）窑头及窑尾。窑头和窑尾是回转窑的重要组成部分。它们的外壳采用厚钢板焊接成箱形结构（也称窑头罩和窑尾罩），内衬耐火砖。考虑到检修方便，窑头和窑尾均设有轮子，小轮安装在轨道上，便于检修时把窑头拉开，窑头前设有观察孔，可随时观察窑内煅烧状况。窑头的作用是为了通风、喷入燃料和隔绝炉端对外界的辐射热。

3）托轮与滚圈。托轮是承受窑体重量并能随窑体转动的重要部件。在安装时，两个托轮应对称，其中间夹角一般为60°，两托轮的中心线应平行于窑体中心线，两者中心线的倾斜角也应相同。滚圈是安装在窑体上，由ZS45钢铸成的。窑体的转动是通过传动装置并借助滚圈回转于托轮上，因而在托轮与滚圈的接触面上将承受最大的压应力。滚圈附件壁厚增大，目的是减少拖轮的压力而产生的变形。

4）液压挡轮是围绕纵向轴运动的滚轮安装在窑尾滚圈靠近窑头侧的平面上。作用是及时指出窑体在拖轮上的运转位置是否合理。并限制或控制窑体轴向窜动。在一般情况下，滚圈与挡轮间约有2~3mm的间隙。只有当窑体移动且滚圈压在挡轮上时，挡轮才回转。

5）传动装置。回转窑的传动是通过电机和减速器带动大齿轮旋转，因大齿轮固定在窑体上，所以当大齿轮旋转时，窑体也随之回转。由于回转的速度需要经常改变，通常使用直流电机。

大齿轮为铸钢件，它是由两个半圆环形齿轮合成的，大齿轮是贵重部件，操作时应注意维护，安装时也应与窑体严格保持同心。大齿轮安装在窑体的中部，以减小传到窑体上的扭转力矩。大齿轮一般是弹性的安装在窑体上，弹性安装的目的是：一方面缓冲在窑温上升或下降时由于膨胀或收缩所产生的应力；另一方面是缓冲开车及停车时的撞击力。

6）密封装置。为了控制室内燃烧程度及减少原料的氧化损耗，回转窑运转中应控制空气的进入量，而且希望只是经过冷却窑与煅烧料热交换后的热空气进入回转窑内助燃。因而，在窑头、窑尾及窑身结合部必须安装密封装置，密封材料一般采用金属、橡胶或石棉防风圈等。为了提高密封圈的使用寿命，在密封装置部位必须采取冷却措施。回转窑窑头密封一般采用罩壳气封、迷宫加弹簧刚片双层柔性密封装置。通过喇叭口吹入适量的冷空气冷却护板，冷空气受热后从顶部排走；通过交迭的耐热弹簧钢片下柔性密封板压紧冷风套筒体，保证在窑头筒体稍有偏摆时仍能保持密封作用。回转窑窑尾密封一般采用钢片加石墨柔性密封。该装置安装简单方便，使用安全可靠。

7）燃料喷嘴和排烟机。回转窑的供热燃烧是通过喷嘴进行的。燃料喷嘴安装在窑头部位。回转窑燃烧后的废烟气通过窑尾、烟道和排烟机排入大气层。窑内负压靠烟囱和排烟机的抽力来进行控制。

8）冷却装置。从窑内出来的煅后物料温度一般在1250℃左右，为了便于运输及利用废热，必须进行冷却。回转窑的冷却装置是一个外壁淋水并不断旋转的钢筒体，筒体的倾角一般为3°~5°，冷却装置的传动和固定与回转窑相同，为了防止筒体的磨损，特别是进料端的磨损，必须在进料端砌筑4m长的耐火砖内衬，在排料端要安装密封装置，以防止空气进入氧化待冷却的热的煅后物料。

国内部分回转窑的主要参数见表 4-2。

表 4-2　国内部分回转窑的主要参数

序号	产品规格（$D\times L$）	窑体尺寸			产量 /t·h^{-1}	转速 /r·min^{-1}	电机功率 /kW	重量 /t	备注
		直径 /m	长度 /m	斜度 /%					
1	ϕ1.4×33	1.4	33	3	0.9~1.3	0.39~3.96	18.5	47.5	
2	ϕ1.6×36	1.6	36	4	1.2~1.9	0.26~2.63	22	52	
3	ϕ1.8×45	1.8	45	4	1.9~2.4	0.16~1.62	30	78.2	
4	ϕ1.9×39	1.9	39	4	1.65~3	0.29~2.93	30	77.59	
5	ϕ2.0×40	2	40	3	2.5~4	0.23~2.26	37	119.1	
6	ϕ2.2×45	2.2	45	3.5	3.4~5.4	0.21~2.44	45	128.3	
7	ϕ2.5×54	2.5	54	3.5	6.9~8.5	0.48~1.45	55	196.29	窑外分解窑
8	ϕ2.7×42	2.7	42	3.5	10.0~11.0	0.1~1.52	55	198.5	
9	ϕ2.8×44	2.8	44	3.5	12.5~13.5	0.437~2.18	55	201.58	悬浮预热窑
10	ϕ3.0×60	3	60	3.5	12.3~14.1	0.3~2	100	310	
11	ϕ3.2×50	3.2	50	4	40.5~42	0.6~3	125	278	窑外分解窑

（2）国内外回转窑工艺及控制上的区别。

国内回转窑和国外回转窑在工艺和控制上不同，主要体现在有如下方面：

1）窑内燃烧方式。国内回转窑石油焦的煅烧主要依靠石油焦煅烧过程中释放出的挥发分进行燃烧来达到煅烧石油焦所需要的温度，因此根据窑内温度的分布大致分为预热、煅烧和冷却 3 个区域。在实际生产中，石油焦煅烧是通过控制回转窑窑体上三次风机、二次风机的供风量来调节这三个区域的分布（主要是窑内煅烧带的长度），以控制窑内煅烧温度来达到煅烧石油焦的目的。国内回转窑窑头的一次风机为大窑烘窑时燃料燃烧提供助燃空气，如果生石油焦的挥发分较高，在正常煅烧过程中，一次风机停止使用。因此，在正常煅烧过程中，石油焦的煅烧是利用挥发分的燃烧和部分石油焦燃烧提供的热量完成的，可以不用或少量补充燃料来保证正常生产。

国外的回转窑为了控制回转窑窑内温度分布，主要采用向回转窑窑头燃烧器添加燃料的方式，来达到煅烧石油焦真密度、电阻率等所需要的燃烧带温度。因此，在回转窑窑体上仅配置三次风风机，同国内石油焦煅烧一样该风机与大窑窑尾烟气测温热电偶进行连锁控制，通过控制三次风机的供风量来控制石油焦加热速度并调节大窑窑尾烟气温度，达到控制回转窑内石油焦升温速度、避免石油焦干燥和升温速度过快而造成石油焦过粉碎和过多的石油焦粉被窑内废气带入燃烧室而降低产能的目的。因此，在正常煅烧过程中，除了挥发分燃烧和部分石油焦烧损提供煅烧石油焦需要热源外，主要依靠回转窑窑头燃烧天然气来为石油焦煅烧提供热源，达到延迟石油焦所需要的煅烧带温度。结果该回转窑煅烧石油焦过程中，回转窑窑内温度的分布仅有预热、煅烧两个区域，几乎没有冷却区域。这种煅烧控制方式能够有效控制燃料燃烧而提高煅烧焦质量。国外回转窑与国内回转窑在石油焦煅烧过程中存在着能耗水平高、需消耗天然气燃料来提高煅烧质量、煅烧工艺控制及工艺参数调整复杂、回转窑窑头温度高、窑头寿命短等缺点。

2）回转窑燃烧室废气处理。石油焦煅烧过程中在窑内产生的部分挥发分没有完全燃烧，而是在负压的作用下随废气一起被导入燃烧室，国内大部分回转窑采用重力沉降室或燃烧室的方式对这些废气进行烟气处理。国内燃烧室尽管能够部分燃烧掉进入燃烧室的挥发分，但由于没有进行实际的燃烧控制，因而无法保证废气中挥发分的充分燃烧，另外也无法对提供给余热锅炉的废气温度进行控制。

而国外回转窑为了使回转窑内未燃烧掉的挥发分充分燃烧，并且控制提供给余热锅炉的废气温度，在燃烧室设置了助燃风机和氧含量测量仪对废气进行监控处理。挥发分燃烧所需要的燃烧空气来自两个部分：一部分通过冷却筒抽风机将在冷却筒中冷却煅后焦产生的预热空气送至燃烧室；另一部分来自燃烧室助燃风机。通过控制燃烧室尾部氧气含量控制回路及进入余热锅炉的废气温度控制两个回路，调节燃烧室助燃风机开度从而既保证废气中挥发分的充分燃烧，又保证稳定供给余热锅炉所需要的废气供应温度。

因此，增加燃烧室窑尾要求燃烧的有效控制，实现进入燃烧室剩余烟气中挥发分充分燃烧，并确保满足余热锅炉废气温度控制要求是今后国内回转窑窑尾烟气处理改进的方向。

3）冷却筒冷却烟气处理。国内冷却筒中内冷水冷却石油焦产生的烟气及部分粉尘颗粒通过旋风收尘器，再经过布袋收尘器收尘处理后，直接排入大气，这种烟气处理方式存在着每年布袋收尘器布袋的更换费用高，增加了生产运行成本；布袋收尘器振打过程中，严重影响回转窑窑头负压控制，增加了煅烧工艺操作难度；无法对烟气中的SO_2等有害气体及部分炭粉颗粒进行有效处理，很难达到环境排放要求，污染环境。

国外的回转窑冷却筒中冷却煅烧焦产生的高温延迟通过多管旋风收尘器收尘后，由引风机将这部分烟气连同小颗粒粉尘（$<10\mu m$）直接输送到窑尾燃烧室进行燃烧处理，这种处理方式既取消了布袋收尘器设备及其运行费用，同时有效解决了冷却筒冷却烟气的环境污染及窑头负压控制问题。

4）高温煅烧焦冷却方式。国内回转窑大都采用内外结合的冷却方式对高温煅后焦在冷却筒内进行冷却处理。即通过向冷却筒内直接喷水和采用夹套方式的外冷却两种方式，对进入冷却筒的高温煅烧石油焦进行冷却处理，这种处理方式存在着由于采用外冷，使冷却筒结构复杂，增加制造及维护成本；外喷冷却循环软化水使用量非常大，循环过程中软化水损失严重；在特别寒冷地区，使用受限制。

国外回转窑采用分段式直接喷水的内冷方式对煅后焦进行冷却处理，不需要外冷却循环水系统，冷却筒结构简单；另外同国内其他冷却筒一样通过检测冷却筒下料温度，随时自动调节冷却水阀架上的各个调节阀来调节各冷却水管路上的冷却水流量，以实现对煅后焦进行有效的冷却处理。

总之，国外回转窑与国内回转窑在石油焦煅烧过程中，各具不同的工艺特点，从能耗角度、工艺操作及工艺技术角度出发，窑体配置有二、三次风风机的延迟石油焦回转窑煅烧工艺系统更加符合目前国内实际生产情况；采用国外先进部分的技术，优化目前国内回转窑燃烧室窑尾烟气燃烧的有效控制，采用冷却筒冷却烟气返回燃烧室与窑尾烟气统一处理是国内回转窑煅烧系统产生烟气处理技术改进的方向；高温煅烧石油焦直接采用内冷水直接冷却是回转窑冷却的适宜选择。

(3) 回转窑主要参数的计算。

1) 物料在回转窑内的停留时间：物料在回转窑内的停留时间可按下式计算：

$$t = \frac{L}{\pi D n \tan\alpha} \tag{4-1}$$

式中 t——物料在回转窑内的停留时间，min；

D——窑内径，m；

L——窑体长度，m；

n——窑转速，r/min；

α——窑体倾斜角，(°)。

实践证明，物料在窑内停留时间过长，物料烧损增加，灰分增大，产量降低；停留时间过短，物料烧不透，煅烧质量变差，一般物料在窑内停留时间不得少于30min。

2) 煅烧的产量计算：回转窑的煅烧产量可按下式计算：

$$Q = 148 n \rho \phi D^3 \tan\alpha \tag{4-2}$$

式中 Q——回转窑的产量，t/h；

ρ——物料的表观密度，t/m³；

ϕ——填充率,%（物料在窑内的填充率一般取 $\phi = 4\% \sim 15\%$）；

α——窑体倾斜角，(°)。

(4) 回转窑生产过程的操作与工艺技术要求。

1) 回转窑烘炉技术。回转窑窑内衬采用不定形耐火材料浇注而成。为增强窑衬的强度、使用寿命、驱除水分和满足煅烧石油焦的工艺技术要求，对新回转窑或大修的回转窑必须进行烘炉。因回转窑的规格和内衬材料的不同，其烘炉是所有区别的，现以回转窑 ϕ2200mm×25000mm ~ ϕ2400mm×20000mm 和冷却窑 ϕ1800mm×18000mm 预热炉、排烟机等组成的石油焦煅烧体系为例。

① 烘炉前的准备与检查。

● 检查大窑托轮、辊圈、挡轮、大小传动齿轮的咬合情况及整体运行情况。

● 检查窑体及各附属系统的传动装置。试车前各部按要求注满润滑油、脂，点火前必须重新复核，并记录在案。

● 检查各电气控制系统。仪表检测系统是否正常、仪表指示是否灵敏、准确。

● 在点火前，认真检查大窑内浇注料情况，浇注料不允许有脱落和裂纹。并应对冷却窑进行空负荷试车以及排料系统，及输送系统的皮带机、提升机、电子秤等提前试车及运转。

● 检查煤气或天然气各部阀门是否密封，整体打压，合格后才能涂上黄甘油。蒸气、压缩空气、水阀门应灵活好用，煤气或天然气管道应有打压检验记录；确认无问题方准点火。

● 检查大窑内浇注料是否坚固、平滑、有无裂纹和孔洞，点火前应窑内全部清扫干净。

● 各项检查完毕，并全部达到标准和技术要求后，作点火准备。

● 点火前大窑控制室与煤气站或天然气站必须有直通电话，以便及时处理点火烘炉中发生的各种问题。

② 点火烘炉。

● 烘炉统一协调指挥，准确安排好点火时间和准备情况。

● 送煤气或天然气前，用蒸汽吹洗煤气或天然气管路及喷嘴。

● 开启排烟机，将窑头负压调到 4~7Pa，并应保持平稳。

● 煤气或天然气站送气前，打开放散管，关闭其他煤气或天然气阀门。

● 接到煤气或天然气站电话通知送气后，约 15min，煤气站派人取样分析，待分析合格后（O_2<0.5%），方准点火，并记录通知人、时间、分析人、分析结果和煤气或天然气压力。

● 准备好火把、柴油、点燃火把，从看火孔伸入到喷嘴附近，慢慢打开煤气或天然气喷嘴阀门，同时慢慢关闭放散管，点完火才能将放散管阀门关死，使煤气或天然气集合管压力不低于 4000Pa，应保持煤气或天然气压力稳定、负压稳定，火焰才能稳定。

● 烘炉点火是在统一指挥下进行的，无关人员严禁进入操作现场。

③ 烘炉、升温曲线。

升温曲线是参照浇注料的物理特性而制定的，测温的基准温度：以窑尾气流温度为准，采用铂铑铂热电偶进行测量。见表 4-3。

表 4-3 烘炉时各项参数表

班次	时间/h	升温/℃	速度/℃ · h^{-1}	高温温度/℃
1~3	24	106	4.5	120
4~9	24~72	保温		120
10~15	72~120	230	4.8	350
16~21	120~168	保温		350
22~23	168~184	100	6.25	450
24~26	184~208	保温		450
27~28	208~224	200	12.5	650
29~34	224~272	保温		650

650℃保温后可投料 1.5t/h 以下逐渐转入正常生产，即认为烘炉结束。若温度上不去，可在 450℃保温后煅烧带温度在 900℃以上时投料 1.5t/h 以下，待 24h 后加大料量转入正常生产。

若认为烘炉效果不佳，可将 450℃保温时间延长 24h，投料量 1.0~1.5t/h，投料后升温较快，根据火焰和升温决定开启二次风的时间、风量、随着投料量的增加，要随之调整煤气或天然气量、负压，使煅烧带温度逐步升到 1200~1300℃，不得忽高忽低，当温度最后保持在 1250℃左右即可认为烘炉结束，并转入正常生产。

④ 烘炉注意事项。

● 各操作人员必须严格按照升温曲线和保温。严格执行烘炉指挥的指示，低温阶段更要注意，掌握好升温速度。

● 低温期（400℃以前）易发生灭火现象，经常观察火焰情况，如有灭火，必须马上关闭煤气或天然气阀门，如压力急升，应立即打开放散管，通知煤气或天然气站和值班调度。排除煤气或天然气站的因素，在班长统一指挥下，经 15~20min，方可重新点火。

● 烘炉过程中，必须保持负压和煤燃气压力的稳定。

● 如低温阶段内衬观察到水滴现象，应立即停止升温，进行保温，直到这一现象消除，并相应延长烘炉时间，认真做好记录。

● 烘炉过程中，因故障中断一段时间，可以 20℃/h 升至中断前的温度。然后按升温曲线升温，相应延长烘炉时间，并作好记录。

● 烘炉操作人员在烘炉指挥部和班长领导下，应严守岗位，认真作好各种记录。

● 停窑降温曲线：48h 使窑尾气流温度由 700℃降到 100℃。

2）石油焦煅烧工艺要求。

① 煅烧带温度：1250±50℃；正常控制在 1250℃。

② 窑头温度不大于 900℃。

③ 窑头负压：15~35Pa。

④ 煤气或天然气压力不低于 4000Pa。

⑤ 燃烧室温度：(900±50)℃。

⑥ 冷却窑排料温度不大于 60℃。

⑦ 冷却窑排气温度：130~160℃。

⑧ 炭质烧损<9%。

⑨ 加料管和下料管冷却水出口温度不大于 60℃。

⑩ 燃气喷嘴、轴承冷却水出口温度不大于 60℃。

⑪ 正常生产时回转窑转速为 2.5r/min，冷却窑转数为 3r/min。

⑫ 按照回转窑设计的正常生产产能控制。

⑬ 煅后焦应符合煅后焦质量标准，合格率不小于 98%。

3）计划停窑，在接到生产或计划检查停窑通知后，按下列步骤操作：

① 提前一小时停止加料。

② 停窑降温曲线，以窑尾气流温度为基准温度。见表 4-4。

表 4-4　停窑时的各项参数

班次	时间/h	降温/℃	速度/℃ · h^{-1}	交班温度/℃	转窑/r · min^{-1}
1	0~8	160	20	800	2
2	8~16	160	20	640	2
3	16~24	160	20	480	1
4	24~32	120	15	360	1
5	32~40	120	15	240	半圈/20min
6	40~48	120	15	120	半圈/20min

第五班接班即停止二次风、三次风，关闭燃气喷嘴阀门，通知煤气或天然气站停供煤气；第七班接班后继续冷却，当气流达到 100℃以下时，停止转窑，即认为停窑结束。

4）回转窑产生移动时的调整。

回转窑的窑体是一纵卧长形体，其质量较大，如不均匀地分布在每个托轮上，会引起窑体的移动。当已经调整好的窑在操作时由于高温作用而引起的窑体弯曲、托轮的磨损等都可引起窑体移动。窑体产生移动的因素较多，总体说来主要有两个方面：一方面是因窑体倾斜安装，其本身的重力分力所产生的直接影响；另一方面是由于托轮安装不当所造成的间接影响。调整窑体移动的方法如下：

① 观察窑体移动方向。在调整时应面对滚圈，使滚圈下部向着自己回转，如若窑体向右移动，则应使负荷最大的一对托轮轴向反时针方向倾斜一角度；如若窑体向左移动，则应使托轮轴向顺时针方向偏斜一角度。但每次偏斜的角度不应超过 20°～30′；如果中间负荷最大的一对托轮经调整后窑体仍向原方向移动，则可调整中间另一对托轮，使它也向同一方向偏斜同样的角度。

② 托轮轴的调整一对托轮的轴在调整时，必须向同一方向，不允许一个向左，而另一向右。当托轮偏斜时，不但会使窑体产生移动，而且托轮本身也将由于受到反作用力而产生移动。托轮在安装时已调整好，但工作一段时间后，由于窑体的转动和重力分力的影响，也可能产生位移。因而，在操作时，除应经常检查窑体本身外，还应经常观察托轮轴是否有位移现象，发现问题应及时处理。

4.3.3.2　罐式炉的煅烧工艺技术与设备

采用罐式炉煅烧石油焦具有煅烧质量较好、运行稳定、炭质烧损小等优点，已完全实现了不外加燃料而利用延迟石油焦自身排出的挥发分来维持炉子的热量平衡。从我国炭素工业的诸多条件来看，是比较适宜的。但罐式煅烧炉投资较贵，产能较低，完全实现自动化操作困难。

（1）罐式煅烧炉的分类。

1）根据煅烧产量不同，罐式煅烧炉可分为九组、八组、七组、六组、五组、四组、三组（每组四罐）的煅烧炉。根据生产规模和建厂条件合理选择。

2）根据煅烧火道层数的不同，罐式煅烧炉可分为六层火道和八层火道的煅烧炉。六层火道煅烧炉由于其煅烧带较短，其煅后焦质量较低（真密度 $<2.05g/cm^3$），且产量偏低，是我国铝用炭素较早期选用的，以及满足我国阳极质量要求不高的企业生产。八层火道煅烧炉其煅烧带较长，煅后焦质量高（真密度可达 $2.06g/cm^3$ 以上），产量也较高，适用于生产高质量的铝用炭阳极等产品。我国现行的铝用炭素企业较普遍使用了八层火道煅烧炉。

3）根据火焰与物料的流动方向可分为逆流式与顺流式两种煅烧炉。当火焰流向与物料流向一致时为顺流式煅烧炉；当火焰流向与物料流向相反时为逆流式煅烧炉。我国大部分铝用炭素生产厂家采用顺流式煅烧炉，采用逆流式煅烧炉的很少。

（2）罐式煅烧炉的炉体结构。

罐式煅烧炉的炉体结构如图 4-9 所示。煅烧炉大体上由加排料部分、计控部分、烟道与排烟部分、冷却部分、炉本体与支撑钢架五部分组成：

1）加、排料部分。大多数厂家是采用容积为1.8m³的悬于固定铁轨之上的电动加料车加料，一般是每1~1.5小时加料一次，主要是根据产量的不同而改变加料次数。排料是采用星型排料器排料，其特点是密封好，料量控制均匀。当星芯转动时，上方的星孔充料，下方星孔排料。排出的物料经振动输送器送到风送管道口输送倒煅后石油焦储仓。

2）计控系统。对八层火道的煅烧炉来说，对二层尾部火道和八层火道及总烟道的温度、负压进行测量，温度与负压的调整通过对总负压闸板、挥发分拉板及风门等设施的操作来完成。

3）烟道及排烟部分。烟道内层为耐火黏土砖，外层为红砖砌成。排出烟气的负压由烟囱或排烟风机产生。

4）冷却部分。物料经煅烧后温度很高（1000~1100℃），为防止其与空气接触燃烧，必须进行冷却。冷却水套是双层结构的筒体，筒体内是被冷却的物料，筒体夹层通水冷却。冷却水进行循环利用。

5）炉本体与支撑钢架：炉体重量大，用钢架支撑。炉体分炉膛与外层，炉膛是由硅砖砌筑，外层由红砖耐火黏土硅砖等砌筑。整个炉体包括料罐、挥发分孔道、溢出口横孔道、下火口、1~6（或1~8）层火道、预热空气道等。

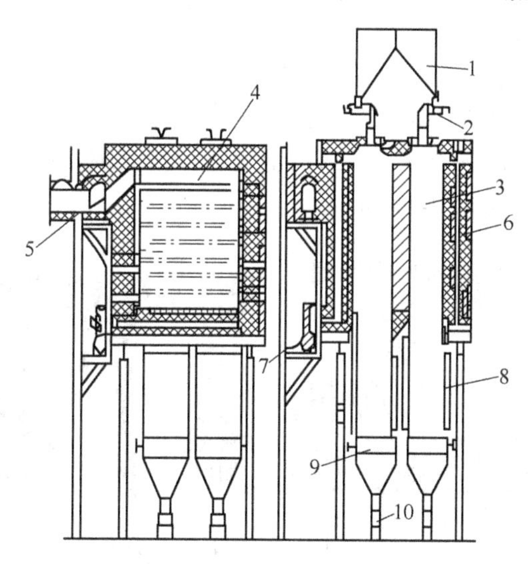

图4-9 逆温式罐式煅烧炉（八层火道、逆流加热、无蓄热室）

1—加料储斗；2—螺旋给料机；3—煅烧罐；4—加热火道；5—烟道；6—挥发分道；7—煤气管道；8—冷却水套；9—排料机；10—振动输送机

（3）大型罐式煅烧炉的开发与应用。

煅烧是将石油焦进行高温热处理的过程，是预焙阳极生产的关键工序之一。

我国用于生产煅后焦的煅烧技术主要是罐式煅烧炉技术和回转窑技术，罐式煅烧炉以罐内石油焦分解出的挥发分为燃料进行燃烧并对罐内石油焦进行煅烧，无需额外添加燃料，具有烧损率低、适应不同品级石油焦煅烧、煅后焦质量优质稳定、技术经济指标高于回转窑等特点在我国得到广泛应用，近年来在其他国家也得到了推广应用。但是，罐式煅烧炉也存在着单罐产能低、自动化程度低等软肋。

为克服罐式煅烧炉存在的诸多不足，我国成功开发并应用了 19 组 76 罐新的大型罐式煅烧炉，该大型罐式煅烧炉的热场和应力场采用了仿真模拟计算技术，对大容量炉体结构以及复杂的高温反应体系，包括挥发分燃烧系统、火道墙传热系统、石油焦煅烧系统和煅后焦冷却系统进行了系统计算研究，寻找出了适合大型罐式煅烧炉的新型框架结构、耐火材料和保温材料，并实现了上料、加料、排料的机械化和控制技术的自动化，实现了对大型罐式煅烧炉火道内温度、负压在线监测及先关的操作的自动控制。工业生产实践表明，新开发的大型罐式煅烧炉的单位产能高、自动化程度高、节能减排效果好、产品质量优质稳定等良好效果。

1）大型罐式煅烧炉开发的主要技术。新开发的大型罐式煅烧炉主要的技术有大容量炉体的仿真技术、新型炉体结构技术、热平衡技术和工艺自动控制技术等。

① 大容量罐体的仿真设计技术。通过对罐体结构和尺寸进行了多次结构优化计算以及温度场模拟仿真计算改进，成功开发出了大容量罐式煅烧炉的热场和炉体结构，新开发的大型煅烧炉的结构示意图和新旧罐式炉的料箱截面上的温度分布图分别见图 4-10 和图 4-11 所示。

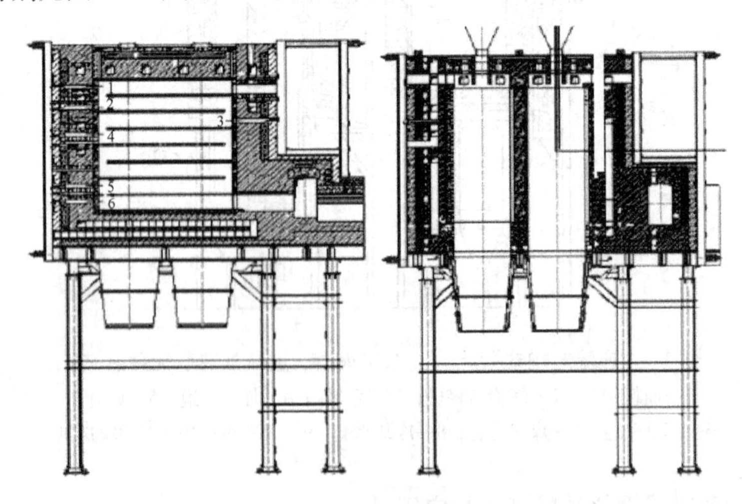

图 4-10　罐式炉结构示意图

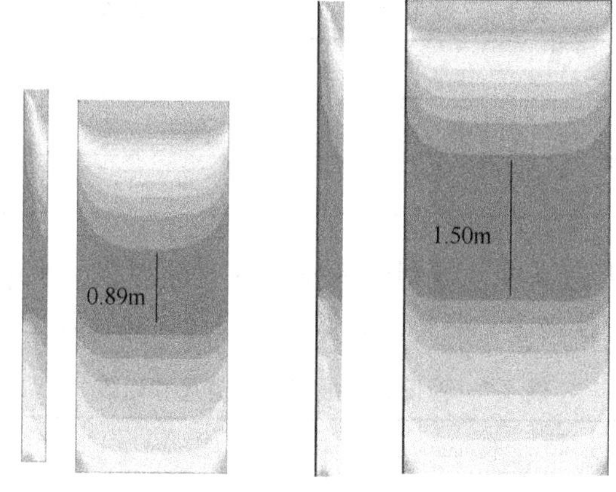

图 4-11 新旧罐式煅烧炉料箱截面上温度分布

大型罐式煅烧炉由大量的耐火砖、硅砖、保温砖在室温下砌筑而成。通过科学的烘炉等关键环节处理，使罐式炉满足在1300℃左右的温度下运行的条件。在整个炉体的升温过程中必然会产生较大的膨胀量。小型的罐式炉膨胀量小，容易解决；但设计产能是常用罐式炉数倍的大型罐式炉，膨胀总量较大，如果不能合理设计出罐内组与组间膨胀缝并选择好所用的材料，在煅烧炉烘炉和生产运行过程中将会产生过大的膨胀量及炉内应力，造成变形和裂缝，直接影响罐式煅烧炉的使用寿命，表 4-5 为新旧罐式煅烧炉炉体尺寸的比较。

表 4-5 新旧罐式煅烧炉炉体尺寸比较

尺寸	长/m	宽/m	高/m
8 组 32 罐	19.7	5.8	6.5
19 组 76 罐	47	6.9	6.8

在大型罐式煅烧炉的开发过程中，通过对炉体结构热应力和温度分布进行的大量模拟计算，合理优化设计了膨胀缝的尺寸，优选了耐高温、缓冲应力的填充材料。

生产实践证明，大型罐式煅烧炉的膨胀缝设计合理，炉体变形量小，有利于延长煅烧炉的使用寿命。

从图 4-11 中可以看出，新开发的大型节能型罐式煅烧炉的罐体内温度分布更为均匀，高温带老式罐式煅烧炉长 0.89m，新型煅烧炉 1.50m，新型比老式煅烧炉长 0.61m，石油焦经历高温煅烧带的过程将更为均匀，因而大型节能罐式煅烧炉技术能够更好地满足铝用炭阳极对煅后焦质量的要求。

大型节能型罐式煅烧炉的罐体设计技术的主要特点是：

- 优化设计了罐体的宽度和高度，提高罐体中的石油焦容量；新旧罐式煅烧炉的罐体尺寸比较见表 4-6。

表 4-6　新旧罐式煅烧炉罐体尺寸比较

炉型	长/mm	宽/mm	高/mm
老炉型	1680	360	6500
新炉型	1780	400	6700

● 优化设计了火道高度，以利于挥发分的充分燃烧、改进火道温度的均匀度，以改进提高热交换效率；新旧罐式煅烧炉火道尺寸比较见表 4-7。

表 4-7　新旧罐式煅烧炉火道尺寸比较

炉型	长/mm	宽/mm	高/mm
老炉型	420	180	45
新炉型	450	215	500

● 优化空气预热和进气量的控制。

② 炉体隔热保温及密封技术。大型罐式煅烧炉的创新技术之一是在罐式炉砌筑过程中在红砖墙体和保温砖墙体之间增加一道 20mm 纤维板。纤维板是以焦宝石、高纯氧化铝、二氧化硅、锆英沙等为原料，选择适当的工艺处理，经电阻炉熔融喷吹或甩丝，使化学组成与结构相同与不同的分散材料进行聚合纤维化制得的无机材料。纤维板具有低热容量、低热导率、优良的热稳定性、优良的抗拉强度和抗热震性等优点。

此设计在烘炉过程中一方面起到膨胀缝的作用，同时通过膨胀红砖墙体和保温砖墙体靠近将纤维板挤紧，增加了炉体的密封性，如图 4-12 所示。

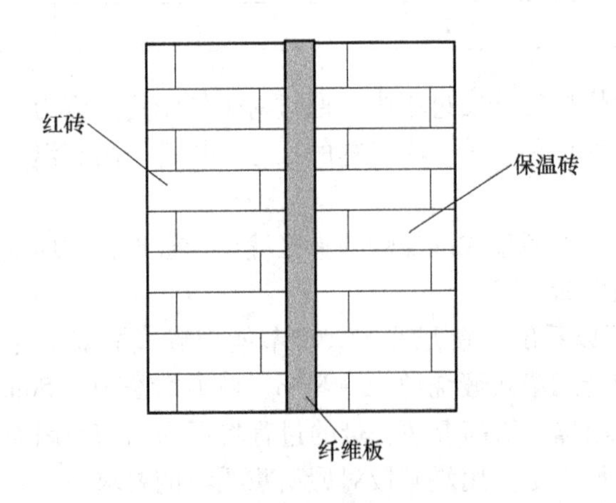

图 4-12　隔热保温及密封设计

③ 预热空气冷却技术。随着煅后焦质量要求、产量的提高，导致罐式煅烧

炉普遍存在炉底黏土砖部分温度过高。由于部分炉底预热空气道采用折返结构，阻力损失大，造成预热空气量循环少小，对炉底黏土砖部分冷却效果差。本技术采用了一种罐式煅烧炉预热空气道，见图4-13，在罐式煅烧炉预热空气竖道上侧设一条预热空气总道，在预热空气总道上面设预热空气拉板砖，将预热空气分配至各火道；在于所述预热空气竖道上设外排口，临时封堵，后续生产中根据需要适时调整使用。

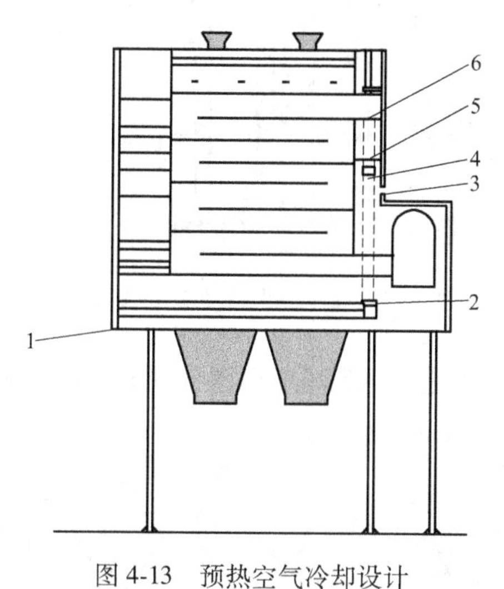

图4-13　预热空气冷却设计

1—冷空气入口；2—预热空气竖道；3—预热空气外排口；4—预热空气总道；5—预热空气拉板；6—预热空气出口

通过对煅烧炉前后预热空气竖道的技术创新，使经过热交换的热空气不仅能进入煅烧炉火道参加燃烧，而且多余的热空气能外排达到上述预期目的，有效的克服了原有技术中炉体底部温度高时无法降低其温度、或只能减产的缺陷，起到提高产量、降低炉体底部温度、降低煅后焦出炉温度、延长煅烧炉寿命等诸多效果。

④ 挥发分大道及溢出口技术。大型罐式煅烧炉挥发分大道及溢出口技术：每个料罐上有4个挥发分溢出口（220mm×270mm），每组有3条挥发分大道（250mm×340mm）与之连通，在炉前设有4个下火口（140mm×140mm），通过4个挥发分拉板将挥发分引入同组四条火道，见图4-14。

⑤ 大型罐式煅烧炉自动加、排料技术。该技术包括将性质复杂多变、来源不同的石油焦的自动混配技术及预均化技术，自动上料、加料的工艺过程控制技术，煅后焦全密封自动排料技术。在生产实践中应用，取得了生产运行效率高、稳定可靠、改善了工作环境、实现了生石油焦加料的精确控制、保证煅后焦产品质量的良好效果。

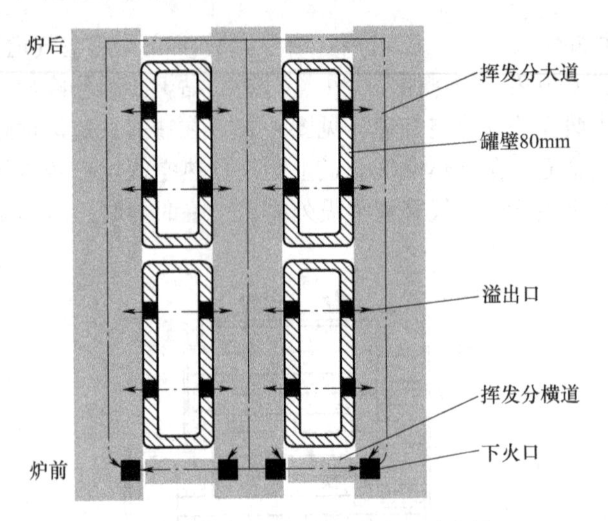

图 4-14　挥发分大道及溢出口示意图

自动加料、排料的工业应用现场应用图分别见图 4-15 和图 4-16。

图 4-15　自动加料系统

图 4-16　自动排料及输送系统现场图

⑥ 超大型罐式煅烧炉煅烧温度在线监控技术。新开发的大型罐式煅烧炉生产运行过程实现了每个火道内的温度、负压进行在线检测和控制，该在线检测控制系统能对所有火道的温度、负压进行有效的连续的在线检测和控制，从而实现全过程自动化控制，有效地控制了石油焦的煅烧质量，生产现场见图 4-17 所示。

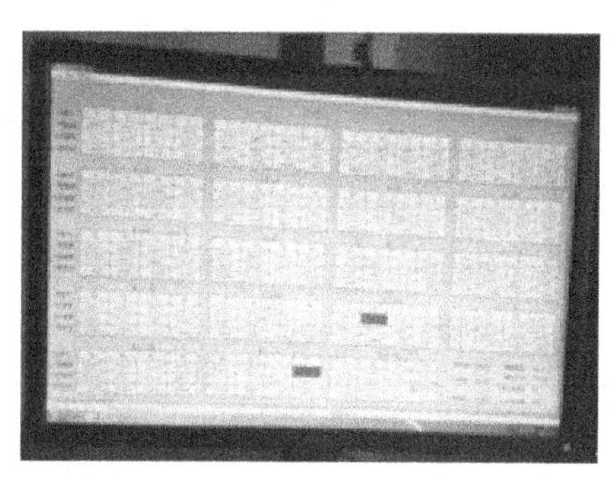

图 4-17 罐式煅烧炉的在线监控系统

该在线监控系统的主要特点：

- 通过 PLC 完成系统的顺序控制、状态检测、故障报警、数据传输等功能。
- 在系统监控主机上实现工艺生产系统流程的动态显示。
- 在系统操作主机上对整套生产系统中的工艺参数进行实时设定及修正。
- 在模拟屏上实现整套工艺生产系统流程的静态显示，使系统中的任意工艺生产设备状态及运行情况一目了然。
- 可采集、记录工艺生产系统各种参数数据，并进行处理及监测。实现工艺生产系统的实时数据监测、实时故障报警、记录及打印。可查询和打印历史数据及历史事故。
- 多画面选择工艺生产系统实时监控方式，具备全公司级网联网功能。

2）大型罐式煅烧炉的工业应用。新开发的大型罐式煅烧炉经两年多的工业生产应用证明：生产的产能产量明显提高，产品质量优质稳定，大型罐式煅烧炉的开发取得了成功。

① 产能产量明显提高。新开发的大型罐式煅烧炉明显提高了生产效率，单罐产能从原来的 85~90kg/h 增加至 110~115kg/h；煅后石油焦的质量也有了明显提高并具有较好的稳定性，达到了优质煅后石油焦的性能标准，为生产优质炭阳极奠定了基础。新旧罐式煅烧炉单罐产能及年产量见表 4-8。

表 4-8 新旧罐式煅烧炉的产能比较

规 格	单罐产能/kg	年产能/万吨
8 组 32 罐	90	2.52
19 组 76 罐	115	7.65

目前，新开发的大型罐式煅烧炉工业生产实际达到的指标为，单罐产量达到了 105kg/h · 罐，每台罐式炉年产煅烧焦达 6.92 万吨。

② 煅后焦的质量情况。开发的大型罐式煅烧炉及煅烧技术完全满足实际生产的要求，产品质量稳定。表 4-9、表 4-10 分别是采用大型罐式煅烧炉技术生产的煅后焦和预焙阳极的质量指标。

表 4-9　生产煅后焦的质量指标

项目	灰分/%	挥发分/%	硫分/%	真密度/g · cm^{-3}	粉末电阻率/μΩ · m
1	0.21	0.66	3.19	2.074	497.73
2	0.19	0.37	2.31	2.071	483.62
3	0.29	0.46	2.68	2.080	491.18

表 4-10　生产预焙阳极的质量指标

项目	体积密度 /g · cm^{-3}	真密度 /g · cm^{-3}	耐压强度 /MPa	CO_2 反应性（残留）/%	抗压强度 /MPa	室温电阻率 /μΩ · m	线膨胀系数 /K^{-1}	灰分 /%
型号 1	1.6	2.07	42	94	12	54	3.56×10^{6}	0.31
型号 2	1.58	2.06	39	93	11	55	3.87×10^{6}	0.33
型号 3	1.61	2.08	43	95	13	53	3.32×10^{6}	0.23

从表 4-9、表 4-10 的数据可以看出研发的大型罐式煅烧炉完全可以满足生产优质煅后焦和预焙阳极的质量要求。

③ 煅烧实收率有效提高。经两年多的生产实践证明，新开发的大型罐式煅烧炉的石油焦实收率达到 81%，较旧式罐式炉石油焦实收率高 2%，每台罐式炉每年可因减少石油焦烧损多回收煅后焦 0.17 万吨，每年可少采购石油焦 0.21 万吨，具有良好的经济效益。

（4）罐式煅烧炉的烘炉。

由于罐式炉是一个复杂的砖砌体，各种材料又有不同的特性。为了最大限度地保持炉体的完整和密封，保证原料在煅烧过程中的质量和罐式炉运行的稳定性，需要对新建设的或大修完的罐式炉进行烘炉。烘炉是将砌筑好的炉体由低温状态加热到高温状态的过程，包含干燥和烘炉过程。干燥的目的是在保证灰缝不变形、不干裂；保持炉子砌体严密性的前提下，逐渐地尽可能完全地排除罐式炉砌体中的水分。烘炉升温的目的在于提高砌体的温度，并使加热火道达到可以开始正常加排料时的温度。所以，要保证把炉烘好，必须制定合理的烘炉曲线和操作制度。

1）一般烘炉所用的燃料可以是固体（焦炭、煤、木柴），液体（重油、柴油），也可以是气体（煤气、天然气）。其选用原则是：燃烧后生成水分少（本身含的水分也要少），操作容易、安全，来源方便、经济，炉温上升均匀，并能达到升温要求。

2）烘炉的理论依据。罐式炉的炉体主要砌筑材料是硅砖。因此，烘炉的曲线制定的理论依据与硅砖的成分、性质，以及它在不同温度下的膨胀特性密切相关。

硅砖是由含石英（SiO_2）很高的硅石经粉碎、成型、灼烧以后而制成的，硅砖具有导热性好、高温下荷重软化点高和抗煅烧物料对罐壁的磨损性好等特点（硅砖的耐火度可达1700～1750℃，在2kg/cm^{2}的荷重下，其荷重软化点可达1640℃）。

但硅砖的耐急冷急热的性能差，剧烈的温度波动，将会使它发生破损。这是因为随着温度的变化，组成硅砖的主要成分SiO_2发生了晶型转变，因而造成了硅砖的体积急剧的膨胀和收缩。

一般，二氧化硅能以多种结晶形态存在，它们是：α—石英、β—石英；α—方石英、β—方石英；α—鳞石英、β—鳞石英、γ—鳞石英。

SiO_2的不同的结晶形态及其同素异构体，只要达到晶体转化温度，就会发生晶变。

随着温度的变化，由SiO_2的晶型转化所引起的体积的急剧变化，一般可以认为是在瞬间完成的。SiO_2的晶型体积随着温度变化曲线见图4-18。

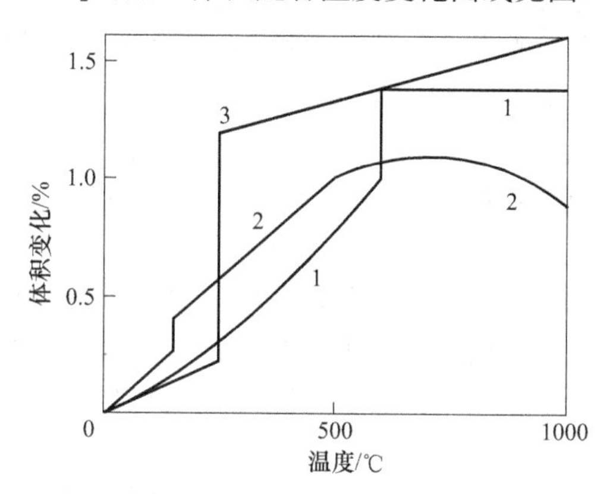

图4-18 SiO_2晶型的体积随温度变化的曲线

1—石英；2—鳞石英；3—方石英

从图4-18可见，在加热时，方石英的体积变化最大，其次是石英，而鳞石英则较为缓和。

罐式炉的烘炉曲线就是根据在不同的温度区间的硅的膨胀特性以及煅烧烘炉实践而制定的。

3）烘炉。烘炉是一项细致的技术性很强的工作，且烘炉时间较长。所以，在烘炉前应做好一切准备工作：

① 技术准备。包括制定出升温曲线和负压制度、操作规程、安全规程、岗位责任制和交接班制，组织上述规程、制度的学习和烘炉操作培训。

② 物质准备。将烘炉用的温度、压力仪表，测量工具，烘炉用的记录，一切辅助用材等准备完善。

③ 点火条件。在点火烘炉前必须检查和落实如下工作：

• 检查和清理煤气或天然气系统和烟气系统，保证畅通好用；

• 检查验收炉体、护炉铁件；

• 检查验收加排料设备、冷却水系统；

• 检查负压、温度、膨胀测点安装情况，并进行校验，保持符合点火要求的规定值；

• 检查负压和煤气或天然气压力警报器；

• 检查拉筋和安全装置，调整为规定值；

• 调整燃气阀门，空气拉板，挥发物拉板为规定状态。

④ 烘炉操作。烘炉操作就是执行已制定的烘炉规程。其中包括执行烘炉曲线升温、调节负压，调整拉筋、保持规定拉力，加料等。

• 点火。开启排烟机，烟气冷却，净化系统；打开首层挥发分拉板，关闭其他各层挥发分拉板；根据规程调整各号负压；按开炉点火操作规程顺序开炉点火；点火后认真检查各监测点负压，重新调整负压为工艺参数规定值。

• 烘炉方法。烘炉低温阶段采用天然气（或煤气）套筒，使天然气（或煤气）经套筒逆流到套筒外边再燃烧；炉温调节极为方便，灭火时容易被发现，套筒装拆又很容易。升温至400℃时就可以卸掉套筒，直接加热。

• 调整负压。首层负压的调整要随着炉温的上升而逐步提高，在点火时可控制在12Pa和20Pa；为了确保按照烘炉曲线执行，要严格控制具有决定意义的八层火道负压，总的来说八层火道负压随控制温度的上升而递增。

负压调整必须坚持以下原则：低温时负压小，高温时负压大；边号火道负压大，中间火道负压小；负压的递增要随首层——八层温差的增加而逐渐加大；火道之间的负压差调整用负压拉板调整，总体负压的调整用排烟机进出口闸门、烟道闸门和排烟机冷空气进口闸门调整。

• 温度的调整。在烘炉过程中，八层和首层末端温度作为烘炉的控制温度，八层和首层末端温度每10~20min检测一次，每小时记录一次温度，其他部位温度每两小时记录一次。32罐罐式煅烧炉烘炉曲线见图4-19。

一般采取如下方法调节温度：一是在保持天然气（或煤气）质量和压力稳定的前提下，根据检测温度及时调节天然气（或煤气）用量的多少，即调节热源的供应量。二是调节负压大小，负压大小对温度的影响较大，不同的温度阶段要求调整不同的负压，随着炉温的升高逐渐增大负压。三是及时处理炉体四周大

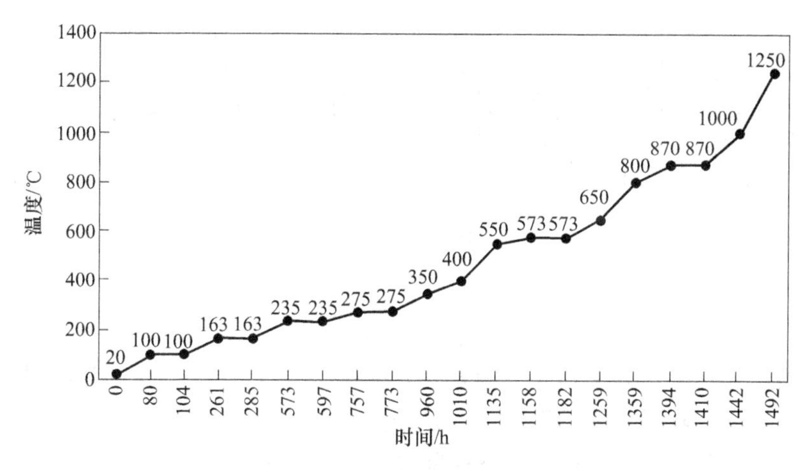

图 4-19 32 罐罐式煅烧炉烘炉曲线

墙和表面的裂缝，裂缝对边火道的温度影响较大，要随时用石棉绳堵塞，烘炉结束后，应在裂缝处灌浆抹上鸡毛耐火灰浆，确保炉体严密。四是边火道消耗热量较多，烘炉后期升温较困难，可适时多给些燃料，负压比其他火道高 2~3Pa，便可降低火道间的温差。五是在低温温度微量调节时，可利用套筒进出的大小程度加以控制等。

● 测量膨胀与调整弹簧。在烘炉过程中，通常以炉高膨胀的 24h 累计值来控制烘炉进程，即炉高实际膨胀超出预定值时就保温，否则按计划升温曲线升温。炉高膨胀的控制：测量时的炉高值与 24h 前测量的炉高值之差，等于炉高日膨胀增长值，如果炉高日膨胀增长值大于 2.5mm 的测点数超出炉高总测点的 50%时，就按测量温度值保温；保温时间到炉高日膨胀增长值符合允许的炉高日膨胀值，然后继续升温。炉高膨胀的测量次数是每班两次，接班时测量一次，班中测量一次。

● 烘炉过程中注意事项。在烘炉过程中要注意如下事项：一是安全，在烘炉的过程中，由于低温阶段的时间较长，易发生灭火现象，因此在烘炉的低温阶段一定要加强检查，一旦发现灭火，要按规程规定重新点火，避免因处理不当而造成重大人身和设备事故，在烘炉时要特别注意预防煤气中毒，经常检查是否有煤气跑漏等情况，并作及时处理；清扫煤气或天然气管道阀门时一定要严格按规程规定进行操作。二是在灭火重新点火时，务必先关闭上、下两层天然气（或煤气）后，让火道抽排风 5~10min 以上后，按点火操作规操依次重新进行点火操作。三是要经常检查炉体四周有无影响炉体膨胀的地方和障碍物，特别是发现四周大墙膨胀很小或不膨胀，弹簧个别的压缩很小或不被压缩时，要仔细寻找影响炉体膨胀的原因，采取相应措施进行及时有效排除。

（5）罐式煅烧炉的操作过程。

采用罐式煅烧炉的操作过程见图 4-20。

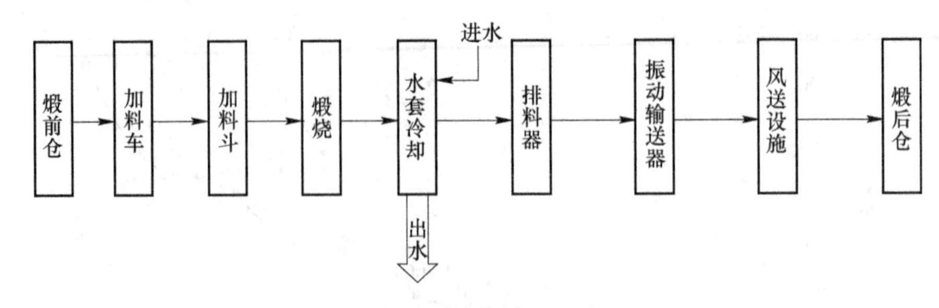

图 4-20　煅烧过程工序

物料由加料车送入加料斗，随着下方排料器排料，受重力作用的物料自动下移。当物料进入料罐时开始受热，并开始排出挥发分，挥发分在二、三、四层排出的量最大，到七、八层挥发分的排除过程基本结束。受负压的影响，挥发分经溢出口进入挥发通道，再由下火口进入火道燃烧。

燃烧的火焰由一层到二层，二层到三层，直至八层，由八层排入烟道，经烟囱再排入大气。

根据生产实际的测定，烟气每台炉的流量为15100m^3/h，烟气成分为：2.7%的CO_2、12.5%的O_2、0.3%的CO、9.1%的H_2O。

物料进入冷却水套，进入降温冷却阶段。冷却后的物料经排料器进入振动输送器，之后送入下道工序。

1）罐式煅烧炉操作过程中常见的故障原因及排除。

① 棚料及处理。

- 因进厂石油焦碳氢化合物含量与结构的不同，有时会产生挥发分逸出困难或使物料黏结而造成棚料。遇到这种情况，主要采取减少棚料焦种的使用比例和加大煅后焦的配入量的措施。
- 由于排料设备故障没能及时处理，导致物料长时间不松动而结焦棚料。应及时有效解除排料设备故障（排料器结焦），处理不应超过2h。
- 在清理料罐时因一次加入生料过多而引起软化结焦棚料。要严格控制一次加料量，应分数次加入生焦。
- 上料口结焦堵塞造成棚料。及时用风管吹，不允许用棍捅。
- 料内掉入铁棍或炉内掉砖引起棚料。这样的棚料必须及时处理。

② 结软焦及处理。结软焦与下红料形成的原因类似，主要是在温度比较低的情况下大幅度提产；石油焦挥发分含量过高且难以逸出，造成的原因是个别火道温度低、处理棚料时一次加入生料过多而没有控制排料量与排料间隙时间，同时出现棚料与溢出口或下火口堵塞等引起挥发分难以溢出。

处理结软焦比较困难，一般采用风吹、停排等处理方法。处理完毕后应向料罐加煅后焦。

③ 下火放炮及处理。原因：排料量过大；溢出口、下火口堵塞；总负压或分号负压小；如不是以上原因，则必然是料罐顶部溢出口侧位形成结焦（弓形结焦，在溢出口下方）。

发生下火或放炮，应及时处理，否则容易烧坏设备或发生安全事故。

④ 溢出口、下火口及火道挂灰堵塞原因。主要有：炉面或溢出口、下火口上方清理孔等向挥发分大道、料罐、横道漏风，没及时清理，负压使用过低或不均匀，风门开得过大等。

⑤ 引起负压波动的原因。主要原因：炉体不严密漏风，烟道不严密漏风，烟道进水及大雨，火道和烟道长期未清扫积灰或掉砖等，烟道闸门下降，炉产量的高低及挥发分含量的高低引起烟气温度的变化。

⑥ 风送管道堵塞的原因。主要有：堵料时若风机功率大幅度变小（不堵料时功率正常）则必然是管道或大小风旋被料或物体堵住而造成堵料；不堵料时风机功率偏高，堵料时风机功率下降幅度小，则必然是管道或大小风旋漏风所致，一般应检查管路，大小风旋弯头及风旋下料口是否有漏风的地方；料巾含有的碎石、碎铁在立管处积累，以及管道进水等也易引起堵料。

⑦ 罐式煅烧炉高温修补技术。世界上使用罐式煅烧炉的国家主要有我国和俄罗斯。我国罐式煅烧炉的数量是当前国际上最多的国家，俄罗斯的罐式煅烧的使用寿命在10年左右，我国罐式煅烧炉设计使用寿命8~10年，一般使用8年左右。为了提高罐式煅烧炉使用寿命和提高劳动生产率，研发了“罐式煅烧炉高温修补技术”，可延长罐式煅烧炉使用寿命3~5年。

随着我国进口原油的数量不断增加，石油焦中的硫含量不断增高，预焙阳极生产用石油焦硫含量增高到2.0%以上，加剧了硫对罐壁硅砖的腐蚀作用，严重影响罐式炉的使用寿命。通过罐式煅烧炉高温修补技术，提出了罐式煅烧炉早期破损处理的新技术，并根据当前原料石油焦结构，改进了煅烧工艺，有效遏制了石油焦中的硫对罐式炉罐壁硅砖的腐蚀作用，进而达到了延长罐式炉使用寿命的目的。

2）影响煅烧炉温的因素。

① 燃料燃烧的影响。在正常煅烧过程中，原料在煅烧时所产生的挥发分是热源的主要部分。因此，对挥发分必须充分利用，但又要严格控制。如果挥发分不足，就要用煤气或天然气及时进行补充，若不及时补充煤气或天然气，煅烧温度就要下降，影响煅烧质量。如果挥发分足够，关闭燃气阀门，调整挥发分的拉板，调节挥发分的给入量。否则，挥发分过量，个别大道温度过高，炉体材料会烧坏。因此，生产中，为了确保煅烧炉火道温度的恒定，对原材料的配比，挥发份和燃气的用量都要严格控制，及时进行调整。

② 空气量的影响。预热空气进入量的大小是保证煅烧炉火道温度恒定和煅

烧质量的一个重要环节。只有空气量调整适当，燃料才能得到充分燃烧，煅烧炉的火道才能达到高温，煅烧的质量才能得到保证。空气量过高或过低都不利，空气量不足时，燃烧不充分，火道的温度下降，同时还会在进入蓄热室或烟道以后继续燃烧，以致烧坏设备；空气量过多时，会把火道内的热量带走，造成火道温度降低，煅烧质量下降。

③ 负压的影响。罐式煅烧炉负压的控制极为重要。每组炉室顶部负压在49~98Pa，以罐内负压接近零最为理想。而全部使用挥发分的炉子，负压要20~30Pa，负压过大，火道内空气流量大，热损失大，负压过小则挥发分难以抽出，预热空气也将供给不足，燃烧不完全。因此，在煅烧炉生产中，要很好地掌握煤气或天然气、空气和挥发分的供给量与负压大小的相互关系，并且严格执行生产技术规程，以保持恒定的煅烧温度，提高原料的煅烧质量。

各炭素厂的罐式煅烧炉，虽然炉体结构大同小异，但由于煅烧原料种类不一样，对煅烧质量要求不一样，工艺操作条件也有所差别。现将八层火道的罐式煅烧炉的主要工艺操作条件举例如下（有天然气供应的八层火道煅烧炉）：

二层火道尾温度：1250~1350℃；

八层火道温度：1000~1100℃；

首层火道负压：40~60Pa；

烟道总负压：160~200Pa；

烟道温度：900~1000℃；

原料在罐内停留时间：39~41s；

炭质烧损：2%~5%；

煅烧后焦质量指标：

真密度不低于：2.06g/cm^3；

电阻率不大于：550μΩ · m。

④ 煅烧炉的密封和煅烧料的冷却。如果煅烧炉的密封性能不好，会造成煅烧原料烧损，火道温度降低或者烧炉体。特别是排料装置，要求有更好的密封性能。否则，灼热的煅烧料将大量被氧化并放热，造成排料设备烧坏。除了要求煅烧炉体要密封外，还要求煅后物料的冷却装置冷却的效果要好，煅烧物料在冷却装置内能迅速冷却。

3）操作注意事项。

① 为提高煅后石油焦质量，炉子必须定期清理，清除罐壁结焦，增强传热性能. 一般应保持每季料罐清理一次。为保证挥发分的正常流通，溢出口、挥发分通道必须保持每20天清理一次，下火口、横道每班必清。

② 必须正确调控负压，以达到合理的温度分布。

③ 首二层温度与六层（或八层）温度应兼顾考虑。首二层温度的高低决定

着物料的加热速度和挥发分的逸出速度，也影响物料最终所能达到的温度。六层（或八层）温度的高低，直接影响着料的最终温度，若六层（或八层）的温度低，物料就难以达到预想的煅烧温度，煅后焦质量就难以保证。

（6）煅烧产量的计算。

煅烧的产量、温度和质量三者之间存在着有机的联系。产量高，温度就容易高，但物料的升温时间短，产品质量一定高。产量低，温度将偏低，但物料煅后时间长，产品质量不一定低。产量过低，炉温难以控制，将导致物料最终的煅烧温度低，质量难以保证。一般来说，产量控制的范围在 75~100kg/h 较为适宜。

现以某厂为例，其煅烧炉排料设备是每三分钟排料一圈，每圈每号排料 10kg，假定每小时的排料分数（t 分），则炉台的小时产量及日产量计算为：

$$炉台小时产量 = 10 \times \frac{t}{3} \times 24 \ (\text{kg})$$

$$日产量 = 炉台小时产量 \times 24 \ (\text{kg})$$

24 分别代表为每日 24h 和 24 个料罐。

（7）罐式煅烧炉的热量平衡。

罐式煅烧炉的热量平衡模型：一般选定基准温度为 20℃ 进行热平衡计算。其热平衡模型见图 4-21。

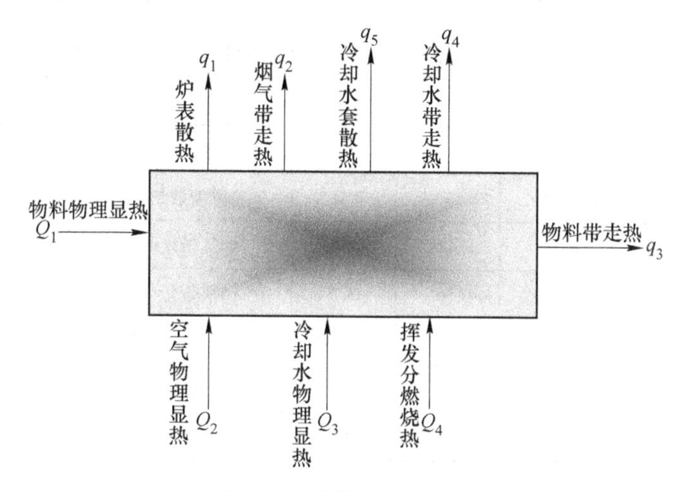

图 4-21　热能平衡模型图

1）热量收入项。热量收入项是给煅烧炉带来热量的项目。

① 物料物理显热 Q_1：是由于石油焦本身因具有一定的温度而给煅烧炉带来的热量。根据其温度的高低，该项可能为正值，也可能为负值。

② 空气物理显热 Q_2：是进入首层火道或预热空气道的空气的温度高低而带给炉子的热量，它的值可能是正值，也可能是负值。

③ 冷却水物理显热 Q_3：是冷却水温度的高低而带给炉子的热量，它的值可能为正值，也可能为负值。

④ 挥发分燃烧热 Q_4：是给煅烧炉提供热量的主导部分，它包括了碳质烧损带给煅烧炉的热量。

2）热量支出项。

① 炉表散热 q_1：是炉表面向周围环境所散发的热量。

② 烟气带走热 q_2：是烟气带走的热量。

③ 冷却水套散热 q_5：是冷却水套向周围环境中放出的热量。

④ 冷却水带走热 q_4：是冷却水吸收物料热量后带走的热量。

⑤ 物料带走热 q_3：是经冷却水套冷却后的物料所带走的热量。

3）热量平衡。

通过对各项热量的计算，就能够计算出热量的收入与支出，收入与支出是平衡的，即：

$$Q_1 + Q_2 + Q_3 + Q_4 = q_1 + q_2 + q_3 + q_4 + q_5 + \beta \tag{4-3}$$

β 为误差值。

通过计算，可以了解煅烧炉的热量分布，为提高产量、质量、节能、适应原料的变化等方面提供了科学依据。见表 4-11。

表 4-11　某厂煅烧炉能量平衡的计算结果　（热量单位：$\times 10^3$kJ/h）

序号	能量收入			能量支出		
	项 目	热 量	%	项 目	热 量	%
1	物料物理显热	7	0.07	炉表散热	692	6.66
2	空气物理显热	44	0.42	烟气带走热	8574	82.53
3	冷却水物理显热	−365	−3.51	物料带走热	244	2.35
4	挥发燃烧热	10703	103.02	冷却水带走热	852	8.20
5				其他	27	0.26
	总计	10389	100	总 计	10389	100

计算结果可见，烟气带走热是主要的热支出。因此，应做好提高有效利用热效率的工作，尽可能做好烟气的余热利用。挥发分燃烧热是主要的热来源，要进一步合理地掌握空气流量，使挥发分得到充分燃烧的同时，最大限度地提高燃烧烟气温度，亦即提高煅烧温度。

（8）煅烧余热利用。

煅烧炉出炉烟气温度约为 850~900℃，含有大量余热。目前，国内有三种余热利用方式：一是供暖和工人洗澡，适合高寒地区；二是利用导热油炉回收烟气余热，国内众多厂家所采用的方式；三是余热发电利用，此种利用较为合理，能量利用率高，国内不少厂家获得成功。

利用导热油炉回收烟气余热是以导热油为传热介质，热媒泵为输送动力，把200~230℃的高、低温导热油分别输送到各用热设备，导热油在用热设备经过加热交换后，温度降到180~210℃，回流至热媒油泵入口，经泵加压，热媒油锅炉加温外供，形成一个密闭循环供热系统，不断地为炭素生产及生活供热。煅烧炉烟气温度经过余热回收后降至300~350℃经烟囱抽出后排空（仍然有利用价值，研究开发低温余热利用是一个重要课题）。

热媒系统分成高温区和低温区两部分，高温导热油一般供给阳极成型车间或阴极成型车间的混捏工序，低温导热油供给沥青熔化及其他用户。供热系统的主要设备有：热油加热炉、烟囱、注油泵、热油泵、膨胀槽、热油储槽、过滤器、分集油缸。阳极成型工序主要用热设备有：沥青熔化槽、沥青泵、沥青高位槽、沥青称、混捏锅、成型机料仓、模具、沥青管道。阴极成型工序主要用热设备有：沥青高位槽、沥青称、混捏锅、成型机料仓、模具、沥青管道。

4.3.4 石油焦煅烧生产工艺的优化

煅烧是石油焦热处理的第一道工序，一般在1300℃左右的条件下进行高温热处理。目的是将石油焦中的水分、挥发分、硫分及氢等杂质除掉以及实现各种碳质材料的结构和物理化学性质变化。这样可减少石油焦再制品的氢含量，使石油焦的石墨化程度提高，从而提高石油焦的机械强度、密度、导电性能和抗氧化性。

目前，国内石油焦煅烧多采用罐式煅烧炉、回转窑煅烧、旋转煅烧炉、电热煅烧炉4种方式。几种炉型由于结构不同，工艺也差异很大。国内外电解铝配套预焙阳极及商用预焙阳极生产企业石油焦煅烧大多以罐式煅烧炉、回转窑煅烧为主，罐式煅烧炉加热类型是以耐火砖传出的热量间接加热原料，回转窑是以燃烧气体与物料直接接触加热。

（1）回转窑煅烧。回转窑煅烧具有系统产量大，对原料适应性强，操作条件好，自动化程度较高，易于环保治理，在国外主要用于炼油厂等大型煅烧生产企业建设使用。其缺点是：

1）煅烧烧损大。生产工艺特点是采用直接加热方式，石油焦与烟气中的氧气直接接触且与烟气逆向流动，易被氧化燃烧；对生石油焦粒度要求较高，当石油焦中细粒度含量较大时煅烧烧损增加，煅烧带温度也随之难以控制，大量粉焦同高温烟气进入窑尾沉降室，造成石油焦的实收率降低，国内回转窑煅烧石油焦普遍实收率为70%~73%。由此可见造成极大浪费，造成阳极成本增加。

2）产品质量较差。由于回转窑煅烧石油焦采用直接加热方式，石油焦在回转窑转动过程中与耐火材料的接触面积大造成窑内衬耐火材料脱落进入原料，导致灰分增高；煅烧时间短约为 1～1.5h，如粉焦含量高，石油焦煅烧温度得不到控制难以充分收缩来，密度及强度一直不高，平均密度不大于 2.01g/cm^3 且波动较大，而煅后石油焦行业指标 2.08%。且窑补风管、排料溜槽耐火材料极易破损、脱落，造成煅后焦质量较差。

3）下游配套设备投资较大、设备维修费用高。回转窑集中煅烧时，窑的烟气余热利用是重要的盈亏平衡点，最好是生产蒸汽后直接外卖，如果大量蒸汽没有用户，就必须采用余热发电；粉料量大导致烟气中的粉尘进入燃烧室后二次燃烧，燃烧室温度过高缩短寿命；未完全燃烧的粉尘与烟气中的硫化物等黏附于余热锅炉，不但使锅炉换热效率降低，还导致煅烧余热锅炉系统腐蚀损坏；烟气中大量的粉尘，严重影响脱硫剂对烟气中的 SO_2 的吸收效果，给企业造成环保压力。

（2）罐式炉煅烧。

随着国内罐式煅烧炉技术日臻成熟，它具有对原料要求低、质量稳定、物料氧化烧损小，煅烧物料纯度较高，挥发分可以充分利用，高温废气通过蓄热室预热冷空气，全炉热效率比较高。

在煅烧焦质量方面，与炭阳极消耗密切相关的煅后焦的真密度、比电阻、振实堆积密度、空气和 CO_2 反应性等性质，比回转窑更好。特别适合于目前质量波动较大的石油焦的市场现状。缺点是产能小，自动化生产水平低，炉体庞大复砌筑技术要求高，施工期较长。

（3）罐式炉与回转窑的技术经济指标对比。

1）石油焦煅烧的热处理过程中，因两种炉型的加热方式、加热时间、冷却方式以及对原料、燃料的使用要求等方面都有较大的不同，表 4-12 给出了两种炉窑煅烧工艺的特点。

表 4-12　罐式炉、回转窑石油焦煅烧工艺特点的比较

序号	比较项目	罐式煅烧炉	回转窑
1	加热方式	间接	直接
2	料流与烟气流动方向	顺流、逆流	逆流
3	煅烧时间	24～34h	60～80min
4	冷却方式	间接水冷却	直接水冷却
5	原料挥发分要求	大于 12%时，罐式炉需回配煅后焦	要求低
6	原料粒度要求	要求低	要求高
7	处理炭素原料粒度	细焦、颗粒焦	颗粒焦
8	煅烧带火焰温度	1250～1350℃	1250～1350℃
9	生产可用燃料	石油焦的挥发分、煤气、天然气等	挥发分、煤气、天然气、重油等
10	烘炉可用燃料	煤气、天然气等	煤气、天然气、重油等
11	挥发分燃烧利用情况	较好	一般
12	煅后焦质量	较好	较差

2）在生产运行的经济性方面，两种炉型在设备的运转率、煅烧实收率和炭质烧损、原燃料和动力消耗、维修费用等方面也都存在很大的差异，表4-13给出了罐式炉和回转窑石油焦煅烧经济性的比较。

表4-13 罐式炉、回转窑石油焦煅烧技术经济性的比较

序号	比较项目	罐式煅烧炉	回 转 窑
1	设备年运转率	高（大于98%）	较低（78%~85%）
2	煅烧实收率	高（大于80%）	低（小于73%）
3	炭质烧损	低（3%）	高（8%~10%）
4	原料粉焦物理损失量	小（1%）	较大（与原料中粉焦量有关，~6%）
5	原料单耗	较少1.25t/t煅后焦	较多1.45t/t煅后焦
6	燃料消耗	较低（0~20×10^4kJ/t）	较高（0~70×10^4kJ/t）
7	电耗（操作用）	较少	较多
8	新水	较少（无直接消耗）	较多（直接消耗）
9	大修周期	长	短
10	维护费用	少	多

3）罐式炉和回转窑的单台系统产能、劳动强度、机械化自动化程度等操作条件和工作环境也存在较大的差异，其配套的设备和工程也并不相同，表4-14给出了这方面的区别。

表4-14 罐式炉、回转窑石油焦煅烧操作环境与配套工程的比较

序号	比较项目	罐式煅烧炉	回 转 窑
1	单台系统产量	较低（2~7t/(h·台)）	较高（8~35t/(h·台)）
2	机械化、自动化程度	较低	较高
3	劳动强度	较高	较低
4	现场操作环境	稍差	较好
5	对操作人员要求	熟练工人	一般
6	劳动生产率	稍低	稍高
7	对特大规模生产的适应性	一般	较好
8	余热烟气量	较稳定	较大但不稳定
9	余热烟气温度	较低800~850℃	较高950~1100℃
10	余热利用	蒸汽锅炉、热媒锅炉、发电等	大型蒸汽锅炉、发电、热媒锅炉

4）石油焦煅烧质量对预焙阳极质量影响很大，是煅后焦的真密度、电阻率、CO_2反应性、空气反应性、振实堆积密度等几个关键质量指标。在这些质量指标

方面，罐式炉生产的煅后焦要优于回转窑。表4-15为国内典型的罐式炉与回转窑煅烧技术生产的煅后焦质量情况，从表中可以看出，在煅烧质量方面及理化指标性质，罐式炉生产的煅后焦更好。

表4-15　罐式炉、回转窑煅烧石油焦主要质量对比情况

序号	指标名称	罐式炉	回转窑
1	真密度/g·cm^{-3}	2.05~2.09	2.02~2.07
2	电阻率/μΩ·m	450~500	480~580
3	CO_2反应性/%	19~31	22~45
4	空气反应性/%	0.04~0.20	0.20~0.60
5	表观密度/g·cm^{-3}	0.70~0.76	0.64~0.66
6	灰分/%	0.15~0.25	0.2~0.4

基于国内炼厂产焦工艺差异、成本控制等因素，石油焦理化指标差异也较大。石油焦中粉焦含量、硫分含量等不断增高，造成煅烧工艺控制难度越来越大，烧损日益增大，末端设备腐蚀严重，导致煅烧成本不断攀升，企业生产成本压力不断增大。罐式煅烧炉生产煅后焦，在节能减排、提质降耗等方面的优势较回转窑的越来越显著，有力的提高了生产企业的产品竞争力。因此，罐式煅烧炉在国内使用量逐渐增多，并获得世界各地生产企业的重视。目前，国内新建的石油焦煅烧生产线，基本为罐式煅烧炉，很多原采用回转窑进行石油焦煅烧的生产企业，纷纷将回转窑拆除，改建为罐式煅烧炉。

4.4　沥青熔化

目前，我国新建铝用预焙炭阳极厂家一般采用液体沥青，但也有的铝用炭素厂采用固体沥青。熔化固体的粘结剂沥青，主要有连续快速熔化和容积式熔化槽两种熔化方式。熔化槽虽然设备简单，投资少，但劳动条件恶劣，劳动强度大，不能实现自动化，还需定期停槽除渣；快速熔化劳动条件好，自动化水平高，工人的劳动强度减少，能够实现自动化，环境易于治理。能够达到环保要求。

4.4.1　连续快速沥青熔化工艺流程

由于快速熔化沥青具有的优点，现代建设的大规模铝用炭素阳极生产企业大都选择此工艺技术，其工艺流程见图4-22。

沥青储仓内的固体改质沥青，经皮带电子秤计量、锤式破碎机破碎到所需粒度后，由斗式提升机送入热媒加热的快速沥青熔化装置内。快速沥青熔化装置上装设一台埋式泵，用于自身循环，加速沥青熔化。熔化后的液体沥青经缓冲槽、沥青过滤器、沥青输送泵进入沥青储槽。为使沥青在储槽内温度均匀，除在槽内

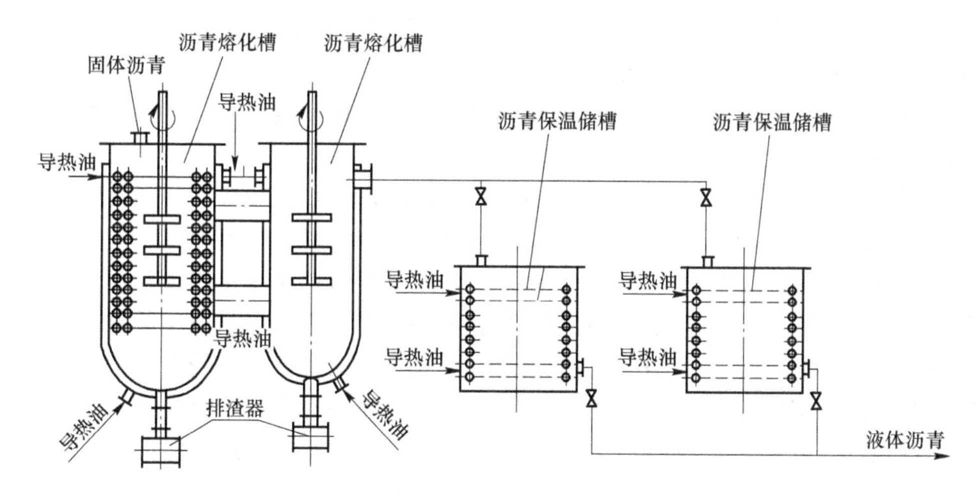

图 4-22 快速沥青熔化流程示意图

设置了加热装置外，还设有一台循环泵，这样就可以保证沥青储槽内沥青温度均匀。储存在沥青储槽内的液体沥青，当生阳极工段需要时，用沥青输送泵送往生阳极工段的沥青高位槽，供下道工序使用。

4.4.2 熔化槽熔化沥青

熔化槽熔化沥青在国内不少厂家应用，其特点是设备简单，投资少，劳动条件恶劣，劳动强度大，不能实现自动化，还需定期停槽除渣，环保有待改善等。其主要热源是导热油，操作也简单，但在生产中要注意有关事项：

（1）各熔化槽加固体沥青料时不能过多，防止沥青熔化后体积膨胀溢出。

（2）要及时监测并保持沥青高位槽温度，将温度控制在要求的范围内。

（3）输送沥青时要随时与主控室保持联系，避免输送沥青过多，造成沥青高位槽溢流。

（4）在调节熔化槽热媒温度时不应过急，以免影响热媒系统温度的控制。

（5）熔化槽内液态沥青若体积膨胀过快，应向槽内吹高压风降温以降低其膨胀速度。

4.4.3 粘结剂—沥青的选择

在铝电解用预焙炭阳极生产中，粘结剂—沥青的选择很重要，沥青质量的好坏与所配的比例直接影响着阳极块的质量。因此，沥青必须按规定的比例加入。它的作用是：在与煅后石油焦固体颗粒加热混合后，粘结剂包围颗粒的表面并把各种颗粒黏结在一起，填满颗粒的开口气孔，形成组成质地均匀、具有良好可塑性的糊料，以便在成型机上生产出合格的生阳极；另一方面，生阳极在焙烧过程中，由于粘结剂本身焦化而生成的沥青焦把各种颗粒材料结合成一个牢固的整体，提高阳极的物理化学性能。

目前，我国铝用预焙炭阳极生产普遍选用煤沥青作粘结剂，但煤沥青也有不同的区别。

煤沥青按其软化点的高低可分为低温沥青（软化点在75℃以下——环球法测定），中温沥青（软化点在75~95℃）和高温沥青（软化点在95℃以上）。对于未经特殊处理的煤沥青，其软化点越高，游离碳含量也越高，挥发分含量就越低，焙烧后的残炭率也越大。随着电解铝技术的进步，对预焙阳极质量要求越来越高，高质量的阳极必须使用高温煤沥青，因国内阳极质量标准较国外偏低，我国相当一部分阳极厂家使用中温沥青作粘结剂。高温沥青有利于提高阳极的密度和机械强度，且常温下不易熔成一体，方便运输和装卸；但使用高温沥青必须相应的提高沥青熔化温度和混捏压型的温度，成本偏高。

沥青用量的多少，对阳极质量有较大的影响。用量过少，混捏后糊料的塑性较差，成型时易产生裂纹；用量过多，则生阳极容易弯曲变形，焙烧后阳极孔度增大，机械强度降低。

沥青用量的多少可根据以下方面确定：

（1）产品配方的粒度组成较粗，即粉状小颗粒用量少，大颗粒用量较多，而且大颗粒尺寸较大时粘结剂用量应适当减少。反之，粒度组成较细（即大颗粒较少且大颗粒尺寸较小，同时粉状小颗粒多），粘结剂用量比例要相应增加。

（2）粘结剂用量与原料颗粒表面性质（如气孔率及对沥青的吸附性等）有很大关系。石油焦和沥青焦为蜂窝状结构，比表面积大，对粘结剂的吸附能力较大，所以生产铝用阳极用石油焦和沥青焦为原料在一般情况下粘结剂用量要大一些，关键是要根据煅后石油焦的质量、煅后焦力度的组成和熔化沥青的性能等综合考虑沥青的添加量，做到添加量适当。

（3）成型方法对粘结剂用量有直接影响。例如挤压成型要求糊料有较好的塑性，所以粘结剂用量要多一些。而振动成型或模压成型对糊料的塑性要求可以用量稍小一些，因此，同样粒度组成的糊料用于振动成型或模压成型时，粘结剂用量可以比挤压成型略低1%~3%。目前，国内生产预焙阳极的厂家所选用的沥青指标见表4-16。

表4-16　生产中不同厂家选用的沥青指标

项目	软化点（环球法）/℃	灰分/%	挥发分/%	水分/%	喹啉不溶物/%	甲苯不溶物/%	结焦值/%
中温沥青	80~95	≤0.3	≤65	≤5	6~12	15~28	
高温改质沥青	95~120	≤0.3	≤55	≤5	6~15	26~34	≥50
中温改质沥青	95~105	≤0.3	≤55	≤5	6~14	≥26	≥53

在我国改质沥青已得到广泛应用，一般用中温煤沥青时的混捏温度为（145±5)℃，用高温煤沥青时的混捏温度为（180±5)℃。我国炭阳极生产现已广泛应用高结焦率、高粘结性的改质沥青，作为粘结剂，使炭阳极制品的质量标准得到有效提高。目前，95%以上的大规格阳极生产厂采用了改质沥青作粘结剂，混捏温度提高到180℃以上，增加了沥青的浸润效果和炭阳极制品的性能。

4.5 破碎和筛分

破碎和筛分是指将大颗粒煅烧石油焦破碎，按照配方粒度要求，筛分成不同粒级的料，并分别装入不同料仓内的过程。破碎机械通常用颚式、对辊、锤击、反击等形式的破碎机。磨粉采用球磨机、雷蒙磨等。

4.5.1 破碎和筛分工艺流程

在铝电解用炭素生产中，为了提高生产效率，节省劳动力，大都将破碎及筛分设备用提升机和溜子作主体配置，以达到连续生产的目的。

我国预焙阳极生产的破碎与筛分通常的工艺流程见图4-23。

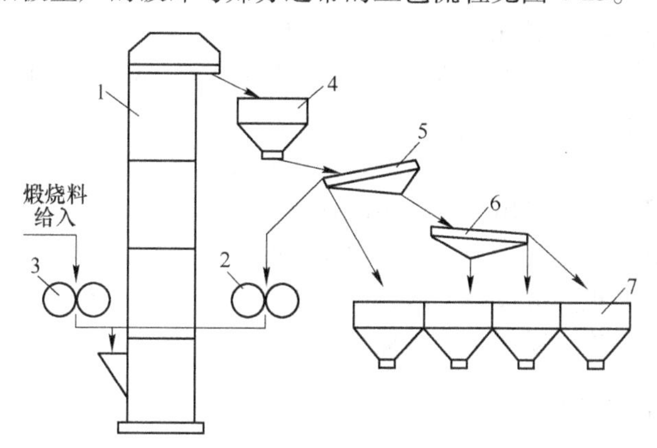

图4-23 破碎与筛分的工艺流程示意图

1—提升机；2，3—对辊破碎机；4—储料斗；5，6—振动筛；7—筛分后颗粒漏斗

通常选用两台对辊破碎机及两台双层振动筛作为主要设备，组成的采用煅后焦生产铝用阳极系统的破碎与筛分工序。

煅烧后的石油焦最大块度为50~70mm左右，由圆盘给料机定量供料进入一次对辊破碎机（碎破后料块在20mm下），破碎后物料由斗式提升机带到一次双层振动筛（上层安装4mm筛网，下层安装2mm筛网）。在第二层筛网上筛分出的大于2mm小于4mm的料，即2~4mm的粒度经溜子储于配料仓。小于2mm的料经筛底漏斗进到二次双层振动筛（上层安装1mm筛网，下层安装0.5mm筛网），在1mm筛网上得到1~2mm的粒度，在0.5mm筛网上得到0.5~1mm的粒度，在0.5mm筛网下得到0~0.5mm粒度料。它们经溜子分别贮于相应的配料仓内。在一次双层振动筛4mm筛网上筛不下去的大于4mm的料经溜子进入二次对辊破碎机，再一次破碎后，经同一台提升机，与一次对辊破碎机破碎后的物料合在一起提升到一次振动筛继续筛分。

破碎与筛分是生阳极生产中的重要原料准备工序。目前，我国众多阳极生产厂家都采用先筛分后破碎、石油焦与残极设立独立的破碎筛分系统的方案。国外，由PECHINEY研究开发出新的破碎、筛分、磨粉、配料工艺，与我国现行的传统技术相反，将煅后焦、残极、生碎混合加入The Rhodax Crusher进行破碎，然后筛分，筛上大颗粒料进入球磨系统制粉，满足粒度要求的进入配料仓，由两种粒度按配方进行配料，此工艺与我国传统工艺相同具有如下优点：

（1）对煅后焦、残极、生碎的粒度要求不严格，它们的粒度对The Rhodax Crusher的破碎比影响很小。

（2）煅后焦、残极、生碎在The Rhodax Crusher中，疏松的颗粒先被破碎，提高了粒子料的强度。

（3）减少了配料秤的数量，使配料更简单。

（4）减少了沥青的使用量。

（5）简化了生阳极工序的配置，减少设备投资；减少生阳极系统的建筑面积，降低土建投资成本。

我国铝用炭素阳极生产厂家众多，采用的工艺设备各有千秋，目前规模较大的预焙阳极生产厂一般采用：煅后焦破碎设备采用反击式破碎机，反击式破碎机产能较大，破碎物料粒度均匀，适合大规模的阳极生产；煅后焦筛分设备采用三层直线振动筛、残极筛分设备采用二层直线振动筛，此工艺配置可有效降低了生阳极工序的楼层高度，整体工艺更加合理。

4.5.2　破碎与破碎设备

4.5.2.1　*破碎*

破碎就是用机械的方法把大块物料碎裂成小块或粉料的过程。即施加机械外力克服物料分子间的内聚力使物料碎裂成小块，形成新的物料表面，达到生产所要求的物料粒度。

从能量平衡理论和能量转换上看，在破碎时所消耗的机械能，极少部分转变为物料因增加新表面而增加的位能，大部分则消耗在物料的弹性变形、发热、噪声、化学、电气现象和设备自身摩擦等方面。

在破碎理论中，有两个基本原理：

（1）破碎时消耗的功与获得新表面成正比，或与破碎前颗粒料的尺寸成反比。

（2）破碎物料所需要的功与破碎物料的体积或单位质量变化成正比。

在工业生产中，根据破碎前和破碎后颗粒的大小，分成破碎级别。破碎级别可分成见粗碎（又叫预碎）中碎和磨粉。主要是根据生产工艺的需求合理配置。

物料每经过一次破碎，物料颗粒就有一次缩小。为了较确切的衡量物料破碎的程度，用破碎比（粉碎度）表示。即破碎前物料的料块最大尺寸与破碎后料块的最大尺寸的比值，称为破碎比。

其表达式为：

$$n = \frac{D}{d} \tag{4-4}$$

式中 n——破碎比；

D——破碎前料块的最大尺寸，mm；

d——破碎后料块的最大尺寸，mm。

注：料块的最大尺寸是以95%的物料能够通过的筛孔尺寸来表示的。

破碎比是破碎机械一项很重要的指标，它的大小与破碎设备、工艺所要求的颗粒大小、产量都有关系。要根据生产工艺对设备的要求适当选择。破碎比过大，会造成物料受到过分地破碎或研磨，使小粒度增多，产量降低，能耗增大，对生产不利。破碎比过小，造成破碎的物料粒度不符合要求，增加了物料在设备系统中的循环次数，同样造成降低产量、增加能耗。因此，选择合适的破碎比，对于破碎作业十分重要。

破碎就是机械对物料施加外力作用的过程，是由设备和物料性质双方决定的。物料的性质，尤其是强度和硬度，对破碎过程起着重要作用。物料的强度和硬度是既相互联系又有区别的。有的物料硬度大、强度大，难破碎；有的物料硬度大，但很脆，易破碎。要根据物料的不同特性，选择不同的破碎方法，常用的破碎方法如下：

（1）压碎。利用机械装置逼近物料，给物料以压力，使其破碎，此方法可以给出很大的压力，适于较硬物料的破碎。

（2）劈碎。利用机械的尖劈入物料而产生的劈力来完成的破碎过程，其特点是力的作用范围小、受力集中、能产生局部破碎，适用于脆性材料的破碎。

（3）磨碎。用破碎工作面在物料上面相对移动，对物料施加一个剪切力而把物料磨碎。此法消耗能量多、效率低，适用于细颗粒料的粉碎。

（4）击碎。利用设备和物料，物料和物料间的碰撞作用把物料击碎。其作用力是瞬时的、爆发性的，适用于破碎较硬和脆性的物料。

上述破碎方法中，压碎消耗的能量少、产量高。磨碎消耗的能量多产量低。

在实际生产中，究竟选择哪种破碎方法以及何种设备，首先要考虑被破碎物料的性质。例如：硬而脆的材料，用撞击法或压碎法较好；韧性材料用磨碎法或压碎法较宜；大块料用压碎较好；细颗粒料用磨碎法较宜。其次是要考虑工艺过程对粒度的要求。如颗粒大小、产量高低等。在铝用阳极生产中，石油焦和沥青焦的硬度和强度相对较小，所以在考虑破碎时，要选择合适的设备。

4.5.2.2　破碎设备

破碎设备的型号和种类繁多，且大都是由矿山设备引用到炭素行业之中。目前，在炭素行业中使用的破碎设备有：颚式破碎机、对辊破碎机、锤式破碎机、反击式破碎机等。

我国现行的铝用炭素阳极生产线，一般在应用于破碎煅后石油焦时选用对辊破碎机和反击式破碎机；在破碎废、残阳极块时选用颚式破碎机、锤式破碎机、反击式破碎机等。关键是根据所破碎的物料性质、工艺要求等诸多方面综合确定。

（1）对辊破碎机。

在炭素阳极生产过程中，对煅后石油焦的破碎大都选用对辊破碎机。对辊破碎机又叫双辊式破碎机，对辊破碎机（双辊破碎机）适用于进料粒度小于80mm、成品粒度要求0~20mm的细碎作业。

对辊破碎机经常用于碳质材料的粗碎（带齿辊的）和中碎以及填充料的破碎等。其结构见图4-24。主要由两个直径相同、相向旋转的水平辊，辊轮支撑轴承，压紧和调节装置和驱动装置等部分组成。

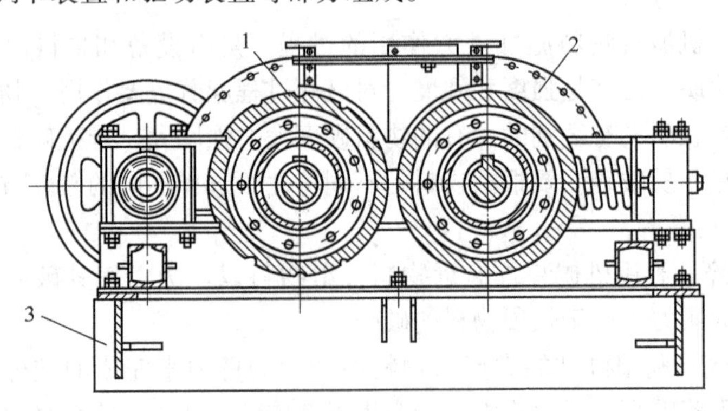

图4-24　对辊破碎机结构示意图

1—前辊；2—后辊；3—机架

为了保护辊轮，其周围用锰钢做的辊皮包围着。两辊轴安装在两对轴承上，其中一对固定，另一对则用弹簧顶住，并可用拉紧螺栓和螺帽来移动，两辊间隙也是用这些螺栓、螺帽以及轴承间的插入垫圈来进行调整。当有特别硬的物料落在两辊之间时，因不能破碎，由弹簧顶住的那对轴承可自动后退，使坚硬的物料既能通过辊间，又不至于使其部件损坏。

应用于铝用炭素工业的部分对辊破碎机技术参数见表4-17。

表4-17 部分对辊破碎机技术参数

规格型号	进料粒度/mm	出料粒度/mm	生产能力/t·h^{-1}	电机功率/kW	重量/kg
2PG-400×250	<35	≤2~8	2~10	2×5.5	1.3
2PG-610×400	<65	≤2~20	5~20	2×15	3.9
2PG-750×500	<75	≤2~25	10~40	2×18.5	9.5
2PG-800×600	<80	≤2~25	12~45	2×22	10.8
2PG-1000×700	<100	≤3~30	20~65	2×30	14.9
2PG-1200×800	<120	≤3~35	35~80	2×37	25.5
2PG-1500×800	<130	≤3~45	50~120	2×75	33.7

1）工作原理。对辊式破碎机由两个相向同步转动的挤压辊组成，一个为固定辊，一个为活动辊。煅后石油焦（或废、生阳极粗碎后的物料）从两辊上方给入，被挤压辊连续带入辊间，受到50~200MPa的高压作用后，以理想的粒度从机下排出。物料从被辊面咬住时开始，受到辊子作用力逐渐增加，最大压力可达200MPa。排出的物料，除含有一定比例的粉状物料外，其余颗粒物料经筛分进入不同的下道工序。对辊破碎机的工作原理见图4-25。

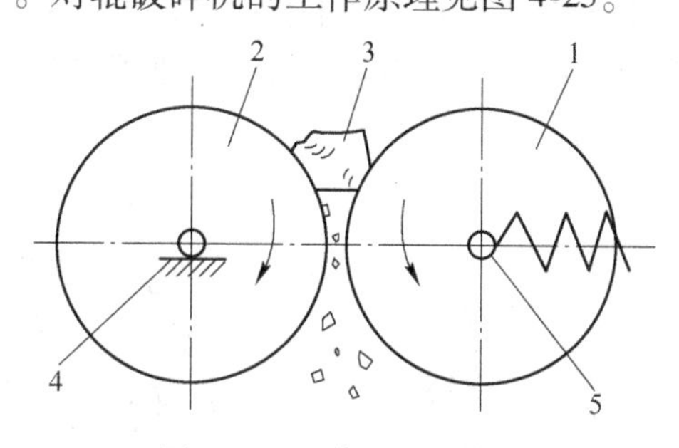

图4-25 工作原理示意图

1，2—辊子；3—物料；4—固定轴承；5—可动轴承

2）对辊破碎机主要特点。

① 对辊破碎机具有结构紧凑、重量轻、体积小、投资节省；

② 结构简单、占用空间小，操作维修较方便；

③ 内部装有防尘板，密封性能好，避免了破碎后的细小物料的扬溅，粉尘少，工作噪声低，工作环境有较大的改善；

④ 新型对辊破碎机终身不需要换磨机辊体，使用耐磨、高强度、高硬度的辊皮；

⑤ 辊缝可在1~20mm间任意可调，根据破碎粒度的要求调好辊缝后，破碎粒度能得到可靠控制，全部以理想粒度由破碎腔下方排出；

⑥ 结构简单合理，运行成本低，运转平稳，高效节能，破碎效率高，出料粒度可调。

3）对辊破碎机工作时注意事项。对辊破碎机在工作时要特别注意：

① 避免非破碎物（钎头、角钢等物）掉入对辊间，造成破碎机损坏和停车事故；

② 避免黏性物料进入对辊间，易造成破碎空间堵塞；

③ 当处理的物料含大块较多时，要注意大块物料容易从破碎空间挤出来，防止伤人或损坏设备；

④ 辊式破碎机运转较长时间后，由于辊面的磨损较大，会引起产品粒度过细，这时要注意调整排矿口或对设备进行检修；

⑤ 加强对设备的检查，对设备的润滑部位要按时加油，保持设备良好的润滑状态。

（2）反击式破碎机。

反击式破碎机用于破碎生产返回料、石油焦和沥青焦等。反击式破碎机的结构见图 4-26。其结构主要由机体、调整螺杆、反击板、反击板轴、耐磨衬板、转子、转子轴、机体衬板、进料溜板、链幕组成。反击式破碎机主要部件为固定在旋转主轴上的工作转子。转子的圆柱面上装有三个（也可更多）坚硬的板锤。在转子的上方机壳内壁上吊有前后两个反击板，从而形成两个破碎腔，反击板与进料口之间吊有许多链条所组成的链幕，链幕一直垂到给料筛板上，这样就可以防止物料被反击板碰回而飞出给料口。

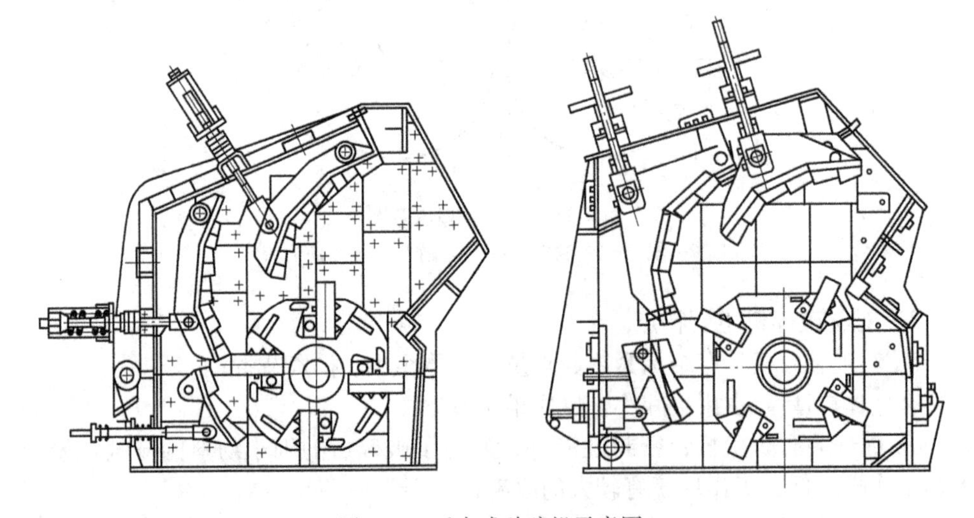

图 4-26　反击式破碎机示意图

反击式破碎机的产量决定于转子的直径、长度、转数、转子的板锤大小和反击板间的间隙大小、物料性质和加料方式等。一般转子的直径越大，转数越高，产量也越大。

1）反击式破碎机的工作原理。

在电动机的带动下，转子高速旋转，煅后石油焦或粗碎后的废、残阳极快进入板锤作用区时，与转子上的板锤撞击破碎，后又被抛向反击装置上再次破碎，然后又从反击衬板上弹回到板锤作用区重新破碎，此过程重复进行，物料由大到小进入一、二、三、反击腔重复进行破碎，直到物料被破碎至所需粒度，由出料口排出。

2）反击式破碎机的特点。

① 转子的背板能承受转子极高的转动惯量和锤头的冲击破碎力；

② 大进料口，便于生产；

③ 新型耐磨材料使板锤、反击板和衬板寿命更长；

④ 均整板结构使排料呈更小粒径，无内裂纹；

⑤ 具有三级破碎以及整形的功能，破碎比大，破碎选择性大等优点。

反击式破碎机功规格与性能参数见表 4-18。

表 4-18 反击式破碎机功规格与性能参数

规格/mm×mm	进料口尺寸/mm	进料尺/mm	处理能/t · h^{-1}	功率/kW	重量/kg
ϕ1000×700	400×730	≤250	15～60	37～55	9.5
ϕ1000×1050	400×1080	≤300	50～90	55～75	14
ϕ1250×1050	400×1080	≤300	70～130	110～132	17
ϕ1250×1400	400×1430	≤300	90～180	132～160	22
ϕ1320×1500	860×1520	≤350	120～250	180～260	26
ϕ1320×2000	860×2030	≤500	160～350	300～375	30

4.5.3 制粉与制粉设备

在铝用炭阳极干料配方中，粉料约占 40%。因此，炭粉的生产和质量在铝用炭素阳极的生产中是非常重要的环节，它对生炭阳极的成品率和阳极的质量有较大的影响。

4.5.3.1 制粉

在生产铝用炭素阳极的过程中，必须把原料粉碎成一定的粒度，其目的就是使配料后的物料达到密堆积，提高表观密度，减少孔隙度，提高强度等。

制粉，因生产粉料时都是采用各种不同的磨机生产的，所以也称磨粉。通常将制粉分为三个级别：

粗粉：将物料磨至 0.1mm 左右；

细粉：将物料磨至 0.1~0.074mm；

超细粉：将物料磨至 0.02~0.004mm 或更小，目前已有纳米级超微粉。

为了说明物料粉碎程度，即在粉碎前后尺寸大小变化的情况，用粉碎比（又称粉碎度）ξ 来表示。在生产实践中，一般都根据制粉前后的物料力度分析的平均粒度结果计算，并以此为依据指导生产，该方法的计算准确，但开始时需要分析时间。

$$粉碎比\ \xi = D_{平均}/d_{平均} \tag{4-5}$$

式中 $D_{平均}$——破碎前物料的平均直径，mm；

$d_{平均}$——破碎后物料的平均直径，mm。

破碎前后的物料，都是由若干个粒级组成的统计总体，只有平均直径才能代表它们，用这种方法计算得到的破碎比，较能真实地反映破碎程度。

4.5.3.2 制粉方法与设备

制粉方法可分干式和湿式两种，其不同点是物料含水量多少。前者的含水量少，后者含水量多。干式制粉的物料含水量在 4%以下；湿式制粉的物料含水量在 50%以上。在铝用炭素行业中均采用干式制粉。

干式制粉关键是选择合适的磨机，选择磨机要根据所粉碎的物料的物理特性来决定。目前，在我国铝用炭素阳极生产中，磨粉通常采用球磨机、雷蒙磨和立式磨三种，立式磨是近些年才在阳极生产中使用，采用立式磨生产球磨粉比球磨机、雷蒙磨的产能大、能耗低、噪声小，球磨粉质量更稳定，已在生产中取得良好效果。

（1）球磨机。

球磨机是铝用炭素行业制粉使用较多的设备，要求入磨焦炭粒度小于 6mm，球磨粉细度：-0.074mm（-200 目）占 75%。球磨粉的细度是阳极炭块生产的关键指标，对阳极炭块的质量有着重要影响。球磨粉的生产工序是阳极炭素生产的一道关键工序，球磨粉的生产核心设备为球磨机。球磨机的主体结构见图 4-27。

1）球磨机的机械结构。球磨机由给料部、出料部、回转部、传动部（减速机，小传动齿轮，电机，电控）等主要部分组成。中空轴采用铸钢件，内衬可拆换，回转大齿轮采用铸件滚齿加工，筒体内镶有耐磨衬板，具有良好的耐磨性。

球磨机主机包括筒体，筒体内镶有用耐磨材料制成的衬，有承载筒体并维系其旋转的轴承，还要有驱动部分。例如，电动机、传动齿轮、皮带轮、三角带等。

球磨机的筒体一般是有钢板焊接而成。其两端用端盖关闭，端盖是铸铁锻造，端盖外侧一般带有加强筋。在筒体中部开口可方便钢球的加入筛选。

球磨机的筒体内壁一般都镶有衬板。衬板有多种形式，一般多采用波形和长

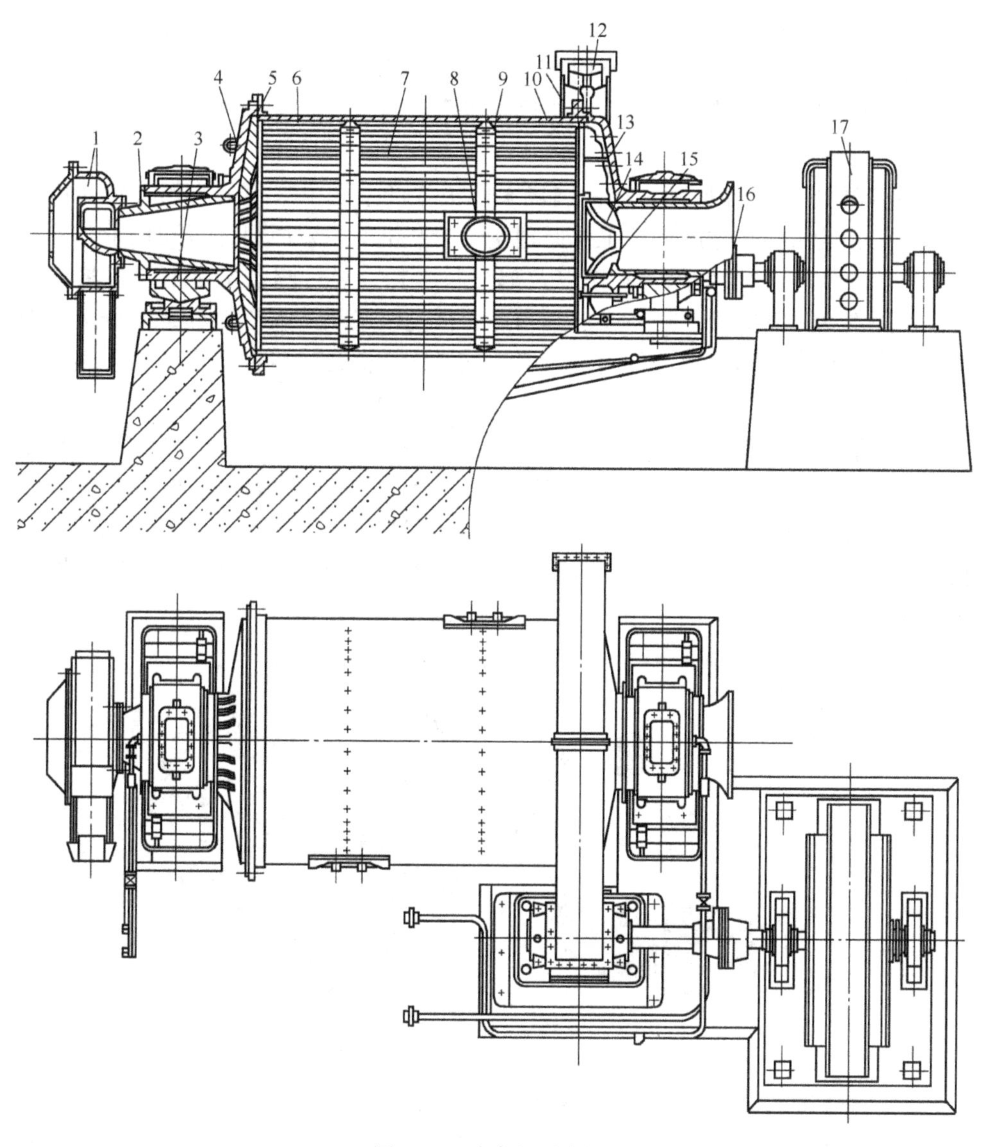

图 4-27 球磨机示意图

1—进料口；2，3—轴承；4~6—钢筒；7—衬板；8，9—盖板装置；10—出料衬板；11~14—齿轮；15—出料口；16—减速机；17—电机

条形。衬板直接与研磨体接触为易损件，主要为耐磨的高锰钢铸成。

主轴承是球磨机的最主要部件，也是易损件。它承受磨机工作部件的悉数载荷。出产过程中需要尤其注意轴心的精确对正、轴承的润滑和轴承密封。

球磨机的传动方式一般采用低速同步电机通过联轴节使小齿轮滚动，并合固定在筒壳上的大齿轮而使筒体滚动。为防止灰尘落入齿轮中，用防尘罩密封。

叶片一般不是主要部件，在进料端的部件进料口内有内螺旋可称其内螺旋叶片，在出料端的部件出料口内有内螺旋也可称其内螺旋叶片。另外，在出料端的辅助设备中如果用螺旋运输机，在该设备里会有叫螺旋叶片的零件。但是严格的说，它已经不算球磨机的零件了。

2）球磨机的工作原理。在我国炭素阳极生产系统中采用的为闭式轮回风吹式球磨机，其风扫式球磨系统工作原理是：球磨机的主要原料为石油焦中碎筛分系统将6mm以下的煅后焦、残极以及部分收尘粉。经过圆盘定量给料机将球磨前仓的原料送进球磨机，被研磨成细粉后，借助引风机送入粗料分级器分选粗颗粒，不合格料返回球磨机，细料进入多管旋风除尘器过滤后输送至磨粉仓供生产使用。

当被磨碎的物料和一定数量的钢球随筒体转动起来时，钢球和物料由于离心力的作用便压向衬板，并与之一起旋转。当达到一定高度后，钢球与物料下落，下落时钢球将物料击碎。同时筒体转动时，钢球与物料，物料与衬板，钢球与衬板，都要产生相对位移和滑动，从而使物料受到反复的研磨，颗粒便越来越小。工作示意图见图4-28。

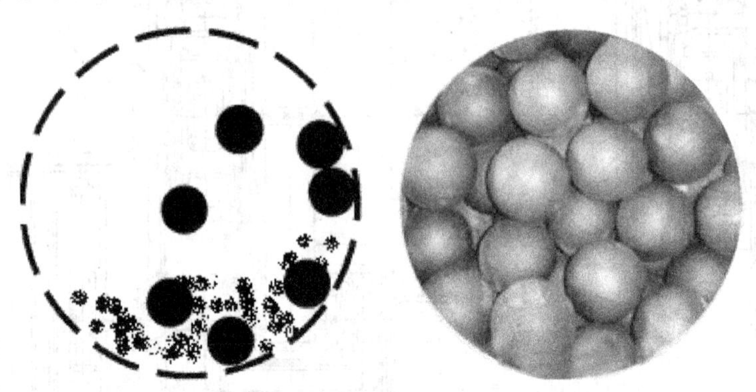

图4-28　钢球在筒体中与物料的运动与钢球图

3）球磨机的生产能力。球磨机的生产能力和许多因素有关，但主要与球磨机的回转速度、装球量、衬板的形状、直径大小、操作情况等关系最大。

① 球磨机的回转速度。回转速度对球磨机的生产能力影响很大。当球磨机的转速慢时，钢球在摩擦力的作用下，随圆筒上升，但上升不高就滚落到筒底。这时的研磨作用只能借助于钢球和物料之间的磨碰作用来实现。因此，球磨机的生产效率非常低。

随着球磨机回转速度的增加，离心力增大，钢球就上升得更高，然后在重力的作用下，钢球与圆筒脱离，沿抛物线落下，砸在下部一层的钢球上，并把物料击碎。

如果球磨机的回转速度再进一步加快，那么就会产生超过钢球重力的离心力，使钢球紧贴在圆筒的内壁上，并和筒壁一起回转，此时物料在球磨机内的研磨作用停止。这种使钢球贴在筒壁而不能落下的最低速度叫做临界速度，而与这一速度相适应的转速叫临界转数。临界转数可用式（4-3）计算。

球磨机的临界转数为：

$$n_{临界} = 30/\sqrt{R} = 42.4/D \tag{4-6}$$

式中 R——筒体的内圆半径，m；

D——球磨机的内径，m。

在工业生产中，球磨机的工作转数应低于临界转数。在选择球磨机的工作转数时，除考虑其直径外，还应对破碎物料的粒度、性质以及粉碎的细度等加以考虑。球磨机磨碎大块硬质物料时，比磨碎小粒软质物料时的转数高；球磨机以闭路循环运转时，应比开路循环转数高。

在炭素工业实践中，应用球磨机细磨煅后焦。煅后焦的强度大，有时粒度较大。为了更有效地粉磨煅后焦。钢球的打击力必须大。因此，钢球必须在最大的高度脱离才能达到。实践证明，当脱离角为54°40′时，钢球的跌落高度最大，并且呈现这种脱离角度时，球磨机的工作转数为临界转数的76%（0.756）左右。即球磨机的适宜工作转数公式为：

$$n_{工作} = 0.75n_{临界} = \frac{32}{\sqrt{D}} \quad (\text{r/min}) \tag{4-7}$$

即球磨机若能以$n_{工作}$转速运转，才能发挥其最大的工作效能。

② 装球量。圆筒内的装球率对球磨机的生产率与研磨效率有直接的影响。当球磨机的转数一定时，研磨效率要由钢球的数量与规格来确定。尽量使每个钢球在跌落时都能对磨碎做出有效功，研磨决定于各个钢球所能做功的总和（撞击次数与撞击力）。但是装入圆筒内的钢球的最大数量，以不致使沿不同轨迹运动的钢球有可能发生互撞现象为限。一般球磨机里的装球体积比球磨机水平中心线低。

理论计算得出，当圆筒内的钢球的填充率为40%时球磨机的生产效率最高。但在实际生产中，为了避免钢球跳出来，钢球填充的水平面要比球磨机圆筒排料口下部边缘低100~150mm。在这种情况下，圆筒的装球量应为35%。

另外，钢球的大小是根据球磨机的直径、加入料块的种类及块度大小来决定的。一般在理论上确定钢球的最大规格应为球磨机直径的1/18~1/25为宜。

钢球的最小规格，应以钢球在球磨机圆筒中跌落时能击碎最大的料块为限。在生产条件下，规格小于30mm和大于80mm的钢球均不能采用。

③ 衬板形状。球磨机筒体内部镶嵌着衬板，一方面它可以保护筒体不受磨损，另一方面是为了使钢球能上升到足够的高度后再下落而撞击物料，从而增加球磨机的产量。

球磨机的衬板，分光面衬板、波形衬板、凹坑形衬板及自动分球衬板等。一般常用的是：凹坑形衬板。这种衬板制造容易，安装简单，便于更换。

④ 球磨机的直径。球磨机直径的大小，对其生产能力影响很大。因为随着球磨机直径的增大，球磨机本身的纯自重与装球量之间的比值将减小，钢球就会从更高处跌落下来，其能量的有效利用率提高。所以，球磨机的直径愈大，生产率愈高。球磨机的产量与直径 Q 的关系可由下式决定：

$$Q = C_0 \cdot D^{25} \tag{4-8}$$

式中　D——球磨机的直径；

C_0——比例常数。

⑤ 操作情况。球磨机钢球的磨损一般取决于金属质量、球的规格、磨料性质、磨料制度和球磨机的型号及规格；制球的质量，对减少球的磨损以及在磨碎细度一定时对保持球磨机的固定生产率也具有重要意义。一般球磨机都采用锰钢与高碳钢的钢球。如果破坏了球磨机的正常加料制度，则球的磨损就要增加，当球磨机在加料量不足的情况下运转时，球的磨损就将急剧增加。

在长期的操作条件下，为了保持所规定的装球量，必须定期补充球的亏损。合理的补球制度与按计划选球，是确保球磨机高产优质的重要措施。

补球量是依靠测得钢球耗量来确定的，通常在操作中进行，每周必须增添一次以上。

由于在球磨机圆筒内钢球的直径因磨损变小，球磨机的生产率降低。所以，必须定期地将球卸出，进行称量与分级、换球工作。

球磨机在运行中，必须保持圆筒内球的正常上升高度，随着衬板磨损的程度，球在衬板的附着力减弱，降低了钢球的上升高度。因此，球磨机的衬板必须要及时更换。

球磨机的操作方法有两种：一种是连续生产，即从一端连续加料，从另一端连续排出已磨好的粉状小颗粒，由提升机或风力输送系统连续运走；另一种是间断生产，即向球磨机内加入一定量的物料后，将加料口堵上，然后开动球磨机运转一定时间再停下来，将磨好的料取出。当球磨机的转数及所装钢球的大小及数量一定时，球磨机的产量和粉碎程度主要与加入物料的粒度及加料量直接有关，加入料块大或加料量多，则球磨机磨出的粉较粗。

对于采用风力输送系统的球磨机，可借调整风量与风压来控制其产量与粉碎程度。其特点是：物料是以半成品形式从球磨机中排出，经分离机选分成或成品与粗颗粒，粗颗粒再返回球磨机进一步粉碎。这样，物料经过球磨机与分离机若干个循环，逐渐被粉碎。不断地将成品粉料从被破碎物料中分离出来，能加速粉碎过程与提高球磨机的产量。同时，细粉没有受到过分的研磨，所以，成品料的粒度比较均匀。

由于球磨机制造容易、操作简便，生产粉末粒度的纯度易调整，对各种物料的适应性强，不易堵料。因此，在铝用炭素阳极生产中获得了广泛的应用。

但球磨机消耗的能量大，制造需要很多钢材，噪声大且不易消除。

4）球磨机的维护和检修。对球磨机的维护和检修是一项经常性的工作，维修工作的好坏直接影响球磨机的运转率和使用寿命。因此，在使用过程中要正确的维护和检修。

- 所有润滑油在磨机投入连续运转一个月时应全部放出，彻底清洗，更换新油。以后结合中修约每6个月换油一次。
- 各润滑点润滑情况和油面高度至少每4h检查一次。
- 磨机运转时，主轴承润滑油的温升不超过55℃。
- 磨机正常运转时，传动轴承和减速机的温升不超过55℃，最高不超过60℃。
- 大、小齿轮传动平稳，无异常噪声。必要时应及时调整间隙。
- 球磨机运转平稳，无强烈振动。
- 电机电流应无异常波动。
- 各连接紧固件无松动，结合面无漏油、无漏水、无漏矿现象。
- 钢球依磨损情况及时添加。
- 如果发现不正常情况应立即停磨检修。
- 磨机衬板被磨损70%或有70mm长的裂纹时应更换。
- 衬板螺栓有损坏造成衬板松动时应更换。
- 主轴承严重磨损时应更换。
- 格子式球磨机的箅子板磨损到不能再焊补时应更换。
- 大齿轮齿轮面磨损到一定程度后可翻面继续使用。
- 小齿轮严重磨损应更换。
- 进出料螺旋磨损时应及时焊补，磨损至无法焊补时应更换。
- 地脚螺栓松动或损坏应及时修复。

对球磨机的维修是一项经常性的工作，维修工作的好坏直接影响球磨机的运转率和使用寿命。为了及时发现缺陷病消除隐患，以保证其磨机正常运转，除了日常的维护外，还需要定期停磨，一般每月一次对重要部件如中空轴、主轴承、筒体、减速机、大小齿轮等作认真检查，作详细记录。按照缺陷情况分轻重缓急作适当处理和安排中修及大修计划。

（2）雷蒙磨。雷蒙磨又名雷蒙机，磨机，雷磨机，高压悬辊磨 英文全称为Raymond mill，是一种应用广泛的磨粉设备。见图4-29。

1）雷蒙磨粉机整机结构特征。

①整机为立式结构，占地面积小，系统性强，从原材料的粗加工到输送、

图 4-29　雷蒙磨实物图

到制粉可自成一个独立的生产系统。

② 与其他磨粉设备相比，通筛率高达 99%。

③ 雷蒙磨主机传动装置采用密闭齿轮箱和带轮，传动平稳，运转可靠。

④ 雷蒙磨粉机重要部件均采用优质铸件及型材制造，工艺精细，严谨的流程，保证了整套设备的耐用性。

⑤ 电气系统采用集中控制，磨粉车间基本可实现无人作业，并且维修方面。

因雷蒙磨性能稳定、适应性强、性价比高，已在我国铝用炭素行业中得到应用。

2）雷蒙磨工作原理。

雷蒙磨的工作原理是：物料经粉碎到所需粒度后，由提升机将物料送至储料斗，再经振动给料机将料均匀连续的送入雷蒙磨主机磨室内，由于旋转时离心力作用，磨辊向外摆动，紧压于磨环，铲刀铲起物料送到磨辊与磨环之间，因磨辊的滚动而达到粉碎目的。物料研磨后的细粉随鼓风机的循环风被带入分析机进行分选，细度过粗的物料落回重磨，合格细粉则随气流进入成品旋风集粉器，经出粉管排出，即为成品。

雷蒙磨在运行过程中，大块状物料经颚式破碎机破碎到所需要粒度后，由提升机将物料送至储料斗，再经振动给料机均匀定量连续地送入主机磨室内进行研磨，粉磨后的粉子被风机气流带走。经分析机进行分级，符合细度的粉子随气流经管道进入大旋风收集器内，进行分离收集，再经粉管排出即为成品粉子。气流再由大旋风收集器上端回风管吸入鼓风机。本机整个气流系统是密闭循环的，并且是在正负压状态下循环流动的。

3）雷蒙磨的维护与保养。

① 雷蒙磨粉机在使用过程当中，操作人员必须经过培训并具备一定的技术

水平，掌握磨粉机的原理性能，熟悉操作规程。

② 制定出《雷蒙磨保养安全操作制度》，确保磨机长期安全运行。同时，要有必要的检修工具以及润滑脂和相应的配件。

③ 雷蒙磨使用一段时间后，应进行检修，同时对磨辊磨环铲刀等易损件进行及时检修更换处理，磨辊装置在使用前后对连接螺栓螺母应进行仔细检查，看是否有松动现象，润滑油脂是否加足。

④ 磨辊装置使用时间超过500h左右重新更换磨辊时，对辊套内的各滚动轴承必须进行清洗，对损坏件应及时更换，加油工具可用手动加油泵和黄油枪。

（3）立式磨。

立式磨在近些年应用于铝用炭素行业中，主要是由于其具有投资费用低、单位能耗低、占地面积小、运行成本低、可对各种不同物料进行粉磨、操作简便、运行可靠、产品质量稳定、维修方便、噪声低、环保等优点。

1）立式磨的结构组成。立式磨粉机主要由选粉机、磨辊装置、磨盘装置、加压装置、减速机、电动机、壳体等部分组成，见图4-30。选粉分离器是一种高效、节能的选粉装置。磨辊是用来对物料进行碾压粉碎的部件。磨盘固定在减速机的输出轴上，是磨辊碾压物料的地方。加压装置是为磨辊提供碾压力的部件，向磨辊提供足够的压力以粉碎物料。立磨属于辊式磨的一种，按照要求可以配置2、3或者4个磨辊。每一个磨辊，它都是由固定的摇臂、安装摇臂的支架，以及液压系统组成了粉磨的动力单元。此动力单元为一整体式或者一个标准组件，它可在磨盘周围布置成二组分、三组分或者四组分。

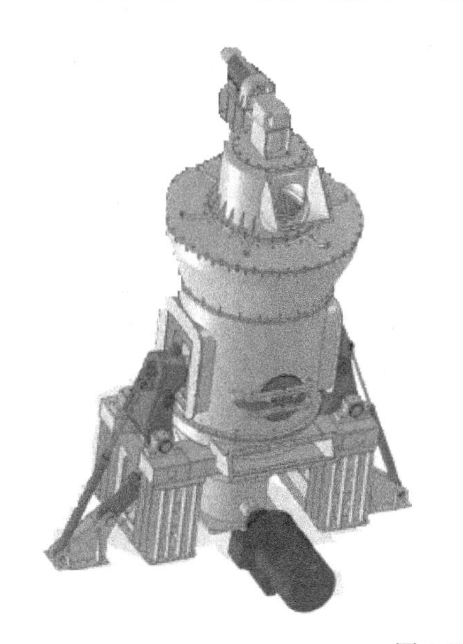

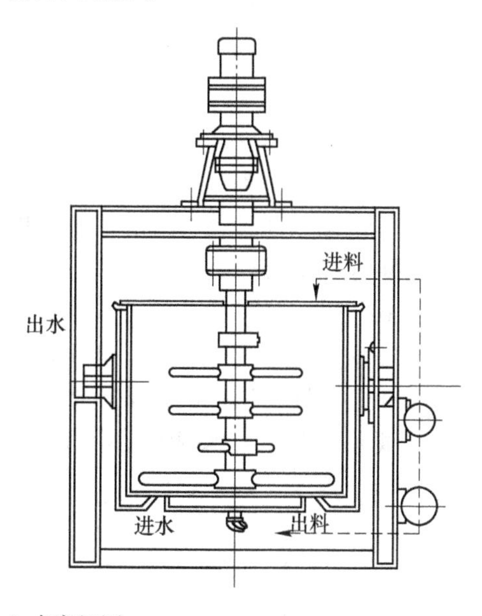

图4-30 立式磨机图

2）立式磨工作原理。电动机通过减速机带动磨盘转动，原料通过回转下料器进入到下料管，下料管透过分离器的侧面或中间进入到磨机内部，使物料经锁风喂料器从进料口借助于重力和气流的冲击作用而落到磨盘中央，磨盘牢固的与减速机相连，以恒速旋转。随着转盘的转动，物料在离心力的作用下，向磨盘边缘被风环高速气流带起，大颗粒直接落到磨盘上重新粉磨，气流中的物料进过上部分离器时，在旋转转子的作用下，粗粉从锥斗落到磨盘重新粉磨，合格细粉随气流一起出磨，通过收尘装置收集，即为产品。通过调整分离器，可达到不同产品所需的粗细度。立式球磨机的主要技术参数见表 4-19。

表 4-19　立式球磨机的主要技术参数

规格	ϕ1800	ϕ2200	ϕ2500	ϕ2800	ϕ3200	ϕ3600	ϕ4200
盘边高/mm	300	500	500	640	640	450~700	950
生产能力/$t \cdot h^{-1}$	3	8	10	16	17	18~22	33
盘转/$r \cdot min^{-1}$	19	14.25	11.81	11.14	11.18	9~12	7
主电机功率/kW	5.5	7.5	11	11	15	18.5	30
倾斜角度/(°)	45	35~55	35~55	35~55	35~55	45~55	40~50
重量/kg	2240	3150	4910	5660	6520	7120	9672

4.5.4　筛分与筛分设备

在铝用炭素阳极生产中，需要用各种大小不同的粒度级的骨料，而经过破碎后的石油焦及返回料是各种粒度混在一起的，不能直接用于生产。因此，必须把物料进行粒度分级，实现骨料粒度的分级是通过筛分。

4.5.4.1　筛分

所谓筛分，就是利用一定规格的筛子，将破碎后尺寸范围较宽的颗粒级料分成尺寸范围较窄的几种颗粒级的作业过程。在筛分过程中，送往筛面的物料，都是包含各种粒度的混合物。经过筛分，一部分小于某种筛孔的颗粒通过了筛孔而成为筛下料，没有通过筛孔的仍留在筛面上的称为筛上料。显然在筛上料中，除了含有大于这种筛孔的颗粒外，也含有一少部分小于这种筛孔的颗粒。因此，在筛分作业中，用通过筛孔的筛下料重占送入筛面的物料中包含所有的筛下料重的百分比（即筛分效率）来衡量筛分设备的筛分效果。筛分效率用下式来表示：

$$\gamma = \frac{A}{B} \times 100\% \tag{4-9}$$

式中　γ——筛分效率，%；

A——通过筛孔的筛下料重，kg；

B——送入筛面的物料中所包含的所有筛下料重，kg。

显然在给料量一定时，小于某种筛孔的料被筛下去的越多越好。

然而在实际生产中，由于筛分效率用起来很不方便。因此，通常人们就用筛分的纯度即通过一定时间的筛分后，某种粒度的筛下料占100g这种粒度料的质量百分比，来衡量筛分的效果。筛分纯度用下式表示：

$$Q = \frac{q}{100} \times 100\% \tag{4-10}$$

式中　Q——某种粒度料的纯度；

q——取100g这种粒度的料，在检验筛中，筛一定时间后，筛面上所残留的物料克数。

对于筛分设备来说，不但其产量要满足生产的需要，而且其筛分纯度更要满足生产工艺的要求。因为，在铝用阳极生产中，生产配方都是按一定的纯度要求计算的，若纯度低或不稳定，就会破坏正常的粒度组成，从而使混捏油量上下波动，造成产品质量下降。

在生产中，影响粒度纯度的因素很多。例如，给料量的多少、均匀与否、筛孔形状、筛面运动方式、物料的颗粒形状与含水量多少等。一般来说，给料量大，筛面料层过厚，会降低纯度；给料量不均匀，会使纯度不稳定。在铝用炭素阳极生产中，广泛应用的是正方形筛孔的惯性振动筛，筛面往复运动又上下振动，有利于物料颗粒接触筛孔，料块与筛面间的相对运动较大，有利于筛分纯度的提高。所以，对筛分设备来说，一方面要求其动力消耗要尽可能小，产量要满足生产要求；一方面还要求其生产的物料纯度要高，并且稳定。

筛分作业都是在带有筛网的设备中进行的，筛网是筛子的工作面。不论是生产或是科研上，都采用金属丝编成的筛网。

筛网的筛孔，通常多为正方形和长方形，所谓网孔就是两金属丝之间的最小间隔（净尺寸）。正方形网孔的筛网按规格分类见表4-20。

表4-20　正方形网孔的筛网按规格分类

种　类	网　孔　规　格
特大号筛网	25mm以上
大号筛网	25～5mm
中号筛网	5～1mm
小号筛网	1～0.5mm
最小号筛网	0.5～0.158mm
特小号筛网	0.158mm以下

筛网的编织有两种方法：即一般织法，经线和纬线依次编织而成；斜纹织

法，经线和纬线每隔两条线编织而成。

筛孔尺寸的变化是按一定规律进行的，即每一筛子的筛孔尺寸与次一筛子的筛孔尺寸的比值为一常数。这一常数称为筛孔的比例系数，又称筛比。

国际标准有三种筛序：一个基本筛序和两个附加筛序。基本筛序采用筛比为1.259，第一个附加筛序的筛比为1.41，第二个附加筛序的筛比为2。

各种金属丝的直径和筛孔尺寸一样，也是一个有规则的变化序列。标准中也规定了金属丝直径之允许误差，见表4-21。

表4-21　金属丝的直径范围及其允许误差

金属丝的直径范围/mm	允许误差/mm
0.1~0.3	0.01~0.04
0.35~0.6	0.012~0.06
0.70~0.90	0.015~0.12
1.0~3.0	0.020~0.20
3.5~6.0	0.025~0.16
7.0~10.0	0.030~0.20

金属网用低碳钢、中碳钢、合金钢和不锈钢等材料，或用铜丝、黄铜丝、磷青铜丝等材料制成。

质量好的金属网不应有编织缺陷，如：网线松弛、边缘网眼不均匀、扭线、线打圈、断线、漏纬线、网面伤痕等。

金属筛网的主要数据，即网孔尺寸，金属丝直径与筛网有效截面之间的关系，对正方形筛孔而言，用下式表示：

$$P = \frac{1}{\left(1 + \frac{d}{e}\right)^2} \times 100\% \tag{4-11}$$

式中　e——网孔尺寸，mm；

d——金属丝直径，mm；

P——筛网有效截面，%。

P值表示筛孔占筛子整个面积的多少，从而得出筛孔面积与总面积的比值。对一定的筛网，其有效截面积愈大，则筛网的有效利用率愈高。

4.5.4.2　筛分设备

在铝用炭素生产中，常用的筛分设备有：振动筛、回转筛、摇摆筛等，现将振动筛介绍如下：

振动筛适用于石油焦、沥青焦、无烟煤和返回料等多种物料的筛分。

振动筛可分为偏心振动筛和惯性振动筛。一般在炭素厂都采用惯性振动筛。惯性振动筛主要部件是筛框和单轴惯性振动器，筛框安装在柱形弹簧上或板形弹簧上，见图4-31。弹簧的下边固定在筛子的机架上，筛框是靠安装在框架中部的单轴惯性振动器驱动。筛子的单轴惯性振动器是传动轴和偏心配重（非平衡配重）等零件组成。传动轴本身也是偏心轴，偏心轴由电动机带动后作高速转动时，即产生离心惯性力，使筛子急速振动。惯性振动筛的振幅不大，随操作条件的不同波动在0.5~12mm之间，但频率较高，一般振动次数达900~1500r/min，在某些情况下可达3000r/min。

图4-31 单轴振动筛结构示意图

振动筛的筛网作高速振动时，网面上的物料也随着被振起，这时小于网孔的颗粒就漏到网下，而和大于网孔的颗粒分开。

振动筛的产量受多种因素影响：

（1）筛网面积。就是指筛网的长、宽的尺寸，以及筛网有效截面积的大小，一般来说，这二者愈大，振动筛的产量就愈高。因此，要提高振动筛的产量，必须适当增加筛网的长度和宽度，提高金属丝的质量，以增大筛网的有效截面积。

（2）振动次数（频率）振幅和倾斜度。筛分物料，因受重力和激振力作用，在振动筛面上是呈跳跃式前进的。一般说来，激振力的大小决定每次振动料块向前运动的距离。而料块跳跃的快慢决定于激振力和受振次数。因此，当振动次数低时，料块在筛面上的运动速度就要减慢，以致影响振动筛的产量，所以一般都采用较高的振动频率。

当振动筛的频率一定时，激振力的大小就要由振幅来决定。振幅大时，料块每次受振跳跃的距离就远。从而使其运动速度加快。但振幅也不能太大，太大就会影响料块和筛网的接触机会，也会降低振动筛的产量。当然，振幅太小也不好。由于料面间的颗粒相互影响，就会使筛面的颗粒运动速度变慢，甚至一部分颗粒振动不起来。这同样会影响振动筛的产量和筛分强度。因此在筛分作业时一般都要求振幅要小些。

当振幅和频率一定时，振动筛的产量和筛分纯度就取决于筛网的倾斜度。倾斜度太大，筛网上颗粒的运动速度就要加快，颗粒和网面的接触次数就要减少，也就是说颗粒被筛下的机会减小了，振动筛的产量和纯度也要降低。而当倾斜度过小时，颗粒在网面上虽然有充分的停留时间，但因颗粒在筛面上运动速度慢，筛面积料太多，同样会影响振动筛的产量和筛分纯度。因此，在筛分作业时，振动筛的倾斜度一般都选在15°~25°之间。

（3）加料情况。振动筛要求给料均匀。过大，筛面料层太厚，影响筛分纯度；过少，则产量低。因此，在筛分作业时，必须根据来料情况和设备运转情况，进行检查和调整。

此外，物料的水分含量也会影响筛分的产量和纯度。

振动筛是一种生产率较高的筛分设备。操作与调整比较方便，筛网更换方便，消耗的动力较少。不但可以筛大粒度料，也可筛小至0.05mm的粒度料。惯性振动筛有单层振动筛和双层振动筛两种，前者只有一层筛网，只能筛分成两种颗粒度（筛网上产物和筛下产物）。后者有两层筛网，可以分成三种颗粒度。

4.5.5 中碎筛分系统的产量与控制

在铝用炭素阳极生产过程中，物料的粉碎（包括制粉）、筛分、分离和除尘的过程不是分别单独进行的，而是综合连续进行的，各工序既有相互的联系，又有其独立运行，这样不但可以缩短生产流程和生产周期，充分发挥机械设备的生产能力，减少辅助设备，减少设备投资，节约劳动力，而且便于生产连续性和自动化，提高生产效率，以及便于科学管理。为此，有必要对整个中碎筛分系统的产量、粒度控制的影响因素进行归纳分析。

4.5.5.1 影响中碎筛分产量的因素

（1）加料装置能力。中碎筛分系统一般都采用电磁振动给料机加料，如果电磁振动给料机加料能力不足，或将电流调到最大仍满足不了需要，说明给料装置能力不足，应更换加料机或请有关人员检查给料机是否出现故障。

（2）二次对辊间隙。经一次对辊破碎后，许多大于第一层筛网的筛上料进入二次对辊进行破碎，如果二次对辊间隙过小，将直接影响生产能力；如果二次对辊间隙过大，起不到很好的破碎作用，满足不了生产对物料粒度的要求，将会增加振动筛的负荷；若减少电磁振动给料机的给料量，则产量也随之降低。二次对辊的间隙要根据物料性质、产品要求的物料粒度和产量随时调整。

（3）提升机皮带长度。中碎筛分系统所用的提升机，一般采用皮带斗式提升机，高度一般在30m以上，斗式提升机的皮带长度的调整十分关键，若皮带太松，提升机装不上料，或者多加料将皮带压住而提不动；皮带太短，提升机料斗不能装满，直接影响生产能力。为了减少皮带的伸缩性，一般在安装皮带之前，先经过将皮带加力拉伸的过程，使皮带伸缩性减少，然后再安装。

（4）振动筛的振幅。振动筛的振幅应调整适当，振幅太大物料跳动太高，筛分效果不好，且会减少筛体的寿命；振幅太小振动筛振动不起来，筛分效果也不好。

（5）粒子纯度的控制。生产大直径产品和多灰产品，中碎筛分的颗粒纯度应控制在75%为宜，生产小直径产品，颗粒纯度控制在70%为宜。中碎筛分系统的产量和颗粒纯度是一对矛盾，给料过多，必然使纯度降低，而给料太少，必然影响产量。如何解决这一对矛盾，就需要操作人员掌握过硬的基本功，接一把颗粒看一看，即可知道大约的颗粒纯度，从而判断给料量增加与否，达到稳定纯度提高产量的目的。

4.5.5.2 中碎筛分粒度不平衡的影响因素

在铝用炭素阳极生产中，阳极是以石油焦为骨料、沥青焦为粘结剂的混合物，粉料、粒度料在产品中的使用比例不同相同。这就给中碎筛分系统增加了困难，因为中碎筛分系统各种粒度的产量，一般都是不平衡的，如果磨粉和粒度料相同，那么不平衡的粒度料可以送到磨粉机储料斗用于磨粉。粉料和粒度料不同时，过剩的粒度将不好处理。这就需要中碎筛分操作人员，根据配料方中各种粒度用量的多少，调整好各种粒度的产量，平衡各级粒度料，以满足生产需要。

中碎筛分粒度不平衡的影响因素通常有：

（1）产品配方选择。对于选择生产粉料和粒度料不同的产品的工作配方时，应做到，在技术规程要求允许的范围内，产量高的粒度料多用，产量低的少用。

（2）对辊间隙的调整。应根据生产产品的不同，调整对辊间隙，达到调整平衡粒度料的目的。

（3）层筛网漏料。如果在中碎、筛分过程中，发现个别粒度料产量严重不足，但相邻的、小于这个级别的粒度料产量过高，而且有许多大于这个级别的颗粒，说明有筛网漏料的现象，应停止生产，检查筛网状况。

（4）物料的强度偏高或偏低。物料的强度偏高或偏低，是造成粒度不平衡的重要原因。物料强度过低，容易产生小粒度料过剩现象，而物料强度过高，小粒度料产量将减少，满足不了生产需要，在技术规程允许的条件下，强度高的物料和强度低的物料尽量配合在一起使用，使用比例按生产实际情况调整。

4.5.5.3 中碎筛分系统操作注意事项

（1）对辊破碎机和带筛球磨机的给料量不能过多，要均匀给料，严禁各设备超负荷或空载运转；

（2）根据各工序的产量，调整好产量的平衡，在中碎筛分系统中，多余的粒度料可进入磨粉料仓准备磨粉；

（3）在中碎筛分系统中出现粒度不平衡时，要在满足产品质量要求的前提下，调整配方用量或调整对辊间隙等，找出原因进行处理；

（4）在设备运转时，要经常检查各系统生产情况，加强设备的维护维修和保养工作；

（5）系统换料生产时，要清理漏斗和运输系统，清扫的杂料，按技术要求进行处理，各系统漏出的料在没有被污染时，要及时处理。

4.6　配料

配料是生阳极制备影响最终阳极炭块表观密度、电阻率、抗压强度等质量指标的关键环节之一。中碎、筛分、磨粉都是围绕配料而设置和工作的。物料的合理配方选择至关重要，选择合适的干料粒级数量、粒度范围和合适的粘结剂是物料配方的重要因素。

4.6.1　配料方的编制与配料操作

固体炭素材料经破碎、筛分后，得到了大小不同的各种粒度的物料。为了获得质量较高的炭素制品，就要把各种不同粒度、不同性质的材料进行适当的配合，以达到生产产品要求目的。配料就是把各种不同粒度、不同性质的材料按一定的比例进行混合的过程。而这一比例的确定，就是所谓配方的偏制。用一定的计量设备，按配料方的要求，准确地计量不同粒度、不同性质材料的质量的作业，就是配料操作。

配料方简称配方，是根据原料、产品的种类及性能的要求，在科学试验和工业实践的基础上得到的。不同产品有不同的配方；相同的产品，因原料的不同，其配方也又有差别。预焙阳极炭块的配方有大颗粒配方和小颗粒配方两种。沥青含量根据干料配方和成形工艺以及自身性能的差异也有所不同，一般为15%～18%。

粉料是铝用炭素阳极生产中重要的骨料组成，对于粉料的调控很重要。目前，我国炭阳极生产工艺中已广泛应用粉料的布朗（Bliane）值控制技术取代传统的纯度控制技术，使粉料的细度、用量更加严谨、科学，有效提高了制品的质量和使用性能。

在铝用炭素阳极生产过程中，配料是一个很重要的工序。配方与配料操作对成品的质量和成型、焙烧等工序成品率的提高都有相当大的影响。在实际生产中要视其原料的种类、制品的品种和规格的差异，选择不同的配方。配方包括4个方面：

（1）选择合适的骨料和粘结剂；

（2）确定骨料粒度组成（即确定最大颗粒及各种颗粒度的分布比例）；

（3）确定生产返回料的比例及粒度组成；

（4）选择粘结剂，根据产品质量要求选择不同软化点的沥青。

在预焙阳极生产方面，选用煅后石油焦或选用煅后石油焦和沥青焦混合物，其中还掺合一部分生阳极废品以及从电解槽返回的阳极残极。阳极组成中各种粒子的配合关系是：大颗粒起骨干作用，中小颗粒填充在大颗粒之间，粉料则填充在所有炭粒之间的空隙内。各种大小粒子的适当配合，可以增大产品的密度，减少孔度，提高强度，产品表面能平整光洁。

粘结剂的用量与各种因素有关。当粒度组成较粗，即大颗粒多，粉料较少者，粘结剂用量可少些。制造阳极炭块用的石油焦和沥青焦，它们的颗粒表面呈蜂窝状结构，比表面积大，对沥青的吸附性好，粘结剂要多用些。挤压成型炭块要求糊料有较好的塑性，所以粘结剂用量要多些，振动成型时可以少些。

就生阳极炭块配方的骨料而言，粗粒料通常占20%，中粒料占40%，细粒料占40%。就糊的整体而言，固体料约占83%，粘结剂沥青约占17%（振动成型）。挤压成型时沥青约占21%~25%。

按照计算好的配料方分别从各储料仓中秤取规定的数量。

目前，国内外干料配料方案均有向多粒级发展的趋势，粒级越多，越能准确达到最佳配料效果。一般小颗粒三种粒级的煅后焦为8~5mm，5~2mm，2~0mm。目前，我国大部分碳素厂采用连续混捏工艺，所用配方为大颗粒的煅后焦，即12~6mm、6~3mm、3~0mm，两种粒级的残极12~3mm、3~0mm。各种配方的特点是煅烧焦和残极之间及各种粒级之间的配入比例可以精确地控制，且调整的灵活性大，有利于生产管理和生产条件的稳定，有利于产品质量的提高。

生产实践证明，采用大粒子配料时，最终产品的强度得到提高，而阳极的强度主要取决于骨料的强度、粘结剂沥青的性质和焙烧工艺技术。因此，在配料时尽可能地使用强度大的残极（焙烧废块、组装废块、电解返回残极块）充当骨料中的大粒子料。粉料越多，干料表观密度也越大，同时需要配入的粘结剂沥青量也随之增多，虽然成型后生块密度提高了，但生块在焙烧时，沥青的残炭率一般只有50%左右，导致制品内部孔隙增多，致密性差，影响有关理化指标。我国铝用预焙炭阳极的典型配方见表4-22。

表4-22　我国铝用预焙炭阳极的典型配方　（%）

粒级/mm	粗粒料（12~6）	中粒料（6~3）	细粒料（3~1）	粉料（-0.15其中-0.075）	沥青
国内1	15±3	25±3	20±3	40±3	16±1.0
国内2	16±2	26±2	18±2	40±2	17±1.0
出口	<2	30±3	20±3	40±3、25±3	16~16.5

4.6.2　骨粒度组成的选择

所谓骨料的粒度组成就是各种不同大小颗粒按一定比例配合在一起，使产品有较高的密度、较小的孔度和足够的机械强度等。骨料颗粒配合比例包括两个内容：最大粒度的选择和各种粒度比例的确定。

4.6.2.1　骨料最大粒度的选择

骨料最大颗粒的选择是根据产品的规格尺寸、质量技术要求和使用性能等综合因素确定。

一般的说，产品规格尺寸大，其配料成分中的颗粒尺寸也大，以满足工艺上的需要。因为细颗粒的骨料比表面大，在混捏时需要较多的粘结剂才能得到具有一定塑性的成型生阳极。含有多量粘结剂的大型生阳极，在焙烧时收缩率较大，很容易产生裂纹和理化指标降低。因此，往细粉料中加入大颗粒料，既可以减少粘结剂的用量、提高成型产品的紧密性，又可以减少阳极的热膨胀系数，改善抗热震性能。当然各种不同阳极组成中的最大颗粒尺寸是不同的，但必须要适合要求，其所占比例适宜为准。

反之，对于小规格尺寸的产品，需要利用小颗粒和细粉料。因为大颗粒料会造成产品结构不均匀，这种不均匀性会影响到小规格尺寸产品不能正常使用的程度。因此，必须适当多地使用细粉料。小颗粒料的作用是填充大颗粒料间的空隙，粉状小颗粒的数量在配料中占有较大的比例。用更多的细粉料制造的小规格尺寸产品，虽然加入较多的粘结剂，但由于规格小、比表面积和体积之比较大，所以焙烧开裂的可能性较少。

总之，根据产品的规格尺寸、质量要求和产品使用性能要求，生产实践中选择适合的与之相匹配的最大骨料粒度和比例。

4.6.2.2　各种粒度比例的确定

确定各种粒度的比例，主要是为了产品获得尽可能大的密度。

（1）颗粒料堆积特性。各种不同规格的炭素阳极都是按一定的粒度组成配料，粒度组成就是各种粒度的配合比例。把各种不同直径的颗粒配合使用，就是为了得到尽可能大的表观密度和小的气孔率。

（2）同尺寸球的堆积。试验证实，同一直径的球体，在作理想堆积时，其空间的最大填充率为74%（与球体的绝对尺寸无关）。所以使用同一直径的球体绝不可能得到致密的堆积体。

（3）几种不同直径球体的堆积。在直径较大的球体堆积后的空隙中加入一定量的较小直径的球，则堆积体的气孔率会大大减小。若再加一定量直径更小的球体，则堆积体的气孔率会更小，见图4-32。

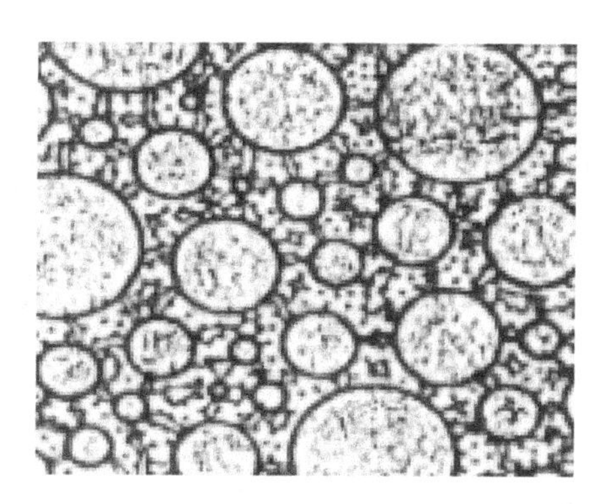

图 4-32 不同直径球体填充示意图

同等大小的球在理想堆积情况下所呈现的堆积方式不同，在球体中间可形成不同的填充空隙。一种是四面体空隙，填充四面体空隙的球体直径应是基本球体直径的 0.225；一种是八面体空隙，填充八面体空隙的球体直径应等于基本球体直径的 0.414。

然而炭素材料的颗粒是不规则的，颗粒间的空隙也不规则，有的大，有的小。因此，在确定各种骨料粒度组成时，就不能完全根据理论计算。而是要经过实验，尽可能使各种骨料颗粒作最紧密的堆积，以获得最大密度的混合物为原则。

4.6.3 生产返回料的配料

在铝用炭素阳极生产中都有一定数量的残废品及可以回收使用的物料，铝电解过程中也产生残阳极块，如何按照产品质量要求，将这些残、废返回料应用于生产，降低生产成本，保证产品质量，在配料过程中需要综合考虑的问题。

（1）生碎。生碎主要包括：成型生坯经质量检查不合格的废品，成型机加料室下料口掉出来的糊渣，阳极糊成型机后面的糊渣等，主要是生阳极废品。

生碎一般经大颚式破碎机、小颚式破碎机和对辊破碎机破碎至小于 30mm 后，按品种分别储于生碎仓中，一般应加入相同配方的产品中，如加入不同品种的产品中，必须进行油量和粒度换算。配料时，使用数量可占总量的 20%左右，要根据具体的产品质量要求和生产过程等确定。

（2）焙烧碎。焙烧碎是生阳极经焙烧后质量不合格的残废品以及成品在入库或运输过程中产生的部分次品。一般破碎成中等颗粒使用，同样按照适宜的比例参与配料，焙烧碎密度和强度较大，加入到配方中有利于提高产品的强度。

（3）残极碎。残极碎是铝电解过程中产生的残阳极。经过破碎后，按照粒度的分布要求和生产阳极的质量要求，参与配料，特别注意的是：残阳极密度、强度较大，但灰分含量较高。所以，在使用上残极碎要有适宜的比例，不能添加的太多。

4.6.4　沥青配料

沥青配料是采用液体配料。液体沥青配料的优点是：沥青在熔化的过程中，沥青中的杂质得以沉淀，而不至进入糊料中，且沥青在混捏的整个过程中处于高温液体状态，黏度小、流动性能好，有利于沥青更多、更均匀地渗入到骨料之中。

沥青在生阳极中的比例，与骨料的粒度分布、沥青的软化点、操作工艺等有关，要根据实际情况科学确定。一般地，铝用炭素阳极中沥青的添加量约占总量的16%~19%。

4.6.5　配料用设备与操作

为保证阳极的质量，准确计量各种粒度的骨料和粘结剂进行配料是前提。在生产生阳极配料过程中，因各生产单位的工艺技术水平不一，配料的设备存在较大差别，总体上可分为三种：人工称量控制、半自动计量控制和全自动计量控制。

4.6.5.1　配料用设备

目前，生产中所用的设备以自动控制配料系统为主，磅秤和电动小车基本已经淘汰。

所用的配料设备有：

（1）磅秤。用人工直接称量，费工费时，且准确性差，操作环境恶劣，难以保持产品质量的稳定。

（2）电动小车。设备较简单，磅秤装在电动小车上，配料时比用单独磅秤省力，但操作环境恶劣，且影响配料误差的因素较多，难以掌控。

（3）机械自动秤或电脑调控配料。配料较准确，但设备结构复杂，检修工作量大。

（4）电子秤和电磁振动溜子所组成的自动控制配料系统。该配料系统自动化程度高，工人脱离了恶劣环境下的配料操作，实现自动计量及电脑程序控制的现代化的配料系统。

4.6.5.2　配料操作

配料操作实际上是按照提前计算或确定好的配方而进行的一个称量过程，即按计算好的操作配方分别从各储料仓称取或计量出所规定的物料质量数。

为了保证产品配料组成的正确性，必须定期从各储料仓中取筛分试样进行检查及相应的计算（一般规定3~4锅取一个样），即按照确定的操作配方，按其比例取样进行筛分分析校对，若符合粒度要求，方可进行配料。如果不符合粒度组成要求时，立即停止配料，并根据新的筛分结果重新调整配方。

在配料操作中，对配料设备，要定期进行检查和校验（一般规定：磅秤 1~3 个月校验一次，误差±0.5%），保持其准确性，以免影响配料的误差。

此外，在配料中，要避免多灰料、少灰料的混杂以及脏料进入流程。当用一个系统生产多灰和少灰的不同产品时，一定要注意设备的清扫工作，即多灰产品换成少灰产品时，一定要注意把多灰料清扫干净。

在配料过程中，要注意配方一般不要变动，非变动不可时，要根据相关研究分析后，在科学的基础上加以调整。

4.7 混捏

针对铝用炭素阳极生产工艺而言，混捏就是把储存在各配料仓中的煅后石油焦粒料、粉料、残极粒料，按配方要求的比例定量后，与一定量的液体沥青在一定温度下用专用的设备进行混合，使其达到均匀、密实且具有一定可塑性的糊料的工艺过程。而混合所使用的机械，称为混捏机。

混捏是铝用阳极生产中的重要环节，混捏质量的好坏对生阳极块乃至成品块的质量都会有很大的影响，要求混捏时务必将进入混捏机中物料混合均匀，达到技术规程的要求。

4.7.1 混捏的目的与原理

4.7.1.1 混捏的目的

（1）使各种不同粒径的骨料均匀混合，大颗粒之间的空隙由中小颗粒填充，中小颗粒之间的空隙由更小的粉料填充，以提高糊料的密实度。

（2）使粘结剂沥青能均匀地包裹在干料颗粒的表面，并部分地渗透到颗粒的孔隙中去，由粘结剂的粘结力把所有的颗粒互相结合起来。

（3）使干料和粘结剂分布均匀，整体结构均一，温度适宜，赋予糊料以塑性，利于成型，利于提高产品质量。

4.7.1.2 混捏原理

（1）混合作用原理。混捏过程就是骨料与粘结剂混合过程，混合是在外力作用下将物料在混捏机中达到均匀分布的状态，在某个时刻达到动态平衡。此后，混合均匀度不会再提高，而分离和混合则反复地交替进行着。一般认为在混捏机物料的混合作用原理有三种：

1）对流混合。物料在外力作用下位置发生位移，所有粒子在混捏机中的流动产生整体混合。

2）扩散混合。在粒子间互相重新生成的表面上的粒子做微弱的移动，使各种组成的粒子在局部范围扩散达到均匀分布。

3）剪切混合。由于物料群体中的粒子相互间的滑移和冲撞引起的局部混合。

（2）干料和沥青相互作用机理。在混捏过程中，机械力的挤压和分离作用及混捏的温度和时间等，是糊料能够达到均匀混合的必要条件。而碳质颗料、粘结剂的本性以及它们之间的吸附、浸润、毛细渗透作用等是炭素糊料达到均匀混合的内在因素。

吸附是物质在相的界面上，浓度自动发生变化的现象，分物理吸附和化学吸附两种。一般在混捏过程中，碳质颗粒和粘结剂之间就兼有上述两种吸附作用。由于碳是一种亲油性的物质，当它和非极性的有机液体沥青接触时，在它们接触的界面上存在着未饱和的化学键力的作用，这种未饱和的键力，大部分是由碳质颗粒表面提供的，此时液体沥青分子附着在碳的表面，且把碳“润湿”，进一步弥散到碳的微孔之中，形成化学吸。因此，化学吸附作用是混捏过程中的主导作用。

根据兰格缪尔（Langmuir）学说，固体吸附剂表面的活性中心，在吸附的过程中起着余价力的作用，吸引被吸附物的分子，此种力的作用和化学键力一样限于被吸附物分子大小的范围。在吸附达到饱和时，被吸附的分子在固体吸附剂表面形成厚度为一个分子的薄层。此种单分子层把来自吸附剂表面的吸引力抵消掉，由此，排除了形成第二吸附层的可能性。其次，被吸附的分子并不是将吸附剂的整个表面遮盖，而是附着在活性中心附近，且互相作用。这一理论对固体吸附剂对气体的吸附是正确的，但对于吸附煤焦油、沥青这样含有多种有机化合物的稠厚流体，则其过程就更为复杂。

实际上，煤沥青粘结剂在碳质表面是形成多分子吸附层的，即当被吸附的黏结剂分子在碳质表面形成单分子吸附层后，由于粘结剂分子之间还存在着很强的吸引力，所以在单分子吸附层上又粘附了粘结剂的分子，即发生了物理吸附。这样，由于吸附作用，就使粘结剂的沥青牢固的黏附在碳质颗粒的表面。

液体在固体吸附剂表面上被吸附时，具有润湿现象和毛细渗透表现出来。液体能附着在固体表面的现象叫润湿；反之，则称为不润湿。处在界面上的液体分子不仅要受到液体内部其他分子的引力作用（内聚力），同时还要受到固体分子对它的吸引作用。当固体分子和液体分子之间的附着力的作用大于液体分子之间的内聚力的作用时，液体就会附着在固体的表面，从而就发生了润湿现象。反之，就不能发生润湿现象。由于煤沥青和碳质颗粒的化学性质相近，所以它们之间就能很好的润湿，使粘结剂煤沥青牢固地黏附在石油焦炭颗粒的表面。

试验证明，在一定条件下，润湿接触角和温度有密切关系，即：温度升高，润湿接触角减小，润湿性增强；湿度降低，润湿接触角增大，润湿性变差。因此，为了提高煤沥青对碳质颗粒的润湿性能，以提高糊料的塑性，在适当范围内提高混捏的温度是有益的。

毛细渗透现象，即是由于毛细管作用，使液体分子渗透到固体颗粒的微孔中去，毛细渗透作用取决于毛细压力，毛细压力越大，其渗透作用就越强。

试验证明，随着温度的升高，液体沥青分子对碳质颗粒渗透作用增强，见图 4-33。但是，用软化点为 118℃的高温沥青试验时，在 147℃以下，毛细压力为负值，表现为推出力。说明在 147℃以下高熔点煤沥青对碳质材料不渗透；当温度过渡到 170℃时，曲线出现折点，此点相当于润湿接触角明显减小的始点。继续提高温度，毛细压力增大，也就加剧了沥青的渗透性。但是，当温度升高到一定的程度，糊料过热，粘结剂煤沥青的渗透作用不但不继续增加，反而下降。这是因为此温度下，煤沥青发生了氧化，产生了缩合作用，使轻馏分蒸馏溢散。因此，在混捏作业时，混捏的温度必须适当控制，以免糊料的塑性降低。

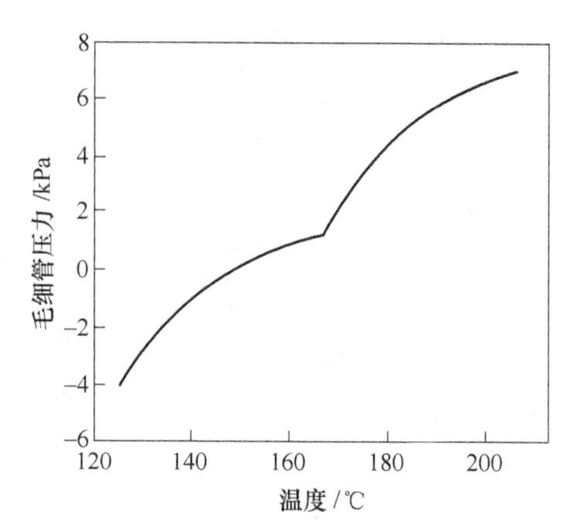

图 4-33　高温沥青与炭素材料间的毛细管压力随温度的变化曲线

4.7.2　混捏方法与设备

要使颗粒、粉末和粘结剂等原料达到分布均匀、结构均一，且具有塑性、易成型等目的，通常采用的混捏方法有两种：一种是挤压混捏法，这种方法是把应变力反复地加在不同的相互接触的糊料上，让应力加在糊料的各个部位，使力的方向交错地通过糊料的不同平面，造成物料相互挤压变形和相对流动。第二种是分离混捏法，此法是从一部分糊料中分出少量的糊料加到另一部分中，这样反复进行分离和重合的过程。此外，还有揉搓、高压、负压等混捏方法。

4.7.2.1　混捏机的分类

混捏设备的样式较多，规格和型号也不统一，其结构也有差异。

（1）按其加热方式的不同，混捏设备可分为：电热混捏机、汽热混捏机和热载体混捏机三种。

电热混捏机是用电能以电阻丝或工频感应线圈进行加热的，它的加热速度较快，操作条件较好，但结构较复杂，耗电量大，在生产中应用较少。

汽热混捏机用蒸汽加热，机体制造成夹层蒸汽套式，中间通入压力为0.39~0.59MPa的蒸汽。这种混捏机加热速度缓慢，需较长的加热时间；由于蒸汽温度的高低与其压力有关，提高混捏温度，需增加蒸汽的压力，受设备的压力强度所限；同时因蒸汽易泄漏而增加了维修的工作量；汽热混捏机的结构简单，能耗较少，比较经济，加热比较均匀。因此，应用比较普遍。

利用载热体加热的混捏机的机体也是夹层体，载热介质在夹层体中流动，将热量传给机体，使机体温度升高。载热体加热系统包括加热炉及循环系统两部分。载热介质在加热炉中被加热，由压力泵输送到混捏机的机体中，失去热量的介质又回到加热炉中，重新被加热再由泵送入机体中进行新的循环。可作为载热介质的有联苯醚、三芳基二甲烷及矿物油等。

（2）按运行方式不同，混捏机可分为三类：

1）接力式，干混和湿混在不同设备内进行。用于干混的有双螺杆混捏机、辊碾式混捏机、滚筒式混捏机等。

2）间歇式，干混和湿混在同一台设备内进行，即先干混，混后加入粘结剂进行湿混，混好后再将料糊排出，之后重新加入干料开始下一混捏周期。间歇式有桨叶式混捏机、转筒式混捏机以及各国广泛使用的双搅刀混捏机等。

3）连续式，有双轴连续混捏机和单轴连续混捏机。连续混捏机需要和联系配料设备配套使用。

（3）按排料方式不同，混捏机可分为翻转式和底开式两种，翻转式设有锅体翻转机构；底开式设有料口开启和关闭装置。

（4）按是否带粘结剂的不同，混捏机可分为两种：

第一种是粉末颗粒和粘结剂在搅刀推动下进行的热混合的混捏机，这是一种带粘结剂的热混捏的混捏机，如Z形双搅到混捏机、螺旋连续混捏机、高速混捏机等。单、双轴连续混捏机，多用于制备配方稳定且大批量生产，阳极糊和预焙阳极生产使用较多。

第二种是冷混捏机，常用于不带粘结剂的冷混合，如电碳厂用于混合金属-石墨料的圆筒混捏机、鼓形混捏机。在电炭或机械用炭的生产中，对于一些高强度、高密度制品，原料多采用细粉或超细粉，用一般的卧式双Z轴混捏机混合，不能保证把粘结剂均匀地分布在所有粉末的表面，也不能保证多组分粉作均匀的混合。为了补充混捏的不足，因而采用轧辊机进行辊压，称为轧片。可采用双辊或多对辊子的轧辊机进行一次或多次辊压糊料，通过辊压可消除混捏的不均匀性，提高糊性的塑性及提高压粉的致密度。

4.7.2.2 混捏锅及其生产工艺

（1）双轴搅拌混捏锅。双轴搅拌混捏锅是一种目前用得比较多的混捏锅，见图4-34。

图4-34　双轴搅拌混捏锅

1）混捏锅的结构。混捏锅主要结构是由双层锅体和一对麻花型搅刀组成的混捏部分、机座部分、液压系统、传动系统和电控系统等五大部分组成。混捏部分是由缸体、浆轴、墙板、缸盖等组成。锅体内装有锰钢衬板（根据磨损程度可定期更换），锅体由蒸汽加热或电加热，锅体下部为两个半圆形槽焊接而成，锅体顶部为锅盖，锅盖上有骨料加入口及沥青加入口。两根相互平行的麻花型搅刀分别在锅的一侧转动，彼此转动的方向相反，转速也不同。液压系统由一台液压站来操纵大油缸，来完成启闭功能，液压系统由一台液压站来操纵油缸，来完成启闭大盖、闭合翻板等功能；电控系统有手动、自动电控系统，操作时可任意选择，操作方便可靠。

双轴搅拌混捏锅是间断性生产的设备，即加料—混捏—卸料周期地循环操作。混捏好的糊料有两种卸料方式，一种是用传动机构使混捏锅向一侧翻一定角度，同时打开锅盖，将糊料倒出来；另一种是混捏锅位置固定不动，在锅的底部开有长方形的卸料口，平时用盖板盖上，卸料时用电动机及传动装置打开盖板，将糊料卸出。两种卸料方式各有优缺点；前者卸料时烟尘较大，且锅内糊料不能卸尽，但锅体检修方便；后者工业卫生条件较好，糊料能卸尽，设备生产效率较高，但检修锅体较费事，有时卸料盖不严会发生漏料现象。

2）工作原理。糊料在混捏锅中，两把搅刀以不同转速相向转动，依此地将应变力作用于糊料的各个点上，进行挤压混捏，当糊料被挤压到混捏机锅底的脊背上时，马上将糊料劈成两部分，当一部分糊料被脊背劈下而脱离一个搅刀的作用后，则被另一个搅刀带走。两个搅刀循环往复，交替对料糊不断搅和，使糊料受到挤压、分离、掺和，以达到混捏均匀的目的。

为了避免被劈分的糊料在旋转一周后，重新相遇，以及有助于两个半圆形的槽内的糊料互相混合，两把搅刀的转速比应为奇数。一般前后搅刀的速比约为1∶1.8，见表4-23。

表4-23　双轴混捏锅两搅刀的速比

混捏锅有效容积/L	200	400	800	2000
前搅刀转速/$r \cdot min^{-1}$	29	27	21	20
后搅刀转速/$r \cdot min^{-1}$	17	15	11	10.5

双轴搅拌混捏锅经长期使用证明，混捏效果比较好，糊料在锅内不断受到两根搅刀反复翻动及压搓作用。当糊料被翻动到锅底的尖劈部位时，即被劈分为两部分，并分别在各自的半圆形槽内被搅拌。为了不使被劈分为两部分的糊料循环相遇，有助于两个半圆形槽内的糊料互相混合，因此两根搅刀的转速相差一倍左右。混捏锅在运转中把糊料不断地搅拌、劈分、捏合、挤压，所以糊料的混捏质量得到较好的保证。

3）混捏锅的特点与技术参数。目前，我国众多炭素厂家使用的混捏锅具有如下特点：

① 内胆加衬锰钢板，拆卸式可更换，延长了使用寿命；

② 搅刀加焊合金耐磨层，搅刀的使用年限得到提高；

③ 夹套及墙板内均设导流装置，升温速度更快，热效率更高；

④ 出料采用双开门快速出料装置，液压起闭，快速、可靠、灵活；

⑤ 搅拌桨两轴端均采用定心滚珠轴承和推列车长轴承，保证了主轴径向不跳动和轴向不窜动。

随着大型铝电解槽的开发成功，要求炭阳极规格增大，阳极成型模具不断大型化，混捏锅也要相应配套。目前，我国主要混捏锅生产厂家已经研发出了双层预热混捏锅，这种混捏锅使用时上层干料混合预热，下层捏糊料同时进行，具有高效加热的特点，克服了干料加热罐，由于干料导热性差，静止状态下加热效率低下的缺陷。同时上层干混与下层混捏同时进行，驱动功率不变，节省了单层混捏机干混时段浪费的功率，节约了电能。但需控制好干料混合预热的时间，防止干混加热过程中颗粒料被破碎。

目前，我国铝用炭素工业有多种不同规格型号的混捏锅，有代表性的几种混捏锅技术参数见表4-24。

表 4-24　常用的几种混捏锅技术参数表

规格/L	2000	3000	4000	5000	6000
额定容量/L	2000	3000	4000	5000	6000
最大容量/L	3100	4800	5800	7100	9000
卸料方式	液压锁紧底开门	液压锁紧底开门	液压锁紧底开门	液压锁紧底开门	液压锁紧底开门
加热方式	导热油加热	导热油加热	导热油加热	导热油加热	导热油加热
主电机功率/kW	55	75	110	132	160

4）混捏锅的操作与维护。混捏锅运行前先关闭底部滑门，再把按照配方已配好的料加入混捏锅内，加完料后关闭加料阀及循环空气阀，加热混捏锅，使之达到工艺技术所要求的温度，同时混捏锅进行干混，再打开沥青烟气排出阀，按照要求加入液体沥青。糊料充分混合，继续加热，当达到所要求的温度和时间后，确保糊料均匀后出糊料。出糊料的同时，混捏机搅刀旋转方向可改变，两个混捏锅搅刀旋转方向相反，朝向底部滑门。底部滑门开关移到定位开关所给定开度的位置。当排料完毕时，底部滑门的开关移到关闭位置，关闭底部滑门，完成一个周期的混捏工作。重复上述过程继续混捏，直至达到满足工艺对物料混捏的要求。

双轴混捏锅在生产中其零件易于磨损，要经常进行维护与修理，主要内容为：

① 经常检查各紧固件的紧固情况和密封件的严密性。

② 经常检查电机温度，一般不超过 65℃，轴承温度不超过 70℃。

③ 检查转子与衬板的磨损情况，发现磨损严重应及时更换。

④ 经常更换润滑油，保持润滑系统良好。

⑤ 操作中严禁金属等异物进入混捏机内，若发现机体内有不正常响声应及时停车处理，避免因负荷过大而烧毁电机。

⑥ 检查齿轮、轴瓦的磨损情况，发现磨损严重应及时更换等。

（2）大型高效预热混捏机的开发与应用。铝电解工业生产技术发展非常迅速，其主要的特点表现在：铝电解槽的容量不断增大，1970 年世界新建电解系列的槽容量为 150～160kA，1983 年增至 180～190kA，20 世纪 80 年代中期以来，工业试验槽的容量突破 280kA，进入 21 世纪，我国较普遍采用了 280～400kA 容量的超大型槽已形成系列化生产，近 10 年来 500～600kA 容量的更大型槽已经在工业生产中使用。这种超大容量电解槽的出现，由于在高效能、自动化水平、环保、节能、经营费用、建设投资等方面的显著优势，使之成为现代铝工业发展的大趋势；另一特点就是应用现代化的最新技术，不断地对现有企业进行技术改造，实现了铝电解槽大幅度增产、节能、降低成本的最佳经济效果。

我国有关大型炭素企业采用了进口连续搅拌混捏机，连续搅拌混捏机的工作原理是叶片和螺杆被组装在两个水平方向平行的轴上，按同一速度和方向转动。材料随着叶片的转动体积受到压缩、拉伸发生变化，同时靠叶片剪切作用进行捏合，分散效果好，但由于物料混捏时间短，混捏的物料物理性能差；同时叶片磨损严重、使用寿命短，不仅造成产品质量下降，而且购买国外配件价格昂贵等。

我国山东华鹏精机股份有限公司研制开发了的大型高效节能型预热混捏冷却系统设置独立预热、混捏、冷却工艺单元，三段工艺同时进行，国际先进炭素生产工艺配套设备完全国产化，享有完全自主知识产权，完全可以替代国外先进企业的进口产品，与美国 BP、德国艾力许等国际品牌系列产品相比，企业生产投入和生产成本大大降低，实现混捏产品多样化，产品成品率有所提高，为铝用炭素企业生产出满足大型铝电解槽生产用的高质量产品提供了保障。

1）大型高效节能型混捏机的主要技术。炭素糊料的制备包含干料预热、糊料混捏及糊料冷却 3 个工序，我国已开发出标准化的预热、混捏及冷却系统设备，其性能达到国际先进水平，从装备水平上保证了炭素产品的质量，并且大幅度降低了设备投资。目前，我国已成功研发单体最大容量的 NHS6000 双层预热混捏机，见图 4-35。

图 4-35 大型高效节能型混捏机

大型高效节能型混捏机的主要技术：

① 对高效节能型预热混捏冷却系统进行全自动化设计：采用 PLC 全自动控制，网络通信方式，可实时测量、显示、传递设备工作和状态参数，实现系统全自动化运行。

② 对混捏系统进行精确测温设计：采用补偿锁紧装置，自动补偿由于被测量对象温度的大幅度、快速变化造成的测温元件结构性变化与振动，保持测温元

件结构的稳定性，从而保证温度测量的准确性及快速响应性；采用测温组件内部核心部件模块化设计，实现应用于不同规格、类别产品测温装置核心部件的互换性、通用性、按需组合性，从而简化测温组件结构、降低生产成本；金属测温组件外壳形状采用曲面设计，外壳表面采用涂层和表面处理技术，提高金属测温组件外壳的抗炭素糊料黏附性能。

③ 对混捏机系统地进行无泄漏密封设计：对回转轴端超细颗粒（0.075mm以下）进行密封；采用颗粒密封装置采用长效抗磨损技术；采用密封装置便捷维护、更换技术。

④ 对混捏机进行强化传热设计：传热表面制作湍流化装置，采用无序分布多点凸凹形结构，使导热介质流经其表面时产生涡流和紊流，破坏原有传热表面，形成二次传热表面，降低传热热阻；采用多支回转面形翘片式搅叶，增加传热面积、降低传热热阻，进一步强化搅刀的传热功能。

⑤ 高温环境压力波动粉尘的缸体密封结构研发：耐高温空气渗透性粉尘密封结构，释放空气压力，防止粉尘外泄；浮动式双结构压力补偿密封结构，分别适应正常稳定压力及投料波动压力工作环境。缸体内外部压力平衡装置采用浮动式结构。当缸体内外部压力平衡情况下，浮动装置在弹性组件的作用下处于闭合状态；当缸体内部由于大量物料进入而瞬间压力升高的情况下，缸体内部压力克服弹性组件阻力使浮动密封结构开启释放压力，直至内外部压力达到平衡。

2）大型高效节能型混捏机具有如下特点：

① 集成了预热、混捏及冷却功能为一体的三段工艺同时进行的成套混捏系统。采用全面积加热技术，加热结构五进五出、通过阀门调节保证均匀加热，加热效率高、加热均匀，保证糊料混捏过程中温度均匀，从而保证混捏质量；预热、混捏过程在比较高的温度下进行，属于高温混捏过程。冷却过程将糊料温度降低至适宜成型的工艺温度，实现与低温混捏共同的目的，使沥青吸附层的内部分层结构更趋于有序排列。满足预焙炭阳极大型化、高产化生产的需求；预热、混捏及冷却功能单元模块化设计，采用立式上中下层三层布置结构，节省设备摆放空间。

② 实现了预热、混捏、冷却系统 PLC 自动化控制；精确糊料冷却温度的测量，完备混捏工艺，提高生产效率。

③ 提高糊料进入成型工序的糊料冷却温度，冷却温度的提高有利于保持粘结剂沥青良好的粘合性，有利于挤压成型；生坯回胀减少、焙烧品收率升高、废品率降低。

④ 无泄漏密封，保护生产环境、提高产品质量、节约成本；新型缸体结构，提高干料预热效率，节约能源。

⑤ 采用专用设备加工缸体内径，搅刀与缸体间隙控制精度高，粒度破碎少。

⑥ 液压锁紧旋转卸料系统，密封可靠，排料迅速、不残余物料。

⑦ 温度精确实时测量，生产工艺精确控制。

3）大型高效节能型混捏机工作原理及加热性能。大型高效节能型混捏机工作原理及加热性能归纳见表4-25。

表 4-25　大型高效节能型混捏机工作原理及加热性能

采用技术	技 术 说 明	产品性能
相切、异速、半径干料混合加热技术	1. 搅刀翻动物料同时加热物料，使物料不断直接接触设备的传热表面，实现高效加热； 2. 克服了干料加热罐，由于干料为热不良导体，静止传导加热情况下加热效率低下的缺陷	1. 物料混合均匀； 2. 物料加热温度均匀； 3. 传热效率高，物料加热时间短，加热温度高
高效高温缸体专利技术	新型缸体结构，最大限度降低传热热阻，提高传热效率	1. 导热油温度 210℃、压力 0.3MPa 情况下，干料温度在 20～25min 达到 140～145℃； 2. 可通过提高导热油温度获得更高的干料温度，最高工作温度 300℃
新型搅刀专利技术； 搅刀加热专利技术； 整体加热式搅刀	1. 采用新型搅刀设计，搅刀加热能力增加1倍； 2. 搅刀通入导热介质加热物料； 3. 搅刀的叶片、中空的搅刀中轴等与物料接触的全部搅刀部件均通入导热介质加热物料 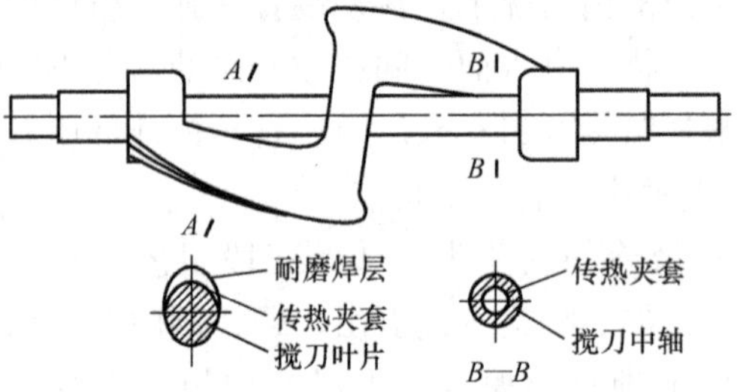 A　B　B　A 耐磨焊层　传热夹套　搅刀叶片 传热夹套　搅刀中轴　B—B	
卸料门加热	卸料门内部腔体通入导热介质加热物料	
衬板与锅体无缝连接	对衬板外径和缸体内部机械加工，保证衬板与锅体紧密接触，最大限度降低传热热阻	

（3）大型高效节能型混捏机主要生产技术参数。

1）性能特点。采用相交同速、交合重迭混捏技术。搅刀超过缸体中心，作用范围大；两搅刀旋向相同、转向相反；一搅刀向中间拨料、另一搅刀向两边拨料，物料在缸体内“8”字形流动。

引进日本原型搅刀，带复叶、搅叶截面椭圆形，推动物料沿椭圆截面的各垂直方向移动，挤压作用增强，使物料颗粒间充分混合，强化混捏效果。椭圆形截面使物料难于附着，搅刀表面不易黏料。

2）主要生产技术参数。按照年产量每日生产 20h、年平均生产 320 日计算。大型高效节能型混捏机主要生产技术参数见表4-26。

表 4-26　大型高效节能型混捏机主要生产技术参数

序号	产品名称及规格	最大物料处理量/kg·锅$^{-1}$	最小物料处理量/kg·锅$^{-1}$	生产时间/min·锅$^{-1}$		年产量/t	
				单独使用	与 NHR 预热机配套使用	单独使用	与 NHR 预热机配套使用
1	NH2000	2200~2800	1400	50~55	35~40	16800~21500	24100~30700
2	NH3000	3200~3600	1800	50~55	35~40	24500~27600	35100~39500
3	NH4000	4800~5400	2700	50~55	35~40	36800~41400	52600~59200
4	NH5000	5200~5600	2800	50~55	35~40	39900~43000	57000~61400
5	NH6000	6100~6600	3300	50~55	35~40	46800~50600	66900~72400

4.7.2.3 连续混捏机及其生产工艺

由于双轴混捏机是间歇式生产，平均单位时间产量小，不便于生产实现自动化，环境较差。因此，开发研制了连续混捏机，它产量高，能连续生产和实现电子计算机控制的自动化生产。连续混捏系统虽然劳动条件较好，机械化程度较高，但整个配料及混捏工序设备较多，调整复杂，设备在长期停运和频繁更换配方的情况下，使用较麻烦。

连续混捏机分为单轴式连续混捏机和双轴式连续混捏机两种。

（1）双轴连续混捏机。双轴连续混捏机是一个带有加热夹套的铸钢或钢板焊制的 U 形或圆形外壳，锅体内有两根平行配置的带搅刀的轴，即转子。轴由电机经减速机带动。轴上安装有正向搅刀和反向搅刀。搅刀的对数和排布情况的不同，对混捏的质量有很大的影响，正向搅刀的作用是一边搅拌，一边使糊料向出料口移动，反向搅刀是增加被混捏物料内部的挤压力。两轴相对转动。为了使物料一边搅拌，一边向出料口移动，正向搅刀数量应比反向搅刀数量多。正向搅刀数量越多，糊料被混捏的时间越短，产量就高，但质量差。反之，反向搅刀数量越多，糊料混捏时间就越长，产量低，更容易混合均匀。混捏时间因物料情况而定。一般控制在 0.5~2h，具体时间，需根据物料性能和产品要求等合理选择。在我国铝用炭素阳极生产中应用的不多，目前使用的双轴连续混捏机锅体内径为 ϕ560mm，长 3000mm。

双轴连续混捏机的加热和保温方式有介质加热和电加热。介质加热，可用高压蒸汽 $(5\sim7)\times10^{5}$Pa 加热，或采用联苯和联苯醚等有机载热体加热；电加热一般采用工频线圈加热。

（2）单轴连续混捏机。目前，在国内外铝用炭素阳极生产中较多的是采用单轴连续混捏机。见图 4-36。

1）单轴连续混捏机的结构和工作原理。单轴连续混捏机的结构为：锅体，呈圆筒形，沿纵轴对开，内衬以衬板，其内腔按左旋螺旋线轨迹上每导程均布有 3 个脊形固定搅刀；主轴，安装在锅体的中心轴线上，是一根中空并没有套管的

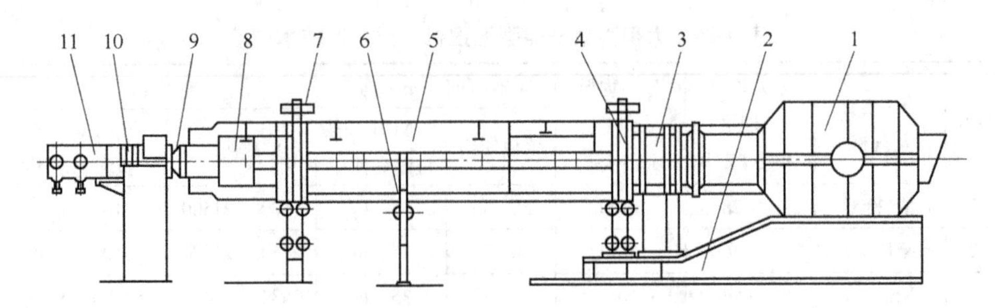

图 4-36 单轴连续生产的混捏机示意图

1—减速机；2—机座；3—前轴承；4—前支架；5—对开机壳；6—开合装置；7—后支架；8—出料口；9—混捏轴；10—后轴承；11—热媒联轴器

轴，主轴上活动套装表面堆焊有硬质合金的转动浆刀，浆刀在左旋螺旋线一个导程上分三段（即成三齿），三齿均布；浆力在锅体内随主轴作顺时针方向旋转的同时，主轴进行轴向往复窜动。

搅刀分固定搅刀和转动搅刀。固定搅刀在锅体内腔上沿圆周成三等分（相位差为 120°）成直线排列，排列规律为左螺旋形式，其导程一般为 200mm，采用锰钢，表面经淬火处理。固定搅刀尾部有螺栓，借以贯穿衬板和锅体，在外部用螺母固定。为防止受力时转动，在搅刀与衬板贴合面处装有定为销轴，工作时，其主要的作用力为弯扭合成应力。

主轴在工作时主要受力状态是拉压和扭转联合作用。在主轴中心钻孔，可加设套管使热载体进入，使之循环以调节温度。

在混捏过程中，物料同时进行着挤压和分离（揉搓掺合）的混合过程，物料在锅体内既作轴向推送又有径向运动，物料在混捏过程中是一种复合运动，在转动浆刀旋转和窜动中所作用力，其方向是向糊料内部挤压，由于固定浆刀的作用，其着力点是依次地交替改变，这个过程是挤压过程；在此过程中糊料被挤压至固定搅刀表面上，并立即劈分为两部分，如此交替，这个过程就是分离聚合过程；主轴轴向窜动，在此过程中搅刀对糊料的作用为揉搓掺和。随着混捏过程的进行，同时还伴有交混、松散、部分摩擦等物理现象，从而使糊料混捏非常均匀，粘结剂亦达到良好的浸润。由此达到混捏均匀的目的。

2）典型的单轴连续混捏机的主要技术参数。应该说，我国的单轴连续混捏机起初是引进国外的技术，在引进消化的基础上，自行设计制造了国产单轴连续混捏机。1979~1981 年，我国贵州铝厂（二期）引进日本轻金属公司全套年产 8 万吨铝厂的技术和设备，阳极车间混捏设备是瑞士 BUSS 公司生产的 K500 连续混捏机和四轴预热螺旋。之后，青海铝厂自行翻版设计的阳极生产系统，引进了 BUSS 公司生产的 K500 连续混捏机。湖南衡阳冶金修造厂根据青铜峡铝厂从日本购买的旧设备，经实测后设计并制造了 K400 连续混捏机和配套四轴预热螺旋，首次用于抚顺铝厂阳极糊工程，经多年的生产实践证明，产品质量和产量均不能达到要求。

连续混捏机是阳极生产最关键的大型设备之一，设备材质要求高，密封性能好，工艺联锁控制等技术比较复杂。连续混捏机需要和连续配料、连续预热及连续冷却设备配合使用，连续加入混捏机的各种颗粒的骨料及粘结剂的数量必须均衡稳定，要求机械化、自动化程度较高。现在世界上所有先进国家的铝厂阳极生产系统都无一例外采用了瑞士、美国、德国的连续混捏机。现以 K500KE/9.5D 单轴连续混捏机为例，其部分主要技术参数：

混捏主轴行程：160mm；混捏筒体内径：500mm；混捏主轴转速：20~48r/min；直流电机功率：210kW；主减速比：1∶14.75；混捏时间：3~5min；混捏机热媒油：进口温度 200℃，出口温度 180℃，循环量 21.05m^3/h；预热螺旋转速：3.3~13.5r/min；设计生产能力：18t/h。

4.7.3 混捏工艺技术与影响混捏质量因素

不同的骨料、不同软化点的沥青、不同的混捏设备，其生产生阳极的混捏工艺操作就有所差异，但总的目的都是一样的。

4.7.3.1 混捏的工艺操作

较典型的生阳极工艺过程是：储备在各配料仓中的不同粒度的煅后石油焦粒料和粉料，残极粒料或生碎，经各自的连续配料秤按配方要求的比例连续定量送入四轴预热螺旋预热至指定温度，然后与经连续配料秤按比例称量的生碎和沥青计量泵送来的液体沥青一道送入连续混捏机进行混捏。

为了实现混捏的目的：使各种不同粒级的骨料均匀地混合，使熔化的沥青浸润、分布在炭颗粒表面，并渗入焦炭孔隙内部，形成具有塑性的糊料，利于成形。在混捏工艺操作中主要是控制糊料的温度和混捏时间。

(1) 混捏温度的控制。混捏有两种情况，一种是先将固体炭素原料颗料加热到 100℃以上，然后再加入液体沥青；另一种是将固体沥青破碎成粒状与固体炭素原料颗粒同时加入。目前，采用前一种形式较为普遍，即先向混捏机加固体炭素原料颗粒，一边搅拌，一边加热，使各种骨料颗粒的温度能很快提高到与加入的液体沥青的温度相接近，然后加入液体沥青，使沥青较快地润湿炭素原料颗粒。温度对混捏质量影响很大，因为煤沥青的黏度随温度上升而下降。在混捏过程中，煤沥青的黏度降低到一定程度时才能很好的润湿炭素原料颗粒表面，并不断地渗透到颗粒的孔隙中去。因此，混捏温度应该比沥青的软化点高出 60~80℃为宜。如采用软化点为 95~105℃的沥青，混捏温度控制在（175±5）℃。

混捏温度达不到规定要求时，沥青黏度较大。此时的沥青流动性较差，且对炭素原料颗粒的润湿性也差，搅拌时阻力大。在比较低的温度下，混捏出来的糊料密实度较低，塑性较差；用此糊料生产出的生阳极，其表观密度比较低，焙烧后孔隙度较高，内部结构不均匀，机械性能差。

混捏温度也不能过高。因为随着温度的升高，沥青成分开始发生裂解变化，部分轻质组分被逐渐分解和挥发，还有部分组分在空气中氧的作用下发生缩聚反应。因此，造成糊料的塑性变坏。进入成型时，其成品率较低。

（2）混捏时间的控制。混捏时间的长短，对混捏质量也有明显的影响。间断作业的湿捏锅在加入炭素原料颗粒后应先搅拌 10~15min，之后再加入液体沥青，继续搅拌 30~45min，使沥青与石油焦颗粒、残极碎或生碎颗粒均匀混合，形成良好的可塑性糊料。对于连续混捏，通过控制主轴的转速、搅刀的数量和排布方式控制混捏时间。在生产实践中，控制搅拌时间的长短应考虑如下因素：

1）加热温度高时，搅拌时间可适当缩短，加热温度低时，搅拌时间要适当延长。2）使用了较低软化点的粘结剂时（如加入部分蒽油或煤焦油），在同样加热的温度下比使用较高软化点的粘结剂时，搅拌时间可短一点。3）配料时采用的粉状小颗粒（即粉料）越多，搅拌时间应适当延长，因为粉状小颗粒比表面大和颗粒数多，被沥青浸润并和其他颗粒混合均匀需要的时间要长些。4）加入生碎或残极碎时应比不加生碎或残极碎时的混捏时间稍长一些。

4.7.3.2　影响混捏质量的因素

在混捏过程中，由于混捏温度、混捏时间、混捏设备等的变化，都会造成混捏的质量发生很大的波动。因此，在混捏过程中，为了稳定产品的质量，有必要掌握和了解影响混捏质量有关因素。

（1）温度影响。加热温度对糊料质量影响很大，因为煤沥青的黏度是随温度的升高而急剧降低的，见表 4-27。

表 4-27　三种煤沥青在不同温度下的黏度

沥青 1		沥青 2		沥青 3	
温度/℃	黏度/Pa·s	温度/℃	黏度/Pa·s	温度/℃	黏度/Pa·s
100	113.34	98.1	61.45	103.8	33.87
112.1	20.77	106.5	16.98	112.1	25.07
124.2	17.36	120	3.91	120	14.96
133.5	4.87	132	1.2	133.6	6.67
143.7	2.93	142.9	0.48	142.9	2.84
150	0.8	150	0.33	150	0.39
162	0.22	157	0.25	154	0.29
172	0.16	169	0.15	167	0.15
180	0.13	181.5	0.12	177.5	0.12

在混捏过程中，煤沥青的黏度要降低到能似水一样流动时，才能很好地润湿干料颗粒表面，并不断地渗透到干料颗粒的微孔中去。因此，混捏温度一般应达到粘结剂软化点的一倍左右。如果加热温度过低，沥青黏度过大，沥青对干料的润湿性差，混捏搅拌阻力大，糊料混合不均匀；而且在比较低的温度下，混捏出来的糊料塑性也差，成型后生阳极表观密度较小；生阳极焙烧后，其孔隙率高，机械强度低。但混捏的温度也不能过高，因为随着温度的升高，沥青和干料颗粒之间的润湿接触角减小，毛细渗透作用增强，使干料颗粒表面所覆盖的沥青层减薄，所含游离碳亦将相对增多，造成糊料变硬，塑性变差；同时，随着温度的升高，煤沥青的部分组成发生分解、挥发并产生氧化缩合，使糊料呈现“老化”现象，造成降低糊料的可塑性。因此，在混捏时，要依据粘结剂的软化点及其加热后的黏度变化来确定合适的混捏温度。

（2）混捏时间的影响。混捏时间对于混捏质量同样影响很大。一般地说，适当地延长混捏时间，可以使糊料混合得更加均匀，制成具有良好塑性的糊料。图4-37是沥青-焙烧炭素材料系统在不同的恒温条件下润湿接触角随时间的变化情况。

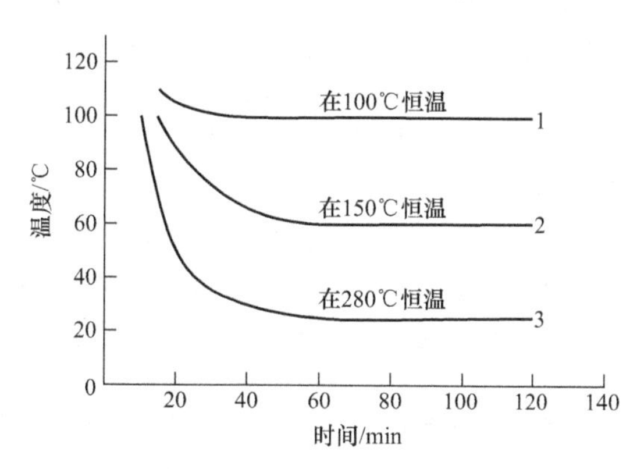

图4-37　沥青-焙烧炭素材料系统在恒温条件下，润湿接触角随时间变化情况

1—软化点为73℃的沥青；2—软化点为105℃的沥青；3—软化点为133℃的沥青

从曲线中可以看出，在一定的温度下，随着混捏时间的延长，沥青对干料的润湿接触角将迅速变小，相应混捏效果也随之增强。但是，当混捏延长到一定的时间以后，沥青对于干料的润湿接触角就变化不大了。这说明，混捏时间的延长是有一定的限度的。必须根据生产的实际情况来适当确定混捏时间。

（3）干料的粒度组成及其性质的影响。

1）各组分比例的影响。在混捏过程中，除了干料颗粒的表面性质对混捏时的吃油量的大小以及糊料的塑性有影响外，干料各组分比例的影响也有一定的影响。

通常情况下，为了保证糊料的均一性和稳定性，在配料和混捏过程中，对于干料各组分的比例，一定要注意控制，严格按照配方进行。

2）粉末颗粒度的影响。由于混合时各组分颗粒的分布是不规则的、偶然的，因此，随着粉料颗粒度的变小，在混合料总体积的各部分能表征混合料平均性质的可取次数增大。

此外，对于混合的均匀性有很大影响的还有各组分粒度大小的比例。两组分平均粒径的差数愈大，混合的均匀性可以提高。这是由于细粉料的流动性提高，从而提高了流过粗颗粒间的空隙的能力。

3）粉末密度的影响。粉料密度在不加粘结剂的干混条件下，对于混合的均匀性有很大影响。如上所述，在密度不同的粉料互相混合时，将会出现轻的上浮、重的下沉的现象。同时，经过混合均匀的混合料，在受到振动（过筛、运输或成型）时，还会发生离析现象。因此，在密度不同的碳质粉料进行干混时，要将粉料按其表观密度的大小，排成次序，然后再按表观密度由小到大的次序依次加入混捏机进行混合。这样就可避免分层和离析现象的发生。

（4）粘结剂的用量及其黏度的影响。

粘结剂的用量与糊料的质量关系很大。用量过少，糊粒发干，干料表面就不能形成完整的沥青薄膜，颗粒间就不能很好的粘结，混捏后，糊料的可塑性就差，成型的成品率降低。用量过多，生阳极容易变形弯曲，焙烧后孔度增大，机械强度降低。所以，在实际的混捏生产中，粘结剂的用量一般要视原料颗粒的表面性质、产品粒度组成情况以及产品的成型方法等具体条件确定。

此外，粘结剂黏度的大小，对于混捏也有一定影响。一般来讲，在混捏温度一定的情况下，粘结剂的黏度愈大，粘结剂的流动性就愈差，对干料的浸润能力就愈低，糊料就越不易混均匀，混合后糊料的可塑性就变差。反之，混捏后糊料的塑性就愈好。

同时，又由于在相同的温度条件下，高软化点的沥青其黏度大，在混捏时，为了提高混捏的质量，以便得到良好的塑性糊料，可适当提高混捏温度，以降低沥青黏度的方法来改善混捏的效果。

（5）混捏机的型式结构的影响。不同类型的混捏机，对混捏质量就有不同，一般在设计建厂时就确定了混捏机的型式和其结构。对于阳极生产厂而言，就是要熟练掌握混捏机的使用与维护维修，确保混捏机按照技术要求正常运转。同时根据物料的性能、产品质量要求等准确选定混捏机的运行技术参数。

4.8　成型工艺与设备

成型工序是生产铝用炭素阳极的半成品过程，是生产阳极过程中重要的中间过程，随着生产技术和设备的开发，铝用炭素阳极成型工艺和设备已得到快速发展，工艺技术和设备已成熟可靠。

4.8.1 成型的目的与方法

成型就是将混捏好的糊料用专用设备制成所需要的形状和尺寸并具有较高密度的半成品（生坯），即生阳极块。在铝用炭素阳极工业生产中使用两种方法成型：振动成型和挤压成型。挤压成型设备采用水压机或油压机，该种成型工艺现已基本不用。振动成型是采用专用的振动成型机组。

目前，我国铝用炭素阳极生产中普遍采用的成型方法是振动成型法。振动成型法生产效率高，生阳极炭块质量好，且可直接制出碳碗，完全实现自动控制。阳极炭块成型设备分为单工位、双工位和三工位成型机。三工位振动成型机组是在一个可转的工作平台上，同时完成加料、振动成型、脱模推出工序，使成型得以连续进行，生产效率高，但其价格昂贵、维护维修成本较高，适合生产规模大、阳极规格单一的大型炭阳极厂采用。双工位振动成型机有滑台式和旋转式两种。滑台式另设置有中心平台，平台两侧各设置一套由模套、重锤、真空密封罩和振动台组成的碳块振动成型工位；中心平台与两工位之间用滑板连接，两工位各安有一套纵向推块装置；在两工位连线中点的垂直方向上另设置一套横向推块装置。旋转式一个工位加料、振动成型后旋转到另一个工位脱模推出。单工位成型机基本具有三工位振动成型机的优点，更具有投资小、便于维护维修、操作灵活，特别适合生产不同规格的阳极，易于更换成型模具，我国众多炭素厂采用单工位成型机生产。在振动成型中，采用了振动加抽真空技术、振动台气囊减震技术，以及零振幅启动激振箱振动技术等，提高了生阳极的成型质量。

4.8.2 振动成型设备与工艺

正如前述，阳极炭块成型设备分为单工位成型机和三工位成型机，它们各有特点，企业根据自身的发展规模、产品结构等合理选型，但振动成型设备的工作原理、工艺技术、自动控制技术等是类同的。

4.8.2.1 振动成型的原理

振动成型的原理，主要是靠振动台下面的振动器所产生的振幅小、频率高的强迫振动，使振动台上成型模内的混捏好的糊料受到多变速度运动，使糊料间、糊料与模壁间的内摩擦力、外摩擦力、粘结力大幅度降低，从而使糊料流动性比振动前增高，颗粒间发生相对位移使其更加合理排列，同时在糊料表面上再加一个自由外力，即重锤的重力作用，使糊料逐渐达到密实并结合成一个具有严格几何要求、尺寸要求和性能要求的整体。振动过程中，颗粒以长轴方向垂直于振动方向而定向排列，形成结构上的各向异性，从而产生性能上的各向异性。振动主要沿垂直方向进行（理论上不产生水平方向的振动），振动力通过与振动台面直接接触传递，在成型模内的糊料受到的振动能量是自下而上衰减的，因而糊料在振动成型时变形速度较慢，一部分沥青气体有足够的时间在振动的同时逸出，因此可直接使用温度较高的糊料而不易产生膨胀裂缝和变形现象，且较高的成型温度有利于粘结剂性能的发挥，糊料更具良好的流动性，可均匀充填模内，成型成品率有效提高。

糊料的颗粒呈现振动状态后，它们的物理性能发生了很大变化：

（1）糊料颗粒间的内摩擦力及与模壁的外摩擦力显著降低；

（2）糊料从弹性塑性状态转变成密实的流体状态，糊料颗粒间的粘结力有很大程度的减弱；

（3）振动使糊料颗粒受到多变加速度，使大小不等的颗粒产生惯性力。

上述三种物理性能的变化，是造成糊料密实的基础。其中，最重要的是糊料颗粒产生惯性力。由于颗粒大小不均，它们的质量有大有小，所产生的惯性力各有不同，因而使糊料颗粒边界处产生应力。当这个应力超过糊料的内聚力时，颗粒间便开始相对移动，在位移的瞬间，如果再加上自由外力（如重锤等），就能迫使颗粒间加速移动，这样不但可以缩短振动时间，而且还能使糊料进一步密实。

振动成型机在振动过程中外加压力小，因而糊料中的大粒子不易受到压碎，基本上可以保持原来配方中糊料的粒度组成，这对于保证产品的表观密度、抗压强度、电导率等方面有着重要的意义。

振动成型也存在着不足，体现在噪声偏大、振动大、成品在高度方向密度不十分均匀等。

4.8.2.2　振动成型机的主要结构和性能

不管是单工位振动成型机，还是三工位振动成型机，其振动成型机的主要结构都是由振动台、模具、重锤和控制系统组成的。

振动台体是由台面框架、振动器、同步齿轮轮箱、弹性联轴节、电动机、万向联轴节、减震弹簧、底架、减共振反弹簧（或橡胶块或气囊）等组成。

振动台的振动原理和特性，振动台的振动是旋转轴上的振动子（不平衡质量）高速回转产生的离心力激发而产生的简谐振动。旋转轴是由轴承支持的，轴承固定在台面框架下面。振动的特性一般由振幅和频率来表示，振动强度用振幅和角频率平方之积表示。

振动台可以有两类机械振动——定向振动和椭圆振动，后者在某种情况下可能产生圆形振动。定向振动时，振动台连同上面的糊料颗粒一起沿一直线往复运动；其所经过的路程是从一个边缘位置到另一个边缘位置（称为振幅）。振幅是幅度的 1/2。圆形振动时，振动台连同上面的糊料颗粒一起沿圆周运动。振动的振幅等于该圆的半径，而幅度等于圆周的直径。

按振动特性分类，振动台可分为：单轴振动台和双轴振动台。

（1）单轴振动台的圆周振动过程见图 3-28，如果振动系统 B 的质量为 m，那么由质量 M 和 m 组成的两个质点系统在没有外力的作用下，按照力学的质量中心定理，这两个系统应该保持平衡。

$$F_B = F_g = MA\omega^2 = m(r - A)\omega^2 \tag{4-12}$$

在这种情况下，数值 A 作为振动系统圆周振动的振幅，ω 为振动子的角速度。

振动子所产生的激动力的计算式为：

$$F_g = \frac{G_0}{900} \cdot r \cdot n^2 \tag{4-13}$$

式中　F_g——激振力，kN；

G_0——振动子的质量，kN；

r——振动子的偏心半径，m；

n——振动频率或轴的转速，r/min。

在不计介质阻力和以质量表示，整理式（4-10）可得振幅 A 的计算式：

$$A = \frac{G_0 r}{P + G_0} \tag{4-14}$$

式中　$G_0 r$——振动子质量与它的偏心距的积称为偏心动力矩（kN · cm），这个数值作为惯性振动台的基本性能之一；

P——振动系统的质量（包括振动台、模具、物料）。

（2）双轴振动台。双轴振动台就是将两个上单轴振动器一起固定在台面框架下面。两个轴由一个电动机通过两个相同的圆柱斜齿轮斜衔，使它们保持到一定速度和相反的方向回转。两个振动在水平方向的分力，在任何角度下都是大小相等，方向相反，因而互相抵消力，剩余的两个垂直分力则作用于振动台上，因此，双轴振动台的振动是垂直定向振动。

重锤及重锤接触比压。

在振动成型时，糊料表面上需施加一定的外加压力。即在糊料表面上放置重锤。

重锤接触比压是产品的单位横截面积上所受重锤的压力。接触比压大，生阳极产品的密度就大。

$$P = \frac{W}{S} \tag{4-15}$$

式中　P——重锤的接触比压，kN/cm^2；

W——模具上加的重锤质量，kgf；

S——产品的横截面积，cm^2。

接触比压大，制品的密度也大，现一般取 $P=1\sim2.5kgf/cm^2=0.1\sim0.25MPa$。

（3）模具。振动成型的模具（也叫成型模），一般用厚度为8~16mm厚的钢板焊成。为了使产品表面光洁，模具四周带有蒸汽加热夹套。模具的尺寸要根据产品的规格尺寸及形状进行设计和制造，通常模具的尺寸要比设计的产品尺寸稍大一些，因为生坯在坯烧过程中体积收缩（线收缩为2%左右）。

（4）减振装置。振动成型是靠高频振动来实现的。在设计上，要保证只有振动台的台面及模具处于强烈的振动状态，而其下部的机架、设备基础等不应发生强烈振动。否则，不仅容易损坏设备，而且影响建筑物的使用寿命及操作人员身体健康。因此，在振动台与上下机架之间必须装有减振装置，国产振动台下面装有螺旋弹簧，弹簧隔离低频振动有效果；但对高频振动隔离效果不佳，所以用弹簧为减振装置噪音仍然很大。国外引进的加料、振动、脱模三工位转台式振动成型机，采用橡胶减振装置，减振效果较好。

4.8.2.3　单工位振动成型机

单工位振动成型机具有结构简单、投资小、产能大、生产灵活性大、易实现自动控制、产品质量有保证等特点，广泛在铝用炭素阳极生产企业中应用。特别适合产品规格多，需经常更换模具的厂家采用。

（1）单工位振动成型机。单工位振动成型机可分为三种：全自动、半自动和手动成型机。见图4-38。

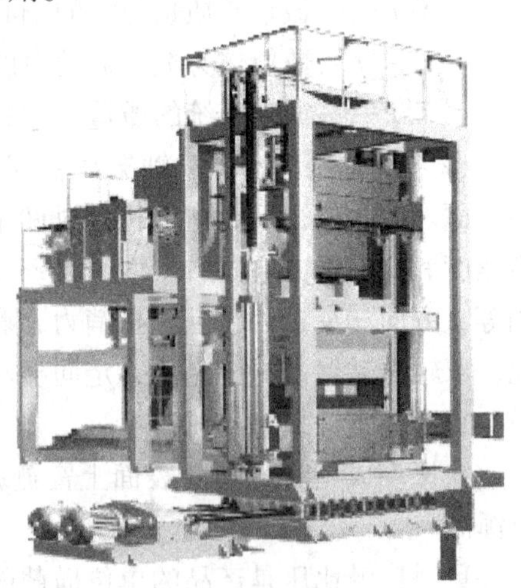

图4-38　单工位振动成型机

目前，我国手动式的单工位振动成型机使用的很少，众多的是采用全自动和半自动成型机。半自动振动成型机可实现四轴自动调幅、自动计量供料、模箱正面布料、模箱自动定位、零起动、振实后零停止、生阳极炭块自动推出。全自动振动成型机除上述功能外，采用PLC自动程控操作，均匀单点布料，自动喷油，抽真空，炭块自动测高，炭块自动推出于一体的自动化生产线。

国内典型的单工位振动成型机的技术参数见表4-28。

表 4-28 国内典型的单工位振动成型机的技术参数

项目参数		YG60 型	YG80 型
规格	长/mm	≤1650	≤2000
	宽/mm	≤800	≤1000
调幅震动台	台面尺寸/mm	1700×2500	1700×2500
	振动力/kN	0~600	0~800
	功率/kW	2×30	2×45
保温拌筒	频率/Hz	34	34
	容积/m^3	3.5	6
计量料仓	功率/kW	15	2×15
	计算方式	四传感器电子秤计量	
重锤机构	容积/m^3	1.5	1.9
	压重/t	13	18
	导向	四柱	四柱
实验压力	蒸汽 0.8MPa，导热油 0.4MPa		
成型块密度	≥1.65g/cm^3		
效率	全自动	20 块/h	20 块/h
	手动	15 块/h	15 块/h

（2）加压振动成型机。为了提高预焙阳极的质量，特别是提高预焙炭阳极的密度和强度，开发研制了加压振动成型机，并采用全自动化控制技术，见图 4-39。

1）技术参数

生产能力：12~18 块/h；规格：小于 1900mm×1010mm×不大于 700mm；振动力：0~600kN、0~800kN；压重重量：15t；均温箱容积：8m^3；计量仓容积：1.5m^3。

2）性能。

四柱框架承重导向。将挤压机导向机构应用于阳极振动成型机，结构简单，便于维护，配重及顶端模具定位精准，产品四角高度差小。

真空技术。真空技术成熟，2s 内达到要求的真空度；烟气收集利于环保，大大降低炭块内外裂纹；增加阳极密度（体积密度）；降低沥青黏性。

喷隔离液技术。模具喷隔离液代替喷油，成本节约 70%，雾化度高，均匀、充分、不沾料。

双速恒压加压技术。采用双速恒压加压技术，炭块损伤小，内部裂纹少；压头低速脱离炭块，减小炭块反弹速度，降低内部裂纹产生；提高生产效率。

倒角模具。完全拟合阳极块模具，强度大，升温快，保温好；自动开闭倒

图 4-39　加压振动成型机

角，无需任何动力，结构简单易维护；顶模与模框内面采用两种不同的耐磨金属定位，杜绝摩擦打火粘连卡模现象，四周间隙一致，顶端无飞边。

缓和推块技术。避免热炭块受到猛烈撞击发生形变或损坏，推块机构的液压缸采用快、慢、快的推块形式，降低了热炭块的形变。

测高技术。精确的炭块测高技术，用以指导生产工艺参数调节，采用进口编码器检测炭块在线高度，准确高效，可存储数据、打印数据。

先进的高精密液压技术。由液压控制、电气控制、机械结构等领域技术专家组成的专业团队，具备设计大型液压传动和控制系统的专业背景，精心设计配套液压控制系统。

电气自动化与工厂信息化。基于多年经验积累，提供针对炭素行业的最专业的自动化和信息化解决方案。采用威图式不锈钢控制柜，强度高，防护等级高，适用于高腐蚀性，高导电粉尘环境；控制方式分为远程、就地、手动、自动控制模式，分别适用于生产和检修，手动、自动可实现无缝切换；采用上位机远程控制功能，具有故障诊断，数据记录，报表打印功能。

4.8.2.4　三工位振动成型机

在我国，三工位振动成型机是先引进后消化引进技术，然后自己设计建造。所谓三工位就是装料工位、振动工位、炭块推出工位；三工位振动成型机是将这三个工位为一体的机械装置。因三工位振动成型机产能大、连续性强、自动化程度高、噪声小、环境好、产品质量稳定、与上下游工序实现自动控制的连接等特点，在大型铝用炭素生产厂得到应用，尤其适合大规模、单一规格阳极的生产厂采用。三工位振动成型机见图 4-40。

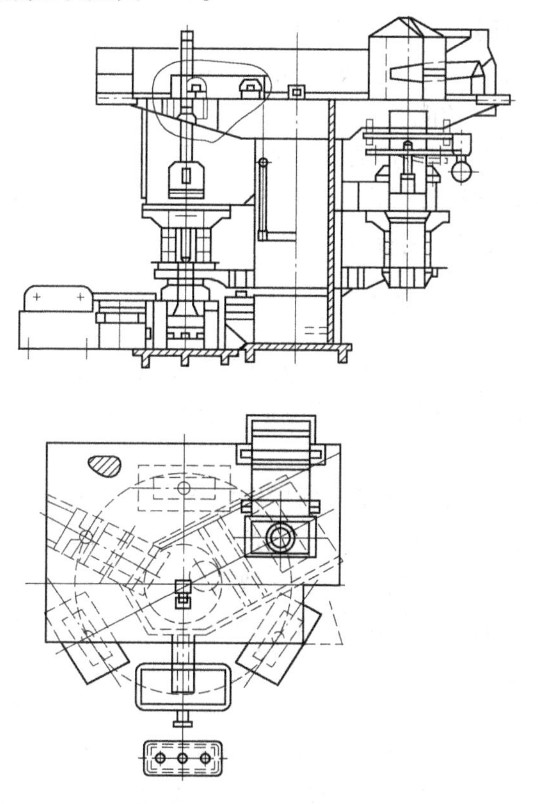

图 4-40 三工位振动成型机示意图

三工位振动成型机是全自动回转台式振动成型机，是由回转台（振动台）、装料装置、压块装置、炭块推出装置和自动控制装置组成。安装在回转台上有 3 个模具，3 个模具相互间成 120°角，随回转台转动。工作时，一个脱模及模壁喷油，一个装料，一个振动成型。振动好的生块自动脱模，用汽缸推至冷却线上，脱模后的模具转 120°，同时装好糊料的模具转动到振动台振动，循环周转运行，一个周期约 3min。

典型的三工位振动成型机主要技术参数为：

成型压力：73.5kPa；振动时间：50 ~ 70s；振幅：2 ~ 3mm；电机转速：1450r/min；产能：25 块/h。

（1）成型机主要操作程序。

1）下料。混捏后的糊料温度一般在 140℃左右，从冷却螺旋下进入电磁振动给料机，经布料器进入计量秤，为满足炭块重量，下料过程分为快振和慢振，可根据产品类型、要求由上位机给定炭块重量。2）振动成型。当计量秤糊料重量达到设定值，振动给料机停止给料，打开秤门，糊料进入模具，转台旋转至振动工位。振动电机一般运行在45Hz，振动时间45~65s，振动时间短，糊料密度低，孔隙度大，振动时间过长，则产品易出现裂纹等缺陷。3）脱模推出。振动结束，转台旋转至脱模工位，将成品提出振动台。

（2）控制系统主要功能。

1）实时反映工艺流程，形象再现生产过程；2）及时发出、打印报警信息，便于操作人员及时处理故障；3）图表显示生产数据和历史数据，便于操作人员了解生产状况；4）设定工艺参数。

4.8.2.5　振动成型工艺技术

振动成型对糊料的粘结剂用量、糊料温度、振动时间等都有严格要求与控制。振动成型的生阳极块质量，不但受这3个因素的影响，还与重锤比压及激振力等有直接关系。

（1）粘结剂用量。振动成型糊料中粘结剂用量要适当，既不能高，也不能低，否则都会对阳极质量产生影响。相对于挤压成型而言，其粘结剂用量可以少1%~3%。糊料中粘结剂稍少一些，大多数颗粒呈散粒状，或只有较少的小团块，这种糊料加入成型模具内不易振实。糊料中团块多，“流动性”差，在振动成型过程中，它的受压缩程度低，使成型后产品密实程度差。

（2）成型温度。振动成型可以实现从混捏锅或混捏机出来的糊料直接加入成型模具内，实现其连续作业，成型时要求糊料的温度稍高一些。糊料温度高，沥青黏度低，糊料的流动性好，这样有利于在振动成型时，糊料克服内摩擦力、内聚力以及糊料与模壁之间的摩擦力，使产品振动得更密实。

为了使成型后生坯的表面光洁，模具要加热，模具温度高一些，生坯表面比较光洁。模具的温度应保持与糊料温度相同或稍高一些。例如，糊料温度若为150℃，模具温度也应在150℃左右，最好高于5~10℃为宜。

（3）振动时间。振动时间是周期性生产，每一个生产周期包括加料、振动和脱模3个主要操作过程。在这3个操作过程中，振动所用时间较长。显然，振动时间对产量和质量都有直接影响。因此，要选择合适的振动时间，既保证产品质量又使产量高。

振动时间是指重锤落到糊料表面上算起，到完成振动所需的时间。振动时间短，则糊料密实程度低，即孔隙度大，在一定的范围内，孔隙度随振动时间增长而减小。

因设备型号、产品规格、产品质量要求、糊料配比各不相同，要根据具体实际情况，制定适宜的振动时间，满足产品质量要求。

4.8.3 挤压成型设备与工艺

我国铝用炭素工业起步以及相当长的时间内，阳极的成型是采用挤压方法生产。因为在采用挤压法成型炭块时，由于糊料经过挤压的速度较快，且糊料是由外向内压缩，很容易出现沥青气体被压缩在糊料内的现象，致使成品发生膨胀裂纹，另外在挤压过程中，糊料受到很大压力，糊料中的大颗粒可能被压碎，从而破坏了配合时的粒度组成；同时采用挤压法生产大规格阳极成品率低，环境污染难治理，劳动强度大，难以实现自动控制等原因。因此，目前在阳极生产中基本不采用挤压法生产，而在阴极块生产中，有许多厂家采用挤压法生产。

在炭素制品生产中，挤压成型方法是利用高压压缩炭糊，使糊料在模具内或经过挤压嘴而成形，且有一定的外形及密实度。由于黏塑性炭糊的内摩擦力以及炭糊对料缸、积压嘴的外摩擦力都很大，而且炭糊对力的传导性能很差，所以要使炭糊压缩到较小的体积必须施加较高的压力，一般需要 $150 \sim 200 kg/cm^2$。据试验证明，该成形压力的90%以上是用来克服各种阻力。因为，不论是模压还是挤压，设备的总压力与产品截面大小成正比。所以，产品截面越大则需要的总压力越大。模压产品所需的压力还高些，且产品高度受到一定的限制。大型水压机或油压机的制造比较复杂，制造工艺要求高，投资大，周期大。

4.8.3.1 挤压成型原理

挤压过程的本质是糊料发生塑性变形，塑性变形仅在外力超过糊料的流动极限应力时才能进行。在挤压过程中，由于糊缸中的糊料与糊缸壁有摩擦，所以它的外围流动速度比中心部分慢。当糊料尚未挤出时，即糊料在糊缸圆筒部分运动时，糊料形成的平底小碟状的料层，基本上是平行流动。当达到模嘴的锥形部分时，就发生较大位移。流动较快的内料对流动较慢的外层糊料由于摩擦而产生一个外作用力。但是，内层糊料的超前现象仍占上风。因此，在挤压块中便产生了由于内外层糊料流动速度不同而引起的互相平衡的内应力。

当压块从模嘴挤出后，内应力使压块变形，当压块冷却固化或内应力释放到一定的低值时，变形即可停止。但此时压块中仍存在一部分残余应力。

挤压和模压一样，会发生不等轴颗粒的定向排列。当糊料达到模嘴的锥形部分时，原来与压力方向垂直的扁平颗粒的平面，就受到斜面方向来的压力的作用而转向，见图 4-41。当颗粒过了锥形部分而到达圆筒部分时，受到力 $p_{侧}$ 的作用而进一步地转向，颗粒平面还是和力的方向垂直。这就使得压块的结构发生各向异性。模嘴前圆筒部分愈长，则颗粒的定向愈完全。

糊料通过锥形部分时，它的中心部分和外围部分的糊料将发生连续的交流。模嘴直径 d 与糊缸直径 D 的比值 D/d 愈大，则这种糊料的交流就愈深入到糊料

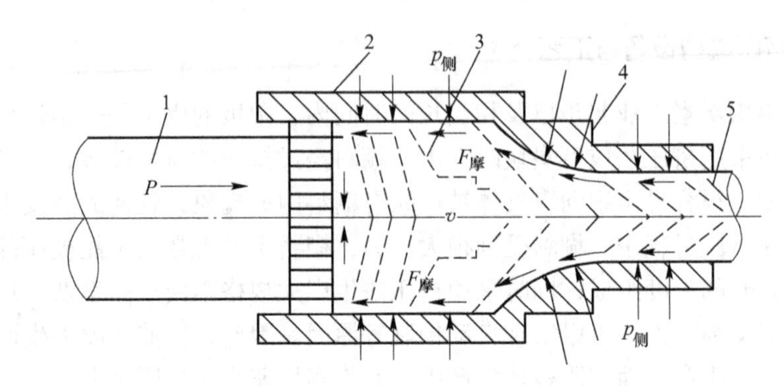

图 4-41　挤压时糊料受力和颗粒的转动情况

1—柱塞；2—料缸；3—糊料；4—嘴型；5—压出产品

中心去。由于这种交流，使棒材整个长度上的结构都比较均一。但是，D/d 的比值过大（用大的压型机压制细小的制品）将使糊料的变形所需要的能量增加和变形过程复杂化，在生产上是不经济的。反之，过小的变形程度，即 D/d 的比值过小，将使制品内外层的性能差别增大，内层的糊料得不到压实。因此，压制某一直径（或横断面）的制品时，须选择适当的压型机。

设 F 表示糊缸的横截面积，f 表示压块（棒材或管材）的横截面积，则 $(F-f)/f \times 100\%$ 之值 σ 就表示了相对压缩程度，即变形程度。这里有三种情况：

（1）如果 $F-f=0$，即模嘴的横截面积与糊缸的横截面积相等。那么，糊料就是在没有通过锥形口的情况下被挤出来的，内外层糊料没有得到交流和颗粒转向的机会。则压块基本上仍是预压时产生的组织，与模压时一样。当 $F-f$ 的差额不大时，糊料的变形不能深入到压块横截面的中心，而限于截面。这样表面和中心的结构相差较大，表面层密实，中心层疏松。

（2）在足够大的变形情况下，整个糊料才能全部经受变形和交流的过程，压块内外组织结构的不均匀性才能减小。

（3）若 $F-f$ 的差值过大，而使糊料的变形程度过大时，将使压块由于过大的内应力而在出模后变形或开裂。因此，最适当的 F 和 f 值须经试验而决定。

4.8.3.2　影响挤压产品质量的因素

在挤压成型的过程中，影响制品质量的因素很多。但主要可归纳为以下几点：

（1）糊料的塑性。糊料塑性的好坏，直接影响着挤压制品的成品率。塑性好的糊料易于成型，且糊料间的粘结力强，糊料和模壁间的摩擦力小。因此，可在较小的压力下就能把压块挤出，且弹性后效小，产品不易开裂。反之，若糊料的塑性不好，发渣，则糊料间的粘结力差。因此，在压出后，糊料和模壁间的摩擦力大，挤压压力就会增加。压出的制品弹性后效也大，较易出现裂纹。所以为了改善糊料的塑性，提高挤压制品的成品率。在混捏时，加入的粘结剂，必须适量。混捏的温度和时间必须控制适当。

（2）下料温度、嘴子温度及料室温度。实践证明：下料温度、嘴子温度和料室温度不但影响着挤压压力的大小，而且对挤压制品的成品率影响很大。

下料温度是指已经混捏好的糊料经冷却降温后而下到糊缸时的温度。下料温度过低，糊料就会发硬，其流动性、可塑性变差。由于糊料间的摩擦力的增加以及糊料和糊缸壁的外摩擦力的增加，给压制过程带来困难，造成压型压力升高。反之，若下料温度过高，虽然可以降低压型压力，但是糊料间的粘结力减小，会使压制过程的裂纹废品增多。因此，适宜的下料温度，就是使糊料既具有一定的流动性，又能使它在挤压过程中少出或不出裂纹废品。在生产中，下料温度是要根据来料的情况、制品的规格、嘴子温度以及外界气候等具体条件确定。

对嘴子温度的控制，不能忽视。因为适宜的嘴子温度，可以使制品表面光滑，使压型裂纹废品减少。若嘴子温度过高，则糊料表层就会变软，即使表面糊料间的粘结力降低，又使内外层糊料的梯度加大，增加了表层的附加拉应力，使挤压制品出现裂纹。若嘴子温度过低，则糊料和嘴壁间的摩擦力就会增大，糊料的内外层压制速度相差过大，就会使挤压制品的表面出现麻面或在其内部产生分层，以至降低制品质量。

实际上，料室温度要比下料温度稍低一些。而嘴子温度要比下料温度和料室温度稍高一些。因为这样才能保持一定的流动性。减少糊料和压型嘴子壁间的摩擦，为获得表面光滑和不裂纹的制品创造条件。

（3）糊料的状况与装料方法。糊料的状况和往压机料室里装糊料的方法对于压型条件和成品质量有着很大影响。糊料内各部的温度差不应超过 3~4℃。糊料内如有干料、油块、硬块，则应除去。不可装进压料室内。只有这样，才能使糊料在压型时正常流动，保证制品顺利地压出。

往压料室装入糊料有两种方法：把糊料预先捣固成块，然后再装入压料室，或是分批装入，随之捣固，再进行预压。压型所用的压力取决于装入糊料的方法和糊料的捣固程度，最好先把糊料装入压料室，然后再用等于压机总压力 1/2~3/4 的压力进行预压。

预压能使糊料紧密，提高制品的密度，并在压型时使压力均衡。如果压料室的糊料装得不均，就会妨碍压型的正常进行。

试验证明：没有预压好的制品糊料须在不低于 14MPa 的压力下进行压型。但是，如果糊料预压很好，则压型压力就会显著下降。

（4）嘴子的结构与形状。压型嘴子由两部分组成。即锥体部分和圆筒部分或锥体部分与方体部分（或长方体），其中影响最大的是锥体部分。

一般压型嘴子的锥形部分最适当的顶角为45°，用这一角度所需要的压力比用更小的角度的压型嘴子要小30%。

增大锥形的顶角也将增大压型压力，同时，料室到锥体的转变处将出现较大的死角，此处的糊料呆滞不动随着时间的增长、糊料变硬，将造成故障。

压型嘴的圆筒部分约为压型嘴长的1/2～1/3，这样可得到表面光滑的制品。增加圆筒的长度，将显著增加压型压力，而制品的密度没有显著增加。

而对生产截面为方形（如底块，高炉块）或长方形（如侧块、化学板）的挤压制品，由于压型嘴子的结构发生了变化，即由锥体部分、圆筒部分过渡到锥体部分和方体部分（或长方体），因此，除了要求压型嘴子的内壁表面光滑外，还要求嘴子结构部分对称性好，过渡圆滑、平稳。

4.8.3.3 挤压成型设备

挤压设备有水压机、油压机、电动丝杆压力机。从柱塞的走向来分，又可分立式压机及卧式压机两种。水压机和油压机的构造及动作原理基本上是一样的。主要部件是固定架，模柱（或立柱）加压用的主柱塞和柱塞缸以及副柱塞和副柱塞缸等。它们用水或油作为传递介质，借高压水（或油）进入柱塞缸内推动柱塞而作功。因此，水压机或油压机都需要高压泵和蓄压器等附属设备。电动丝杆压力机是用电动机作动力，经过蜗轮蜗杆（或减速机）带动丝杆（即压杆）前进或后退。电动丝杆压力机结构简单，但生产的压力较小。

（1）卧式挤压水压机。前述已说明，我国铝用炭素阳极生产已没有采用挤压法生产工艺，但在阴极块生产中又部分采用。为此，在本节中略加介绍。

用于炭和石墨制品工业上的定型压型设备是1000t及2500t卧式挤压水压机。卧式挤压水压机主要由主柱塞和柱塞杠、加料室和糊缸、可以更换的压型嘴子、位于主柱塞缸两侧的副柱塞及副柱塞缸、压力柱前部固定架，切料装置、挡板、压型半成品的接受车及冷却滚道、冷却糊料的凉料机组成。其主要技术性能指标见表4-29。

表4-29 两种卧式挤压水压机主要技术性能指标

工作性能	2500t	1000t
主柱塞的总压力/t	2500	1000
主柱塞的行程/mm	2700	2700
压料室内径/mm	1100	750
压料室长度/mm	2000	1980
压料室容积/m^3	1.9	0.87
加料室长度/mm	750	700

续表 4-29

工作性能	2500t	1000t
柱塞缸的工作压力/MPa	<32	<32
捣固时/MPa	5	5
挤压时/MPa	<32	<32
预压时/MPa	20	20
产品规格/mm	200~500	200~300
圆形产品直径/mm	ϕ200~ϕ500	ϕ50~ϕ250
方形产品最大截面/mm	400×400	75×180
生产能力/$t \cdot h^{-1}$	3~5	1~2

（2）螺柱电极压力机。螺杆电极压力机具有结构简单、制造容易、操作方便、投资少等优点。因此，被有些中小炭素厂采用。螺杆压力机又可分为单螺杆电极模压机和双螺杆电极挤压机。

1）单螺杆电极模压机。单螺杆电极模压机主要是由旋转模具、压杆、螺杆和横梁及蜗轮传动机构等组成。其工作原理是先将模具转为竖直装料和捣固，再旋转为水平，启动电机，通过蜗轮传动机构带动螺杆沿水平方向前进，螺杆推动压杆对糊料施力，将模具出口用挡板挡住，进行预压，然后去挡板，将电极挤出。

160t 电动单螺杆压力机主要性能如下：

螺杆最大前进速度：192mm/min；螺杆加压时前进速度：96mm/min；螺杆最大行程：900mm。

2）双螺杆电极挤压机。双螺杆卧式电极挤压机主要是由两根螺杆、横梁、柱塞、料缸、压嘴和变速箱等部件组成。双螺杆与变速箱连接，变速箱可带动两根螺杆左旋和右旋。当糊料从加料口加入料缸后，将嘴门关闭，启动电动机，通过变速箱带动两螺杆转动，从而带动横梁和柱塞前进，对物料进行压实和预压。然后打开嘴门，进行挤压。

4.8.3.4 挤压操作工艺

挤压成型的操作工艺可分为五个操作程序：凉料，装料，预压，挤压，产品冷却。

（1）凉料。经混捏好的糊料，一般温度达到 130~140℃左右，并含有一定的气体。凉料的目的是糊料均匀地冷却到一定温度并充分地排出气体。人工凉料是把糊料倒在水压机压料室顶部的平台上，用铁锹将糊料摊开，切成小块，并多次翻动，用轴流式风机对准糊料适当吹风以帮助降温及气体逸出。机械化凉料设备是凉料机，它是由圆盘分料器、大齿轮、小齿轮、电动机、减速机、加料口以及悬挂在圆盘上可以上下调节的六块翻料铲，一套铲大块的切刀装置（上有十五把三瓣式铲刀，由另一台电动机带动）两个气动卸料装置，外罩等组成。

糊料从顶部加料口加入，经分料器的上部锥体分布在圆盘上。圆盘的转数为 2.5r/min，散落在圆盘上的糊料随同圆盘旋转。同时被铲块切刀和翻料板所切碎和翻动，使糊料均匀的摊开，达到逐渐降温的目的。为加快糊料的降温，在凉料机附近安装两台轴流式风机，向圆盘上吹风，待糊料温度降低到一定温度（100℃左右），即开动气动卸料装置分几次加入水压机的压料室内。

糊料应该凉到什么程度再加入压料室，需要根据糊料的粘结剂用量、混捏出锅温度、糊料的塑性好坏和上锅料压型情况等灵活掌握。如果糊料的粘结剂用量较大时，凉料时间就长些，在较低的温度下才能加入压料室；而当糊料的粘结剂用量较小时，则凉料的时间可短些，应该在较高的温度下加入压料室。凉料的温度的高低和凉料的均匀与否，对压型成品率有密切的关系。

（2）装料。装料前先将挤压嘴出口处挡板挡上。压料室四周用蒸气或电加热。保持温度 100℃左右。一锅料一般分两批或三批加入料室。应先将凉料机圆盘边缘处温度较低的糊料装入压料室，后装温度较高的中间部分，以便前后温度相差不大。每加入一批料，开动水泵使水压机的主柱塞将糊料堆向压料室的前部，并用不大于 5MPa 的压力对装入的糊料捣固。

（3）预压。当一锅糊料全部装入压料室以后，启动高压水泵，使主柱塞在 15MPa 的压力下对糊料加压 1～3min，这次加压一般称为预压。预压的目的是使糊料中的气体充分排出，达到较高的密度。对直径或截面较大的产品预压的时间应该比小规格的产品长一些。因为，大规格产品的压缩比（即压料室直径与产品直径之比）较小，压出压力较低，而小规格产品压缩比大得多，糊料挤出挤压嘴子的阻力较大，所以压出压力高得多，有时压出压力超过预压压力。所以，小规格产品，预压保持时间可短些。

糊料经过预压或不经过预压所挤压出来的制品（同一规格与同一配方），其成品的物理机械性能有所区别。适当地提高预压压力，有利于提高成品密度和降低孔度，但对提高机械强度并不显著。预压压力也不是越大越好，如果预压压力太高而超过固体原料的颗粒强度时，会引起糊料的颗粒材料的碎裂，破坏了原来粒度组成并形成新的断裂面，就会使产品内部产生裂纹，反而会降低产品强度。

（4）挤压。预压后，将挡住挤压嘴子出口的挡板落下，再次启动高压泵，使水压机的主柱塞对压料室的糊料再次施加压力，糊料经过挤压嘴子口挤出来，挤压压力可在较大范围内变化。挤压压力的大小主要取决于糊料的塑性状态，并和压缩比的大小、挤压嘴子的曲线部分的形状、压出的速度等因素有关。糊料的流动性越好，糊料对压料室及挤压嘴子内壁的摩擦力越小，压出的压力就低一些。在配料中多加一些石墨碎（或石墨化冶金焦）及多用一些粘结剂都有利于提高糊料的流动性。装入压料室的糊料温度高一些，糊料的流动性就好一些。同样的，如果糊料的凉料时间过长，温度较低则压出压力显著增加。一般大规格石墨电极的压出压力经常在 10MPa 左右。而小规格石墨化电极及用无烟煤和冶金焦为原料的炭块的压出压力要大很多。经常达到 15~23MPa。挤压嘴子用蒸气加热但在出口处 150mm 左右的一段要求加热到 150~180℃左右，甚至 200℃以上。因此，这一段需要用电阻丝加热，目的是使压出的产品获得光滑的表面。挤压嘴子加热的程度对挤压压力也有一定关系。

（5）产品的冷却。产品离开挤压嘴子后要马上淋水并浸泡，在凉水中冷却，防止产品的弯曲和变形。冷却的时间应根据季节和产品直径大小区别对待。冬天，气温低，散热快；夏天，气温高，散热慢。所以，夏季压出的产品冷却的时间应该长一些，大规格产品热容量大，单位重量的散热面积小，在同样条件下冷却慢一些。所以，大规格产品的冷却时间要比小规格产品长一些。当然，冷却水的温度也是影响冷却时间的因素，水温应不高于 30℃。一般情况下，大规格产品在水槽中浸泡 3~5h，中小规格产品浸泡 1~3h，产品就可以充分冷却。

4.9 焙烧工艺技术

阳极焙烧是铝用炭素生产的重要工序，直接影响阳极的最终质量，且能耗高，基建投资大。焙烧是阳极生块在热处理的过程中发生物理化学性能改变的过程，将阳极生块按照制定好的升温曲线在隔离空气的条件下进行热处理，使其性能指标上升，并使粘结剂转变为焦炭的关键工序。粘结剂沥青在生阳极炭中作为过渡层牢固地包裹在碳素颗粒之间，当高温转化为焦炭后，在半成品中构成界面碳网格层，具有搭桥、拉紧、加固的作用。经过焙烧的炭阳极，其机械强度稳定，并能显著提高其导电性、导热性、耐高温性、耐冰晶石—氧化铝熔融电解质的侵蚀性和抗氧化性，以满足电解铝生产的需要。典型的焙烧车间见图 4-42。

图 4-42 典型的炭阳极焙烧车间

4.9.1 焙烧的工艺过程与目的

典型的生阳极炭块的焙烧过程是：成形合格的生阳极，在炭块转运站内经整列输送机整列后，由堆垛天车堆垛储存。储存在仓库内的生阳极，按照焙烧的需要由链式输送机送往阳极焙烧车间。由多功能天车把生阳极装入阳极焙烧炉内。填充焦由汽车运至填充焦储堆室，多功能天车将填充焦吸入天车储罐内再装入阳极焙烧炉内。待生阳极和填充焦按要求装炉完毕后，按设定的焙烧曲线升温开始焙烧。阳极焙烧温度在1100℃左右，焙烧后的阳极经风机强制冷却，在阳极温度小于200℃时，由多功能天车将填充料吸出，并将阳极从炉内取出。出炉后的阳极由输送机送至炭块清理机，清理掉黏附填充焦的炭块经过质量检查，合格阳极送至炭块转运站由堆垛天车堆垛储存，或送往阳极组装工序；废块送至返回料处理工序。

目前，我国铝用炭素阳极的焙烧较普遍采用了敞开式环式焙烧炉。环式焙烧炉是由若干个结构相同的焙烧室组成，每个焙烧室又分隔成若干个炭块箱，在炭块箱内分层堆放炭块，炭块与炭块、炭块与炉墙之间，以及炭块上面均用焦粒填充作为保护和传热介质。其运行特点是把整个焙烧炉划分成几个火焰系统，每个火焰系统实行多室串联生产，焙烧采用的燃料一般为煤气和天然气，通过控制燃料的供给与炉内的负压，将焙烧时散发出来的挥发分当作燃料用。生阳极炭块的焙烧周期为16~30d（包括冷却在内），最高焙烧温度为1250~1300℃，并保持高温24~36h。我国的焙烧火焰周期一般为24~34h。环式焙烧炉常用的焙烧制度根据炉型和阳极规格的不同，升温时间一般为160~240h。

生阳极炭块焙烧的目的：

（1）排除挥发分。生阳极炭块是使用煤沥青作粘结剂，其中的挥发分含量在10%~14%左右。在受热的情况下，生阳极炭块中的沥青要发生蒸馏、分解和缩合等反应，生成低级的脂肪烃、芳香烃等轻质馏分（H_2O、CO、CO_2、CH_4、C_nH_m等），并以挥发分的形式排出。由于加热焙烧，生阳极块中的轻质馏分几乎全部排除，使焙烧后阳极的理化性能得到很大改善。

（2）降低电阻率，提高导电性能。生阳极块电阻率非常大，不能直接作为导电材料。经过焙烧后，阳极块的电阻率大幅度地降低（一般降至50μΩ · m左右）。因为挥发分是有机物质，属于非导电性物质。当挥发分排出后，制品的电阻率降低。此外，在焙烧过程中，由于沥青的焦化，生成的沥青焦把焦炭颗粒黏结在一起，形成焦炭网格，成为一个统一的整体，提高了阳极的导电性，使制品的电阻率下降。同时，在焙烧过程中，由于沥青发生复杂的分解、聚合反应，最后形成了大π键（即所谓金属键），大π键的形成使阳极的导电性增强。

（3）颗粒团体进一步固结，提高机械强度。生阳极块在焙烧过程中，由于沥青的挥发分的排出、大芳香核的缩聚、焦化，随着过程的不断进行，炭块体积收缩。一般通过焙烧，阳极体积收缩2%~3%左右（体积收缩的大小与原料有一定的关系），阳极中颗粒团体之间形成更加牢固地结合在一起，提高了阳极强度和密度，使阳极的理化指标得到很大改善。

总之，生阳极炭块经过焙烧后，其中的粘结剂转化为焦炭，在炭素粉末颗粒间形成焦炭网格，把它们紧密地连结起来，构成具有固定的几何形状，一定的机械性能和理化指标的整体。

4.9.2 焙烧原理及过程

生阳极炭块的焙烧是一个复杂过程，伴随热处理的进行，生阳极块内发生着复杂的物理化学性能的变化，最终生产出合格的产品。

4.9.2.1 对焙烧工序的基本要求

预焙阳极炭块的性能很大程度上取决于焙烧过程中沥青的变化。

沥青粘结剂受热变化，一方面是物理化学变化，一方面是经过混捏成型后，沥青已经润湿渗透到炭素颗粒孔中，其受热变化的过程又有不同，但最关键的问题是沥青在焙烧过程中的析焦量。其成品的机械强度与生成的析焦量有直接关系。对焙烧工序的基本要求是：

（1）焙烧制度必须确保煤沥青产生最大的析焦量；（2）在产生最大析焦量的同时，整个坯体受热应均匀，煤沥青产生的反应应一致，产品应致密，结构应均匀，无内外裂纹，产品截面密度相近，表面或内部没有熔洞；（3）节能环保，尽可能节约能源，并达到国家对污染物的排放标准。

4.9.2.2 焙烧原理及过程

焙烧的生阳极炭块由两部分组成，一部分是经过高温煅烧的骨料颗粒，另一部分是粘结剂煤沥青。由于焙烧的最高温度（1100℃左右）要比煅烧的最高温度（1200℃左右）低，因而在焙烧过程中组成生坯的颗粒骨料不发生物理化学变化，发生变化的主要是粘结剂——煤沥青。生阳极炭块的焙烧过程即为煤沥青的热解焦化过程，随着温度的升高，主要变化是煤沥青的分解和聚合反应，除此之外，还有各种分子的内部重排反应，其过程大致如下。

（1）低温预热阶段。当生阳极炭块从室温加热到200~250℃时，炭块中的粘结剂软化，炭块处于塑性状态，体积膨胀，少部分吸附水蒸发。在此温度条件下，生阳极孔隙中的沥青因毛细管作用而重新分布，粘结剂开始迁移。整个生阳极还没有发生显著的物理化学变化，对生阳极炭块来说，只起预热作用。因此，这一阶段的升温速度可以适当快一些。

（2）变化剧烈的中温阶段。生阳极炭块的温度升至200~300℃时，大部分吸附水，和化合水以及碳的氧化物和轻馏分被排出；进而是低碳烃的氧化物（即粘结剂分解产物的氧化物）的逸出。如：

$$CH_3—CH_2—CH_3 + 5O_2 \longrightarrow 3CO_2 + 4H_2O$$

同时在此温度范围内，还将伴随着游离基反应的发生。即在加热的条件下，由于碳氢化合物键能较小的键上发生了断裂（共价键的均裂），使成键的两个电子分别从属于两个原子团，即形成了带电子性质活泼的游离基，从而发生了游离基的反应。在焙烧的过程中，游离基的反应一般是在200℃时就开始，而在400℃时则表现得最为激烈。

当炭块的温度升至300℃以上时，粘结剂开始进行分解聚合。随着温度的升高，气体的排出量亦显著增加。由于挥发物排出的结果，在分子键力的作用下，导致生制品收缩。当温度升至400℃以上时，反应则表现得最为激烈。此时制品开始出现焦结，但这时制品的机械强度仍然很低，沥青的粘结性降低。

当温度再继续升高时，外部已经开始硬化，机械强度也随之明显增加。到500~650℃时，粘结剂形成半焦；达到750~800℃时，半焦进行热解；900℃时形成沥青焦，并将干料颗粒紧密地联结起来，成为一个统一的整体，从而使阳极炭块的各项理化性能不断得到改善和提高。由沥青热解而生成的挥发物质，大部分在600~650℃以前排出，继续加热时，挥发物排出很少。温度大于600℃时，化学变化逐渐停止，外部与内部收缩微弱，但真密度、气孔率以及强度、硬度及导电性继续提高。

（3）高温烧结阶段。当阳极炭块的温度升至800℃以上时，由于连续的分解和聚合，连结最牢固的分子就在未挥发残油中集积起来。连结最不牢固的就逐渐断掉而减少。这样就按化学键的强弱进行淘汰，使分子更加紧密，稳定性更大，进而产生巨大的平面分子，它是由排成正六角形的碳原子网格所组成，称为碳青质。碳青质形成时，在巨大的平面分子层面之间就产生所谓“金属键”即π键，表现在经700℃以上温度处理后，其电阻率急剧降低。碳青质堆体内的六角原子层以一定的距离排列着（0.34~0.35mm），当它聚积有4~5层时，就能使单色X射线衍射。这就证明，碳青质微粒的中心核是由平行定向的排列成等距离的原子层面所组成的。

但是，这种衍射带还不是十分明显的。这是由于碳青质中的原子层受到侧链原子间力的作用而围绕C轴作一定角度的扭转，它没有晶体所固有的三维排列，仅是二维排列，这就是碳青质和石墨本质上的区别。当焙烧温度达到900℃以上时，沥青质进一步脱氢和收缩以后，就会变成沥青焦。

为了进一步排除残留的挥发物（大芳香核分子外围边缘的原子团），使焦化过程更加完善、粘结剂进一步紧密化、继续降低电阻率，焙烧的温度还要继续升高到1250℃左右，还要在最高温度下保持8~16h。

在焙烧炉室中，沥青焦化反应的同时，还进行着二次反应——碳氢化合物气体在焙烧品炽热的表面产生分解反应。由焙烧阳极逸出的这些气体，充满炉室的全部空间，碳氢化合物热解后生成固体炭，这种固体炭层层叠叠地聚积于焙烧品的气孔内和表面上。结果，增加了含碳量，闭合了气孔并提高了强度。

（4）煤沥青炭化过程。煤沥青炭化过程见图4-43。

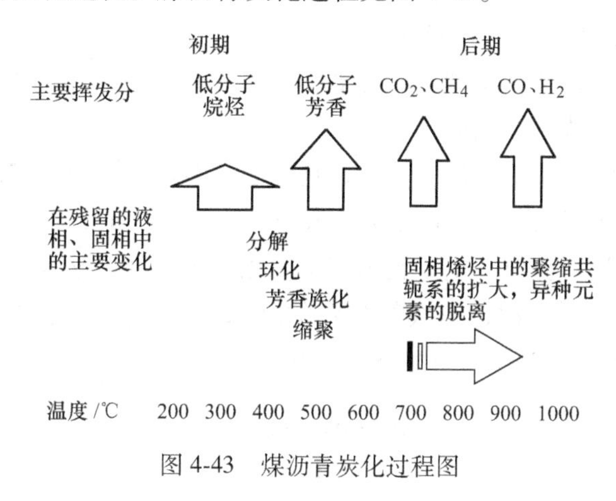

图4-43 煤沥青炭化过程图

（5）冷却阶段。冷却的初期制品内部温度仍然继续升高，同时焙烧坯体继续收缩，而焙烧体的外部收缩停止。这样，则增强了该部因收缩不一而产生的内应力变化。继续冷却，坯体外部开始受压（收缩），从而导致坯体内应力降低。如果表面部分继续冷却的程度超过内部时，又重新使内应力增加。因为内应导致阳极炭块破裂（形成裂纹），所以冷却过程要缓慢。从焙烧高温度降低炉温时，初始降温速度应控制在50℃/h以内，到800℃以下可任其自然冷却，一般在200℃时出炉。

4.9.2.3 煤沥青的热解

煤沥青的热解是一个非常复杂的化学变化过程。其原因在于生成炭网格的同时，产生复杂的分解和聚合反应，产生大分子烃或饱和与不饱和的小分子烃。在这些反应过程中，生成的部分小分子烃从焙烧品中排出，这些烃类不但造成了特殊的气氛，而且对炉室焙烧的生阳极炭块中所发生的过程也有很大影响。

剩下的大分子烃部分，继续经过一系列反应，不断生成含碳高的分子。在生阳极炭块的整个焙烧时期，该过程都在连续不断地进行。

煤沥青主要由稠环芳香族化合物及杂环化合物组成。芳香烃与一般碳氢化合物的区别，在于前者具有较高的热强度。在热分解时，核裂化的百分率最低。可见，芳香族化合物不仅有较强的碳—碳键（2050kJ/mol），而且还有较弱的碳—氢键（425kJ/mol）。说明芳香族化合物有很高的反应能力，如置换能力。芳香化合物变为沥青组分的过程，就是芳香原子团置换氢原子核的过程。因此，煤沥青生成焦炭时，是经过芳香族化合物的聚合反应。实质上，芳香烃在去氢的所有聚合反应，可认为是直到炭化时的循序密实阶段。

随着焦化过程的发展，平面分子数量和尺寸不断增大，它们聚集排列，从而使物质分子结构进一步密实。在聚集排列的平面分手之间产生所谓金属键，其表现在700℃以后，电阻率急剧降低。

焙烧过程中出现两种类型热解化学变化：一种是分解，或分子的断裂；另一种是分子的化合，或合成反应。

烷烃的分解反应是最有代表性的，它可以按多种不同的方式进行，碳链从中间或两旁断开，最经常的为中间断开。在分解过程中生成的较小的烷烃分子本身又按同样的方式进行分解，生成更为简单的化合物。分解过程中经常发生的气化现象，可以看作是这二次，三次等分解的结果。如 $C_{24}H_{50}$ 正构烷烃的分子在约420℃时的中间断开的分解，可按下列方式进行：

$$C_{24}H_{50} \rightarrow C_{12}H_{20} + C_{12}H_{24}$$
$$\downarrow$$
$$C_6H_{14} + C_6H_{12}$$
$$\downarrow$$
$$C_3H_8 + C_3H_6 \text{ 等}$$

碳和其他原子结合时，一般比碳原子本身之间的结合来得弱。因此，在热分解时，异类分子大量分解，随挥发物逸出，碳原子富集于未挥发的残渣中，成为焦炭。在异类原子中，氢结合得最牢固，要在高温（750℃以上）才能分解出来。氧最不牢固，硫和氮与碳的结合则有松、有紧，这和它们的结合形式有关。结合得很紧的大部分可留在焦炭内，例如硫，甚至在石墨化温度（2200~2500℃）下也不能完全除尽。

在较高温度时，碳氢化合物的键链开始断开。这时分子量大的比分子量小的同系物更容易断开。分子中间键断开的位置和其结构有关，有支链的比没有支链的更容易断开成小的分子。环烷烃环比开链烃牢固，所以在它们中首先断开的是侧链键，侧链越长，越容易断开。

芳香族键比脂肪族键牢固得多，在这些化合物中首先断开的也是侧链。侧链越长，也就是芳香环值越小，越容易断开。当温度超过700℃时，分解反应具有脱氢的特征，该反应可以看作是最不对称的热解反应。如环乙烯脱氢变成苯：

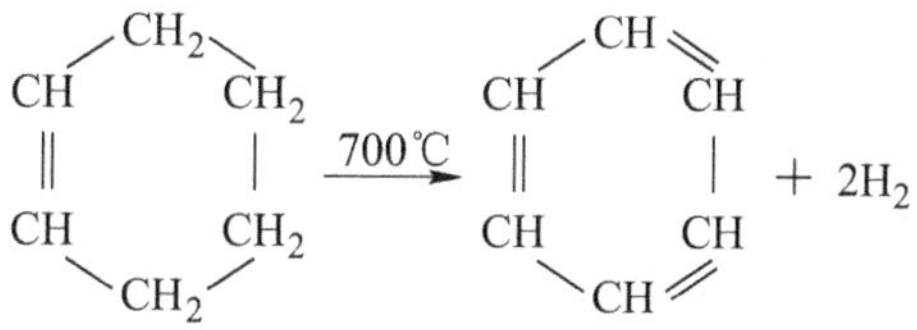

$$\begin{array}{ccc} & CH_2 & \\ CH & & CH_2 \\ \| & & | \\ CH & & CH_2 \\ & CH_2 & \end{array} \xrightarrow{700℃} \begin{array}{ccc} & CH & \\ CH & & CH \\ \| & & | \\ CH & & CH \\ & CH & \end{array} + 2H_2$$

芳香烃的热稳定性高，苯及其同系物在高温下的反应主要是脱氢和聚合，其产物是：

（1）气体。气体中含氢88%~91%，不饱和烃7%~8%；（2）胶质。由苯及其同系物在高温下聚合而成。例如，苯聚合的联苯和三联苯，这种胶质物的黏度随互相联结的苯环多少而定。

总之，有许多碳氢化合物在一定条件下将转化为高分子化合物。

事实上，所有脱氢的芳香烃的缩聚反应可看作是连续的密实阶段直到炭化。生成高度富碳的物质叫炭青质。炭化过程可看成按下列步骤连续不断进行缩聚反应的最终阶段：芳香族化合物→高沸点缩聚芳香族化合物→沥青质→炭青质。

4.9.3 生阳极炭块在焙烧过程中的物理化学性能的变化

在焙烧过程中，随着炉温的不断升高，粘结剂不断地发生变化（如分解和聚合反应）。粘结剂焦化后留下焦炭的数量即析焦量（%），是一个很重要的指标。一般沥青中的析焦量为50%左右。粘结剂析焦量越大，则生产出的阳极各项理化指标就越好。升温速度、炭材料的粒度组成和性质对析焦量都有影响。升温较慢的情况下，粘结剂的析焦量增大；增加骨料表面积也会使析焦量增加。由于析焦量的提高，密实了阳极块中的空隙，提高了阳极块的密度和物理机械性能。因此，生阳极炭块在焙烧过程中，其结构在不断地变化，各项理化性能，如挥发分、真密度、体密度、电阻率、孔度、抗压机械强度等也相应地不断变化。但因焙烧工序的生产周期长，同时产品是处于填充料的保护之下，所以不易直接观察。为了研究其中的变化，必须进行一系列的实验测试工作，并结合上工序情况进行比较，现将制品在焙烧过程中各种理化性能随温度的升高而变化的情况列于表4-30。

表4-30 焙烧过程中物理化学性能指标的变化

加热温度 /℃	挥发物含量 /%	真密度 /g·cm^{-3}	表观密度 /g·cm^{-3}	电阻率 /μΩ·m	孔度 /%	抗压强度 /MPa	重量损失 /%
15		1. 76	1. 68		3. 06	59. 0	0
100	1. 369	1. 76	1. 66	16661	5. 78	47. 3	0. 17
200	1. 349	1. 78	1. 58	14187	11. 09	31. 5	2. 05
300	1. 316	1. 78	1. 55	9974	13. 19	28. 2	3. 43
350	11. 26	11. 79	1. 55	7725	16. 49	23. 4	4. 51

续表 4-30

加热温度 /℃	挥发物含量 /%	真密度 /g·cm^{-3}	表观密度 /g·cm^{-3}	电阻率 /μΩ·m	孔度 /%	抗压强度 /MPa	重量损失 /%
400	8.83	1.81	1.49	5582	17.82	15.1	7.76
450	6.06	1.83	1.46	3960	20.02	15.4	9.38
500	2.54	1.84	1.47	2708	20.29	31.3	9.59
550	1.26	1.85	1.46	1968	21.13	39.5	9.72
600	1.10	1.87	1.46	1385	21.99	44.1	9.77
650	0.96	1.87	1.48	753	21.70	45.5	9.78
700	0.86	1.89	1.48	177	22.08	51.6	9.89
800	0.79	1.92	1.49	92	23.14	53.5	9.89
900	0.60	1.95	1.49	82	23.63	52.5	10.06
1000	0.32	1.96	1.50	65	23.67	51.5	10.32
1100	0.28	1.97	1.50	60	23.76	51.0	10.71
1200		1.97	1.50	55	23.29	50.7	10.78

从表 4-30 中，可以得出如下结论：

（1）挥发分。挥发分的排除，产品温度在 200℃以前不明显，从 200℃以后，随着温度的升高，继续增加，温度在 350～500℃之间最激烈，500℃以上排除较慢，大约在 1100℃以后才基本结束。随着温度的升高，制品中挥发分含量和重量损失的变化情况见图 4-44。

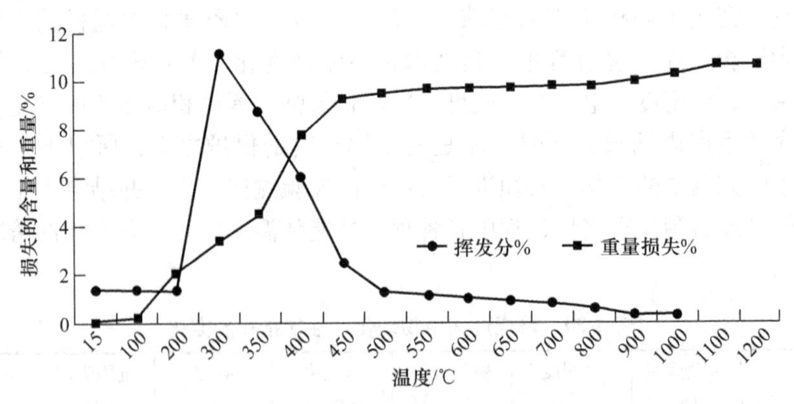

图 4-44　随着温度的升高，生阳极块中挥发分含量和重量损失的变化情况

（2）电阻率。当加热温度在 200℃以前，由于粘结剂的软化，干料颗粒间结合力下降，则制品的电阻率有暂时的增高现象。随着温度的继续升高，由于挥发分的排除、分解及聚合等化学反应的发生，大芳香核周围的边缘原子团的脱落，

碳质颗粒间的结合不断趋于紧密，则制品的电阻率逐渐下降。特别是在 600～800℃之间，由于碳青质的生成，大 π 键（金属键）的作用，沥青焦的进一步焦化，则阳极块的电阻率急剧下降。而当阳极块的温度升到 800℃以后，随着温度的升高，阳极块的结构更加紧密，阳极块的电阻率继续下降。随着温度的升高，阳极炭块的电阻率变化情况见图 4-45。

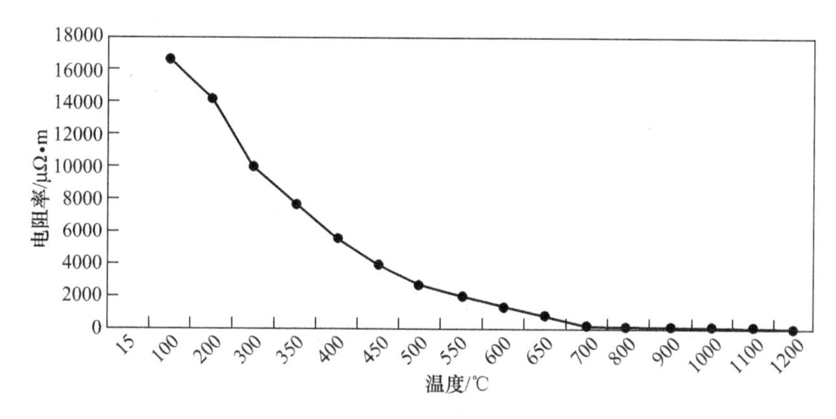

图 4-45 随着温度的升高，生阳极块中电阻率变化的情况

（3）表观密度。当温度升至 200℃以上时，由于挥发分的排除，孔度的增加，体密度逐步下降。当温度继续升高，阳极块的温度达到 500℃以后，由于粘结剂发生焦化，其密度有所增加，以后随温度升高，由于挥发分略有排除，阳极炭块的体积有所收缩，其表观密度也略有增加，但不显著。

（4）真密度。当焙烧温度逐渐升高时，由于挥发分的大量排除，孔度不断增加，结合 $d_u = \dfrac{d_k}{1 - p_t}$ 分析，真密度也略有增加。

式中 d_u ——阳极炭块真密度；

d_k ——阳极炭块表观密度；

p_t ——阳极炭块气孔率。

随着温度的升高，粘结剂发生焦化，缩合反应、碳平面网的增大，阳极块发生收缩，致密性增强，也将会导致产品的真密度有所增加。随着温度的升高，阳极炭块真密度（d_u）、表观密度（d_k）变化情况见图 4-46。

（5）抗压机械强度。随着温度的升高，粘结剂开始软化，碳质颗粒间结合力降低，阳极炭块的机械强度下降，加热到 400℃时，降到最低点，因为这一阶段大量排出挥发分，孔度增加，颗粒间的结合作用变差，所以阳极块的强度很低。450℃以后，随着温度的不断升高，粘结剂发生焦化以及焦化网的形成和硬化，所以阳极块的强度又逐渐增高。随着温度的升高，抗压机械强度的变化情况见图 4-47。

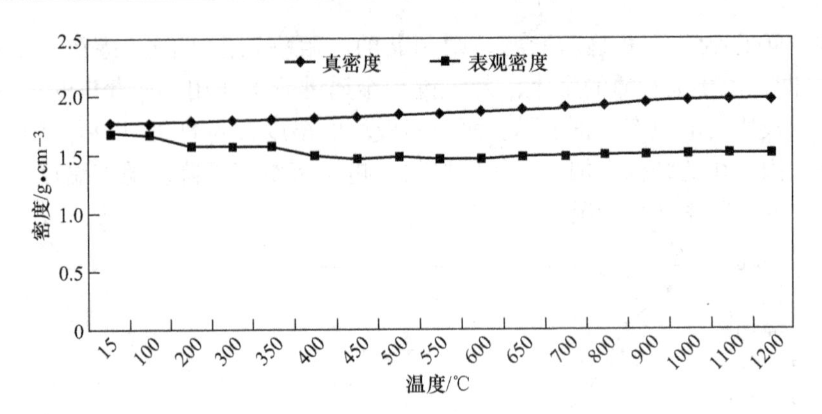

图 4-46　随着温度的升高，阳极炭块真密度（d_u）、表观密度（d_k）变化情况

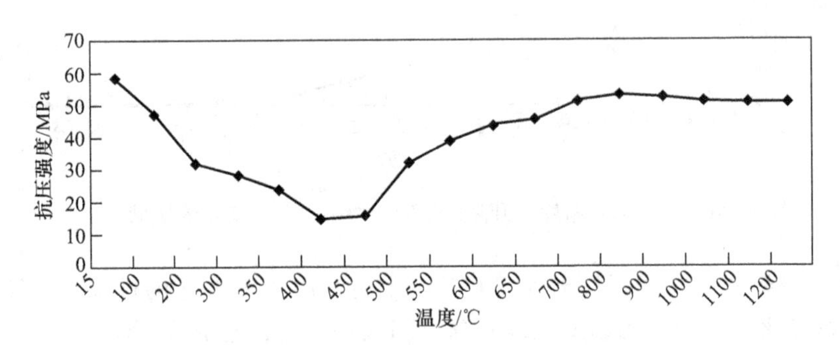

图 4-47　随着温度的升高，抗压机械强度的变化情况

在生阳极炭块焙烧过程中，随着温度的升高，各温度区间内对阳极炭块物理化学性能的改变归纳如下，见表 4-31。

表 4-31　焙烧过程中阳极炭块的物理化学性能变化

温度/℃	物理化学性能变化	主要表现
0～200	附着水分开始蒸发，沥青热膨胀，由成形/冷却产生的应力释放	密度降低，骨料黏结有松散，硬度减小
150～350	沥青膨胀进入孔隙，引起沥青重新分布，骨料再填充	炭碗有塌陷变形的危险，影响渗透性、机械强度和电阻
350～450	释放轻质粘结剂挥发物	骨料填充，密度略有降低
450～600	焦化，由塑性物料转变为固体间架，释放大量非焦化挥发物	同一炭块内部因温度梯度引起的膨胀和收缩发生膨胀应力，表观密度降低
600～900	再焦化，释放裂解重挥发物，退火消除应力	正常加热速率无特殊影响，密度略有增大
900～1200	粘结剂焦及低温煅烧的骨料焦晶格重新定位和增大	收缩引起膨胀应力如前阶段焦炭的煅烧程度大为超过（>100℃）可观察到裂纹增多

生阳极炭块在焙烧过程中，有两个阶段即450~600℃和900℃以上最为重要。它们对阳极外观质量、理化指标影响较大。在450~600℃阶段应控制升温速率。如果升温过快，温度梯度过大，挥发分将在阳极内部产生很大的压力，导致阳极体积增大，甚至形成裂纹。而且，升温过快，阳极失重增加，影响气孔率、强度等指标。900℃以后主要影响阳极比电阻、抗氧化性等指标。热处理温度越高，其比电阻越低，抗氧化性提高。

影响阳极焙烧质量的主要因素是焙烧炉温度的均一性、适宜的升温速率和最终温度。生阳极炭块的焙烧过程是一个从升温、保温到降温的温度制度的实施过程，而且每个阶段的温度梯度是不同的 。因此，在焙烧开始前制定一个合理的焙烧升温曲线至关重要。确定焙烧升温曲线的依据是：1）焙烧炉型；2）生阳极炭块的规格；3）采用的燃料（发热值的大小）；4）焙烧工艺操作技术与水平等。焙烧的延续时间取决于焙烧阳极块的类别和规格，例如大型阳极焙烧240h，而小截面的阳极焙烧时间较短些，各温度区间范围内的升温速度都是根据理论及实践确定，这是一项十分重要的工作。

4.9.4 焙烧设备与工艺技术

随着现代工业技术的不断发展和人类对节能、环保的重视，阳极生块的焙烧设备和工艺技术有了很大的提升。焙烧设备和工艺向着规模化、连续化、机械化、自动化、质量稳定化、高效化、节能化、环保化、智能化的方向发展，而对于过去那些劳动强度大、能耗高、工作环境差、污染大、质量不稳定的设备和工艺已逐步淘汰。

4.9.4.1 焙烧设备及特点

炭素焙烧炉的分类主要有以下几种方式。按结构形式可分为倒焰窑、隧道窑、敞开式环式焙烧炉、带盖环式焙烧炉（有火井和无火井两种结构）等；按工艺用途分为阳极、阴极和电极焙烧炉；按热源分为燃气、燃油、燃煤及电气焙烧炉；还可以按照操作方法及热工制度分，上述炉窑除隧道窑属半连续性生产、稳定动态加热外，其他炉窑均属周期性生产的间断加热炉。

用于预焙炭阳极的焙烧设备有倒焰窑、隧道窑、电气焙烧炉和多室环式焙烧炉等，目前大型的炭素厂多采用多室环式焙烧炉。

（1）倒焰式焙烧炉（一至三段改为以下内容）。倒焰式焙烧炉是在瓦砖、陶瓷和耐火材料工业发展起来的。这种焙烧炉在焙烧的过程中，火焰在窑内是自上而下流动的，故称作倒焰窑。其外形有长方形和圆形两种，炭素厂使用以长方形窑为主，图4-48是长方形倒焰窑。它的优点是：结构比较简单，投资少，建设周期短，不用形状复杂的耐火砖，炉体尺寸可大可小，使用燃料和焙烧制品规格有较大的灵活性，操作也较易掌握。但它单窑生产能力低、热效率低、能耗高、劳动强度大、环境条件差。

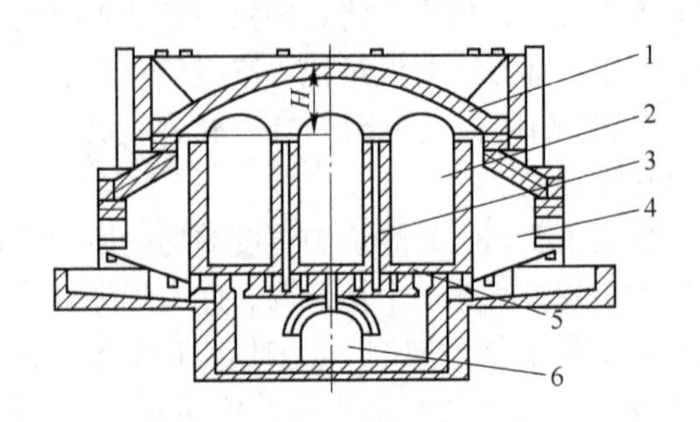

图 4-48　长方形倒焰窑

1—大拱顶；2—料箱；3—火道；4—燃烧室；5—炉底；6—烟道

倒焰窑由燃烧室、装料室、窑底、窑顶和烟道等构成。一座长方形倒焰窑内部可分隔为 3~4 个装料室，窑体的两侧各有 2~3 个燃烧室。燃烧室由炉膛、炉栅、挡火墙、喷火口等组成。挡火墙的作用是使火焰具有一定的方向和流速，合理地送入窑内，且能防止一部分燃料灰进入窑内沾污制品。喷火口是使火焰喷入窑顶和窑中心。一般用煤作燃料，也可以用重油或煤气作加热燃料。在焙烧过程中，其热量的传递是通过火墙的热辐射、对流和传导等，填充料的热传导及窑顶空间的对流辐射来实现的。高温燃烧气体沿挡风墙自下而上流动，经喷火口进入窑顶空间。在烟囱吸力引导下，热气流自窑顶向下，经过装料室之间的火墙，把热量传给装料室中的制品与填充料。气体经通道集中到支烟道，再通过主烟道而进入烟囱。

（2）隧道式焙烧炉。隧道式焙烧炉也是从陶瓷和耐火材料工业发展起来的热处理炉。隧道窑在我国小规格制品的电炭工业中用得比较多，而在生产大规格制品如石量电极的工厂只作二次焙烧用，但由于隧道窑有其独特的优点，所以在新型炭素工业中正日益得到重视并被采用。隧道窑的加热方式是被加热的制品在位置固定的温度带中移动。

1）隧道式焙烧炉的结构。隧道窑一般是一条长的用耐火材料和隔热材料沿纵向砌筑的直线形隧道，内有可移动窑车的行车轨道。在窑的上方及两侧有燃料管道及排出废气通道，还配备有向冷却带鼓入冷风的鼓风机及排走废气的排烟机。窑的两侧中有一侧有顶堆机，另一侧有窑车牵引设备，还配备有一定数量的窑车，在窑车上砌有装料箱，制品装入箱内，并用填充料保护，炉车能沿铁轨慢慢运动。隧道窑主要由窑体、窑车控制仪表、推车机及其他辅助设备组成。在隧道窑内按温度分布可分为 3 个带，即预热带、焙烧带（或称烧成带）、冷却带。其结构见图 4-49。

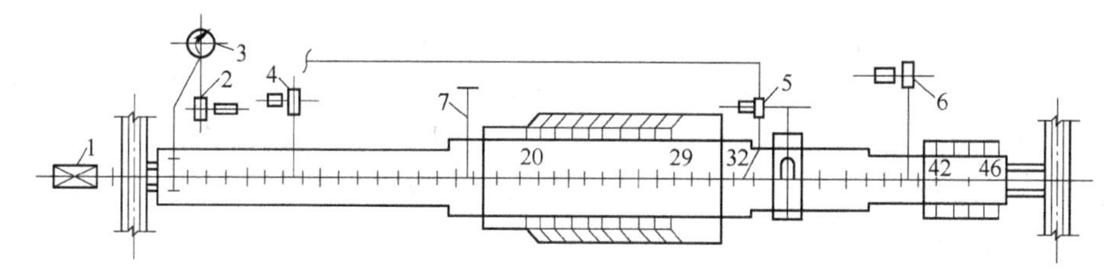

图 4-49 隧道窑系统图

1—推车机；2—排烟机；3—烟囱；4—气幕风机；5—抽热风兼一次风机；6—冷却送风机；7—燃料总管

燃烧设备在隧道窑的中部两侧，构成固定的高温带—烧成带。隧道密内所需高温是由喷入焙烧带的燃料，与由于燃料高压喷入时产生的负压而吸入一次空气温合后燃烧。由窑尾进入窑内冷却带的冷空气与制品热交换而提高温度后作为二次空气助燃。燃烧后的高温气流从焙烧带向预热带流动，把位于预热带的制品加热。废气最后在窑头进入废气通道，由排烟机抽走。其燃烧的运行线路见图 4-50。

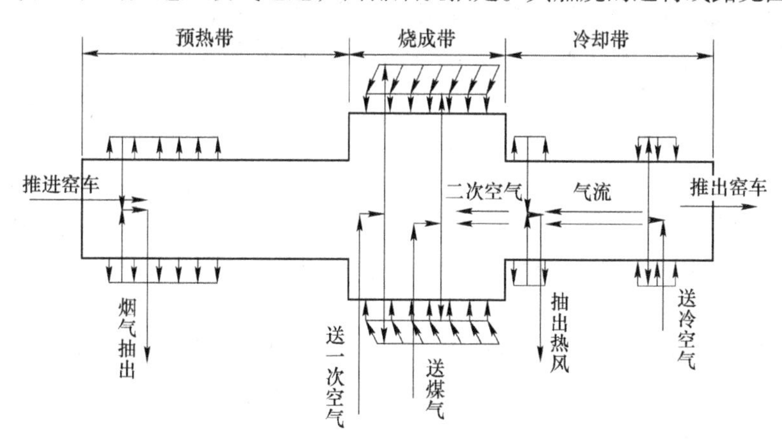

图 4-50 隧道窑燃烧运行线路图

2）隧道窑的特点。在国外，隧道窑是作为二次焙烧设备来使用的。但是，其使用的隧道窑结构比较复杂（尤其是处理挥发分和焦油的系统），不同于一般的隧道窑。而我国小规格制品的电炭工业中用得比较多，在生产大规格制品如石墨电板的工厂只作二次焙烧用。我国铝用炭素阳极现行的生产系统中，几乎不选择隧道窑及其工艺进行生阳极块的焙烧，原因是其生产规模小、成品率低、能耗高、环保难以处理、窑车易损坏、维修工作量大等。但由于隧道窑有其独特的优点，所以在新型炭素工业中正日益得到重视并被采用。隧道窑的加热方式是被加热的制品在位量固定的温度带中移动，它有以下特点：

① 热量能够得到比较充分的利用。由于隧道窑任何一个截面的温度恒定，故其热损失少。高温气体可以到预热带加热制品，在冷却段制品放出的热也可以利用。同时，高温部位辐射，对流热损失小，窑体只进行一次蓄热，热量得到充

分利用，有利于节省燃料；② 由于连续作业，可以大大缩短生产周期，而且装车在窑体外进行，不用在较高的温度下到电极箱去装车及修理，大大改善了劳动条件，减少维修时间；③ 窑内温度制度、气氛制度、压力能精确控制，易于实现自动化；④ 可连续作业，大大缩短生产周期，提高效率；⑤ 窑体使用寿命有效延长，占用厂房面积小，对厂房结构要求不高，不需要大型天车。

但在我国将隧道窑应用于铝用炭素阳极的焙烧，由于国内技术装备水平较差，存在着一系列问题：

①窑产量小，热耗高（每吨阳极热耗为 1421×10^7J，比焙烧炉多 376×10^7J）；②窑上下温差大（预热带顶部和两侧的最大温差为-300℃，焙烧带顶部和两侧的最大温差-200℃），影响产品质量；③窑车用异型耐火砖砌料箱，使用寿命不如焙烧炉的格子砖。焙烧炉格子砖的消耗是每吨焙烧品为 20kg 左右，而隧道窑的料箱砖为 75kg 左右。因此该窑作为生阳极焙烧炉在技术经济上是不合理的。

（3）电气焙烧炉。电气焙烧炉在国内外都很少使用，电气焙烧炉的炉型与一般石墨化炉类同，两侧有活动炉墙（或死墙），两端有炉头电极，每 4~6 个炉为一组，炉芯截面为 3.5m^2 左右，炉芯长度为 8m 左右，每组炉配备有容量为 500~1000kV 的供电变压器。

生产时，先在炉底铺一层石英砂作绝缘材料，然后铺以石英砂与焦粉的混合炉底料，再将产品垂直装入炉内，每排产品之间留有 500~600mm 的间隙，中间填充粒度为 5~10mm 的冶金焦作为电阻料，在制品两侧和上部的电阻料外面再用焦粉作为保温料。

送电时，开始效率较低（8m 长的炉子约 50kW），然后根据升温情况调整功率，如果温度升得太快时，可采用短期停送电方法来调整，每吨产品耗电 2000~2500kW · h。

电气焙烧炉在实际升温过程中，炉芯上下温差较大，温度不易控制，由于温度难以按曲线调整，而且温差又大，所以容易产生变形和裂纹废品，特别是大规格产品更为严重。所以，电气焙烧炉用于焙烧炭素阳极具有产量低、成本高、废热不能利用、能耗高、产品质量难以保证等缺点，电气焙烧炉在现行的铝用炭素行业中没有发展前途。

4.9.4.2　环式焙烧炉及工艺技术

随着科学技术的不断进步和我国铝工业的迅速发展，我国铝用炭素工业整体水平已处于先进水平。目前，在我国大中型炭素厂，敞开式环式焙烧炉是焙烧生阳极炭块的主要设备。

敞开式环式焙烧炉生产及检修方便，焙烧温度的控制和调节比较方便，具有多炉室串联生产的特点，热量得到充分利用，热效率较高，能耗大幅度地降低，环保得到良好治理。从整炉来看，生产是连续的，产量高，焙烧产品质量比较稳定。已在我国生阳极炭块的焙烧中广泛采用，且具有丰富的实际生产经验。

（1）环式焙烧炉的分类及特点。环式焙烧炉是由若干个结构相同的焙烧室串联组成，分为带盖环式焙烧炉和敞开式环式焙烧炉。一座焙烧炉一般由18~54个炉室组成，分成两排配置在一个厂房内（见图4-51）。焙烧室按运行图表顺序进行装炉、加热、冷却和出炉。所有焙烧室可以分成两个或两个以上首尾相接的火焰系统。每个火焰系统都按运行图表不断向前移动，移动中的火焰系统串联起来在全炉形成环式加热。在环式熔烧炉中，制品始终处于静止状态，只是火焰按焙烧进程移动。环式焙烧炉的优点是具有多炉室串联生产的特点，热量得到充分利用，热效率较高。从整炉来看，生产是连续的，产量高，焙烧温度的控制和调节比较方便，焙烧产品质量比较稳定。其缺点是基建投资费用高、工程地基条件和工程结构要求比较严格。

图4-51 采用敞开炉式环式焙烧炉的焙烧车间图

1）环式焙烧炉的分类。

① 带盖焙烧炉。第一段改为：带盖环式焙烧炉（无论焙烧室有无火井）均由焙烧室、废气烟道、燃料管道、炉盖、燃烧装置及其他辅助设备等组成，见图4-52。焙烧室为偶数，分成两排配置，为了减少炉体热损失和便于操作，一般都砌筑在地平面下。每个焙烧室分成3个或6个相同尺寸的装料箱。装料箱的四壁由带孔的异形耐火黏土砖（空心砖）砌成。装料箱墙与底砌在砖墩上。砖墩之间的炉底空间作为焙烧室底部的烟气通道。有火井环式炉在焙烧室一墙砌有火井，作为上一个焙烧室的烟气成一次空气流入的上升通道。无火井环式炉把上升通道砌入墙内。在焙烧室火井内或侧墙上部砌有若干个燃烧喷口。煤气管道分布在每排焙烧室的两侧。使用重油作燃料时，可在炉一侧设炉灶，把重油在灶内燃烧后引入炉内，也可使重油通过空气雾化喷嘴直接喷入炉内燃烧。

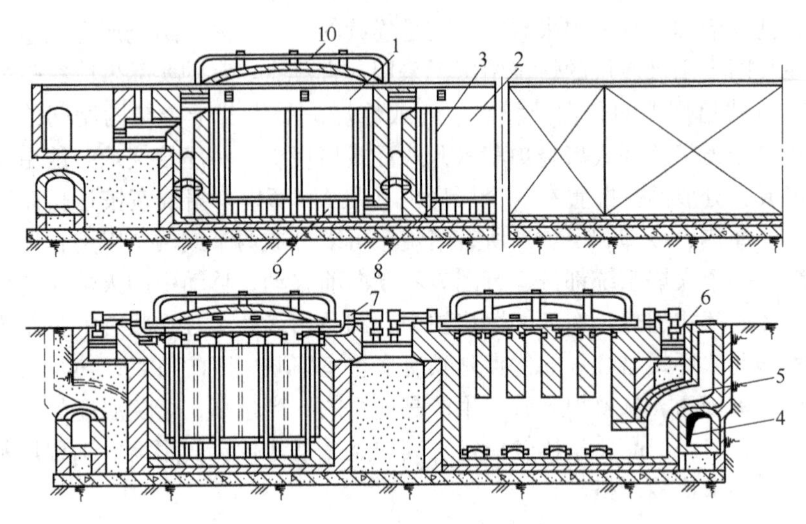

图 4-52　带盖的无火井环式焙烧炉

1—焙烧室；2—装料箱；3—装料箱加热墙；4—废气烟道；5—斜烟道；
6—燃气管道；7—燃烧口；8—炉底坑面；9—砖墩；10—炉盖

炉室上面用可移动炉盖盖上。炉盖是由结实的金属框架和能减轻重量及减少热损失的轻质异型耐火砖砌筑而成。每个炉室有 3 个火井，火井即为燃烧室，它们被配置在紧靠隔墙的旁边，3 个火井中的每个火井底部，都通过隔墙下的连通烟道与相邻的炉室连通。燃烧用空气是从相邻炉室经过连通烟道进入火井，上升与燃料混合而燃烧。

在隔墙中，除 3 个连通烟道外，还有炉底汇集烟道和上升烟道（竖烟道），通过炉底汇集烟道和上升烟道，可将烟气引入炉子两侧烟道里。上升烟道可借助移动或烟气连通罩与炉子两侧的烟道相连，欲将烟气导入侧烟道时，需将下一炉室的火井用盖板盖严，放上烟气连通罩，使炉室与烟道连接。

在炉子外廓尺寸相同的条件下，无火井可以增加炉室的有效容积，增大炉子的产量。此炉的特点是将火井移入隔墙内，炉盖下的全部空间变成了炉膛，成了燃烧产物或空气的流动通道，实质上，它已成为连通烟道的延续。

值得关注的是：以往国内的环式焙烧炉，燃料燃烧嘴都固定在火井墙内（无火井者直接砌在炉室纵向两侧大墙内），燃料（煤气）通过这些喷嘴水平喷入火井内（或炉室内）。而现在新建或改建的燃烧方式则采用活动的燃烧装置，从炉盖垂直插入火井内，燃料喷入火井内进行燃烧。这种燃烧方式较前者，主要有以下优点：

- 燃料从上往下垂直喷入炉内（火井内），而从上一炉室来的热空气从火井下部往上升，恰好与燃料相向而遇并充分混合，燃料燃烧较完全；
- 在炉室负压的作用下，形成的燃烧气体从火井翻转上来到达炉盖下部空间，有助于炉内温度分布均匀；

● 燃料在火井空间内垂直燃烧，能避免水平燃烧时火井墙的局部过热，延长了火井墙的使用寿命；

● 不在炉墙内预砌燃料喷嘴，增加了炉室的密封性。

带盖环式炉的烟气流动如下：加热时，焙烧室都盖上炉盖，燃料在炉盖下面空间燃烧的火焰，通过空心砖砌成的垂直火道向下流动（火焰流动的引力是由排烟机及烟囱的抽力而产生的），进入炉室底部空间，经混合后，流向下一个串联生产的焙烧室（经过隔墙下的连通烟道），在第二个焙烧室内的垂直火井内上升（无火井焙烧炉经过隔墙内的上升火道上升），进入第二个焙烧室的炉盖下部空间，燃烧气体又在这一焙烧室内沿装料箱四周由空心砖砌成的垂直火道向第三个焙烧室流动，依次对串联在一起的若干个焙烧室加热。已充分利用其热量后的烟气经过烟气连通罩进入烟道，经净化后，由排烟机及烟囱排入大气中。

② 敞开式焙烧炉。敞开式（即无盖连续焙烧炉）焙烧炉（见图 4-53）的结构外形与带盖炉子相似。主要差别在于无盖，内部结构表现在火焰的走法不同。敞开式焙烧炉的焙烧室一般有 3~8 个装料箱，每个装料箱由两侧加热火道和前后横墙围成。火道分为内火道和外火道，位于两侧的称为外火道，中间的称为内火道。火道是一个加热火墙，燃烧气体将热通过火墙传给炉内的四周带有填充料的阳极炭块；它又是冷却墙，焙烧好的炭块在降温冷却时将热量通过火墙传给火墙内的冷却空气。一火道内有三条挡火墙（见图 4-54），火焰在加热火道内沿挡火墙上下折流运动，使整个火墙受热均匀。挡火墙的高低对燃烧气体的分布有十分明显的影响，从而影响炉室内的温度分布。

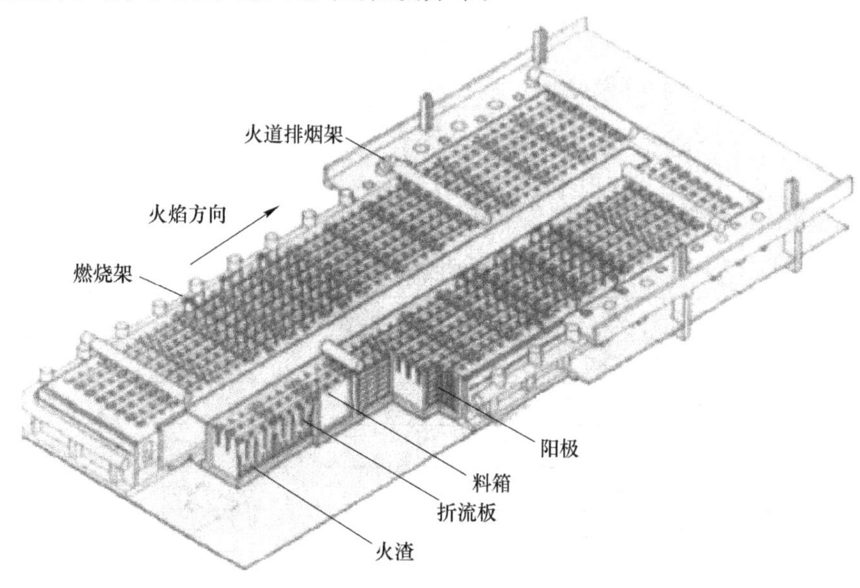

图 4-53 敞开式焙烧炉示意图

每条火道的两端横墙上部与相邻接焙烧室的相应加热火道联通，横墙即是分隔前后焙烧室的墙，也是联通前后焙烧室的墙。横墙是沿炉子的横向砌成，通过其上部的方孔（火井），可以用燃烧架喷入燃料燃烧，加热炉室；又可用烟斗将烟气引向烟道，还可以通过冷却风机将冷却风鼓入火道内，使炉室降温。当前后炉室要隔断气流时，可用插板插入方孔内挡住气流，当前后炉室要接通时，取掉插板，盖严方孔顶口即可。

位于炉子两端头的连通火道，能将两排炉室的烟气联通起来。两排炉室的火焰系统能够互相循环，两个火焰系统就能连续不断下去。

敞开式焙烧炉炉体结构比带盖炉简单一些，不需要炉盖，敞开式焙烧炉的加热火道在砌砖时，立缝不抹灰浆，便于阳极炭块焙烧时挥发分的排除，并部分燃烧加热火道使其上下温差较小。敞开式焙烧炉示意图和其火道示意图见图 4-53 和图 4-54。

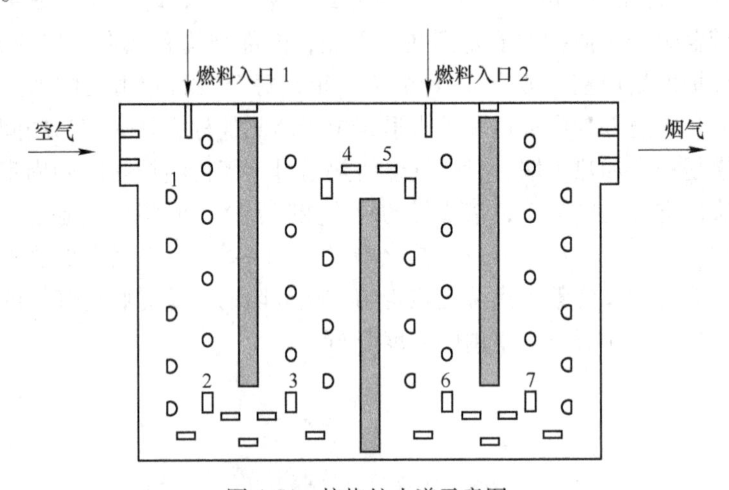

图 4-54　焙烧炉火道示意图

以 38 室敞开式焙烧炉为例，其基本参数见表 4-32。

表 4-32　38 室敞开式焙烧炉基本参数表

项 目 名 称	数　量
炉室数量/个	38
每个炉室装料箱数量/个	3
炉子宽度/mm	14972
炉子长度/mm	87268
炉子最高标高/mm	26. 5
炉子最低标高/mm	−4995
焙烧室尺寸（长×宽）/mm	3864×4980

续表 4-32

项 目 名 称	数 量
相邻焙烧室中心距/mm	4320
装料箱八寸长×宽×高/mm	3864×1030×4292
火道墙宽度/mm	470
横墙宽度/mm	456
两排焙烧室中心距/mm	7764
装料箱容积/mm^3	17.1
侧烟道尺寸（宽×高）/mm	812×1088
侧烟道圆拱半径/mm	406
主烟道宽/mm	1160

国内外的焙烧炉已向着大规模的方向发展，其有代表性的典型环式焙烧炉主要技术参数见表 4-33。

表 4-33 国内外典型环式焙烧炉工艺技术参数

国家	法国	美国	德国	中国 A	中国 B	中国 C
炉型	敞开	密闭	密闭	敞开	敞开	敞开
炉室及火焰系	72 室 4 火焰系	80 室 5 火焰系	36 室 3 火焰系	34 室 4 火焰系	54 室 3 火焰系	54 室 6 火焰系
制品规格 /mm×mm×mm	1410×1010 ×524	1300×800 ×560	1200×780 ×580	1450×660 ×540	1550×660 ×620	1450×660 ×540
每室料箱数	6	5	5	7	7	7
料箱尺寸 /mm×mm×mm	4690×654 ×4683	3800×1000 ×4560	3500×1000 ×5400	3160×810 ×3425	5300×800 ×5500	330×810 ×4040
室装料量/t	约 80	约 80	约 82	51	156	61
燃料消耗 /$kg \cdot t^{-1}$	60~70	65~75	90	100~105		6000~6750 (Nm^3/h)
燃料种类	重油	重油	重油	重油	天然气	冷煤气
火道温度/℃	1250	1250	1220~1250	1250	1150	1200~1250
运转炉室	5	5	5	5	6	5
年产量/t	134000	120000	53900	50000	80000	80000
净化方式				湿法三级	干法	干法
单位能耗/$GJ \cdot t^{-1}$	3.30	2.30	3.60	4.00~5.50	2.9~3.20	4.18

2）新型环式焙烧炉的特点。我国现行先进的焙烧炉基本与国际接轨，采用电子计算机优化设计，在材料选择、工艺技术优化、工业自动控制、节能与环保

等方面具有明显的进步，造就了环式焙烧炉在铝用炭素行业普遍应用。具有如下特点：

① 具有装炉量大、焙烧周期短、产能高的特点、吨产品能耗低、自动化控制水平高、产品质量均匀性好、环保条件好等优点。②生产是连续的，装出炉完全实现机械化作业，劳动生产率高。③火焰燃烧系统实现自动控制。火焰控制系统中的处理器可以收集温度和负压测量值并将其传送到中央处理器，中央处理器存储着所有的相关的处理模型，它负责处理收集到的全部信息，对负压和燃料量等进行判断，作出采取下一步行动的决定，以实现对阳极的最佳焙烧处理和燃烧条件的优化。控制温度梯度，保证火道温度按焙烧曲线自动升温；独特的火墙设计，使炉内温度分布均匀，提高了阳极的焙烧质量，吨产品能耗降低。④具有多炉室串联生产的特点，因而低温炉室可以用高温炉室的烟气加热，冷却炉室可以用来预热助燃空气，燃烧后的热量得到比较充分的利用，因而热效率高。⑤已成功研制、开发和建立了炭素焙烧炉数学模型，对各种条件下焙烧炉的温度场、压力场都进行了全面的分析，建立合理的工艺曲线，焙烧曲线短，炉室火焰周期可由过去的36h缩短到28~32h。⑥焙烧炉采用合理的材料构成，提高炉子火道的热力性能和炉子外表保温性能。阳极焙烧炉材料已与国外筑炉材料接轨，使炉子的性能指标及炉子寿命远优于国内其他同类炉型。⑦基建投资相对较大，厂房结构要求高，多室炉炉重达数千吨，地基必须坚实。大型高效节能阳极焙烧炉及系统控制技术。

针对我国预焙炭阳极生产系统产能、生产成本、产品质量、能耗水平以及劳动生产率指标要求的提高，我国已成功开发了大型高效节能阳极焙烧炉及系统控制技术。该大型预焙炭阳极焙烧炉为14料箱15火道的72室焙烧炉，见图4-55。

图4-55　大型高效节能阳极焙烧炉及系统控制技系统

该技术与国内外同类技术比较，具有如下特点：

① 焙烧炉平均能耗1.69GJ/t（合47.6m^3/t），平均电耗36.9kW·h/t阳极，阳极一级品率达到96.5%，单个料箱炭块温差水平小于±20℃。国内外阳极焙烧炉能耗水平1.8~2.2GJ/t阳极，电耗水平55~60kW·h/t，单个料箱炭块温差水平±30~±60℃。

② 单个火焰系统产能85~95kt/a，人均生产率达到3500t/a。国内外单个火焰系统产能在40~70kt/a，人均生产率1000~1500t/a。

③ 该焙烧炉采用全息仿真模型，应用该模型开发了大型高效节能焙烧炉新型火道结构、炉体密封和保温结构、新型排烟架和其他设备结构，图4-56为焙烧炉全仿真温度场分布图。

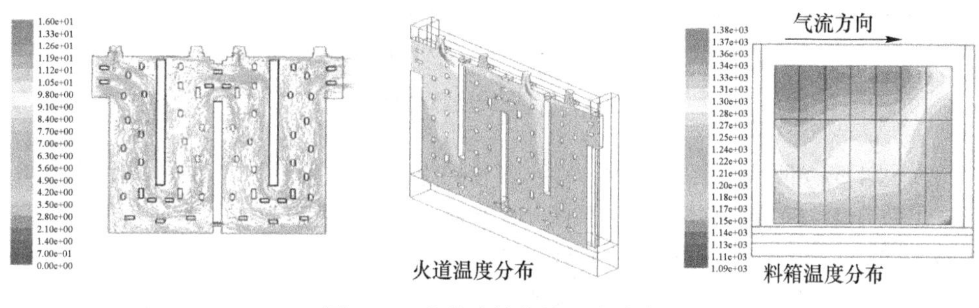

图4-56　全仿真焙烧炉温度分布

④ 该大型敞开式焙烧炉采用了新一代燃烧控制系统。新型控制系统采用从加热到冷却一体化的整体控制策略，开发了负压均衡控制、多点燃烧稳定控制、冷却自平衡控制等模块。

该焙烧炉成为目前世界单体焙烧炉产能最大、能耗、电耗、产品质量以及劳动生产率等综合指标最先进的阳极焙烧炉。其主要技术指标：单个火焰系统产能达到85~95kt/a；平均能耗为1.69GJ/t（合47.6m^3/t）；平均电耗为36.9kW·h/t；单个料箱炭块温差水平小于±20℃；预热区15条火道温差在10℃以内，加热区火道温差在5℃以内。实现了焙烧生产环节投资、运营成本的降低以及产品质量的提升。

（2）环式焙烧炉的工艺操作。环式焙烧炉的型号较多，一般的一座焙烧炉一般由18~54个炉室组成，分成两排，但其工艺操作基本一样，其工艺操作如下：

1）环式焙烧炉的运转规律。环式焙烧炉一般是由6~10个炉室组成一个火焰系统串联加热。一座由36个炉室组成的多室炉（带盖），可分成两个火焰系统，每个火焰系统包括8~9个加热的炉室，带盖冷却的两个，半敞开冷却的一个，敞开冷却的两个，出炉两个，检修的两个，装炉的一个。36室焙烧炉运转规律见图4-57。

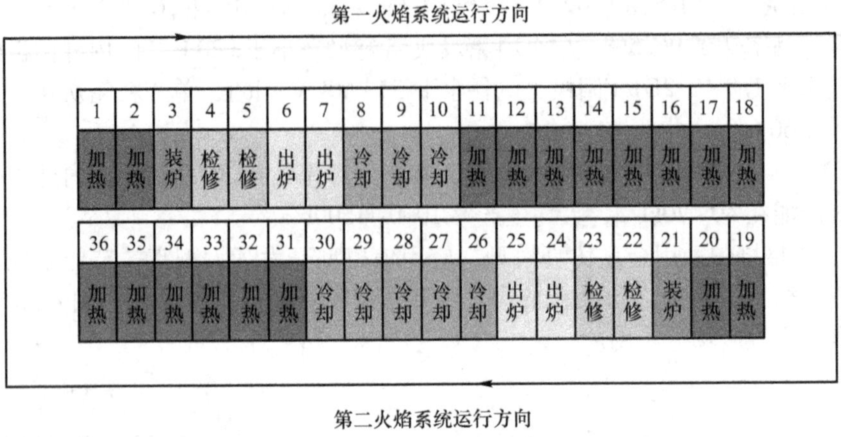

第一火焰系统运行方向

1	2	3	4	5	6	7	8	9	10	11	12	13	14	15	16	17	18
加热	加热	装炉	检修	检修	出炉	出炉	冷却	冷却	冷却	加热	加热	加热	加热	加热	加热	加热	加热

36	35	34	33	32	31	30	29	28	27	26	25	24	23	22	21	20	19
加热	加热	加热	加热	加热	加热	冷却	冷却	冷却	冷却	冷却	出炉	出炉	检修	检修	装炉	加热	加热

第二火焰系统运行方向

图 4-57　焙烧炉运转示意图

从图 4-57 可以看到，从 6 号炉到 23 号炉组成一个系统，从 24 号炉到 5 号炉组成另一个系统。在第一个加热系统中，6 号、7 号炉正在出炉，8 号、9 号炉开盖冷却，10 号炉半敞开冷却，11 号、12 号炉带盖冷却，13 号～20 号炉进行加热，其中 13 号炉是高温状态，20 号炉是刚进入系统中位于预热状态，烟气在最后一个炉室即 20 号炉室与 21 号炉室交接处经烟气连通罩导入烟道。21 号炉进行装炉，22、23 号炉室进行检修准备装炉。第二个加热系统与第一个加热系统相同。

经过一定时间后，21 号炉进入加热，14 号炉进入高温状态，12 号炉和 13 号炉带盖冷却，11 号炉半敞开冷却，9 号、10 号炉开盖冷却，7 号、8 号炉出炉，22 号炉检修完毕开始装炉。这样每隔一定的时间加热炉室向前移动一个炉室，而冷却后的炉室依次出炉、检修和装炉，然后又按运行图表依次进入加热状态。

前后两个炉室进入加热系统的间隔时间，是根据所采用的升温曲线和每一加热系统中包括若干个加热炉室而定的。一台炉分成两个系统生产时，为了做到均衡地使用燃料、均衡地生产，避免两个炉室同时进入高温而需要大量燃料和工作的方便起见，第二个系统要比第一个系统上盖时间滞后或提前半个间隔时间。

2）阳极炭块的装炉。每次生产周期之后，炉底清净，各炉室火墙均需整修。经检查合格后方可进行下一个循环装炉。装生阳极炭块时炉室温度要不高于 60℃。首先炉箱底部先铺平 60mm 厚填充料，然后分层装上生阳极炭块。因阳极炭块的规格尺寸有所不同和焙烧炉的尺寸有差别，具体要根据实际情况测算，有的可以采取平装，有的采取立装。上下层阳极炭块之间填充料厚度为 30mm。阳极炭块与料箱间距，侧面距火道 50～70mm，端面距横墙为 260～400mm。每个炉箱 4 个边角墙充料要踩实，免得进入空气氧化着火，最后料箱顶层盖满填充料，其厚度不小于 600mm 为宜。

装炉用炭素多功能机组操作，填充料用机组添加。装炉完毕现场清理干净。

3）调温。烘炉和开炉。新砌筑的炉体要严格按烘炉规程进行烘炉，不均匀的升温速度使炉体收缩烧结不均，缩短炉体使用寿命，而且还会影响到阳极焙烧质量。54 室敞开式焙烧炉（每炉室 8 箱）的烘炉曲线见表 4-34。

表 4-34 54 室敞开式焙烧炉烘炉曲线

温度范围/℃	升温速度/℃ · h^{-1}	所需时间/h
0~200	12.5	16
200~300	4.2	24
300	保温	24
300~500	4.2	48
500~600	4.2	24
600~800	3.1	64
800	保温	32
800~1100	6.25	56
1100~1250	6.25	24
1250	保温	24
1250~800	自然冷却	192
800 以下	强制冷却	192

重新开动的炉室要按规定的阳极炭块焙烧升温曲线进行调温。焙烧炉燃料可为焦炉煤气、天然气或重油，根据生产企业的能源条件和综合技术经济核算后，合理选择焙烧燃料。

升温及焙烧技术条件。以 54 室敞开式焙烧炉焙烧为例，采用煤气加热，煤气总管道压力在 4000Pa，支气管压力为不大于 2500Pa。排烟烟斗温度控制在不大于 200℃。焙烧时温升速度要严格按规定的温升曲线进行。

技术条件是阳极焙烧质量的保证，违反技术条件将导致阳极被生烧、过烧、氧化、断层等废品产生。表 4-35 为 54 室环式焙烧炉三种不同制度的升温焙烧曲线。

降温时温度梯度要尽量保持均匀，800℃以上采取自然冷却，800℃以下采取强制冷却。

4）温度和压力制度。为了保证阳极焙烧的质量，要求高温炉室火道最高温度达到 1200~1250℃，阳极炭块最高温度达到 1100~1200℃。升温误差在 800℃以前允许±20℃，800~1250℃可在±30℃，升温超出规定误差时必须在 20min 内调至正常。煤气质量至关重要，要求煤气温度为 5~25℃，煤气发热值为 5233.5kJ/Nm^3。

火焰系统各部位负压要求是：风机入口：2450Pa；烟道：1200~1500Pa；烟斗：600~1200Pa；火道；200~300Pa；次高温炉室：火道 5~15Pa。

表 4-35　54 室敞开式环式炉三种制度升温焙烧曲线

五室运转 180h		六室运转 240h		六室运转 216h	
温度区间/℃	保持时间/h	温度区间/℃	保持时间/h	温度区间/℃	保持时间/h
150~500	36	150~450	40	150~350	28
500~700	36	450~600	40	350~550	36
700~1000	36	600~700	40	550~800	62
1000~1250	24	70~1000	40	800~1000	30
1250 恒温	48	1000~1250	32	1000~1200	20
		1250 保温	48	1200 保温	40
合计	180	合计	240	合计	216
冷却速度：					
1250~800	180	1250~800	180	1200~800	180
800 以下	144	800 以下	144	800 以下	144
共计	504	共计	564	共计	540

炉室在运行过程中，因停电、停煤气或其他原因造成炉温下降时，允许按该温度降温的三倍速度上升到原来规定的曲线温度。风机因停电停车，此时需起动备用烟道闸板让烟气走旁路烟道直接导入烟囱，以保证炉子升温或保温。烟道着火时，要迅速确定着火位置，并及时切断煤气和干法净化入口煤气，用灭火设备或蒸汽熄火。排烟机着火要用水浇灭，一般情况下不停排烟机，所以烟道温度不能过高，要求控制在 150~250℃，最高不超过 300℃。要防止炉箱内填充料自燃。如果发现自燃现象，要立即用加盖填充料或盖石棉板隔绝空气，在着火处捣实，直到自燃现象解除。

5）出炉。当炉室温度冷却到 200℃以下时，方可出炉。出炉工作由多功能机组完成，然后由清理机组将炭块表面的填充料清理干净。

焙烧好的阳极炭块经质量检验合格后送往阳极储备库或送组装车间组装阳极，废品返回生阳极炭块制造车间，重新破碎充作返回料使用。

（3）环式炉的辅助设备。现代阳极环式焙烧炉基本实现了机械化、自动化、高效化、节能环保化等的要求，而达到这些要求，其辅助设备至关重要。

1）带盖的环式炉的炉盖。为了节能和使用寿命延长，已对老式样炉盖进行了改进，新式炉盖为耐热铸铁框架，金属骨架，采用耐火纤维板和特异型耐火黏土砖作保温（隔热）层。每个炉盖有 8 个观察孔，其中 4 个为煤气燃烧情况观察孔（也是煤气点火孔），一个为安装测温用的热电偶孔，改进后的新式炉盖与老式炉盖相比，增加了保温隔热措施。

2）铝用炭阳极系统用多功能天车。阳极焙烧多功能天车是焙烧工序的关键设备之一，由它完成的工艺操作主要包括：

① 从阳极焙烧炉一端的编组机上夹取编组后的阳极并进行装炉作业；

② 焙烧后的阳极由多功能天车夹具从炉内取，运至炭块清理机上；

③ 从焙烧炉一端的填充料坑中吸取填充料；

④ 完成向装炉炉室充填填充料；

⑤ 进行从焙烧后的炉室中吸出填充料的任务；

⑥ 把填充和抽吸过程中收集的粉尘排放至粉料接受仓内；

⑦ 通过辅助吊钩完成炉用设备的换位作业（排烟架、燃烧架、冷却架、鼓风架等）和炉修材料的吊运等作业。

由此可见，质量可靠、功能完备的焙烧多功能天车不仅可以保证焙烧工段生产的正常进行，而且还可以提高工作效率，降低工人劳动强度，改善工作环境。如 2 台 54 室敞开式焙烧炉（每炉室 8 箱）厂房，配套 4 台多功能天车，完成装出阳极炭块和抽吸焙烧填充料等作业。

3）焙烧炉燃油自动控制系统。焙烧炉燃油自动化控制系统分为一级焙烧炉燃烧控制系统和二级上位机操作管理监控系统。一级焙烧炉燃烧控制系统由燃烧架、零点测压架、鼓风机架、冷却风机架、测温测压架、排烟机架及重油管道输送系统所组成。

为了达到焙烧炉的最佳性能而研制开发了先进的“控制模式”，该“控制模式”将实际值和运行趋势与目标曲线进行比较，任何区域将以达到目标曲线最佳最可能的近似值的方式来传递，对四条火道均衡控制采用神经网络控制，对重油加热温度采用智能模糊控制技术，见图 4-58。

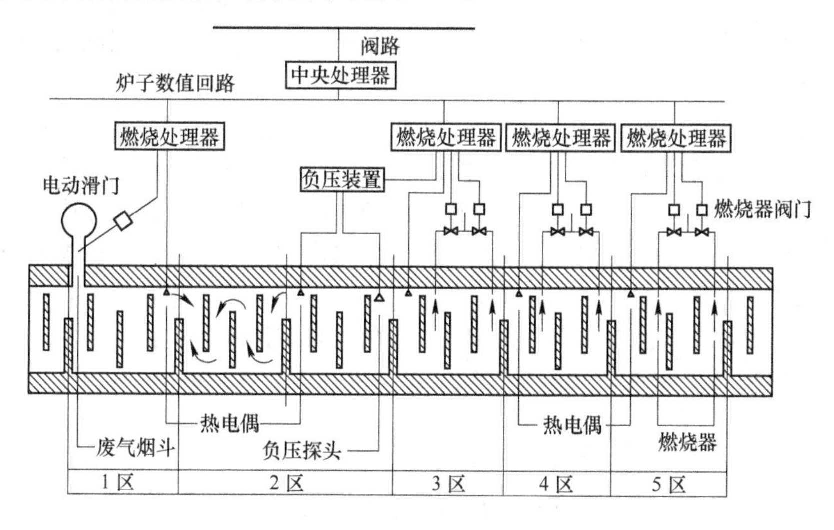

图 4-58 焙烧炉燃油控制模式

工业试验证明，焙烧炉燃油自动控制系统运行可靠，各项指标优良，所达到的各项指标为：燃烧架温度测点温度控制误差范围±5℃；排烟机入口负压控制范围±20Pa；预热段温控范围±20℃；燃烧曲线设计控制时间为180h；节约重油30%；产能提高17%；延长大修周期二年以上；减少挥发分排放60%以上。

4）填充料冷却设备。焙烧炉填充料出炉后温度较高，如不经冷却而直接加工回收，势必损坏设备，同时加工后的填充料温度高于60℃也不能使用，因而炭素厂常用冷却窑来对填充料进行冷却。

冷却窑主要由窑体、水冷系统、支承托辊和传动系统组成。其工作过程为：冷却窑为一圆筒形结构，筒体在传动装置的带动下作旋转运动，筒体进料端与排料端倾斜3°~5°，在筒体内壁设有翻料板，当筒体旋转时，翻料板将料托起，达到筒体最高位时，托起的物料全部自由下落。在下落过程中，在引风机的抽力作用，通过风冷却了悬空下落的料，而贴近筒壁的料可通过筒体外壁喷水达到冷却。由于进料端与排料端有一定的倾斜度，料在旋转过程中慢慢向排料端运动，使出炉后回收的热料得到冷却。

5）焙烧阳极清理设备。阳极炭块在焙烧过程中，为防止变形和燃烧，常采用粒状材料填充在阳极块的周围。因生阳极炭块中含有一定量的沥青，在低温焙烧时，有部分沥青渗出阳极表面与填充料黏附在一起，造成表面粗糙，因而必须清除掉阳极表面的填充料。

世界上使用阳极清理技术和装备的国家主要集中在欧美和阿拉伯国家，清理装备价格高昂。我国尚没有成熟的阳极无尘清理技术，采用部分机械清理或全靠人工清理。清除阳极表面是一项较麻烦的工作，国内通常采用人工清理，劳动强度大、粉尘大、工作环境差。现已开发了机械清理阳极结焦的作业方式。其基本作业原理和过程为：待清理的阳极置于两个平行的水平放置的清理辊上，两辊向相同方向转动，但转数不相同，由此，阳极表面与清理表面产生摩擦，从而使电极得到清理。阳极经入口进入清理室，被置于装料台上。装料台向清理辊方向倾斜，阳极滚动到两个清理辊中间，此时卸料台处于倾斜位置。挡料器移到清理辊的侧上方，将阳极制动住。之后，滑门将入口关闭，压紧装置固定好阳极，两个清理辊向同一方向转动，由于其转数不同，阳极出现打滑，经摩擦后表面被清理干净。清理下来的填充料进入收集器中。清理过程结束后，制动器移到卸料台下方，滑门向上移动，出口被打开，阳极由推料器推到卸料台上，经卸料台通过出口滚到清理室外，清理工作结束。

4.9.4.3　焙烧升温曲线的制定与实践

生阳极炭块是由煅后石油焦及粘结剂按严格的技术要求成型后的一种中间产品，由于大量粘结剂的存在（一般在16%~18%），生阳极的强度、导电性、抗氧化性等一系列理化性能满足不了铝电解生产的要求。因此，必须将生阳极按一定的工艺条件进行焙烧。我国现行阳极的焙烧大都是在敞开式焙烧炉内用保护介质，在隔绝空气的条件下以煤气或天然气或重油为燃料，按预定的升温速度进行间断加热过程，是一个工艺技术要求严格，热场、气流场及化学变化较复杂的所必需的关键过程，其中最关键的技术焙烧升温曲线。

焙烧升温曲线制定得是否合理，直接关系到阳极焙烧的质量与产量。焙烧升温曲线包括焙烧过程持续的时间、温度上升速度、温度的最高值及在最高温度下的保温时间。因此，要制定出合理的焙烧曲线务必多方面综合考虑各种因素。它既要符合炭阳极在焙烧过程中各种理化反应的客观规律，又要考虑焙烧设备结构、填充料种类与性质、焙烧阳极的规格、生阳极块中挥发分含量及所用燃料种类与性质等因素。

（1）根据沥青在加热过程中不同温度阶段的物理化学变化制定曲线。

在低温预热阶段，阳极炭块只有物理变化，没有明显的化学变化，故升温速度可以稍快一些，而不致影响产品质量。在变化剧烈的中温阶段，温度的上升速度必须严加控制，缓慢升温，此阶段温度上升梯度对产品质量影响重大。因为，在此阶段，阳极炭块排出大量挥发分，沥青发生复杂的分解、聚合反应。其结果是产生半焦并热解，最后生成沥青焦，将骨料颗粒紧密联结起来，成为一个统一的整体。缓慢升温将会提高析焦率，改善阳极的理化性能；升温速度过快，不仅影响析焦率而且会造成阳极出现裂纹，产生废品。在高温焙烧阶段，由于变化不太剧烈，沥青焦进一步紧密化，排除剩余的少量挥发分，温度的上升速度可适当提高，但也应严格控制。

当焙烧温度升到最高值后要保持一段时间，目的是将水平和竖直温差缩小，使焙烧的阳极质量各部均一。冷却阶段温度也要控制，实践证明，开始降温阶段，如果降温速度过快，阳极炭块内部和外部的温差加大，将导致阳极裂纹、废品增加。降至一定温度后，方可停止供热，自然降温。如某厂的 36 室带盖炉，在产品升到最高温度后，减油降温至 800℃后，终止火源自然冷却。与阳极升到高温后，直接终止火源自然冷却两者产品质量相比较，在其他条件不变的情况下，前者明显优于后者，废品率也低于后者。

（2）根据生阳极的性能和规格制定曲线。

1）对于不同质量要求的阳极，如出口炭阳极与国内用阳极，其焙烧温度略有差异，出口炭阳极焙烧温度稍高一些，国内的焙烧温度稍低一些；2）大规格的阳极。截面积大，内外温差大，为了防止裂纹废品的产生，曲线则要求长一些，升温速度要慢一些，高温下保温时间要长一些，而小规格的阳极可适当调整；3）同规格的产品，表观密度大的阳极，升温速度要慢一些；4）对沥青用量不同的阳极，升温速度也不同。沥青用量大的阳极，升温速度可适当慢一些。

（3）根据焙烧炉型结构制定曲线。对各种不同的焙烧炉，要选取不同的焙烧曲线，同种类型焙烧炉结构不同，选用焙烧曲线也不同，因不同的炉型和结构就有不同的热效率，其焙烧过程中的热平衡制度不同，这就要求焙烧过程中要充分考虑焙烧炉的类型与结构，制定出相适宜的温度曲线。

焙烧温度曲线最高温度的制定还与焙烧炉的结构以及砌筑炉体的耐火材料的质量有关。在由耐火黏土砖砌筑的炉室中，这个温度与耐火黏土砖的质量有关。为了提高耐火材料的寿命，焙烧炉的工作空间温度通常不超过1350℃。

（4）根据燃料种类和填充料种类制定曲线。

1）填充料的种类不同，制定的曲线也不同。不同的填充料其导热性能、比热等就不同，实际生产过程要根据填充料的性质制定更合理的焙烧曲线。2）不同的燃料要选用不同的曲线。这要视燃料的种类、性质、热值、压力而定。

（5）根据环式焙烧炉运转炉室的数量多少而制定不同的曲线。环式焙烧炉运转炉室的数量多少直接关系到焙烧周期的长短和焙烧产量的安排，34 室和 54 室焙烧炉其运转炉室的数量显然不同，要根据运转数量，合理安排升温制度和冷却制度。

（6）根据所需阳极产量的多少而制定曲线。生产上要求尽力增加产量时，可适当改变焙烧温度曲线，在保证质量的前提下，适当缩短焙烧时间。

优化焙烧温度曲线例一：

某公司 38 室焙烧炉，两个控温系统，1 点、3 点测温，2 点、4 点加油。原焙烧曲线是 6 室转动，保温 40h，通过各段升温速率的分析，其着火温度在410℃，通过把着火温度提高到 520℃，高温阶段升温速率平均在 14℃/h，平均提高 2℃/h，使焙烧过程提前到达高温阶段。其新旧焙烧升温曲线见表 4-36。

表 4-36　新旧焙烧曲线的比较

原曲线			优化后曲线		
升温时间/h	温度/℃	升温速度/℃ · h^{-1}	升温时间/h	温度/℃	升温速度/℃ · h^{-1}
0	240		0	350	
16	310	4.375	16	420	4.37
32	410	6.25	32	520	6.25
96	660	4	96	790	4.22
104	692	4	104	860	8.75
112	756	8	112	940	10
120	836	10	120	1044	13
128	932	12	128	1156	14
152	1220	12	132	1220	16
192	1220		192	1220	

根据焙烧理论及实践经验，火道温度一般比阳极实际温度高 100~200℃，这样在焙烧高温阶段，其挥发分已经排尽，沥青已结焦固化，碳晶体已形成，这一阶段适当提高升温速率，不会对炭阳极质量造成负面影响。此阶段升温速率可以提高到 14℃/h，如果焙烧炉可以承受的话，温度还可以提高到 18℃/h。

优化焙烧温度曲线例二：

某公司与科研机构合作开发了生阳极焙烧燃油自动控制技术，在 34 炉室的敞开式焙烧炉中进行，每个炉室有 4 个火道、3 个料箱，其燃烧系统的工艺流程为重油经管道输送到燃烧架上，经过电加热器加热后，再经过加压泵加压至 3.5~5MPa 后，方可供燃烧器使用。重油在高压的作用下，通过燃烧器喷嘴喷入火道内，形成雾化燃烧，并通过耐火砖、填充料传热供给生碳块进行焙烧。燃烧控制系统分为两个系统，每个系统包括：3 个燃烧架、一个排烟架、一个鼓风机、两个冷却风机、一个测温测压架、一个零压测量架；每个系统同时对 6 个炉室进行温度控制，3 个燃烧架串联燃烧，通过控制系统控制负压及焙烧温度以达到标准曲线的要求，在完成一个标准燃烧周期（30h 或 32h）后，向前移动一个炉室。

采用新的焙烧技术，使生制阳极焙烧的温度均匀，生阳极自身的挥发物在炉内得到充分燃烧，有效地缩短了焙烧时间，提高了生产质量，其焙烧曲线由原来的 216h 缩短到 180h，见图 4-59。

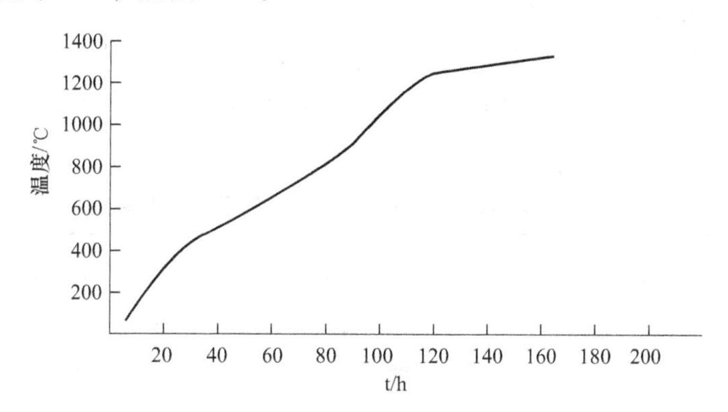

图 4-59 采用燃油自动控制技术优化的 180h 焙烧温度曲线图

工业试验证明：开发的焙烧炉燃油自动控制系统运行可靠，各项指标优良，已在我国众多炭素阳极生产厂家得到应用。

4.9.5 阳极焙烧质量的影响因素

成型后的生阳极炭块是由焦炭颗粒及粘结剂两部分组成，在焙烧的过程中，随着温度的升高，阳极的物理化学变化可分为 4 个阶段：挥发物排出阶段、粘结剂焦化阶段、高温焙烧阶段、冷却阶段。

在这4个阶段中，每一个阶段都与诸多因素有关，对阳极焙烧质量的影响因素也是多方面的。在生阳极炭块焙烧过程中，温度对焙烧过程起着至关重要的影响。升温速度的快慢、温度的最高值及在最高温度下的保持时间、冷却速度及时间都对焙烧过程有重要的影响。其次，阳极炭块是在填充料保护下加热的，填充料的各种性能对阳极的焙烧过程也有重要影响。如填充料的粒度、水分、导热系数等性质对焙烧过程有影响。现代的焙烧技术较普遍采用了燃油或燃气自动控制技术，控制技术本身要求对负压的大小、喷嘴是否畅通等有严格的要求。此外，对炉子的状况、装炉质量、生阳极性质等因素对焙烧过程也有影响。因此，在焙烧过程中，要严格按照技术规程和已制定好的升温曲线执行，精心操作，保证质量。

(1) 温度的影响。加热与冷却速度是影响焙烧过程的极为关键的因素。加热（或冷却）速度决定着阳极炭块以及整个装炉料的温度分布，决定阳极炭块内部温度的差异，同时还决定阳极炭块有不同的焙烧过程。

升温速度对沥青的析焦量有很大影响。在升温速度较慢的情况下，碳氢化合物分子能够有比较充分的时间进行分解和聚合反应，沥青的析焦量因而增大，提高了阳极炭块的密度和物理机械性能。反之，升温速度过快，相当多的碳氢化合物分子来不及分解和聚合便挥发出来，带走了许多原来可以作为黏结焦的碳原子，使阳极炭块的质量变差。

尽管铝用阳极炭块焙烧时的挥发分与升温速度的关系尚未见具体的数据，但与阳极炭块性质类似的炭电极和石墨半成品在焙烧时挥发分的析出量与升温速度的关系可见表4-37。

表4-37　焙烧时挥发分的析出量与升温速度的关系

升温速度/℃ · h^{-1}	物　质	炭电极/%	石墨半成品/%
200	冷凝物	11.8	12.5
	气体	2.1	3
	总量	13.9	15.5
100	冷凝物	8	8.8
	气体	3.5	4.9
	总量	11.5	13.7
70	冷凝物	6	7.2
	气体	4.1	6
	总量	10.1	13.2

从表4-37可见，降低焙烧升温速度可以减少排出物中冷凝液和气体的含量，

相应增加析焦量。同时焙烧制品的强度也随之增加。当然也不是在所有温度范围内都应缓慢升温。在促使沥青析焦所经过的激烈的热解反应的那个温度范围内，即350~650℃之间，就是生成半焦的温度时，务必缓慢升温。而在低温预热和高温烧结阶段则升温速度可以适当快一些，但也不能太快。

在焙烧过程中，碳氢化合物的分解和聚合反应是动态平衡过程。加热使平衡向着吸热的方向移动，这就是分解过程，而冷却则使平衡向着放热的方向移动，这就是聚合反应。因此，在500℃以前的升温过程中，由于操作上的原因使温度不升或偶然下降时，将使聚合反应加强，再加上延长沥青氧化的时间因素在内，可能导致硬壳型开裂废品率的增加。生产实践证明：在焙烧过程中，由于焙烧温度的不升或偶然下降，会导致开裂废品的增加。

但是，焙烧的升温速度也不能过快。因为，升温速度过快将会造成阳极炭块的内外温差增大，阳极炭块的外部已形成了硬壳，而内部却还在继续大量排出挥发分，这样由于内外的收缩不一致而产生强大的内应力，致使阳极产生裂纹。

另外，冷却阶段的降温速度也与焙烧产品质量有很大关系，即由于冷却速度过快，也同样会造成阳极的内外收缩不均，使阳极开裂。

（2）压力的影响。在现代的焙烧过程中，焙烧炉所需负压（压力）来源于烟囱和排烟机。实际生产中，烟囱高度是固定的，排烟机功率有其额定，但排烟机可以采用变频调速以及在烟道处安装负压控制装置，并与计算机控制系统连接，根据生产的实际情况实施合理的控制。

压力对焙烧过程的影响是通过温度来实现的。足够的负压可以把燃料燃烧产物及时地通过烟道、烟囱而排向大气空间，这样可以保证燃料持续不断地燃烧，使阳极得到源源不断的热能，并按升温曲线得以适时升温，最后完成焙烧过程。另外，压力对焙烧过程中各阶段的化学反应也有一定的影响，主要是影响中温阶段的分解和聚合反应，直接影响沥青的析焦量。同时，通过负压的有效控制，使逸出的挥发物在焙烧炉内得到充分燃烧，节约能源。

压力直接影响炉室内的焙烧气氛。压力大，即负压大，抽力大，分解气体排出的速度就快，炉室内分解气体的浓度就低，这样可以加快分解反应的速度，由于分解产物的排出，能进行再聚合的分子数因而减少，故沥青的析焦量减少。反之，如果负压小，抽力小，分解气体排出的速度就慢，则沥青的析焦量增加。

根据化学反应平衡原理，如果在一平衡体系中改变其中一个条件因素（如压力、温度、浓度），则该体系将发生一种削弱这种改变的影响的变化，或给这种影响以一种阻力。如分解反应中有气体产生时，将随压力增高而减慢；聚合反应中将因压力增高而加快反应速度。因此，为了提高炭阳极的析焦量已采用在热压容器内加压焙烧新工艺，压力一般为5~6个大气压（0.5~0.6MPa），这对浸渍后的焙烧尤其有利。

（3）填充料对焙烧阳极质量的影响。为了防止焙烧的生阳极炭块的变形和氧化，用粒状材料填充在所焙烧的阳极炭块周围，这种粒状材料称为填充料。因生阳极炭块是在填充料的包围之中进行加热的，因而填充料的物理、化学性质对焙烧过程有很大影响。填充料的存在，不仅能防止生阳极块的变形和氧化，而且对其焙烧的热量传递及炉室气氛都有影响。

在焙烧炉中，对所焙烧的阳极炭块是间接进行加热的，也就是通过耐火砖壁和填充料才把热量传递给阳极炭块。因而填充料导热系数的大小对热量的传递有重要影响。具有良好导热性的填充料总是使焙烧的结果良好。

填充料不但起保护功能，而且它对焙烧炉中气体气氛组成和压力也有很大影响。排出的挥发分——沥青焦化的产物，一部分被填充料吸附，一部分热解，热解碳的薄层沉积在填充料的颗粒表面上。根据其吸附性能，焙烧炉中的气氛会发生变化，会影响到焙烧阳极的性质。

吸附性与填充料的性质及其分散性有关，见表4-38。填充料的吸附性越强和分散性越大，则对焙烧炉内气体吸收得越多，而且焙烧时制品重量损失也就越大。研究证明，用活性炭做填充料，则由于沥青焦化值的降低，使焙烧制品的质量变坏。

表4-38　不同材料作填充料的焙烧电极性质

填充料名称	填充料性质		粘结剂	体积密度 /g · cm^{-3}	电阻率 /μΩ · m	抗压强度 /MPa
	粒度大小/mm	吸附性/mg · g^{-1}	析焦率/%			
石英砂	1.5 以下	6	63	1.58	36	68.7
煅烧	0.5~6	6.9	61	1.55	41	65.7
无烟煤	0.5~2	7.3	62	1.56	40	67
冶金焦	0.5~6	11	59	1.5	49	53.9
	0.5~2	11.7	60	1.53	42	60.1
石墨化	0.5~6	14.6	50	1.46	48	49
冶金焦	0.5~2	21.3	51	1.48	47	50
炭黑	—	23	46	1.26	65	12.4

填充料的吸附性越强，沥青的析焦量越低，焙烧制品的性质就越差。曾对活性炭、冶金焦和河砂进行过研究。这些材料的粒度组成是一样的，其析焦率如下：活性炭为69.3%，冶金焦为60.7%，河砂为61.3%。因为这些材料的导热率不同，见表4-39。所以，应该把以上数据看作是热导和粒度的总效果。

表 4-39 可以用于焙烧填充料的特性

材料名称	堆积密度/kg·m^{-3}	导热率/W·(m·K)$^{-1}$	热容/J·K^{-1}
冶金焦	—	0.06~0.12	0.88
煅烧无烟煤	600	0.18	0.92
炉渣	1000	0.29	0.75
粒状高炉炉渣	500	0.14	0.75
河砂	1900	2.3	3.77

填充料的粒度组成对焙烧制品的性质也有很大影响，见表 4-40。粒度过细与过大都对制品产生不良影响，粒度过细（小于 0.5mm），则填充料的吸附表面增加，析焦量减少，粒度过大（大于 6mm），则使制品产生外表缺陷，在填充料大颗粒与毛坯表面接触的地方形成鼓泡，在此鼓泡四周有许多小裂纹，如果这种现象非常明显的话，那么毛坯表面好像出麻疹一样。生成这种鼓泡的原因，显然是由于较激烈的传热，颗粒与毛坯接触地方比邻近地方硬结早，而其他部分继续收缩，从而产生鼓泡。

表 4-40 制品焙烧时填充料的粒度组成对产焦率的影响

填充粒粒度大小/mm	吸附性/mg·g^{-1}			电极焙烧时粘结剂的析焦率/%		
	煅烧冶金焦	石墨化冶金焦	填充料返回料	煅烧冶金焦	石墨化冶金焦	填充料返回料
-6+4	5.00	16.5	—	16.4	54.7	—
-4+2	5.37	17.2	15.44	63.0	54.0	58.8
-2+0.5	6.62	18.37	15.87	—	46.6	55.2
-0.5	11.50	19.31	17.25	52.2	41.9	54.2

填充料的透气性对制品的焙烧过程也有影响。填充料透气性大，则产生的挥发物排出容易，析焦率降低，因而填充料的透气性不应太大，因为用透气性不大的填充料能很好地阻挡挥发物的排出，而挥发物的存在又能防止毛坯的氧化。

4.9.6 焙烧用填充料

为了防止焙烧阳极炭块变形和燃烧，需用粒状材料填充在阳极炭块四周，将阳极炭块保护起来，这种粒状材料称为填充料。

（1）填充料在焙烧过程中所起的作用。

1）防止阳极氧化。在温度高于 400℃时，如阳极直接与火焰接触，就会氧化，造成阳极烧损，填充料起到避免阳极炭块与火焰直接接触的作用。

2）传导热量使阳极炭块均匀受热。填充料在焙烧过程中，起着将热量传递给阳极炭块的作用。因阳极炭块不与火焰直接接触、没有辐射作用，填充料起到将热量传导给阳极炭块并使阳极受热比较均匀的作用。

3）固定阳极炭块的形状、防止其变形。当温度达到沥青的软化点时，阳极炭块就会软化，并在其自重和上部阳极炭块重力的作用下发生流态变形，填充料的存在就可以使阳极炭块受到一定的挤压力，在阳极炭块受热软化时，其原来的形状能得以保持。

4）阻碍挥发分的顺利排出，同时还要导出挥发分。填充料的存在阻碍了挥发分的顺利排出，使沥青的析焦量增加。另外，由于填充料具有一定的粒度和孔度，挥发分可以从颗粒间的空隙中排出。如果填充料粒度过细则大规格阳极炭块中的挥发分不易排出，以至由于挥发分的作用而使阳极炭块出现裂纹。

（2）焙烧对填充料的要求。

1）在焙烧温度最高点时，不熔化、不烧结；2）在高温下不与阳极炭块和耐火材料发生化学反应；3）具有良好的导热性；4）在加热过程中，单位体积不发生较大变化；5）要具有一定的粒度；6）要经过1000℃煅烧或烘干，水分不得超过规定；7）装炉时，温度不得高于60℃；8）不堵塞炉底，不影响燃气畅通；9）资源广、成本低、无公害、便于生产加工。

（3）可用作填充料的材料有。

1）黄砂：这种材料经济不需要预先破碎，导热率高，本身不燃烧。但它易堵塞炉底，影响燃烧气体畅通，且含硅量高。对人体危害性大，硅向产品内扩散，影响阳极纯度。2）无烟煤：这种材料煅后不易破碎，且破碎后粒度锋利，不易清理。3）黄砂和无烟煤按一定比例混合使用。4）石油焦：一般用于阳极炭块的生产，但成本高，烧损大。5）冶金焦：广泛被采用，有烧损，且易黏结阳极炭块表面。6）冶金炉矿渣。

用不同材料作填充料时焙烧电极性质见表4-38；各种填充料的特性见表4-39；填充料的粒度组成对析焦量的影响见表4-40。

由表4-38和表4-39可知，最好的填充料是粗粒河砂，在所有可能利用的材料中，它的导热率最高，吸附性最低，而且价钱比较便宜，也不需事先加工。但不能利用纯河砂，因为它具有很大的流动性，会通过焙烧炉缝隙流到炉底的空隙中去；而且硅含量高，影响阳极质量。

为了避免流失，可把煅烧无烟煤以相应的粒度组成按1∶1比例与河砂混合使用。

但是，这种材料由于灰尘的存在，严重地损害操作者的身体健康。因此，颗粒状SiO_2仅用于特殊条件下的焙烧工艺过程。

阳极炭素厂通常用冶金焦做填充料，冶金焦具有导热系数很小即导热性很差，吸附性又很高，易结焦，容易与焙烧的阳极黏结在一起的特点。

焙烧炉在运行时，会碰到很不希望有的现象：填充料结焦。甚至离开焙烧阳极有一段距离的填充料也产生结焦。从焙烧炉中取出结焦的填充料是一项非常困难的操作，在这种情况下无法使用风动方法抽取填充料。清理结焦填充料阳极的表面也是一项困难的操作。

根据研究证明：填充料的焦结是由于焙烧炉燃气中生成热解炭的结果。阳极炭块在焙烧时结焦填充料的原因是：生阳极炭块加热时，沥青软化并变为流动液体状态，因而湿润性增加，围绕阳极炭块四周的填充料颗粒嵌到阳极块体的一定深度，并同阳极块焦结在一起。由此得出如下结论：填充料越细，焦结程度越差。

由于阳极炭块加热，沥青往外排出而引起填充料焦结，因此为了降低焦结，必须在保证阳极质量的情况下尽可能降低阳极炭块中沥青的含量。图 4-60 绘出了电极焦结填充料的数量与电极配料中粘结剂含量的关系。配料中含沥青 18%～20%时焦结效应几乎消失。

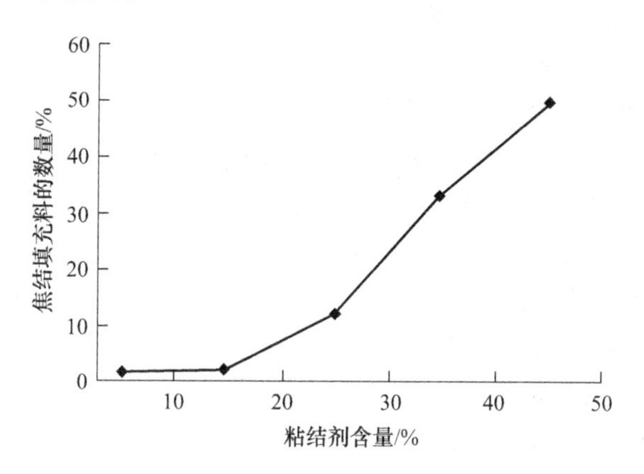

图 4-60　配料中粘结剂含量与焦结填充料的关系

（4）填充料的加工。填充料属于辅助材料，它由专门的辅助工段来生产加工，以保证填充料性质的稳定。

以冶金焦做填充料其加工流程为：

煅后冶金焦→对辊破碎机→皮带运输机→提升机→振动筛，合格的粒度料进入储料仓，以备装炉使用，不合格的料再次进入对辊破碎机，然后重复上述过程。

出炉返还的热填充料→冷却窑→皮带运输机→提升机→振动筛，合格的料进入储料仓，以备装炉使用，不合格的料再次进入对辊破碎机，重复上述过程。

生产填充料所用主要设备有冷却窑、皮带运输机、提升机、大对辊破碎机、小对辊破碎机、振动筛、储料仓及收尘设备。

4.9.7 焙烧阳极产生废品的原因分析

焙烧的阳极质量都有严格的要求。目前，我国的预焙阳极质量标准是按照YS/T 285—2007执行，该标准尽管与世界先进水平的标准相比有较大差距，但也对预焙阳极应达到的物理化学性能指标、规格尺寸、外观残缺等作了明确规定。在焙烧过程中，因影响因素很多，难免会出现废品，对于焙烧的阳极炭块物理化学指标，宏观是无法判断的，但外观是否残缺是可以直观判断的（有的隐藏在阳极炭块的内部，是难以发现的）。尽管有质量检验把关，但大工业生产中，依然有废品混进到铝电解生产中，造成一定的影响。为尽量避免废品的出现，提高焙烧的成品率，对直观可以判断出的废品产生原因进行归纳。

（1）焙烧工序的废品类型（不包括理化指标不符的类型）。焙烧工序出现的废品种类较多，如裂纹（纵裂、横裂）、弯曲、空头、变形（包括炭碗）、氧化、分层、内裂、杂质、碰损等。

（2）产生纵裂的原因及其影响。

1）升温曲线不合理，升温速度过快（尤其是中温阶段），造成阳极炭块表层烧好，而其内部尚未烧好，挥发分排除困难，产生的膨胀压力大于表层的强度极限；2）阳极炭块装炉时距炉墙太近，阳极块靠炉墙的一侧局部升温过快，造成过早烧结，使整个阳极收缩不均；3）在配料时，生阳极中的沥青含量少、粉子多，当阳极受热挥发分排除时，颗粒黏结不牢，抗胀能力差；4）降温速度太快，外部产生收缩，但内部未收缩，产生相对膨胀应力，表面强度极限低于膨胀应力时；5）墙局部漏料，受热太快；6）环式焙烧炉上、中、下层阳极炭块搭配不合理，上层装大规格等。

产生纵向裂纹的预焙阳极炭块在铝电解生产中应用时，因受电流的作用和热冲击以及电解质的侵蚀，会产生掉渣增多、局部放电、阳极电流分布不均、严重的会纵向断裂或掉块现象。

（3）产生横裂的原因及其影响。

1）采用间断混捏时，存在两锅接头料，接触不好，焙烧时由接头处断裂；2）成型时料温过低，生坯没有振实或压实；3）振动成型时突然停机，又重新振动；或压型返程时将糊料拉断，然后挤压出；这些虽然阳极炭块表面光滑，但内部结构已不均匀；4）料煅烧程度不够，焙烧产生二次收缩，阳极易出现裂纹等等。

在铝电解中，最忌讳阳极出现横裂，阳极出现横裂将使阳极电阻显著增大，造成电解槽上电流分布不均，电解槽运行不稳定，阳极断裂在电解槽中，影响正常生产。

（4）产生弯曲的原因和影响。

1）装炉生阳极炭块不垂直；2）填充料放得不均匀，或不实；3）大小规格混装，在局部有受力不均现象等。

视阳极炭块弯曲的程度和方向的不同，对电解铝生产的影响也不同。如果是纵向弯曲，易造成阳极电流分布不均，阳极消耗不一（同一块阳极底面，但极距不同）；如果是横向弯曲，对更换阳极的操作带来一定的影响。

（5）产生空头的原因及影响。空头就是阳极炭块局部出现结构疏松，甚至出现蜂窝及空洞的现象。

造成的主要原因为：配料时粉子用量少，沥青用量过多；低温升温速度太慢，升温时间又长，则沥青烧结速度慢，粒子下沉造成顶部出现空头。

具有空头现象的阳极，在铝电解中应用会出现：阳极电流分布不均，阳极氧化快，掉渣多，阳极消耗不一。

（6）产生变形的原因及影响。

1）装炉时炉室温度过高，填充料放的时间又太长；2）填充料放的不均匀，有的局部地方没有填实；3）阳极炭块间距离太小，两个或几个阳极块发生黏结；4）炉底漏料，引起局部软化变形；5）生阳极炭块含沥青量过大；6）填充料温度高于沥青软化点；7）填充料水分太高，超过规定；8）填充料粒度不合格，阳极炭块与大颗粒接触处出现局部烧结过快，而产生鼓包变形；9）阳极炭碗没有填充料或装入的少；10）阳极炭块与炉墙距离太小，引起变形等。

阳极变形是焙烧阳极过程中出现废品率较高的情况，这种废品混入电解生产系统中也时常出现，使铝电解生产中出现：电流分布不均，阳极长疱，严重的造成槽温升高、滚铝，炭渣多，阳极消耗不一，电解槽运行不稳等。

（7）产生氧化的原因及影响。阳极炭块的氧化是因其暴露于填充料外与火焰接触而引起的。发生氧化的原因有：

1）产品顶部填充料太薄；2）炉体有的部位在高温焙烧过程中漏料；3）出炉时温度过高，阳极块又过于集中，未能及时散开；4）装入的填充料潮湿，高温加热后其体积收缩，阳极炭块顶部填充料减少，下落，致使阳极炭块露出填充料之外；5）阳极炭块箱体透风等。出现氧化现象，造成电解铝过程中炭耗增加，阳极自身电、热分布难以均衡，电解质中炭渣增多。

（8）产生分层的原因及影响。

1）进入成型时糊料的温度不均匀，糊料的温差过大；2）糊料混捏不均，或凉料时混入了冷料块，在成型时糊料运行速度不一样；3）采用间断时混捏和分锅运糊料时，两锅料塑性不一样，相差悬殊，则在两锅料接头处流速不同，造成分层；4）糊料中进入水、油、灰尘时；5）沥青含量太少；6）配料时，阳极中添加生碎或残极碎太多等。

在铝电解过程中，最忌讳阳极出现分层现象，有分层的阳极将使阳极电阻显著增大，局部槽温高，电流分布不均，电解槽运行不稳定，阳极局部长疱，以及阳极局部大块掉入电解槽中，影响正常生产。

（9）产生内裂的原因及影响。

1）原料煅烧质量差，或配料时混入生料块在焙烧时产生二次收缩，如果包在阳极里面，则造成内裂；2）糊料混捏不均，或糊料中有水，在焙烧时内部收缩不均，或水分蒸发掉，均出现内裂；3）成型时没有振实或压实等。

在铝电解过程中使用时，同样忌讳阳极出现内裂，内裂的阳极将使阳极电阻显著增大，槽温升高，电流分布不均，电解槽运行不稳定，阳极局部长疱，以及阳极局部大块掉入电解槽中，炭渣多等，影响正常生产。

（10）产生黏结的原因及影响。装炉时阳极间距太小；或在采用立装时，下料时将阳极冲倒等。主要影响阳极的物理化学性能指标，阳极焙烧不均匀。

（11）产生碰损和杂质的原因及影响。

1）碰损主要由装出炉及运输过程中的机械碰撞以及高位落块所致，抓头抓料时碰坏；2）清理时也有会碰损；3）原料中混入杂质，如粉尘、木头、铁等；4）出锅前冷沥青混入锅内等。

大的碰损一般都能发现，及时作为废品处理，小的碰损对铝电解影响较小；杂质主要影响铝的质量。

4.9.8　焙烧工序的节能

随着我国电解铝工业的迅速发展，铝用炭素工业也快速崛起，在快速发展的过程中，节能是行业发展应高度重视的问题。尽管我国在铝用炭素的发展过程中取得了长足的进步，但在过去以及现在不少的生产厂家仍然处于落后状态，能源浪费较为严重。

4.9.8.1　焙烧炉简单的热平衡

我国铝用阳极焙烧炉普遍采用了敞开式环式焙烧炉，焙烧炉的结构和工艺技术方面都作了诸多改进，也开展了热力学的电子仿真研究等，取得了明显效果。但对铝用炭阳极焙烧炉开展全方位的热平衡测试与研究，在我国尚未见报道。尽管焙烧过程很复杂，但作者认为现行的焙烧炉在结构、耐火材料、火道方式、负压控制方式及技术、烟气热量的合理利用等是有较大潜力的，开展全面的热平衡测试、计算、仿真是很有益的工作。

众所周知，热平衡只是确认热来源、热消耗及其单项分布，它本身并未提出应该如何达到更好的热分布的途径。但利用热平衡的数据，掌握焙烧炉的热源、热流的相对性，对改善炉子的热效率和节能具有重要的现实意义。

在阳极焙烧过程中，焙烧炉有两个不同的热传递过程。一个是将生阳极块焙烧到规定温度的预热焙烧阶段；另一个是将焙烧阳极进行冷却的冷却阶段。

从热源的角度来看，焙烧炉有3个热源，一是预热焙烧阶段通过喷嘴导入的油或煤气或天然气。二是在预热带从生阳极中排出的，并在火道内燃烧的挥发分。三是预热焙烧阶段或冷却阶段被氧化的填充料的放热。

生阳极炭块焙烧过程中沥青挥发分的排出是在阳极块表面温度达到350℃时开始，450℃左右变得很激烈，然后逐渐减少。大部分沥青挥发分是在预热阶段燃烧，而成了焙烧炉的重要热源。在此过程中，沥青的30%～40%挥发掉，其余的60%～70%焦化、残留在阳极中。

值得关注的是，沥青挥发分所产生的热量要比把生阳极焙烧到规定温度所需的热量要大。生阳极可从挥发分中得到2500～2930kJ/kg的热量，而将生阳极焙烧到规定温度所需的热量，即用于沥青的熔化、分解、挥发以及将骨料和粘结剂焦化焙烧到规定的温度所需热量为1670～1880kJ/kg。

此外，在预热焙烧阶段除了将生阳极的温度升到规定温度所需热量外，还需要一定的热量将炉体、填充料提高到所需要的相应温度，以及补充料箱表面的连续热损失和烟气带走的热量。燃料也被应用于将冷却阶段进行热交换的预热空气提高到焙烧阶段所规定的温度。

支出的热量包括烟气带走的热量、预热焙烧阶段以及冷却阶段炉体和料箱表面的散热，以及出炉的阳极和填充料带走的热量。焙烧炉往往通过填充材料和砖壁的裂缝以及不密封处使冷空气进入火道内，从而降低阳极炭块焙烧的热效率，所以需竭力防止，冷空气主要从负压高的预热炉室进入。

表4-38是焙烧炉预热焙烧阶段的热平衡示例。冷却带的热平衡可认为：从预热焙烧阶段进入冷却阶段的显热以及冷却阶段的填充料燃烧所产生的热量是其热收入部分，其热收入部分则相当于表4-38中的热支出项中的阳极炭块显热、填充料显热和炉体显热的总和。另外，其热支出则是预热焙烧第二次利用的预热空气的显热，炉体及料箱的散热，从料箱中取出阳极炭块时，阳极炭块、填充料所带走的热量及炉体残留热量的总和。

从表4-41中可以看出，焙烧炉的全部热量（燃料、沥青挥发分以及填充料燃烧热的合计）的44%是来自沥青挥发分。因此，相当于全部热量的42%被有效地应用于料箱内部的阳极摊款和填充料的加热上。

表 4-41　焙烧炉预热焙烧阶段简单的热平衡示例

热收入			热支出		
项目	$\times 10^6$kJ/h	%	项目	$\times 10^6$kJ/h	%
燃料燃烧热	8.8616	40	制品显热	6.897	31
沥青挥发分燃烧热	7.2314	32	填充料显热		
填充料燃烧热	0.418	2	炉体显热	11.286	50
			烟气显热	0.9196	4
预热空气显热	5.8938	26	其他散热	3.3022	10
合计	22.4048	100	合计	22.4048	100

4.9.8.2　焙烧过程中的节能

全球对工业上的节能减排很重视，国际有关组织及各国政府出台了相关政策措施。针对铝用炭素阳极焙烧系统，我国在行业上采取了如下措施，取得了良好效果。

（1）改进焙烧炉设计结构和耐火材料。对焙烧炉的设计采用了电子仿真技术，进一步优化结构；焙烧炉炉墙及炉底的耐火材料选用低密度、高强度、低导热率的新材料，使耐火材料的蓄热损失及散热损失较旧式炉子减少30%以上。同时通过使用低蠕变黏土砖筑炉、耐火浇筑料预制块做火道盖板，减少了炉体的变形量，提高了炉体的传热效果和使用寿命。

（2）采用先进的燃烧自动控制系统。采用先进的焙烧炉燃烧装置及控制技术，实现燃料与焙烧炉室温度的自动控制，沥青挥发分在焙烧过程中，燃烧充分，可达99%以上，节省了燃料消耗。如燃料采用 $Q\approx 15000\text{kJ/m}^3$（标态）的焦炉煤气，制定合理的焙烧炉焙烧曲线，预焙阳极的单位耗能由原来的 6.7×10^6kJ/t 降低至 2.7×10^6kJ/t。节能效果明显。

与此同时，烟气排放量大大减少，有害成分含量降低，有效保护了环境。如改进的炭阳极焙烧炉燃烧技术，烟气排放量由原来的12000～14000Nm^3/h 降低到6000～700Nm^3/h，烟气中沥青烟等有害成分含量明显减少。

（3）设计与工艺紧密结合上的改进。开发出了新型的大料箱敞开式阳极焙烧炉，炉室尺寸达5.5m×5.5m×0.8m，每炉室7～9个料箱，可以改变阳极装炉方式，装阳极可达130～160t。单个火焰系统年产量可达2.5万～4.0万吨，大大提高了焙烧效率和土地利用率，装炉量与炉子占地面积之比可达13t/m^{2}以上，吨耐火材料产能也得到了提高，达到7.2t/t，而传统的炉型仅为4.6t/t。综合节能效果好。

（4）新型阳极焙烧节能燃烧器技术。在铝用炭素生产中预焙炭阳极焙烧常采用天然气作为燃料，燃气消耗是炭素生产中的一个重要控制指标，由于追求阳极制品的高品质，有的炭素生产厂焙烧火道温度已高达1200℃，这对焙烧炉用燃烧器提出了更高的要求，而传统型燃烧器燃烧效率差、寿命短、费用高。为保证燃气的充分燃烧，又获得较长的使用寿命，利用引射原理吸入空气冷却喷管的燃烧器结构，使燃烧更加完全、充分，并降低燃气喷管温度，延长喷管寿命，见图4-61。

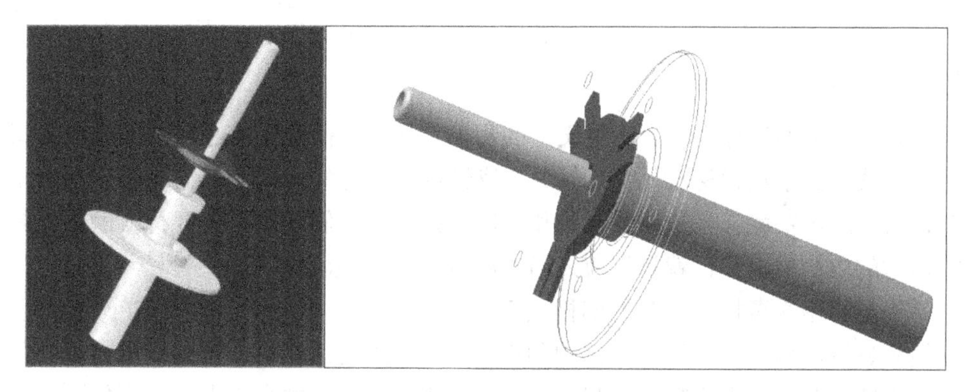

图4-61 新型阳极焙烧节能燃烧器

该燃烧器，具有以下特点：

利用引射原理进行配风的燃烧器结构：一方面可进入少量氧气与燃气混合，燃烧更加完全、充分；另一方面也可对喷管进行冷却，降低燃气喷管温度，从而延长喷管使用寿命。

特制材质的耐温喷管内、外管：燃气喷管与燃气直接接触，一是要承受炉内高温，二是要防止喷管内壁的结焦，三是要抗硫等元素的腐蚀。

燃气压力与燃烧器内外管径的匹配：燃气燃烧需要氧气，燃气压力高，单位时间进入炉内燃气浓度高，可能出现缺氧，燃烧就不充分，出现黑烟；燃气压力低，由于引射原理，配风量减少，火焰强度差，且管壁温度高，极易出现结焦现象。

喷管与底座的特殊连接方式：采用特殊的设计，改变原螺纹连接易高温烧损的问题。

5 现代铝用炭阴极制造技术

5.1 概述

在电解铝的过程中，真正意义上的阴极是在电解槽槽堂内底部加入或电解析出的铝液；由于炭素材料具有良好的抗腐蚀性、良好的导电性、耐高温、基本不与铝液反应等特性，在长期的科研和生产实践中，人们选择了炭素材料做铝电解槽槽堂的内衬材料，也就是目前人们普遍所称的“炭阴极”。

铝电解用炭素材料主要有阴极底部炭块、阴极侧部炭块、阴极糊（周边糊、立缝糊、钢棒糊）和炭胶泥。铝用阴极炭块是以煅烧无烟煤、人造石墨、石油焦等为骨料，煤沥青等为粘结剂制成的，主要用于铝电解槽炭质内衬。现代预焙铝电解槽阴极材料结构参见图 5-1。

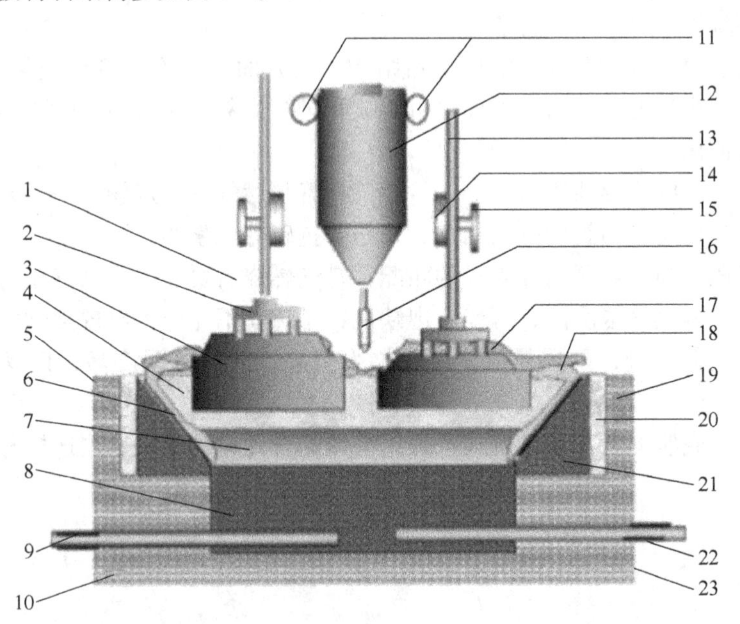

图 5-1　中间点式下料预焙铝电解槽结构示意图

1—槽罩；2—钢爪；3—预焙阳极；4—电解质；5—摇篮架；6—伸腿；7—铝液；8—阴极炭块；9—阴极钢棒；10—保温砖；11—集气管道；12—氧化铝料仓；13—铝导杆；14—上部支架；15—夹具；16—打壳下料机构；17—氧化铝覆盖料；18—上部结壳；19—侧部砖；20—防渗板；21—侧部炭砖；22—密封；23—槽壳

5.1.1 铝电解用炭素阴极材料发展简史及其作用

1886年，美国的霍尔（Hall）和法国的埃鲁特（Heloult）发明了冰晶石——氧化铝熔盐电解法生产铝，是当今世界电解铝工业的基础。1889年法国在Froges建造世界第一台1000A的单阳极铝电解槽；1888~1989年，在美国匹兹堡和瑞士的纽豪斯，采用Hall-Heroult法建造了世界第一批系列铝电解槽并投产。由于铝用炭素材料具有抗高温、耐腐蚀、导电性能好等特性，因此，从1886年霍尔和埃鲁特发明电解法生产铝开始至今，铝电解槽的内衬和导电阴极一直采用炭素材料。世界第一批铝电解槽阴极最初就是使用炭糊整体捣固成的；1920年出现了预焙阴极炭块，这是铝电解技术上的很大进步。之后，为延长铝电解槽寿命、提高抗电解质侵蚀能力、减低电耗，相继开发成功用煅烧无烟煤为骨料进行生产的普通阴极炭块和利用石油焦等为骨料生产的石墨及半石墨阴极炭块。近些年，生产上使用了复合阴极材料（如TiC、NbN、TiB_2等）、SiC侧部材料是铝电解槽的新型阴极材料（作者认为“惰性阴极材料”的称谓值得商榷）。

以煅烧无烟煤、人造石墨、石油焦等为骨料，煤沥青等为粘结剂制成的铝用阴极炭块和阴极糊，用于铝电解槽炭质内衬。这类炭素材料经过加工、砌筑或捣固，构成铝电解槽槽底和槽侧壁的主体，用于盛装铝电解反应所需的电解质和析出的铝液，并将电流通过嵌入阴极中的钢棒导出槽外。

侧部阴极炭块或侧部复合炭块主要是抵御高温电解质和铝液的侵蚀和冲刷，同时起到维护电解槽正常生产时的热平衡作用；阴极糊主要起连接作用和抗腐蚀并导电的作用。

总之，炭槽底（阴极炭块）作为铝电解槽的核心内衬之一，在铝电解槽中所起的作用为：一是盛装熔融的金属铝和电解质熔体。二是作为铝电解槽的阴极传导电流，并使电流均匀地分配到铝电解槽的底面上。在铝电解生产中，阴极炭块和熔融电解质及液体铝直接接触并受到它们的冲刷，而且承受巨大的电流。若阴极炭块质量不高，就会增加金属铝内的非金属杂物的含量，从而降低铝产品质量；同时炭材料的消耗量增加、维修次数增多，致使劳动条件变坏、槽寿命降低、冶炼成本升高。阴极炭块是铝电解槽中性能要求最苛刻的也是使用量最大的内衬材料，其质量的好坏，直接影响着电解槽的使用寿命和电能消耗，提高其生产技术水平和性能指标对于推动铝电解工业的技术进步具有极为重要的作用。因此，国内外都将铝电解槽用高性能阴极材料作为重要的研究课题。

自工业铝电解技术发明以来，国内外铝电解槽的阴极结构大致经历了以下四种类型：

（1）整体炭糊捣固阴极。内衬全部采用具有塑性的炭糊就地捣固而成，其下部用Al_2O_3作为保温与耐火材料。这种结构的电解槽阴极造价低，槽内氧化铝在槽大修时可回收使用。其改进型是在整体捣固炭糊下部依次采用耐火砖和保温砖作为耐火与保温材料。

（2）半整体捣固阴极。采用 Al_2O_3 作为耐火与保温材料，在 Al_2O_3 层上部砌筑阴极炭块，其侧部用具有塑性的炭糊捣固而成。

以上两种类型的电解槽的使用寿命均低于预焙炭块与耐火砖和保温砖砌筑的电解槽，而且捣固炭糊在电解槽焙烧启动时，产生大量的沥青烟气，严重污染环境。因此，这两种类型的阴极在新建电解铝厂中已不再采用。

（3）炭糊捣固预焙炭块阴极。预焙阴极炭块砌筑在耐火砖与保温砖上，炭块之间的接缝及炭块的边缝用炭糊捣固成整体。这是目前国内外常用的阴极结构。

（4）整体粘接预焙炭块阴极。预焙阴极炭块砌筑在耐火砖与保温砖上，炭块之间用炭胶粘接，砌筑前须对炭块的粘接向进行精加工。这种阴极的使用寿命长，但炭块的加工精度要求高，因此目前国内外只有少数厂家采用这种阴极结构。

目前，我国铝电解槽用阴极炭块有两种：一种是以电煅无烟煤为基本骨料，添加 30%左右的石墨碎，与煤沥青混合后经焙烧而成的半石墨质材料。在大规模生产半石墨质阴极炭块之前，国内外在很长一段时间内生产的预焙阴极炭块都是以回转窑或煤气煅烧炉煅烧的无烟煤作骨料。由于煅烧温度低于 1400℃，因此这种煅后煤的电阻率是电煅煤的两倍以上，制成的阴极炭块电阻率高、热导率低，煅后煤的电阻率是电煅煤的两倍以上，制成的阴极炭块电阻率高、热导率低，抗钠侵蚀性差，用作铝电解槽时电流效率低、使用寿命短、经济效益差。自 20 世纪 80 年代初贵阳铝厂引进日本的无烟煤电煅烧技术与设备后，国内的相关设计和生产部门在消化吸收国外先进技术的基础上，相继开发出多种结构形式和规格的电煅炉，为阴极炭块生产企业生产高质量的半石墨质阴极炭块奠定了良好的基础。另一种是采用石油焦为骨料，沥青为粘结剂经成型、焙烧和石墨化后，制成石墨化阴极炭块，在 500kA 以上容量的铝电解槽上得到较普遍应用。近年来，随着我国铝电解工业的迅速发展，铝电解槽用半石墨质阴极、石墨质阴极炭块的产量和质量都得到了很大的提高。产品质量指标由过去采用原冶金部标准改为采用性能要求更高的有色金属行业标准 YS/T 623—2012。

5.1.2　我国铝用炭阴极产业发展概况

随着我国电解铝工业的迅猛发展，我国铝用炭素阴极产业也得到迅速发展，到 2018 年底，我国电解铝产能达到 4600 万吨/年，电解铝产量为 3580.2 万吨；据调研预测，2019~2020 年中国电解铝计划新增产能约 520 万吨。其中，2019 年新增产能约 243 万吨，区域依旧集中在广西、云南、内蒙古和贵州等地。作为新增铝项目的两个热门省份，云南和广西两个省自治区 2019 年新增产能将达到 180.5 万吨。目前，我国已建成并生产运营的铝用炭素阴极炭块生产企业有 19 家，产能 66.4 万吨/年，见表 5-1。而为生产阴极炭块提供原材料的专业生产厂家及阴极糊厂家就更多了，满足了我国电解铝工业的发展需要。

我国铝用阴极炭块按区域分布在 7 省、自治区的 19 家生产企业，总产能达到 66.4 万吨/年。各省、自治区铝用阴极炭块产能分布见表 5-1。

表 5-1　2018 年中国阴极炭块产能及分布

序号	省份	产能/万吨	占比/%
1	山西	46	69.3
2	河北	2.5	3.8
3	贵州	2.4	3.6
4	宁夏	4	6.0
5	河南	5	7.5
6	四川	2.5	3.8
7	青海	2	3.0
8	山东	2	3.0
合　计		66.4	100

2018 年，我国铝用阴极炭块生产总量达到 36.16 万吨，同比增长 16.08%，同期阴极炭块出口量为 3.23 万吨，国内消耗 32.93 万吨。2018 年中国阴极炭块产量及分布情况见表 5-2。

表 5-2　2018 年中国阴极炭块产量及分布

序号	省份	产量/万吨	占比/%
1	山西	30.3	83.79
2	河北	1.32	3.65
3	贵州	0.48	1.33
4	宁夏	2.21	6.11
5	河南	1.26	3.48
6	四川	0.59	1.63
合　计		36.16	1

从上述表 5-1 和表 5-2 中可以看出，我国的铝用阴极炭块产能过剩，2018 年开工运转率为 54.45%。

我国的铝用阴极生产企业，大体上可分为三种生产类型：

第一类是大型的较现代化的综合铝用炭阴极生产企业。这类企业主要是在以 20 世纪 80 年代引进的基础上，通过消化引进、改进提高后建立起来的即生产阴极炭块，又生产侧块、阴极糊产品，一般有电煅烧炉、振动或大吨位挤压成形机、带盖的环式焙烧炉和大型炭块加工机械，部分厂还有石墨化炉。其特点是生产工艺完善、产能大、产品齐全、装备水平较高、质量可靠度大。

第二类是中型炭阴极生产企业，其规模较小，一般以购进电煅原料的方式生产，或中间产品委托焙烧或加工，工艺设备不完整，部分阴极生产企业工艺设备较落后等。

第三类是小型炭阴极生产企业，其生产规模小、产品单一，要么是购进原料加工成阴极糊，要么是单一为中型企业带料加工等，装备落后。

5.2　铝电解用炭阴极的分类与评价

铝用炭阴极可分为阴极炭块（含侧部炭块）和阴极糊（含炭胶泥）两类，见图 5-2。

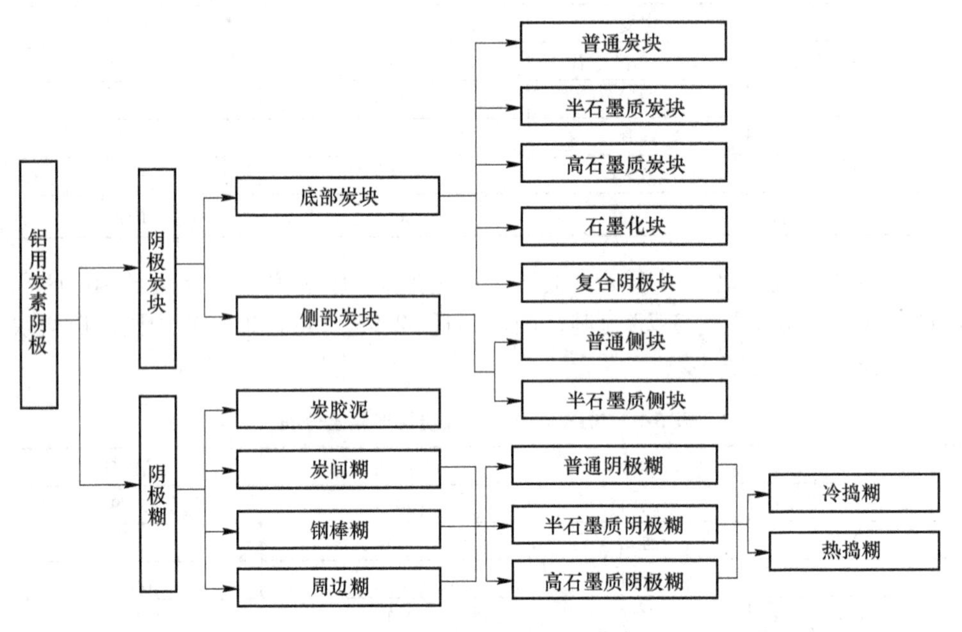

图 5-2　铝电解用炭阴极的分类

铝电解生产要求炭素阴极耐高温、耐冲刷、耐熔融电解质及铝液的侵蚀，有较高的电导率、一定的纯度和足够的机械强度，能够保证电解槽有较长的使用寿命和有利于降低铝生产的电耗，并使铝产品的质量不受污染。炭素阴极的材质，安装质量及工作状况对铝生产的电流效率、电能消耗和电解槽寿命有较大的影响。阴极电压降（又称炉底电压降——工业生产上测试的炉底压降包括阴极炭块压降、钢棒糊于阴极块接触压降、钢棒糊压降、钢棒糊与钢棒接触压降、钢棒压降、钢棒与软带连接压降）一般占铝电解槽电压降的 9%～13%，相当于铝电解生产中有 9%～13%电能消耗在阴极上。

根据原料来源的不同和热工工艺的差异，通常将铝用阴极炭块分为三大类，见表 5-3。

表 5-3 铝电解用阴极炭块分类

<table>
<tr><th colspan="2">分 类</th><th>主 要 原 料</th><th>热处理工艺</th></tr>
<tr><td rowspan="2">无烟煤
基炭块</td><td>无定形</td><td>气煅无烟煤或电煅无烟煤
加 0%～20%人造石墨</td><td rowspan="2">焙烧到 1200℃</td></tr>
<tr><td>半石墨</td><td>电煅无烟煤占 80%～50%
人造石墨占 20%～50%</td></tr>
<tr><td colspan="2">石墨质炭块</td><td>人造石墨 100%</td><td>焙烧到 1200℃</td></tr>
<tr><td colspan="2">石墨化炭块</td><td>石油焦或石油焦加沥焦</td><td>焙烧到 1200℃
石墨化 2500～2800℃</td></tr>
</table>

对于阴极炭块的评价，主要从其物理化学性质、抗腐蚀性等方面考虑。通过长期的产品检验数据和工业应用，得出了各种阴极炭块的定性性能对比情况，见表 5-4。从表 5-4 中可以发现：铝用炭素材料的性质往往相互关联，相互影响。因此，在选择铝电解槽内衬材料时，通常要对其性能进行综合考虑。即要考虑阴极炭块有更好的导电性能、抗钠膨胀和抗电解质腐蚀性能，也要考虑其有较好的力学性能和抗电解质、铝液的冲刷性能。产品价格也是经济上要考虑的问题，选择价格、性能比好的阴极材料。

表 5-4 各种阴极炭块定性性能对比

性 能	无定形	半石墨质	半石墨化	石墨质	石墨化
耐磨性	很好	相当好	一般	较差	差
抗热震动性	一般	好	很好	很好	相当好
比电阻	高	较高	低	很低	非常低
导热率	一般	较高	高	高	相当高
机械强度	高	较高	一般	一般	较低
钠膨胀	较高	一般	很低	低	较低

无定形炭块在现代电解铝工业中已基本淘汰；半石墨质炭块在众多电解铝厂是使用；石墨质炭块综合性能较好，但优质石墨碎资源有限、生产率低等，电解铝企业应用受到限制；目前发展起来的复合阴极炭块，性能好，比较适合现代化大型预焙铝电解的需要，被行业所青睐。

5.3 铝电解用炭素阴极生产原料及工艺流程

5.3.1 铝电解用炭素阴极生产原料

铝用炭素阴极生产的主要原料有无烟煤、石墨、石油焦、冶金焦、沥青焦、煤沥青、煤焦油等。

（1）无烟煤。优质无烟煤具有良好的耐电解质腐蚀性能，是生产阴极炭块和各种阴极糊的主要原料。无烟煤灰分含量低（<8%），机械强度高，热稳定性好，含硫量低。煅烧无烟煤分为普通温度煅烧无烟煤和电煅烧无烟煤两种，普通温度煅烧无烟煤（煅烧温度1250~1350℃）是生产普通阴极炭块的主要原料；电煅烧无烟煤（煅烧温度1800~2100℃）是生产半石墨阴极炭块的主要原料。

（2）石墨。在阴极炭块中加入10%~15%的天然石墨，可以提高导热率和耐侵蚀性能，有效降低电阻率。生产半石墨阴极炭块可用人造石墨为骨料。

（3）石油焦。含碳量高，灰分含量低，真密度大，电阻率低，线膨胀率小，易石墨化，用来做石墨阴极块的主要原料。

（4）冶金焦。用灰分、挥发分、水分、硫分含量低，耐磨性能好的冶金焦做普通阴极炭块的细碎料。

（5）沥青焦。灰分、硫分含量低，导电性能好，但抗钠侵蚀能力差，电解膨胀率高，用做半石墨阴极炭块的细碎料，可以改善骨料对粘结剂的吸附性能。

（6）粘结剂。常用中温煤沥青、高温煤沥青、改质煤沥青、煤焦油、蒽油及人造树脂等。生产不同阴极产品采用不同的粘结剂，有时采用混合粘结剂。

生产普通阴极炭块，以普通煅烧无烟煤为主要骨料，中温煤沥青为粘结剂。半石墨质的阴极炭块以高温电煅烧无烟煤或石墨碎块为骨料，高温煤沥青（改质煤沥青）配合一定比例的煤焦油和蒽油做粘结剂。半石墨（化）炭块以普通煅烧无烟煤、石油焦、沥青焦为骨料，中温煤沥青做粘结剂，焙烧后再经半石墨化处理。

阴极糊是与阴极炭块配套使用，根据阴极炭块的类型配相适应的阴极糊，又根据使用部位功能的不同选用配套糊。在我国，与普通阴极炭块配套使用的糊，以普通温度煅烧无烟煤做主要骨料，用中温煤沥青做粘结剂。与半石墨阴极炭块配套使用的糊，用高温电煅烧无烟煤加一部分焙烧碎做骨料，粘结剂用改质煤沥青，混捏时再配加煤焦油。

5.3.2　铝电解用炭素阴极生产工艺流程

在国外，生产阴极炭块和阴极糊所采用的工艺流程和设备基本类同。不同生产厂家的不同产品，其最主要的不同是各自的配方和具体的工艺技术。

铝用阴极炭块生产的工艺流程：原料经煅烧、破碎、筛分成一定的粒级，按配方计量后加入粘结剂进行混捏，完成混捏即为成品阴极糊。生产阴极炭块时，要将混捏后的糊料经成型、焙烧，甚至石墨化，机加工等工序。

阴极糊一般与阴极炭块配套生产和使用。它们使用相同的原料和统一的生产工艺和设备。阴极材料制品的工艺流程图见图5-3。

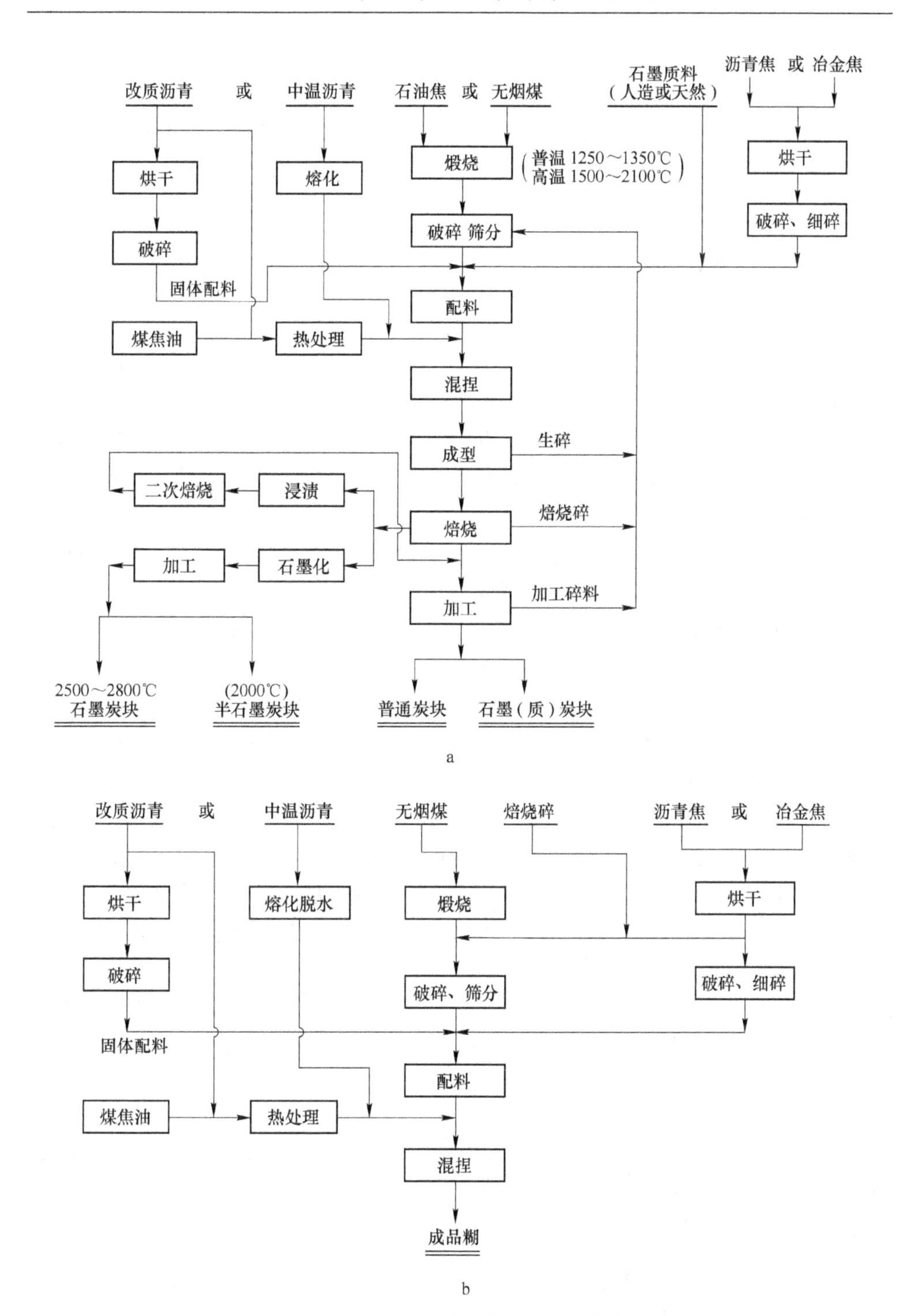

图 5-3 铝电解用阴极制品生产工艺流程图

a—炭块类；b—炭糊类

5.4 原料煅烧

生产铝用炭阴极的主要骨料是无烟煤、石墨、石油焦等，对于石油焦的煅烧，与铝用阳极炭块生产完全一样，而对于无烟煤的煅烧，其设备和工艺与石油焦的煅烧有很大的不同。

5.4.1 无烟煤煅烧的目的和方法

无烟煤煅烧的目的就是通过对无烟煤进行高温热处理后，除去其中的大部分水分和挥发分，使体积相应收缩，密度、强度和导电性等物化性能得到相应提高，满足生产铝用阴极材料的需要。

用无烟煤或无烟煤加入部分石墨生产阴极炭块或用石油焦生产石墨化阴极炭块时，所用的主要原料都必须先进行煅烧。对于无烟煤的煅烧主要有普煅和电煅两种方式。

普煅也叫火焰煅烧法，采用罐式炉、回转窑或倒焰窑等进行煅烧，以重油、煤气、天然气或煤为燃料，燃料燃烧（包括无烟煤在煅烧过程中产生的部分挥发分）所产生的热量使无烟煤被加热处理。普煅无烟煤的煅烧温度为 1250~1350℃，煅烧后得到的无烟煤产品是均质的，其颗粒较硬，且有较大的抗磨蚀性能，较适合用作铝用阴极的原料。但普煅煤与电煅煤相比，其电阻率在 1000~1300μΩ · m，导电、导热、耐化学侵蚀性能差，热稳定性差，生产的阴极炭块电阻率高，抗钠侵蚀能力差，造成铝电解槽阴极压降高，影响铝电解槽的寿命。

鉴于普煅煤存在的不足，我国在引进技术的基础上，已开发了成熟的电煅无烟煤方法。采用电煅烧炉煅烧，煅烧温度可达 1800~2300℃，电煅无烟煤为半石墨质，耐化学侵蚀性和高温下体积热稳定性有了很大的改善。与传统的普煅无烟煤相比，电煅烧无烟煤具有良好的导电导热性能，耐化学腐蚀性，完好的尺寸稳定性，热膨胀系数较小，灰分含量相对较低，强度较高等特性。用电煅无烟煤生产铝用阴极炭块，降低了铝电解槽阴极的电压降，有效降低铝电解的电耗和提高了槽寿命。我国铝用炭素阴极生产企业采用的电煅无烟煤（称 ECA）的质量要求见表 5-5。

表 5-5 电煅煤质量要求

指标名称	指标
灰分/%	≤5
水分/%	≤0.2
真密度/g · cm^{-3}	≥1.85
电阻率/μΩ · m	≤600

电煅煤用于生产半石墨质及更高级的阴极炭块或高炉炭砖；普通煅烧无烟煤多用于生产炭素糊料（电极糊等）和无定形的普通阴极炭块。

我国不同厂家因采用的无烟煤、工艺技术存在差异，其生产的电煅煤质量也有区别，表 5-6 列出了国内不同厂家生产的电煅煤的质量指标。

表 5-6 国内不同厂家的电煅煤质量指标

编号项目	灰分/%	挥发分/%	真密度/g·cm^{-3}	粉末电阻率/μΩ·m	硫分/%
电煅煤 1	4	0.8	1.8	600	0.1
电煅煤 2	6.5	1	1.82	650	0.25
电煅煤 3	8	1.2	1.84	750	0.35

从表 5-6 中可以看出，我国电煅煤生产的质量存在着不小的差距，对阴极制造的质量有着直接影响，要提高阴极质量，必须要进一步提高原料质量。

5.4.2 无烟煤煅烧过程中的物理化学变化

无烟煤在煅烧过程中会发生一系列的物理化学变化，通过试验和工业实践证明，在 1200℃以前，无烟煤的煅烧主要是脱水和逸出氢气，且主要发生在电煅炉的上部。随着煅烧温度的升高，在 1400~1600℃的温度范围内，主要表现为集中脱硫。在上述气体逸出的同时，随着煅烧温度的进一步升高，煅烧的无烟煤的石墨化程度在逐步提高，微晶增大、层间距变小、结构逐步致密，导电性能提高。煅烧温度达到 2000℃左右的电煅烧无烟煤，其电阻率能降低到 600μΩ·m 以下。

不同煅烧温度对无烟煤性能的影响见表 5-7。

表 5-7 不同煅烧温度对无烟煤性能的影响

煅烧温度/℃	真密度/g·cm^{-3}	电阻率/μΩ·m	灰分/%	硫分/%
1300	1.75	1015	10.22	0.976
1500	1.76	938	9.88	0.955
1700	1.76	804	8.57	0.687
1900	1.80	531	5.86	0.25
2000	1.85	372	3.5	0.03

不同无烟煤经 1800℃电煅烧后的物理化学性能见表 5-8。

表 5-8　不同无烟煤经 1800℃电煅烧后的物理化学性能

煤种	真密度/g·cm^{-3}	电阻率/μΩ·m	灰分/%	硫分/%
美国	1.8~1.9	350~550	7~11	0.3
德国	1.76~1.85	500~550	3.5~3.9	0.6~0.8
越南	1.45~1.77	560	4.0	0.3
南非	1.85	500	7.6	0.3

5.4.3　电煅烧炉

电煅烧炉是一种利用电热煅烧无烟煤的热工设备。它是一种结构比较简单的立式电阻炉，通过安装在炉筒两端的电极，利用物料本身的电阻构成通路，使电能转变成热能，把物料加热到高温，除去无烟煤中的水分和挥发分，得到高质量的、热性能稳定的煅后无烟煤。煅后无烟煤的质量以电流的大小和无烟煤在炉内的停留时间来决定，而这两者都和加排料的量有关。新加进的无烟煤电阻率较大，可以抵消煅烧过程中炉阻的下降，使煅烧电流基本保持恒定。所以，适当的加排料量与煅烧电流的恰当配合，是获得质量稳定的煅后无烟煤，保证煅烧能正常进行的重要条件。

电煅烧炉具有结构简单、紧凑，操作连续、方便，易实现生产自动化的优点，可以获得较高的煅烧温度，使部分煅后料具有半石墨化性质，是制造高质量炭素制品必不可少的热工设备，特别适合无烟煤的煅烧。这种炉子的缺点是不能利用煅烧过程中产生的挥发分。

5.4.3.1　电煅烧炉的类型及结构

电煅烧炉根据供电方式的不同分为直流电煅炉和交流电煅炉两种。直流炉电耗低、产量高，优于相同容量的交流炉。交流炉又分为单相电煅烧炉和三相电煅烧炉两种。与单相炉相比，三相供电有利于电网平衡。

单相电煅烧炉用低电压大电流单相变压器供电，变压器的容量视炉腔的大小，按照操作经验确定。炉膛横断面的最大电流密度为 0.18~0.25A/cm^2；变压器的最高电压视炉膛高度和材料的电阻率而定，一般采用 30~35V/m（由电极的端面到炉底）。例如，炉子内径为 1100mm 的电煅烧炉，当其外径为 2058mm，炉膛内有效高度为 2800mm，炉膛上部悬挂的石墨电极直径为 250mm，所配单相交流变压器的容量为 150kV·A，电压为 60V 时，通过炉膛的电流可以达到 2000~2500A，炉膛内煅烧温度可达 1750~2100℃，每小时可排料 130~150kg，每吨煅烧料耗电为 800~1000kW·h。

三相电煅烧炉的炉体与单相电煅烧炉类似，但是导电电极直接砌在炉体中，为了使炉膛内温度比较均匀，在炉体上部及中部各砌三根截面为 350×350mm 的石墨电极，三对电极在同一水平线按 120°等分砌入，分别用母线与供电变压器相联。一台150kVA的三相交流变压器可配置一台炉膛内径800mm，高3m的炉子，产量与电耗和上述单相电煅烧炉相似。由于这种炉子的结构限制，不能直接测量煅烧区域的温度，它的操作规范要按电气仪表的读数来制订。

直流电煅炉的基本结构与单相电煅炉相似，不同的是采用直流电。

几种不同规格电煅烧炉的技术参数见表5-9。

表5-9 几种不同规格电煅烧炉的技术参数

国　别	德国	中国	日本	中国	中国
炉膛内径/mm	2200	1100	1930	1900	1200
炉膛高度/mm	3000	4000	6000	6000	2900
变压器容量/kV·A	250（交流）	200（交流）	1200~1350（交流）	1350（直流）	800（直流）
二次电流强度/A	8333	2000			
二次电压/V	20，30，40	60			
电极直径/mm	500	200	500	450	210
产量/$t \cdot d^{-1}$	3.6	2.9	17	26	9
ECA电阻率/$\mu\Omega \cdot m$	550~750		550~750	650±100	
能耗/kW·h		1300	1250	650~800	800

电煅烧炉基本结构：

各种电煅烧炉的结构基本类同，图5-4是直流电煅烧炉的结构示意图。

电煅烧炉的炉体为一竖直的圆筒外壳，上部内衬为耐火材料，自上而下分别作为炉子的预热带和煅烧带。耐火材料内衬以下是带水冷的炉壁，作为炉子的冷却带。在炉子的上下两端各有一根电极，上部电极通过吊架挂在电动葫芦上以调整高度，并借助水冷的电极夹持器与母线排连接。下部电极呈锥形，用水冷支架支撑并和母线排连接。供电是由整流变压器整流成直流电后，通过母线排和上下电极构成电流回路，生产时按一定的电压级别和极距，以及无烟煤的电阻，而获得一定的电流。生无烟煤自炉顶部的下料斗靠自重装入炉内，当电流流过即被加热，随着排料的进行，料层逐渐下移，并被预热和煅

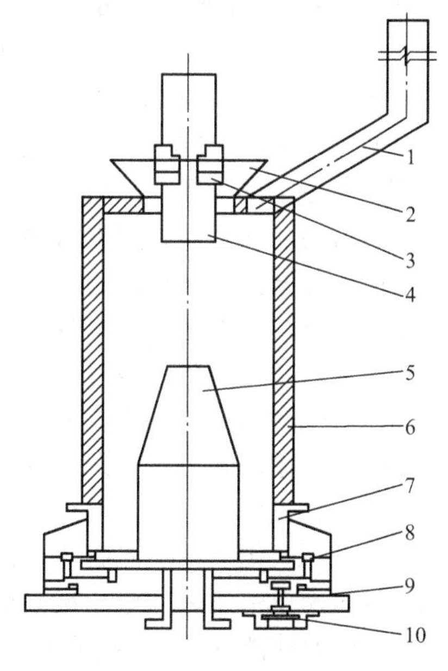

图5-4 电煅烧炉结构示意图

1—烟囱；2—料斗；3—夹持器；4—上部电极；5—下部电极；6—炉衬；7—水冷壁；8—刮板；9—母线棒；10—传动装置

烧，到达炉底的煅后料经水冷壁，水冷支架和水冷料盘的冷却，温度降低，由旋转的刮板排出，最后由振动输送机送到煅后储仓。刮板的转动是由多盘式无级变速器传动蜗杆减速器的小齿轮，再带动大齿圈实现的，用变速的办法使刮板的旋转速度改变，就能控制排料量，也控制了加料量。煅烧过程中产生的烟气经炉顶的烟管排放至大气。

电煅炉用电极由炭素材料制成，上部电极最早使用电极糊，在生产过程中利用煅烧过程产生的热量进行自焙，后来逐渐改用节能、环保的炭电极或石墨电极。下部电极一直采用电极糊进行捣固，然后在煅烧启动过程中逐渐被焙烧，经长期使用的下部电极具有一定的石墨化产品特征。

5.4.3.2　电煅烧炉的启动及操作工艺

新建成的电煅烧炉投入正常生产前的一项必不可缺少的重要作业是启动，其作用是焙烧上部（现行的上部电极基本不用自焙电极）和下部电极，将炉膛温度提高到正常加排料的温度，为炉子的正常运行做好准备。

其作业步骤是：先安装并制备下部电极，安装好下部电极外壳，向电极外壳内边充填边捣固已加热（约110℃）软化了的电极糊，制好下部电极后，往炉内加入电煅无烟煤至距上部电极约0.5m处，在此上面堆放木柴准备进行烘烤；安装好上部电极棒，电煅炉上部电极主要起到将电能输入炉内的作用，它包括电极本体、夹持器及导电铜排；开始烘烤炉体和电极，约6h；当上部电极达到一定温度时，再向炉内继续补充电煅无烟煤至埋住上部电极，然后按预先制定好的启动曲线送电，用电流转化的热量把下部电极逐渐焙烧为具有一定强度、导电性好的电极。焙烧过程中要逐渐加大送入炉内的电量，以满足电极糊焙烧时的升温要求。启动曲线是根据以上原理并总结实践经验制定出来的，它表示电炉启动时送电量与时间的关系，图5-5中的曲线为其一例。具体操作中要采用电压级别的切换和改变加排料的量来调整炉子的送电负荷，并适时地开通冷却水系统，以保证启动能顺利进行。当加进的生无烟煤经煅烧后取样，测定粉末电阻率合格后，炉子即可正常加排料，转入正常运行。

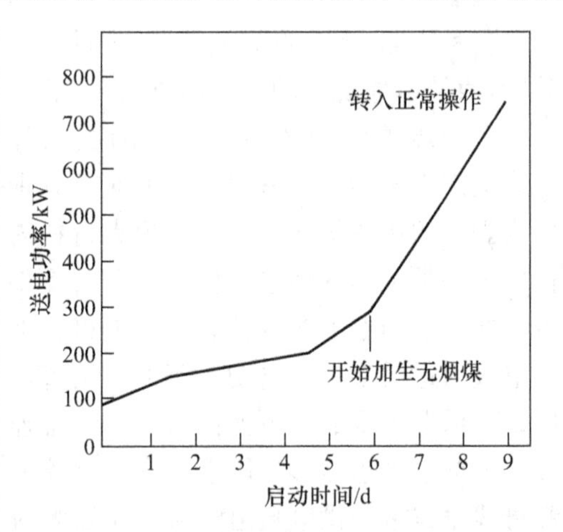

图5-5　电煅烧炉启动送电曲线

在长期的无烟煤煅烧实践中，电煅炉经常出现的故障主要集中在冷却循环水及导电电极两个方面，生产中要多加防范措施。尽管我国自行开发了直流电煅炉，但与国际先进水平相比仍有差距。如法国 Savoie 公司 ECA 生产技术居国际领先水平：电耗为 550kW·h/t；产能为 26.4t/d；电煅炉内温度较均匀，则 ECA 质量较均质；挥发分几乎全部回收，并减少对环境的污染。

5.5　原料的破碎、筛分、配料、混捏

炭素阴极的破碎、筛分、配料、混捏工艺与设备和预焙炭阳极的生产基本类同，请参考本书“4　现代铝用预焙炭阳极制造技术”。但阴极的主要原料电煅煤和全石墨化阴极炭块用的石油焦与炭阳极所用的石油焦是有区别的。

生产全石墨化阴极炭块对于石油焦的煅烧质量在真密度、灰分、硫分等方面有更高的要求。表 5-10 是国际上全石墨化阴极炭块对煅烧石油焦的指标要求。

表 5-10　全石墨化阴极炭块用煅后石油焦的质量指标

指　标　名　称	指　　标
真密度/$g \cdot cm^{-3}$	≥2.07
灰分/%	≤0.3
水分/%	≤3
硫分/%	≤0.8
热膨胀系数/$10^{-6} \cdot K^{-1}$	≤15
结构指数//⊥	≤4
晶格长度/Å	≤38

注：$1Å = 10^{-10}m$。

在采用电煅煤为主要原料生产阴极时，生产中应注意以下问题：

（1）设备选型要配套合理：根据各种炭质原料的硬度、强度差别，考虑工艺过程对粒度产能的要求，选用适宜的破碎设备。粉碎比（粉碎前的最大粒度与粉碎后的最大粒度的比值）在 4~40 范围内使用颚式破碎机、辊式破碎机和锤式破碎机等设备；粉碎比在 300 以上的采用球磨机、雷蒙磨等。在大块煤破碎时，常用的一级破碎设备有颚式破碎机、反击破碎机，二级破碎设备为双齿辊式破碎机。例如：用一台对辊破碎机及一台回转筛作为主要设备而组成的破碎筛分电煅无烟煤的生产流程。

电煅烧后的无烟煤连续加入对辊破碎机，破碎后的物料经提升机加入回转筛。在回转筛下得到三种不同粒度（如 20~4mm，4~2mm，2~0mm）的电煅无烟煤，筛不下去的大颗粒电煅煤经溜子返回对辊破碎机进行第二次破碎，再经提升机带入回转筛进行筛分。其破碎筛分流程见图 5-6。

（2）适宜的配方：无烟煤结构致密、断面光滑，对煤沥青的吸附性差，应

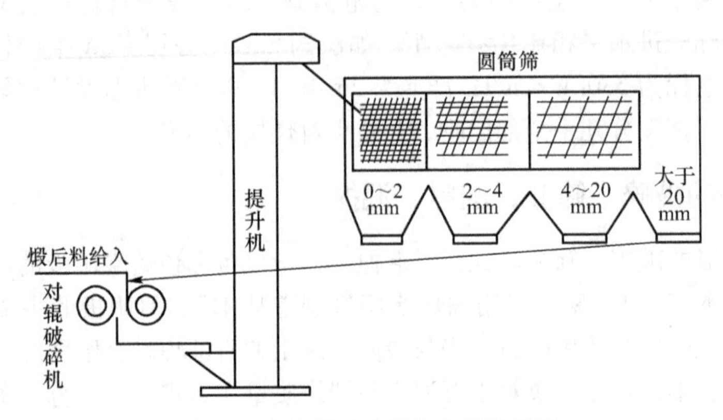

图 5-6　电煅煤破碎筛分流程示意图

严格控制粘结剂的用量和粉料的合理使用。各种阴极制品的配料如下：

炭间立缝糊：用无烟煤、煤沥青、煤焦油、沥青焦等按一定粒度和比例进行配料。

钢棒捣固糊：用无烟煤、煤沥青、煤焦油、沥青焦等按一定粒度和比例进行配料。

底部炭块：用无烟煤、煤沥青、煤焦油、石墨碎、冶金焦等按一定粒度和比例进行配料。

侧部炭块：用无烟煤、煤沥青、煤焦油、石墨碎、冶金焦等按一定粒度和比例进行配料。

周边捣固糊：用无烟煤、煤沥青、煤焦油、沥青焦等按一定粒度和比例进行配料。

炭胶泥：用无烟煤、煤沥青、杂酚油等按一定粒度和比例进行配料。

(3) 混捏。阴极生产厂产品种类较多，单品种的产量少，适宜采用间断双轴混捏锅。锅体采用热媒油、蒸汽或电阻加热。混捏条件包括混捏时间、混捏温度、出锅温度等。如用中温沥青，干料加入混捏锅内先干混 10～15min，当温度达到 110℃以上时加入熔化处理好的沥青，再继续搅拌 40～50min。如果是采用改质沥青或高温沥青，是粉状的固体沥青与炭素干料同时加入锅内受热混捏。混捏温度应比沥青软化点高 50～80℃，过高或过低都是不适宜的。生产冷捣糊常在室温条件下混捏。

在生产阴极块时，要特别注意前后两锅料的温度、粘结剂等的一致性及其间隔时间。混捏设备针对石墨化阴极的工艺特点，在国内原有混捏设备的基础上要进行强化传热改造。在资金允许的条件下，也可选用强力混合机，可同时完成混捏和冷却两种功能。

5.6 炭阴极成型工艺与设备

炭阴极成型可也分成三种：振动成型、挤压成型和模压成型。20 世纪 90 年代以前，国内大型炭素厂生产铝用炭阴极以挤压成型为主，挤压成型设备投资量大、能耗高；另外，挤压成型必须将生坯的头部和尾部剪除，降低了成型的实收率，增加生产成本；挤压成型适合于小断面制品的生产，有利于提高生坯的表观密度。小型炭素厂生产铝用炭阴极以模压成型为主，特别是生产侧部炭块时；随着技术的发展，在铝用炭素阴极制造行业较普遍采用了振动成型机，主要是因为振动成型机结构简单、造价低、消耗小，具有生产大规格及形状复杂的炭素制品方便的特点。

5.6.1 挤压成型设备与工艺

在铝用炭素阴极制造中，一般选用固定料室挤压成型机，间歇挤压。其挤压成型机见图 5-7。

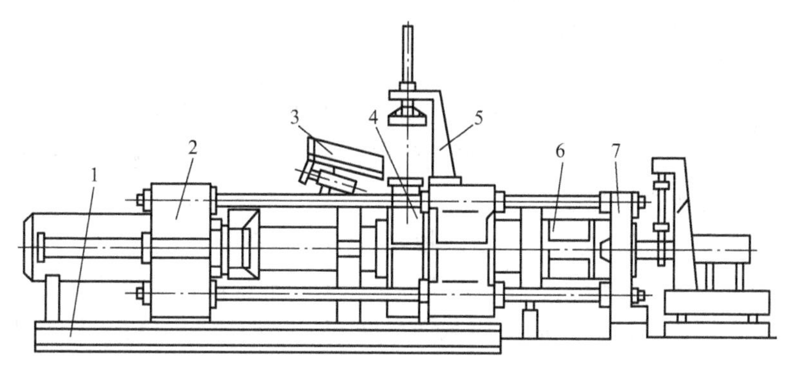

图 5-7 挤压机示意图

1—机座；2—后模梁；3—加料斗；4—料室；5—真空罩；6—型嘴；7—挡板

挤压机由压机本体、油泵站装置、电控系统等组成：压机本体由料室、型嘴、阴极块夹紧装置、料室抽真空系统、主缸、回转缸、托板缸，前横梁与挡板、机座等组成；卧式的料室上附有加料，压实和挤压都是由主柱塞上的挤压头完成的。

其工作原理是将混捏机充分混捏好的糊料送到凉料机，凉到工作温度后，一次或分两次加入挤压机料室，经压实、抽真空，然后将料室回转 90°成水平状态，主柱塞开始预压，以便进一步使糊料中的粒子通过变径段后都成轴向排列，达到规定时间后抽出挡板，挤压机开始挤压，挤压好的生坯即翻入冷却辊道冷却。

挤压工艺过程通常分为 5 个步骤：凉料、装料、预压、挤压、冷却。过程的工艺参数主要有：凉料温度、料缸温度、模嘴温度、挤压压力、预压压力和挤出速度等。各工艺参数直接影响挤压制品的质量和产量。

（1）凉料。由混捏锅出来的糊料不能直接装入挤压机的料室中，而是采用圆盘凉料机或圆筒凉料机进行凉料。凉料的目的是使糊料充分排除其中的烟气和冷却到一定的温度。凉料时间的长短要根据糊料中粘结剂的用量、混捏出锅糊料的温度、糊料的塑性状态等综合考虑。通常粘结剂的用量多，糊料出锅的温度高，糊料塑性大，则凉料的时间应适当长一些，反之凉料时间应短一些。

（2）装料。装料前应先用挡板将模嘴出口堵上。为了使糊料始终处于塑性状态，料缸应用蒸汽或有机热介质加热。使用中温煤沥青的糊料，料缸温度应在100℃左右；使用高温或改质煤沥青的糊料，料缸温度应控制在110~120℃。装料时要压实，并抽真空。

（3）预压。预压可以有效提高阴极炭块的表观密度。当一锅料全部装入料缸以后，在挡板的隔离下先对糊料进行短时间的施压（一般压力14~20N/mm^2，施压时间1~3min），这一过程称为预压。这时，由于模嘴出口被挡板堵塞，糊料无法被挤出，处于绝对受压阶段。预压的目的是：压实出缸前的糊料，充分排除糊料中的烟气，提高产品的密度。

提高预压压力，有利提高产品的密度，但对于提高产品的机械强度效果不明显。预压压力不可太大，过大的预压，若超过炭质颗粒的强度，就会导致颗粒料破裂。这样不仅会破坏原来配料的粒度组成，同时还会因颗粒破裂面未被煤沥青浸润而降低产品的机械强度。

（4）挤压。预压完成后，将堵塞模嘴口的挡板落下，继续加压，使糊料从模嘴口挤出来。这时，挤压压力的大小取决于糊料的塑性，挤压变形程度，料室中糊料数量，挤压速度，生制品横截面形状和模嘴的结构及其表面状况，分述如下：

1）挤压压力主要取决于糊料的塑性状态。糊料的塑性好，糊料对料室壁和挤压模嘴壁的摩擦阻力小，挤压压力可以低一些。2）当挤压变形程度增加时，糊料通过模嘴所需压力增加，相应地，挤压压力也就大了。3）料室中糊料数量愈多，它与料室及挤压嘴壁的摩擦阻力愈大，所需挤压压力也大。随着挤压的进行，糊料逐渐减少，挤压压力也随之下降。4）作用于主柱塞上的变形力必须超过糊料的流动极限应力才能使糊料变形，糊料的挤压速度愈快，所需变形力愈大，相应的挤压压力也愈大。5）圆形截面具有较小的周边长和平滑的外形，圆面具有较小的摩擦表面和摩擦阻力，所需挤压压力较小；方形和异形截面都具有较大的摩擦表面和摩擦阻力，需较大的挤压压力。6）挤压模嘴锥形部分最佳顶角为45℃，采用此角度时，所需挤压压力要比采用小顶角时小30%左右。增大顶角会增大成型压力。同时，料室到圆弧部分的转变处会出现较大死角，此处糊料呆滞不动，撕料逐渐变硬，容易造成故障及废品。挤压嘴的圆筒部分约为模嘴全长的1/3~1/2，增加圆筒部分长度会显著增大挤压压力，而对生制品的密度增加并不显著。

（5）冷却。从模嘴挤出生坯的温度较高，仍处于软化状态，需要马上进行强制冷却，以防止坯体变形。冷却的方法主要有：水淋法和浸入冷水法。未经充分冷却的生坯，不能搬动或堆放处理，否则容易产生变形。

5.6.2 模压成型设备与工艺

模压成型是铝用炭素工业模压侧部炭块、小型阴极块等专用设备。它不需像挤压成型中糊料粒子都呈定向（轴向）排列，但制品的比压一般要高，可达到40~100MPa。

模压成型机在我国发展较少，主要原因它可用挤压成型或振动成型来替代。模压成型机一般为单缸、三梁四柱典型的立式液压机。见图5-8。

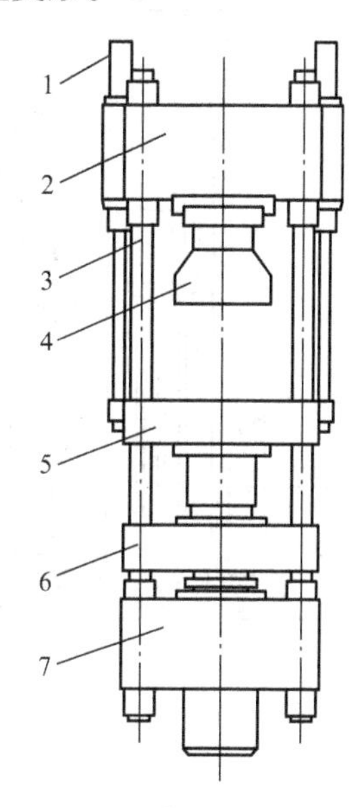

图5-8 模压成型机示意图

1—回程缸；2—上横梁；3—张力柱；4—压模；5—活动梁；6—顶出机构；7—下横梁

模压法适用于压制长、宽、高尺寸相差不大，要求密度均匀、结构致密的制品，如电机用电刷，电真空器用石墨零件，密封材料等。按制品的配方和工艺要求不同，模压分为冷压和热压两种，按照压制方向不同，又可分为单面压制和双面压制两类。

模压成型机有下压式和上压式以及双向模压3种。图5-8是下压式模压成型机，其主缸在下，压模固定在上横梁上，型模固定在活动梁上，由斗式提升加料机构从顶部加料入型模，加压后活动梁回复原位，并由推料机将成型的制品推出冷却。上压式即主缸在上梁上，其余结构相同。将一定量的糊料或压粉装入具有所要求的形状及尺寸的模具内，然后从上部或下部加压，也可以从上下两个方向同时加压。在压力作用下，糊料颗粒发生位移和变形，颗粒间接触表面因型性变形而发生机械咬合和交织，使压块压实。与此同时，颗粒充满到模具的各个角落并排出气体。

工作流程是将混捏好的糊料送到凉料机，凉到工作温度后出料，经电子秤按需下料，再经加料装置将糊料加入型模，模压后脱料，然后送入冷却槽冷却。

5.6.3 振动成型设备与工艺

5.6.3.1 阴极振动成型机

振动成型机由称量系统、振动台、夹紧装置、重锤、模套、提升装置、龙门架、滑台底座、高度检测器、电控系统、液压系统等组成，见图 5-9。

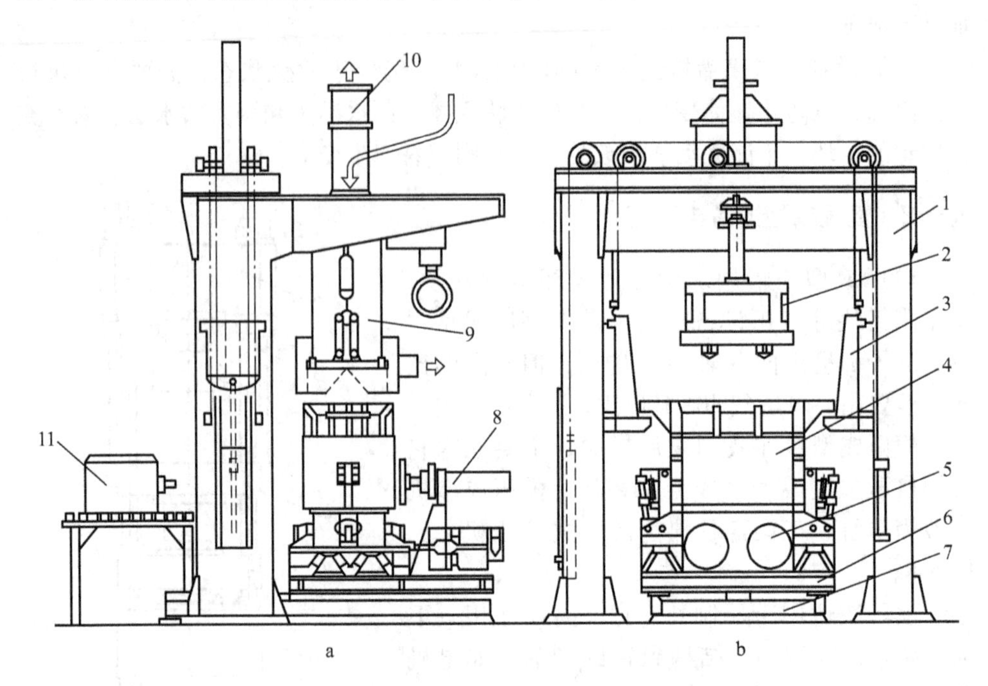

图 5-9　阴极振动成型机示意图

a—加料工位；b—成型及脱模工位

1—龙门架；2—重锤及提升机构；3—脱模提升机构；4—模套；5—振动台；6—滑台；7—滑台底座；8—推块机构；9—称量装置；10—排烟罩；11—成型阴极块

（1）龙门架。系一门形钢结构，两个立柱是中空的、中间设置传动装置用油缸及管路，其顶部伸出两根悬臂梁，梁上放置称量装置、重锤及提升装置。

在龙门架底下振动台完成成型、脱模动作。

（2）滑台底座。由油缸和支座组成。支架系钢结构，用螺栓固定在基础上。支座顶部有两条滑轨，一条为三角形，另一条为矩形。滑轨顶部各设有耐磨钢带，钢带用张紧螺栓拉紧。油缸一端固定在支座上，另一端固定在振动台底部，油缸伸缩而使振动台在两根滑轨上滑动，从而振动台在下料工位和成型工位之间移动。

（3）技术参数计算：

激振力计算：

$$F = \left(\frac{2\pi n}{60}\right)^2 \cdot e \cdot \frac{Q_{总}}{g} \tag{5-1}$$

式中　F——激振力，N；

$Q_{总}$——双轴总重量，N；

n——行为偏心轴转速，r/min；

e——偏心距，m；

g——重力加速度。

振幅计算：

$$A = M_{动}/Q$$

式中 A——振幅，m；

Q——参与振动的载荷，N；

$M_{动}$——双轴动力矩，N · m。

频率计算（包括系统固有频率和激振力频率）：

系统固有频率：

$$\omega = \frac{2\pi N}{60} \tag{5-2}$$

式中 ω——激振力频率，1/s；

N——振子轴转速，r/min。

（4）阴极振动成型机的技术参数。我国经过多年的研究和实践，振动成型机结构有很大进展，成型方式由一般振动发展到真空振动，控制方式由继电器连锁控制发展到计算机控制。通过消化吸收国外技术，结合国情，设计并制造了计算机控制自动化程度高振动成型机，满足了铝工业的需要。其主要的技术参数见表 5-11。

表 5-11 阴极振动成型机技术参数

成型机编号		Ⅰ	Ⅱ	Ⅲ	Ⅳ
项目	产品	阴极	阴极	阴极	阴极
	规格/mm	长≤2800	长≤4100	长≤2800	长≤4100
效率	手动/块 · h^{-1}	6	2	6	3
	自动/块 · h^{-1}	12	4	12	6
调幅振动	台面尺寸/mm	1600×3200	1700×5000	1800×3200	1700×5000
	振动力/kN	0~800	0~1200	0~800	0~1200
	振动电机/W	2×37	2×55	2×37	2×55
	效率/Hz	30~35	25~30	30~35	25~30
重锤	压重/t	14~16	内压式框架 18~20	14~16	内压式框架 18~20
	提压	双链	双链	双链	双链
部分脱模	最大提升力/t	30~35	40	30~35	40
	导向	两柱	两柱	双边	双边
	形式	双链	双压提升双链	双链	冲压提升双链
	最大力	120	300	120	300

续表 5-11

成型机编号		Ⅰ	Ⅱ	Ⅲ	Ⅳ
炭块推出	形式	液压	液压	液压	液压
	推力/kN	60	150	60	150
计算供料	计量	电子秤	电子秤	电子秤	电子秤
	形式	单向或移动	移动单点	单向或移动	移动单点
		单点布料	均匀布料	单点布料	均匀布料
拌筒容积	容积/m^3	3	6	3	6

(5) 工作原理。振动成型机是利用振动平台下悬挂的旋转轴上的偏心振动子作为振动源，当设备工作时，在偏心振动子的作用下，使平台产生振动，从而使平台上部模具内的物料发生振动，有效降低物料内部相互之间的摩擦力，在上部重锤的联合作用下，物料重新排列，达到预期的效果。

(6) 设备的特点。阴极成型机主要用于电解铝用阴极炭块及大规格高炉底块的振动成型，该机采用震动加压成型方式。零振幅启动，零振幅停车，避免了启动和停机时的共振现象，极大的提高了产品的质量。在计量料斗往模箱下料时，利用模箱移动车的往复运动，糊料在模箱内基本处于均匀状态，卸料完成后又经平料装置对糊料上表面进行平整，所以糊料的密度在模箱内是基本处于均匀状态。激振器在平台下的平衡放置原则，决定了平台对糊料的振动均匀。在振动成型时，2 组气囊向下施压系均匀同步的。因此，生产时在配料合理及操作慎重的情况下，炭块的同块密度差可保证在 0.015g/cm^3的范围。

(7) 振动成型具有较多的优点。

1) 生块成品率高，比挤压成型高 10%，沥青的用量比挤压少 2%~5%，节约成本。2) 可对模具进行夹套加热并加压振动处理，使炭块脱模顺利，且外观光滑。3) 振动时间可调，可按最佳成型效果选择振动时间。4) 振动方式较多，可以分为小振和大振，抽真空振动。5) 能加大振动平台，生产出规格大的制品。

5.7　炭阴极焙烧与浸渍

5.7.1　焙烧

炭阴极的焙烧目的、设备、工艺与炭阳极的焙烧一样，详见“4.9　焙烧工艺技术”。所不同的是阴极焙烧后，为达到电解铝炭阴极材料的要求，满足其良好的导电性、抗压强度、抗电解质和铝液的冲蚀和侵蚀、有效延长电解槽使用寿命等，需对阴极炭块进行浸渍和二次焙烧。

5.7.2　浸渍

浸渍是将焙烧后的阴极置于高压釜内，在一定的温度和压力下，使液体浸渍剂渗透到阴极块的气孔中，从而改善阴极块某些理化性能的一种物理化学过程。它是炭和石墨生产中一个辅助加工工序。在石墨化阴极生产中，为提高其理化性能，在石墨化前对焙烧品进行浸渍和二次焙烧工序。

5.7.2.1 浸渍的基本理论

炭素制品和石墨制品均属于多孔材料，其中的气孔来自于两方面。首先炭素制品和石墨制品都是用固体炭素原料颗粒作为骨料再加粘结剂制成的，虽然经过压制、焙烧、石墨化处理，但不会形成熔融状的密实整体，骨料仍然以颗粒状存在于制品中。所以，颗粒之间就留有一定的孔隙。其次，炭素制品和石墨制品都是以煤沥青为粘结剂，经过焙烧后，有相当部分的沥青以挥发物质逸出，而留下大量的气孔。在炭素制品和石墨制品中，前者造成的气孔约占10%~19%，后者留下的气孔约占10%~11%，故总气孔率可达到20%~30%。大量气孔的存在，必然会对制品的理化性能产生一定的影响，如使制品的体积密度下降、机械强度减小，电阻率上升，在一定温度下的氧化速度加快，耐腐蚀性变差，使气体和液体渗透，从而不能满足使用要求。为此，必须采取浸渍工艺，来提高制品的理化性能。

在炭素制品中，需要浸渍的产品有以下几种：

(1) 需要高密度和高机械强度以及较低电阻率的制品。如超高功率电极、各种接头坯料、石墨阳极、机械用炭制品等。

(2) 化工设备要求的不透性石墨。例如热交换器、泵类、化工管道及管件、化工设备上用的密封圈、密封环等。

(3) 用于生产耐磨材料的制品。例如活塞环、轴承、定向环、滑动电触点等。

(4) 特殊要求的制品。如高密高强度石墨等。

一般所用的浸渍剂有沥青、合成树脂、金属、润滑剂、无机化合物等，可视浸渍对象的不同性能要求而选用。在选用浸渍剂时，必须注意浸渍后制品不应削弱其主要功能。例如作为导电材料的炭制品，浸入物不应影响其导电性能。作为化工机械结构材料的制品，浸入物不应降低其导热性、耐热性和热稳定性等。

评定浸渍效果的方法一般有以下三种。

1) 用浸渍后产品的理论增重与实际增重的比率（浸渍率）来表示。

$$\eta = \frac{W_p}{W_t} \times 100\% \tag{5-3}$$

式中 η——浸渍率，%；

W_p——制品浸渍后的实际增量，kg；

W_t——制品浸渍后的理论增重，kg。

制品浸渍后的理论增重 W_t 可用式（5-4）进行计算：

$$W_t = \rho \cdot \sum_{d_i}^{\infty} \Delta V \tag{5-4}$$

式中　ρ——浸渍剂的密度；

d_i——浸渍剂所能渗透的最小孔径，μm；

$\sum_{d_i}^{\infty} \Delta V$——大于孔径 d_i 的所有气孔组成的气孔体积分布函数。

2）用浸渍前后制品的增重率来表示：

$$G = \frac{W_1 - W_0}{W_0} \times 100\% \tag{5-5}$$

式中　G——增重率,%；

W_0——制品浸渍前质量，kg；

W_1——制品浸渍后质量，kg。

3）用浸渍后制品中气孔的填充率来表示，即浸渍剂进入气孔所占据的体积与开口气孔总体积之比。

$$F = (G/\rho \cdot P) \times 100\% \tag{5-6}$$

式中　F——填充率,%；

G——制品浸渍后的增重率,%；

ρ——浸渍剂的密度；

P——被浸渍制品的开口气孔率,%。

5.7.2.2　浸渍的设备与工艺

在浸渍过程中，采用不同的设备，其生产工艺就不同，根据选择的设备制定其相应的工艺技术。

（1）浸渍设备。浸渍工艺的设备一般有两种：一种是浸渍罐，另一种是沥青熔化槽与储罐。

1）浸渍罐。浸渍罐是浸渍过程中的主体设备。它是一个带有加热夹套的耐真空、耐压力容器。形状为圆筒形，由钢板制成，根据浸渍制品的尺寸、加热方式和浸渍方式的不同，浸渍罐有多种规格。从结构上分，又有立式和卧式两种浸渍罐。图 5-10 为卧式浸渍罐结构示意图。

卧式罐的底部设有轨道，与罐外轨道连接，罐的一头或两头设有罐盖，罐盖与罐体之间一般采用卡紧固定装置和密封。立式浸渍罐结构与卧式罐基本相同。浸渍罐的加热方式有蒸汽加热、电加热、燃料燃烧直接加热、废气加热及有机热载体加热等多种。浸渍罐内加压可以使用压缩空气或高压氮气等。

目前，我国炭素行业常用的浸渍罐规格及性能见表 5-12。

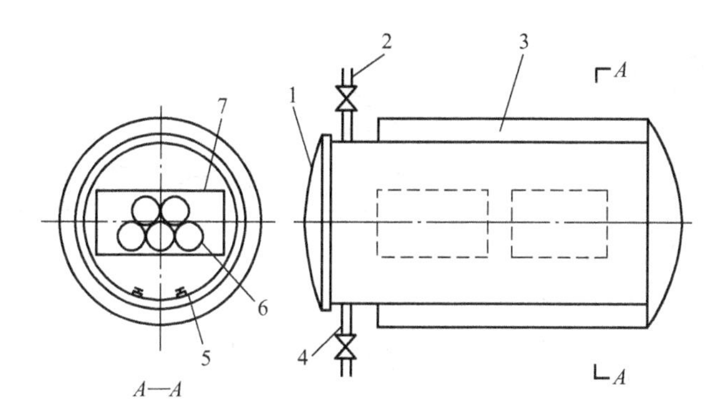

图 5-10 卧式浸渍罐结构示意图

1—罐盖；2—接抽真空或压缩空气管道；3—加热夹套；4—接浸渍剂储罐；5—轨道；6—被浸渍产品；7—产品筐

表 5-12 炭素行业常用的浸渍罐规格及性能

型式	规格	工作压力 /MPa	试验压力 /MPa	真空度 /MPa	工作温度 /℃	产量
立式	ϕ400×800	>0.6	>0.9	>0.098	>200	—
立式	ϕ1000×2000	>0.6	>0.9	>0.098	>200	—
立式	ϕ1000×2500	>0.6	>0.9	>0.098	>200	1040t/y
立式	ϕ1100×1700	>0.6	>0.9	>0.098	>200	1500t/y
立式	ϕ1200×2200	>0.6	>0.9	>0.098	>200	1500t/y
立式	ϕ1600×2700	>0.6	>0.9	>0.098	>200	4.5t/罐
卧式	ϕ1500×3000	>0.6	>0.9	>0.098	>200	4.5~5.0t/d
卧式	ϕ1600×3000	>0.6	>0.9	>0.098	>200	5.0t/d
卧式	ϕ1700×4100	>0.6	>0.9	>0.098	>200	—
卧式	ϕ2200×8300	>1.2	>1.8	>0.093~0.098	>200	—

2）沥青熔化槽与储罐。进厂的沥青都是固体，使用前要在熔化槽中熔化为液体，经脱水，加焦油或葱油调整黏度后，保存于储罐中。沥青熔化槽实质上是一个钢质换热器，形状为圆筒形或立方形，内设加热排管或螺旋管，外壁衬有保温层。工作时，固体沥青从槽顶加料口加入，蒸汽或其他载热体流过加热管时，通过管壁间接给固体沥青而熔化。

沥青储罐也兼做搅拌罐，外形有圆筒形和立方形两种。立式沥青浸渍装置见图 5-11。其容积视生产规模而定，我国常用的沥青储罐有 ϕ2500mm×3360mm 和 ϕ4100mm×8500mm 两种。储罐内搅拌装置既可用机械搅拌，也可用压缩空气搅

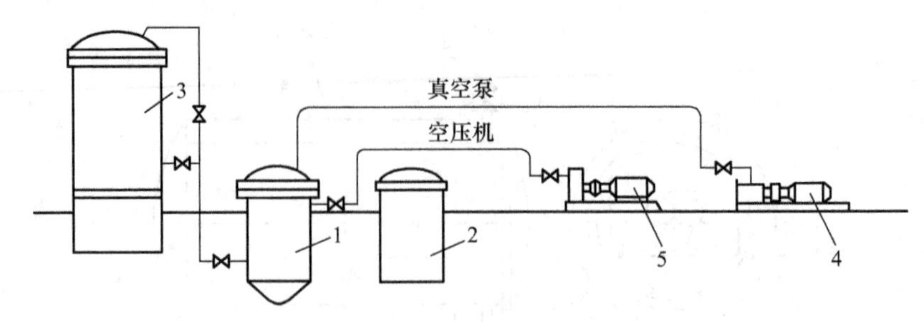

图 5-11　立式沥青浸渍装置示意图

1—浸渍罐；2—制品加热炉；3—沥青融化槽；4—真空泵；5—空压机

拌，但压缩空气搅拌易导致沥青氧化。

由于浸渍目的、选用的浸渍剂不同、设备不同，各种炭素制品的浸渍工艺技术各异，但其基本工艺操作步骤类同。

(2) 浸渍工艺流程与技术条件。浸渍制品在预热炉内加热脱除吸附在其微孔中的气体和水分后至规定温度，使之与浸渍剂的加热温度相适应──→预热后的制品装入浸渍罐内，在保持一定温度下抽真空，进一步除去制品气孔中的空气──→达到一定真空度后，加入适宜温度的浸渍剂──→在加压和维持一定时间情况下迫使浸渍剂浸入制品的气孔中去──→取出被浸制品，或立即进行固化处理，以防止浸渍剂的反渗而流出。

常用的浸渍技术条件见表 5-13。

表 5-13　常用的浸渍技术条件

浸渍剂	酚醛树脂	糠醇树脂	中温沥青	润滑剂	聚四氟乙烯
制品预处理	105℃烘干	在 18%~25% 盐酸中 24~48h		105℃烘干	105℃烘干
预热温度/℃	30~40	30~40	300	30~40	30~40
真空度/MPa	>0.098 30~35min	>0.098 60min	>0.093 30~40min	>0.095 30~60min	>0.1 60min
输入浸渍剂	50%浓度树脂	中等黏度树脂	软化点 65~70℃中温沥青	铝基或铅基润滑剂	60%聚四氟乙烯乳液+5%~6%TX-10 乳化剂水溶液
加压/MPa	0.5~2.0 1~4h	0.5~2.0 1~4h	0.5~2.0 5~8h	0.5~1.0 1h	0.5~1.0 2h
后处理	0.5% NaOH 清洗	在 20%盐酸中浸 24h	冷水冷却	汽油清洗	在 120℃烘干 2h

续表 5-13

浸渍剂	酚醛树脂	糠醇树脂	中温沥青	润滑剂	聚四氟乙烯
热处理	热压罐内，压力 0.4～0.5MPa，室温～130℃ 10℃/h，120℃、130℃各保温 1h	热压罐内，压力 0.4～0.5MPa，20～80℃ 5℃/h，80～130℃，2℃/h，130℃保温 10h	二次焙烧至 1000℃以上	在 200℃烘干 30min	在真空炉内，20～250℃自由升温，250℃保温 30min；300℃保温 30min；320～330℃ 50℃/h；330～380℃ 50℃/h；380℃保温 60min

（3）浸渍煤沥青工艺技术。浸渍煤沥青可有效降低炭素制品的气孔率、提高其强度，是最常用的方法。浸渍煤沥青可分为一般间歇浸渍和高真空高压浸渍两种方法。

1）一般间歇浸渍工艺技术。煤沥青一般间歇浸渍工艺流程见图 5-12。

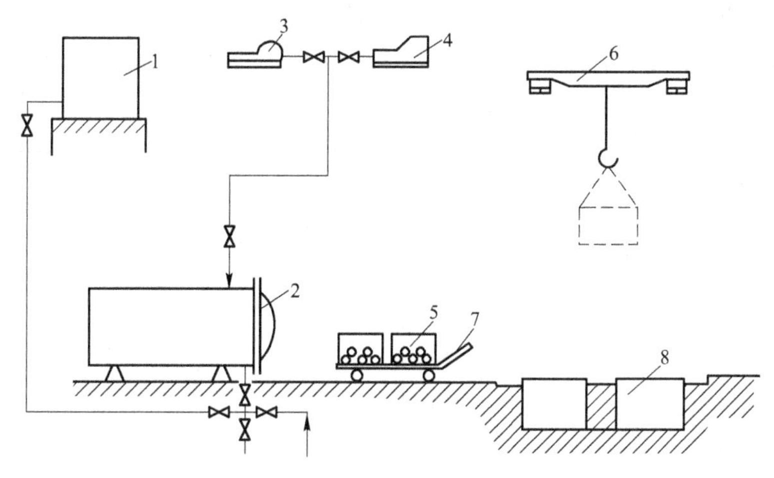

图 5-12 沥青一般浸渍工艺流程

1—浸渍储罐；2—浸渍罐；3—真空泵；4—空压机；5—产品；6—天车；7—装罐平车；8—预热炉

焙烧后的半成品经表面清理后装入铁筐内，称重、放入预热炉内，在 240～300℃的温度下保持 4h 左右预热，预热后制品和铁筐一起取出，迅速装入浸渍罐，关闭罐盖，开始抽真空，真空度要求不低于-0.08MPa，抽真空时间在 30～60min；抽真空结束后，向浸渍罐内加入加热到 160～180℃的煤沥青，煤沥青在罐内的液面高度应高出制品顶面至少 100mm；用压缩空气或氮气对沥青液面加压，加压时间视制品规格而异，一般在 0.4～0.5MPa 下保持 2～4h。此时，浸渍罐内温度保持在 150～180℃。加压结束后，煤沥青返回储罐，然后向浸渍罐内通入冷却水以冷却制品，并吸收沥青烟气。冷却结束后放出冷却水，在确保浸渍罐无压力负荷后，打开罐盖，将浸渍制品从浸渍罐取出。

为达到更好的效果，可以多次浸渍，即每次浸渍后进行焙烧，焙烧后再浸渍。关键是满足产品质量的要求。为降低沥青的黏度，也可在沥青中加入少量煤焦油或蒽油。浸渍后的沥青可重复使用，如果重复使用的时间太久，沥青中的游离碳含量和悬浮杂质将不断增加，会影响浸渍质量。因此，要定期更换煤沥青，并定期清理煤沥青储罐。

试验表明，当浸渍压力为 1.0~1.2MPa，真空度在 85%以上时，升压时间 15~30min，制品一次浸渍增重率大于 16%，与氮气高压浸渍相当。

液体加压浸渍可提高作业安全性，节省氮气费用，减少废气污染，但仍存在沥青中杂质需要过滤、管路与泵体保温难以控制和保持等问题。

2）双回路系统高真空、高压浸渍工艺技术。该工艺技术是由日本一家公司开发，其工艺流程见图 5-13。浸渍作业时，将待浸渍制品用吊车装到一个干净的 U 形托架上，利用辊道式运输机运送至加热炉中。在加热炉中，待浸渍制品被加热到 220~230℃。待浸渍制品从加热炉卸出后，通过辊道式运输机运至自动换托架装置处，将托架上的待浸渍制品装到接触过浸渍剂的托架上。托架被送到浸渍罐内，经过高真空、高压浸渍处理后，再进入冷却室处理，直接喷水冷却到室温，然后再由辊道式运输机运至堆放场地附近，利用吊车卸下已浸渍制品。

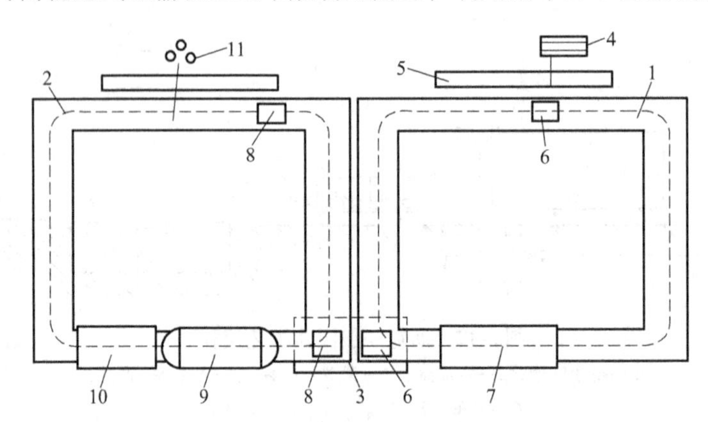

图 5-13　双回路高压浸渍工艺流程图

1，2—辊道式运输机；3—换托架装置；4—待浸制品；5—吊车；6，8—托架；7—加热炉；9—浸渍罐；10—冷却室；11—已浸渍品

该工艺的主要特点是以卧式浸渍罐为主体设备组成连续自动作业的浸渍生产线。浸渍罐真空度可达 0.097MPa，浸渍压力可达 1.5MPa。

3）高压浸渍与液体加压浸渍工艺技术。在浸渍工序中，浸渍压力是影响浸渍效果的一个重要因素。为了达到浸渍的良好效果，世界上科技发达国家的炭素工业都采用了高真空高压浸渍技术。目前，我国也配置了高压浸渍设备，其真空度不低于 0.086MPa，以氮气加压，压力达到 1.2MPa。该装置的工艺流程图见图 5-14。将待浸渍制品装入专用筐，用吊车将筐装到带有起落架的装料车上，装料车停在台车面轨道上，台车行至预热炉，装料车开进预热炉内，起落架由高位降至低位，使制品筐落到炉内托架上，装料车退出。制品预热到 260~320℃后，再将装料车开入，把预热后的制品托起拉出，将台车开到浸渍罐旁，经罐门接轨车，装料车开入罐内，将制品落到托架上后，装料车退出。关闭罐门，用氮气封门，先抽真空 45min，向罐内放浸渍剂，至副罐液位到 1/3 时，停止真空泵。然后以氮气加压，并保持一定时间，保压时间要视产品质量要求而定，浸渍结束后，按照卸压、返油、放散、吹洗，并以冷水放进罐内冷却，在确保上述无误后，以装罐相反的顺序将产品出罐。

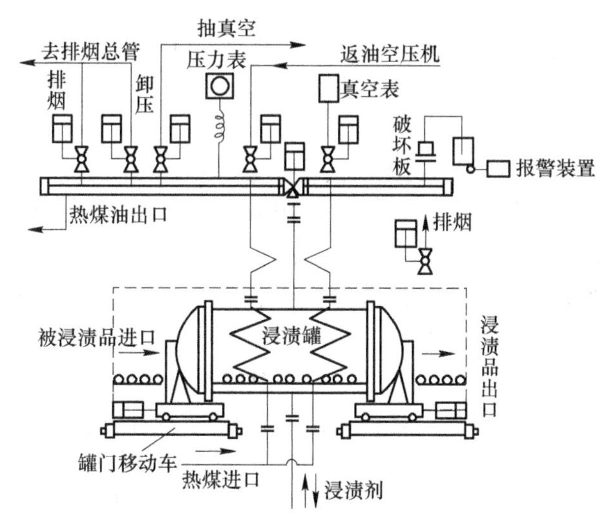

图 5-14 高压浸渍工艺流程图

（4）石墨化阴极浸渍。浸渍采用高压沥青浸渍，可使石墨化阴极的空隙率降低 30%左右，可延长阴极的使用寿命 15%。但浸渍后需进行再焙烧，热能消耗较大，生产成本较高。另外，浸渍过的焙烧坯石墨化易开裂。在国际上有的生产者采用先石墨化后再浸渍，浸渍后再焙烧的工艺，此工艺对制品的电解膨胀率有一定的影响。石墨化阴极浸渍设备见图 5-15。

（5）影响浸渍质量的因素分析。浸渍过程相当复杂，影响浸渍质量的因素很多，其主要因素为三方面：

1）浸渍剂的性能。浸渍剂的性能是影响浸渍质量的主要因素。浸渍剂主要的物理化学性质包括如下方面：

①相对密度；②黏度；③表面张力；④浸渍剂对被浸渍品表面的润湿性；⑤浸渍剂中悬浮物的形状和大小；⑥热处理后浸渍剂的变化；⑦结焦残炭率。

图 5-15　石墨化阴极浸渍装置

浸渍质量通常用增重来衡量，浸渍剂的相对密度与增重有直接关系。计算理论增重及填充率也都必须用浸渍剂的相对密度。另外，浸渍剂的相对密度愈大，结焦残炭率愈高，浸渍效果愈好。

黏度是影响浸渍效果的主要因素之一。浸渍剂在一定温度下能够进入炭素制品的气孔中，主要靠黏滞流动。所以，使用低黏度的浸渍剂在达到同样增重时，所需浸渍压力及时间可适当减少。对煤沥青，采用一定温度下浸渍，也可降低其黏度。有时也可加入蒽油或煤焦油等稀释剂来降低其黏度。对树脂，特别是热固性树脂一般在常温下浸渍，常用加入一些稀释剂（如酒精等）以降低其黏度。在添加稀释剂时应关注浸渍沥青的结焦值，或称析焦率。

表面张力，或浸渍剂对炭素材料表面的润湿性对浸渍过程有一定影响。一般浸渍剂润湿炭和石墨材料的接触角小于90°，在200℃时，煤沥青与石墨接触角为72°~80°，表面张力为（55~102）$\times10^{-7}$N/m。降低黏度，使接触角变小，表面张力增大，有利于浸渍。

浸渍剂中的杂质及悬浮物容易堵塞被浸渍制品的气孔，使浸渍难以进行。因此，浸渍用沥青的喹啉不溶物要比较低，多次使用过的浸渍剂需经过清除杂质处理再使用，或更换新的浸渍剂。

浸渍剂焦化后的析焦率应愈高愈好。析焦率高，浸后产品表观密度大、强度高、气孔率低、导电性好。一般都用中温沥青浸渍，其析焦率高于50%。

2）被浸渍制品的结构及状态。被浸制品具有较大外表面积时，浸渍剂与气孔接触机会多，可达到更好的浸渍效果。因此，小规格制品浸渍效果好。另外，在浸渍作业时，制品采用不规整的堆积方式等以扩大浸渍剂与制品的接触面。对已浸渍、焙烧过的制品在再次浸渍前，为提高浸渍效果，经常把外层硬壳加工除去。

3）浸渍的技术条件。

① 浸渍温度。当用煤沥青作浸渍剂时，需在一定的温度下进行浸渍。适当

提高温度，有利于降低沥青的黏度，提高沥青的流动性，使更多的沥青进入被浸渍制品体内。但温度过高，沥青会产生热解，影响沥青的组成，且分解产生的气体进入被浸渍制品的气孔内，阻碍了沥青的渗透，过分提高浸渍温度反而会降低浸渍效果。用中温沥青浸渍时，温度维持在180~200℃为宜。为保证制品与浸渍剂有相同温度，制品在浸渍前进行预热。

② 浸渍前真空度与浸渍时的压力。为减少浸渍剂向气孔内渗透时的阻力，浸渍前必须在浸渍罐内抽真空，以排除被浸渍制品体内气孔里的空气。真空度愈大，浸渍效果愈好。

为迫使浸渍剂更好地渗透到制品内部，在浸渍时，需施加一定压力。随着压力升高，浸渍深度增加，浸渍质量提高。但当压力增加到一定值时，浸渍量将达到饱和状态。一般小规格的制品，浸渍压力可低一些，规格较大的制品或高密度制品，需要较高的浸渍压力。目前使用的浸渍压力一般为0.5~1.5MPa。对于一些高密度制品，浸渍压力需提高到1.96MPa以上。

③ 浸渍时间。浸渍时间是指加压时间，不包括制品预热和浸渍后冷却时间。浸渍时间取决于浸渍压力、浸渍前真空度及制品的尺寸等。浸渍前真空度大，浸渍压力高及被浸制品尺寸小，都可以缩短浸渍时间；反之，应延长浸渍时间。当浸渍压力为0.5MPa时，浸渍间一般控制在2~4h。

5.8 石墨化

由于热处理温度的所限（即在1300℃以下），用炭素原料经煅烧、破碎筛分、配料、混捏、成型、焙烧等一系列的工艺过程所制得的炭素制品是不具备石墨的特性的。特别是炼铝用阴极炭块，没经过石墨化处理，其导电性、导热性、耐侵蚀性等达不到现代电解铝的要求，使电耗增加、电解槽寿命缩短。为此，要生产石墨化制品，必须将焙烧后的制品经2000℃以上的高温热处理，使六角碳原子的平面网格从二维空间的无序排列转化为三维空间的有序排列，使碳从无定结构转化为具有石墨的晶格结构以后才能实现。

通常所说的人造石墨就是含碳物质在常压下，经高温处理以后的最终产物。它是一种结晶型碳、是一种碳原子之间呈六角环形片状体的多层叠合体。

因此，将焙烧毛坯在2500~3000℃高温下进行热处理，使大量碳原子形成的无序微晶结构有序化，晶层间距缩小，晶格常数接近天然石墨，从而获得阴极制品所需要的物理化学性能的工艺叫做石墨化。

5.8.1 石墨化的目的

现代大型预焙铝电解槽生产技术要求阴极不仅有良好的导电性，而且具有良好的热稳定性、耐电解质和铝液的侵蚀性、能够尽快使电解槽处于热平衡状态、电解槽使用寿命尽可能得到有效延长等。要实现上述目的，对铝用阴极炭块进行石墨化是有效措施。

由于热处理温度的不同，炭素制品经石墨化处理和未经石墨化处理有显著的区别。见表 5-14。

表 5-14　炭素制品经石墨化处理前后的指标比较

分析项目	石墨化前	石墨化后
电阻率/μΩ · m	40~60	6~11
真密度/$g \cdot cm^{-3}$	2.00~2.08	2.20~2.23
表观密度/$g \cdot cm^{-3}$	1.50~1.60	1.52~1.68
抗压强度/MPa	24.52~44.13	15.69~29.42
孔度/%	20~25	22~32
灰分/%	1.0	0.5
导热率/$W \cdot (m \cdot K)^{-1}$	3.6~6.7 (175~675℃)①	74.53 (150~300℃)
热膨胀系数/(40~90℃) · $℃^{-1}$	$(6.7 \sim 19.3) \times 10^{-3}$ (20~500℃)	2.6×10^{-6} (20~500℃)
比热/$J \cdot (kg \cdot K)^{-1}$	0.47	0.324
开始氧化温度/℃	450~550	600~700

① 表示在此温度下。

炭素制品未经石墨化处理和经石墨化处理，其最主要区别在于碳原子和碳原子之间的晶格在排列顺序和程度上存在着差异。即内部的微观结构不同。它们所表现的理化性质就不一样。因此，石墨化旨在完成炭素制品向石墨制品的转化（在石墨化温度条件下），并使石墨化后的石墨制品达到所需要的各种理化指标。

（1）提高制品的导电、导热性能。炭素制品经石墨化后，其导电性和导热性均有明显提高。一般，其电阻率要比石墨化前降低 30%~100%，其导热性也较石墨化前提高近 10 倍左右。从表 5-14 中可以看到。

铝电解生产是一个耗电量大的过程，有效减低电解槽炉底压降是降低能耗的有效措施之一；导热性能的提高对电解槽焙烧启动过程十分有利，可使电解槽温度场尽快分布均匀，有效防止电解槽内衬受热不均而变形破损，在正常生产时，有利于维护电解槽的热平衡。

（2）提高制品的热和化学稳定性。石墨化后的制品，由于其内部结构已趋于稳定，所以它不论是在热以及在化学稳定性等方面都要较石墨化前大大提高。

石墨化后的制品较石墨化前，其热膨胀系数都有所降低（一般降低近一倍左右），它耐高温，抗氧化能力强，对于强酸、强碱的腐蚀以及一般化学侵蚀均具有很强的抵抗能力。

经石墨化的铝用阴极炭块对长期处于高温和电解质、铝液侵蚀的状态下，有利于电解槽寿命的提高。

(3) 排除杂质，提高纯度。随着热处理温度的升高，大部分杂质被汽化逸出，石墨化后制品的灰分可降低到 0.3%以下，通气净化的石墨制品的灰分可降到几十个 ppm 以下。

(4) 降低机械强度利于加工。经石墨化后制品，其机械强度比石墨化前要降低一倍多，下降幅度则随着原料和热处理条件的不同而有所区别。同时，在石墨化后，制品的气孔率要增加，结构的致密性要降低。因此，如果为了满足某种特殊需要，石墨化后的制品还要进行浸渍处理以降低气孔率。

对于铝电解用阴极底部炭块，都要进行燕尾槽的加工，以便镶嵌阴极钢棒，石墨化后有利于燕尾槽的加工。

5.8.2 石墨化的基础理论

5.8.2.1 石墨化过程中晶型转化理论

关于石墨化过程中的晶型转化理论，前人已提出多种不同的理论，主要有以下三种：

(1) 碳化物转化理论。该理论是美国的艾奇逊（Acheson，1856~1931）在合成碳化硅时发现了结晶粗大的人造石墨为依据而提出来的。他认为炭物质的石墨化首先是通过与各种矿物质（如 SiO_2、Fe_2O_3、Al_2O_3）形成碳化物，然后再在高温下分解为金属蒸气和石墨。这些矿物质在石墨化过程中起催化剂的作用。由于石墨化炉的加热是由炉芯逐渐向外扩展，因此，焦炭中所含的矿物质与碳的化合首先在炉芯中心进行。以生成金刚砂为例，发生如下化学反应。

$$SiO_2 + 3C \xrightarrow{1700 \sim 2200℃} SiC + 2CO$$

$$SiC \xrightarrow{2235 \sim 2245℃} Si(\text{蒸汽}) + C(\text{石墨})$$

高温分解出的金属蒸气又与炉芯中心靠外侧的碳生成碳化物，然后又在高温下分解。依次持续向外进行，少量的矿物质可使大量的碳转化为石墨，最终实现石墨化。

在石墨化炉中，确实可以发现许多碳化硅晶体，在人造石墨制品表面也常发现有分解的石墨和尚未分解的金刚砂。但已有研究证明，这种由碳化物分解形成的石墨与可石墨化碳经结构重排转化而成的石墨在性质上是不同的。少灰的石油焦比多灰的无烟煤可以达到更高的石墨化度。如预先对石油焦或无烟煤进行降灰处理，它们更易于石墨化。事实上，当石墨化度较低时，某些矿物杂质对石墨化确有催化作用，但催化机理不仅局限于生成碳化物这种形式。当石墨化度较高时，矿物杂质的存在往往会使石墨晶格形成某种缺陷，妨碍石墨化度的进一步提高。因此，碳化物转化理论对分解石墨来说是正确的，但对非石墨质碳的石墨化而言是不切合实际的。

（2）再结晶理论。在X射线衍射技术出现之后，人们在研究石墨粉末的衍射谱图时发现，炭材料的石墨化度与晶体长大有密切的关系。例如石油焦在石墨化过程中，当温度达到1500℃时，晶格开始变化，随着温度升高，这种变化愈趋剧烈，特别在1600～2100℃之间，晶体的增长最快。但到2100℃以后，晶体的增长逐渐变慢，到2700℃基本停止。由于上述过程与金属在高温热处理时的再结晶现象基本类似，所以提出了石墨化的再结晶理论，该理论主要有下列论点：

1）炭素原料中原来就存在着极小的石墨晶体，在石墨化过程中，由于热的作用，这些晶体通过碳原子的位移而“焊接”在一起成为较大的石墨晶体。2）石墨化时，有新的晶体形成。新晶体是在原晶体的接触界面上吸收外来的碳原子而生成的，这种再结晶生成的新晶体保持了原晶体的定向性。3）石墨化度与晶体的生长有关，主要取决于石墨化温度，维持高温时间的影响有限。4）石墨化的难易与炭材料的结构性质有关。多孔和松散的原料，由于碳原子的热运动受到阻碍，使“焊接”的机会减少，所以就难以石墨化；反之，结构致密的原料，由于碳原子热运动受到的空间阻碍小，便于互相接触和“焊接”，所以就易于石墨化。5）石墨晶体的尺寸随着温度升高而增大，但只是数量上的变化，而无本质上的转变。

再结晶理论在一定程度上解释了晶体的成长与石墨化温度的关系及原料性质对石墨化度的影响，比碳化物转化理论有所前进。但它对原料中存在的微小石墨晶体的本质没能给予解释和说明。此外，石墨化是一种比再结晶理论所描述的过程复杂得多的多阶段过程，原料在石墨化过程中既有晶体尺寸的增大，也有原子价键的改变和有序排列等质的变化过程。

（3）微晶成长理论。1917年，德国的德拜和他的学生谢乐在研究无定形碳的X射线衍射谱图时，发现它与石墨的谱线有相似之处，有些谱线两者存在重合。因此，他们认为无定形碳是由石墨微晶组成的，无定形碳与石墨的不同，主要在于晶体大小的不同。在此基础上，德拜和谢乐提出了石墨化的微晶成长理论。由于以后研究者的充实和发展，这一理论已为较多的研究者所接受。该理论认为，石墨化原料的母体物质都是稠环芳烃化合物，这些化合物在热的作用下，经过在不同温度下连续发生的一系列热解反应，最终生成巨大的平面分子的聚集，即杂乱堆砌的六角碳网平面，就是所谓“微晶”。这些微晶在二维空间是有序的，但在三维空间却无远程有序性，属于乱层结构。因此，微晶并不是真正的晶体。但是，在石墨化条件下，由于碳原子的相互作用，微晶的碳网平面可作一定角度的扭转而趋向于互相平行。显然，微晶是无定形碳转化为石墨结构的基础。

绝大多数无定形碳中都含有微晶，但并不是这些无定形碳都可在一般石墨化条件下转化为石墨。这是因为对于不同化学组成、分子结构的母体物质，炭化生成的无定形碳中微晶的聚集状态不同，可石墨化性也大不一样。微晶的聚集状态以基本平行的定向和杂乱交错的定向为其两个极端，其间还存在一些定向程度不同的中间状态。例如，石油焦、无烟煤等由于微晶基本平行定向，所以易于石墨化，称为可石墨化碳（或易石墨化碳）。相反，糖炭、骨炭等由于微晶随机取向，杂乱无序，又多微孔，并含大量氧或羟基团，所以难以石墨化，称为难石墨化碳。介于以上两种情况之间的有沥青焦、冶金焦等。

1600℃以前，无定形碳通过微晶成长向石墨的转化是不明显的，当温度达到1600~1800℃时，微晶的成长明显加速。此时，微晶边缘上的侧链开始断裂，或是挥发，或是进入碳网平面。微晶的结构发生两个方面的变化，一方面一些大致处于同一平面的微晶层片逐渐结合成新的平面体，碳网平面迅速增大；另一方面，在垂直于层面的方向上进行层面的扭转重排，从而使有序排列的层数增加。这一过程一直延续到约2700℃，即当微晶基本转化为三维有序排列，最终形成石墨晶体时才基本结束。

由于各种原料的石墨化难易程度不同，它们的石墨化温度以及在一定温度下所能达到的石墨化度也有所不同。总而言之，石墨化过程很复杂，尚需进一步探索。

5.8.2.2　石墨化过程的动力学

从化学动力学上讲，石墨化过程进行的速度取决于两种相反的因素（有序化和由于原子热运动引起的无序化）的比例关系。研究石墨化动力学的目的就是确定在一定温度和时间条件下碳向石墨转化的速度，以便正确制定石墨化的温度制度，从而达到保证产品质量、节约能源和降低生产成本的目的。从理论上讲，可以进一步研究炭-石墨材料的结构和物性变化。

（1）温度对石墨化的影响。高温加热是无定形碳转变为石墨的主要条件。实践表明，在2273K以下，石墨化速度很小，2273K以上才显著增大。这种现象说明石墨化过程的活化能并不是恒定的，而是随着石墨化度的增大而增大。炭素制品的石墨化度愈高，其进一步石墨化所需要的能量也愈大。按照石墨化微晶成长理论，在石墨化初期，有序化首先发生在微晶周围，微晶的质量很小，因此只需消耗较少的能量就能使其碳网平面长大，层面扭转成平行堆砌，生成三维有序的小石墨晶体。但随着小晶体的长大，层面的增加，质量变大，它们互相结合或扭转堆砌就比较困难。所以要进一步提高炭素制品的石墨化度，势必需要更大的能量。

有序排列的活化能，可以是外部传给体系的热量，也可以是体系内部放出的潜热。由阿累尼乌斯经验公式：

$$K = K_0 e^{-\frac{E}{RT}} \tag{5-7}$$

或
$$\ln K = -\frac{E}{RT} + \ln K_0 \tag{5-8}$$

可以导出求活化能 E 的方程式为：

$$\ln\frac{K_2}{K_1} = \frac{E}{R}\left(\frac{T_2 - T_1}{T_2 T_1}\right) \tag{5-9}$$

式中　K_1，K_2——温度 T_1、T_2 时的反应速度常数，可由实验确定；

E——表观活化能（对石油焦，$E = 37620\text{J/mol}$）；

R——气体常数，8.314J/(mol·K)；

T_1，T_2——绝对温度，K。

根据式（5-9）可以计算出与石墨化各温度阶段相对应的表观活化能 E_1、E_2、E_3、…。

图5-16为石墨化过程中炭、石墨体系的活化能与温度的关系。曲线 AB 段表示升温阶段初期，体系吸热，使体系含有过量的能量（活化能 E_1）。这些能量一部分使气体和低沸点杂质挥发，一部分转化为碳原子或分子平动、转动和振动的动能，以克服能峰 B。在 BC 段，一部分旧键破坏，新键生成，碳网平面长大，并向三维有序排列过渡，体系放出内能达到 C 点。在2100K以上，随着三维有序程度的提高，活化能不断增大，直到吸收活化能 E_2，曲线越过能峰 D。最后，随着降温冷却，体系的能量由 D 降到 F，成为性能稳定的人造石墨。E_3 为逆反应的活化能，E_3 大于 E_2 与 E_1，说明在温度不断升高的条件下，石墨化过程不可逆。

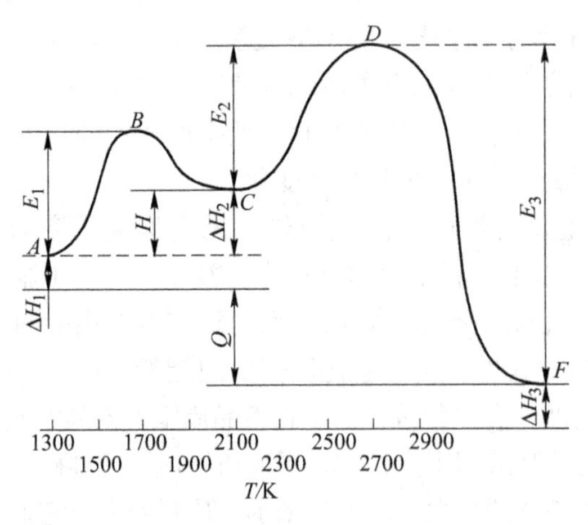

图5-16　石墨化过程活化能与温度的关系

如将式（5-8）微分，可得：

$$\frac{\mathrm{d}\ln k}{\mathrm{d}T} = \frac{E}{RT^2} \tag{5-10}$$

即 $\ln K$ 随 T 的变化率与 E 成正比。这意味着活化能愈高，则随着温度的升高，石墨化速度愈快，高温对活化能高的炭素材料的石墨化有利。例如，石油焦为易石墨化的可石墨化碳，一般在1700℃就开始进入石墨化，沥青焦则为相对较难石墨化的可石墨化碳，需要在2000℃左右才能进入石墨化阶段。显然，这是因为沥青焦的石墨化活化能大于石油焦的缘故。

（2）保温时间对石墨化的影响。关于保温时间对石墨化的影响，其一般规律是：在一定温度下，有一个石墨化极限；而保温时间的长短与温度有关，石墨化温度愈高，达到极限的时间就愈短，几分钟或十几分钟就可能达到平衡状态。石墨化温度与保温时间相比，前者占有主导地位。图 5-17 为一种石油焦在不同温度下达到石墨化平衡状态（d_{002}基本不再变化）的时间曲线。

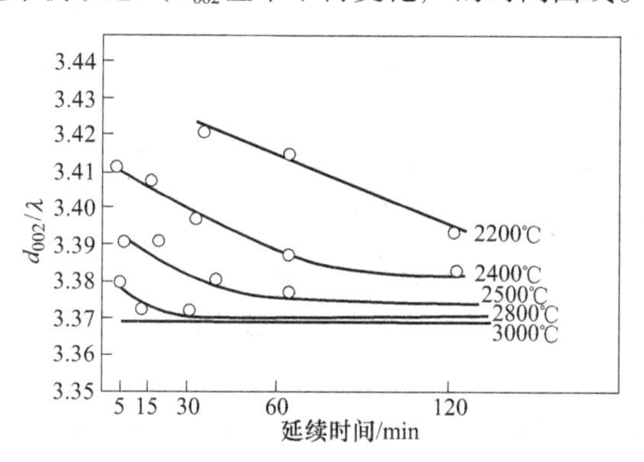

图 5-17 石油焦在不同温度下达到石墨化平衡状态的时间曲线

保温时间的长短与石墨化度及速度常数的关系可用下式表示：

$$r = 1 - e^{-kt} \tag{5-11}$$

式中 r——石墨化度；

k——速度常数；

t——保温时间，s。

以某种石油焦需达到 0.97 的石墨化度为例，在不同温度下所需的理论保温时间见表 5-15。

表 5-15 不同温度下石墨化所需的理论保温时间

加热温度/℃	1900	2150	2420
所需保温时间	一个月	13h	2h

（3）催化剂对石墨化的影响。无定形碳的石墨化是一种固相反应，其原子迁移、结构重排的阻力很大，使得石墨化工艺成为一种突出的高能耗工艺。若能采取适当的催化剂，在较低的温度下达到一定的石墨化度，或在不继续提高温度

的情况下，使石墨化度提高，对节约能源、提高产品质量和产量都有重要的现实意义。

作为石墨化催化剂的材料，在元素周期表上有一定规律。I_B和II_B族金属无催化活性，其他过渡金属元素和金属元素有催化效应，见表5-16。

表5-16　各种金属对石墨化的催化效应

能促进均质石墨化的金属	B
能催化形成石墨的金属	Mg　Ca　Si　Ge
能催化形成石墨和乱层结构的金属	Ti　V　Cr　Fe　Co　Ni　Al Zr　Nb　Mo Hf　Ta　W
没有催化作用的金属	Cu　Zn Ag　Cd　Sn　Sb Au　Hg　Pb　Bi

石墨化催化机理大致可分为以下两类：

1）不溶-淀析机理。无定形碳溶解于有催化作用的添加物如Fe、Co、Ni中，形成熔合物，通过熔合物内部的原子重排，碳从过饱和熔体中作为石墨晶体而析出。析出时，可得到单晶。

2）碳化物形成—分解机理。无定形碳与有催化作用的添加物形成碳化物中，碳化物在更高的温度下分解，生成石墨和金属蒸气。这种机理与石墨化的碳化物转化理论类似。

催化剂一般是以极细的粉末或溶液加入。催化剂的加入量有其最佳值，过多的添加不仅没有催化作用，反而会成为妨碍晶体生成的杂质。目前，在石墨电极中常添加铁粉或铁的氧化物作催化剂。图5-18为Fe_2O_3的加入量与石墨化度的关系。

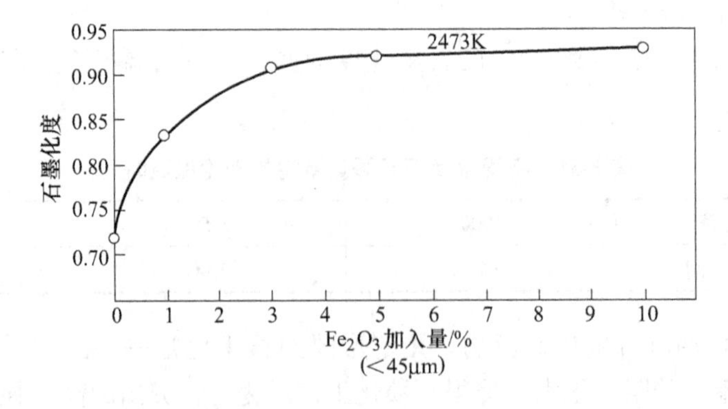

图5-18　催化剂Fe_2O_3的加入量与石墨化度的关系

由图5-18可见，在同一温度下，催化剂的少量加入，促进了石墨化度的提高，但当Fe_2O_3加入量超过3%时，曲线趋向水平。其原因在于石墨化度愈高，活化能愈大，而Fe_2O_3降低活化能的效果不足以克服活化能的增大。

5.8.2.3 碳的石墨化过程及条件

炭-石墨体系在石墨化过程中既有吸热过程，也有放热过程；既有原子的有序化，也有由于原子热运动引起的无序化过程。但总体上，碳的石墨化过程大致可分为三个阶段。

第一阶段（1273~1700K）：在比焙烧更高的温度下，炭素制品进一步排除挥发分，所有残留的脂肪族碳链，C—H、C ═ O 键都在此温度范围内先后断裂。乱层结构层间的C、H、O、N、S等原子或简单分子（CH_4、CO、CO_2等）也在这时排出。这一温度区间主要是吸热过程，化学反应在继续，同时也有物理变化，表现在一部分微晶边界消失，界面能以热的形式放出，成为促进碳网平面长大的动力。X射线测定表明，在此温度区间内，层面堆砌厚度没有明显的增大，有序排列是在二维平面上进行的，二维平面尺寸不超过80×10^{-10}m，大分子仍为乱层结构。

第二阶段（1700~2400K）：这一阶段有两种情况。一是随温度上升，碳原子热振频率增加，振幅增大，受最小自由能规律的支配，碳网层面距缩小，向石墨结构过渡。与此同时，碳原子沿层面方向的振幅增大，晶体平面上的位错线和晶界消失。到2000℃时，体系的熵变达到最低值，三维有序排列基本形成。这是一个放热过程。二是在2000~2400K有碳化物（主要是碳化硅）生成，并随之在更高温度下分解。当温度接近2400K时，碳的蒸汽压开始增大，出现热缺陷。由于碳化物的生成和分解反应在此温度区间进行较多，故体系需吸热，表现为熵变重新增大。

第三阶段（2400K以上）：一般石油焦、沥青焦等可石墨化碳在温度达到2400K以上时，晶粒的a轴方向平均已长大到100~150Å，c轴方向堆砌约达60层（~200Å）。由于2400K以前的有序化，引起晶粒收缩，晶粒界面间隙有所扩大，此时，石墨化度的提高主要靠再结晶过程。一方面以吸热为动力，碳网平面内和层面间的碳原子发生迁移，进行结晶的完善和三维排列。另一方面，碳的蒸发率随温度的升高而呈指数地增大。此时，在石墨化体系中充满着C_1、C_2、C_3、C_4、…等碳原子及分子气体，在固相和气相间进行着极其活跃的物质交换-再结晶。

石墨化过程主要为吸热过程，根据石墨化过程中各温度阶段的特点，在工艺上应采取不同的升温制度。室温至1573K为重复焙烧，对石墨化来说仅为制品的预热阶段，采用较快的升温速度，制品不会产生裂纹；1573~2073K是石墨化的关键温度区间，且石墨化体系存在着放热效应，为了防止热应力过于集中，产生裂纹废品，同时也为了保持一定的维温时间，必须严格控制升温速度，2073K 以上，石墨晶体结构已基本形成，体系吸热促使石墨化度进一步提高，此时，维温时间的影响已经很小，升温速度可以加快。

总之，在石墨化过程中，炭素制品的石墨化程度受原料的性质、石墨化的压力、石墨化温度以及在该温度下所持续的时间等条件影响。根据生产实际选择适宜的条件。

5.8.3　石墨化阴极生产工艺的发展

随着电解铝技术的不断进步，大型化、高效化、节能化已成为电解铝工业的发展方向。要满足现代电解铝的需求，阴极是很重要的。不同容量的电解槽的物理场参数和设计的经济技术指标对阴极性能的要求是不同的。石墨含量低于 20% 的无烟煤质的阴极炭块（国内称为半石墨质阴极炭块）在国外已经基本被淘汰。对于较小容量的预焙阳极电解槽（如 160kA），一般采用石墨含量约 30% 的阴极炭块，以降低筑炉成本，又能满足电解运行的要求。

随着铝电解槽向着更大型化方向发展，特别是对于 300kA 以上级的大型预焙槽，高石墨质（石墨含量 30%～80%）和全石墨化阴极的优势表现得十分明显。由于采用高石墨质和全石墨化阴极炭块可以节能降耗、取得较好的技术经济指标，越来越多的国内外众多电解铝厂的大型预焙电解槽采用高石墨质和全石墨化阴极炭块。

20 世纪末，法国普基公司提出石墨化阴极浸渍有利于提高使用寿命，但在实际应用中石墨化阴极的成本较高，使其推广应用尚有一定的困难。石墨化阴极的生产目前主要有浸渍和不浸渍两种工艺。中国石墨化阴极生产技术起步较晚。贵阳铝镁设计研究院和河南万基铝业股份有限公司、华中科技大学联合开发的石墨化阴极生产技术，从实验室试验到产业化经过两年的时间，于 2005 年 8 月投产。目前，该生产流程已正常生产，是我国的第一条石墨化阴极生产线。流程中设有浸渍和再焙烧，可根据用户的要求生产浸渍石墨化阴极和不浸渍石墨化阴极。

我国已成为世界最大产铝国和拥有世界最大容量（500kA）的电解槽生产系列，淘汰落后是国家产业结构调整的措施。为此，要求阴极炭块生产技术也要相适应地发展。进一步提高高石墨质和全石墨化阴极炭块的各种性能，特别是耐磨性能和抗腐蚀性能，是国内外铝行业所关注的问题。与此相关的铝用炭素阴极的生产工艺，包括原材料性质、配方、成型、焙烧、石墨化过程、浸渍及其装备水平等，也将得到改进，以提高高石墨质和全石墨化阴极炭块的耐磨性能、与铝液润湿性能和抗腐蚀性能，延长大型预焙槽的使用寿命和节能减排。

5.8.4　石墨化阴极生产的设备及工艺技术

对于铝用炭素阴极而言，生产半石墨化或石墨化阴极炭块，必经石墨化工序。普通炭块经过2000℃左右的高温热处理就可以完成向半石墨化炭块的转换，若将高温热处理温度提高到2600~3000℃，就可以完成向石墨化炭块的转换。

5.8.4.1 石墨化炉结构及其工艺技术

石墨化炉属于直接加热式电阻炉，是以炭素焙烧品和电阻料为炉芯，通入直流电或交流电，生产人造石墨制品的一种电阻炉，又叫艾奇逊炉。

按照供电方式的不同，石墨化炉可分为直流石墨化炉和交流石墨化炉两种，直流石墨化炉和交流石墨化炉除了供电设备不同外，炉子本体的结构完全一样。直流石墨化炉的供电设备由三相交流主调和一变压器及相应的整流设备组成。

以直流电的方式向炉子供电具有如下优点：一是由于采用的供电变压器是三相的，对电网不会产生三相负荷不平衡的影响。可以增大变压器的容量，以便强化石墨化工艺，增大石墨化炉容量。二是整个供电线路上的功率因数较高，达到0.9以上，电能的有效利用率得到提高。三是直流电没有交变磁场和电感损失，也没有表面效应及临近效应等电的损失，电效率较高。

石墨化炉的工作原理是以被石墨化的材料作为电极，将电能转化为热能，因而可以获得高温。石墨化温度的高低取决于引入电能的数量，电能的多少是由物料的电阻与通过的电流决定的，在一定时间内产生的热量可按焦耳-楞次定律确定。即：

$$Q = I^2Rt = UIt \tag{5-12}$$

式中 Q——发生的热量，J；

R——炉子物料（炉芯）总电阻，Ω；

I——通过炉料的电流，A；

t——通电时间，s；

U——输入电压，V。

（1）石墨化炉结构。石墨化炉的整个炉体是砌筑在水平的混凝土基础上的，属于直接加热间歇运转式电阻炉。其分类可按容量分，也可按炉芯电阻是否可调、炉的配置方形等分类。但不论哪种类别的石墨化炉，其结构原理基本相同。石墨化炉体结构，大致可分为三大部分。即炉体、炉头、炉芯。见图5-19。

1）炉体。石墨化炉的整个炉体是砌筑在水平的混凝土基础上的。在基础上先砌1~3层红砖，然后再砌一层普通耐火砖，炉体负于地平面近1m。由于炉型大小之别，其深度可适当增缩，并用黏土耐火砖砌筑炉槽。炉两侧设有边墙。边墙可分为移动式和固定式两种：移动式炉墙形状也不相同。我国是平板式的留有透气孔的炉墙，规格可根据炉子大小而变化。制作方法与捣制钢筋混凝土基本相仿。由水泥、黏土、耐火砖碎块按一定比例配制而成，炉两侧设有槽钢，用来固定活动墙。由于槽钢是铁磁性物质，交流炉将产生磁滞和涡流损耗。为此必须采

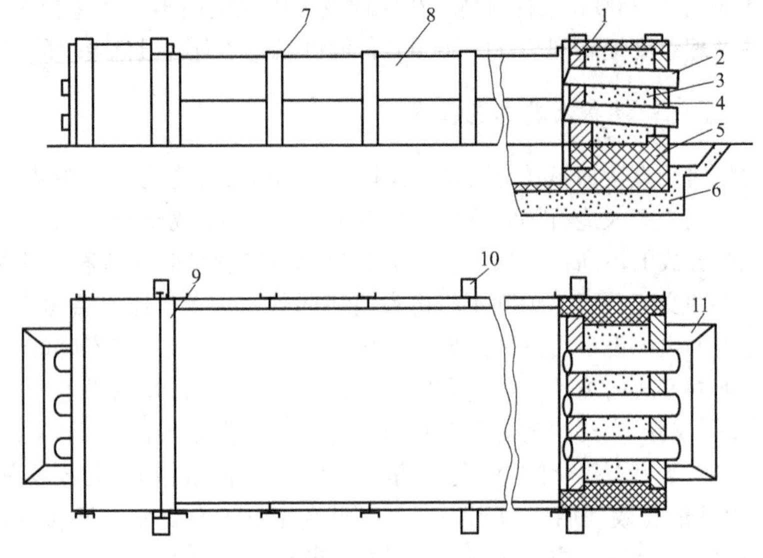

图 5-19　石墨化炉结构示意图

1—炉头内墙石墨块砌体；2—导电电极；3—填充石墨粉的炉头空间；4—炉头炭块砌体；5—耐火砖砌体；6—混凝土基础；7—炉侧槽钢支柱；8—炉侧活动墙板；9—炉头拉筋；10—吊挂移动母线排的支承板；11—水槽

用低导磁钢或者不用槽钢，而用图 4-18 形状的活动墙，用时立于炉的两侧，不用时即可拔出，它也适用于卧装炉。

固定式炉墙，一般采用耐火黏土砖砌筑，使用温度在 1400℃左右，采用高铝耐火砖效果和使用寿命要好些，使用温度可在 1700℃左右。由于炉内温度可达 2000℃以上，所以固定墙和炉芯之间仍然要有保温层。

石墨化炉的热损耗与炉体的表面积有关，要求石墨化炉的表面积最小为好。但在实际生产中，由于产品规格和发热体等参数的限制不能建成球形炉体。因此，有些国家则采取将几台石墨化炉砌筑在一起，构成正四方体，中间用特殊的耐火材料隔开成为石墨化炉或 π 型炉，力求提高热效率。以往我国由于受耐火材料的限制，炉隔墙容易烧坏；近些年，由于新型耐高温材料的开发成功，有所改善。

2）炉头。在炉槽的两端各砌一个导电的端墙称为炉头。炉头外侧墙用多灰碳块砌筑。也可以用耐火黏土砖、高铝砖等砌筑，但使用寿命要比炭块的短。内侧墙用石墨块砌筑，石墨块下面砌有炭块。炉墙和炉头接触地方均用耐火砖砌成，或浇筑钢筋混凝土，并用槽钢挂筋固定。导电电极贯穿炉头内外墙，其目的在于将电能输入炉内。炉头的尺寸和导电电极数目以及规格，均由变压器容量、二次电流而定。我国石墨化炉中通过的电流少则几千安培多则几万安培十几万安培，这样巨大的电流将需要较大的导电电极截面。但目前由于我国生产的石墨制品的规格限制，只好采用多根导电电极来满足电流密度和输电的需要。

导电电极一般采用石墨制品，因为它导电率高，最大允许电流密度在10A/cm^2左右。由于电压低电流高，石墨化炉炉头截面积大，以及母线配置、电感等影响，特别是分配于母线的电流不均匀，造成炉头导电电极的电流分配不平衡，为此炉头导电电极的规格、数目、布局尚未有一定的标准。在实际生产中，可根据石墨化炉的容量大小，炉头导电电极数目，分别选用1、2、4、6、9等个数，导电电极可采用圆形，也可采用方形，实践证明两者相差无几。

导电电极的布局基本略小于炉芯截面，又因产品规格限制，炉芯截面有时不是正方形，但导电电极配置要与炉芯截面相适应。工业生产中，导电电极电流密度（如采用石墨材料）在5~10A/cm^2之间选择。

导电电极既是导电体，又是导热体。随着导电电极的增长，电耗增加，热损减少。反之因炉温高，寿命将缩短。一般工业石墨化炉的导电电极在1.2~1.5m之间。外接母线要留300~400mm。采用淋水冷却，导电电极要有5°~8°斜度。炉头内外墙间填有石墨粉，以防止透气和渗水，并且隔热保温，要求水分在0.5%以下；粒度在0~3mm，最大粒度不超过5mm；灰分在1.5%以下；导电性能要强，粉末电阻率在350μΩ·m以下。

在炉头石墨粉上放一层耐火砖或废阳极之类的东西，防止保温料渗入。如果炉头生成金刚砂将影响导电效果，使损耗增加。

3）冷却。石墨化炉在运行中，炉温达2000℃以上，导电电极一端承受这样的高温，而接母线线端必须在常温下工作。或者低于氧化温度，为此一定要强制冷却。其冷却方式可分为间接冷却或直接冷却。目前基本有四种冷却方式：

①自然冷却：依靠空气的常温使导电电极冷却，不采用任何强制手段；②淋水冷却：用水管浇水于导电电极上，使之冷却。这种直接冷却方式，方便、经济，但需要水槽并污染环境；③冷却水套：属于间接冷却方式。水套形状有方形和圆形，材质有铜的和铝的金属之分，也可制成方盒式。一般冷却效果也可以，但因局部过热容易烧坏，铜质比铝质好，但不经济；④导电电极内冷却：这种属于直接冷却。

（2）石墨化炉工艺操作。

1）石墨化炉的运行。由一台炉用变压器给一组石墨化炉供电，一组共有6~7台石墨化炉，炉子间歇生产，炉用变压器连续运转，这样既能充分利用变压器的生产能力，又便于在一定生产周期内工艺操作。

石墨制品的生产，在石墨化工序的生产操作中，是由清炉、装炉、送电、冷却、卸炉、小修等几个步骤组成的。石墨化炉的实施循环运行，根据实际生产情况合理安排。

2）清炉。每生产完一炉制品必须清炉，将碳化硅分解层清至黄料部分，或按规定全部更换新料。一般石墨化炉使用半年要更换一次。清炉时不要将石墨化焦与旧料混杂，否则使用石墨焦时将产生金刚砂。

3）装炉。炉芯是石墨化炉的最重要组成部分。产品既是发热电阻又是被加热的对象，装炉装得合适与否对石墨化产量、质量、电耗及成品率均有影响。

装炉方法，按产品在石墨化炉内的位置可分为立装、卧装、顺装等。

装炉顺序是：铺炉底，放装料板，放垫层，装电极，放填充料与保温料等。

4）石墨化炉的送电、冷却及卸炉。装炉结束后，盖上排烟罩，在炉底两侧挂上母线排，将导电电极与母线排通过刀闸开关连接好，即可通知变电所按规定功率通电。通电以后导电电极温度逐渐升高，随着导电电极温度的升高程度，逐渐开大水阀门，以冷却导电电极。

石墨化炉通电结束时，要及时测定炉芯及周围温度，要符合规程要求的温度分布。

一般测定炉温是炉芯边缘部分的温度，炉芯中心部位的温度要比炉芯边缘部位高得多。生产高纯石墨时炉芯的保温层较厚，并且需通入较多的电量，所以炉芯温度较生产一般石墨电极高得多，温度可达2800℃左右。停电后，根据炉子大小冷却3~6天。

5）电阻料与保温料。电阻料：石墨化炉的炉芯温度，是由装入炉内半成品的电阻与电阻料的电阻两部分组成。电阻料一般使用冶金焦粒，因为冶金焦粒虽然在石墨化过程中也在逐步被石墨化，但其电阻下降也比较慢。整个炉芯电阻绝大部分是电阻料的电阻（在石墨化通电后期可占95%左右），而产品本身的电阻相对来说只占很小百分比。因此，电阻料的电阻变化与石墨化的炉温上升速度有直接关系。据测定，普通冶金焦与石墨化冶金焦按不同配比堆积时，石墨化冶金焦电阻率比普通冶金焦（生焦）低5~8倍。保温料：石墨化炉的保温料，对石墨化炉的炉温上升也有一定影响。在通电后期炉温上升很慢，并且上升到一定温度后不再继续上升，其原因之一是高温状态时的石墨化炉向四周散热很大使电能产生的热量与经过保温层向四周散失的热量越来越接近平衡。因此，保温料的导热系数越小越好。保温料应由石英砂、焦粉组成（有时加入少量木屑）。

6）石墨化炉炉芯温度的测量。在石墨化过程中，温度是影响产品石墨化程度的关键因素。虽然石墨化过程的控制，实际上是用“开始功率”及“上升功率”进行的，但从根本上来说（如试验新的功率曲线，生产高纯石墨时，掌握通入氯气及氟利昂等气体的时间），仍需要测量石墨化炉的炉芯温度。

7）石墨化炉炉底电阻的测量。石墨化炉的炉床是由耐火砖砌成的长方形槽。槽底铺一层很厚的石英砂作为绝缘层，在石英砂层的上面再铺一层石英砂与焦粉混合的炉底料。在石墨化过程中，炉底料在高温下发生化学变化，电绝缘能力降低。如炉底料没有很好清理就装入产品，通电后经常发生炉温不均（即炉芯下半部温度较高）装在上层的产品石墨化程度较差，而底层产生可能发生硅侵蚀（即产品表面产生金刚砂），甚至发生炉底烧穿事故。为了研究炉底烧穿及炉温不均匀的原因和掌握清炉的深度以及换用石英砂层的时间，有必要进行炉底电阻的测量，最简单测定炉底电阻的方法是运用伏-安法。当炉床通过一定电流时，测定电压降，再算出炉底电阻。

（3）艾奇逊石墨化工艺的缺陷性。艾奇逊石墨化炉从整体上看是外热式的，即由被石墨化的电极坯料和电阻料构成的炉芯作为一个发热体，电流通过炉芯时，产生焦耳热，使整个炉芯逐渐加热到2500~3000℃，达到电极坯料被石墨化的目的。但是从炉芯内部来看，电极坯料主要是靠电阻料的焦炭颗粒产生的焦耳热被加热的。通过电极坯料自身电流所产生的焦耳热，只占总热量的3%~5%。这就是说，电极坯料是靠外热而达到石墨化所需温度的。这就造成了以下缺陷：

1）加热温度不均匀造成的石墨电极品质不良的问题。石墨化炉加热温度分布的不均匀，使得石墨电极不同部位的物理-力学性质，如电阻率、热膨胀系数、热导率、强度、杨氏模量等产生差别。这种外部加热的不均匀性使石墨电极在使用过程中内部温度分布不均匀，产生较大的热应力，使电极容易断裂、炸裂、掉块等问题。在小直径电极用于普通功率电极炼钢时，这一问题表现得不明显，而在大直径石墨电极应用于超高功率炼钢电炉时，这一问题就凸显了出来。

2）电极轴向温度分布不均匀问题。在艾奇逊石墨化炉内，无论电极坯料是立装还是卧装，在沿电极坯料轴向的电阻料填充的不均匀性，会造成沿坯料轴向的温度分布不均匀。这种温度的不均匀性是随机的，是很难用装炉操作消除的。另外，在整个炉芯截面上，由于四周向外散热会造成炉芯截面中心区温度高，而周边温度低。这样的温度分布使得石墨电极坯料处于炉芯中心的部位石墨化程度高，而处于周边部位的石墨化程度低。结果会造成坯料两端石墨化程度低于中段。这是一种轴向的不均匀性，这种不均匀性是系统性的。

3）电极周向的不均匀性问题。电极坯料大都是圆截面的。这使得在电流方向上电阻料的厚度不均匀从而造成不同部位的电阻大小不同，电阻料厚度大的部位，电阻料的电阻率一般是坯料的100多倍，所以这个部位的电阻大；相反，电阻料厚度薄的部位，电阻相应地小，较薄部位的电流密度比较厚部位高很多，其所产生的焦耳热也多得多，这个部位的坯料温度也会高很多。这就造成了石墨电极性质的周向不均匀性。苏联的M. НДОРDICYEB等人用实验的方法证实了上述现象的存在。他对艾奇逊石墨炉内石墨化所得到的电极石墨化坯料的最厚部位和最薄部位处取试样，测定分析其电阻率，结果发现，二者有明显的差别。

如果这一现象在小直径石墨电极中尚不明显的话，那么随着电极直径的增大，这一现象越来越明显，结果使在艾奇逊炉内石墨化的大直径电极产生极大的不均匀性，导致石墨电极品质下降。这在高功率和超高功率炼钢炉中所使用的大直径石墨电极表现十分明显，是造成大直径高功率和超高功率电极在使用过程中产生断、裂、掉块现象的主要原因之一。这种周向的不均匀性是不可逆转性的，它的影响远比上文中提到的轴向不均匀性的影响大。

5.8.4.2　串接石墨化及其工艺技术

串接石墨化是一种直接把电流通入串接起来的焙烧制品，利用制品本身的电阻使电能转为热能，将制品石墨化的一种电阻炉。这种炉型也称卡斯特纳炉（H Y. Castner)，是 H Y. Castner 于 1896 年首先发明，其基本原理是将焙烧电极卧放在炉内，按其轴线串接成行，然后固定在两根导电电极之间，为减少热损失，在焙烧电极周围覆盖了保温料。通电后，电流直接流向电极，依靠其本身的电阻发热，并迅速升温，仅 10h 左右即可达到石墨化需要的温度，使生产周期大为缩短。不用电阻料，与艾奇逊石墨化炉相比具有诸多优点：

- 加热速度快。从开始通电至达到石墨化高温只需 10h 左右。
- 电耗低。以同样品种、同一规格产品作比较，每吨石墨化品的耗电量比艾奇逊炉可节省 30%左右。
- 石墨化程度比较均匀。由数根焙烧品水平纵向串接在一起的“串接柱”通过的电流强度是相同的，虽然每根焙烧品本身的电阻有一定差别，但通电后期的温度基本相同。因此，石墨化后成品的电阻率差异很小。
- 省掉了电阻料，有利于降低石墨化的生产成本等。

（1）串接石墨化炉的结构。串接石墨化炉的基本结构见图 5-20。

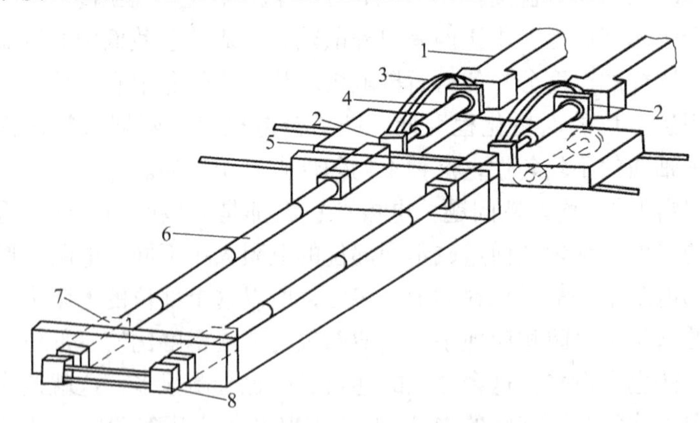

图 5-20　串接石墨化炉的基本结构图

1—铝汇流排；2—铜接触板；3—大电流电缆；4—液压千斤顶；5—活动炉头电极；6—待石墨化焙烧炭素制品；7—固定炉头电极；8—电极衔接

从图 5-20 中可以看出炉子呈 U 形布置电极，电流经炉子的一端进入，折转至另一端出来，除炉床外，另有活动侧墙和带电极的端墙，外覆钢架内衬耐火材料，一端固定并密封，以母线连接，另一端是活动的，可以补偿电极在石墨化时的膨胀和收缩，而连接机构装在轨道车上，它连接固定铝汇流排和炉子活动端墙的电极，具有大电流绝缘开关和液压系统，为排列成行的电极提供伸缩的接触压力，车上设冷却系统、冷却接触板和电缆。

生产操作轨道车先行定位，电流由汇流排经接触板和水冷电缆送至炉头端墙电极，液压千斤顶将排列成行的焙烧电极相互压紧，并可调节和稳定电极在石墨化过程中产生的胀缩，如直径为 350~650mm 的电极石墨化时，电流密度达到 25~50A/cm^2，而炭层接触之间还需维持 0.4~1.0MPa 的接触压力。

串接式炉能以高达 600℃/h 的速度升温而不产生裂纹，并且电极直径越大，工艺技术指标越好，恰好与艾奇逊炉生产的情况相反。不过当电极准备送电时，电极的接触面之间必须使接触电阻很低，不然接触面的加热升温将超过电极本身，使接头与本身之间的温差导致接头开裂，解决的办法是除了依靠装在端头的液压设施，给电极加压使之保持紧密接触外，还必须对接触面进行特殊加工，并在加工面上涂抹一层以石墨粉和树脂合成的胶泥，从而获得良好效果。

KHD 公司将试验炉与艾奇逊炉做了热平衡对比，表明串接式炉的热效率高达 49%，比艾奇逊炉高出一倍。

表 5-17 为同样使用 16000kV · A 直流供电机组供电的艾奇逊石墨化炉与串接石墨化炉生产效果的比较。

表 5-17 艾奇逊石墨化炉与串接石墨化炉生产效果的比较

对比项目	艾奇逊石墨化炉	串接石墨化炉
炉身长度/m	18~20	15×2
每次装炉量/t	80~100	16~20
通电时间/h	45~60	8~12
炉芯电流密度/A · cm^{-3}	1.8~2.0	30~50
每吨半成品耗电量/kW · h	3800~4400	2800~3200
炉芯最高温度/℃	2500~2800	>2800
每 1kV · A 变压器容量的年产量/t	0.7~0.8	0.45

（2）串接石墨化炉操作工艺。串接石墨化炉的装炉和通电与艾奇逊石墨化炉有些不同，主要体现在：

1）串接石墨化炉的装炉采用单柱串接或多柱串接，串接石墨化不能像艾奇逊石墨化炉那样密集装炉，每一次装炉数量要少得多，为了能更好地利用供电设备的能力，可将串接石墨化炉的长度加长至 30m 左右，或者采用 U 形炉方式，采用多柱串接来增大装炉量。

2）串接石墨化的串接柱是由数根焙烧品从纵长方向串联并紧压在一起，端面接触部位是个关键地方，当电流通过接触部位时，由于接触电阻大，造成该处的温度非常高，很容易在端面接触部位放电而出现裂纹，接触部位的接触好坏与焙烧品端面加工状态及加压压力有关。在生产时，务必注意其接触压降。

3）对串接柱应加上一定压力，串接柱端面接触电阻与加压压力有关，增加压力可以减少接触电阻。加压压力还必须考虑焙烧品在石墨化过程中线尺寸（长度和直径）的变化而导致接触电阻的不断变化，所以串接石墨化在通电期间对串接柱要加上一定压力而且加压压力要随着串接柱的长度变化而及时调节。对串接柱加压是在炉外用液压装置对导电电极加压，并通过导电电极将压力传递至串接柱上。

4）串接式石墨化炉通电后，电流直接流向电极，依靠其本身的电阻发热，并迅速升温，仅 10h 左右即可达到石墨化需要的温度，使生产周期大为缩短；在送电过程中，电流在电极内分布均匀，从而使得电极在升温时，表里的温差很小，虽然高速升温，却不会导致制品开裂；同时由于不依靠电阻料来传递热量，热量消耗减小，热效率高达 49%（艾奇逊石墨化炉为 23%）；此外，还具有生产操作采用自动化控制、有利改善劳动条件的优点。

串接式石墨化炉的关键技术是串接、加压和通电。

尽管串接式炉在工艺方法上比艾奇逊炉优越，但由于炉子结构本身存在的技术难题，因而在相当长的时期内，世界各国的工业性生产上受到制约，远不如艾奇逊炉得到广泛的应用和发展。到 1974 年，联邦德国西格里公司宣布了对串接式炉新的专利申请，1980 年美国大湖炭素公司在美建成内串式石墨化车间，1978 年前联邦德国 KHD 公司宣布他们的单排 U 形串接炉试验成功，可以将产品投放市场。其基本参数是：石墨化温度可生产的电极直径炉内电极排成行的长度生产周期输入的直流电流输入的直流电压电压控制范围一次电压频率电流密度电耗从以上的成果来看，串接式炉已具有和艾奇逊炉相抗衡的实力。我国许多炭素厂经过研究，依靠自己的技术也建成了一批中小型串接石墨化炉，用以生产不同规格的电极和铝电解槽石墨化阴极。2005 年，河南万基铝业建成了年产 3 万吨用于大型铝电解槽石墨化阴极的中国第一个串接石墨化工业生产线。串接石墨化工艺对直径 550mm 以上的大规格电极和大型铝电解槽石墨化阴极的生产。

5.8.4.3　其他形式石墨化炉

（1）惰性气体保护的卧式内串石墨化炉。

内串石墨化炉采用固体颗粒材料作填充剂，存在冷却时间长、辅料消耗大的缺点。若用惰性气体代替固体颗粒材料，可克服此缺点。图 5-21 为惰性气体保护卧式内串石墨化炉示意图。其工艺参数为：电极柱由三根直径 600mm、长 2100mm 的电极串接而成，机械加压压力为 98kPa，保护气为氮气，通电加热时间 4.5h，冷却时间 1.6h，单位电耗 2500~3000kW · h/t。

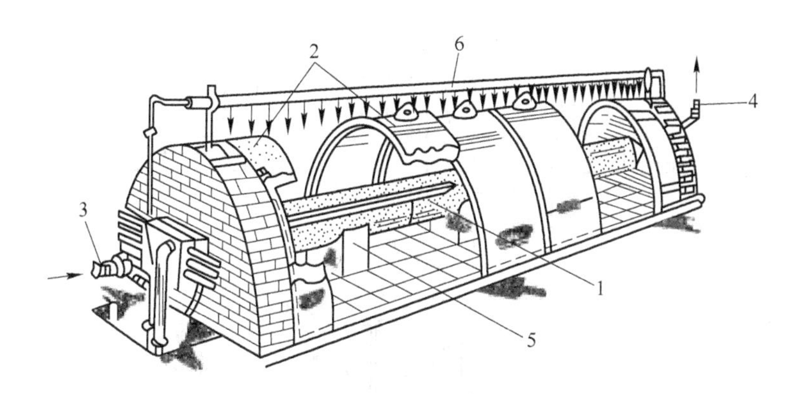

图 5-21 惰性气体保护的卧式内串石墨化炉示意图

1—待石墨化电极；2—绝缘拱顶；3—保护气体入口；4—废气出口；5—载体；6—冷却水

（2）竖式内串石墨化炉。

该炉于 1986 年投产使用。主要由炉体、钢支座、炉室、炉底和炉盖等部分组成，其结构示意图见图 5-22。这种石墨化炉的最低能耗也为 2500kW·h/t，最短石墨化周期 7h，单炉产量可达 60t 左右。

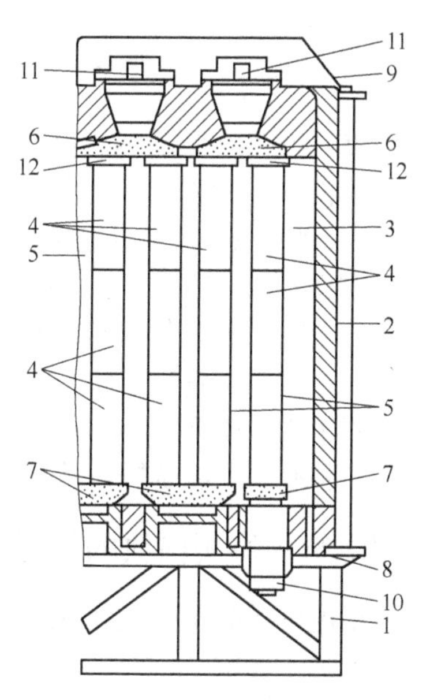

图 5-22 气体保护的竖式内串石墨化炉示意图

1—炉子支座；2—炉体；3—炉室；4—待石墨化电极；5—串接柱；6，7—炉头导电石墨块；8—炉底；9—炉盖；10—接头；11—压紧装置；12—球头状垫块

（3）连续石墨化炉。

传统的艾奇逊石墨化炉或新型的内串石墨化炉，一般都采用间歇法生产，其共同特点是制品装炉后位置不移动，而炉温随着送电功率的变化而变化。因此，达到石墨化终温后炉体（包括炉芯）所积蓄的大量显热不能利用。此外，装炉、降温、出炉期间石墨化炉不能通电进行有效生产，设备利用率低。若采用连续石墨化，可以克服上述不足。据报道，匈牙利专利介绍了一种连续石墨化炉，该石墨化炉也采用电极串接方法，利用正反向压头，使正向压头压力大于反向压力的方法，使电极柱按给定速度、定向移动。见图 5-23。

电极一装入电极柱便开始预热，进入炉体后，先在石墨化区被加热到预定的石墨化温度，然后到冷却区逐步冷却，出炉后从电极柱中卸下。电极柱在炉内运

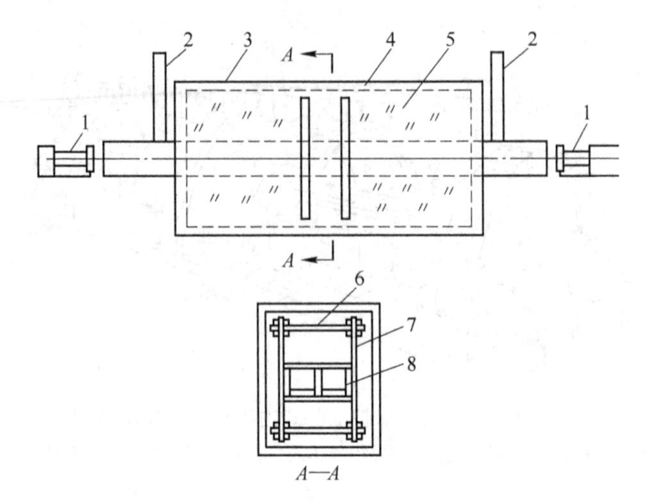

图 5-23　双通道连续生产石墨化炉示意图

1—顶推机；2—烟囱排气；3—炉外壳；4—冷却水套；5—炭黑保温料；
6—钢拉杆；7—石墨板；8—石墨砌体

行时，一直处于颗粒保温料的保护下。炉内各截面的温度是恒定的。该专利指出，对于炉长 18m 的连续石墨化炉，电极通过炉子时间为 12h，每小时电极石墨化处理量为 500kg（ϕ529mm 电极），电耗 3.5kW · h/kg，所产石墨电极的电阻率为 $8.5\times10^{-6}\Omega\cdot m$，表观密度 $1.61g/cm^3$，抗弯强度 9.5MPa。连续石墨化保持了串接石墨化电耗低的优点，按相同直径电极相比，其石墨化周期缩短约 70%，大大提高了生产效率，各工艺操作环节均可定点进行，便于实现机械化和自动控制，也有利于改善环境。若能将这类工艺与设备用于大规格、高品位电极的石墨化，将是一种有发展前途的选择。

5.9　铝电解用炭阴极块的加工

根据铝电解槽的需要，对不同的炭阴极块采取不同的加工方式，不同的阴极也有不同的加工要求。

5.9.1　我国现行不同炭阴极块加工精度要求

不同阴极块的加工精度要求分别见表 5-18 和表 5-19。

表 5-18　铝电解用石墨质阴极炭块（非加工炭块）尺寸允许偏差（YS/T 623—2012）

名　称	尺寸允许偏差/mm		
	宽度	高度	长度
底部炭块	±10	±10	±15
侧部炭块	±10	±10	±15

表 5-19 铝电解用石墨质阴极炭块（加工后）尺寸允许偏差（YS/T 623—2012）

名称		允许偏差				
		宽度/mm	高度/mm	长度/mm	钢棒槽宽、深/mm	直角度/(°)
底部炭块		±3	±4	±12	±3	±0.4
侧部炭块	非角部炭块	±3	±3	±5	—	±0.4
	角部炭块	±5	±5	±5	—	—

对炭阴极块的外观质量进行了规范，见图 5-24 和表 5-20。

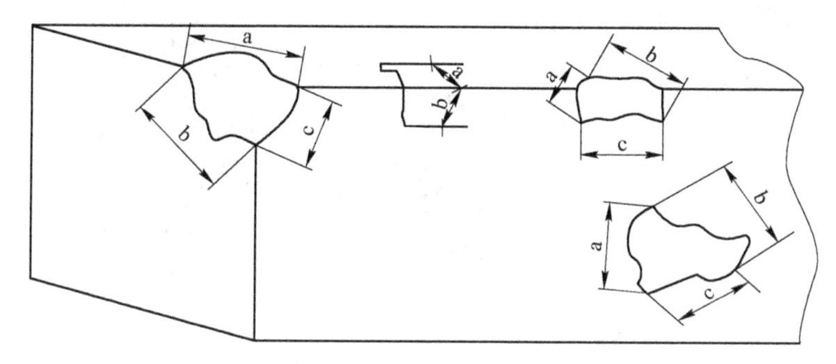

图 5-24 炭阴极缺陷示意图

表 5-20 炭阴极表面缺陷要求

缺陷名称		缺陷尺寸及数量
缺角		（$a+b+c$）不大于 150mm 且不多于 2 处，但小于 40mm 的不计
裂纹	工作面	（1）宽度 1.0mm 以下、深度 5.0mm 以下； （2）单面裂纹不大于 60mm 且不多于 2 处，但小于 15mm 的不计； （3）跨棱裂纹（$a+b$）不大于 60mm 且不多于 2 处，但小于 15mm 的不计
	侧部和端部	（1）宽度 1.0mm 以下，深度 5.0mm 以下； （2）单面裂纹不大于 120mm 且不多于 2 处，但小于 20mm 的不计； （3）跨棱裂纹（$a+b$）不大于 120mm 且不多于 2 处，但小于 20mm 的不计
	沟槽侧部	（1）宽度 1.0mm 以下，深度 5.0mm 以下； （2）单面裂纹不大于 120mm 且不多于 2 处，但小于 30mm 的不计； （3）跨棱裂纹（$a+b$）不大于 150mm 且不多于 2 处，但小于 30mm 的不计
缺棱		（$a+b+c$）不大于 150mm 且不多于 2 处，但小于 40mm 的不计
表面凹陷	工作面	近似周长（$a+b+c$）不大于 100mm，深度不大于 5mm
	侧部	近似周长（$a+b+c$）不大于 150mm，深度不大于 5mm

注：异形阴极炭块的缺陷判定，参照上述进行。

炭块表面应平整，断面组织不允许有空穴、分层和夹杂物。

炭块表面允许有图 5-24 所示的缺角、裂纹、缺棱、表面凹陷等缺陷，但其尺寸及数量应符合表 5-20 的规定。

5.9.2 我国现行阴极炭块加工技术

为满足铝电解工艺的要求，阴极炭块（包括侧部块和底部块）需要有严格的尺寸以及加工成异型、燕尾槽、侧部沟槽等的要求，见图 5-25 已加工的大型阴极炭块。

图 5-25 已加工的大型阴极炭块

现代的阴极加工技术已改变了传统的分步锯、铣、磨等加工工序和设备，彻底改变了粉尘大、噪声大、能耗高的局面。采用数控万能精密炭块自动加工线，该生产线是集机、电、液、光一体化的炭块全自动专用加工设备，完全实现了根据阴极炭块的外形特点，采用了不同机列完成不同工序加工并实现有机结合，最大程度减少了阴极炭块在单机列中的往复输送，提高了生产力；采用先进的数控技术，实现了阴极炭块加工过程的高度自动化和连续化，保证了阴极炭块的加工精度；采用了新型刀盘和金刚石刀，提高了设备的加工效能及产品质量，降低了生产成本。同时，在机加工过程中采用分层立体作业，炭屑粉尘有效回收，实现了安全、清洁生产。从毛坯炭块进入输送装置到炭块成品，实现全自动加工、输送、无人化操作；采用五轴联动技术及铣磨动力头微调装置实现了异型炭块、弧形炭块等的双面全自动加工精度误差在±0. 05mm 以下。其生产车间及加工设备见图 5-26 和图 5-27。

数控万能精密炭块自动加工生产线达到的指标为：加工炭块毛坯尺寸：800mm×800mm×4000mm；小加工炭块成品尺寸：350mm×350mm×2000mm；大成型沟槽深度尺寸：250mm；面一次铣削深度 Max：25mm；产能：2 块/h；痕、双沟槽宽及槽深误差：0. 1mm；沟槽直角度误差：0. 07mm；炭块相对面间平行度：0. 05mm；炭块相邻面间的垂直度误差：0. 05mm。

图 5-26 阴极炭块机加工车间

图 5-27 阴极炭块现代机加工设备

6 生产技术管理与检测技术

在铝电解用炭素材料制造过程中，技术经济指标是体现生产各工序及总体运行情况的标志，是指导生产的主要技术依据；检测技术是把握生产过程中每一个环节，从原料到最终产品质量的科学手段，是企业生产中非常重要的基础技术管理工作，在某种意义上讲，技术管理是企业的生命。

6.1 主要技术经济指标的计算方法

6.1.1 主要技术经济及消耗指标

（1）煅后焦（电煅煤）实收率：是反映石油焦（或无烟煤）经过煅烧后，所得煅后焦（或电煅煤）情况的指标。煅后焦（电煅煤）实收率用公式表示为：

$$\rho(\%) = \frac{M_1}{M} \times 100\% \tag{6-1}$$

式中 ρ——煅后焦（电煅煤）实收率，%；

M_1——报告期煅后焦（或电煅煤）产量，t，报告期煅烧炉所生产的煅后焦（或电煅煤）的总产量（一般以皮带秤计量）；

M——报告期生石油焦（或无烟煤）耗用量，t，报告期各煅烧工序提供的各台煅烧炉生石油焦（或无烟煤）的总耗用量（皮带秤计量）。

（2）预焙阳极炭块生产用原料主要有石油焦、沥青焦、煤沥青等；阴极炭块主要原料有无烟煤（或电煅煤）、石油焦、石墨碎、煤沥青等。预焙阳极炭块和阴极炭块物耗、能耗的计算方法是一样的，下面以预焙阳极炭块为例说明。

对于预焙阳极炭块的物耗、能耗指标的计算，如没有组装工序的，指标只计算到焙烧块（即母项为焙烧块重量+外销生块折焙烧块重量），对有组装工序的，指标计算要到组装块（即母项为组装块重量+外销焙烧块重量+外销生块折焙烧块重量）。

用公式分别表示为：

$$p_1 = \frac{w}{w_1 + w_2 + w_3} \times 100\% \tag{6-2}$$

式中 p_1——阳极组装块某原料（或某能源）单耗，kg/t(kW·h/t)；

w——报告期消耗某原材料（或某能源）量，kg(kW·h)；

w_1——报告期组装块产量，t；

w_2——报告期外销焙烧块产量，t；

w_3——报告期外销生块折组装块产量，t。

$$p_2 = \frac{w}{w_4 + w_5} \tag{6-3}$$

式中　p_2——阳极焙烧块某原材料（或某能源）单耗，kg/t(kW·h/t)；

w——报告期消耗某原材料（或某能源）量，kg(kW·h)；

w_4——报告期焙烧块产量，t；

w_5——报告期外销生块折焙烧块产量，t。

各原材料、能源单耗的说明：

1）石油焦消耗。

①石油焦消耗总量：由成型工序报告期生产消耗的煅后焦，加或减期末期初库存半成品、在产品差额所耗用煅后焦量，除以煅烧实收率，折成石油焦。②库存半成品、在产品包括报告期生块、焙烧块（含焙烧炉在炉块数），将块折成吨，乘以成型生产中煅后焦配比比例数。

2）填充焦消耗。焙烧工序报告期填充焦消耗量。

3）煤沥青消耗。①成型工序报告期生产消耗的煤沥青（按计量秤计量），加或减期末期初库存半成品、在产品差额所耗用沥青量。②库存半成品、在产品包括报告期生块、焙烧块（含焙烧炉在炉块数），将块数按每块（生块）重量折成吨，乘以成型耗用沥青配比比例数。

4）生产返回料消耗。由焙烧、成型、组装工序报告期所产生的不合格品及返残极等，包括生碎、熟碎等的消耗量。

5）综合电耗。指报告期阳极生产耗电总量（由电度表计量量值）及线变损分摊量之和，减去转供电量。

6）重油消耗。重油总耗量等于报告期各煅烧工序耗重油，加上成型工序耗重油，再加上各焙烧工序耗重油。

7）阳极组装块综合能耗。包括范围：报告期重油（煤气或天然气）、柴油、汽油、电、新水、石油焦、填充焦（折石油焦）、蒸汽、压缩空气等折标准煤合计。其中：①交流电、新水、蒸汽实物量：包括报告期各生产工序、辅助工序及机关、食堂等生活用汽总量。②重油（煤气、天然气）实物量：报告期煅烧、焙烧、成型等生产工序所耗重油（煤气、天然气）总量，由各工序重油（煤气、天然气）。③柴油实物量：报告期各生产工序及各工艺车、运输车耗柴油总量。④汽油实物量：报告期汽车用汽油及其他用汽油总量。⑤压缩空气实物量：报告期焙烧、成型、组装各工序所耗压缩空气量，以压缩风总表读数为准。⑥石油焦实物量：由成型工序生产用煅后焦，加或减期末期初库存半成品、在产品差额耗用煅后焦，除以煅烧实收率折成石油焦。⑦填充焦实物量：报告期填充焦实际消耗量。

6.1.2 质量指标

无论是预焙炭阳极生产，还是铝用炭阴极生产，产品质量是很重要的指标，铝用炭素产品的质量指标包括但不限于生块合格率、外观合格率、综合合格率等。

（1）生块合格率：报告期内检验合格生块数量占全部检验生块数量的百分比。

用公式表示为：

$$\alpha(\%) = \frac{m_1}{m} \times 100\% \tag{6-4}$$

式中　α——生块合格率，%；

m_1——报告期合格生块数量，块，是指报告期生产的外观合格的生块总量；

m——报告期生块总数量，块，指报告期生块总量，包括合格生块和废生块。

（2）焙烧块外观合格率：经检验合格的焙烧块占全部送检焙烧块数量的百分比。

用公式表示为：

$$\beta(\%) = \frac{n_1}{n} \times 100\% \tag{6-5}$$

式中　β——焙烧块外观合格率，%；

n_1——报告期合格焙烧块数量，块，指报告期生产的外观合格焙烧块总数量；

n——报告期焙烧块总数量，块，指报告期焙烧块总量，包括合格块和废块。

（3）组装块外观合格率：经检验合格的组装块占全部组装块数量的百分比。

用公式表示为：

$$\gamma(\%) = \frac{q_1}{q} \times 100\% \tag{6-6}$$

式中　γ——组装块外观合格率，%；

q_1——报告期合格组装块数量，块，指报告期由质检部门检验的合格的组装块总数量；

q——报告期全部组装块数量，块，指报告期交检验的全部组装块总量（包括合格块、废块）。

（4）阳极炭块综合合格率（%）：是反映阳极生产过程中混捏成型（生块）工序、焙烧工序、组装工序整个工艺过程（即半成品到最终产品）的综合合格率，用百分数表示。

公式表示为：

$$\eta(\%) = \alpha(\%) \times \beta(\%) \times \gamma(\%) \tag{6-7}$$

式中 η——阳极炭块综合合格率，%；

α——生块合格率，%；

β——焙烧块外观合格率，%

γ——组装块外观合格率，%。

6.2 原材料及产品的取样技术规范

6.2.1 原煤、焦炭、无烟煤、石油焦、沥青焦、煤沥青、人造石墨、重油、煤焦油

6.2.1.1 煤的检查取样技术规范

（1）根据原国家煤炭部《矿井煤质量检查和洗煤厂技术检查规程》制订。

（2）每批煤的重量不得超过900t，由各车厢中采集的小样混合而成批样。

（3）小样的重量应根据煤中所含最大块的粒度而定，见表6-1。

表6-1 根据煤中粒度的取样重量

煤中最大块度/mm	0~25	25~50	50~75	75~100	>100
小样重量/kg	1	2	3	4	5

（4）组成批样的各车厢中的小样数量根据煤中的灰分和车厢容量而定，见表6-2。

表6-2 根据车厢容量和煤中灰分的取样重量

车厢容量/t	灰分<10%	灰分10%~20%	灰分>20%
10~20	1	1.5	2
21~40	2	3.0	4
41~60或以上	3	4.5	6
整批最低份数	15	15	15

（5）车厢中采样点的位置见图6-1。

（6）采煤样深度为去掉表层40cm后取样。

（7）根据车厢的容量决定采取小样份数，按份数及车厢顺序决定采样点位置，按采点位置以15点循环采样。

例1 用40t车厢装的煤的灰分为12%，则根据表6-2，每车应采3份小样，则第一车取1、2、3点，第二车取4、5、6点，余下类推，至少取足15点的小样。

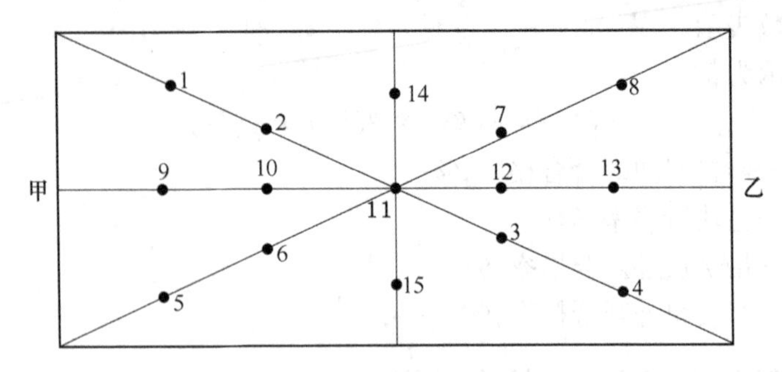

图 6-1　车厢中采样点的位置图

点 1、4、5、8 距车厢角为 0.5m，点 2 在点 1 与点 11 之间，点 3 在点 4 与点 11 之间，
点 6 在点 5 与点 11 之间，点 7 在点 8 与点 11 之间，
甲、9、10、11、12、13、乙之间为等距

例 2　用 60t 车厢装煤，煤的灰分为 15%，根据表 6-2，每车应采小样 4.5 份，则第一车取 5 份为 1、2、3、4、5 点，第二车采 4 份为 6、7、8、9 点，余下类推。

（8）采取的各小样应集中放入带盖铁桶内，在送试样制备室的过程中不致受阳光、雨水的影响，及时送样，由制备工签字验收。

（9）取样工具为铁锹和带盖的铁桶。

（10）正确填写标签，作好原始记录。

※分析项目：水分、灰分、挥发分、固定碳、发热量。

6.2.1.2　焦炭的检查取样技术规范

（1）参考煤的取样方法制订的。（2）每次进厂的焦炭作为一批，由每个车厢中采取的小样组成批样。（3）在车厢中采样点的位置与采煤的一样。参见煤的采样规范。（4）去掉表层 40cm 后采小样。（5）每点取小样量：50~60t 车厢取小样不得少于 1kg，30~40t 车厢，取小样不得少于 0.5kg。（6）焦炭块度大于 40mm 者，可用手锤击碎后采样。（7）采集的试样应放入带盖的铁桶中，以防污染及受阳光、雨水的影响，并尽快送试样制备室。（8）标签要写明取样时间、样品名称、编号、取样人签名、分析项目。

※分析项目：水分、灰分、挥发分、固定碳、发热量。

6.2.1.3　无烟煤的检查取样技术规范

（1）每批生无烟煤重量不得超过 100t，由各车中采集的小样混合成批样。（2）取样前要进行外观检查，看其粒度是否符合要求。另外，是否混入泥土及其他杂物。如外观检查不合格，要及时向有关部门汇报，提出处理意见。（3）生无烟煤由汽车运输，取样按五点法取样，采样点要均匀地分布在车厢的对角线上

（见图6-2），两端点距车厢的距离不得少于0.2m，去掉表层20cm后采样，采样点的直径约为最大粒度的2倍，但不少于10cm。（4）取样重量，每个取样点所取的小样不得少于0.5kg，所有小样组成批样，批样量不得少于15kg。（5）取样工具应保持干净，盛样桶或袋子要有盖或扎好袋口，以防污染。（6）检查取完样后，按规定作好详细记录，标签要写明取样时间、样品名称、编号、取样人签名、分析项目，及时送制备室。

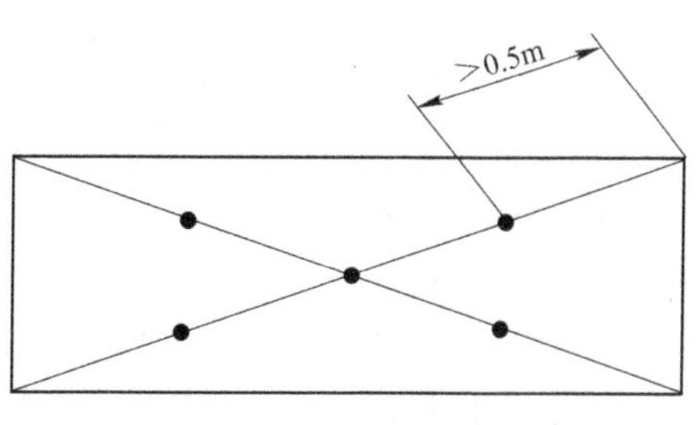

图6-2 五点法取样图

※分析项目：灰分、挥发分、固定碳、粒度。

6.2.1.4 石油焦的检查取样技术规范

（1）每次进厂的生石油焦作为一批，由每一个车厢中采取的小样组成批样。（2）在车厢中采样按五点法取样，采样点要均匀地分布在车厢的对角线上（见图6-2），在火车上采样，对角线上两端点距车厢的距离不得少于0.5m。去掉表层20cm后采样，采样点的直径约为最大粒度的2倍，但不少于10cm。（3）每点取小样量：50~60t车不得少于1kg，30~40t车不少于0.5kg。（4）采集的试样应放入带盖的铁桶中，以防污染及受阳光的、雨水的影响，并尽快将试样送制备室。（5）检查取完样后，按规定作好详细记录，标签要写明取样时间、样品名称、编号、取样人签名、分析项目，并及时送制备室。

※分析项目：灰分、挥发分、硫分、水分、粒度。

6.2.1.5 沥青焦的检查取样技术规范

（1）每次进厂的沥青焦作为一批，由每个车厢中采取的小样组成批样。（2）在车厢中采样按五点法取样，采样点要均匀地分布在车厢的对角线上（见图6-2），在火车上采样，对角线上两端点距车厢的距离不得少于0.5m。去掉表层20cm后采样，采样点的直径约为最大粒度的2倍，但不少于10cm。（3）每点取小样量：50~60t车不得少于1kg，30~40t车不少于0.5kg。（4）采集的试样应放入带盖的铁桶中，以防污染及受阳光、雨水的影响，并尽快将试样送制备室。（5）检查取完样后，按规定作好详细记录，标签要写明取样时间、样品名称、编号、取样人签名、分析项目，并及时送制备室。

※分析项目：灰分、水分、真密度、粉末比电阻。

6.2.1.6 煤沥青的检查取样技术规范

（1）每次进厂的煤沥青作为一批，由每个车厢中采取的小样组成批样。

(2) 先目测原料外观符合要求与否，如有杂质泥土混入等不符合要求时，及时向有关部门汇报，提出处理意见。(3) 在车厢中采样按五点法取样，采样点要均匀地分布在车厢的对角线上（见图 6-2），在火车上采样，对角线上两端点距车厢的距离不得少于 0.5m，去掉表层 20cm 后采样，采样点的直径约为最大粒度的 2 倍，但不少于 10cm。(4) 每点取小样量：50~60t 车不得少于 1kg，30~40t 车不得少于 0.5kg。(5) 采集的试样应放入带盖的铁桶中，以防污染受阳光、雨水的影响，并尽快将试样送制备室。(6) 检查取完样后，按规定作好详细记录，标签要写明取样时间、样品名称、编号、取样人签名、分析项目，并及时送制备室。

※分析项目：软化点、灰分、全炭、苯不溶物、β-树脂、喹啉不溶物、馏分。

6.2.1.7 人造石墨的检查取样技术规范

(1) 每次进厂的人造石墨作为一批，由每个车厢中采取的小样组成批样。(2) 先目测原料外观符合要求与否，如有杂质泥土混入和再生人造石墨混入时，应及时向有关部门汇报，并提出处理意见。(3) 在车厢中采样按五点法取样，采样点要均匀地分布在车厢的对角线上（见图 6-2），在火车上采样，对角线上两端点距车厢的距离不得少于 0.5m，去掉表层 20cm 后采样，将采样点周围的人造石墨，每块都敲取大体等量的试块，组合成小样。(4) 每点取小样量：50~60t 车不得少于 1kg，30~40t 车不得少于 0.5kg。(5) 采集的试样放入试料袋中，以防污染，并尽快将试样送制备室。(6) 检查取完样后，按规定作好详细记录，标签要写明取样时间、样品名称、编号、取样人签名及分析项目，并及时送制备室。

※分析项目：水分、灰分、真密度。

6.2.1.8 重油取样技术规范

(1) 参考《石油和液体石油产品的取样法》手工法 GB 4756—1998，并结合各厂具体情况制定。(2) 每列车数不超过 10 辆时，每两车取一个小样，11 辆以上的每三车取一个小样。每列车的第一辆车必须单独取样分析。(3) 在油罐车内取样时，使用其容量为 0.5~11mL 的取样器。取样器应配有不打火花的材料制成的绳或链，以便能在油罐车内的任何一个液面装满试样。(4) 取样时，把取样器降到油罐车内油品深度的二分之一处，急速拉动绳子，打开取样器塞子，待取样器内充满油后，提出取样器。(5) 试样容器要有合适的盖子，其容量在 0.25~5L 之间。批样由小样按比例掺合组成。(6) 在重油库卸油溜槽内取样时，每个小样量为 300mL，取样按表 6-3 规定。

表 6-3 重油数量与取样规定

重油数量/L	取 样 规 定
<1000	在输油开始时①和结束时②各一次
1000~10000	在输油开始时一次，以后每隔 1000L 一次
>10000	在输油开始时一次，以后每隔 2000L 一次

① 输油开始，指油罐车内油品流到取样口之时。② 输油结束时，指停止输油的前 10min。③ 取样时严禁用明火照明或吸烟。④ 取样器及盛样容器要坚固好用，每取完样品后，要用汽油洗涤干净，保持清洁干燥，以备下次再用。⑤ 正确填写标签,作好记录，送试验室分析。⑥ 标签要写明取样时间、样品名称、编号、取样人姓名及分析项目。

※ 分析项目：水分、硫、密度、黏度、闪点、发热量。

6.2.1.9 煤焦油取样技术规范

（1）以单油罐车为一单元试样。（2）煤焦油罐车在卸油时，当每个要取样的油槽车卸至四分之一时，开始取样；取样时将样勺在溜槽中洗一下，后按规定取样量取出小样，装入取样小桶；卸至一半时再取一次；油罐中还剩四分之一时取第三次小样。将三次取的小样在桶中充分混合均匀后，取其 500mL，作为罐样。（3）标签写明取样时间、样品名称、编号、取样人签名及分析项目，送试验室分析。

※ 分析项目：密度、甲苯不溶物、水分、恩氏黏度。

6.2.2 铝用炭素材料取样方法（YS/T 62—2005）

《铝用炭素材料取样方法》包括四部分，分别是：YS/T 62.1《铝用炭素材料取样方法　第 1 部分：底部炭块》、YS/T 62.2《铝用炭素材料取样方法　第 2 部分：侧部炭块》、YS/T 62.3《铝用炭素材料取样方法　第 3 部分：预焙阳极》、YS/T 62.4《铝用炭素材料取样方法　第 4 部分：阴极糊》。

6.2.2.1 底部炭块取样方法

用空心钻或锯在底部炭块上取样。在确定取样位置时，带燕尾槽的底部炭块和不带燕尾槽的底部炭块要区别对待。

（1）不带燕尾槽底部炭块的取样。在不带燕尾槽的底部炭块上取样时，为了保证取样后的底部炭块还可以继续使用，因此，取样的地方应是底部炭块要加工燕尾槽的部位。平行取样时的取样位置为：取样的中心离底部炭块表面的距离最少是 60mm，左右处于块的中间。垂直取样时的取样位置为：取样的中心离底部炭块侧面的距离最少是 60mm，左右处于块的中间。

（2）带燕尾槽底部炭块的取样。取样时，试样应平行或垂直钻取。此时，取样位置可以是底部炭块整个横断面的任意部分。但取样时不应损伤、污染或损坏该底部炭块。当垂直钻取取样时，更应格外小心。

（3）样品的数量及试样的尺寸。从一批底部炭块中随机抽取一块，从该炭块上取一个试样。再按照所要检测项目的数量确定从该试样上取试料的数量。试样的尺寸应当根据所检测项目的要求确定。但试样的最小尺寸（通常是直径）至少是干骨料最大颗粒尺寸的三倍。

6.2.2.2 侧部炭块取样方法

从一批侧部炭块中随机抽取一块，从该炭块上取一个试样。再按照所要检测项目的数量确定从该试样上取试料的数量。试样的尺寸应当根据所检测项目的要求确定。但试样的最小尺寸（通常是直径）至少是干骨料最大颗粒尺寸的三倍。根据所检测项目对应的检测方法，确保从侧部炭块上所取的试样具有合适的尺寸。试样从侧部炭块上取下时可能已经有了合适的尺寸，如果尺寸不合适，则该尺寸应当能够允许从该试样制备横断面是平行四边形的试料，从侧部炭块上所取的试样加工后其横截面应是圆形，在取样报告中注明试样的尺寸。试料的尺寸一般在相应的检测方法中给出，如果对应的检测方法中未规定试料的尺寸，则试料的最小直径为50mm、长度应至少是其直径的1.5倍。

如果能够确定颗粒的各向异性情况，则在平行或垂直于颗粒各向异性方向的合适位置上用空心钻头或带锯机取样。如果不能确定颗粒的各向异性情况，则应当在 X、Y、Z 3个方向上都取样。

6.2.2.3 预焙阳极取样方法

对于仲裁检验，一个组批的预焙阳极炭块只抽取一块炭块，并在该炭块上只取一个试样，再按照所要检测项目的数量确定从该试样上取试料的数量。

根据所检测项目对应的检测方法，确保从预焙阳极炭块上所取的试样具有合适的尺寸。

试样从预焙阳极炭块上取下时可能已经有了合适的尺寸，如果尺寸不合适，则该尺寸应当能够允许在0.1mm的公差内用空心钻、锯或车床，从该试样制备横断面是平行四边形的试料。

6.2.2.4 阴极糊取样方法

在一个完整的取样过程中，将所需的全部份样分布到整个交货批中，并应当按照固定的分量或固定的时间间隔进行取样。另外，整个交货按质量或时间分成多个间隔，每个间隔取份样，初始取样是在第1间隔中随机选择时间完成的。

如果能够确定组成该批产品的各个单元的生产顺序号（比如可以从包装容器的标记上识别），则应当取到各顺序号的样品。如果无法识别生产顺序号，则只能从整批产品中随机取得份样。

6.3 铝用炭素产业原料和产品分析方法标准

6.3.1 铝用炭素原料分析方法

6.3.1.1 延迟石油焦粉焦测定方法（SH/T 0527—1992）

将采到的数份子样倒入干净的铁板（或木板）上，并均匀混合试样使其铺成20~40mm厚的平面。按四份缩分法取出4kg为副样。

将4kg副样倒入装样盘内铺成10mm厚的平面，按20份缩分法取出1kg为大样。

先在筛子下面放入一个干净的装样盘用来盛放过筛时漏下的粉焦。此后将1kg大样分批倒入筛子内，使其每次铺成20mm厚，用手左右连续移动筛子三次，全部大样过筛后，称出装样盘内的粉焦质量（g）。

6.3.1.2 石油焦总水分测定方法（SH/T 0032—1990）

将样品粉碎至粒度小于20mm，立即测定总水分。若不立即测定时，则取约250g装入密闭容器。

在预先称量过的干燥盘子中，称取约250g粉碎至小于20mm的试样，称准至0.25g，得到烘干前试样的质量。

将盘子中的试样铺平，放入打开自然通风孔并已调到（105±3）℃的烘箱中，干燥180min。然后取出盘子，在室温下冷却10min，称量。然后再放入烘箱中20min，取出，冷却10min，再称量。直到连续两次质量变化不超过0.25g为止。取其算术平均值作为烘干后质量。

6.3.1.3 石油焦挥发分测定方法（SH/T 0026—1990）

在无空气通入的情况下，将试样加热至（850±10）℃，并保持7min，按照损失总质量与蒸发水分损失之间的差来确定挥发分。

将坩埚和盖编上号码，煅烧至恒重，并放置于带有干燥剂的干燥器中，在称取试样前应检查坩埚的质量。煅烧坩埚时，应置于用耐热金属丝或热薄钢片制成的金属支架上，支架的尺寸应保证坩埚能位于炉的恒温区，炉的恒温区下部和坩埚底间的距离为10~20mm。

用刮刀或小勺小心地混合已制备好的试样，并从不同深度的两三处取出（1±0.01）g试样，放在预先经过煅烧和称量过的坩埚中称量，称量后轻轻地敲击弄平试样层，然后加入 2~3 滴（大约 0.1mL）苯或正已烷，并盖上坩埚盖。

将已装有试样的坩埚放在刚从高温炉中取出、并经过（850±10)℃煅烧的金属支架上，然后迅速放入（850±10)℃的高温炉恒温区，关上炉门。从打开炉门、放入坩埚、关闭炉门直到炉温达到（850±10)℃的时间不应超过 3min。

坩埚从放入炉内算起，在炉中煅烧 7min 后，用坩埚钳将支架及坩埚取出，放在金属板或石棉板上，在空气中冷却不少于 5min，然后移入干燥器内，冷却到室温并称量。

6.3.1.4 石油焦灰分测定方法（SH/T 0029—1990）

将石油焦试样在（850±20)℃的马弗炉中煅烧。在同一温度下灰化煅烧至恒重，按试样在煅烧前后质量的差数计算出其灰分。

将新瓷舟放入稀盐酸（1∶4）内煮沸几分钟，然后用水洗涤干净，再用蒸馏水冲洗几遍，放入烘箱中烘干。将洗涤烘干的瓷舟放在高温炉中于（850±20)℃煅烧 30min。取出在空气中冷却 5min，然后将瓷舟移入干燥器内，冷却 30~40min 后称量，称准至 0.0002g。重复进行煅烧、冷却及称量，直至连续两次称量间的差数不大于 0.0004g 为止。

用牛角勺充分搅拌已准备好的石油焦试样，从试样表面以下不同深度的两三处取（2±0.01)g 石油焦试样，放入已预先恒重好的瓷舟内，称准至 0.0002g。

将盛有石油焦试样的瓷舟放入（850±20)℃高温炉的炉膛前边缘上，在 3min 内逐渐将瓷舟移入高温炉的完全灼热区域，然后关闭炉门，煅烧至少 2h。取出瓷舟，在空气中冷却 5min，然后将瓷舟移入干燥器内，冷却 30~40min 后称量，称准至 0.0002g。称量后再进行检查煅烧，每次 30min，直至两次称量间的差数小于 0.001g 为止，取最后一次质量作为计算用。

6.3.1.5 石油焦真密度测定方法（SH/T 0033—1990）

将煅烧过的粉碎粒度不大于 0.1mm 的石油焦试样置于密度瓶中，加入无水乙醇，根据试样质量及其排开无水乙醇的体积求出其真密度。

（1）石油焦的燃烧。样品制备成粒度小于 3mm 的试样。将试样装入瓷坩埚中，加盖，放入高温炉中，加热至（1300±25)℃。在此温度下保持 5h，然后停止加热，冷却至 100℃以下，取出。从冷却后的试样上层去掉高 1.0~1.5cm 的一层，剩余的用机械粉碎机或瓷研钵磨碎并全部过筛，制成粒度小于 0.1mm 的试样。如采用钢制机械粉碎时，则需用磁铁脱除铁粉。

（2）密度瓶容积的测定。测定前，密度瓶用铬酸洗液仔细洗涤，用水洗净，再用蒸馏水冲洗，进行干燥之后，称准至 0.0002g。

将刚煮沸过并冷却至室温的蒸馏水，注入密度瓶至接近刻线处，盖上磨口塞，放在（20±0.1)℃的恒温水浴中保持20~30min。用移液管吸取放在恒温水浴中备用瓶内的蒸馏水，注入密度瓶内，使液面至刻线处，过多的水用滤纸吸出，并将液面以上的内壁擦净。取出后，用绸布擦干外壁称重，称准至0.0002g。

重复上面操作，直至相互间质量之差不大于0.001g为止，取其算术平均值。

密度瓶容积 $V(cm^3)$ 按下式计算：

$$V=\frac{m_1-m_0}{0.9982} \tag{6-8}$$

式中 V——密度瓶容积，cm^3；

m_0——密度瓶质量，g；

m_1——盛有水的密度瓶质量，g；

0.9982——20℃时水的密度，g/cm^3。

密度瓶的容积（水值）应定期测定，每3个月不得少于一次。

（3）无水乙醇密度的测定。将测过容积的密度瓶烘干，按上面方法，用无水乙醇代替蒸馏水，测定无水乙醇密度。

（4）试验步骤。取制备的试样2~3g，通过长颈漏斗注入已知质量的干燥的密度瓶内，称重，称准至0.0002g。

向盛有石油焦试样的密度瓶中注入约三分之一容积的无水乙醇，放在砂浴或水浴上煮沸3min，但不要让无水乙醇和试样逸出。同时，在砂浴上煮沸另一烧瓶中的无水乙醇。煮沸后取出密度瓶和烧瓶，在空气中冷却。按上面相似步骤取烧瓶中的无水乙醇注入密度瓶内至刻线处，在（20±0.1)℃下恒温，调整液面，称重。

（5）计算。石油焦的真密度 ρ 按下式计算：

$$\rho=\frac{m_4}{\frac{V\cdot\rho_1-(m_5-m_3)}{\rho_1}}=\frac{m_4\rho_1}{V\cdot\rho_1-(m_5-m_3)} \tag{6-9}$$

式中 ρ——石油焦的真密度，g/cm^3；

ρ_1——20℃时无水乙醇密度，g/cm^3；

V——密度瓶容积，cm^3；

m_3——有石油焦密度瓶质量，g；

m_4——石油焦试样质量（m_3-m_0），g；

m_5——盛有石油焦和无水乙醇的密度瓶质量，g。

6.3.1.6 石油焦中硅、钒和铁测定方法（SH/T 0058—1991）

将试样置于（850±20)℃的高温炉中灰化，灰分用无水碳酸钠在（950±20)℃的高温炉中熔融，熔融物用热水溶解，过滤，硅盐、钒盐在水溶液中，铁盐留于沉淀中。沉淀用硫酸溶解，将上述两个溶液分别用分光光度法进行比色测定，在工作曲线上查出试样溶液浓度，然后求出试样中硅、钒和铁含量。

称取已准备好的试样5g（称准至0.2g），于舟形瓷皿中，放在（850±20）℃的高温炉中煅烧灰化。当钒含量小于0.01%时称样量应增加到10g。

从高温炉中取出舟形瓷皿，冷却，加入1.5g无水碳酸钠，用玻璃棒或铂棒搅拌均匀后，移入已填有0.6g无水碳酸钠的铂坩埚中，试样尽量放在中间成圆锥形，在舟形瓷皿中再放入无水碳酸钠0.09g，用玻璃棒或铂棒仔细搅拌后轻轻地放入盛有试样的铂坩埚内，在边沿多放一点，然后将铂坩埚移入未升温的高温炉中，再升温到（950±20）℃后，保持1h，使其熔融为均一的共熔物。取出铂坩埚在空气中冷却。

把盛有熔融物的铂坩埚放入250mL塑料烧杯中，加入70~80mL热蒸馏水，用表面皿盖好，将塑料烧杯放到水浴上加热溶解熔融物。这时硅和钒盐溶解于水中，而铁盐为沉淀。取下烧杯，用钳坩埚取出铂坩埚，用热蒸馏水洗涤铂坩埚，洗涤水收集于塑料烧杯中，温热过滤，滤液用250mL容量瓶接受。用少量蒸馏水洗涤杯2~3次，洗涤水倾于滤纸上，滤纸上的沉淀，用热碳酸钠溶液洗涤6~8次，滤液用自来水快速冷却，用蒸馏水稀释到刻线，摇匀，将溶液倒入干净的塑料瓶中，此为溶液A用于测定硅和钒。

用热蒸馏水溶解后仍留有棕红色薄膜的铂坩埚内，加入10mL 1∶1硫酸溶液，放在刚断电的封闭式电炉上利用余热加热15~20min，然后将此硫酸溶液倒入干净的玻璃烧杯中，用镊子取下带有沉淀的滤纸，放入铂坩埚内，并借助玻璃棒，将棕红色薄膜搽洗下来，再把此滤纸也放入已盛有10mL硫酸的烧杯内，向铂坩埚内再放10mL 1∶1硫酸溶液，轻轻摇动后，倒入烧杯中，铂坩埚用蒸馏水洗涤2~3次，洗涤水也并入有滤纸的烧杯中。

如果沉淀溶解不好，将烧杯再放到水浴上加热，直到棕红色颜色消失（加热不得过度，以防滤纸炭化，溶液变黄）。冷却后，把溶液过滤到250mL的容量瓶中，滤纸用蒸馏水洗涤2~3次，加蒸馏水到刻线，此为溶液B，用于测定铁。

硅含量的测定：移取适量溶液A（应使吸光度在0.1~0.7之间）于100mL容量瓶中，测其吸光度。在工作曲线上查得相应的硅含量。

钒含量的测定：移取适量溶液A于100mL容量瓶中，加入2~3滴酚酞指示剂，用盐酸溶液中和至红色消失，调整pH=4~5，加2mL偏磷酸溶液，摇匀。再加入1mL钨酸钠溶液，加蒸馏水至刻度，仔细摇匀，测其吸光度，在工作曲线上查得相应的钒含量。

注：显色液浑浊时，在测吸光度之前，必须先将硅酸分出。为此重新从溶液A中吸取一份适量的溶液，置于100mL烧杯中，加1~2滴酚酞指示剂，用盐酸溶液中和后，调整pH=4~5，用滤纸过滤；滤液滤入100mL容量瓶中。用蒸馏

水仔细洗涤烧杯和滤纸中的沉淀，洗涤水并入同一容量瓶中，然后加入过氧化氢溶液，测其吸光度。在工作曲线上查得相应的钒含量。

铁含量的测定：移取适量溶液 B 于 100mL 容量瓶中，加入 1g 硫酸铵，和 15mL 磺基水杨酸溶液。再加入氨水直至出现稳定的黄色，再过量 1~2mL，冷却后，加蒸馏水至刻线，摇匀溶液。测其吸光度。在工作曲线上查得相应的铁含量。

6.3.1.7 煤沥青实验室试样的制备方法（GB/T 2291—1980）

将 1kg 3mm 煤沥青试样进一步缩分，取出约 100g 置于铝盘中，平铺成 3~5mm 厚。

在（50±2）℃鼓风干燥箱中干燥 1h，若水分超过 5%，可延长干燥时间 0.5h。

将干燥后的沥青试样缩分取出约 25g，用乳钵研磨至小于 0.5mm，作为测定沥青甲苯不溶物和喹啉不溶物的干燥沥青试样。

其余 3mm 干燥沥青试样作为测定沥青灰分，挥发分和软化点用的干燥试样。

6.3.1.8 煤沥青灰分测定方法（GB/T 2295—1980）

称取一定重量的煤沥青试样，先用小火加热除掉大部分挥发物后，置于 815~100℃箱形高温炉中灰化至恒重，以其残留物重量占煤沥青试样重 1t 的百分数作为灰分。

称取小于 3mm 的干燥煤沥青试样 3g（称准至 0.0002g）放入预先灼烧至（815±10）℃，并恒重过的蒸发皿中。

用小火慢慢加热灰化，至大部分挥发物挥发后，放在加热至（815±10）℃打开的箱形高温炉炉门口，待挥发物完全挥发后再慢慢推进炉中，灼烧 2h，取出检查应无黑色颗粒，在空气中冷却 5min 后，置于干燥器内，冷却至室温，称重。然后进行恒重检查，每次 15min，直到连续两次重量差在 0.0006g 以内为止。计算时取最后一次的重量。

6.3.1.9 焦化固体类产品软化点测定方法（GB/T 2294—1997）

取颗粒小于 3mm 的干燥试样约 25g，置于熔样勺中，在 170~180℃空气浴上加热，使试样熔化，不时搅拌，赶走空气泡。低温煤沥青在 70~80℃的水浴上加热；高温煤沥青在 220~230℃空气浴上加热。

使铜环稍热，置于涂有凡士林的热金属板上，立即将熔好的试样倒入铜环中，至稍高出环上边缘为止。

待铜环冷却至室温，用环夹夹住铜环，用温热刮刀刮去铜环上多余的试样，刮时要使刀面与环面齐平。低温煤沥青需把装有试样的铜环连同金属板置于 5℃

水浴中，冷却5min，取出刮平后，再放入5℃水浴冷却20min。

将装有试样的铜环置于金属架中层板上的圆孔中，装上定位器和钢球，将金属架置于盛有规定溶液的烧杯中，任何部分不应附有气泡，然后将温度计插入，使水银球下端与铜环的下面齐平。

将烧杯置于有石棉网的三脚架上，按操作表中规定的起始温度和升温速度开始均匀升温加热，超过规定升温速度试验作废。

当试样软化下垂，刚接触金属架下层板时立即读取温度计温度，取两环试样软化温度的算术平均值，作为试样的软化点，若两环试样软化点超过1℃时，应重新试验。

6.3.1.10　焦化产品甲苯不溶物含量的测定方法（GB/T 2292—1997）

试样与砂混匀（煤沥青类）或用甲苯浸渍（煤焦油类），然后用热甲苯在滤纸筒中萃取，干燥并称量不溶物。

测煤沥青、改质沥青的甲苯不溶物含量时，先将10g已处理过的砂子倒入滤纸筒，并置于称量瓶中，在115~120℃干燥箱中干燥至恒重（两次称量，质量差不超过0.001g）。再称取1g（称准至0.0001g）试样，于滤纸筒中将试样与砂子充分搅拌混匀。

测煤焦油、木材防腐油、炭黑用焦化原料油的甲苯不溶物含量时，先将已处理过的一小块脱脂棉放入滤纸筒，置于称量瓶中，在115~120℃干燥箱中干燥至恒重（两次质量差不超过0.001g），取出脱脂棉待用。再称取约3g（称准至0.0001g）煤焦油分析试样或约10g（称准至0.1g）木材防腐油、炭黑用焦化原料油分析试样，于滤纸筒中，从称量瓶中取出滤纸筒立即放入装有60mL甲苯的100mL烧杯中，待甲苯渗入滤纸筒后，用玻璃棒轻轻搅拌滤纸筒内的试样2min，使试样均匀分散在甲苯中，取出滤纸筒，再用上述脱脂棉擦净玻璃棒，此脱脂棉放入滤纸筒内。

测煤沥青筑路油的甲苯不溶物含量时，先按上述（要加一小块脱脂棉与滤纸筒一起恒重）操作，再称取1g（称准至0.0001g）试样，于滤纸筒中，从称量瓶中取出滤纸筒立即放入装有60mL甲苯的100mL烧杯中，待甲苯渗入滤纸筒后用玻璃棒将试样与砂混匀，取出滤纸筒用上述脱脂擦净玻璃棒，此脱脂棉放入滤纸筒内。

将装有120mL的甲苯的平底烧瓶置于电热套内。把滤纸筒置于抽提筒内，使滤纸筒上边缘高于回流管20mm。将抽提筒连接到平底烧瓶上，然后沿滤纸筒内壁加入约30mL甲苯。

6.3.1.11　焦化固体类产品喹啉不溶物测定方法（GB/T 2293—1997）

一定质量的试样，在规定的试验条件下，用喹啉进行溶解，对不溶物进行过滤，烘干、计算其含量。

沥青试样烘干后用研钵研磨成通过500/315μm筛的颗粒。

对软沥青试样，应将试样溶解，搅拌均匀，保证溶解温度不超过150℃，溶解时间不超过10min。

将滤纸置于甲苯中浸泡24h取出晾干，烘干后备用。

将两张在甲苯中浸泡过的滤纸折成双层漏斗形置于称量瓶中干燥并恒重。

称取制备好的试样1g（称准至0.0002g），煤沥青试样置于洁净的100mL烧杯中，改质沥青试样置于离心试管中，加入20mL喹啉，用玻璃棒搅拌均匀。

将上述装有试样的烧杯或离心试管，与装有哇啉的洗瓶一起浸入（75±5）℃的恒温水浴中，并不时搅拌，30min后取出，准备抽滤。

对装有改质沥青试样的离心试管应置于离心机中，在4000r/min的速度下离心20min后取出再抽滤。

装好过滤漏斗，放入规定的滤纸，用喹啉浸润，将溶解后的试样慢慢倒入滤纸中，同时进行抽滤。

用大约20mL热喹啉分数次洗涤烧杯或离心试管，使残渣全部转移到滤纸上，再用大约30mL的热喹啉多次洗涤滤纸上的残渣，并同时进行抽滤。

抽干后，用50~100mL热甲苯重复过滤洗涤，洗至无明显黄色。

滤干后取出滤纸，置于原来的称量瓶中，在105~110℃干燥箱中干燥90min后取出，稍冷，置于干燥器中冷却至室温，并称量至恒量。

6.3.1.12 煤沥青结焦值测定方法（GB/T 8727—1988）

一定量的煤沥青在试验条件下放入（550±10）℃的高温炉内加热，然后称量焦渣，焦渣量对试样量的百分比即为结焦值。

称取沥青试样1g（称准至0.0002g），置于洁净的已恒重好的21mL瓷坩埚内，盖上盖子。将试样放入预先铺有（10±1）mm厚焦粒的100mL坩埚内，再用焦粒将两个坩埚间的空隙填满至20mL坩埚完全被埋入，用盖盖上外坩埚。

将装好的坩埚放在镍铬丝支架上，然后整个放在温度为（550±10）℃的箱形高温炉内，10min内恢复到恒定的温度。

两个小时后，从炉中取出坩埚，在空气中冷却5~10min，取出内坩埚，除去附着的焦粉。把内坩埚放入干燥器内，冷却至室温，并称量（称准至0.0002g）。

清扫20mL瓷坩埚及盖，弃掉残渣，放入700~1000℃的高温炉中灼烧，去掉残留物，以备用。

6.3.1.13 炭阳极用煅后石油焦灰分含量的测定方法（YS/T 587.1—2006）

干燥的试样在（850±10）℃下灼烧，以残余物（即灰分）的质量计算灰分含量。

将20g试样用研钵研磨（研钵需用硬质材料如玛瑙、碳化钨、碳化硅），直至全部通过0.15mm筛子。将研好的样品放入烘箱中在（110±5)℃烘干2h，储存在干燥器中备用。

称取3.0g试样，精确至0.0001g。

将瓷方舟置于（850±10)℃的马弗炉中，灼烧1h，取出，置于干燥器中，冷却30min，称量，精确至0.001g。重复灼烧，称至恒量（m_1）。

将试样置于已恒重的瓷方舟中均匀铺开，称量，精确至0.001g。再将其放入马弗炉中，在（850±10)℃灼烧3h。取出置于干燥器中冷却30min，称量，精确至0.001g。反复灼烧至恒量（m_2）。

6.3.1.14　炭阳极用煅后石油焦水分含量的测定方法（YS/T 587.2—2007)

试样在（110±5)℃下烘干2h，以失去的质量计算水分的含量。

将约30g试样用研钵研磨（研钵需用硬质材料如玛瑙、碳化钨、碳化硅），直至全部通过0.15mm的筛子，并将制备好的试样贮存在密闭容器内备用。

称取10.0g试样，精确至0.0001g(m_0)。独立地进行两次测定，取其平均值。

将称量瓶的盖部分打开，置于（110±5)℃烘箱中，干燥1h，取出，置于干燥器中，冷却30min，称量，精确至0.0001g；重复干燥，称量至恒重。

将试样置于已恒重的称量瓶中均匀铺开，盖上瓶盖称量，精确至0.0001g（m_1），将瓶盖部分打开，置于（110±5)℃烘箱中，干燥2h，取出置于干燥器中，冷却30min，盖上瓶盖称量，精确到0.001g；重复干燥，称量至恒重（m_2）。

6.3.1.15　炭阳极用煅后石油焦挥发分含量的测定方法（YS/T 587.3—2007)

试样在（900±10)℃灼烧15min，以失去的质量计算挥发分的含量。

将约10g试样用研钵研磨（研钵需用硬质材料如玛瑙、碳化钨、碳化硅），直至全部通过0.15mm的筛子。将研好的样品放入烘箱中于（110±5)℃烘干2h，储存在干燥器中备用。

称取试样3.0000g，精确至0.0001g。平行地进行两次测定，取其平均值。

将瓷坩埚及盖置于（900±10)℃的马弗炉中，灼烧1h，取出，置于干燥器中，冷却30min，称量，精确至0.0001g。重复灼烧，称量至恒重。

将试样置于已恒重的瓷坩埚中，均匀铺开，盖上盖子，称量，精确至0.0001g，然后将此瓷坩埚放在坩埚架上，放入（900±10)℃的马弗炉中，灼烧15min，取出，再将瓷坩埚置于干燥器中，冷却30min，称量，精确至0.0001g。

注：将瓷坩埚和坩埚架放入马弗炉后，要求马弗炉的温度在3min内恢复至（900±10)℃，否则试验结果作废。

6.3.1.16 炭阳极用煅后石油焦硫含量的测定方法（YS/T 587.4—2006）

方法一：艾氏卡试剂法

在氧化性的空气中将试样与艾氏卡试剂混合、灼烧，挥发掉易燃物质并且将硫转化为硫酸根。硫酸根用盐酸处理后，与氯化钡结合生成沉淀，测定试样的总硫含量。

称取约 1.0g 试样，精确至 0.0001g。平行进行两次测定，取其平均值，随同试样做空白试验。

在瓷坩埚的底部均匀地覆盖一层 0.5g 艾氏卡试剂，将试样与 2.5g 艾氏卡试剂充分的混合均匀，置于瓷坩埚中，摊平，然后用 1.0g 艾氏卡试剂均匀的覆盖。

将瓷坩埚放入冷的马弗炉中，在 1.5h 内将温度升至 825℃，并在（825±10）℃灼烧 3h，取出瓷坩埚冷却到室温。用玻璃棒搅松灼烧物（如发现有未烧尽的颗粒存在，应在（825±10）℃继续灼烧）。再将灼烧物移入到有 20~30mL 蒸馏水的 400mL 烧杯中，用 50mL 热水彻底洗涤瓷坩埚，然后将冲洗液加入烧杯。

在烧杯上放置一个表面皿，滴加盐酸溶解固体试样，加热以促进溶解，待溶解完全后，煮沸 5min 排出 CO_2，用定量滤纸过滤，收集滤液到锥型烧杯中。用热水洗涤，向滤液中加入 2~3 滴甲基红指示剂溶液。然后滴加氨水直到溶液变黄并有沉淀物形成，再加入适量的盐酸重新溶解沉淀物，再过量 1mL。加入蒸馏水稀释溶液大约 200mL，加热至沸腾就缓慢减少加热直到停止沸腾，在 20s 内用移液管滴加 10mL 氯化钡溶液，边滴加边搅拌溶液。在略低于沸点的温度下保温 30min，取下，陈化 12h。

用定量滤纸过滤，并用冷蒸馏水洗涤至无氯离子存在（用硝酸银溶液检验）。将沉淀物连同滤纸移入已恒重的瓷坩埚中，先在电炉上低温灰化后，然后移入（825±10）℃的马弗炉中，灼烧 1h，取出，移入干燥器中，冷却 30min，称量，精确至 0.0001g。重复灼烧，称至恒量。

同时做空白试验。

方法二：燃烧—红外吸收法

将试样置于电阻炉中，在氧气流下高温燃烧，硫被氧化成二氧化硫气体，利用红外分析仪和积分程序测定二氧化硫总的生成量，再计算煅后石油焦中硫的含量。

将约 10g 试样用研钵研磨（研钵需用硬质材料如玛瑙、碳化钨、碳化硅），直至全部通过 0.15mm 的筛子。将研好的样品放入烘干箱中，在（110±5）℃烘干 2h，储存在干燥器中备用。

（1）设备稳定。按仪器使用说明书操作红外吸收分析仪，炉中的氧气压力或流量按厂家规定进行。

空白试验：将空坩埚放在电阻炉中央，按厂家提供的仪器操作方法在1350℃进行试验。试验空白值不得超过0.005%。

标定：用标样按实验方法进行测试，重复测试4次，结果稳定时，取其平均值对仪器进行参数校正。校准后取另一标样进行测试，测定结果在允许差范围内，可进行样品测试，否则重新校正。

（2）称取0.2~0.3g试样，精确至0.0001g。进行试样试验测试。

6.3.1.17　炭阳极用煅后石油焦微量元素含量的测定方法（YS/T 587.5—2006）

炭阳极用煅后石油焦在700℃灰化，灰分用硼酸锂熔融，熔融物在稀硝酸（HNO_3）中溶解，样品溶液用等离子体原子发射光谱仪进行多元素的分析测定。分析采用同时或顺序进行的方式进行测定。溶液通过空气吸入或通过蠕动泵引入ICP仪器内。微量元素的浓度通过样品的发射强度与标准物质的发射强度之比进行计算。

称取5.0g试样，精确至0.0001g。独立地进行两次测定，取其平均值。

将称好的试样放到在（700±10）℃已恒重的50~80mL铂金皿中。将铂金皿放入马弗炉中，从室温加热到（700±10）℃，灼烧2h，取出铂金皿，置于干燥器中冷却30min，称量，精确至0.0001g计算出试样灰分含量。

称取0.5g硼酸锂，精确至0.0001g，将硼酸锂均匀地撒在灰分上，将铂金皿放入高温炉中于（1000±10）℃灼烧2min，取出用铂金钳轻轻转动铂金皿中熔融物溶解灰分，继续在电炉中加热2min，获得透明熔融物。

注：灰分必须完全融化，总加热时间是4min，如果加热时间超过4min可能造成钠的损失，如果加热时间少于4min，则可能部分灰分不能溶解。

把熔融物置于陶瓷散热板上冷却5~10min，加入25mL硝酸溶液，立即放入超声波池，直到熔融物彻底溶解（保持溶液在50℃以下避免含水硅酸沉淀）。取出铂金皿，把这些溶液转移到100mL容量瓶中，用水清洗铂金皿，并转入100mL容量瓶中，用水稀释至刻度，混匀。取50mL空白溶液和适量的标准溶液，置于100mL容量瓶中，用水稀释至刻度，制备校正标准点。

用50mL空白溶液和所需标准溶液，制备100mL溶液作为校验标准。

注：标样和试料应具有相似的组成，减小由于基体影响造成的误差。

使用前用校验标准校准ICP-AES仪器，使之与制造商说明书一致。

测定试样中每种金属元素的质量分数。

6.3.1.18　炭阳极用煅后石油焦粉末电阻率的测定方法（YS/T 587.6—2006）

将要测试的颗粒料，置入一个圆柱形的上部和底部带有两个电极片的试样筒中在试样两端施加一定的压力，确保试样与电极片接触良好并通上直流电流。测出颗粒柱的电压降和颗粒柱的高度，计算电阻率值。

称取15~20g试样，加入到试样筒中。将带活塞的试样筒置于试验机内，然后施加压力3MPa。装好长度测量装置，测量样品长度h。连好电线并接通电源。调整稳压电源电流，使通过试料的电流为（500±0.02）mA，然后测量试样电压降。测定两次，每次都用新的未测试过的试样。

按下式计算粉末电阻率ρ：

$$\rho = \frac{SU}{Ih} \tag{6-10}$$

式中 ρ——粉末电阻率，μΩ·m；

S——试样容器的表面积，mm^2；

U——电压降，mV；

I——电流，A；

h——试样颗粒柱的高度，mm。

6.3.1.19 炭阳极用煅后焦CO_2反应性的测定方法（YS/T 587.7—2006）

煅后石油焦中C和CO_2反应性由质量损失法来描述，化学反应式为：$C+CO_2 \rightarrow 2CO$。粒度为1~1.4mm炭阳极用煅后石油焦试样，于1000℃的温度下，在50L/h的CO_2气氛中，反应大约100min后，测定其质量损失。

称取5.0g试样，精确至0.001g。

校准。校准程序每周进行一次，设备维护（如更换热电偶或反应管等）以后也要进行校准。设定反应时间为100min。

使用校准标样测量两次，取平均结果，校准仪器按反应时间（t_r）依照下式计算：

$$t_r = 100 \times \frac{w_{RC,cal}}{w_{RC,meas}} \tag{6-11}$$

式中 t_r——反应时间，min；

$w_{RC,cal}$——标样CO_2反应的理论值，用质量分数（%）表示；

$w_{RC,meas}$——标样CO_2校准反应的测量值，用质量分数（%）表示。

打开炉子并在温度控制单元设定温度为1000℃；装入空的石英反应管并用夹具固定。当炉温升到1000℃，并稳定20min后，打开CO_2气阀，调整气压到0.2MPa，流量50L/h。在反应管中加入试料。反应100min后，关闭炉子并过30min后，关闭CO_2气阀，拿出反应管放置在固定器冷却。当反应管冷却后，称量剩余的试样，精确至0.001g。

6.3.1.20　炭阳极用煅后石油焦空气反应性的测定方法（质量损失法）(YS/T 587.8—2006)

当放置在空气中的样品达到点火温度后就会与氧气发生反应，样品开始点火时温度会突然增高，空气反应性是由相关的热重测量法计算得到的。

称取 5.0g 试样，精确至 0.001g。

把一个校准标样的点火温度 T_R 测定两次，算出它们的平均值 T_M。用这个结果来校正测量样品温度的热电偶。校准程序每周进行一次，设备维护（更换热电偶或反应管）以后也要进行校准。定期对记录表进行校准。测量样品的温度应减去校准温度与标准样品实际温度的差值。

接通炉子，插入未装样的石英管并用夹钳固定好，把炉子加热到额定温度。打开空气阀，调整压力为 0.2MPa、流量为 50L/h。当炉温稳定在额定温度时，把称量好的样品插入反应管中开始升温度，图表中显示样品的温度。当样品温度急剧增加时，关闭炉子和气阀。

在时间温度图中，通过对温度发生急剧增加那一点弯曲部分（点火前和点火后）两端的直线部分延伸，得到煅后焦的点火温度 T_1，精确到 0.1℃。

如果升温速率为 0.5℃/min，计算的在 525℃ 与空气反应，w_{525} 表示每分钟质量损失的百分数，按下式计算：

$$\lg w_{525} = -9.519 - \frac{4.159 \times 10^2}{T_1} + \frac{6.158 \times 10^6}{T_1^2} \quad (6\text{-}12)$$

如果升温速率为 10℃/min，计算的在 600℃ 与空气反应，w_{600} 表示每分钟质量损失的百分数，按下式计算：

$$\lg w_{600} = -50.064 + \frac{75.364}{T_1} - \frac{2.7983 \times 10^7}{T_1^2} \quad (6\text{-}13)$$

式中　T_1——点火温度，用开氏温度表示。

空气反应性要精确到 0.01%/min。

6.3.1.21　炭阳极用煅后石油焦真密度的测定方法（YS/T 587.9—2006）

试样置于蒸馏水中煮沸排气后，用密度瓶测定一定温度下的密度。

称取 3.0g 试样，精确至 0.0001g。

将试样置于清洁的已标定的密度瓶中，注入无气泡的蒸馏水至密度瓶 2/3 处，在砂浴煮沸 3min，此时不允许试样溅出，取下密度瓶后，注入无气泡蒸馏水于刻度线，同注入蒸馏水的滴瓶一同放入恒温水浴中，在与标定密度瓶水值一致的温度下保持 30min，用滤纸或滴瓶调整蒸馏水液面至刻线处（如用毛细管密度瓶，应立即盖好瓶塞），取出后用洁净毛巾仔细擦干瓶外部，迅速称其质量，精确至 0.001g。

按下式计算试样的真密度：

$$\rho = \frac{m_1\rho_0}{m_1 + m_2 - m_3} \tag{6-14}$$

式中 ρ——试样的真密度，g/cm³；

m_1——试样的质量，g；

ρ_0——标定密度瓶时水的密度，g/cm³；

m_2——密度瓶的水质量，g；

m_3——装有试样和蒸馏水的密度瓶的总质量，g。

6.3.1.22 炭阳极用煅后石油焦体积密度的测定方法（YS/T 587.10—2006）

体积密度取决于颗粒的尺寸、形状和气孔率测定已知质量试样在振动后的体积。体积密度由已知质量除以测定的体积来计算。

称取约 100g 试样，精确至 0.01g。用不同部分试样独立地进行两次测定，取其平均值。

组装好体积密度装置，确保测量筒垂直。将试样倒入进料器。启动进料器同时开始敲击装置，在（45±15）s 内将试样平稳地移入测量筒中，保持敲击共 1500 次。然后记录试样体积，精确至 1mL。

6.3.1.23 炭阳极用煅后石油焦颗粒稳定性的测定方法（YS/T 587.11—2006）

低机械强度的煅烧焦在混料过程中可能被破碎使粒级降低。低的颗粒稳定性会影响颗粒尺寸，进而可能影响焙烧块的质量。用实验振动仪将 4～8mm 煅烧焦的颗粒研磨，然后测定残留在特定筛网上的颗粒的含量。

筛分出约 200g、颗粒尺寸为 4～8mm 的试样，禁止预破碎试样。

称取 100g 试样，精确至 0.01g。

将 1kg 钢球和试样放进一个破碎筒内，另一个破碎筒也放入同样的钢球和试样。盖上盖子，将破碎筒装到振动仪上。破碎 35min，将一个破碎筒内所有的物料倒在 8mm 与 4mm 和筛底组成的套筛上。将套筛在 30s 内水平晃动 60 次左右。钢球在 8mm 筛上，称量在 4mm 筛上的残留，精确到 0.01g。另一个破碎筒也重复以上的步骤。

6.3.1.24 炭阳极用煅后石油焦粒度分布的测定方法（YS/T 587.12—2006）

试样的粒度分布采用筛分测定。结果以留在不同（0.25mm 和 16mm 之间）筛上的试样的质量百分比表示，或者计算不同尺寸分布的累计百分比。

称取约 500g 试样，精确至 0.01g。

将试验筛以筛孔直径从大到小的次序组合套筛。将试样放入顶层筛，盖上盖子，在振筛机上振动 2min。把留在每层筛及底盘上的煅后石油焦颗粒用毛刷仔细刷净，分别称量各层筛级的试样质量。将每层筛及底盘上的煅后石油焦颗粒的总质量（Σm_i）与原始质量值（m_0）作比较，差值（$m_0-\Sigma m_i$）应当不大于原始质量的 1%。否则，应当重新进行测定。

6.3.1.25　炭阳极用煅后焦 L_c（微晶尺寸）值的测定方法（YS/T 587.13—2007）

炭阳极用煅后石油焦里包括不同厚度的微晶，本部分通过对煅后石油焦试样 X 射线衍射图进行分析处理，测定试样中所有微晶的平均厚度，即 L_c 值。

将约 10g 试样用研钵研磨直至全部通过 0.075mm 的筛子，将研好的样品放入烘干箱中在（110±5）℃烘干 2h，储存在干燥器中备用。

将试样用合适的方法装到射线粉末衍射仪试样窗中，保证试样有足够的厚度，有水平、光滑的表面。把试样窗放到样品架上，打开 X 射线源，在 2θ 为 14°～34°的范围内以每分钟一度的速度进行扫描，或者以每步 0.2 度的速度进行步进扫描得到衍射图样。计算衍射图纯衍射峰的线宽 β 和峰顶角度 θ。

按下式计算微晶尺寸（L_c）值，计算结果修约到小数点后一位：

$$L_c = \frac{K\lambda}{\beta\cos\theta} \tag{6-15}$$

式中　K——不定常数，但对于 L_c，其值为 0.89；

λ——X 光的波长，埃（Å）；

β——纯衍射峰的线宽，rad；

θ——峰的顶点对应的角度，（°）。

6.3.2　铝用炭素产品的分析方法

6.3.2.1　铝用炭素材料灰分含量的测定方法（YS/T 63.19—2006）

试样在（850±10）℃下灼烧，以剩余残物（即灰分）的质量计算灰分的含量。

将瓷方舟置于（850±10）℃的马弗炉中，灼烧 1h，取出，置于干燥器中，冷却 30min，称量，精确至 0.0001g；重复灼烧，称量至恒重（m_1）。

将试样置于已恒重的瓷方舟中，均匀铺开，称量，精确至 0.0001g，再将其置于马弗炉中，对阴极糊试样，在马弗炉炉口边缘预热 3min 左右，然后移入马弗炉中央，温度控制在（850±10）℃，灼烧 3h，取出置于干燥器中，冷却 30min，称量，精确至 0.0001g；重复灼烧至恒重（m_2）。

6.3.2.2　铝用炭素材料水分的测定方法（YS/T 63.18—2006）

试样在（110±5）℃下烘干 2h，以失去的质量计算水分的含量。

称取 10.000g 试样，精确至 0.001g（m_0）。平行地进行两次测定，取其平均值。

将称量瓶的盖部分打开，置于（110±5）℃的烘箱中，干燥 1h，取出，置于干燥器中，冷却 30min，称量，精确至 0.001g；重复干燥，称量至恒重。

将试样置于已恒重的称量瓶中，均匀铺开，盖上瓶盖称量，精确至 0.001g（m_1），将瓶盖部分打开，置于烘箱中，温度控制在（110±10）℃，干燥 2h，取出置于干燥器中，冷却 30min，盖严瓶盖称量，精确至 0.001g；重复干燥，称量至恒重（m_2）。

6.3.2.3 铝用炭素材料硫分的测定方法（YS/T 63.20—2006）

将试样与艾氏卡试剂混合，在一定的温度下灼烧，使试样中的硫被氧化成二氧化硫或三氧化硫，硫的氧化物再与碳酸钠及氧化镁作用生成硫酸盐，用水将硫酸盐浸出，调节 pH 值，加入氯化钡溶液使其生成硫酸钡沉淀，过滤，灼烧，根据硫酸钡沉淀的质量计算试样中的硫含量。

试样预先在烘箱中于（110±5）℃下至少烘干 2h，取出冷却，储存在干燥器内备用。

称取 1.0000g 试样，精确至 0.0001g。平行地进行两次测定，取其平均值，随同试样作空白试验。

将试样置于已加入 2.0g 艾氏卡试剂的 50mL 瓷坩埚中，搅匀，再用 1.0g 艾氏卡试剂覆盖。

将瓷坩埚放入冷的马弗炉中，在 1~1.5h 内将温度升至 825℃，并在（825±10）℃保温 2h；将瓷坩埚从马弗炉中取出，冷却至室温，用玻璃棒搅动灼烧物，若发现有未烧尽的黑色颗粒，应在（825±10）℃继续灼烧 0.5h，将灼烧物移入 400mL 烧杯中，用热蒸馏水仔细冲洗瓷坩埚内壁，将冲洗液倒入烧杯中，再加入 100~150mL 热蒸馏水，用玻璃棒仔细捣碎灼烧物（此时若发现尚有未烧尽的试样颗粒，则本次试验作废，应当重新测定）；捣碎后，用倾泻法以定性滤纸过滤，并用热蒸馏水将灼烧物冲洗至滤纸上，继续以热蒸馏水仔细冲洗滤纸上的灼烧物，次数不少于 10 次。

向滤液中加 2~3 滴甲基红溶液，然后，滴加盐酸溶液直至滤液颜色变红，再多加 1mL，烧杯盖上表面皿，煮沸，将溶液的体积控制在 200mL 左右；停止煮沸，取下表面皿，在玻璃棒的搅拌下，逐滴加入 10mL 氯化钡溶液，盖上表面皿，加热，继续煮沸 5min，取下，陈化 12h。

用定量滤纸过滤，并用蒸馏水洗涤沉淀至洗液中无氯离子为止，用硝酸银溶液检验。

将沉淀物和滤纸放入预先于（825±10）℃的马弗炉中灼烧至恒重的 30mL 瓷

坩埚中，先在电炉上低温灰化滤纸（注意别燃烧着火），然后移入（825±10）℃的马弗炉中，灼烧 1h，取出，置于干燥器中，冷却 30min，称量，精确至 0.0001g；重复灼烧，称量至恒重。

6.3.2.4　铝用炭素材料表观密度的测定方法（尺寸法）（YS/T 63.7—2006）

通过测量待测样品的几何体积和质量计算其表观密度。再通过表观密度和二甲苯中的密度计算全气孔率。

沿圆柱体试样的圆周每间隔 90°测量其高度，再分别在试样的两端、长度的 1/3 和 2/3 处测量其直径。

计算高度的 4 个测量值的算术平均值 $\bar{h}$，计算结果精确至小数点后两位数字。

按照直径的四个测量值分别计算面积，然后计算面积的算术平均值 $\bar{A}$，计算结果精确至小数点后两位数字。

按照几何公式 $V=\bar{A}\cdot\bar{h}$ 计算待测试样的体积，体积不小于 $1\times10^5\text{mm}^3$ 时，精确至 100mm^3，体积小于 $1\times10^5\text{mm}^3$ 时，精确至 10mm^3。

在（110±5）℃下烘干试样 2h 以上直至质量恒定。或每间隔 5min 称量，其质量变化小于 0.1%。在干燥器中将试样冷却至室温，称量其质量（m）。

表观密度 ρ_a 按下式计算：

$$\rho_a=\frac{m}{V} \tag{6-16}$$

式中　m——干燥试样的质量，g；

　　　V——计算的体积，mm^3。

全气孔率 ε_T 按下式计算：

$$\varepsilon_T=\frac{\rho_d-\rho_a}{\rho_d}\times100\% \tag{6-17}$$

式中　ρ_d——试样在二甲苯中的密度，g/mm^3；

　　　ρ_a——试样的表观密度，g/mm^3。

6.3.2.5　炭素材料真密度测定方法（蒸馏水煮沸法）（YB/T 4091—1992）

试样置蒸馏水中煮沸排气后，用密度瓶测其 25℃的密度。

干燥后试样粒度不大于 20mm，质量不少于 0.5kg，全部破碎 4mm 以下。将试样缩分至 50~60g，经细碎全部通过 0.15mm 标准筛网。

称取试样 3g，精确至 0.0002g，置于清洁的密度瓶中，注入无气泡的蒸馏水至瓶 2/3 处，在砂浴煮沸 3min，此时不允许试样溅出。取下瓶后，注入无气泡蒸馏水于刻线处，同注入蒸馏水的滴瓶一同放入恒温水浴中，在（25±0.5）℃下保持30min以上，用滤纸卷或滴瓶调整蒸馏水液面至刻线处（如用毛细管密度瓶，应立即盖好瓶塞），取出后用洁净毛巾仔细擦干瓶外部，迅速称其重量。

6.3.2.6 铝用炭素材料二甲苯中密度的测定方法（比重瓶法）（YS/T 63.8—2006）

经真空脱气，在比重瓶中测定铝用炭素材料在二甲苯中的密度。

称取试样（5±0.1）g，精确至0.1mg（m_3），置于准备的清洁、干燥的比重瓶中。

注：如果室温超过30℃，则停止以下测定。

将带有试样的比重瓶（不带塞子）放入脱气装置的容器中。在加二甲苯之前，抽真空使剩余压力为（1.3±0.3）kPa。

逐滴向比重瓶中加入二甲苯，直至覆没试样至少20mm，则停止加入，继续抽真空，间断摇动比重瓶和支架，直至不再排出气泡，通常此过程需60min。

缓慢使空气进入脱气装置，取出比重瓶，填充二甲苯直至稍低于基线。

静置至少30min，完全注满二甲苯，插入瓶塞。擦干溢出的液体。

重复上述的操作，称量装有试样和二甲苯的比重瓶的质量，精确至0.1mg（m_4）。

6.3.2.7 铝用炭素材料真密度的测定方法（氦比重计法）（YS/T 63.9—2006）

将试料置于氦比重计中，用氦气作介质，在测定室逐渐加压到一个规定值，然后氦气膨胀进入膨胀室内，两个过程的平衡压力由仪器自动记录。根据质量守恒定律，通过标准球校准测定室和膨胀室的体积后，再确定试料的体积，计算出真密度。

用分析天平称取一定量的试样，放入合适体积的样品池中，粉末样装样时必须夯实，拧紧样品池盖，按照气体比重计说明书，进行测定，一般重复测定三次，取三次测定的算术平均值。

6.3.2.8 铝用炭素材料开气孔率的测定方法（液体静力学法）（YS/T 63.6—2006）

开气孔率是通过测量沸腾后进入样品的水的质量（或体积）与使用液体静力学天平测量的置换的水的质量（或体积），再计算二者之比率而得。

干燥后试样质量的测定。将试样放入干燥箱中于（110±5）℃下干燥2h，直至质量恒定或每间隔5min称量。若质量变化小于0.1%，则在干燥箱中冷却至室温，称量试样质量m_1。如果质量大于100g，精确至0.1g；如果质量等于或小于100g，则精确至0.01g。

浸水后试样质量（体积）的测量。将试样放入烧杯中，加水至淹没试样且水面高出试样顶部约50mm。用玻璃片盖住烧杯，快速在电热板上加热烧杯，将水煮沸1h，如果水量减少，可重新注水以补充蒸发的水。冷却至（20±2）℃。

将液体静力学天平放在水浴中，用线悬挂篮子在天平钩上，使篮子全部浸入水中，调整天平的零点，把试样放入篮子。使试样完全浸在水中，在天平上读取m_2。

从篮子中取出试样，用饱和的海绵吸干试样表面的水滴，快速称量m_3。

按下式计算开气孔率ε_w（浸水后），以质量百分数表示：

$$\varepsilon_w = \frac{m_3 - m_1}{m_3 - m_2} \times 100\% \tag{6-18}$$

式中　m_1——干燥后试样的质量，g；

m_2——浸入水中后试样的质量，g；

m_3——煮沸并饱和后试样的质量，g。

6.3.2.9　铝用炭素材料耐压强度的测定方法（YS/T 63.15—2006）

采用圆柱形试样，在试验机上施加压力，通过试样破坏时的载荷与试样的横截面积计算耐压强度。沿试样的轴向用游标卡尺测量直径6次，取其算术平均值。将试样放在试验机工作面中心处，试验机以每秒0.5N/mm^{2}的速度，连续、无冲击性地施加荷重，直至试样破坏为止，记录试样破坏时的载荷。

根据下式计算试样的耐压强度δ_c：

$$\delta_c = \frac{4F}{\pi d^2} \tag{6-19}$$

式中　δ_c——试样的耐压强度，MPa；

F——试样破坏时的载荷，N；

d——试样直径的平均值，mm。

6.3.2.10　铝用炭素材料抗折强度的测定方法（三点法）（YS/T 63.14—2006）

将试样放在两个支撑座上，并在中间施加压力直至断裂。抗折强度S_B通过断裂时的负荷、两支撑座间的距离以及试样横截面积计算出来。即折断时的弯曲力矩M_d和阻力矩M_R之商（折断时的弯曲力矩是由试样断裂时试验机的最大载荷示值计算出来的最大弯曲力矩，对于炭素材料来说，最大载荷和断裂时的载荷是相近的）。

平行测试2个试样。采用圆柱体试样。试样直径为（50±5）mm，长度不少于130mm。试样加工后应当平整无缺陷。试样在整个长度方向上直径应该一致，并且两个端面平行。

如图6-3所示，将第一个试样放到试验机上，调节两个支撑点的距离l_s至

（100±0.1）mm。在 20～30℃ 之间进行测试。选择或调节试验机的测量范围，以便使试样断裂时预期的载荷至少为量程的 1/10。

把试样放在支撑座的中间并使试样沿长度方向的轴线与支撑座成 90°，保证压头施加的压力与试样沿长度方向的轴线成 90°，稳定均匀地施加压力，使压头以 0.2MPa/s 的加压速度直至试样断裂。记下断裂时的载荷 F。

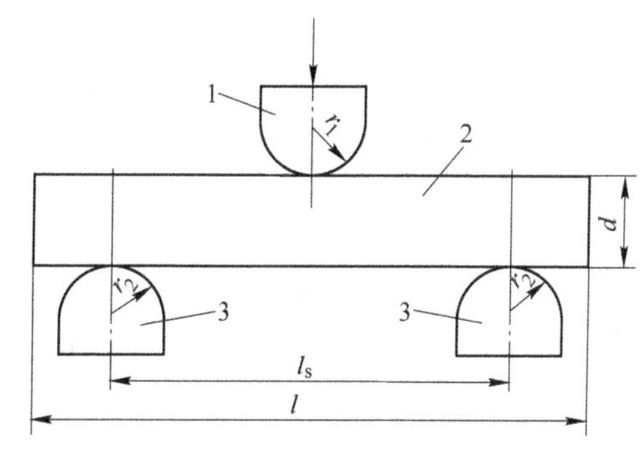

图 6-3 三点试验装置
1—压头；2—试样；3—支撑座；
l—试样长度；d—试样直径；l_s—支点距离；
r_1—压头半径；r_2—支撑头半径

对另一个试样进行同样的测定。

按下式计算抗折强度 S_B

$$S_B = 8 \times \frac{Fl_s}{\pi d^3} \tag{6-20}$$

式中 S_B ——抗折强度，MPa；
F ——断裂时的载荷，N；
l_s ——两支点间的距离，mm；
d ——试样的直径，mm。

6.3.2.11 阴极炭块、预焙阳极室温下电阻率的检测方法（YS/T 63.2—2006）

稳定的直流电流通过一定横截面积的被固定的试样，测出两个探针之间的电压降，就可以计算出试样的电阻率。

在接近探针的部位用游标卡尺测量试样两个垂直方向的直径，求得试样的平均直径以及横截面面积 A。

测量两个探针之间的距离 L，其变化应在±0.5%以内。

在两个导电板之间放置试样，并施加 50N 的压力以确保获得最佳的电流分布。

调节直流电流使被测试样上的电流密度不大于 1A/cm^2（可采用 5A 的电流）。

放置探针到合适位置。按 90°旋转被测试样，在圆柱体的 4 个垂直半径点测量探针之间的电压值 U。确保测试时通过样品的电流时间很短，以防止任何可检出的电阻变化。

6.3.2.12 铝用炭素材料 CO_2 反应性测定方法（质量损失法）（YS/T 63.12—2006）

将圆柱体预焙阳极试样置于马弗炉中，通入 CO_2 气体，在 960℃ 的温度下反应 7h。通过称量试样反应前后的质量，用颠转仪颠转产生的灰尘的质量，以及未反应的试样残留的质量，用三个指标表征 CO_2 反应性：残极率 w_{RCR}、脱落度 w_{RCD}和反应损失比 w_{RCL}。

制备两个试样，直径（50±1）mm，长度（60±1）mm，并在 110±5℃下烘干 2h，然后冷却至室温。

称量每个试样的原始质量（m_0），精确至 0. 1g。

将马弗炉升温至（960±2）℃，保温 10min 使温度恒定，然后打开炉门放入试样，关上炉门。

向炉内通入 CO_2气体，调节氧化铝管内的气体流速至 200L/h。在 960℃的恒定炉温下，以 200L/h 的流速通入 CO_2气体，在炉内反应 7h，然后关闭电源，冷却 2h，关闭气体。

当炉温低于 550℃时，取出残留试样和产生的灰尘。待其冷却至室温时，称量其质量（m_1），精确至 0. 1g。

将残留试样分别放入颠转仪的两个圆筒中，每个圆筒中放入 50 个钢球，颠转 20min 以脱落残留试样上松散的颗粒，待颠转仪完全停止后，将圆筒中所有的物料移入孔径 4mm 的筛子中，取出钢球，然后称量残留试样的质量（m_2），精确至 0. 1g。

按以下三个公式分别计算 CO_2反应性的参数，即残极率 w_{RCR}、脱落度 w_{RCD} 和反应损失比 w_{RCL}，以质量百分数表示：

残极率：
$$w_{RCR} = \frac{m_2}{m_0} \times 100\% \tag{6-21}$$

脱落度：
$$w_{RCD} = \frac{m_1 - m_2}{m_0} \times 100\% \tag{6-22}$$

反应损失比：
$$w_{RCL} = \frac{m_0 - m_1}{m_0} \times 100\% \tag{6-23}$$

式中　m_0——试样的原始质量，g；

m_1——反应后残留试样和灰尘的质量，g；

m_2——颠转后余残留试样的质量，g。

6. 3. 2. 13　铝用炭素材料空气反应性的测定方法（质量损失法）（YS/T 63. 11—2006）

先将圆柱状试样加热到 550℃，然后以 15℃/h 的速度冷却到（400±1）℃。频繁转动试样，以便在炉外能够收集粘结剂选择燃烧产生的灰尘。将试样表面松散的颗粒用颠转仪脱落。测量反应残留和燃烧损失从而计算空气反应性。

制备两个试样，尺寸为 ϕ(50±1)mm，长度（60±1）mm，在（110±5）℃下烘

干 2h，然后冷却至室温。用具有 140°尖角、直径 7mm 的硬金属钻头在每个试样底部中心位置钻一个直径 7mm、距试样顶部（30±0.5）mm 的孔。

按照温度曲线设定温度控制器的程序，温度应不超过（550±1）℃，冷却速度是 15℃/h。

分别称量两个试样的原始质量（m_0），精确至 0.1g。

打开温度控制器，使马弗炉升温至 550℃，将两个试样同时放入马弗炉中。30min 后，通过空气预热器通入空气。设定空气压力为 0.2MPa，调节阀门使流速为 200L/h。约 10h 后，当温度降至（400±1）℃时，停止通入空气。当温度到达 300℃时取出试样，收集底盘上的灰尘，然后让试样冷却至室温。

称量试样及产生的灰尘的质量（m_1），精确至 0.1g。把反应后残留的试样分别置于颠转仪的两个圆桶中颠转 20min。将圆桶中的试样及钢球放于孔径 4mm 的筛上，取出钢球，分别称量两个残留试样的质量（m_2），精确至 0.1g。

按以下 3 个公式分别计算空气反应性的参数残极率 w_{RAR}、脱落度 w_{RAD} 和反应损失比 w_{RAL}：

$$w_{RAR} = \frac{m_2}{m_0} \times 100\% \tag{6-24}$$

$$w_{RAD} = \frac{m_1 - m_2}{m_0} \times 100\% \tag{6-25}$$

$$w_{RAL} = \frac{m_0 - m_1}{m_0} \times 100\% \tag{6-26}$$

式中 w_{RAR}——残极率，即试样残留质量的质量百分数，%；

w_{RAD}——脱落度，即灰尘质量的质量百分数，%；

w_{RAL}——反应损失比，即反应损失的质量百分数，%；

m_0——试样的原始质量，g；

m_1——反应后试样残留和灰尘的总质量，g；

m_2——颠转后试样残留的质量，g。

6.3.2.14 铝用炭素材料热导率的测定方法（比较法）（YS/T 63.3—2006）

热导率（λ）是材料的一种特性，它通过测定在一个给定的温度区间内（Δt）通过高度为 h 和横截面积为 A 的物体的热流量（dQ/dT）来计算，见式（6-27）。

$$\lambda = \frac{dQ}{dT} \cdot \frac{1}{\Delta t} \cdot \frac{h}{A} \tag{6-27}$$

式中 $\frac{dQ}{dT}$——热流量，W；

Δt——温度差（通过与标准样品的比较而获得），K；

h ——通过物体的高度，m；

A ——物体的横截面积，m^2。

对圆柱状样品而言：$A = \pi d^2/4$。其中，d 为试样的直径，m。

比较法测定铝用炭素材料 20～60℃间的热导率，测定范围：2～100W/(K·m)，也适用于测定石墨电极等其他炭素材料的热导率。

试样应当干燥至恒重。试样的直径为 20～50mm，高度为 5～50mm，端面平整度不高于 0.05mm。试样的几何尺寸影响本方法的准确性，对于热导率较高的材料，选择稍厚或较小尺寸的试样能得到较准确的测定结果。高度为 20mm 的试样，直径可选择为 50mm。

测量试样的高度（h）和直径（d）。

校准曲线：固定设备的底部和顶部，加热至操作温度。当顶部和底部的温度稳定在±0.1℃之内时，选择一个或几个与试样具有相同横截面的校准样品，在试样两端涂少量黏结剂，将其置于中心，松开加热设备的底部和顶部，则试样在适当的压力下被固定在顶部和底部中间。当热电偶的读数恒定时记录此时的温差电压。校准曲线（温差电压 U 与 $\dfrac{\lambda \cdot A}{h}$ 的函数）可以通过测量已知热导率和尺寸的不同标准样品的结果来绘出。对任何试样，可由温差电压 U 计算出 $\dfrac{dQ}{dT} \cdot \dfrac{1}{\Delta t}$ 的值。

注意：如果使用了绝缘缸来测定检测样品，则绘制校准曲线时也应使用该绝缘缸。

将与校准样品具有相同横截面的试样放入设备中，按照测定程序来进行测定，记录测试数据。

依据上述公式计算热导率 λ，其中的 $\dfrac{dQ}{dT}$ 和 Δt 可由校准曲线求得，最终测定结果为两次测定结果的算术平均值 $\overline{\lambda}$，修约至小数点后两位。

6.3.2.15　铝用炭素材料空气渗透率的测定方法（YS/T 63.10—2006）

已知体积的试样，其空气渗透性可通过测定在室温下一定量的空气透过试样时所受到的阻力来确定。该阻力可由 U 形管压力计来测定，该 U 形管压力计也可指示出此气流的体积。

采用圆柱体样品，直径为（50±0.4）mm，试样高度至少取 40mm，两个端面的平行度达到±0.05mm。

在圆柱体样品的中间部分取高度 20mm 的试样，除去试样上的附着物，在（110±5）℃下烘干 2h。

沿圆柱体试样的圆周每间隔 90°测量其高度，计算高度的 4 个测量值的算术

平均值 $\overline{h}$，计算结果精确至 0. 01mm。

分别在试样的上、下两端各一次、轴线的中间点两次测量直径。按照直径的四个测量值分别计算面积，然后计算面积的算术平均值 $\overline{A}$，计算结果精确至 0. 01mm。

校准和标准化：

检查所有连接，确保密封。使用空气渗透率标准样品，按照测量试样的方法测定其面积 $\overline{A_1}$ 和高度 $\overline{h_1}$ 将标准样品放置在空气渗透率池内，通入压缩空气使橡胶管膨胀以确保密封。将系统抽真空，当读数稳定后按照标准样品给的值将读数校正为标准数值，也可记录 U 形管压力计中液体从一个压力刻线到第二压力刻线的时间 t_1。再把标准样品作为未知样品分析，如果测定的值在允许范围内，可以接着进行试样的测试。如果测定的值超出允许范围，则重新校准仪器。

测定：用一个不渗透的样品运行检查仪器是否漏气。将试样放入仪器中，放置滤清器，通入压缩空气使橡胶管膨胀。将系统抽真空，至设定的压力刻线，通过传感器来控制。记录 U 形管压力计中液体从一个压力刻线到第二压力刻线的时间 t，也是通过传感器来控制。

6.3.2.16 铝用炭素材料热膨胀系数的测定方法（YS/T 63.4—2006）

将所取样品加工成圆柱体。试样尺寸为 ϕ50mm×50mm。试样的各表面都应进行加工，以保证导杆和试样的平行度偏差不超过 0. 2mm。在试样侧面的中央钻一个至少 1mm 深的孔，与热电偶的接点连接。必要时，试样可预先在 1000℃ 无氧化性气氛中退火以除去残余应力。校准：用校准样品校准膨胀计。将试样放进膨胀计，保证试样的末端和导杆紧密接触。同时将热电偶的接点放入试样侧面的孔。测量起始温度 t_1 时试样的原始长度 l_1。如果导杆端面和试样端面没有完全吻合，用连接片使之吻合。

测定开始前，通过调节设备、或记录表、或光敏纸的零点，使系统清零。当使用双膨胀计时，两个膨胀计进行正交记录，要分别确定每个膨胀计的记录轴。把试样架放到炉子（已经预先预热）中，当试样达到终点温度 t_2 时，测量并记录试样的长度 l_2。如果终点温度 t_2 超过 300℃ 时，应通入保护气体或进行真空保护，防止试样被氧化。

按照式（6-28）计算平均线性热膨胀系数 $\alpha(t_1, t_2)$：

$$\alpha(t_1, t_2) = \frac{1}{l_1} \cdot \frac{l_2 - l_1}{t_2 - t_1} + \alpha_k = \frac{1}{l_1} \cdot \frac{\Delta l}{\Delta t} + \alpha_k \quad (6\text{-}28)$$

式中 t_1——起始温度，℃；

t_2——终点温度，℃；

l_1 ——试样起始温度 t_1 时的长度，mm；

l_2 ——试样终点温度 t_2 时的长度，mm；

α_k ——试样架和推杆在测试温度范围内的平均线性热膨胀系数，1/K。

6.3.2.17 铝用炭素材料杨氏模量的测定方法（静测法）（YS/T 63.13—2006）

杨氏模量（即杨氏弹性模量，Young's modulus）是材料在外力作用下，在弹性变形区域内应力与压缩或伸长形变之间关系的量度，其数值为试样横截面所受正应力（σ）与所产生的应变（ε）之间的比值，以 E 表示。可以用于表征材料抵抗纵向弹性变形能力。炭素材料负荷后在弹性变形阶段服从虎克定律，即炭素材料在弹性变化限度内，应力与应变的关系为直线，所受的应力与它所产生的应变会成正比。根据这一定律，采用平稳缓慢地增加载荷，施加压力于试样一段时间后，测得直线阶段（应力-变形弹性区域内）试样所受的负荷及相应长度的变化量，通过式（6-29）计算出杨氏模量。

$$E = \frac{\sigma}{\varepsilon} \tag{6-29}$$

式中 E ——材料的杨氏模量，GPa；

σ ——材料在外力作用下单位面积上所受的作用力，GPa；

ε ——材料因受外力作用而产生的相对伸长量（即形变），%。

钻取圆柱体试样，尺寸为直径（50±2）mm，长度（50±0.1）mm，试样长度方向上直径一致，两端面平行。将试样在（120±5）℃下烘干 12h，然后冷却至室温。在试样两端和长度的 1/3 和 2/3 处分别测量其直径，按照直径的 4 个测量值分别计算面积，然后计算面积的算术平均值 $\overline{A}$，计算结果精确至小数点后两位数字。沿圆柱体试样的圆周每间隔 90°测量其长度，计算长度 4 个测量值的算术平均值 $\overline{L_0}$，计算结果精确至小数点后两位数字。将试样放在受压中心的位置上，稳定均匀地施加压力，加压速度为 $\frac{1}{3}$ mm/s。

首先进行预压，第一次增加压力至 10000N，去除切割时造成的毛刺（会影响弹性系数的测试结果），然后卸载。接着第二次增加压力至 30000N，在压力在 10000～30000N 之间时，进行测量，然后卸载。在此期间，对应每一个压力 P，试样都有相对于原始长度 $\overline{L_0}$ 的一个变形量 ΔL，压力 P 与变形量 ΔL 之间呈直线关系。在压力为 10000～30000N 之间时，任取一个测量点 t，测量该点试样的所受的压力 P_t 和变形量 ΔL_t（即试样的原始长度 $\overline{L_0}$ 和压缩后的长度 L_t 之差）。

根据第 2 次加压测得的压力 P_t 与试样的变形量 ΔL_t 按下式计算杨氏模量 E：

$$E=\frac{\sigma}{\varepsilon}=\frac{\frac{P_t}{\overline{A}}}{\frac{\Delta L_T}{\overline{L_0}}}=\frac{P_t\cdot\overline{L_0}}{\overline{A}\cdot\Delta L_t} \tag{6-30}$$

式中 E——材料的杨氏模量，GPa；

P_t——测试开始后，测量点 t 的压力，kN；

$\overline{L_0}$——测试前试样的初始长度，mm；

$\overline{A}$——试样的截面积，mm^2；

ΔL_t——测试开始后，相应于 P_t 时的试样初始长度与测量点 t 的试样长度的差值，mm。

6.3.2.18 铝用炭素材料微量元素的测定方法（X 射线荧光光谱分析方法）（YS/T 63.16—2006）

X 射线荧光光谱法是通过化学元素二次激发所发射的 X 射线谱线的波长和强度测量来进行定性和定量分析。由光管发生的初级 X 射线束照射在试样上，试样内各化学元素被激发出各自的二次特征辐射，这种二次射线通过准直器到达分光晶体。只有满足衍射条件的某个特定波长的辐射在出射晶体时得到加强，而其他波长的辐射被削弱。

随晶体的旋转，θ 角发生变化，二次射线发生衍射，色散成光谱。当晶体转过 θ 角时，探测器旋转臂则转过 2θ。探测器每吸收一个 X 射线光子就形成一个与光子能量成正比的电流脉冲。经过放大的脉冲，无论其是否经过脉冲高度选择，都可由计数器计数，并以单位时间内所测的光子数来评定 X 射线的强度。在定量分析时，首先测量系列标准样品的分析线强度，绘制标准样品的分析线测量强度对浓度的校准曲线，并进行必要的基体效应的数学校正，其次根据分析试样中元素谱线的强度求出元素含量。

6.3.2.19 铝用炭素材料检测方法 有压下底部炭块钠膨胀率的测定（YS/T 63.5—2006）

将底部炭块试样浸入石墨坩埚内初始分子比为 4.0 的冰晶石熔盐电解质中。将坩埚置于一个与液压活塞相连的坩埚底座上，并用一个石墨圆柱体作为试样的延续，顶着炉子顶部止动杆。通过液压活塞给试样施加一个恒定的 5MPa 的压力，再把整个系统在管状炉里加热到（980±5）℃，然后以石墨坩埚为阳极，以试样作为阴极，以 0.7A/cm^2 的电流密度电解 2h。通过用固定在炉体上的探针测定坩埚底座的位置变化，计算试样的钠膨胀率。

由于底部炭块具有各向异性，因此由钠渗透引起的线性膨胀与取样的方向有关，要注意取样方向。试样的尺寸为：直径（30.0±0.1）mm，长度（60.0±1）mm。

将坩埚和试样与坩埚底座装配好，以便能用液压活塞加压使它们顶到止动杆上，并能使阴极电流到达试样的顶部。固定止动杆，将其作为测量钠膨胀率的一个固定参考点。将刚玉圆片置于坩埚的底部。

在室温下测量试样的长度 l_0，精确至 0.1mm。然后将试样置于刚玉圆片上，并使其刚好在坩埚的中央。再将石墨圆柱体置于试样的顶部。

将电解质（分子比为 4.0，质量为 765g，组成为：71.5%的 Na_3AlF_6，14.5%的 NaF，5.0%的 CaF_2，9.0%的 Al_2O_3）置于坩埚内。然后，在坩埚顶部将盖子和绝缘环与石墨圆柱体装配好。

用液压活塞把坩埚缓缓升起，直到石墨圆柱体刚好接触止动杆，调节压力至 5MPa，保持压力恒定。将热电偶温度探头置于靠近坩埚内熔盐中间高度的位置。将膨胀计置于炉子外坩埚底座底板的下面。

在有氩气流的情况下将炉子加热到（980±5）℃，测量试样和仪器的长度变化，直至试样和装置保持长度恒定。测量坩埚底座的位置并将其作为将要进行测量的长度改变量 $\Delta l_{测量}(t)$ 的零点。

将电源连接到坩埚底座和止动杆上。以 39.6A 的恒定电流电解 2h。每隔 1min 记录长度的改变量 $\Delta l_{测量}(t)$。然后停止电解，卸去压力，让坩埚在炉子内冷却至室温，取出。

按式（6-31）计算 t 时刻的钠膨胀率。

$$\Delta L(t) = \frac{\Delta L_{max}}{l_0} \times 100\% \tag{6-31}$$

式中　$\Delta L(t)$ ——t 时刻的钠膨胀率，%；

ΔL_{max} ——t 时刻试样的长度改变量的最大值，mm；

l_0 ——试样的原始长度，mm。

6.3.2.20　阴极糊试样焙烧方法、焙烧失重的测定及生坯试样表观密度的测定方法（YS/T 63.1—2006）

在一个圆柱形模具内，将阴极糊用捣固设备在特定的压力下以规定的冲击次数捣紧，制成生坯试样。再通过测定捣固试样的质量和尺寸计算生坯试样的体积密度。将阴极糊生坯试样在马弗炉或箱式电阻炉里进行焙烧，按照特定的升温速率升至 1000℃，在此温度下保温 2h，通过测定焙烧前和焙烧后的质量，得出试样在焙烧过程中的质量损失。通常情况下制备一个阴极糊试样需要 150～200g 糊料，根据所要测定的性能确定所要制备的试样数量。

生坯试样的制备：确保捣固圆筒、捣座和捣锤保持洁净。称取适量的糊料，精确至 0.1g，置于合适的料箱内，封盖。将此料箱与捣固圆筒、捣座以及绝热层一起放在一个合适的加热（或冷却）柜里加热（或冷却）至适宜的温度（需要供需双方协商确定），并保温 2～3h。把糊料转移到捣固圆筒内，用绝热层（如

1cm 厚的聚苯乙烯）或恒温加热/冷却调节装置对捣固圆筒进行绝热保护，把捣锤放入捣固圆筒内并使其活塞降低至刚刚接触糊料，以大约每秒一次的速率锤击100 次糊料，使其被捣紧。

当捣锤末端接触试样时从捣固设备的刻度上读取试样的高度 h，h 的数值应当在 45~55mm 的范围内。如果不在 45~55mm 的范围内，则该结果无效。根据 h 值的大小调整称取的糊料量，重复上述步骤，直至试样高度 h 的数值在 45~55mm 的范围内。取出试样。测定阴极糊生坯试样的质量 m_0，精确至 0.1g。每次试验后清洁试验设备。

生坯试样的焙烧：把试样装进焙烧容器内，确保试样周围各边至少有 10mm 的填充料。盖上焙烧容器的盖，置入马弗炉或箱式电阻炉内。将温度测量装置放入容器中间并靠近试样，按下列加热制度进行加热：室温至 500℃时采用初始加热速率（35±5)℃/h；500~1000℃时采用后期加热速率（100±10)℃/h。

让炉子在最终温度下（1000±10)℃保持 2h，使所有的样都达到设定的最终温度。冷却至室温。取出焙烧容器，清除试样表面的填充料。测定焙烧后的试样质量 m_1，精确至 0.1g。

根据下式计算阴极糊生坯试样的表观密度 ρ：

$$\rho = \frac{m_0}{\pi r^2 h} \tag{6-32}$$

式中 ρ——表观密度，g/mm³；

m_0——阴极糊生坯试样焙烧前的质量，g；

r——圆筒的内径，mm；

h——从捣固设备的刻度上读取样品的高度，mm。

焙烧过程中质量损失的计算：

按照下式计算阴极糊试样焙烧过程中相应的质量损失，即焙烧失重：

$$w = \frac{m_0 - m_1}{m_0} \tag{6-33}$$

式中 w——焙烧失重,%；

m_0——阴极糊生坯试样焙烧前的质量，g；

m_1——焙烧后的阴极糊试样的质量，g。

w 的值应当修约至 0.1%。

6.3.2.21 铝用炭素材料挥发分的测定方法（YS/T 63.17—2006）

试样在（900±10)℃下灼烧 15min，以失去的质量计算挥发分的含量。取样后先破碎至 4mm 以下，充分混合，用四分法缩分至约 60g，再全部破碎至通过 0.5mm 标准筛网。制备好的试样保存在磨口瓶中备用。称取试样 3.0000g，精确至 0.0001g。将瓷坩埚及盖置于（900±10)℃的马弗炉中，灼烧 1h，取出，置于干燥器中，冷却 30min，称量，精确至 0.0001g；重复灼烧，称量至恒重。将试样置于已恒重的瓷坩埚中，均匀铺开，盖上盖，称量，精确至 0.0001g，将瓷坩埚放在坩埚架上，一起放入（900±10）℃的马弗炉中，灼烧 15min，取出，将瓷坩埚置于干燥器中，冷却 30min，称量，精确至 0.0001g。

注意：将瓷坩埚和坩埚架放入马弗炉后，要求马弗炉的温度在 3min 内回到（900±10）℃，否则试验结果作废。

6.3.2.22 铝用炭素材料微量元素测定方法——X 荧光光谱分析法（YS/T 63.16—2006）

将试样研磨，然后压制成样片，用相应的标准样品作校准曲线，用监控样品进行漂移校正，用 X 荧光光谱分析仪测定铝用炭素材料中各微量元素的含量。

6.4 国际铝用炭素原料检测标准及 ISO 标准总汇

国际铝用炭素原料检测标准及 ISO 标准见表 6-4～表 6-6。

表 6-4 国际铝用炭素原料检测标准

项目	对应的标准号	适用范围	样品要求	方法简介	结果表示
灰分	ISO 8006—1985 ISO 8005—1984	煤沥青 煤沥青	过 500μm 筛 过 750μm 筛	（700±10）℃至恒重	%
电阻率	ISO 10143—1995	煅烧焦	0.5～1.0mm	伏安法	μΩ · m
挥发分	ISO 12977—1999 ISO 9406—1995	煤沥青 石油焦	212μm 筛 250μm 筛	气相气谱法（900±20）℃ 灼烧 7min	%
真密度	ISO 6999—1983 ISO 21687	煤沥青 煅烧焦	1～2mm 63μm 筛	二甲苯中密度 排气法	g/cm³
体积密度	ISO 10480 ISO 10236—1995	煅烧焦	0.5～0.8mm	振实法 捣实法	g/cm³
空气反应性	ISO 12991.1—2000 ISO 12991.2—2000	煅烧焦	1～1.4mm	质量损失法，1000℃ 100min 热失重法	反应率/%
CO_2反应性	ISO 12992.1—2000 ISO 12992.2—2000	煅烧焦	～1.4mm	质量损失法，10℃/min 至 600℃ 10℃/min 至 525℃， 热损失重法	反应速度 /% · min⁻¹
硫	ISO 8005—1984 ISO 9055—1988 ISO 10238—1999	煅烧焦 煤沥青	过 250μm 筛 212μm 筛 250μm 筛	艾氏卡法 钢弹燃烧，$BaSO_4$ 重量法，1150℃燃烧后， 测定吸收后的体积	%
微量元素	ISO 12980—2000 ISO 14435	煅烧焦	63μm 筛	XRF 法 ICP-AES 法	%

续表 6-4

项目	对应的标准号	适用范围	样品要求	方法简介	结果表示
颗粒稳定性	ISO 10142—1996	煅烧焦	4～8mm	振动磨	%
软化点	ISO 5940. 1—1981 ISO 5940. 2	煤沥青	10μm 以下	环球法 梅特勒法	℃
喹啉不溶物	ISO 6791—1981	煤沥青	200μm 筛	抽提法	%

表 6-5 ISO 标准总汇

标准号	名　　称
	煤沥青
ISO 6257：2002	Pitch，Sampling
ISO 5939：1980	Pitch，water content，Azeotropic distillation
ISO 5940-1：1981	Pitch，Softening point，Ring-and-ball method
ISO 5940-2：2007	Pitch，Sotrening point，Mettler method
ISO 6791：1981	Pitch，Quinoline-insoluble material
ISO 6376：1980	Pitch，Toluene-insoluble material
ISO 6998：1997	Pitch，Coking value
ISO 6999：1983	Pitch，Density，Pyknometric method
ISO 8006：1985	Pitch，Ash content
ISO 9055：1988	Pitch，Sulfur content，Bomb method
ISO 10238：1999	Pitch，Sulfur content，Instrumental method
ISO 8003：1985	Pitch，Dynamic viscosity，Rotation of a cylindrical body method
ISO 12977：1999	Pitch，Loss of volatile matter
ISO 12979：1999	Pitch，C/H ratio in the quinoline-insoluble fraction
	石油焦或煅后石油焦
ISO 6375：1980	Coke，Sampling
ISO 8004：1985	Coke，Density in xylene，Pyknometric method
ISO 5931：2000	Coke，Total sulfur，ESCHKA method
ISO 8005：2005	Coke，Ash content
ISO 9406：1995	Coke，Volatile matter content，Gravimetric analysis
ISO 6997：1985	Coke，Apparent oil content，Heating method Coke
ISO 8723：1986	Coke，Determination of oil content，Method by solvent extraction
ISO 12984：2000	Coke，Particle size distribution
ISO 8658：1997	Coke，Trace elements，Flame atomic absorption spectroscopy
ISO 12980：2000	Coke，Trace elements，X-rays fluorescence method
ISO 10143：1995	Coke，Electrical resistivity
ISO 10236：1995	Coke，Bulk density after vibration
ISO 10142：1996	Coke，Grain stability
ISO 12981-1：2000	Coke，CO_2 reactivity，Loss in mass method
ISO 12982-1：2000	Coke，Air reactivity，Ignition temperature
ISO 11412：1998	Coke，Water content
ISO 10237：1997	Coke，Residual-hydrogen content
ISO 14435：2005	Coke，Trace elements，ICP
ISO 20203：2005	Coke，Lc crystal height

续表 6-5

标准号	名 称
	捣固糊
ISO 14422：1999	Ramming pasters，Sampling
ISO/TS 14423：1999	Ramming pasters，Binder and aggregatre content
ISO/TS 14425：1999	Ramming pasters，Volatiles
ISO 14427：2004	Ramming pasters，Expansion and shrinkage during baking
ISO 14428：2005	Ramming pasters，Ash content
ISO 17544：2004	Ramming pasters，Rammability of unbaked paste
ISO 20202：2004	Ramming pasters，Baking of rammed test pieces
ISO 8007-1：1999	Electrodes，Sampling from cathode blocks
ISO 8007-2：1999	Electrodes，Sampling from prebaked anodes
ISO 8007-3：2003	Electrodes，Sampling from sidewall blocks
ISO 9088：1997	Electrodes，Density in xylene，Pyknometric method
ISO 12985-1：2000	Electrodes，Bulk density，Dimensions method
ISO 12985-2：2000	Electrodes，Bulk density，Hydrostatic method
ISO 11713：2000	Electrodes，Electrical resistivity
ISO 12986-1：2000	Electrodes，Flexural strength，3-point method
ISO 12986-2：2005	Electrodes，Flexural strength，4-point method
ISO 12987：2004	Electrodes，Thermal conductivity
ISO 12988-1：2000	Electrodes，CO_2 reactivity，Loss in mass method
ISO 12988-2：2004	Electrodes，CO_2 reactivity，Thermogravimetric method
ISO 12989-1：2000	Electrodes，Air reactivity，Loss in mass method
ISO 12989-2：2004	Electrodes，Air reactivity，Thermogravimetric method
ISO 14420：2005	Electrodes，Thermal dilatation
ISO 15379-1：2004	Electrodes，Sodium expansion with pressure
ISO 15379-2：2004	Electrodes，Sodium expansion without pressure
ISO 15906：2007	Electrodes，Air permeability
ISO 17499：2006	Electrodes，Equivalent temperature and baking level
ISO 18515：2007	Electrodes，Compressive strength
ISO 21687：2007	Determination of density by gas pyknometry（volumetric）using helium as the analysis gas，Solid materials
ISO 20292：2009	Electrodes，Dense refractory bricks，Determination of cryolite resistance

表 6-6 国内铝用炭素材料检测方法标准总汇

炭阳极用煅后石油焦检测方法		铝用炭素材料检测方法	
YS/T 587. 1—2006	灰分的测定	YS/T 63. 1—2006	阴极糊试样焙烧方法、焙烧式中的测定及生坯试样表观密度的测定
YS/T 587. 2—2007	水分的测定	YS/T 63. 2—2006	阴极炭块和预焙阳极 室温电阻率的测定

续表 6-6

炭阳极用煅后石油焦检测方法		铝用炭素材料检测方法	
YS/T 587.3—2007	挥发分的测定	YS/T 63.3—2006	热导率的测定 比较法
YS/T 587.4—2006	硫的测定	YS/T 63.4—2006	热膨胀系数的测定
YS/T 587.5—2006	微量元素的测定	YS/T 63.5—2006	有压下底部炭块钠膨胀率的测定
YS/T 587.6—2006	粉末电阻率的测定	YS/T 63.6—2006	开气孔率的测定 液体静力学法
YS/T 587.7—2006	CO_2反应性的测定质量损失法	YS/T 63.7—2006	表观密度的测定 尺寸法
YS/T 587.8—2006	空气反应性的测定点火温度法	YS/T 63.8—2006	二甲苯中密度的测定 比重瓶法
YS/T 587.9—2006	体积密度的测定轻拍法	YS/T 63.9—2006	真密度的测定 氦比重计法
YS/T 587.10—2006	真密度的测定	YS/T 63.10—2006	空气渗透率的测定
YS/T 587.11—2006	颗粒稳定性的测定	YS/T 63.11—2006	空气反应性的测定 质量损失法
YS/T 587.12—2006	粒度分布的测定	YS/T 63.12—2006	预焙阳极 CO_2反应性的测定质量损失法
YS/T 587.13—2007	Lc 值的测定	YS/T 63.13—2006	杨氏模量的测定 静测法
铝用炭素材料取样方法		YS/T 63.14—2006	抗折强度的测定 三点法
YS/T 62.1—2005	底部炭块	YS/T 63.15—2006	耐压强度的测定
YS/T 62.2—2005	预焙阳极	YS/T 63.16—2006	微量元素的测定 X 射线荧光光谱分析方法
YS/T 62.3—2005	侧部炭块	YS/T 63.17—2006	挥发分的测定
YS/T 62.4—2005	阴极糊	YS/T 63.18—2006	水分的测定
		YS/T 63.19—2006	硫分的测定
		YS/T 63.20—2006	灰分的测定
		YS/T 63.21—2007	阴极糊焙烧过程中的膨胀收缩

7 铝用炭素材料生产过程中的环境保护技术

自改革开放以来，我国铝用炭素工业发展迅速。特别是进入21世纪，我国铝用炭素工业无论是产量还是生产规模，均居世界铝用炭素材料生产大国之首，已在我国铝工业中占有重要的地位。在全行业的共同努力奋斗下，我国铝用炭素行业不仅满足了国家基础原材料铝工业快速发展的需要，而且已成为全球铝用炭素最大生产国和最大出口供应国；与此同时，全行业全力打造“社会和谐、环境友好型”的绿色产业发展道路，已涌现出一批在世界上具有一流竞争力、享誉世界的著名企业，使全行业在发展质量上实现了质的飞跃。但是，与快速发展的铝工业和铝用炭素工业极不协调的是铝用炭素行业的环境保护意识亟待提高，环境保护工作有待进一步提高，污染问题已经严重影响了这一领域的发展。

随着国家对环境保护工作的重视，有关部门对铝用炭素工业环境的管理不断加强，一些污染严重的铝用炭素企业将被淘汰或改造升级。今后铝用炭素行业的发展与竞争，环境的竞争是很重要的因素，环境问题解决不了，企业就难以生存，对此，我们应有清醒的认识，并高度重视环保问题。

7.1 铝用炭素工业的环保政策及污染物排放标准

2012年10月29日环境保护部、发展改革委及财政部发布《重点区域大气污染物防治“十二五”规划》。2017年提出的重点区域环保排放标准进一步严格，按照2013年12月27日国家环境保护的公告要求，排放标准执行“《铝工业污染物排放标准》（GB 25465—2010）修改单”规定的重点区域颗粒物、二氧化硫、氟化物、沥青烟的排放限值的要求，以及《京津冀及周边地区2017年大气污染防治工作方案》（简称“26+2”方案，包含北京市、天津市、河北省、山东省、河南省、山西省）的实施。必将使得《铝工业污染物排放标准》和重点区域大气污染物特别排放限值要求严格执行。

2015年12月12日，《联合国气候变化框架公约》近200个缔约方在巴黎气候变化大会上一致同意通过《巴黎协定》。2016年4月22日，《巴黎协定》由175个国家正式签署。据巴黎气候大会主席国法国提供的数据，到2016年11月1日，共有92个缔约方批准了《巴黎协定》，其温室气体排放占全球总量的65.82%，跨过了协定生效所需的两个门槛。2016年11月4日，在人类应对气候变化的努力中具有历史性意义的《巴黎协定》正式生效。这一协定为2020年后全球应对气候变化建章立制并作出行动安排，既立足当下又引领未来，意义深远。

为应对《巴黎气候协定》，我国铝用炭素工业要积极开始应用低碳技术，进行生产绿色转型，彻底贯彻落实《中国制造2025》战略，在“十三五”时期加快构建绿色低碳的循环发展体系和清洁高效的现代能源体系，通过绿色低碳循环发展提高铝用炭素行业发展效益。

我国有色金属工业十三五规划中明确指出：坚持创新、协调、绿色、开放、共享发展理念，以《中国制造2025》为行动纲领，以加强供给侧结构性改革和扩大市场需求为主线，以质量和效益为核心，以技术创新为驱动力，以高端材料、绿色发展、两化融合、资源保障、国际合作等为重点，加快产业转型升级，拓展行业发展新空间，到2020年底我国有色金属工业迈入世界强国行列。坚持绿色发展，加强大气污染、水污染、土壤污染防治，严格控制重金属污染物排放，推广绿色低碳发展模式以及节能减排、资源综合利用技术，提高再生资源利用水平，实现产业可持续发展。

《国家环境保护“十三五”规划基本思路》提出2020年及2030年两个阶段性目标。在“十三五”期间，建立环境质量改善和污染物总量控制的双重体系，实施大气、水、土壤污染防治计划，实现三大生态系统全要素指标管理；在既有常规污染物总量控制的基础上，新增污染物总量控制注重特定区域和行业；空气质量实行分区、分类管理，2020年，PM2.5超标30%以内城市有望率先实现PM2.5年均浓度达标。

《基本思路》提出要以质量改善为核心，优化和完善主要污染物总量控制指标体系。根据质量改善需求，继续实施全国二氧化硫、氮氧化物、化学需氧量、氨氮排放总量控制，进一步完善总量控制指标体系，提出必要的总量控制指标，以倒逼经济转型。对全国实施重点行业工业烟粉尘总量控制，对总氮、总磷和挥发性有机物（以下简称VOCs）实施重点区域与重点行业相结合的总量控制，增强差别化、针对性和可操作性。

7.1.1 铝用炭素企业设计建设时执行的相关标准

在设计和建设铝用炭素材料企业时，要按照如下有关排放标准进行设计和建设。《建设项目环境保护管理条例》〔国务院令（98）第253号〕；《建设项目环境保护设计规定》〔（87）国环字第002号〕；《有色金属工业环境保护工程设计规范》（GB 50988—2014）；《铝工业污染物排放标准》（GB 25465—2010）及2013年修订；《环境空气质量标准》（GB 3095—2012）；《一般工业固体废物储存、处置场污染控制标准》（GB 18599—2001）（2013年修改版）；《危险废物鉴别标准》(GB 5085.1~5085.3—2007);《工业企业厂界环境噪声排放标准》(GB 12348—2008);《京津冀及周边地区2017年大气污染防治工作方案》(简称“26+2”方案，包含北京市、天津市、河北省、山东省、河南省、山西省);《大气污染物综合排放标准》(GB 16297—1996);《工业炉窑大气污染物排放标准》(GB 9078—1996);《锅炉大气污染物排放标准》(GB 13271—2001);《污水综合排放标准》(GB 8978—1996)。

7.1.2 铝用炭素行业生产中执行的烟气排放标准

在铝用炭素工业生产中，从配料、煅烧、沥青熔化、混捏、成型，到焙烧、石墨化、机加工和成品清理过程中，各工序的烟气虽然经过不同的处理，但仍含有少量的污染物从有关设备、烟囱、厂房排入大气，这部分污染物的排放必须要达到排放标准。

1996年，我国国家环保局颁布了《大气污染物综合排放标准》(GB 16297—1996)，按照综合性排放标准与行业性排放标准不交叉执行的原则，还有若干行业性排放标准共同存在，即除若干行业执行各自的行业性国家大气污染物排放标准外，其余均执行《大气污染物综合排放标准》(GB 16297—1996)。

我国铝用炭素工业烟气排放应执行《工业炉窑大气污染物排放标准》(GB 9078—1996)，表7-1列出了《工业炉窑大气污染物排放标准》(GB 9078—1996)中规定的污染物排放浓度限值。该标准对烟囱高度也做了相应的规定：

(1) 各种工业炉窑烟囱（或排气筒）最低允许高度为15m;(2) 当烟囱（或排气筒）周围半径200m距离内有建筑物时，烟囱（或排气筒）还应高出最高建筑物3m以上;(3) 烟囱（或排气筒）最低允许高度除应执行前两条的规定外，还应按批准的环境影响报告书要求确定;(4) 各种工业炉窑烟囱（或排气筒）高度如果达不到前三条的任何一项规定时，其烟（粉）尘或有害污染物最高允许排放浓度，应按相应区域排放标准值的50%执行。

表7-1 工业炉窑大气污染物排放浓度限值(GB 9078—1996)

炉窑类别	标准级别	排放限值					
		烟尘		SO_2		氟及其化合物	
		浓度/$mg \cdot m^{-3}$	烟气黑度/林格曼级	浓度/$mg \cdot m^{-3}$	烟气黑度/林格曼级	浓度/$mg \cdot m^{-3}$	烟气黑度/林格曼级
有色金属冶炼	一	禁排	—	禁排	—	禁排	—
	二	100	—	850	—	6	—
	三	200	—	1430	—	15	—

其他大气污染源执行《大气污染物综合排放标准》（GB 16297—1996），该标准规定的最高允许排放速率，现有污染源分一、二、三级，新污染源分为二、三级。按污染源所在的环境空气质量功能区类别，执行相应级别的排放速率标准，即：位于一类区的污染源执行一级标准（一类区禁止新、扩建污染源，一类区现有污染源改建执行现有污染源的一级标准）；位于二类区的污染源执行二级标准；位于三类区的污染源执行三级标准。另外，《工业炉窑大气污染物排放标准》（GB 9078—1996）中未规定的熔炼炉产生的氯气、氯化氢等，也可执行《大气污染物综合排放标准》（GB 16297—1996）。表 7-2 列出了《大气污染物综合排放标准》（GB 16297—1996）中铝用炭素行业应执行的污染物的排放浓度限值。

表 7-2 其他污染源的排放浓度限值（GB 16297—1996）

序号	污染物	最高允许排放浓度/mg·m^{-3}	最高允许排放速率/kg·h^{-1}			无组织排放监控浓度限值	
			排气筒/m	二级	三级	监控点	浓度/mg·m^{-3}
1	氮氧化物	240（硝酸使用和其他）	15	0.77	1.2	周界外浓度最高点	0.12
			20	1.3	2.0		
			30	4.4	6.6		
			40	7.5	11		
			50	12	18		
			60	16	25		
			70	23	35		
			80	31	47		
			90	40	61		
			100	52	78		
2	氯化氢	100	15	0.26	0.39	周界外浓度最高点	0.20
			20	0.43	0.65		
			30	1.4	2.2		
			40	2.6	3.8		
			50	3.8	5.9		
			60	5.4	8.3		
			70	7.7	12		
			80	10	16		
3	氯气	65	25	0.52	0.78	周界外浓度最高点	0.40
			30	0.87	1.3		
			40	2.9	4.4		
			50	5.0	7.6		
			60	7.7	12		
			70	11	17		
			80	15	23		

根据国家《环境空气质量标准》（GB 3095—2012）的要求，环境空气污染物基本项目浓度限值和其他项目浓度限值分别见表 7-3 和表 7-4。

表 7-3　环境空气污染物基本项目浓度限值（GB 3095—2012）

序号	污染物项目	平均时间	浓度限制		单位
			一级	二级	
1	二氧化硫（SO_2）	年平均	20	60	μg/m^3
		24h 平均	50	150	
		1h 平均	150	500	
2	二氧化氮（NO_2）	年平均	40	40	
		24h 平均	80	80	
		1h 平均	200	200	
3	一氧化碳（CO）	24h 平均	4	4	μg/m^3
		1h 平均	10	10	
4	臭氧（O_3）	日最大 8h 平均	100	160	μg/m^3
		1h 平均	160	200	
5	颗粒物（颗粒小于等于 10μm）	年平均	40	70	
		24h 平均	50	150	
6	颗粒物（颗粒小于等于 2.5μm）	年平均	15	35	
		24h 平均	35	75	

表 7-4　环境空气污染物其他项目浓度限值（GB 3095—2012）

序号	污染物项目	平均时间	浓度限制		单位
			一级	二级	
1	总悬浮颗粒物（TSP）	年平均	80	200	μg/m^3
		24h 平均	120	300	
2	氮氧化物（NO_x）	年平均	50	50	
		24h 平均	100	100	
		1h 平均	250	250	
3	铅（Pb）	年平均	0.5	0.5	
		季平均	1	1	
4	苯并［a］芘（BaP）	年平均	0.001	0.001	
		24h 平均	0.0025	0.0025	

根据国家《铝工业污染物排放标准》（GB 25465—2010）及 2013 年修订的要求，新建企业水污染物排放浓度限值和大气污染物排放限值分别见表 7-5 和表 7-6。

表 7-5 新建企业水污染物排放浓度限值及单位产品基准排水量（GB 25465—2010）

（mg/L（pH 值除外））

序号	污染物项目	限值		污染物排放监控位置
		直接排放	间接排放	
1	pH 值	6~9	6~9	企业废水总排放口
2	悬浮物	30	70	
3	化学需氧量（COD_{cr}）	60	200	
4	氟化物（以 F 计）	5.0	5.0	
5	氨氮	8	25	
6	总氮	15	30	
7	总磷	1.0	2.0	
8	石油类	3.0	3.0	
9	总氰化物	0.5	0.5	
10	硫化物	1.0	1.0	
11	挥发酚	0.5	0.5	
单位产品基准排水量	选（洗）矿（m^3/t，合格矿）	0.2		排水量计量位置与污染物排放监控位置一致
	氧化铝厂（m^3/t，氧化铝）	0.5		
	电解铝厂（m^3/t，铝）	1.5		
	铝用碳素厂（m^3/t，炭块）	2.0		

注：设有煤气生产系统企业增加的控制项目。

表 7-6 大气污染物特别排放限值（2013 年修改） （mg/m^3）

生产系统及设备		污染物名称及排放限值					污染物排放监控位置
		颗粒物	二氧化硫	氮氧化物（NO_2 计）	氟化物	沥青烟	
矿山	破碎、筛分、转运	10	—	—	—	—	车间或生产设施排气筒
氧化铝厂	熟料烧成窑	10	100	100	—	—	
	氢氧化铝焙烧炉、石灰炉	10	100	100			
	原料加工、运输		—	—			
	氧化铝储运		—	—			
	其他		100	100			
电解铝厂	电解槽烟气净化	10	100	—	3.0	—	
	氧化铝、氟化盐储运		—	—	—		
	电解质破碎		—	—			
	其他		100	—			

续表 7-6

生产系统及设备		污染物名称及排放限值					污染物排放监控位置
		颗粒物	二氧化硫	氮氧化物（NO_2 计）	氟化物	沥青烟	
铝用炭素厂	阳极焙烧炉	10	100	100	3.0	20	车间或生产设施排气筒
	阴极焙烧炉		100	100	—	30	
	石油焦煅烧炉（窑）		100	100		—	
	沥青熔化	10	—	—		30	
	生阳极制造		—	—		20	
	阳极组装机残极破碎		—	—		—	
	其他		100	100		—	

7.2　铝用炭素工业污染物的来源及危害

从目前我国铝用炭素工业企业的环境现状看，对环境造成污染的主要污染物是废气、粉尘、噪声、废水和废固。产生污染物的主要工序在配料、煅烧、沥青熔化、筛分、磨粉、混捏、成型、焙烧、石墨化、成品清理和机加工阶段。所产生的这些污染物对环境和人类的健康产生一定的危害。

7.2.1　铝用炭素工业污染物产生的来源

在铝用炭素工业生产过程中，从配料、煅烧、沥青熔化、筛分、磨粉、混捏、成型、焙烧、石墨化、成品清理和机加工全过程都会产生有关的污染物，具体的污染物来源分析如下：

(1) 散点粉尘。散点是指铝用炭素制品生产过程中转运点、配料点、破碎点、磨粉点、筛分点、混捏点、成型点、焙烧点、产成品清理点和加工点，在生产过程中产生的扬尘，其主要为粉尘颗粒物。

(2) 煅烧工序产生的烟气。生石油焦在高温（1250℃）煅烧炉内煅烧生产煅后石油焦过程中，由于石化炼油厂生产的石油焦含硫量越来越高，煅烧石油焦排放烟气中的硫含量也随之升高，其产生的烟气主要成分为 SO_2、NO_x、粉尘颗粒物等。

(3) 沥青熔化和焙烧工序产生的烟气。在沥青熔化和焙烧工序中，除原燃料燃烧产生的烟尘、NO_x 与 SO_2 外，还有沥青分解产生的沥青烟（焦油、气体物质）及少量的苯并芘苯基物、NO_x、粉尘颗粒物等。

在沥青熔化和焙烧工序中，均产生沥青烟气，沥青烟气一般夹杂着一定浓度的烟尘，呈棕褐色或黑色，有强烈的刺激作用。据报道，含 6 个碳原子以上的化合物，对皮肤和呼吸系统有致癌作用。经研究和动物实验证实，从煤焦油、沥青和有机溶剂中提炼出来的3%~4%苯并芘是强致癌物质。长期调查得出，经常接触煤焦油、沥青的工人，皮肤癌、阴囊癌、喉癌和肺癌发病率都较高。

（4）散点噪声。铝用炭素生产过程中，不同的工序采用不同的机械装备，噪声的污染应引起高度重视，特别是在采用球磨机、振动成型机、烟气净化引风机、炭块的机加工等工序，噪声的污染相当严重。经测试，许多厂家的球磨机工序周围的噪声高达124dB。

（5）污水。铝用炭素生产过程中，污水主要是工业冷却水和必要的生活用水等，冷却用的废水中含有一定的油污。

（6）废固。铝用炭素生产过程中，废固主要是炉窑大中小修产生的废旧耐火材料，有关工序收集的粉尘和烟气净化收集的焦油和脱硫渣等。

7.2.2 铝用炭素工业产生的污染物的危害

铝用炭素工业产生的污染物的性质不同、含量不同，对环境和人类的危害程度也不同。

（1）粉尘的危害。从有关设备、作业空间、烟囱排出的以长期飘浮于大气中的飘尘，会使人患呼吸道疾病、心脏病、儿童软骨病。此外，飘尘易吸附SO_2、SO_3及苯并芘等极有害物质，它可以直接损害人们的眼、鼻、喉的黏膜，易引起呼吸道和肺部发炎，有害物质甚至会进入人体的各种器官，使各种器官发生病变或导致某些器官功能的衰竭。

烟尘在空气中浓度增加时，它将大量吸收太阳紫外线短波部分，严重影响儿童发育成长。小粒径炭黑及含有有机物的粉尘若在管道内大量沉积，遇火星能燃烧甚至爆炸。烟尘还使光照度和能见度降低，严重影响动植物生长，也在一定程度上造成城市交通混乱和容易发生事故。

除此以外，环境中烟尘超标将严重影响工业产品的质量。因此，一些高精度产品和精密仪器的生产和装配场所，要求无尘操作。

（2）硫氧化物烟气的危害。硫氧化物主要是SO_2，它是一种无色有臭味的强烈刺激性气体。当大气中的SO_2日平均浓度达3.5mg/kg时，对人会诱发气喘、肺病，呼吸道感染、心血管病，还能促使老年人死亡率增加。SO_2很少单独在大气中存在，它往往与飘尘结合在一起进入人体的肺部，引起各种恶性疾病。在湿度较大的空气中，它可以被锰或三氧化二铁等催化而生成硫酸烟雾。SO_2的排放将使较大面积产生酸雨、酸雪，随之导致河水酸度大增，鱼、虾、藻类繁殖困难；使土壤酸化，不利于作物生长，使农作物大面积减产；酸雨还使建筑物易于腐蚀损坏，使塑像和文物古迹受到破坏，造成巨大损失。此外，SO_2能腐蚀金属制品，使金属产品质量下降；它还可使纸制品、纺织品、皮革制品变质变脆直至破碎。因此，SO_2的危害是多方面的，不仅有气体本身的一次污染，而且进入大气后，进行化学反应后的新产物产生二次污染，其破坏程度远远大于一次污染，SO_2 已成为目前世界上要着重解决的环境污染源。

（3）氮氧化物烟气的危害。氮氧化物也是主要的污染物质，是最难处理的有害气体。氮氧化物种类颇多，但构成大气污染和光化学烟雾的主要是 NO 和 NO_2。NO 是一种有毒气体，对人体的健康有害。NO 和血色素的亲和力很强，进入人体后与血色素结合，变成 NO—正铁血红蛋白（NO—HB），这种蛋白不能再和氧结合，从而不能将氧气输送到各个器官中去，人体就会因缺氧而麻痹和痉挛。NO_2 是一种红棕色有毒的恶臭气体，它本身的毒性比 NO 和 SO_2 都强，它不仅对肺部有危害，对外器官和造血组织都有损害，详见表 7-7。

表 7-7　NO_2 对人类和动植物危害的影响

NO_2 浓度/$mg \cdot kg^{-1}$	影　响
0.5	连续 4h 暴露，肺细胞病理组织发生变化；连续 3~12 月，在患支气管炎部位有肺气肿感染，抵抗力减弱
约 1	闻到臭味
2.5	超过 7h，豆类、西红柿等农作物的叶变白
3.5	超过 2h，动物细菌感染增大
5	闻到强烈恶臭
10~15	眼、鼻、呼吸道受到刺激
25	人只能短期暴露
50	1min 内就感到呼吸道异常，鼻受刺激
80	3min 内感到胸痛
100~150	0.5~1h 就会因肺水肿而死亡
200 以上	人立即死亡

更为严重的是，NO_2 在日光作用下会产生新生态氧原子，该新生态氧原子在大气中将会引起连锁反应，并与未燃尽的碳氢化合物一起形成光化学烟雾。这种光化学烟雾最早发生在 20 世纪 40 年代的美国洛杉矶，以后在世界各工业发达国家都不同程度产生过。由于它的危害性较大，已引起全世界的警惕。

（4）噪声的危害。在铝用炭素生产过程中，如球磨机、振动成型机、筛分、引风机、产成品的机加工等设备的运行过程中存在着多种音调，无规律的杂乱声音，被人们称为生产性噪声。这些噪声不仅对工作听觉系统有损害、造成职业性难听（噪声聋），而且对神经、血管系统也有不良作用，因此，国家把它列为规定的职业病之一。

噪声的危害往往不被人们重视，其主要危害有以下三种：①职业性耳聋：呈渐进性听力减退，直到两耳轰鸣和听觉失灵；②爆炸性耳聋：是指一次高强度的噪声（往往大于130~160dB），导致听觉损伤，表现在鼓膜损伤，以及拌有脑震荡等；③噪声对人及其他系统的影响，除上述危害外还可能引起植物神经紊乱、胃肠功能紊乱等。噪声可以引起人们的听力减退，这种减退是渐进性的，人初期进入声环境中，常感到听力减退、烦恼、难受、耳鸣等，少数人可能有前庭症状，如眩晕、恶心或呕吐，这些症状在脱离噪声环境后即可缓解或消除，上述症状又复出现且随时间的延长症状加重，逐渐出现听觉疲劳，如两耳轰鸣、听觉失灵、发生听力丧失，成为噪声聋。

噪声除影响听力减退外，还可能引起高血压、心脏病等，噪声还会分散人们的注意力，所以往往造成各种意外事故的根源。

7.2.3 铝用炭素工业主要污染物产生的机理

污染物的产生机理与采用的工艺技术和原料的种类等有关。

（1）粉尘的产生机理。石油焦、煅后焦、石墨碎、电煅煤等和燃料本身都含有一定数量的灰分；炭素制品在配料、筛分、磨粉、混捏、成型、焙烧、产成品加工处理各工序的操作中以及在煅烧、焙烧过程中由于高温热分解、氧化的作用，有大量含碳的粉尘产生。另外，石油焦、沥青及燃料中的碳氢化合物或在燃烧过程中析出的挥发物，在缺氧的情况下会形成炭黑等。

（2）酸性气体的产生机理。氟化物产生的机理：由于煅烧、焙烧过程中原料及添加的一定量的残阳极等含有一定量的氟化物（如冰晶石等），在高温下和其他物质的作用，会发生分解和挥发，产生少部分氟化物气体。

一氧化碳的产生机理：一氧化碳是由于燃料和原料中有机可燃物不完全燃烧产生的。有机可燃物中的碳元素在煅烧、焙烧过程中，绝大部分被氧化为CO_2，但由于局部供氧不足及温度偏低等原因，有小部分被氧化为CO。

硫氧化物的产生机理：石油焦、沥青中还有无机硫和有机硫，且石油焦中的含硫量呈上升趋势，在煅烧和焙烧过程中，硫氧化物来源于原料的高温氧化和含硫燃料的氧化过程。

氮氧化物的产生机理：在燃烧过程中产生的氮氧化物主要来自两个方面：一是助燃空气中带来的氮，在高温下与氧反应而生成的NO，被称为“热力型NO”。二是来自石油焦和沥青原料及燃料中固有的氮化合物经过复杂的化学反应而生成的氮的氧化物，称为“原料及燃料型NO”。这两部分氮的氧化物的形成机理是不相同的。“原料及燃料型NO”的形成更为复杂，根据大量试验研究表明，其形成机理是原料及燃料送入高温炉膛后，分解释放出N、NH或CN等各种可能形式的自由基，这些自由基被氧化成NO或再结合成N_2，生成哪一种则取决于局部的氧浓度。一般来说，燃料中氮化合物含量愈高或炉膛中氧浓度愈大，则形成“原料及燃料型NO”就愈多。即使在较低温度的情况下这种“原料及燃料型 NO”也能形成。因此，NO 的生成与原料及燃烧温度无关。

（3）噪声污染的产生机理。在铝用炭素生产过程中，特别是球磨机、振动成型机、筛分、引风机、产成品的机加工等的运行中产生噪声，其噪声产生的机理归纳如下：

1）机械振动所产生。转动机械：许多机械设备的本身或某一部分零件是旋转式的，常因组装的损耗或轴承的缺陷而产生异常的振动，进而产生噪声。冲击：当物体发生冲击时，大量的动能在短时间内要转成振动或噪声的能量，而且频率分布的范围非常的广，例如球磨机、雷蒙磨设备等，都会产生此类噪声。

共振：每个系统都有其自然频率，如果激振的频率范围与自然频率有所重迭，将会产生大振幅的振动噪声，例如振动成型机等。

摩擦：此类噪声因接触面与附着面间的滑移现象而产生声响，如炭块机加工等。

2）流场所产生。流动所产生的气动噪声，乱流、喷射流、气蚀、气切、涡流等现象。当空气中以高速流经导管或金属表面时，一般空气在导管中流动碰到阻碍产生乱流或大而急速的压力改变均会有噪声的产生，如多动能天车的气动部分、阳极清理、空压机体系等。

3）环境噪声。一般环境噪声大多来自随机的噪声源，例如厂区内的运输车辆、天车的鸣笛以及周围各式各样的噪声来源。

4）燃烧产生。在燃烧过程中可能发生爆炸、排气、以及燃烧时上升气流影响周围空气的扰动，这些现象均会伴随噪声的产生。例如煅烧炉、焙烧炉、余热发电涡轮机等这一类的燃烧设备均会产生这一类的噪声。

7.3　铝用炭素工业的烟气净化技术

在铝用炭素制品生产过程中，主要污染物就是煅烧和焙烧及石墨化过程中产生的烟气，其产生的烟气主要成分为 SO_2、NO_x、粉尘颗粒物、沥青分解产生的沥青烟（焦油、气体物质）及少量的苯并芘苯基物等。

要综合解决生产过程中的污染问题并非容易的事情，铝用炭素行业和环保行业经过长期的工业实践，我国的铝用炭素行业已基本解决了烟气治理难题，但整个行业需要进一步以提高，对噪声、粉尘和废固的治理重视程度不够。

7.3.1　酸性烟气污染物的净化技术

我国铝用炭素的煅烧基本采用两种方式：一是罐式煅烧炉，二是回转窑煅烧，这两种工艺的设备不同，但产生的烟气污染物大体都是酸性污染物；焙烧产生的烟气也主要是酸性污染物。

（1）HF、SO_x 的净化。HF、SO_x 的去除机理是酸碱中和反应。在不同的净化系统中，碱性吸收剂（如 NaOH、$Ca(OH)_2$）以液态（湿法）、液/固态（半干法）或固态（干法）的形式与以上污染物发生化学反应，涉及的主要反应如下：

$$HF + NaOH = NaF + H_2O$$

$$2HF + Ca(OH)_2 = CaF_2 + 2H_2O$$

$$SO_2 + 2NaOH = Na_2SO_3 + H_2O$$

$$SO_2 + Ca(OH)_2 = CaSO_3 + H_2O$$

从理论上讲，强碱性吸收剂与酸性污染物的反应在极短的时间内就可以完成，由于这些反应涉及到“气-液”或“气-固”物理传质过程，使得污染物的去除效率决定于传质效果。二相之间的传质分为三步，即：被吸收成分从气相主体到“气-液”或“气-固”界面的传质过程、界面上的溶解平衡过程、从界面到“液”或“固”相主体的扩散过程。在其他条件相同的条件下，湿法的净化效率明显高于干法，半干法的净化效率居中。另外，增加吸收剂的比表面积和“吸收剂/污染物”的当量比也可使净化效率增加。然而，在实际操作过程中，更重要的是通过足够的停留时间来保证污染物的高效去除。

生产实践和研究得出以下几点：

1）湿法净化在发达国家的应用比例较高，利用强碱性物质作为吸收剂可使酸性气态污染物得以高效净化。为了对 HF 和 SO_x 进行控制，就必须用强碱性物质作为吸收剂，并适当增加烟气在净化设备中的停留时间。为避免结垢，湿法净化工艺中常采用 NaOH 作为吸收剂，$Ca(OH)_2$ 应用较少，这是因为生成的 $CaSO_4$ 难溶于水，使设备内结垢。湿法净化可以分一段或二段完成，净化设备有吸收塔（填料塔、筛板塔）和文丘里洗涤器等。这种工艺的缺点是需要对液态产物进一步处理；且湿法净化后烟气的温度大大降低，常需对烟气加热后从烟囱排入大气。因此其流程较复杂，投资和运行费用较高。

石灰石（石灰)—石膏湿法烟气脱硫工艺，见图 7-1。采用廉价易得的石灰石或石灰作为脱硫吸收剂进行脱硫。

石灰与工艺水制成石灰浆，由高速旋转喷嘴喷出的充分雾化的石灰浆液与烟气中 SO_2 反应，生成粉状钙化合物的混合物，经过除尘器和引风机，然后再将净化的烟气通过烟囱排出，其反应方程式为：

$$CaO + H_2O \longrightarrow Ca(OH)_2$$

$$SO_2 + Ca(OH)_2 \longrightarrow CaSO_3 + H_2O$$

$$SO_3 + Ca(OH)_2 \longrightarrow CaSO_4 + H_2O$$

煅烧烟气经过余热锅炉降温后，自脱硫系统烟道阀门后的接口开始，该接口至脱硫系统的烟道，直至烟气通过脱硫塔上部的湿烟气烟囱排空，系统主要包括：增压风机、脱硫塔、石灰石粉仓、浆液制备及输送、循环喷淋系统、事故浆液系统、真空过滤系统等所有的设备、电气、仪表及自控装置。

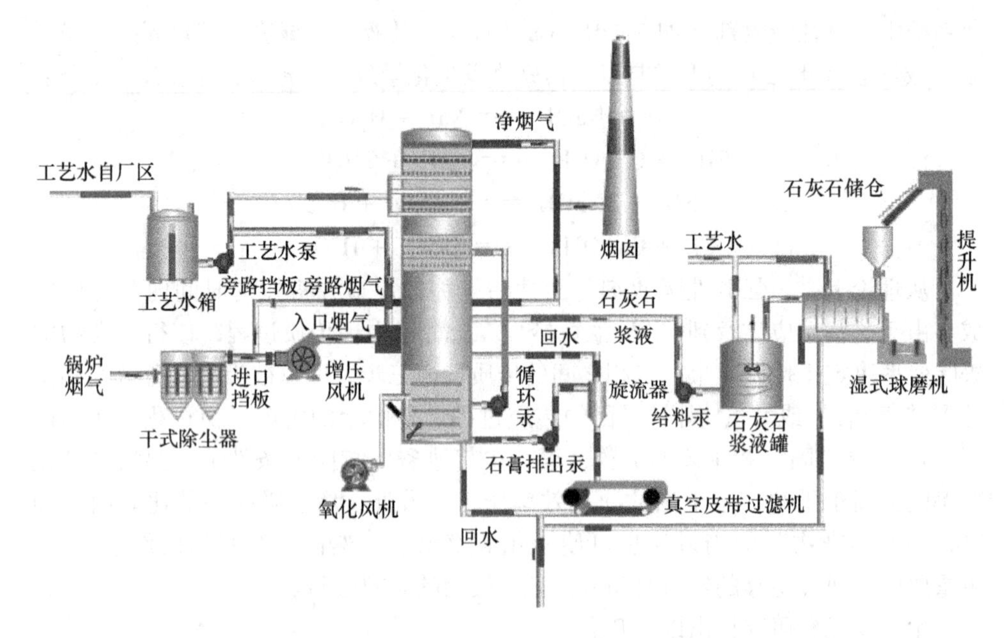

图 7-1 石灰石（石灰）—石膏湿法烟气脱硫工艺

石灰石—石膏湿法烟气脱硫技术特点：

①石灰（石灰石）—石膏法脱硫工艺为湿式脱硫工艺。工艺流程简单、技术先进又可靠，是目前国内外烟气脱硫应用最广泛的脱硫工艺。②本工艺处理烟气范围广，从 200～600MW 机组的烟气均能有效处理。③吸收氧化池与底池分开。④吸收塔下部设有角钢筛孔板装置，使进入吸收塔内的烟气分布均匀，强化了烟气与洗涤液的湍流程度，提高了脱硫效率。⑤根据烟气流，喷淋装置可以设计成雾化喷淋或液柱喷淋方式。本工艺流程吸收塔内布置的雾化喷淋雾化喷嘴、液柱喷嘴、水幕喷嘴，均为不易堵塞结构。⑥脱硫液制备搅拌罐中加入了酸化剂（乙二酸或甲酸），强化了石灰（石灰石）在水溶液中的溶解度，提高脱硫剂的利用率。⑦本工艺经济技术指标先进。采用石灰石作脱硫剂时液气比为 10～12L/m^3，采用石灰作脱硫剂时液气比为 1～1.5L/m^3。脱硫系统能耗较低。⑧塔底池脱硫液投加装置多点均布悬浮喷口，大直径吸收塔底池不会产生沉淀现象。⑨吸收塔内部防腐材料耐腐、耐磨、经久耐用。⑩烟气脱硫系统全部实现自动化控制。

经过在铝用炭素行业的生产运行证明，该脱硫系统装置投入率为 98%以上，满足烟气 SO_2 出口低于 200mg/Nm^3 的控制要求。

2）干法烟气净化所使用的干态吸收剂对污染物的去除效率相对较低，在发达国家应用较少。为了有效控制酸性气态污染物的排放，必须使吸收剂的比表面积足够大，增加干态吸收剂在烟气中的停留时间，保持良好的湍流度。干法净化所用的吸收剂主要有 Al_2O_3 和 $Ca(OH)_2$ 粉末。以 $Ca(OH)_2$ 粉末居多，较高的

“吸收剂/污染物”的当量比有利于污染物的净化，该值一般以 2～4 为宜；但太高的当量比并不能使去除效率显著增加。干法净化的工艺组合形式一般为“吸收剂管道喷射+反应器”，并辅以后续的高效除尘器（袋式除尘器或静电除尘器）。干法净化的显著优点是反应产物为固态，可直接进行最终的处理，而无需像湿法净化工艺那样要对净化产物进行二次处理，不存在后续的废水处理问题。干法净化工艺简单，投资和运行费用明显低于湿法。

3）半干法净化是介于湿法和干法之间的一种工艺，它兼有净化效率高且不产生废水、无需对反应产物进行二次处理的优点。该工艺对操作水平要求较高，需要有丰富地实践经验才能达到良好的净化效果。对喷嘴的要求也高。足够长的停留时间不但可以使化学吸收反应完全以达到较高的污染物去除效率，而且可使反应产物（$CaCl_2$）所含的水分充分蒸发最终以固态形式排出，同时又影响到烟气的流速而间接影响到净化设备内的混合效果，因此，停留时间是半干法净化反应器设计中非常重要的参数。国外经验证明，上流式和下流式半干法净化反应器的最小停留时间应分别为 8s 和 18s。另外，净化反应器入口、出口的温差直接影响到反应产物是否以固态形式排出，国外推荐该温差不应小于 60℃（如果熔炼炉出口的烟气温度即净化反应器入口温度为 250℃，则净化反应器出口的温度最大不能超过 190℃）。除停留时间和温差两个因素外，吸收剂的粒度、喷雾效果等对整个净化工艺也有较大的影响，实际操作过程中对上述影响因素都有严格要求。否则，可能会导致整个工艺的失败。半干法净化反应器与后续的袋式除尘器或静电除尘器相连，构成了半干法净化工艺。

各种净化工艺对酸性气态污染物（HF、SO_2）的去除效率见表 7-8。

表 7-8 各种净化工艺对酸性气态污染物净效率

净化工艺类别	净化效率/%	
	HF	SO_2
干法喷射+袋式除尘器	98	50
干法喷射+流化床反应器+静电除尘器	99	60
半干法净化+静电除尘器（吸水剂循环使用）	99	50～70
半干法净化+袋式除尘器（吸水剂循环使用）	99	70～90
半干法净化+干法喷射+静电除尘器或袋式除尘器	99	>90
静电除尘器+湿法净化	99	>90
半干法净化+静电除尘器或袋式除尘器+湿法净化	99	>90

（2）NO_x 净化。NO_x 的净化是最困难且费用昂贵的技术。这是由 NO 的惰性（不易发生化学反应）和难溶于水的性质决定的。烟气中的 NO_x 以 NO 为主，利用常规的化学吸收法很难达到有效去除。除常用的选择性非催化还原法外，还有

选择性催化还原法、氧化吸收法、吸收还原法等。其中，非催化还原法在烟气净化中应用较多。

1）氧化吸收法和吸收还原法都是与湿法净化工艺结合在一起共同使用的。氧化吸收法是在湿法净化系统的吸收剂溶液中加入强氧化剂如 $NaClO_2$，将烟气中的 NO 氧化为 NO_2，NO_2 再被钠碱溶液吸收去除。吸收还原法是在湿法系统中加入 Fe^{2+} 离子，Fe^{2+} 离子将 NO 包围，形成络合物，络合物再与吸收溶液中的 HSO_3^- 和 SO_3^{2-} 反应，最终放出 N_2 和 SO_4^{2-} 作为最终产物。据国外资料报道，吸收还原法的化学添加剂费用低于氧化吸收法。

2）臭氧脱硝的原理在于臭氧可以将难溶于水的 NO 氧化成易溶于水的 NO_2、N_2O_3、N_2O_5 等高价态氮氧化物，其工艺流程见图 7-2。臭氧同时脱硫脱硝过程中 NO 的氧化机理，O_3 与 NO_x 之间具体的化学反应机理。低温条件下，O_3 与 NO 之间的关键反应如下：

$$NO + O_3 \longrightarrow NO_2 + O_2 \tag{1}$$

$$NO_2 + O_3 \longrightarrow NO_3 + O_2 \tag{2}$$

$$NO_3 + NO_2 \longrightarrow N_2O_5 \tag{3}$$

$$N_2O_5 + H_2O \longrightarrow 2HNO_3 \tag{4}$$

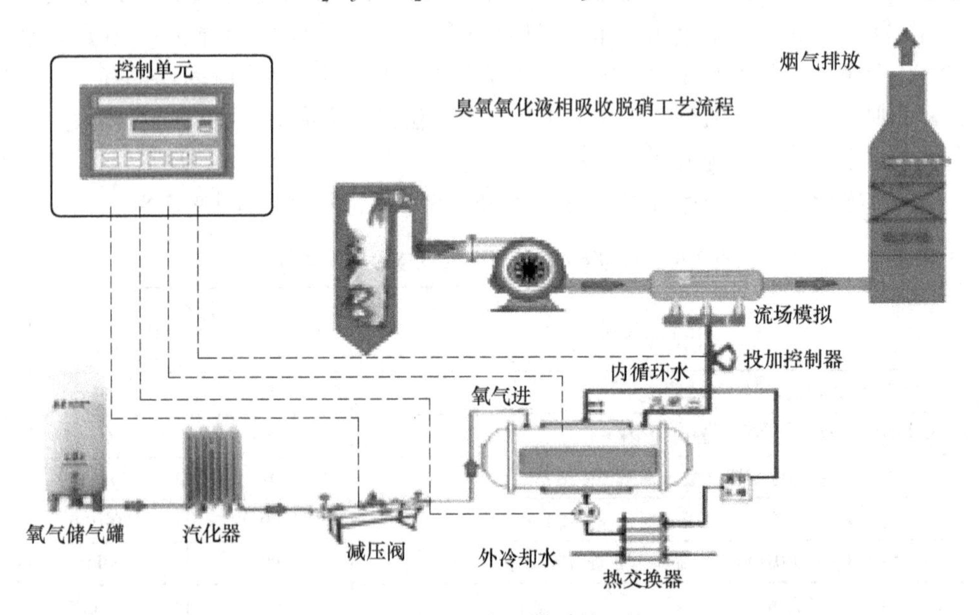

图 7-2　臭氧氧化液相吸附脱硝工艺流程

3）SNCR 阳极焙烧炉烟气脱硝的工作原理：SNCR（Selective Non-Catalytic Reduction）即选择性非催化还原法，是一种经济实用的 NO_x 脱除技术。SNCR 技术是在无催化剂存在的条件下向炉内喷射化学还原剂，使之与烟气中的 NO_x 反应，将其还原成用 N_2 及 H_2O。使用最广泛的还原剂为氨或者尿素。两种还原剂在安全性和经济性上各占优势。使用液氨作为还原剂脱硝效率高，投资成本、运行成本相对较低，从经济或运行维护成本考虑，还原剂可以选择液氨。SNCR 工艺为了满足对氨逃逸量的限制，要求还原剂的喷入点必须严格选择在位于适宜反应的温度区域内。如果温度过低，氨反应不完全，容易造成氨逃逸造成二次污染，如果温度过高氨则容易被氧化为 NO_x，温度的过高或过低都会导致还原剂的损失与 NO_x 的脱除率。SNCR 脱硝技术的原理是在合适的温度区间喷入氨基还原剂，通过一系列的气相基元反应还原气体中的 NO_x，温度为 850～1100℃ 与 SNCR 反应的温度窗口相匹配。使用 NH_3 为还原剂还原 NO_x 的主要反应为：$4NH_3 + 4NO + O_2 \rightarrow 4N_2 + 6H_2O$，工作原理见图 7-3 所示。

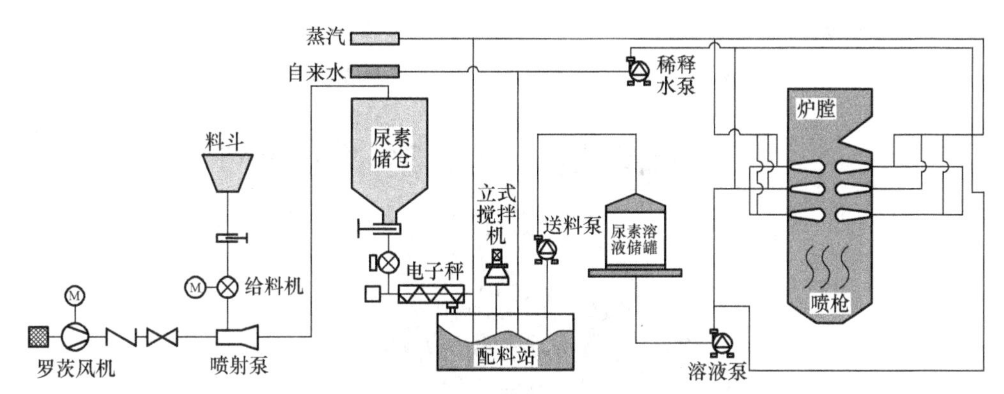

图 7-3 SNCR 烟气脱硝系统工作原理

7.3.2 烟尘颗粒污染物的净化技术

颗粒物控制可以分为静电分离、过滤、离心沉降及湿法洗涤等几种形式。常用的烟气净化设备有静电除尘器、袋式除尘器和文丘里洗涤器等。由于铝用炭素生产烟气中的颗粒物粒度很小（$d<10\mu m$ 的颗粒物比率较高），为了去除小粒度的颗粒物，必须采用高效除尘器才能有效控制颗粒物的排放。文丘里洗涤器虽然可以达到很高的除尘效率，但其能耗高且存在后续的废水处理问题，所以文丘里洗涤器在铝熔炼烟气处理系统中很少作为主要的颗粒物净化设备。

布袋收尘器在铝用炭素工业中应用不多，干法收尘主要是布袋收尘器，其原理是使含尘气体通过滤袋，达到收尘的效果，常用的有两种：

（1）外制式：在除尘器内置多个袋房，袋房的表面有滤布，生产时，废气进入收尘器内，房内是负压，含尘气体进入除尘器之后，颗粒被吸附在滤布表面，净化之后的气体从袋房中排除。运转一定的时间之后，滤布上的尘灰堆积，透气性能下降，影响了收尘和排风效果。因此，要及时的清除掉灰尘，办法是启动压缩空气，进行反向吹风，灰尘脱落之后进入积尘室。

（2）内置式布袋收尘器：原理与外置式相同，只是含尘气体进入袋房中，袋房外面是负压，气体通过滤布，尘灰积在袋房之中，经过一定的时间之后，经过振动，灰尘自动脱落到积尘室之中，达到了除尘的效果。布袋收尘的造价相对较高，但是目前经常采用的一种除尘器。在选用布袋收尘器时，一定要注意布袋适应的温度，一般在250℃以下。

除以上设备之外，还有静电除尘器等比较先进的收尘设备，静电除尘器具有分离粒子耗能少、气流阻力小的特点。由于作用在粒子上的静电力相对较大，所以对亚微米级的粒子也能有效捕集，目前我国铝用炭素工业较普遍采用。因电捕集法效率高，不受生产条件限制而被广泛应用到焙烧炉烟气治理上。电捕除尘的净化方式示意图见图7-4。

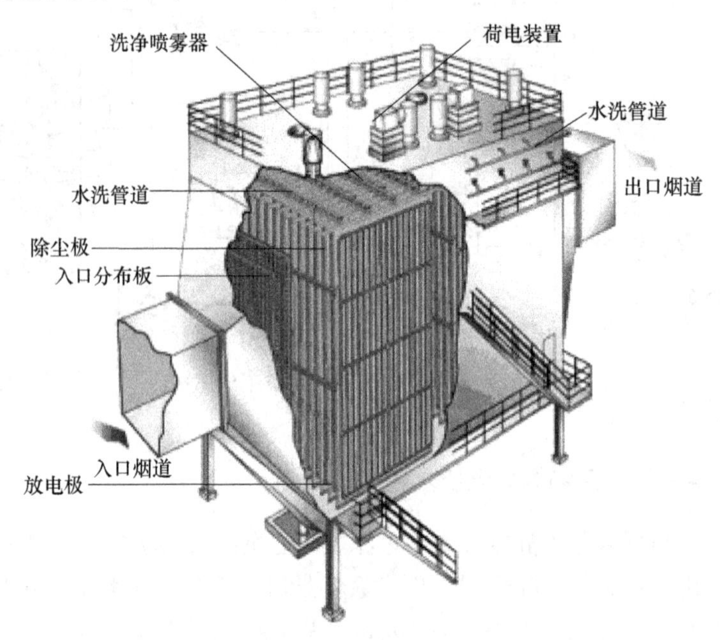

图7-4　电捕除尘的净化方式示意图

电捕除尘的净化方式在实践应用中应加强电场的维护，跟踪运行电流的变化情况，及时对电场极丝、绝缘子等进行更换；电捕系统的安全运行，对烟气的脱硫除尘是至关重要的。

7.4　铝用炭素工业烟气净化设备与工艺

铝用炭素工业产生的有害气体的种类多，分别处理很困难。但是，为了实现环境保护的要求，铝用炭素工业必须开展环境保护的综合治理工作。其中，最主要的是烟气的净化处理，烟尘治理目的：一是最大限度地使烟气中的粉尘得到收集，使有害气体转化为无害的和稳定的物质，达到国家排放标准。二是尽量选用无污染的添加剂。三是提高铝用炭素生产技术，减少废物的产生量。

对铝用炭素工业的环境的治理，首先要从源头进行控制，要加强各生产工序的防止污染物的排放措施，减少污染物的产生量；其次采取科学的工艺技术消除污染物或变废为宝。

7.4.1 烟气净化设备概述

烟气中污染物的净化，实际上是污染物的转化和混合物的分离过程。根据污染物的性质和存在状态不同，其净化机理、方法和装置也各有不同，并都有一定的特点和适用范围。从烟气中将污染物分离出来，使烟气得到净化的设备称之为烟气净化装置。烟气净化装置的形式很多，一般可将其分为除尘装置、吸收装置和吸附装置三大类。

表示净化装置的技术性能参数一般有下面几种。

（1）烟气处理量：一般以标准状态下体积流量（Nm^3/h）表示，是代表净化装置处理能力大小的指标。（2）压力损失：指的是净化装置进、出口的压力差，也称之为压力降，是衡量净化装置能量损耗的指标。压力损失越大，能耗越高，二者成正比。因此，净化装置的压力损失越小越好。（3）负荷适应性：表示净化装置性能的可靠性，即工作稳定性和操作弹性。良好的负荷适应性应能满足污染物浓度偏高及烟气处理量超过正常值时的净化效果。（4）经济性：经济性是评定净化设备的重要指标之一。它包括设备费和运行维护费两部分。设备费主要是设备制造和安装的费用以及各种辅助设备的费用。运行维护费主要是能源消耗和易损件调换与补充所需的费用。在进行经济比较时，应注意设备费是一次性投资，而运行费是每年的经常费用。（5）净化效率：净化效率是表示装置净化效果的重要技术指标，有时也称为分离效率或去除效率。对于除尘装置又称净化效率；对于吸收装置可称为吸收效率；对于吸附装置，则称之为吸附效率。

在实践中，通常以净化效率为主来选择和评价净化装置。净化效率的表达方法有多种，最常用的为净化总效率。净化总效率是指同一时间内，净化装置去除污染物的量占进入装置污染物量的百分比。净化总效率 η 可按式（7-1）进行计算：

$$\eta = \frac{VC_0 - VC}{VC_0} = \left(1 - \frac{C}{C_0}\right) \times 100\% \tag{7-1}$$

式中 η——净化总效率；

C_0——净化装置入口处某种污染物的浓度，mg/Nm^3；

C——净化装置出口处某种污染物的浓度，mg/Nm^3；

V——净化装置处理的烟气体积，Nm^3。

在铝用炭素生产的烟气净化系统中，除尘和脱酸是非常重要的。由于大量的含碳粉尘、沥青烟、SO_2、NO_x 等污染物以固体和气体的形式存在于颗粒物（尤其是粒度很小的颗粒物）的混合物中，所以，除尘的同时也是对其他污染物的净化过程。脱酸过程亦是如此，铝用炭素生产的烟气中的酸性气体污染物与吸收剂发生化学反应被净化的同时，也可以使其他污染物得到净化。因此，对于不同的设备，根据净化机理的不同和在工艺中所处位置的不同，其净化的对象有主次之分。例如，旋风除尘器是一种中低效除尘设备，其主要目的是去除烟气中粒度较大的颗粒物，对于粒度较小的颗粒物的净化效率很低，因此常作为预除尘设备使用。对于袋式除尘器而言，可以对烟气中的颗粒物尤其是亚微米级（$d<1\mu m$）的固体粒子得以高效净化。同时，还可以去除一定量的重金属和有机类污染物等。而文丘里洗涤器作为一种高能耗的净化设备，可以同时对颗粒物和酸性气体得以高效净化，也可以去除一定量的重金属和有机类污染物等。

除尘和脱酸设备是构成铝用炭素烟气净化工艺的主体设备。国内外的专业厂商已经开发了各具特色的除尘和脱酸设备，尽管结构形式较多，但原理基本相同。表 7-9 列出了不同种类烟气净化装置的净化效率。可见，随着颗粒物粒度的递减，各种净化装置的净化效率也随之降低。对于颗粒物而言，袋式除尘器的净化效率最高，其次为文丘里洗涤器、静电除尘器等，而旋风除尘器和沉降室的净化效率最低。

表 7-9 各种烟气净化装置对不同粒度颗粒物的净化效率

设备类型	净化效率/%		
	50μm	5μm	1μm
沉降室	95	16	3
中效旋风除尘器	94	27	8
高效旋风除尘器	96	73	27
冲击式洗涤器	98	83	38
静电除尘器	>99	99	86
湿式静电除尘器	>99	98	92
文丘里洗涤器	100	>99	97
袋式除尘器	100	>99	99

注 此表中列出的是不同净化设备的净化效率与颗粒物平均粒度的对应关系；此表中不包括粒度小于 1μm 的颗粒物。

7.4.2 除尘器

从烟气中将固体粒子分离出来的设备称之为除尘装置或除尘器。按其作用原理可分为：机械式除尘器（重力沉降室、惯性除尘器、旋风除尘器），湿式除尘器（冲击式除尘器、泡沫除尘器、文氏管水膜除尘器、喷雾式除尘器），过滤式除尘器（袋式除尘器、颗粒层除尘器）和静电除尘器。其中，过滤式除尘器和静电除尘器为高效除尘器，净化效率高达99%。

除尘器的选择，应根据粉尘特性、粉尘浓度和除尘器对负荷的适应性等因素，经技术经济比较确定。铝用炭素工业中的煅烧、焙烧、石墨化工序的烟气温度高、成分复杂、腐蚀较强、粉尘粒径小，大多选用袋式除尘器、静电除尘器或湿式洗涤器。

(1) 袋式除尘器。利用编织物制作的袋状元件捕集气体中固体颗粒物的除尘设备，亦称布袋除尘器。含尘气流通过织物的纤维层时，尘粒因筛滤、拦截、碰撞、扩散和静电等作用而被捕集。阻留在滤袋表面的尘粒形成多孔隙的粉尘层，从而使袋式除尘器具有更高的捕尘效率。随着滤尘过程的继续，滤袋表面的粉尘层变厚，含尘气流的阻力增大。因此，每隔一段时间需用气流喷吹或机械振荡滤袋，使粉尘脱落。袋式除尘器能捕集粒径大于0.1μm的尘粒，对1μm以上尘粒的除尘效率达99%以上。设备阻力通常为800~2000Pa。

按照清灰方式可将袋式除尘器分为五类：机械振动、分室反吹、巡回反吹、振动反吹并用和脉冲喷吹。按照结构特点又可分为上进风和下进风式、圆袋和扁袋式、内滤和外滤式、吸入和压入式。

袋式除尘器的性能在很大程度上取决于滤料。滤料的材质有：天然纤维——棉、毛等；合成纤维——耐常温的涤纶、尼龙、丙纶等，耐高温的诺梅克斯、芳砜纶、特氟纶等；无机纤维——玻璃纤维、金属纤维、陶瓷纤维等。滤料的加工方法有：机织物滤料，由织机将相互垂直的经纱和纬纱织造而成，如涤纶布、玻纤布；非织造滤料，是不经织造，直接将纤维或纱线以粘合、针刺等方法加工而成，如针刺毡；复合加工滤料，由两种以上方法制成或由两种滤料复合而成，如薄膜滤料和涂覆滤料等。袋式除尘器结构见图7-5。含有颗粒物的烟气从下部进

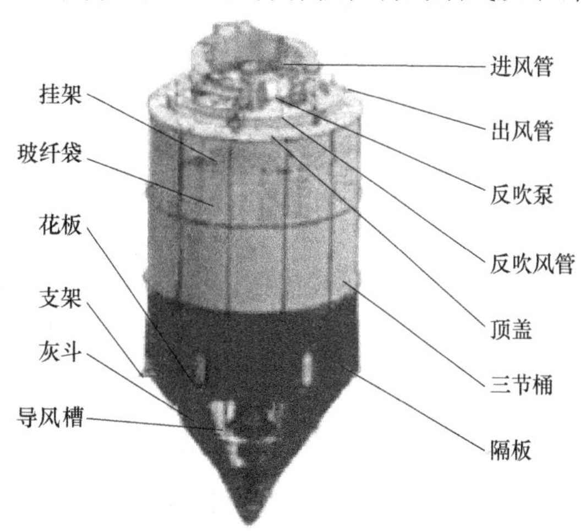

图7-5 圆筒形袋式除尘器

入圆筒形滤袋（下端有开口），在通过滤布时颗粒物被阻留下来，透过滤布的清洁气流从排出口排出。沉积于滤布上的颗粒物层，经过一定时间后在机械振动或风力作用下从滤布表面脱落，进入灰斗中，从而完成烟气中颗粒物的净化。

不同型号的圆筒形袋式除尘器的主要技术参数见表 7-10。

表 7-10 不同型号的圆筒形袋式除尘器的主要技术参数

型号 参数	JQM(M) 32-2	JQM(M) 32-3	JQM(M) 32-4	JQM(M) 32-5	JQM(M) 32-6	JQM(M) 64-4	JQM(M) 64-5	JQM(M) 64-6	JQM(M) 64-7	JQM(M) 64-8	JQM(M) 96-4
处理风量 /$m^3 \cdot h^{-1}$	3000	4470	5960	7740	8930	11910	14880	17860	20840	23810	17860
过滤面积 /m^2	60	93	124	155	186	248	310	372	434	496	372
过滤风速 /$m \cdot min^{-1}$	0.8~1.2										
允许含尘浓度 /$g \cdot Nm^{-3}$	<200					<1000					
排放浓度 /$g \cdot Nm^{-3}$	<0.05										
除尘效率 /%	>99.5										

型号 参数	JQM(M) 96-5	JQM(M) 96-6	JQM(M) 96-7	JQM(M) 96-8	JQM(M) 96-9	JQM(M) 96-10	JQM(M) 96-12	JQM(M) 96-14	JQM(M) 96-16	JQM(M) 96-18	JQM(M) 96-20
处理风量 /$m^3 \cdot h^{-1}$	22320	26750	31200	35720	40130	44600	53810	62790	71720	80690	89670
过滤面积 /m^2	465	557	650	744	836	929	1121	1308	1494	1681	1868
过滤风速 /$m \cdot min^{-1}$	0.8~1.2										
允许含尘浓度 /$g \cdot Nm^{-3}$	<1000										
排放浓度 /$g \cdot Nm^{-3}$	<0.05										
除尘效率 /%	>99.5										

袋式除尘器形式多样，主要有以下几种。

1）从滤袋形式可分为圆筒形（图 7-5）和扁平形（图 7-6）滤袋两种。其中，圆袋应用较广，直径一般为 120~300mm，最大不超过 600mm，滤布长度一般为2~6m，有的长达12m以上。长度与直径之比一般为16~40，其取值与清灰方式有关。对于大中型袋式除尘器，一般都分成若干室，每室包括若干个滤袋。扁袋除尘器的断面有楔形、梯形和矩形等形状，其特点是单位容积内布置的过滤面积大，占地面积、占空间小。

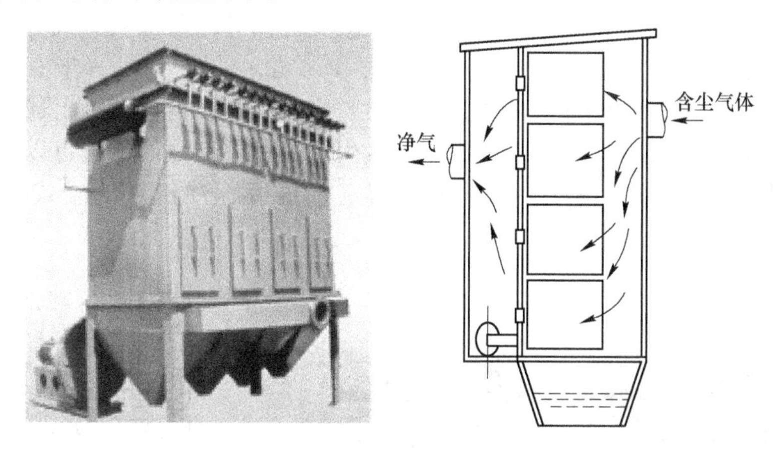

图7-6 扁平形袋式除尘器

2）按烟气通过滤袋的方向可分为内滤式和外滤式两类（见图7-7）。内滤式是指含尘烟气流先进入滤袋内部，颗粒物被阻留在袋内侧，净化后的气流通过滤布从袋外侧排出；反之，为外滤式。外滤式的滤袋内通常设有支撑骨架（袋笼），滤袋易磨损，维修较难。

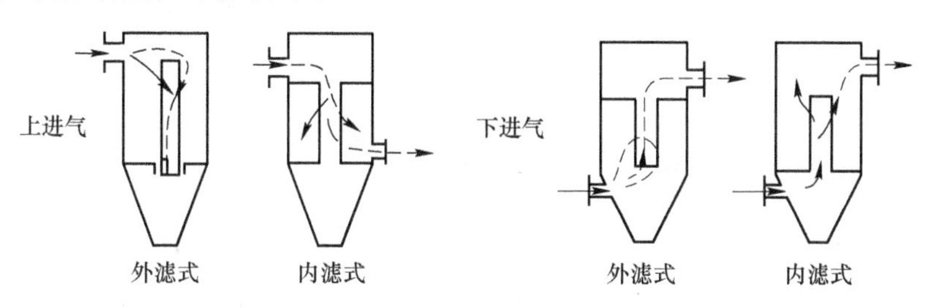

图7-7 袋式除尘器的结构形式

3）按进气方式可分为上进气和下进气两种（见图7-7）。现在应用较多的是下进气方式。它具有气流稳定，滤袋安装调节容易等优点。但气流方向与飞灰下落的方向相反，清灰时会使细小的颗粒物重新积附于滤袋上，清灰效果变差，压损增大。上进气形式可以避免上述缺点，但需要专门的进气配套设备，使除尘器高度增加，滤袋安装调节较复杂。

4）按除尘器内气体压力不同，可分为正压式和负压式两类。正压式（又称压入式）除尘器内部气体压力高于大气压力，一般设在风机出风段；反之，则为吸入式。正压式袋式除尘器的特点是外壳结构简单、轻便、严密性要求不高，甚至在处理常温无毒气体时可以完全敞开，只需保护滤袋不受风吹雨淋即可，这就降低了造价，且布置紧凑，维修方便，但风机易磨损。负压式袋式除尘器的突出优点是可使风机免受粉尘的磨损，但对外壳的结构强度和严密性要求高。

袋式除尘器的净化效率、压力损失、滤袋寿命等均与清灰方式有关，故实际一般以清灰方式对袋式除尘器进行分类和命名，见图 7-8。一般有：动清灰式，气流清灰式，气环反吹风式，脉冲喷吹式，超声波清灰等。上述清灰方式在实践中都是成熟的应用技术。铝用炭素生产过程中产生的烟气可以采用脉冲清灰式袋式除尘器。图 7-9 是利用压缩空气进行脉冲清灰的袋式除尘器示意图。

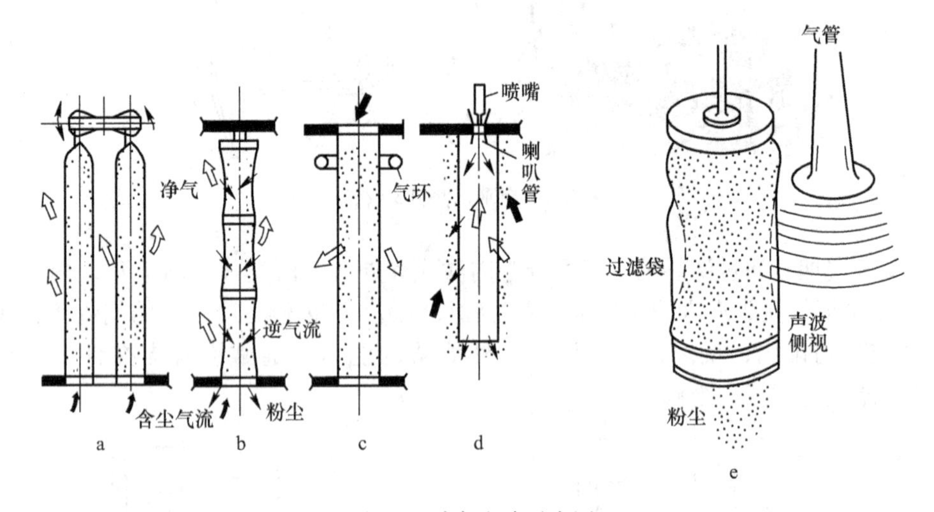

图 7-8　清灰方式示意图

a—机械振动式；b—逆气流清灰式；c—气环反吹风式；d—脉冲喷吹式；e—超声波清灰

图 7-10 为典型的袋式除尘器构造示意图。圆筒型的滤袋被均匀地分割成几个独立的仓（室），每个仓中有等数的滤袋。袋式除尘器的脉冲清灰过程由控制系统自动控制，逐仓完成清灰。在滤袋内外装有压力探头，当滤袋的内外压力差达到一定程度时，控制系统就发出信号，将滤袋上方的切换阀门转到与压缩空气接通的位置。同时，压缩空气以脉冲的形式瞬时完成清灰。脉冲清灰时，对应的滤袋可在线作业，也可离线瞬时停止作业。袋式除尘器下部灰斗起暂时储存飞灰的作用，最终由螺旋输送机将飞灰输送至储存池。为了防止由于温度下降导致飞灰在灰斗中吸水、结块，袋式除尘器的灰斗都带有加热装置（电加热或蒸汽加热）。另外，袋式除尘器的外壳都带有保温材料，以防止烟气过度冷却造成温度降低太多，烟气在滤袋上结露，造成设备运行故障。

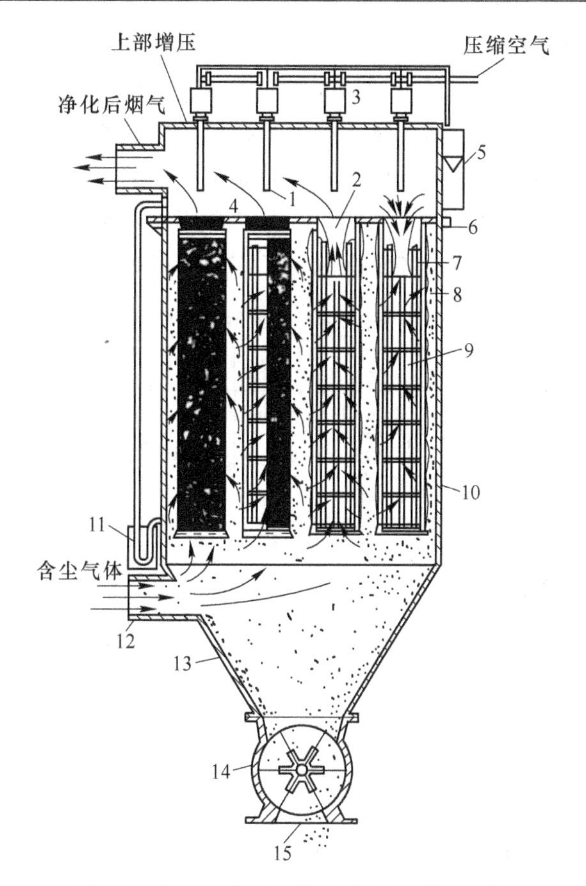

图 7-9　利用压缩空气脉冲清灰过程示意图

1—喷头或锐孔；2—文丘里喷头；3—螺旋管阀；4—框架；5—计时计；6—轴套；7—导气装置；8—金属制动器；9—滤袋；10—外壳；11—压力计；12—进口；13—灰斗；14—卸灰阀；15—排出口

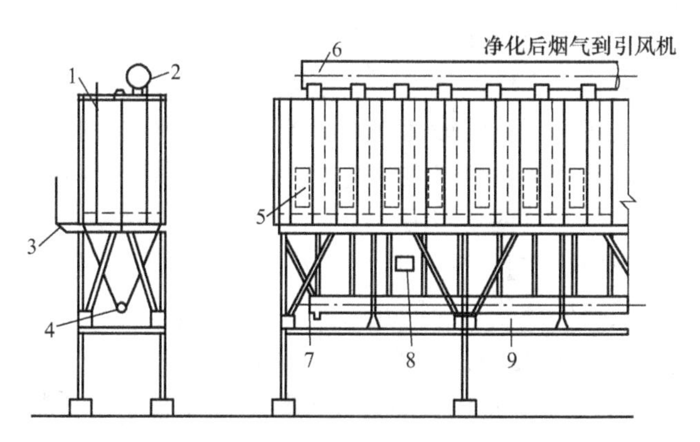

图 7-10　典型的袋式除尘器构造示意图

1—振动器；2，6—气箱；3—通道；4，9—螺旋输送器；5—观察孔；7—排灰口；8—检查口

在袋式除尘系统设计或选型时，必须严格控制布袋的使用温度，整个系统含有外部可靠的控制系统，以确保工作温度不高于布袋的允许温度，同时要防止水蒸气在布袋上凝结。对采用氯气精炼的熔炼烟气除尘系统，还要有严格的防止揭露和腐蚀的措施。对于滤袋材料的选择也是非常重要的。滤袋性能的优劣是决定袋式除尘器性能的关键因素。表 7-11 列出了常用袋式除尘器滤袋材料的性能。在选择滤袋材质时，应根据具体情况综合考虑，选择最佳"性能/价格"比。

表 7-11　不同滤袋材料的性能及价格比较

材料名称		PP	PES	PAC	PPS	APA	PI	PTFE	GLS
		聚丙烯	涤纶	Drlon T	Ryton	Nomex	P84	聚四氟乙烯	玻璃纤维
耐温/℃	连续	90	135	125	180	200	240	230	240
	最高	95	150	140	200	220	260	260	280
耐酸性		5	4	4	4	2	4	5	4
耐碱性		5	2	3	4	4	2	5	3
抗水性		5	1	4~5	5	2	2	5	5
抗氧化		3	5	3	1	3~4	—	5	5
抗磨损		5	5	3~4	3	5	4	3	1
相对价格		1	1	1.6	5	5	5	5	2~3

注：1—差；2—般；3—较好；4—好；5—很好。

袋式除尘器的优点是净化效率高且不受烟气中颗粒物浓度及其物化性质的影响。缺点是烟气的含水率较高时易导致清灰困难，同时要求使用耐高温的滤袋材料，其工程投资和运行费用较高。总的来讲，袋式除尘器在烟气净化系统的应用受到广泛应用，是一种非常有前途的高效除尘设备。

处理普通粉尘的大型布袋除尘器，除尘器本体结构均为现场焊接组装，防腐很难做好，特别是对含有强酸性气体及卤化盐的烟气，使用寿命会大大缩短。为此，国内经过对铝用炭素工业的煅烧炉、焙烧炉、石墨化炉的烟气检测分析，考虑到这些炉窑烟气量波动大、烟气温度高、成分复杂、腐蚀性强等特点，设计了扁袋横插式系列除尘器。见图 7-11 所示。

① 扁袋横插式结构。过滤袋占用空间小，滤袋布置紧凑，减小设备体积；采用的横插结构使设备的检修和维护方便，减少检修空间。

② 模块式组合，标准化模具生产。设计出除尘器的一个基本单元，而各除尘器是对基本单元的简单迭加和局部特殊处理，除尘器生产采用流水线生产方式，即所有零部件由标准的模具生产。同时，这种制作工艺能保证壳板得到高质量防腐处理。

③ 除尘器的整体泄漏率≤1%。独特的花板密封技术。整机结构严密，完全

图 7-11　扁袋横插式构造图

排除整机结构泄漏，滤袋架和支撑花板间处采用凹凸槽设计，凹凸槽是用油压机直接拉伸而成，并辅以材质优良之密封条，保证了每个滤袋的密封性，保证设备内不会发生泄漏。滤袋压紧装置为滤袋密封提供合适的预紧力，并将滤袋组件牢靠地固定花板上，确保除尘器在运行过程中不会因为任何原因而使密封发生松动、泄漏等事故。

④ 进风下降气流设计（见图 7-12），含尘气体从除尘器上部进入，大颗粒的粉尘（包括火星）经过挡流板直接沉降到灰斗，整个过滤室的气流由上而下，加速粉尘的沉降，减小二次吸附，降低滤袋负荷，提高过滤效率，能有效避免火星烧袋。

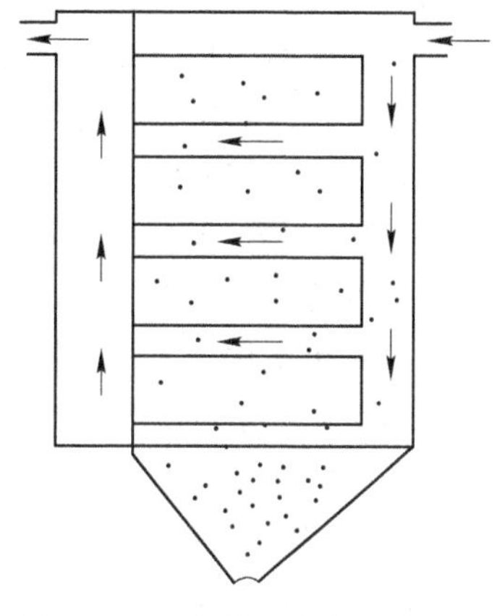

图 7-12　扁袋横插式气流示意图

（2）静电除尘器。静电除尘器是利用静电力（也称库仑力）实现固体粒子与气流分离的一种除尘装置。以管式静电除尘器为例，阐述其工作原理。

静电除尘器对去除粒度较小的颗粒物特别有效，是一种广泛使用的高效除尘设备。静电除尘器对烟气温度和湿度的变化敏感，一般在温度低于 370℃ 时都可使用。从集尘极上清除颗粒物是静电除尘器成功运行的关键。如果不及时清除这些污染物，这些颗粒物就会起到绝缘体的作用，从而使颗粒物的荷电过程不能顺利进行，降低颗粒物的净化效率，并最终使静电除尘器无法正常运行。清除颗粒物的方法很多，常用的为机械振打。根据经验，每隔一定时间振打每个集尘极，使颗粒物落入下面的灰斗中。另一种清灰方式为用水冲洗，但会产生废水，给后续处理带来不便。

颗粒物的比电阻是影响净化效率的重要参数。颗粒物的比电阻过高或过低，都会使静电除尘器的净化效率降低。比电阻的单位为Ω·cm。能被静电除尘器有效捕集的颗粒物最佳比电阻的范围为$1\times10^{4}\sim1\times10^{13}$Ω·cm。大部分物质的比电阻都随温度的变化明显改变，因此，为了使静电除尘器能发挥其最佳除尘能力，应将烟气温度控制在适宜的范围。在这个温度范围内，颗粒物的比电阻应确保净化效率最高。比电阻适宜的颗粒物会将其部分电荷传给放电极，放电极放电的速度随着颗粒物在集尘极上的聚集而增加。当集尘极上的颗粒物重量超过其静电力时，部分颗粒物会自动从集尘极上降落到除尘器下部的灰斗中。

静电除尘器的形式虽然有多种，但除尘原理都是一样的。静电除尘器的优点是净化效率高，在长期连续使用的场合运行稳定、可靠。缺点是净化效率受烟气中颗粒物比电阻的影响，当比电阻过高或过低时都可能使净化效率下降，且设备投资和运行费用较高。

7.4.3　湿法净化设备

湿式洗涤器是将烟气与洗涤液体相互密切接触，使污染物从烟气中分离出来的装置。湿式洗涤器既能净化烟气中的颗粒物，又能去除烟气中的气态污染物，还可用于烟气的降温、加湿等操作过程，这些是其他类型的除尘器所没有的优点。湿式洗涤器的缺点是净化过程中产生废水，必须进行处理；管道和设备的腐蚀较严重，洗涤后的烟气温度降低有时不利于排放扩散。湿式洗涤器的种类很多，在此仅介绍常用的吸收塔和文丘里洗涤器。

(1) 吸收塔。吸收塔可分为喷雾塔、填料塔和筛板塔等多种形式。这些洗涤净化装置的差别主要在于塔内结构形式的不同，污染物的净化原理都是相同的。以最简单的喷雾塔为例，对这类设备的污染物净化原理说明如下。

喷雾塔的构造见图7-13，烟气从喷雾塔下端的侧壁进入，并向上流动，吸收液（通常是碱性液体，如NaOH溶液）从上端侧壁喷入呈液滴状向下运动。当烟气通过喷淋吸收液所形成的液滴空间时，气态污染物如HCl、HF、SO_2等被大量的液滴吸收，颗粒物也因吸收液滴的碰撞、拦截及凝聚等作用转移到吸收液中。含有大量颗粒物和气态污染物净化产物的洗涤液以废水的形式从塔底排出。净化后的烟气从塔顶排出。当塔内的烟气流速较高时，需要在塔顶部设除雾器。

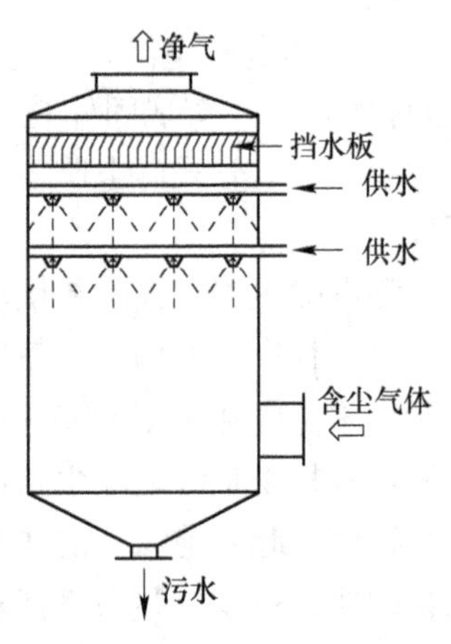

图7-13　喷雾塔

喷雾塔具有结构简单、压力损失小、操作稳定方便的优点。缺点是设备体积庞大、净化效率较低、耗水多及占地面积较大等。由于喷雾塔的净化效率相对较低，是一种低效的湿式洗涤装置，故常与其他高效洗涤净化装置联用，起预净化和降温、加湿等作用。

常用的高效洗涤净化吸收塔有填料塔和筛板塔两种。填料塔的结构形式较多，如立式、卧式等。图7-14为广泛使用的立式填料塔的结构简图。吸收液体从上往下运动，烟气从下往上运动，二者在塔内充分混合，使烟气中的污染物得以净化从塔底排出。在填料塔内的中部（段）有填料床层，床层内盛以一定形状的、体积很小的填料，使单位体积床层内的表面积大大增加，创造了良好的净化条件，使污染物在此得以高效去除。填料可用陶瓷、金属、塑料等不同材料制成，其形状也多种多样。净化后的烟气从塔顶排出，塔底排出的吸收液至废水处理系统处理。

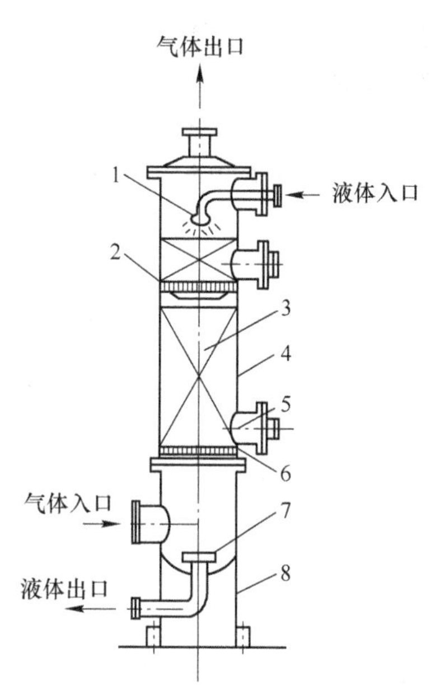

图7-14 填料塔

1—喷淋装置；2—分配锥；3—填料；4—塔体；5—人孔；6—填料支承板；7—出料装置；8—支座

筛板塔有淋降式和溢流式两类，筛板塔内部结构见图7-15。塔内装有若干层筛板，板上有小孔，吸收液靠重力自塔顶流向塔底，并在筛板上保持一定厚度的液层。烟气以鼓泡或喷射的形式穿过板上液层，使其中的污染物得到净化。净化后的烟气从塔顶排出。吸收液从塔底排至废水处理系统。淋降式筛板塔没有降液管，液体直接从筛孔淋下。溢流式筛板塔设有降液管，操作时液体越过溢流堰经过降液管流下。

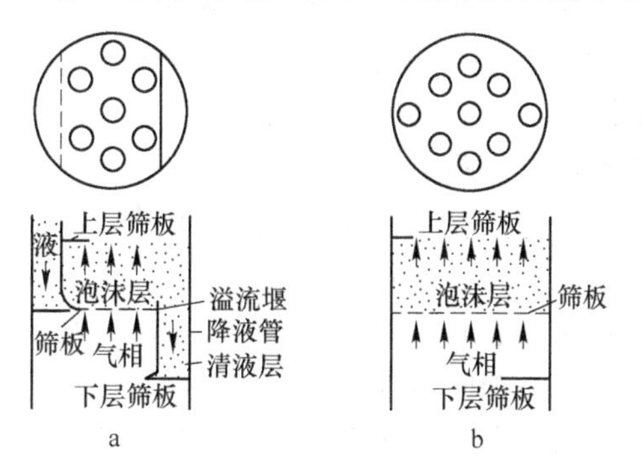

图7-15 筛板塔

a—溢流式；b—淋降式

（2）文丘里洗涤器。常用的文丘里洗涤器由文丘里管和除雾器（分离器）组成，见图 7-16。沿文丘里管的长度方向，可将其分为渐缩管（管径逐渐减小）、喉管和渐扩管（管径逐渐扩大）三部分。文丘里洗涤器中所进行的净化过程可分为雾化、凝聚和除雾 3 个过程，前二过程在文丘里管内进行，后一过程在分离器内完成。烟气进入文丘里管后，经渐缩管流速加大，至喉管处流速最大。吸收液从喉管的侧壁径向喷入（也可沿轴向喷入），在高速气流带动下被雾化，与气流充分混合。气流中的污染物被雾化的液滴捕集，再经除雾器后被分离出来，净化后的烟气流从分离器的顶部排出。

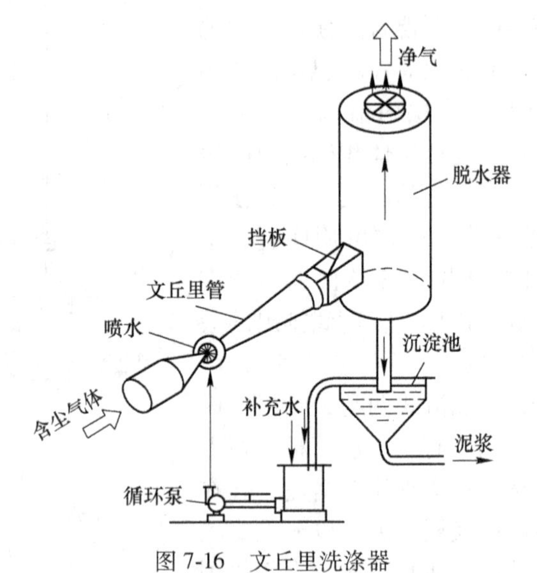

图 7-16　文丘里洗涤器

文丘里管的结构型式有多种，见图 7-17。按断面形状分为圆形和矩形两类；按喉管构造分为无调节装置的定径文丘里管和有调节装置的调径文丘里管。调径文丘里管用于净化效率要严格保证，烟气处理量有较大变化的场合。喉径的调节方式是，圆形文丘里管一般采用重砣式，通过重砣的上下移动来调节喉口开度。矩形文丘里管采用能两侧翻转的翼板式或能左右移动的滑块式。从吸收液雾化方式上分，有预雾化和不预雾化两类。预雾化方式是用高压水通过喷嘴将液体喷成雾滴；不预雾化是借助于高速气流的冲击使液体雾化，因而能耗较大。按供水方式分，有径向内喷、径向外喷、轴向喷水等方式。径向内喷一般是在喉管壁上开孔作为喷嘴，向中心喷雾；径向外喷是在渐缩管中心装喷嘴，向外喷雾；轴向喷水是在渐扩管中心装喷嘴沿轴向喷雾。总之，文丘里洗涤器的型式很多，其主要差别在于文丘里管的结构。文丘里洗涤器的优点是可使多种污染物同时得到高效净化，占地面积相对较小。缺点是能耗高，运行费用高，且有后续的废水处理问题。

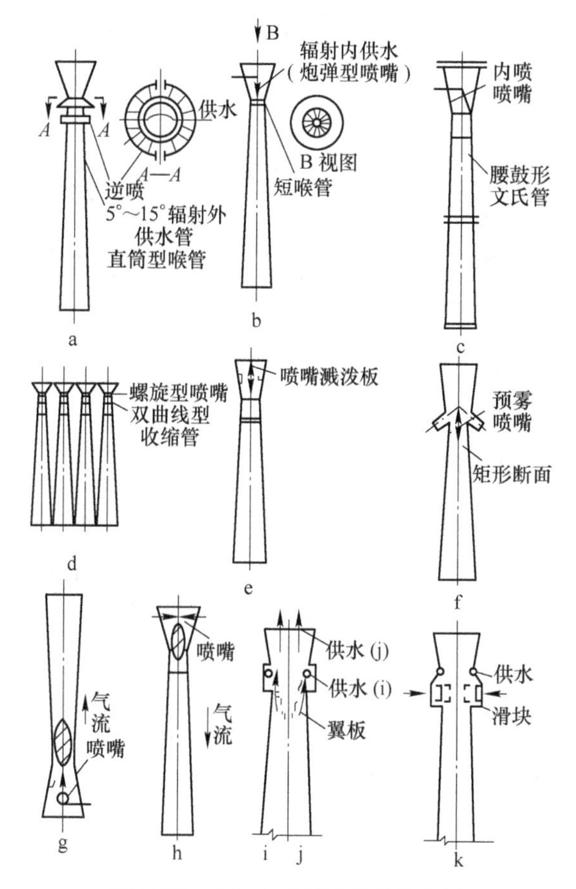

图 7-17 几种文丘里管的结构简图

a~e—圆形定径文丘里管；f—矩形定径文丘里管；
g，h—圆形重砣调径文丘里管；i~k—矩形调径文丘里管

7.4.4 喷雾干燥除尘器

喷雾干燥吸收器是一种主要用于去除烟气中气态污染物的净化装置，是半干法烟气净化系统的主要设备。它与湿式洗涤器的净化原理相同，但设备型式又有其独到之处。喷雾干燥吸收器常以浓度约为5%~10%的$Ca(OH)_2$浆液为净化吸收剂，浆液中$Ca(OH)_2$的浓度高于湿式洗涤器所用吸收液的浓度。这种净化设备的烟气一般为下流式，即烟气从喷雾干燥吸收器的上部进入，从下部流出。不同形式的喷雾干燥吸收器的区别主要在于喷嘴结构的不同。

图7-18为采用旋转喷嘴的喷雾干燥吸收器的示意图。烟气从上部切向进入吸收器内，在旋转喷嘴的下方区域与雾化的吸收剂浆液充分混合，在吸收剂与酸性气态污染物发生化学反应的同时，浆液雾滴中的水分得以汽化。最后，反应产

物以固体的形式从吸收器底部排出，净化后的烟气则从底部侧壁的烟气管道进入后续设备。

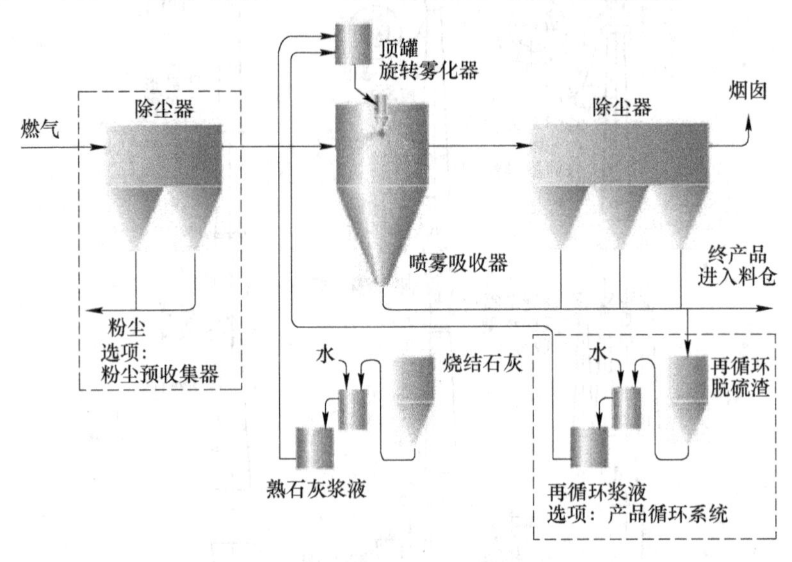

图 7-18　旋转喷雾干燥吸收器净化工艺图

图 7-19 为该设备的旋转喷嘴结构图。旋转喷嘴外形似圆柱体，圆柱体侧面上均匀分布着小孔。喷嘴通过轴与高速电机相联结，吸收剂浆液经特殊设计的接口从输送管线进入喷嘴内。喷嘴由电机驱动以约 15000r/min 的速度高速旋转。在强大的离心力作用下，进入喷嘴内部的吸收剂浆液以雾滴的形式从喷嘴侧面的小孔中喷出，使浆液得以雾化。雾化后的浆液雾滴直径约 50～100μm，因而具有很大的比表面积，保证了吸收剂与烟气的充分接触，使烟气中的酸性气体得以去除。

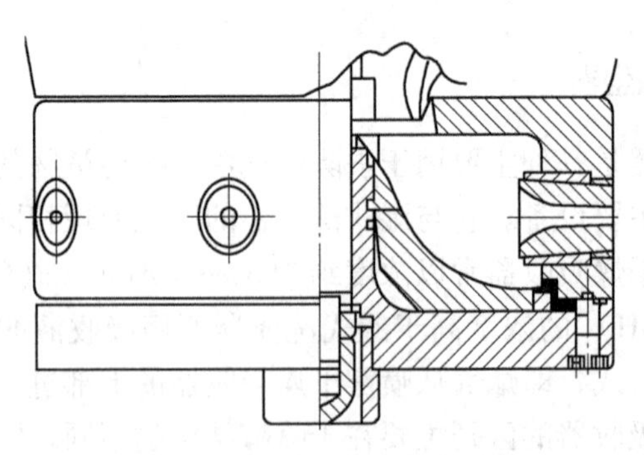

图 7-19　旋转喷嘴结构示意图

除旋转喷嘴外，还有一种“双流”喷嘴。这种喷嘴本身不动，它是靠压缩空气完成浆液雾化的。其结构为双层夹套管，吸收剂浆液走内管，压缩空气走外管，浆液与压缩空气在喷嘴头处强烈混合后从喷嘴喷出，从而使吸收剂浆液雾化。图 7-20 为“双流”喷嘴的结构示意图。

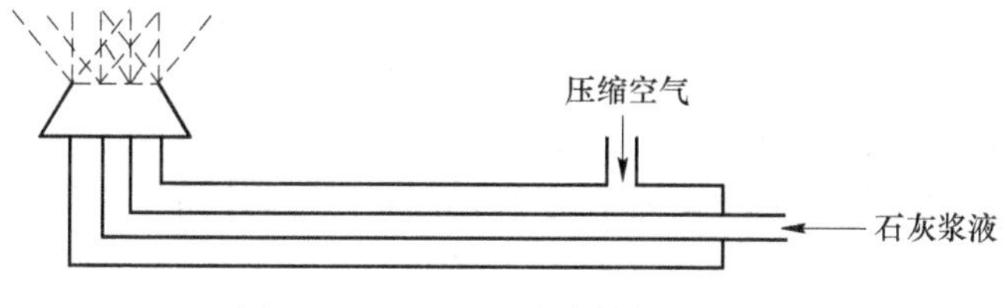

图 7-20 “双流”喷嘴结构示意图

喷雾干燥反应器的最大优点是充分利用了烟气中的余热使浆液中的水分蒸发，净化反应产物以干态固体的形式排出，避免了湿式洗涤器净化过程中的废水处理问题，因而大量运用于烟气中气态污染物的净化。这种净化装置的缺点是对操作条件要求高，否则难以达到净化、干燥的双重目的。另外，对喷嘴的要求也高，不但雾化效果要好，而且要抗腐蚀、耐磨损且不易堵塞。一些发达国家已开发研制出这种专用喷嘴，并已成功地在工程中应用。

7.4.5 SNCR 阳极焙烧炉烟气脱硝装置

SNCR 主要工艺设备由氨水溶液储罐、稀释水泵、喷枪、控制系统等，其建设成本较低。把浓度为 20%~25%氨水由运输车经卸氨泵输送至氨水溶液储罐进行储存。为了保证喷雾系统喷枪的喷射流量，需要将氨水进行稀释。稀释水一般采用自清水，自清水通过管网接入稀释水罐，通过稀释水泵打入静态混合器中，由自清水混合稀释把 20%~25%的氨水稀释为 8%~15%的氨水溶液，然后经氨水输送管网输送至焙烧炉氨水喷射系统，通过喷射系统喷枪结合一定的流量喷入焙烧炉火道内，喷雾系统如图 7-21 所示。

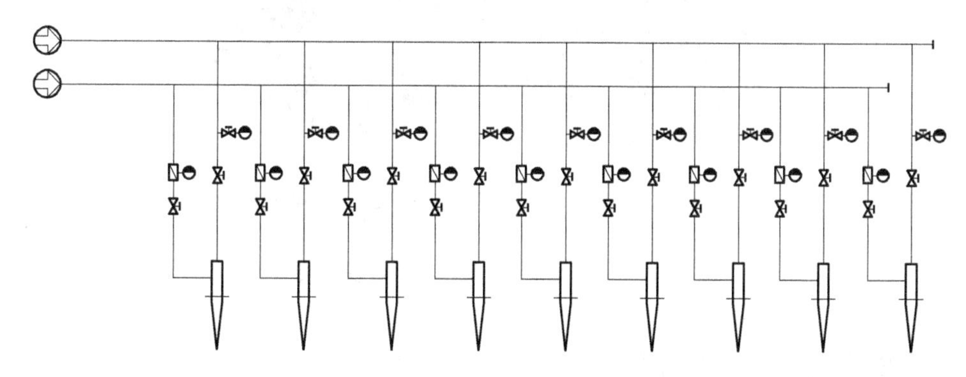

图 7-21 阳极焙烧炉 SNCR 烟气脱硝喷雾装置示意图

SNCR 阳极焙烧炉烟气脱硝系统使用氨水作为还原剂，必须严格按照工业氨水的标准 HG/T 5353—2018 中的技术指标要求，具体见表 7-12。SNCR 脱硝系统设有自动监测与控制设置单独 PLC 系统，实现对系统的启停，运行参数自动检测和储存，并对关键参数实行自动调节。PLC 系统主要功能包括：数据采集处理、模拟量控制、显示、报警等。控制系统在正常工作时，每隔一个时间段记录系统运行工况数据，包括热工实时运行参数、设备运行状况等。为保证烟气脱硝设备的安全经济的运行，将设置完整的热工测量、自动调节、控制、保护及热工信号报警装置。

表 7-12　目前工业运行的氨水技术要求指标

项　　目	指　　标
外观	工业用氨水为无色透明或带微黄色的液体
色度（号），≤	80
氨（NH_3）含量/%，≥	20~25
残渣含量/$g \cdot L^{-1}$，≤	0.3
密度/$g \cdot cm^{-3}$	0.923~0.907

目前，铝用炭素工业企业应用比较成熟的烟气净化装置见图 7-22，比较好地处理了脱硫和脱硝。

图 7-22　铝用炭素工业脱硫和脱硝现场实图

7.5　噪声的污染与控制技术

噪声是由不同频率和振幅组成的无调杂音，是人所不需要的声音的总称。凡能产生噪声的振动源称为噪声源。

噪声按照产生机理可分为空气动力性噪声、机械性噪声和电磁性噪声三类。空气动力性噪声是由于空气振动产生的，当空气中存在涡流或气体压力突然发生变化时，因气流扰动而辐射出的噪声，它包括旋转噪声、湍流噪声、喷气噪声和激波噪声；机械性噪声是机械设备及其运动部件在运转和能量传递过程中产生的噪声；电磁性噪声是由于铸磁体在交变电磁场作用下发生磁致伸缩引起振动而产生的噪声。对于某一设备，上述三种噪声往往同时存在，例如风机产生的噪声。

噪声的频率范围在 20~2000Hz 之间，为人耳可听声音频率范围。人耳对噪声的感觉主要与频率和声强有关。声压是衡量噪声声强大小的主要尺度。频率一定的情况下，声压越大，声音越强。声压的计量指标是声压级 L_p。声压级的计算公式见式（7-2）。

$$L_p = 20\lg\left(\frac{P}{P_0}\right) \tag{7-2}$$

式中 L_p——声压级，dB（分贝）；

P——声压，Pa；

P_0——基准声压，$P_0 = 2\times10^{-5}$Pa。

噪声的声压级是由声压计测量的。

噪声的主要评价指标是 A 计权声压级 L_p(A)，单位 dB(A)。它综合了声压级和频率两者的特性，相当于人耳对 40phone（40dB、1000Hz）纯音的响度级。在 A 计权声压级的基础上，还延伸出噪声的其他评价指标。比如评价变动噪声的等效声级 L_{eq}。等效声级的计算公式见式（7-3）。

$$L_{eq} = 10\lg\left(\frac{1}{T}\int_0^T 10^{0.1L_A}\mathrm{d}t\right) \tag{7-3}$$

式中 L_{eq}——等效声级；

T——某段时间的时间总量，s；

L_A——变化声压级的瞬间值，dB(A)。

同一场所可能有多个噪声源，噪声的合成有如下两个规律：

（1）两个声压级相同的声音迭加，合成音的声压级为一个声音的声压级加上 3dB；

（2）两个声音声压级相差 10dB 以上，则合成音比其中较强的声音高出不到 0.5dB。因此，在噪声控制中必须抓住主要矛盾，首先把主要噪声源的噪声降下来，才能取得明显的降噪效果。

7.5.1 噪声的来源

铝用炭素工业的主要噪声源包括风机（送风机和引风机）、空压机、球磨机、雷蒙磨、筛分、振动成型机、多功能天车、铝用炭素制品机加工、水泵、管路系统和运输车辆等。次要噪声源有吊车、给水处理设备、烟气净化器等。铝用炭素企业噪声的声学特性属于空气动力学噪声、电磁和机械振动噪声和机械加工撞击噪声。由于铝用炭素企业生产是连续生产过程，大多数噪声为固定式稳态噪声，但也有随生产负荷变化而变化的间歇噪声、气动元器件的高压排气间歇噪声以及运输车辆的流动噪声。

铝用炭素工业球磨机等磨粉设备被广泛应用，但球磨机等的噪声污染是非常严重的，经多家现场测定，球磨机在工作状态时，距球磨机 2m 处测试的噪声在 120~130dB(A)。

球磨机噪声主要来自 3 个方面：一是筒体转动时钢球与钢球、钢球与衬板、钢球与物料等相互撞击而产生的机械性噪声；二是齿轮传动部分产生的机械啮合噪声；三是电机产生的电磁噪声和排风噪声。

球磨机工作时，随着筒体的转动，把壳体内大量钢球抛起，利用钢球的自由落体运动的能量，撞击煤粒。经多次撞击，最终把煤粒研磨成粉。但是在钢球被抛起与自由落下的过程中有大量的钢球相互碰撞，在筒体内产生直达声。同时有大量钢球撞击在筒体内的衬板上，衬板振动向内辐射直达声，衬板的振动又激励壳体振动，并向内外辐射噪声。钢球与物料对衬板的撞击是造成筒体振动并辐射噪声的主要力源，这种力源是冲击性的，持续时间很短，约 0.1~0.2ms，而且撞击力的频率范围很宽。

球磨机的主要发声部件分为两大类：筒体和辅机。其中，辅机包括电机、排粉机，减速箱和大、小齿轮。大量的测量结果表明筒体是球磨机噪声的主要发声部件，只有当筒体噪声得到抑制以后，辅机噪声才显得突出。球磨机的辅机设备包括电机、排粉机、减速箱和大、小齿轮等。辅机噪声的分类主要有：排粉机的空气动力性噪声（进气噪声及排气噪声）、电机电磁噪声，齿轮的啮合噪声等。这些噪声大约在 90~103dB(A)。与圆柱壳体相比相对较低，大约低 10.15dB(A)，只有在筒体噪声得到控制以后，这部分噪声才突出。并且这些辅机设备的噪声治理方法相对比较成熟，因此，球磨机噪声研究与控制的重点是圆柱壳体。

由声场的分析得知声压的最大值发生在钢球激励点处，球磨机筒体辐射的声场为宽频特性，并且频率不同声场分布不同，特别是中频噪声较高。且随着频率的增加噪声源声压级分布变得无规则。近场声压值较高，不同方向的声压分布变化较大。随着声源距离的增加，这种趋势逐渐减弱，随着频率的增加，近场、远场的声压分布表现得无规律，特别是近场的声压局部变化较大，毫无规律可言。针对声场的分析结果得球磨机筒体噪声是筒内钢球、衬板及煤料相互撞击的噪声在筒内连续反射而形成的混响声，所以现阶段利用传统的隔声套降噪技术难以达到满意效果，必须通过吸声、隔声的综合手段对钢球磨煤机噪声进行治理。

引风机和送风机噪声也是铝用炭素企业的噪声。由于风机的种类和型号不同，其噪声的强度和频率也有所不同，一般在85~120dB(A）之间。风机辐射噪声的部位如下：

（1）进气口和出气口辐射的空气动力噪声，一般送风机主要辐射部位在进气口，引风机主要辐射部位在出气口；（2）机壳及电动机、轴承等辐射的机械性噪声；（3）基础振动辐射固体噪声。风机噪声是以空气动力噪声为主的宽频噪声，空气动力噪声一般比其他部位辐射的噪声高出10~20dB(A)。

空压机噪声在90~100dB(A）之间，以低频噪声为主。主要噪声是进、排气口辐射的空气动力学噪声；机械运动部件产生的机械性噪声和驱动机噪声。其中，主要辐射部位是进气口，高过其他部位的5~10dB(A)。

水泵噪声主要是泵体和电机产生的以中频为主的机械和电磁噪声。噪声随水泵扬程和叶轮转速的增高而增高。

管路系统中的管道和阀门形成了线噪声源。一般情况下，阀门噪声居主要地位。阀门噪声主要有三种：

（1）低、高频机械噪声；（2）以中、高频为主的流体动力学噪声；（3）气穴噪声（当阀门开度较小时尤其突出)。管道噪声包括风机和泵的传播声，以及湍流冲刷管壁的振动噪声。

噪声超过90dB噪声的工厂被认为是噪声严重的工厂。

7.5.2 噪声的危害

噪声的危害是多方面的，可损伤听力，引起头痛、头晕、疲劳等疾病，注意力难于集中、降低工作效率、影响人们正常生活等，噪声的危害列于表7-13。

表7-13 噪声的危害

危害	噪声特征
对睡眠的影响	理想值为35dB，最大值不超过50dB
对交谈、思考的影响	理想值为45dB，最大值不超过60dB
对保护听力影响	理想值为75dB，最大值不超过90dB
引起烦恼	超过90dB，将引起较大烦恼，间断的、强度不规则波动噪声影响更大
影响工作效率	超过60dB将引起烦恼、惊异、疲劳而降低工作效率，甚至出现判断错误
对语言通讯的干扰	对距离0.3~1.2m而言，噪声超过65~53dB对可靠语言通讯有干扰
听力损失	在80dB以下无影响，随着声强的增加，暴露时间的延长，听力损失加大。整日工作暴露在85~95dB时，听力有10dB的下降
痛觉	在120dB时有不适、刺痛或痒的感觉

7.5.3　噪声的控制标准

铝用炭素企业厂界噪声应符合国家标准《工业企业厂界环境噪声排放标准》(GB 12348—2008)，标准的具体内容详见表 7-14。

表 7-14　工业企业厂界环境噪声排放限值

厂界外声环境功能区类别	昼间	夜间
0	50	40
1	55	45
2	60	50
3	65	55
4	70	55

0 类声环境功能区：指康复疗养区等特别需要安静的区域。

1 类声环境功能区：指以居民住宅、医疗卫生、文化教育、科研设计、行政办公为主要功能，需要保持安静的区域。

2 类声环境功能区：指以商业金融、集市贸易为主要功能，或者居住、商业、工业混杂，需要维持住宅安静的区域。

3 类声环境功能区：指以工业生产、仓储物流为主要功能，需要防止工业噪声对周围环境产生严重污染的区域。

4 类声环境功能区：交通干线两侧一定距离之内，需要防止交通噪声对周围环境产生严重污染的区域。

铝用炭素工业厂界噪声标准应参照企业厂址所在区域的噪声标准类别执行。

此外，2002 年国家卫生部颁布了《工业企业设计卫生标准》(GBZ1—2002)，按每个工作日接触噪声时间 8h 所规定的噪声声级卫生限值为 85dB(A)，每个工作日接触噪声时间不足 8h 规定的噪声限值见表 7-15。具有脉冲噪声作业地点的噪声声级卫生限值见表 7-16。工作地点生产性噪声声级超过卫生限值，而采用现代工程技术治理手段仍无法达到卫生限值时，可采用有效个人防护措施。

表 7-15　工作地点噪声声级的卫生限值

日接触噪声时/h	卫生限值/dB(A)
8	85
4	88
2	91
1	94
1/2	97
1/4	100
1/8	103
最高不得超过 115dB(A)	

表 7-16 工作地点脉冲噪声声级的卫生限值

工作日接触脉冲次数	峰值/dB(A)
100	140
1000	130
10000	120

7.5.4 噪声控制原则

噪声控制应遵循以下五个原则：

（1）选用符合国家噪声标准规定的设备，从声源上控制噪声；（2）合理布置规划总平面布置，尽量集中布置高噪声的设备，并利用建筑物和绿化减弱噪声的影响；（3）合理布置通风、通汽和通水管道，采用正确的结构，防止产生振动和噪声；（4）对于声源上无法根治的生产噪声，分别按不同情况采取消声、隔振、隔声、吸声等措施，并着重控制声强高的噪声源；（5）减少交通噪声，运输车辆进出厂区时，降低车速，少鸣或不鸣喇叭。

7.5.5 常用噪声控制措施

噪声控制应根据现场情况，既要考虑声学效果，又要经济合理和切实可行。具体控制主要从以下 3 个环节着手。

（1）从声源上根治噪声。噪声的根治主要是通过改进机械设备的设计、提高机械零件的加工精度和装配质量、改革作业工艺和操作方法来达到的。新建工业企业可以通过选用低噪声、高质量设备以及改进作业工艺和操作方法达到这一目的。

（2）在噪声传播途径上采取控制措施。对于声源上无法根治的噪声采取这类降噪措施。具体措施包括：①采用“闹静分开”的设计原则，缩小噪声干扰范围；②利用噪声的指向性合理布置声源位置；③利用自然地形地物降低噪声；④合理配置建筑物内部房间；⑤通过绿化降低噪声；⑥采取隔声措施，如设置隔声屏障、隔声窗等。

（3）在接受点采取防护措施。这类措施实质是个人防护措施，包括耳塞、防声棉、耳罩、防声头盔等。确定具体噪声控制方案时，不同噪声情况采用的主要措施和次要措施是不同的。风机的主要降噪措施有三种：① 在风机进出口安装消声器，鼓风机应使用阻性或阻抗复合性消声器，图 7-23 为 F 型阻抗复合消声器示意图（有 A、B 两种安装形式，A 型用于风机出口管道，两端有法兰；B 型用于进风口管道，一端有法兰，另一端为伞形风帽，适于垂直安装），规格尺寸列于表 7-17，消声效果见表 7-18；② 加装隔声罩，隔声罩由隔声、吸声和阻尼材料构成，主要降低机壳和电机的辐射噪声；③ 减振，风机振动产生低频噪声，可在风机与基础之间安装减振器，并在风机进出口和管道之间加一段柔性接管。

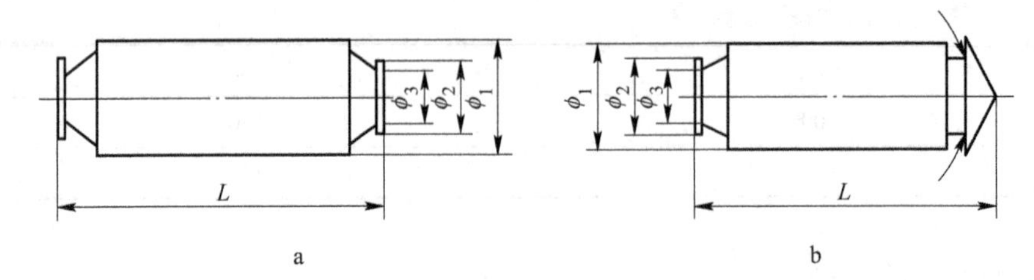

图 7-23　F 型阻抗复合消声器示意图

a—F-A 型；b—F-B 型

表 7-17　F 型阻抗复合消声器规格

消声器型号		配用风机流量 $/m^3 \cdot h^{-1}$	外形尺寸/mm		法兰尺寸/mm		空气流速 $/m \cdot s^{-1}$
			外径 ϕ_1	长度 L	内径 ϕ_3	外径 ϕ_2	
F-1	A	2000	450	1300	230	350	13.4
	B	2000	450	1300	230	350	
F-2	A	5000	600	1300	340	460	15.3
	B	5000	600	1300	340	460	
F-3	A	8000	730	1300	420	540	16.0
	B	8000	730	1300	420	540	
F-4	A	12000	790	1400	500	660	16.9
	B	12000	790	1400	500	660	
F-5	A	16000	900	1540	580	740	16.8
	B	16000	900	1540	580	740	
F-6	A	20000	950	1640	650	850	16.8
	B	20000	950	1640	650	850	
F-7	A	25000	1000	1690	700	900	18.1
	B	25000	1000	1690	700	900	
F-8	A	30000	1100	1750	780	980	17.5
	B	30000	1100	1750	780	980	
F-9	A	35000	1180	1800	840	1040	17.6
	B	35000	1180	1800	840	1040	
F-10	A	40000	1330	1800	900	1100	17.5
	B	40000	1330	1800	900	1100	
F-11	A	50000	1420	1900	1000	1240	17.7
	B	50000	1420	1900	1000	1240	

表 7-18 F 型阻抗复合消声器消声效果

频率/Hz	31.5	63	125	250	500	1000	2000	4000	8000
消声量/dB	4	6	12	18	23	30	30	23	23

球磨机的减低噪声污染的措施：

① 增加减振垫层：在筒壁（钢板）内侧与锰钢衬板之间加一层减振垫层，减缓钢球对筒壁的冲击，达到延长撞击的接触时间、降低噪声的目的。② 增加隔声套：球磨机隔声套是将多层耐热的不同吸声、隔声材料和结构组成整体，构成一套型结构，将其紧紧地捆箍在球磨机筒体上，随筒体一起转动。球磨机筒体运转时产生的噪声经吸声材料的吸声和隔音材料的隔声作用而降低。

目前，国内铝用炭素工业对球磨机降低噪声采用的方法主要有：

① 加隔声罩法。就是用一个较大的罩子，将球磨机的辊筒整个罩起来，外壳多为金属，里面衬有带护面的吸声材料。该方法的优点是有较好的降噪效果，一般降噪量可达 15~20dB。缺点是占地面积较大，狭窄的地方不能应用。另外，对设备的运行巡视、清理漏碳粉、装卸刚球、维护检修带来麻烦；设备检修时隔声罩要拆掉，检修完又要重新安装，在拆装过程中，给检修人员增加了许多工作量。② 简易包扎法。用工业毛毡、玻璃棉等软质吸声材料和薄钢板（3~4mm）做成弧形的隔声盖板，然后用螺栓紧固在辊筒上，为检修方便，辊筒上固定衬板的四排螺栓不进行包扎，在盖板两端的联接处留有 150rad 左右弧长的距离。这种方法降噪量在 10dB 左右，降噪效果不是太好，费用比隔声罩法稍高，该方法克服了隔声罩的缺点，不影响设备的维护、检修巡视，也不影响清理漏碳粉和装卸钢球。缺点是由于辊筒不是整体包扎，螺栓形成声桥，噪声从辊筒内沿螺栓向外传播，降低隔声效果。由于球磨机是低中频噪声，不易被吸声材料所吸收，再加上包扎的又厚又没有减振阻尼措施。因此，降噪效果不太理想。③ 在衬板底部设弹性层法。在衬板底部设弹性层消除衬板和辊筒之间的刚性连接，这种方法不易掌握，弄不好不是无效就是更糟。只有正确选择橡胶垫材料并认真安装，确保隔振质量，才能获得满意的效果。这种方法可降噪 15dB 以上，但造价昂贵。铺在橡胶垫上的衬板像弹簧球一样，原则上属于一个振动系统，若砸在衬板上的钢球冲击力随衬板的固有频率变化，导致振幅增大。此时，不管采用什么样的隔振方法都无济于事，只有在振动的噪声的频率大于衬板的周有频率时，才能取得明显的效果。④ 用橡胶衬板代替锰钢衬板法。橡胶衬板较便于安装，同时又有较好的减振阻尼作用，衬板受钢球冲击时，可增加冲击持续时间，从理论上应有较好的降噪效果，可达到 20dB 的降噪量。但要求橡胶衬板价格很高，每降噪 1dB 需 0.5 万元，而且寿命较短。

空压机的降噪措施主要包括：

① 进气口装消声器，应选用抗性消声器；② 机组加装隔声罩，最好作成可拆卸式便于检修和安装，并设置进排气消声器散热；③ 避开共振管长度，并在管道中加设孔板进行管道防振降噪；④ 在储气罐内适当位置悬挂吸声锥体，打破驻波降低噪声。

水泵噪声主要控制措施是安装隔声罩，并在泵体与基础之间设置减振器。

管路系统的噪声控制措施有：① 选用低噪声阀门，比如多级降压阀，分散流通阀、迷宫流道型阀门以及组合型阀门；② 在阀门后设置节流孔板，可使管路噪声降低 10~15dB(A)；③ 在阀门后设置消声器；④ 合理设计和布置管线，设计管道时尽量选用较大管径以降低流速，减少管道交叉和变径，弯头的曲率半径至少 5 倍于管径，管线支承架设要牢固，靠近振源的管线处设置波纹膨胀节或其他软接头，隔绝固体声传播，在管线穿过墙体时最好采用弹性连接；⑤ 在管道外壁敷设阻尼隔声层，提高隔声能力，可与保温措施结合起来，形成防止噪声辐射的隔声保温层。

《工业企业噪声卫生标准》规定：工业企业的生产车间和作业场所的噪声允许值为 85dB(A)。现有工业企业经过努力暂时达不到标准时，可适当放宽，但不得超过 90dB（A)。

控制噪声应从声源、传声途径和人耳这 3 个环节采取技术措施。

第一，控制和消除噪声源是一项根本性措施。通过工艺改革以无声或产生低声的设备和工艺代替高声设备，如以焊代铆、以液压代替锻造、以无梭织机代替有梭织机等；加强机器维修或减掉不必要的部件，消除机器摩擦、碰撞等引起的噪声；机器碰撞外用弹性材料代替金属材料以缓冲撞击力，如球磨机内以橡胶衬板代替钢板，机械撞击处加橡胶衬垫或加铜锰合金以及加工轧制件落地，可改为落入水池等。

第二，合理进行厂区规划和厂房设计。在生产强噪声车间与非噪声车间及居民区间应有一定的距离或设防护带；噪声车间的窗户应与非噪声车间及居发区呈 90°设计；噪声车间内应尽可能将噪声源集中并采取隔声措施，室内装设吸声材料，墙壁表面装设或涂抹吸声材料以降低车间内的反射噪声。

第三，对局部噪声源采取防噪声措施。采用消声装置以隔离和封闭噪声源；采用隔振装置以防止噪声通过固体向外传播；采用环氧树脂充填电机的转子槽和定子之间的空隙，降低电磁性噪声。

第四，控制噪声的传播和反射。

① 吸声。用多孔材料如玻璃棉、矿渣棉、泡沫塑料、毛毡棉絮等，装饰在室内墙壁上或悬挂在空间，或制成吸声屏；② 消声。利用消声器来降低空气动力性噪声，如各种风机、空压机、丙烯机等进、排气噪声；③ 噪声。用一定材料、结构和装置将噪声源封闭起来，如隔声墙、隔声室、隔声罩、隔声门窗地

板；④ 阻尼、隔振消声。阻尼是用沥青、涂料等涂抹在风管的管壁上，减少管壁的振动；隔振是在噪声源的基础、地面及墙壁等处装设减振装置和防振结构。如在锻锤地座上安装防振橡胶垫，在立柱的管内充填沙子等。

第五，个体防护。由于技术上或经济上的原因，噪声超过国家卫生标准的岗位上的职工，多采用个人佩戴耳塞、耳罩或头盔来保护听力。

第六，定期对接触噪声的工人进行听力及全身的健康检查。如发现高频段听力持久性下降并超过了正常波动范围者，应及早调离噪声作业岗位。在新工人就业前体检时，凡在感音性耳聋及明显心血管、神经系统器质性疾病者，不宜从事有噪声工作；尽量缩短在高噪声环境的工作时间；定期对车间噪声进行监测，并对有严重噪声危害的厂矿、车间进行卫生监督，促其积极采取措施降低噪声，以符合噪声卫生标准的要求。

7.6 生产废水的控制与处理

铝用炭素工业的生产用水主要是冷却水、净化喷淋水和工业生活用水。

在铝用炭素生产过程中，废水主要含油、酸和碱；废水经除油、沉淀除渣处理、净化中和处理后循环利用。排水仅为少量车间用水和循环系统排污水。目前，工业企业一般可实现废水零排放。

根据国家颁布的相关标准要求，对铝用炭素工业现有企业和新建企业的水污染物的限值有了明确的规定，详见表 7-19 和表 7-20。

表 7-19 铝用炭素工业现有企业水污染物排放量浓度限值及单位产品基准排水

(mg/L)[2]

序号	污染物项目	限值		污染物排放监控位置
		直接排放	间接排放	
1	pH 值	6~9	6~9	企业废水总排放口
2	悬浮物	70	70	
3	化学需氧量（COD_{Cr}）	100	200	
4	氟化物（以 F 计）	8	8	
5	氨氮	15	25	
6	总氮	20	30	
7	总磷	1.5	2.0	
8	石油类	8	8	
9	总氰化物[1]	0.5	0.5	
10	硫化物[1]	1.0	1.0	
11	挥发酚[1]	0.5	0.5	

续表 7-19

序号	污染物项目	限值		污染物排放监控位置
		直接排放	间接排放	
单位产品基准排水量	选（洗）矿（m^3/t，合格矿）	0.2		排水量计量位置与污染物排放监控位置一致
	氧化铝厂（m^3/t，氧化铝）	1.0		
	电解铝厂（m^3/t，铝）	2.5		
	铝用炭素厂（m^3/t，炭块）	3.0		

① 设有煤气生产系统企业增加的控制项目；

② pH 值除外。

表 7-20　新建企业水污染物排放浓度限值及单位产品基准排水量（mg/L）②

序号	污染物项目	限值		污染物排放监控位置
		直接排放	间接排放	
1	pH 值	6~9	6~9	企业废水总排放口
2	悬浮物	30	70	
3	化学需氧量（COD_{Cr}）	60	200	
4	氟化物（以 F 计）	5	5	
5	氨氮	8	25	
6	总氮	15	30	
7	总磷	1.0	2.0	
8	石油类	3.0	3.0	
9	总氰化物①	0.5	0.5	
10	硫化物①	1.0	1.0	
11	挥发酚①	0.5	0.5	
单位产品基准排水量	选（洗）矿（m^3/t，合格矿）	0.2		排水量计量位置与污染物排放监控位置一致
	氧化铝厂（m^3/t，氧化铝）	0.5		
	电解铝厂（m^3/t，铝）	1.5		
	铝用炭素厂（m^3/t，炭块）	2.0		

① 设有煤气生产系统企业增加的控制项目；

② pH 值除外。

7.7　生产废固的控制与处理

铝用炭素工业中，煅烧炉、焙烧炉、石墨化炉等，经过一定的使用周期，都会进行必要的大修、中修、小修，必然会产生炉渣，其物质成分很不均匀，主要含钾、钠、镁、钙的金属硅酸盐、氧化铝和铁、硅、镁的氧化物等。视生产规模和使用的炉窑的不同，炉渣的产生量也不同。

铝用炭素炉窑的炉渣不属危险废物，可回收利用或送往堆场集中处理。

对于煅烧和焙烧工序的烟气处理后产生的脱硫渣，主要成分是硫酸钙，可送专业的石膏加工厂进行综合利用。

7.8 铝用炭素工业关键工序的烟气净化

7.8.1 焙烧工序的烟气净化

阳极焙烧过程中产生的烟气中含有二氧化硫、焦油、沥青烟气、少量氟化氢、炭尘等有害物及污染物。

阳极焙烧的烟气净化方法已成熟，主要有氧化铝干法吸附、碱液湿法洗涤、静电捕集法等。为了较彻底治理污染，现在基本都采用电捕集与氧化铝吸附联合法或电捕集与碱液湿法洗涤联合法。

（1）焙烧产生的烟气和粉尘等的危害性。

在阳极焙烧过程中，最主要的污染物是沥青挥发分，沥青挥发分对人体十分有害，即使只与皮肤接触也会损坏皮肤，何况它可能含有致癌的成分，氯气和HF是具有强烈剧毒性的，氰酸（HCN）和氰化物更是有剧毒。生产中排出的挥发分、烟气、分解气体、燃烧不完全的灰黑烟尘、炭粉、酚、苯等物质经过呼吸器官、肠胃道等进入人体，当超过一定量时都会引起中毒。即使是无毒性的炭粉尘，也不能吸入肺部等器官内，也不能过多的与皮肤接触。例如焦粉进入皮肤毛孔内，可形成皮肤小黑点。

焙烧阳极使用天然气、煤气、重油等燃料。天然气主要组成是甲烷，它一般无害；空气中天然气含量大于10%时，可使人窒息。各种煤气中含有一氧化碳，一氧化碳有强烈毒性反应，空气中CO允许含量应不超过$20mg/m^3$。重油化学成分复杂，燃烧后有有机气体和SO_2产生，SO_2是造成酸雨的根源。

（2）静电捕集法。静电捕集法是处理沥青烟气的净化的有效方法，在工业生产中较普遍采用，静电捕集器的结构是由电晕电极、收尘电极、气流分布装置、清灰装置、外壳和供电设备等组成，由于各部分的分类不同，电捕集器也有不同类型。

电捕集器是高效率的收尘设备，它的特点是：能有效地捕集到0.1μm甚至小于0.1μm的烟尘，收尘效率高，能达到99.99%以上；处理烟气量大，能达到每小时几十万甚至上百万立方米；能用于高温气体，通常可在400℃以下工作，采用专门措施，温度还可以提高，烟气湿度可大可小，阻力损失小，有时还可以小于100Pa，可以回收干烟尘。其缺点是：一次投资费用高，但由于维护费少，所以总的费用不算高；设备占地面积大，安装维护管理要求严格，一般的电捕集器对烟尘电阻率有一定要求。

以$15m^2$板式排管型卧式双电场高压电捕沥青烟装置为例，简要介绍如下：

1）电捕器工作原理。电捕器是使含尘气体通过高压直流静电场，利用静电分离原理将气体净化。利用静电分离作用净化气体的工作原理见图 7-24。

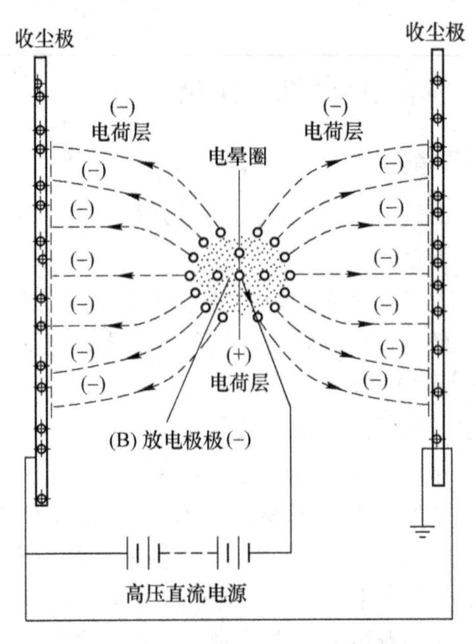

图 7-24　电捕集器工作原理图

图 7-24 中收尘极（正极）系板式排管型（用圆钢筒并排制造，这样可增加收尘面积），由导线引导接地，正极间悬挂电晕电极丝（负极、放电极），极丝下挂一重锤，使极丝保持伸直不摆动，要求极丝与极板保持相当的距离。

放电极（电晕电极）与高压整流器的负极相接，收尘极及整流器的正极均接地。当电极间输入足够的直流电压时，电极间的空间便产生强大的电场，把通过其间的烟气电离成正负离子或自由电子，并形成了电晕放电，烟气中的尘粒与高速运动的离子碰撞而荷电，并在电场作用下定向运动。

由于在电晕区内有大量的正负离子及电子，而在电晕区以外的空间仅有负离子，且后者占据了主要空间。因此，绝大部分的尘粒荷负电而向正极的收尘电极运动，并附着其上，仅少量尘粒在电晕区内荷正电而向负极的放电极（电晕电极）运动。

同理，当焙烧炉的沥青烟气通过极板间的电场时，烟气中的焦油雾也会作定向运动，沉积在极板表面，聚积呈流体并沿筒壁滴下，进下部的灰斗中，完成烟气净化过程。

2）沥青烟气净化设备的工艺流程。

环式焙烧炉沥青烟气→烟道→15m^2 电捕器→净化烟气→负压风机→烟囱排放

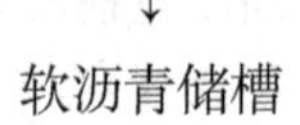

软沥青储槽

采用电捕器对粉尘处理效果很好，收尘效率可达 99.99%，但对有害气体难以处理。

（3）氧化铝干法净化。干法净化是利用新的氧化铝作吸附剂，即用纯净的氧化铝来洗涤焙烧过程中产生的烟气，在不需要水或其他液体的情况下，利用氧化铝具有较大活性表面积的特点来吸附烟气中的焦油、粉尘及氟化物，具有高效的优点。在这个过程中，烟气和氧化铝始终保持干燥，故称干法净化。净化的工艺流程见图 7-25 所示。

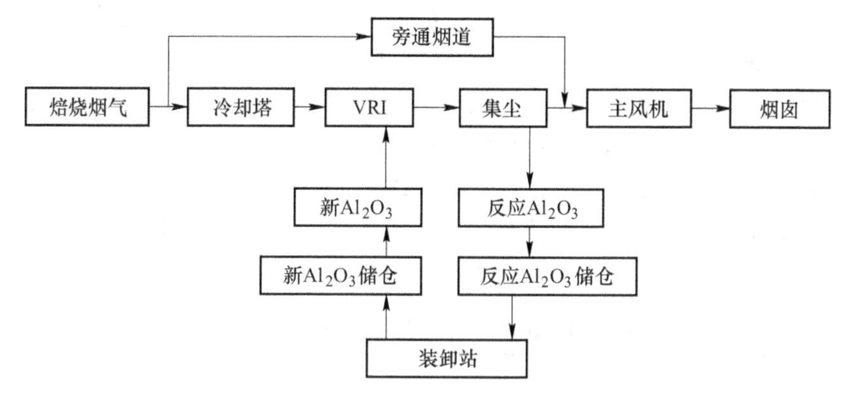

图 7-25 阳极焙烧工序的干法净化工艺流程图

以年产 8 万吨预焙阳极的焙烧烟气净化系统为例，说明其流程原理、净化的技术参数及达到的净化效果：

1）流程原理。把来自焙烧炉的烟气经过一座 ϕ5m，高 30m 的喷水冷却塔，使烟气温度降到 83℃，然后进入四个方形垂直烟道，与垂直径向喷射器（简称 VRI）中喷出的 Al_2O_3 混合，完成吸附过程，再进入四组八室的脉冲布袋处收尘器，经布袋把颗粒物分离后，废气经过三台高效耐温主风机送入高 18m 的烟囱排出。回收的反应后 Al_2O_3 除一部分循环使用外，其余进入反应后料仓作电解原料。设备故障时使用旁通。

2）净化的技术参数。主风机排烟气量：125000Nm^3/h；处理前烟气含尘量：150mg/Nm^3；处理前烟气含焦油量：150mg/Nm^3；处理前烟气含氟量：70mg/Nm^3；烟气温度：max 350℃；平均：150℃。

3）净化效果（排入大气的净化烟气数据指标）。总颗粒物（粉尘）：10mg/Nm^3；总焦油含量：3.0mg/Nm^3；总氟化物含量：1.0mg/Nm^3。干法净化的缺点是对粉尘和 SO_2 的处理效果有待提高。

（4）电捕焦油器和氧化铝吸附布袋除尘器过滤净化二级净化。随着国内环境保护标准逐渐与国际标准看齐，对焙烧烟气中的氟化物、焦油、二氧化硫排放标准更加严格，需要进一步采取措施，以降低外排气体中炭尘、二氧化硫及焦油的含量。

以一座 80kt/a 阳极厂使用 54 室焙烧炉采用电捕焦油器和氧化铝吸附布袋除尘器过滤净化二级净化处理为例，说明净化流程原理和净化效果。

流程原理。阳极焙烧炉烟气采用电捕焦油器和氧化铝吸附布袋除尘器过滤净化二级净化处理。焙烧炉出来的烟气首先进入全蒸发冷却塔进行喷雾降温，烟气温度控制在（90±5）℃；冷却后的烟气进入电捕焦油器，经电捕焦油器净化后的烟气进入氧化铝吸附干法净化系统进一步处理，烟气进入反应器，在反应器处定量加入新鲜氧化铝和循环氧化铝，氧化铝吸附烟气中的氟化氢和沥青烟后进入布袋除尘器实现气固分离。净化后烟气经风机由高 50m 的烟囱排放。

焙烧净化所需氧化铝用槽车运到焙烧净化新鲜氧化铝仓，用量约为电解用氧化铝的 5%，经分料器均匀地送到各反应器中，而布袋捕集下来的载氟氧化铝一部分返回反应器继续参加反应，另一部分经风动溜槽、气力提升机送入载氟氧化铝料仓，定期用槽车送到铝电解车间供生产使用。一座 54 室焙烧炉设 1 套净化系统，烟气净化系统主要指标见表 7-21。

表 7-21　焙烧炉烟气净化主要技术指标表

序号	项　目	数　量
1	每套净化系统排烟量/$m^3 \cdot h^{-1}$	189000
2	烟气起始温度/℃	180~250
3	沥青烟原始浓度/$mg \cdot Nm^{-3}$	200
4	沥青烟净化效率/%	90
5	氟净化效率/%	95
6	粉尘净化效率/%	90
7	沥青烟排放浓度/$mg \cdot Nm^{-3}$	<10
8	粉尘排放浓度/$mg \cdot Nm^{-3}$	<30
9	氟排放浓度/$mg \cdot Nm^{-3}$	<4
10	SO_2 排放浓度/$mg \cdot Nm^{-3}$	120
11	烟囱高度/m	50

生产实践证明，采用电捕焦油器和氧化铝吸附布袋除尘器过滤净化二级净化处理，焙烧污染物排放符合《工业炉窑大气污染物排放标准》的要求，污染物最高允许排放浓度：烟（粉尘）200mg/Nm^3、氟 6mg/Nm^3，沥青烟 50mg/Nm^3，SO_2 850mg/Nm^3 的要求。

（5）采用碱法喷淋-电捕净化技术。以一座 250kt/a 预焙阳极，采用 2 台 54 室敞开式焙烧炉，配套 2 套焙烧烟气净化系统，两套净化系统合用一个烟囱和直排烟道为例，介绍其流程原理和净化效果。

采用碱法喷淋-电捕净化技术，主要考虑是：电捕法可有效地捕集烟气中的沥青焦油，碱法吸附可吸附烟气中有害成分（酸性气体）。

1）工艺流程和原理。来自焙烧炉的烟气经冷却塔喷雾冷却，降温至（85±5)℃，进入电捕焦油器，在这里除去大量的沥青焦油和粉尘等污染物。在冷却塔采用碱性液体进行喷淋，有效去除其中的二氧化硫和其他的酸性气体。

焙烧炉在长期运行过程中，会有一部分焦油冷凝在烟道中，遇明火可能燃烧。为防止烟道着火产生的高温气体损坏设备，烟道中设有蒸气灭火设施。当烟气温度高于250℃或烟道着火时，烟气不经风机直接进入烟囱排入大气；正常工作时，烟气通过冷却塔、电捕焦油器，风机排入大气；当电捕焦油器检修、烟气通过冷却塔后，打开主烟道阀门，进入布袋除尘器，通过风机排入大气。系统控制由PLC可编程控制自动完成。

2）净化的主要技术参数。焙烧炉：2台54室敞开式焙烧炉；烟气量：130000Nm^3/(h·台)；烟气温度：180~250℃；焙烧炉出口负压：2500~3500Pa；喷水降温达到的温度：(85±5)℃；焦油含量：100~150mg/Nm^3；粉尘含量：100~200mg/Nm^3；二氧化硫含量：250~300mg/Nm^3。

3）主要设备技术参数。卧式双电场电捕焦油器1台。电场有效面积：100m^2，电场电压及电流参数：80kV/1.2A，2套。

4）主要污染物排放指标。粉尘：<10mg/Nm^3；焦油：<15mg/Nm^3；二氧化硫：<200mg/Nm^3。

5）主要技术经济指标。吨铝电耗：65kW·h；吨铝水耗：0.84m^3；吨铝压缩空气：96Nm^3；吨铝滤料消耗：0.0102m^2；吨铝蒸汽消耗：36.5kg。

该方法具有净化效率高，处理后烟气中各有害物含量远低于国家排放标准，操作管理方便等优点。可较彻底解决焙烧炉烟气的污染问题。

7.8.2 炭素阴极制造各工序的烟气治理

（1）阴极生产中主要的污染源和污染物。

在炭素阴极生产中，其主要大气污染源是来自阴极焙烧炉，其烟气中含有沥青烟、粉尘、SO_2等污染物。此外，原料仓库、生阴极制造、煅烧、石墨化、焙烧填充料处理和机械加工散发有生产性粉尘（如石墨粉尘、沥青粉尘、焦粉）；沥青熔化、生阴极混捏和高压浸渍设备产生沥青烟气；此外，锅炉和热媒锅炉均以煤、燃气和重油为燃料，会产生含烟尘、SO_2等污染物的烟气。

主要噪声源是烟气净化系统的风机、通风除尘风机、空压机等空气动力性噪声源和破碎机、筛分机、磨粉机等机械性噪声源。

（2）炭素阴极厂烟气治理措施。

1）气治理。焙烧炉烟气一般采用静电捕集法加干法或静电捕集法加湿法的联合法治理，沥青烟排放浓度可控制在 30mg/Nm^3 以下，粉尘排放浓度可控制在 8mg/Nm^3 左右。

原料仓库、沥青熔化、生阴极制造、焙烧、石墨化和机械加工等产生石墨粉尘、焦粉、沥青粉、煤粉、填充料粉尘等污染物，对各工序扬尘点均设通风除尘系统，废气经布袋除尘器处理后排放，粉尘排放浓度小于 120mg/Nm^3。

沥青熔化和高压浸渍产生的沥青烟采用静电除尘器治理，污染物排放满足排放标准要求（沥青烟最高允许浓度 40mg/Nm^3）。

混捏、成型过程中散发含沥青烟和粉尘的废气，采用焦粉吸附加布袋除尘器处理，沥青烟和粉尘的排放浓度可符合国家标准要求（沥青烟：40mg/Nm^3，粉尘：120mg/Nm^3）。

2）过程的烟气与治理。

在浸渍作业时产生大量沥青烟雾，是炭素阴极生产的主要大气污染源之一。对于浸渍工序的烟气净化，国内大型炭素厂采用电捕焦油器加以处理。详见“7.8　铝用炭素工业关键工序的烟气净化”一节。电捕焦油器对沥青烟气的净化效率较高，但设备结构相对较复杂，耗电量大，操作费用高，技术要求严格，因而也有一些中小型炭素厂采用湿法净化沥青烟，见图 7-26。

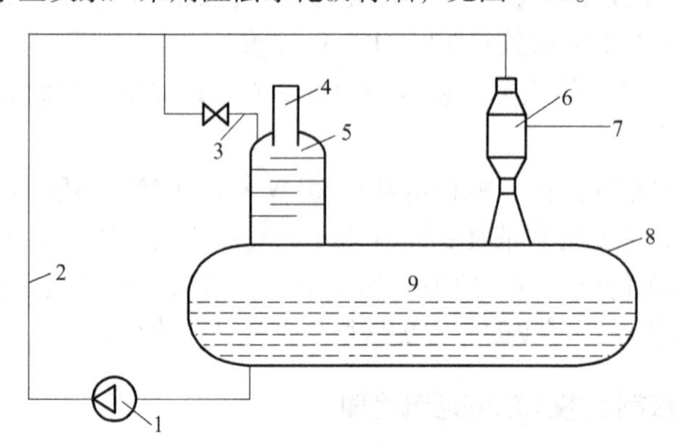

图 7-26　沥青烟气净化示意图

1—油泵；2—压力管道；3—冲洗管；4—放散管；5—洗涤塔；
6—洗涤文丘里管；7—沥青烟道管；8—储油罐；9—洗油（或蒽油）

在净化沥青烟时，启动油泵 1，将贮油罐内的洗油或蒽油经管道 2 注入洗涤文丘里管 6 内，洗涤文丘里管的作用是将油雾化，在文丘里管内造成 588~686Pa 的负压。当沥青烟气经管道进入文丘里管内，与被雾化了的油雾接触，沥青烟充分溶解于洗油之中，凝聚成液滴，沉降至储油罐 8 内。气体经洗涤塔 5，用洗油（或蒽油）进行洗涤后，经放散管 4 放空。湿法净化效率较低，难于满足日趋严格的环保要求。

日本日空工业株式会社曾开发了 DNP 预涂层式烟气净化装置具有效率高、节约能源，安全可靠，滤袋寿命长，不产生二次污染等特点，其工作原理示意见图 7-27。

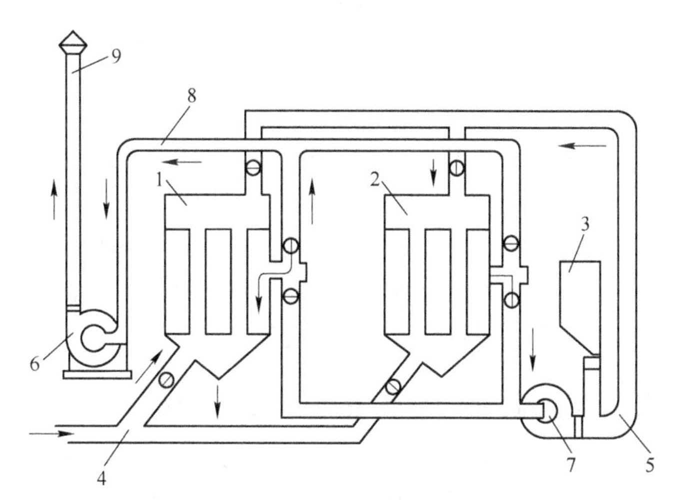

图 7-27 预涂层式烟气净化装置示意图

1—在净化中过滤器；2—正涂敷粉末中的过滤器；3—活性土粉料斗；4—沥青烟管道；5—敷料管道；6—排烟风机；7—敷料风机；8—净化后气体管道；9—排空管

当含焦油的烟气被吸入过滤器 1，通过滤袋时，烟气中的黏性烟雾便被滤袋上的多孔质活性白土粉末滤除。当滤袋上多孔层粉末吸附的焦油雾滴达到一定数量时，外层粉末就会由于自重而脱落下来，定期排出过滤器外。滤袋上裸露出来的新鲜粉末又可继续吸附烟气中的焦油。当过滤袋壁上的粉末逐渐脱落，达到允许的极限厚度时，必须重新涂敷粉末。图中过滤器 2 正处在涂敷粉末的状态。风机将料斗中的活性白土粉末（粒度约 1mm）经管道送到过滤器，借滤袋两侧的压力差涂敷到过滤袋壁上，直到规定的厚度为止。根据生产时烟气净化的要求，可定时控制各自动阀门，使一个过滤器进行烟气净化作业，而另一个过滤器进行粉末涂敷作业，交替进行，使整个装置连续运行。

该套装置对沥青熔化槽，沥青、焦油储罐，混合罐，浸渍罐等设备逸出的沥青烟气都适用，净化效率可达 98%以上，净化后烟气中沥青排放浓度为 10mg/m^{3}以下。

8 铝用炭素工业安全生产与管理

长期以来，我国铝用炭素工业一直强调“安全第一，预防为主，警钟长鸣，安全重于泰山”，确立了安全在生产运营中的地位和作用，也是确保员工生命安全、设备运行安全、产品使用安全的根本。组织实施安全生产是大到贯彻国家法令，小到确保企业生存发展和社会稳定的需要。安全生产是企业正常发展的重要因素，是每位干部和员工必须履行的权力和义务。

8.1 我国铝用炭素工业安全生产主要的法律法规

我国铝用炭素工业安全生产有关的法律、法规、条例等主要有：《生产安全事故应急条例》（自 2019 年 4 月 1 日起施行）、《中华人民共和国安全生产法》《劳动法》《劳动合同法》《国务院令第 302 号 国务院关于特大安全事故行政责任追究的规定》《国务院令第 344 号 危化品安全管理条例》《国务院令第 397 号 安全生产许可证条例》《国务院令第 493 号 生产安全事故报告和调查处理条例》《职业病防治法》《生产安全事故报告和调查处理条例》《工伤保险条例》《特种作业人员安全技术培训考核管理办法》《特种设备安全监察条例》。

安全生产法律、法规、条例的法制要求：应加强国家立法标准和政策，变成强制性法规；加强与国际接轨的认证标准，规范行业标准。要建立企业安全生产长效机制，必须坚持“以法治安”，用法律法规来规范企业领导和员工的安全行为，使安全生产工作有法可依、有章可循，建立安全生产法制秩序。

坚持“以法治安”，必须“立法”“懂法”“守法”“执法”。

（1）“立法”。一方面要组织员工学习国家有关安全生产的法律、法规、条例；另一方面，要建立、修订、完善企业安全管理相关规定、办法、细则等，为强化安全管理提供法律依据。（2）“懂法”。要实现安全生产法制化，“立法”是前提，“懂法”是基础。只有使全体干部、员工学法、懂法、知法，才能为“以法治安”打好基础。（3）“守法”。要把以法治安落实到安全管理全过程，必须把各项安全规章制度落实到生产管理全过程。全体干部、员工都必须自觉守法，以消除人的不安全行为为目标，才能避免和减少事故发生。（4）“执法”。要坚持“以法治安”，离不开监督检查和严格执法。为此，要依法进行安全检查、安全监督，维护安全法规的权威性。

8.2 铝用炭素工业安全生产的重要性及特点

安全生产是安全与生产的统一，其宗旨是安全促进生产，生产必须安全。搞好安全工作，改善劳动条件，可以调动职工的生产积极性。

8.2.1 铝用炭素工业安全生产的重要性

安全是生产的前提，也是铝用炭素材料企业所有工作的基础。对于铝用炭素工业企业来说，安全生产是重中之重的工作，如何加强企业的安全生产工作，首先要求我们的铝用炭素工业企业所有干部和员工能够充分认识安全生产的重要性，其次是牢固树立安全生产的责任意识，加强及提升企业的安全生产管理，全面提升安全管理水平。

(1) 安全生产的重要性。首先，安全生产是企业发展的重要保障，这是在铝用炭素材料生产经营中贯彻的一个重要理念。企业是社会大家庭中的一个细胞，只有抓好自身安全生产、确保一方平安，才能促进社会大环境的稳定，进而也为企业创造良好的生存与发展环境。其次，安全生产是铝用炭素材料企业文化建设的重要组成部分。安全是人类最重要、最基本的需求，是人的生命与健康的基本保证，一切生活、生产活动都源于生命的存在。如果人失去了生命，生存就无从谈起，生活也就失去了意义。如果人因为事故而残疾，因为职业危害而身患职业病，人的生活质量肯定就会大大的降低。总之，“安全第一”是企业安全生产的一个永恒的主题。铝用炭素生产企业只有安全的发展才是健康的发展、和谐的发展。抓好安全工作，十分重要。

(2) 提高安全生产重要性的责任意识。在深刻理解安全生产重要性的基础上，铝用炭素工业企业要全面做好安全生产与管理工作，务必提高安全生产重要性的责任意识。具体实践工作中，特别是各级领导要认真落实如下方面：

1) 认真、深刻地去领会安全生产的重要性，建立、健全安全生产管理制度，加强安全生产培训及考核力度，有针对性地进行对所有新入职员工开展全面的“三级教育”培训，同时在培训过程中可以结合安全事故的案例，利用图片、视频、教育宣传片等的形式进行事故讲解和分析，让员工能够深切体会到出现安全事故之后，不但会给企业带来一定的财产损失，而且也会给他自己带来心灵的创伤，给他的家庭和亲人也会蒙上一层沉痛的阴影。在培训过程中还可以考虑进行现场互动性交流，让员工倾谈自己的想法和建议，培训结束后可以让员工写出自己的心得感言，要求所有的被培训人员以自己的实际行动来履行自己的诺言。

2) 在生产操作过程中必须要求员工严格遵守企业的各项操作规程，首先要求员工自身要有一种安全责任意识，愿意自觉地去遵守企业的各项安全操作规程，愿意深入地去学习和了解它，只有在深刻地领会和了解它的基础上，企业的安全生产的首要前提才算落实。其次是生产车间的厂长、各工段长、各班组长必须对所有新入职员工要进行生产技术交底，多进行规范性操作培训，并且要进行考试和评比，而对于生产车间的一些工作年限较长，在安全生产方面起到模范带头作用的员工，也不能麻痹，生产、质安、行政等联合起来多组织及开展一些针对新员工的安全生产方面的经验交流，让其能够切实起到帮助新员工加强安全生产的作用，同时也对有经验的起到安全警示作用。

3）企业安全生产工作应该强调“以人为本”的理念，劳动者是企业的主角，安全生产不仅保护了劳动者自身的生命，同时也保护了企业的财产安全，因此，企业在生产过程中也要向劳动者提供必要的安全保护，提供足够的安全生产防护用具。只有这样，才能够确保劳动者在生产过程中具备了安全的前提条件。

4）进一步完善安全生产责任制，广泛、深入地开展安全生产宣传教育、培训工作，加大安全生产的监督和检查力度，认真治理和整改安全事故隐患，对于发生一起安全事故，要严查、整改、落实措施到位，把安全生产纳入到企业各部门、各班组、各岗位的综合考核指标中，加大企业安全生产的奖励与处罚力度，切实增强抓好企业安全生产工作的紧迫感、责任感和使命感。生产厂长、各车间主任、各工段长、各班组长也应以公司的各项安全规章制度为指导，从维护企业员工的人身安全、企业的财产大局出发，进一步提高对安全生产工作重要性和当前安全形势的认识，充分认识到只有抓好安全生产才是搞好生产工作的前提和重要标志。

8.2.2　铝用炭素工业安全生产与管理的特点

在铝用炭素工业企业中，发生的安全事故已有深刻的教训，如因导热油泄漏而发生的燃爆、碳粉粉尘没及时处理发生的燃爆、高楼部烧毁多次发生、焙烧炉没有烘干和地下防水措施不力发生爆炸、高空作业坠落等。所以，铝用炭素工业企业是高危和安全生产管理难度较大的行业。

（1）特点。铝用炭素工业企业高危险性和安全生产管理难度较大的行业特点，主要体现在包括但不限于如下方面：

1）全流程涉及到碳粉粉尘，碳粉粉尘在一定的浓度和条件下极易燃烧，甚至燃爆；各工序都有焦炭粉尘产生，粉尘比较滑，煅烧前粉尘基本绝缘，煅烧后粉尘具有一定的导电性，粉尘干扰工作环境，影响身体健康。2）涉及到低燃点的导热油和煤沥青等，一旦泄漏，遇到明火或者电火花等，极易燃爆；沥青及其烟尘含有3%~4%苯并芘强致癌物质，且刺激、侵蚀人的机体。3）全流程都在使用有关的电气设备，存在漏电、短路等潜在不安全因素。4）全流程采用机械化作业，且在配料、煅烧、混捏、成型、焙烧等工序存在立体化的高空和地面上的同时作业，存在高空作业的风险及重物碰撞等潜在不安全因素。5）全流程存在高压气体管道，如蒸汽管道、压缩空气管道等。6）有关工序及烟气净化工序存在着一定量的有害气体，如CO、SO_2、HF和沥青烟等；使用有毒、易燃、易爆的煤气，易于发生中毒、爆炸、着火事故。7）在铝用炭素工业企业中，经常涉及到生产和设备检修、炉窑的大中小修同时交叉作业，存在管理上的难度和不易沟通、全面掌握情况及专业所限等的安全隐患；机械、电器繁多，多工种交叉作业，加上粉尘影响，易于发生机械、电器事故。8）采用煤气或者天然气为能源燃料，防止其泄漏和杜绝燃爆十分艰巨等。9）煅烧、焙烧高温作业，容易发生烧伤、烫伤事故，高温光辐射也损害人体。

（2）铝用炭素企业生产过程中发生事故原因分析。在铝用炭素工业企业的生产经营和设备检修过程中发生事故有多种类型，原因也有多种，其中，在安全管理中出现断层，是导致发生各类事故的主要原因。

消除安全管理的断层，就是车间、班组把安全工作落实到具体的生产和设备检修现场。做到生产和设备检修现场有人管安全、有人负责安全、有人监督安全，有人保证安全。各作业区域必须设立安全负责人，提前制定完善的事故处理应急预案。并办理应当办理的作业手续。决不能以生产忙、人员少为借口而忽略、放弃抓安全。建立健全安全管理体系是做好安全工作的前提和保障。安全工作虽然涉及到方方面面，但人是主要因素。因此，必须树立以人为本的理念，切实抓好全员的安全培训，认真落实“三级安全教育”制度，培养员工严格尊重守纪的自觉性，以及安全操作的技能。

在此，特别并着重讲述导热油的安全使用问题，望引起铝用炭素工业企业的高度重视。

导热油作为间接传热介质，在我国铝用炭素生产过程中已经成功地应用20多年。因其具有在常压下便可获得高温、能循环加热、只给损失的温差补充热量、设备简单、比水蒸气加热安全节能等诸多优异特性，在行业中被广泛运用，技术日臻成熟。

然而人们在充分运用和发掘这种优良性能时，逐渐发现另一个重要特性：它毕竟是具有可燃性的有机化合物，被加热到一定温度时会产生油蒸汽，在空气中积累达到一定浓度也会爆炸；更为关键的是它在爆炸之后，可随时或同时发生着火，这一特性比水蒸气危险。

近些年来，导热油加热系统爆炸、着火的恶性事故时有发生，每一次事故都伴随着人员伤亡。这些用鲜血乃至生命换来的教训是极其宝贵的。然而，这些惨痛的事故是不可以、也不应该重复发生的，应该引以为戒。

任何一种化学品的使用都具有风险。若能充分了解不同类型导热油的性能，并使之与系统装置相匹配，正确使用，科学管理，消除安全事故隐患，就能扬长避短，趋利避害。导热油是一类特殊的化学品，虽然不是易燃易爆物，但却是可燃物，除了具有传热的“功能性”，还具有一定的“安全属性”。

影响导热油安全运行的因素是多方面的，概括起来有如下5个方面：

1）导热油传热系统的设计和配置不合理，形成先天缺陷。热油炉与用热系统的设备不匹配是首要问题；其次是导热油加热系统的循环流程不合理；第三是热油炉与热油泵不匹配；第四是热油炉设计不合理，使导热油的加热炉变成“裂化炉”。

2）热油炉制造、循环系统安装不规范。有的热油炉制造不符合标准规范，为降低成本而采用低质钢材；有的是由蒸汽快装炉改装而成；有的是土法卷制。另外，整个供用热循环系统安装不合理，存在偷工减料现象；各种控制仪表安装不到位，一些关键控制点数据不全或不准确；一些阀门、仪表安装的位置不正确，不便于操作或不安全。

以上两方面问题给系统带来先天性缺陷，致使导热油传热循环系统在尚未运行时就已经留下隐患。运行后，各种故障逐渐显现出来，系统开开停停。在这频繁的开开停停中，加快了导热油变质劣化速度，又反过来促进了系统无法正常工作，形成恶性循环。

3）选用的导热油与传热系统要求不匹配。一部分企业在选油时，没有依据实际工作温度来选油，更没有考虑膨胀罐封闭是否对导热油型号有不同要求。而是在不负责任的商家错误宣传下，听信其所谓的“合成油”就是最佳的。所谓的“合成油”因其分子是由芳烃构成的，具有不耐氧化、挥发性强、毒性大等特性，必须在封闭系统中使用。另外，大部分已取得GB 23971型式报告的导热油没有检测“氧化安定性”指标，或“氧化安定性”不合格，这样的油品也必须在封闭系统中使用，用户却忽略了这个问题。若用户所选的是芳烃型或氧化安定性不合格的导热油，而又全部用于开式系统中，反映出的问题就是：除了油品非正常性损耗、污染工作环境之外，还使油品非正常性老化、使用寿命短、提前报废。

4）采用劣质导热油。导热油的一系列国家标准、行业标准已相继颁布多年，然而诸多铝用炭素企业不知道有上述标准，更不了解这些标准的详细内容；有的导热油生产商、经销商又故意封锁这些标准信息。而信息的隔绝与不对称，又导致用户选油时带有盲目性，常常被一些导热油厂不规范的、不真实的广告信息所困扰，造成不应有的损失。有的用户尽管了解这些信息，但只片面追求低价格，忽视导热油的质量，采用无标准的、品质低劣但价格便宜的产品。出现问题后，无法获得售后服务与技术支持，也是导致事故的原因之一。所有的液体石油制品都具有传热性能，然而并非都能作传热介质。仅就导热油而言，不同的原料、工艺配方、质量标准，必然导致成品质量的差别，并直接作用于价格中。因此，导热油价格的高低，除了原料价格因素（这是决定因素）外，还包含了生产商的商业信誉积累、质量标准、技术服务能力、品牌文化、经营管理等诸多因素。只有将这些要素全面整合才能形成可以让用户放心使用的产品。

5）操作失误和缺乏动态管理。在铝用炭素工业企业的生产实践中发现了许多问题，比较普遍的案例如下，应引起铝用炭素生产企业高度重视和引以为戒：

① 没有建立导热油购货档案。用户对自己使用的导热油是什么牌号、哪家生产的、质量是否符合国标要求、有没有型式试验报告、所购批次产品的出厂检验数据、使用说明等这些基本信息都不知道。② 没有对系统在用油进行年度检验。有的试车之后就一直使用下去，除了中间补充新油之外再没有任何管理，至于油品已经使用到什么程度、是否已经达到报废，一概不知。③ 系统出现异常时没有及时检测在用油。有的油品已经严重裂解，闪点及初馏点极低，蕴藏着火灾危险隐患却全然不知。④ 有的用户明知系统中的在用油已经严重劣化，其各项指标已大幅度超过报废指标，但为了降低成本，心存侥幸，继续“带病”运行，结果带来更大的损失。⑤ 锅炉岗位频繁换人，又对操作人员缺乏培训，致使误操作而发生事故。

8.3 安全生产法律法规及安全基础知识

8.3.1 安全生产基本法规

《中华人民共和国安全生产法》2002 年 11 月 1 日施行，目的是为了加强安全生产监督管理，防止和减少生产安全事故，保障人民群众生命和财产安全，促进经济发展，明确了安全责任制并规定了从业人员的权利和义务。

(1)《安全生产法》确立的我国安全生产基本法律制度：

企业负责——企业是安全生产的责任主体，即管生产，必须管安全；国家监察——政府依法对企业的安全生产实施监督管理，即安全监察、安全审查；行业管理——由政府相关行政主管部门或授权的资产经营管理机构或公司，实施直管、专项监管；社会监督——工会、群众、媒体舆论；中介服务——国家推行安全生产技术中介服务制度。

(2)《安全生产法》赋予从业人员有关安全生产和人身安全的基本权利，可以概括为以下五项：

1）享有工伤保险和伤亡的求偿权；2）危险因素和应急措施的知情权；3）安全管理的批评检控权；4）拒绝违章指挥和强令冒险作业权；5）紧急情况下的停止作业和紧急撤离权。

(3) 生产经营单位负责人安全责任制度。

生产经营单位应当具备的安全生产条件所必需的资金投入，由生产经营单位的决策机构、主要负责人或者个人经营的投资人予以保证，并对由于安全生产所必需的资金投入不足导致的后果承担责任。

资金投入主要包括：安全技术措施、安全教育、劳动防护用品、保健、防暑降温等。

8.3.2　安全生产基础知识

（1）安全的定义。

安：无危（危险、危害）为安。全：无损（损伤、损害、损坏、损失）为全。安全（safety），顾名思义，“无危则安，无缺则全”，即安全意味着没有危险尽善尽美，这是与人的传统的安全观念相吻合的。体现在：

1）安全是指客观事物的危险程度能够为人们普遍接受的状态。2）安全是指没有引起死亡、伤害、职业病或财产、设备的损坏或损失或环境危害的条件。3）安全是指不因人、机、媒介的相互作用而导致系统损失、人员伤害、任务受影响或造成时间的损失。

（2）安全生产。是指在生产过程中保证人身安全和设备安全。就是说：既要消除危害人身安全与健康的一切有害因素，同时也要消除损害产品、设备或原材料的一切危险因素，保证生产正常进行。

（3）我国安全生产的方针。安全第一、预防为主、综合治理。

（4）安全生产责任制。安全生产责任制是根据安全生产法规建立的各级领导、职能部门、工程技术人员、岗位操作人员在劳动生产过程中对安全生产层层负责的制度。

（5）安全生产责任制的作用。

1）明确了单位的主要负责人及其他负责人、各有关部门和员工在生产经营活动中应负的责任；2）在各部门及员工间，建立一种分工明确、运行有效、责任落实的制度，有利于把安全工作落到实处；3）使安全工作层层有人负责。

（6）特种作业。特种作业是指容易发生人员伤亡事故，对操作者本人、他人及周围设施的安全可能造成重大危害的作业。直接从事特种作业的人员称为特种作业人员。特种作业有：电气作业，金属焊接、切割作业，起重机械（含电梯）作业，企业内机动车辆驾驶，登高架设作业，锅炉作业（含水质化验），压力容器作业，制冷作业，爆破作业，矿山通风作业，矿山排水作业，矿山安全检查作业，矿山提升运输作业，采掘（剥）作业，矿山救护作业，危险物品作业，经国家安全生产监督管理局批准的其他作业。

（7）三级安全教育。企业安全生产教育的3种形式是指工人三级安全教育、特种作业人员安全培训和经常性安全教育。三级安全教育是指新入厂职员、工人的厂级安全教育、车间级安全教育和岗位（工段、班组）级安全教育，它是厂矿企业安全生产教育制度的基本形式。

（8）不安全行为。

属于不安全行为有：1）操作错误、忽视安全、忽视警告：未经许可开动、关停设备等。2）安全装置失效：撤除安全装置，或安全装置堵塞。3）使用不安全设备。4）手代替工具操作。5）冒险进入危险场所。6）攀坐不安全位置。7）在必须使用个人防护用品用具的作业或场合忽视其作用：不按规定佩戴护目镜、不戴防护手套、不穿安全鞋、不戴安全帽、在受限空间不戴呼吸器等。8）不安全装束：操纵旋转设备时戴手套等。

（9）职工的安全职责。

1）自觉遵守安全生产规章制度和劳动纪律，不违章作业，并随时制止他人违章作业；2）遵守有关设备维修保养制度的规定；3）爱护和正确使用机器设备、工具，正确佩戴防护用品；4）关心安全生产情况，向有关领导或部门提出合理化建议；5）发现事故隐患和不安全因素要及时向组长或有关部门汇报；6）发生工伤事故，要及时抢救伤员、保护现场，报告领导，并协助调查工作；7）努力学习和掌握安全知识和技能、熟练掌握本工种操作程序和安全操作规程；8）积极参加各种安全活动，牢固树立“安全第一”思想和自我保护意识；9）有权拒绝违章指挥和强令冒险作业，对个人安全生产负责。

（10）员工的权利。

1）知情权，即有权了解其作业场所和工作岗位存在的危险因素、防范措施和事故应急措施；2）建议权，即有权对本单位的安全生产工作提出建议；3）批评权、检举权、控告权，即有权对本单位安全生产管理工作中存在的问题提出批评、检举、控告；4）拒绝权，即有权拒绝违章作业指挥和强令冒险作业；5）紧急避险权，即发现直接危及人身安全的紧急情况时，有权停止作业或者在采取可能的应急措施后撤离作业场所；6）依法向本单位提出损害赔偿要求的权利；7）获得符合国家标准或者行业标准劳动防护用品的权利；8）获得安全生产教育和培训的权利等。

（11）安全帽的防护作用。

1）防止物体打击伤害；2）防止高处坠落物伤害头部；3）防止机械性损伤；4）防止污染毛发伤害。

（12）安全帽使用注意事项。

1）要有下颌带和后帽箍并拴系牢固，以防帽子滑落与碰掉；2）热塑性安全帽可用清水冲洗，不得用热水浸泡，不能放在暖气片上、火炉上烘烤，以防帽体变形；3）安全帽使用超过规定限值，或者受过较严重的冲击后，虽然肉眼看不到裂纹，也应予以更换。一般塑料安全帽使用期限为三年；4）佩戴安全帽前，应检查各配件有无损坏，装配是否牢固，帽衬调节部分是否卡紧，绳带是否系紧等，确认各部件完好后方可使用。

（13）防护眼镜和面罩的作用。

1）防止异物进入眼睛；2）防止化学性物品的伤害；3）防止强光、紫外线和红外线的伤害；4）防止微波、激光和电离辐射的伤害。

（14）防护眼镜和面罩使用注意事项。

1）选用的防护目镜要选用经产品检验机构检验合格的产品；2）防护目镜的宽窄和大小要适合使用者的脸型；3）镜片磨损粗糙、镜架损坏，会影响操作人员的视力，应及时调换；4）防护目镜要专人使用，防止传染眼病；5）焊接防护目镜的滤光片和保护片要按规定作业需要选用和更换；6）防止重摔重压，防止坚硬的物体摩擦镜片和面罩。

（15）防尘防毒用品的作用。

1）防止生产性粉尘的危害。由于固体物质的粉碎、筛选等作业会产生粉尘，这些粉尘进入肺组织可引起肺组织的纤维化病变，也就是尘肺病。使用防尘防毒用品将会防止、减少尘肺病的发生；2）防止生产过程中有害化学物质的伤害。生产过程中的毒物如一氧化碳、苯等侵入人体会引起职业性中毒。使用防尘防毒用品将会防止、减少职业性中毒的发生。

（16）防护手套的作用。

1）防止火与高温、低温的伤害；2）防止电磁与电离辐射的伤害；3）防止电、化学物质的伤害；4）防止撞击、切割、擦伤、微生物侵害以及感染。

（17）防护手套使用注意事项。

1）防护手套的品种很多，根据防护功能来选用。首先应明确防护对象，然后再仔细选用。如耐酸碱手套，有耐强酸（碱）的、有耐低浓度酸（碱），而耐低浓度酸（碱）手套不能用于接触高浓度酸（碱），切记勿误用，以免发生意外；2）防水、耐酸碱手套使用前应仔细检查，观察表面是否有破损，采取简易办法是向手套内吹口气，用手捏紧套口，观察是否漏气。漏气则不能使用；3）绝缘手套应定期检验电绝缘性能，不符合规定的不能使用；4）橡胶、塑料等类防护手套用后应冲洗干净、凉干，保存时避免高温，并在制品上撒上滑石粉以防粘连；5）操作旋转机床时禁止戴手套作业。

（18）绝缘鞋（靴）的使用及注意事项。

1）应根据作业场所电压高低正确选用绝缘鞋，低压绝缘鞋禁止在高压电气设备上作为安全辅助用具使用，高压绝缘鞋（靴）可以作为高压和低压电气设备上辅助安全用具使用。但不论是穿低压或高压绝缘鞋（靴），均不得直接用手接触电气设备；2）布面绝缘鞋只能在干燥环境下使用，避免布面潮湿；3）穿用绝缘靴时，应将裤管套入靴筒内。穿用绝缘鞋时，裤管不宜长及鞋底外沿条高度更不能长及地面，保持布帮干燥；4）非耐酸碱油的橡胶底，不可与酸碱油类物物质接触，并应防止尖锐物刺伤。低压绝缘鞋若底花纹磨光，露出内部颜色时则不能作为绝缘鞋使用；5）在购买绝缘鞋（靴）时，应查验鞋上是否有绝缘永久标记，如红色闪电符号，鞋底有耐电压多少伏等表示；鞋内有否合格证，安全鉴定证，生产许可证编号等。

（19）防静电鞋、导电鞋的使用注意事项。

1）在使用时，不应同时穿绝缘的毛料厚袜及绝缘的鞋垫；2）使用防静电鞋的场所应是防静电的地面，使用导电鞋的场所应是能导电的地面；3）禁止防静电鞋当绝缘鞋使用；4）防静电鞋应与防静电服配套使用；5）穿用过程中，要按规定进行电阻测试，符合规定才可使用。

（20）安全带的作用。预防作业人员从高处坠落。

（21）安全带使用注意事项。

1）在使用安全带时，应检查安全带的部件是否完整，有无损伤，金属配件的各种环不得是焊接件，边缘光滑，产品上应有“安鉴证”字样；2）使用围杆安全带时，围杆绳上有保护套，不允许在地面上随意拖着绳走，以免损伤绳套，影响主绳；3）悬挂安全带不得低挂高用，因为低挂高用在坠落时受到的冲击力大，对人体伤害也大。

8.4 铝用炭素材料生产过程中的安全生产管理常识

铝用炭素材料生产过程是一个复杂的、较高危险性的过程，生产企业务必高度重视安全生产管理工作，要认真贯彻执行我国的安全生产方针，完善安全生产责任制，从各级领导到每位员工都要从内心深处高度重视。

（1）安全生产方针。我国的安全生产方针是“安全第一、预防为主、综合治理”。其中，“安全第一”的含义是企业事业单位的领导者要把安全和生产统一起来，抓生产首先要抓安全；“预防为主”是实现“安全第一”的基础，就是要做到“防微杜渐”“防患于未然”，把安全管理由过去传统的事故处理型转变为现代的事故预防型，把工作的重点放在预防上；“综合治理”就是全面地科学地采取有效措施，确保安全生产。

（2）安全生产管理中的“三违、三同时、五同时”。

“三违”是指违章指挥、违章操作、违反劳动纪律。据统计80%以上的事故发生的直接原因是由于“三违”造成的。

“三同时”是指企业新、改、扩建设项目时，其劳动安全卫生设施必须符合国家规定的标准，必须与主体工程同时设计、同时施工、同时投入生产和使用。

“五同时”是指企业在计划、布置、检查、总结、评比生产工作的同时计划、布置、检查、总结、评比安全工作。

（3）安全生产管理中的“四不伤害、四不放过”原则。

安全生产经常提到的“四不伤害”原则：是指不伤害自己，不伤害他人，不被他人伤害，监督他人不伤害他人。

“四不放过”原则：是指每个企事业单位在调查处理工伤、设备事故时必须遵循的原则，即坚持事故原因未查清不放过，事故责任者未受到严肃处理不放过，广大员工没有受到教育不放过，有效的防范措施未得到落实不放过。

（4）安全生产管理中的“安全标志与安全色”。安全标志是指在操作人员容易产生错误而造成事故的场所，为了确保安全，提醒操作人员注意的一种特殊标志。国家规定的安全色有红、蓝、黄、绿四种颜色。红色表示禁止、停止（也表示防火）；蓝色表示指令或必须遵守的规定；黄色表示警告、注意；绿色表示提示、安全状态、通行。

（5）铝用炭素企业安全用电常识。电能对人体造成伤害。电流对人体的伤害可分为电击和电伤，电击是电流直接作用于人体造成的伤害，电伤是电流的热效应、化学效应或机械效应对人体造成的局部伤害。触电的方式可分为单相触电、两相触电、跨步电压触电。以下为铝用炭素生产企业安全用电常识：

1）车间内的电气设备，不要随便乱动。自己使用的设备、工具如电气部分出现了故障，应报告组长，并请电工修理，不得擅自修理，更不得带故障运行。2）经常接触和使用的配电箱、配电板、按钮开关、插座以及导线等，必须保持完好、完全，不得有破损或将带电部分裸露出来。因为车间内有大量的碳粉粉尘、腐蚀气体等，因此必须将配电箱门关严（组长应全面负责配电箱门的关闭）。3）移动某些非固定安装的电气设备，如电焊机、照明灯等，必须先切断电源再移动。严禁硬拉蛮拽。4）焊工工作时，严禁将导线搭在身上或踏在脚下；使用手电钻、砂轮等手动工具时，要先检查电线是否漏电，接地线是否接牢。5）在雷雨天，不要走进高压设备等接地线周围20m内，以防雷击时发生跨步电压触电，一旦遇到此情况，应采用单足或并足跳离危险区（20m外）。6）停电检修设备时，应按停电、验电、放电、架设临时接地线、装设遮栏、悬挂标志牌等步骤以保证安全，并严格执行工作票制度。

（6）铝用炭素生产企业厂车安全。铝用炭素生产企业工艺车主要包括叉车、物料运输车、阳极拖车及其他通勤车辆等。

工艺车驾驶员必须经培训并取得合格证后才能独立作业，叉车在厂区干道行驶最高时速不超过10km/h，车间内行驶最高时速不超过5km/h，且在启动、拐弯时必须鸣笛、亮指示灯。

物料运输车辆进入厂房必须在停车线停车观察，确认安全后才可进入厂房，厂房任何工作人员都有监督工艺车按章行驶的权力与义务。

（7）铝用炭素企业安全生产管理日常必须抓好的工作。

1）管控好危险源。危险源就是指一切对安全生产有危害的因素。危险源会随工作环境改变、工器具的改变、生产工艺流程的改变、人员的变化等而改变，因此班组长要经常组织员工对危险源进行辨识并制定一些预防措施。2）切实抓好全员的人员培训。据不完全统计，目前由于“三违（违章指挥、违章作业、违反劳动纪律）”现象造成的事故已占事故总数80%以上，这充分说明“人”在安全生产工作中起到非常重要的作用。无数的事故已经充分说明安全意识的淡薄、违章操作、冒险蛮干、侥幸心理等都为事故的发生埋下了祸根。因此，人员的培训是安全工作必不可少的支柱。因此，铝用炭素企业安全生产管理的重要工作之一就是认真抓好全员的安全培训工作。3）设备管理是安全生产的保证。班组长要对自己管理区域的设备运行情况了如指掌，设备有无异常，有无缺陷，是否需要停机检修，检修质量是不是符合标准，各种设备有无异常，出现异常后该如何处理，出现紧急情况怎么落实应急措施，怎么求得外部支援等。在日常安全生产管理中，应做好如下管理：工器具管理。班组长要不断的对班组使用的工器具进行观察与检查，严禁使用不合格工器具；班组长必须对应急工具进行管理，对应急工具的数量，质量不单只是工区长要检查，班组长也要不定时进行清查，要做到心中有数，必须让班组所有员工知晓应急物资及应急工具的存放地点，拿取方便，且非急用不得随意动用；在工作实践中，班组长要对生产工具提出不断改进的建议与要求，减少工器具带来的危害因素；现场管理。生产作业环境对安全生产影响至关重要，我们的铁制工具随手乱丢，极有可能造成接地短路，斗车占道或乱放可能被拖车撞坏甚至可能造成人员伤亡，地面灰尘厚，厂房烟气大都会给作业者职业健康带来问题。因此，班组长必须坚持“7S”管理，了解现场安全生产情况：现场定置是否标准、人员是否按规程作业、安全措施是否完善、有无违章现象，也就是常说的消除物的不安全状态。4）违章的心态分析。从诸多的安全事故中得到深刻的教训就是对安全生产的心态不端正，存在违章和侥幸心态，具体分析如下：

其一是自以为是，习以为常。自己认为常年从事该项工作很有经验，习以为常，满不在乎，当工作条件和环境发生变化后没有全面分析周围环境，没有进行日常检查，没有意识到操作方法的错误，没有注意到异常情况，放松警惕，一旦遇到突发事件，惊慌失措，没有采取有效措施造成事故。其二是心存侥幸，总觉得不会发生事故。这种情况往往遇到难干、麻烦的工作时，只图省事、省力侥幸完成任务，虽然感到操作有一定的危险，但认为问题不大，不严格按有关规定和操作规程执行，导致事故发生。这种现象在日常工作中比较常见，也是造成事故的主要原因。其三是技术不熟，能力不够，冒险蛮干。自己没有工作能力和经验，又不向他人请教，认为自己技术和经验已达到要求，而实际没有达到。既经验不足，又缺乏技术能力，没有感觉到危险的存在，而是盲目地进行作业，导致事故发生。其四是受情绪的影响，思想不集中。因受到外界的刺激，如与同事或家人发生矛盾，心情不好，或遇到特别高兴的事，感情冲动，在这些异常情绪影响下，会造成注意力不集中，易发生事故。其五是麻痹思想的影响。过去凭经验操作过许多次，凭老经验办事，认为作业太简单，不会出现问题，在这种思想支配下，也易发生事故。其六是力不从心，过度疲劳，引发事故。操作人员过于疲劳，各种感觉机能减弱，注意力下降，动作准确性和灵敏性也下降，人的思维和判断错误率高，无法正常操作，极易发生事故，特别是长时间加班应当留心这个问题。作为铝用炭素生产企业的所有管理者，都应该掌握和把控上述心态，特别是班组长，在了解上述心态后，在安排工作时应加以充分考虑，防止和杜绝发生意外。

（8）铝用炭素企业爆炸性混合物相关知识。爆炸性混合物是指可燃性气体或蒸气与助燃性气体形成的能够引起爆炸过程的均匀混合系。铝用炭素行业企业可能产生爆炸性混合物的主要物质有：

1）天然气（或煤气）；2）工艺废气；3）高温沥青；4）导热油；5）石油焦粉尘等。

所有可能接触到这些物质的工艺、设备、岗位，都有可能产生爆炸性混合物。例如：

1）焙烧炉炉室；2）天然气（或煤气）管道；3）焙烧炉烟道；4）高温沥青输送储存系统；5）导热油输送储存系统等。

易导致焙烧炉炉室爆炸的因素主要有：连续点火不成功，再次点火时未按规定进行吹扫；阀门泄漏或关闭不严；违反操作规程，未吹扫，先开气，后点火；供气压力波动大；低负荷运行时给风量太大；燃烧器部分堵塞，气量不足；运行中风量不足，燃烧不完全。

易导致管道天然气（或者煤气）火灾爆炸的因素主要有：管道内天然气泄漏并遇点火源；管道内形成爆炸性气体混合物；管道内天然气超压；安全装置缺失或失效；管内天然气流速过快；违规进行动火作业。

易导致高温沥青系统火灾爆炸的因素主要有：高温沥青系统泄露导致产生（密闭）气相空间，有点火源、违规动火、卸油装置接地不良等。导热油在输送中均为密封输送，理论上没有泄漏，但实际使用过程中可能会有极少量的泄漏。在遇明火、弧光、静电等情况下，可能会导致导热油火灾。这种情况在炭素生产企业时有发生。

易导致焙烧炉烟道爆炸的因素有：焙烧炉炉室燃烧时，空气供给系数设置不当；烟道气体成分监测设施缺乏；焙烧炉供气压力波动大；烟道严密性差，空气被吸入烟道内；其他因素。

爆炸性混合物无论组成如何不同，在确定的条件下，都有其引爆的浓度下限和上限，即通常所称的爆炸极限。一般情况下提及的爆炸极限是指这种可燃性气体或蒸气与空气混合在标准试验条件下测得的爆炸极限。

引起爆炸条件：1）具有遇火花或明火易发生激烈反应之物质存在，如粉尘、易燃气体或液体等。2）可燃易爆气体、液体、或粉尘与空气或氧气混合达到一定浓度范围。3）有点火源。

预防和控制措施：可燃气体、可燃蒸汽及液雾和可燃粉尘等可燃物，在一定条件下能够和空气等氧化剂形成爆炸性混合物，这种爆炸性混合物若受到点火源的点燃作用，便会发生火灾爆炸事故。此类火灾爆炸事故在工业企业中较为常见且危害严重。为了预防此类火灾爆炸事故的发生，除了防止形成这种爆炸性混合物之外，最重要的就是控制和消除点火源的点燃作用。

以上为铝用炭素企业爆炸性混合物知识点总结，每个炭素企业所有员工都应该知晓熟练掌握，对身边的风险点危险源做到心中有数，有效防范。

8.5 铝用炭素材料生产过程中的安全影响因素分析

前面讲述过：碳在自然界中的三种形态，金刚石、石墨、不定形碳（煤炭、焦炭等）。由于三者原子结构不同，决定了很多性质不同，它们在一定条件下可转化，不定形碳加热至2500℃左右转化为石墨。石墨在高温高压下可转化为金刚石，它们的共同点是在一定的温度下，在空气中氧化成二氧化碳。碳不融化，只在3500℃升华（固态直接转化为气态），碳的这一性质决定了炭素生产的特点，即不能用熔融的方法生产炭素制品，只能用固体炭以一定粘结剂黏结。粘结剂在高温处理时焦化，生成的粘结剂焦固定焦炭形态，粘结剂焦具有与固体焦炭基本相同的性质，使其制品具有一定理化性能。生产铝电解用阳极和阴极，使用的原料为不定形碳中少灰的石油焦、电煅煤和沥青焦，使用的粘结剂为煤沥青。

8.5.1 铝用炭素生产工艺流程及特点

国际上普遍采用熔融法炼铝技术，炭素阳极和炭素阴极是炼铝不可或缺的主要材料。炭素阳极分为自焙铝电解槽用的炭阳极糊（现在在国内已全部被淘汰）和预焙铝电解槽用的预焙炭阳极；炭素阴极可分为石墨化炭阴极和半石墨质炭阴极。

以铝用炭素阳极为例：炭素阳极的生产过程主要为沥青处理（熔化或干燥）；焦炭的煅烧、破碎、分级、与沥青一同配料、混捏、成型、焙烧等，阳极糊生产不需要成型和焙烧。工艺流程图见8-1。

生产炭素阳极使用的原料为少灰的石油焦、沥青焦和粘结剂煤沥青。石油焦是石油炼制后的渣油焦化的产物。沥青焦是沥青焦化的产物。两种焦炭经煅烧后具有比电阻较低、强度较好等性质。

煤沥青是煤焦油蒸馏等处理后的产物。煤沥青能较好的浸润粘结焦炭与石油焦、沥青焦。

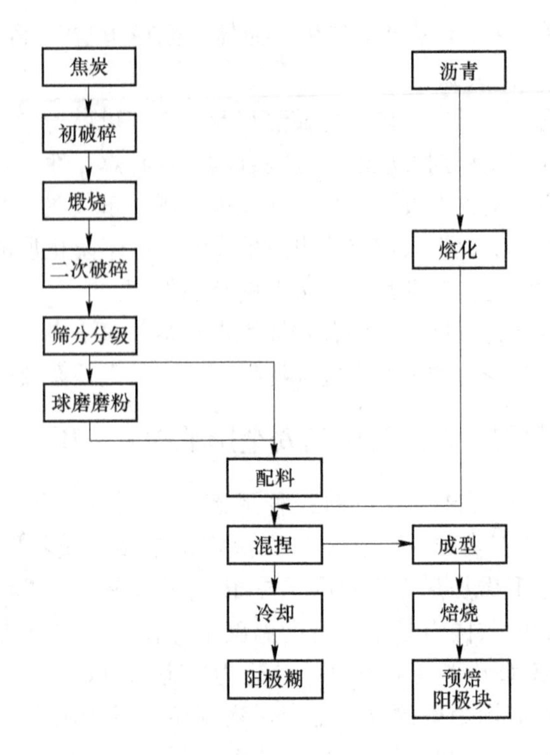

图 8-1　铝用炭素阳极工艺流程

炭素阳极生产周期较长；使用各种设备较多；生产过程中产生的焦炭粉尘、沥青烟尘；煅烧、焙烧为高温作业，且使用天然气或者煤气作燃料，易产生安全事故，在工作中必须严格遵守各项规章制度，使各岗位的每一位员工务必了解、掌握安全常识，才能保证安全生产。

8.5.2　影响铝用炭素材料生产的安全因素分析

由于各铝用炭素企业生产系统采用的设备、工艺技术不同的原因，对铝用炭素生产企业的生产过程中的安全因素分析进行充分完全的分析是非常困难的；但就铝用炭素企业各工序较普遍的影响安全生产的因素分析如下，供工作参考。

（1）原料运输、破碎。原料运输、破碎，主要指原料石油焦等由堆场经桥式抓斗吊车抓运到下料储槽，再经给料、皮带运输机运到初破碎，经破碎机破碎后运输、以及煅烧后的破碎、运输过程。这一过程机械化程度较高，但也有一定的体力劳动，有部分露天作业。因此，可能的影响安全生产的和注意的问题如下：

1）整个过程产生大量焦炭粉尘，粉尘基本对人无急性危害，但粉尘破坏工作环境，影响工作，如粉尘弥漫时影响视线。粉尘较滑（细粉尘像一层润滑剂、粗粉尘像小球体），要防止滑倒、摔伤、碰伤。长期在粉尘环境中工作易得尘肺病，所以应引起重视，尽可能避开粉尘环境或戴口罩等防护用品。

2）给料下料工作，首先用桥式吊车把原料焦炭转运到下料槽，下料槽再给到皮带运输机。桥式吊车抓料时活动范围比较大，经常有少量的物料从抓斗中漏出，因而吊车工作时其他人员要离开其工作范围、防止吊车碰伤及物料掉落打伤。

下料槽给皮带运输机上料时，经常有较大块原料需要打碎，否则易堵料，在料堆上打碎大块物料时要防止由于料堆较疏松、易于滑动造成挫伤。下料槽给皮带上料时经常蓬料，需要捅料。捅料时要站在皮带运输机侧面，不要站在或跨在皮带运输机上或利用皮带运输机做支点压撬捅料，工具不要放在皮带上，因为运输皮带是用橡胶制作的，橡胶与其他物体间摩擦系数大，接触易刮带。防止和杜绝操作工捅料时误将手伸到皮带与皮带上的挡板间，在运行中的皮带把手背大部分磨伤刮伤；防止和杜绝因操作工误将铁锨伸到皮带与皮带托辊间，皮带带动铁锨运动，避免铁锨把操作工的后背、腰部击伤、刮伤、背部皮肤大部分损伤的现象发生。

3）皮带运输机操作，皮带运输机有几十米长，起动阻力比较大，当皮带拉紧程度不够时起动困难，出现起动困难时，不要往皮带里垫东西或抗压办法拉紧起动，应将皮带紧固后起动，抗压起动时皮带带动扛运动极易伤人。

检查巡视皮带运输机最好不要接触，更不要在其上面行走、休息，防止皮带刮带。防止和杜绝任何人坐在皮带机上给机架刷油，一旦皮带工没有观察到起动设备，皮带会把人员带到储料槽中，非常危险。

4）破碎机及运输机起动要严格按程序起动，按先开头节后、开末节的顺序，停机时按相反的顺序，这样才能保证设备中不剩料、不卡料，再起动时阻力小，易于启动。如果卡料，处理卡料是非正常作业，要停机处理，执行挂牌制度，不要把工具卡在对辊间。

5）检查斗式提升运输机时，人身体任何部位都不要进入斗外壳内，检修时要停机挂牌做到确认无误后工作。防止和杜绝安全思想麻痹，停机检查设备未挂检修牌，也未与他人取得联系，把头伸到斗外壳内检查。

（2）沥青熔化。现代铝用炭素生产企业通常采用液体沥青，但也有部分企业采用固体沥青。采用固体沥青需要熔化，沥青熔化就是把固体沥青装在载铁板制槽中，用煅烧炉烟气余热槽外加热，把沥青熔化，熔化过程中除去大部分杂质和水分，为使用做准备。

沥青通常含有3%~4%苯并芘强致癌物质，沥青烟含量更高，国家规定的环保污染排放标准中，没有排放标准，是禁排放物。因而，从事接触沥青工作的员工，首先要想到自身保护，工作中不接触或尽量少接触沥青及烟尘。从事接触沥青及烟尘工作的员工主要是沥青熔化工、下油下料、混捏工、电捕清理工等。

沥青对人体危害，主要为身体内部、皮肤、呼吸道等。沥青刺激皮肤，使皮肤变红、变暗、失去光泽，吸入沥青除刺激呼吸道，致癌物质对人的侵害更是严重。

1）沥青熔化工作，沥青熔化后要边搅拌边加热，防止沥青中水分逸出时由于沥青黏度大把沥青带出烫伤人、破坏工作面。由于沥青熔化后未开搅拌机，沥青从槽中溢出的事故发生过多次，工作面遭到破坏。

测量槽中沥青量时，要站稳操作，避开沥青烟，同时要防止烫伤。

沥青也是可燃物质，烟气余热温度根据经验应控制在550℃以下，温度过高不但产生的烟气多（烟气是沥青中水分和轻馏分的混合物），使环境恶劣，还可能着火。

沥青熔化工给混捏工送沥青一定要信号准确，防止沥青溢出烫伤人，污染工作环境。

2）沥青熔化槽使用一段时间后，槽底的杂质需要清理，清理沥青槽工作环境温度高、沥青烟浓度大，为了保障安全要轮换工作，工作时间不能过长，工作时做好全身防护，即戴披肩帽、过滤式呼吸器、防护镜、穿呢子防护服、穿棉靴等。

（3）煅烧、焙烧。煅烧、焙烧为高温作业，煅烧是将初碎后的原料用罐式煅烧炉等加热处理，使其达到生产铝电解用阳极、阴极所需的技术条件，煅烧温度一般在1200~1350℃。焙烧是将成型好的生阳极块装在环式焙烧炉中加热处理，使其达到预焙阳极技术条件，焙烧温度一般在1200~1250℃。煅烧和焙烧都是高温作业，使用天然气或者煤气做燃料，辅助设备较多，生产中应注意下列有关安全问题。

1）安全使用天然气或煤气。工业用天然气主要成分烷烃，其中甲烷占绝大多数，另有少量的乙烷、丙烷和丁烷，此外一般有硫化氢、二氧化碳、氮和水气和少量一氧化碳及微量的稀有气体，如氦和氩等。

煤气主要成分是一氧化碳，一氧化碳是无色、无味、有毒、易燃气体。人吸入一氧化碳出现中毒（煤气中毒），轻者表现为头痛、头昏、呕吐、四肢无力，或严重损伤大脑等；重者出现昏迷以至死亡。其原因是一氧化碳与血液中的血红蛋白结合、其结合速度比氧与血红蛋白结合快得多，使氧气无法进入，造成人体缺氧而致死亡。出现一氧化碳中毒要及时把患者抬到阴凉通风处进行抢救，送医院治疗。

一氧化碳是易燃品，空气中含有，12.5%~74%时遇明火爆炸，含量再升高时遇明火燃烧。一般发生炉煤气除含有一氧化碳外，还含有氢、碳氢化合物、硫化氢等，通常我们闻到的煤气臭味就是硫化氢气味。

为了安全使用煤气或天然气，必须遵守下列要求：① 使用煤气或天然气要严格执行使用规程。② 开、停使用煤气（天然气）或大幅度调整煤气（天然气）用量时，要先与煤气站或天然气站联系，取得同意后进行，如特殊情况大幅度调整供气用量没来得及与供气站联系，调整结束后要立刻与供气站联系。因为调整煤气或天然气用量幅度较大时，会影响整个供气系统的平衡，如压力变化等，压力降低可能出现回火，引起爆炸；压力高时又有可能破坏管路等设备，而出现事故。煤气或天然气总管压力低于 200mm 水柱时要停止使用，压力过低即低于燃烧产生的气体压力时，燃烧气体移向煤气或天然气管路—回火，燃烧在管路等中进行而发生爆炸。根据经验煤气或天然气压力低于 200mm 水柱时要停止使用。③ 使用煤气或天然气设备停用煤气（天然气）或检修时，要用盲板隔断煤气或天然气，用蒸汽或压缩空气吹净设备中的残留煤气或天然气，确信无死角，并分析煤气或天然气含量不超过 30mg/m^3。确保安全。④ 煅烧炉、焙烧炉上要备有氧气呼吸器，供煤气或天然气事故抢险用，出现煤气或天然气外泄抢险时不能带吸收过滤式口罩，吸收式或过滤式口罩对一氧化碳不起作用。⑤ 煅烧炉和焙烧煤气或天然气集合管路设有水封（非指活接头水封），供冷煤气或天然气中水分凝固时排出水分，要经常检查水封水位、封闭情况，防止水封有漏水、水位不够，煤气或天然气压力大把水压出而泄漏燃气，出现事故。⑥ 使用煤气或天然气时要保证燃气充分燃烧，不过量。开停使用燃气设备符合安全要求，即开炉时先开风机产生一定负压，保证燃气燃烧；停炉时先停燃气后停风机，保证燃气燃烧，排出干净，不使设备中残留燃气。⑦ 炉子烘炉或再起动温度处于低温阶段，一般指 500℃以下阶段，不能将燃气喷出口直接通入炉内，应当与炉子保持 5~10cm 距离，这样既便于检查燃烧情况又不易熄火。一般在烘炉初期阶段，为了控制温升稳定，控制的燃气压力比较低，当炉子负压大时很容易把火熄灭，一旦发生灭火，要立即关停燃气，过一段时间估计燃气基本排净后再点火，不要灭火后立即就点火，防止发生爆炸。一般灭火后因发现不及时等往往已经排出了部分燃气，会造成燃气与空气发生了混合，遇明火混合气体就会发生爆炸。

着火（燃烧）、爆炸（激烈的燃烧）必须具备 3 个条件，即可燃物、助燃剂（氧气）、火种，三者缺一不可。灭火时要从这 3 个方面考虑周全，破坏燃烧条件。

2）防止喷火烧伤，煅烧炉、焙烧炉需要经常查看燃烧状况，查看时要侧身不正对火口，并且应佩戴防护镜，防止燃烧及正压喷火烧伤。每位操作人员在打开看火口温度及燃烧情况时，经常发生爆鸣声，是由于打开看火口时空气进入炉体，使稍过量的燃气、挥发物燃烧发出的声音。如果，燃烧的过量较大或炉子负压较小或燃烧激烈时就会发生喷火。

罐式煅烧炉蓬料需要捅料时，要戴披肩帽、长筒手套、戴眼镜，站立在侧面紧握钢钎捅炉，煅烧炉蓬料，当料面较低时，蓬料突然下落要吸入空气，高温物料在空气作用下激烈燃烧（爆炸），火焰气浪从捅料口中喷出，像这样的喷火常有发生，稍不注意就会发生事故。捅料时也不要把钢钎掉入炉内，从炉内取出钢钎非常困难。

查看火焰要戴防护镜，防止高温光辐射刺激眼睛，损伤视力。光辐射刺激眼睛，使眼睛干燥也容易导致其他事故发生。

3）煅烧炉排料工防止炉下部各种机械设备碰伤、炉料烫伤。炉下部的振动输送机、碎料机、排料阀等都无外防护罩，器具有一定温度，工作面狭窄，因而工作中要特别注意安全。炉子物料排出温度要求不高于60℃，但由于炉子漏入空气使物料燃烧，排料量大等物料排出的温度较高，所以也要防止烫伤。

另外，材料工要看管好冷却水温度及水量，水温过高，无水时停止排料。由于水温高时产生的蒸汽较多，蒸汽压力可能使冷却罐压力增大，压坏设备，当无冷却水时易于烧坏设备，冷却罐出事故都是比较严重的，难以处理的。

4）焙烧炉调温操作，在调换排烟机、烟斗时应将燃气关闭或减少燃气用量，以防由于更换过程中炉子失去负压，压力变化等，使燃气燃烧喷火。调整炉子负压时要慢慢调，多次调，防止波动大出事故，负压突然增大容易把火焰吸到烟斗、烟道中，火焰把烟斗、烟道中的黏结的焦油引燃，发生着火事故；负压突然变小时炉子出现正压冒火。

移动燃烧架时要把燃烧架中的燃气放散，吹洗干净，再点火时要把燃烧架中的空气放干净，否则由于未吹净燃气，转接时外泄，发生燃气中毒，燃烧事故；未放散干净空气时就点火，燃烧架中的空气和燃气的混合气体爆炸，出现事故。

调温工要根据温度情况掌握燃气用量，保证燃气充分燃烧，不过量。因为当燃气过量时，烟斗、火道及排烟系统充有煤气，再加上可燃的挥发物，在漏入空气及高温作用下，就会发生燃烧，引燃烟道中黏结的焦油，发生重大失火事故。有的企业焙烧炉曾经发生过着火事故，燃烧气体把烟道盖、看火口盖及电除尘器入口盖冲击开，火喷出燃烧，无法扑救。究其原因是烟道中黏有焦油、烟气温度高，燃气过量。

5）焙烧炉操作工，不要在炉室上行走、停留、在炉室上清理炭块。炉室深达5m左右，耐火砖结构，炉面上常散有焦粒、粉尘，人在上面工作很容易滑入炉室中，发生摔伤事故。也不要在高温炉室上行走停留，防止滑倒碰伤、烫伤。同时，高温炉室铺盖料，由于氧化结果，变得比较疏松，脚踩上去料面就会下降，容易把脚埋上，造成烫伤。

6）焙烧炉中，小修修炉时，炉上要有专人监视，两条火道不宜同时施工，炉室比较窄，比较深，同时两条火道施工相互构成干扰，不利于安全生产。

7）炭块清理时要相互照应，翻转炭块时要两人配合进行，站在侧面、脚不进入炭块下面，防止压伤。采用人工进行炭块清理需要经常磨铲子，磨铲子要平稳接触砂轮，要站在侧面，防止接触力大把砂轮机击碎伤人。用砂轮托轮托铲子磨时，要防止铲子进入砂轮与托板间卡坏砂轮。

8）焙烧炉静电除尘器操作，进入静电除尘器要降温、换气、高压整流放电，安装上接地线，做好全身防护（戴披肩帽、口罩、长手套等），防止沥青尘接触身体。静电除尘器启动调试时，调整电晕线要做到停电、放电、接好接地线后进行。在入口处观察放电（即几万伏电压把两电极间空气击穿、放电，放电时带有火花和爆鸣声）情况时要站在上风口，身体各部位不进入除尘器壳内，防止高压电击伤。另外，放电时，空气被击穿放出大量臭氧，臭氧对人有害。

9）处理焙烧炉着火，首先要切断燃气，切断静电除尘器电源，关闭排烟机入口闸板，打开副烟道，切断氧气源（盖好燃道盖、着火口盖等），破坏燃烧的条件，着火处可浇水灭火。

（4）筛分、磨粉、配料。筛分是把二次破碎后的焦炭用滚筒式筛分机筛分成配料所要求的各种粒度。磨粉是把粒料用球磨机进一步破碎——磨粉成配料要求的粉料。配料是把筛分后的各种粒度的料、球磨粉按比例配制成混合料，标出沥青用量。整个过程设备多、粉尘浓度大、有强烈噪声，生产中安全问题如下。

1）开动筛分机要按顺序，即按筛分机→筛分提升给料机→二次破碎机顺序，停机按相反的顺序，这样才能保证设备中不存料、堵料，启动时阻力小，保证安全运行。有的使用滚筒筛分机的企业，经常需要更换筛网，检查物料平衡情况，检查筛网及物料时最好是停机检查，身体各部位不进入机械活动范围。

2）球磨机也要按顺序开动，按球磨粉输送→球磨机→球磨机给料机开动，按相反顺序停机。给料漏斗蓬料时，不要用铁棒之类导体去捅，给料漏斗中电接触式料面计，用导体接触时易于触电。给传动皮带打油时要严防皮带刮伤。球磨机噪声较大，对人体已构成危害，因而正常工作时要关好消声罩，打开消声罩检查时不得触及筒体，避免筒体上固定衬板的螺栓刮伤及筒体温度较高烫伤（筒体和钢球摩擦产生热，筒体温度达到100~200℃）。

3）配料操作。现代企业基本实现了自动化配料。相对来讲，配料系统的环境较以前大有改善，但也有一定的粉尘和机械噪声等。生产中首先要防尘，戴好过滤式口罩、戴手套等，减少粉尘对人健康的影响，长时期在粉尘浓度高的环境下工作不但容易患尘肺病，而且粉尘料刺激皮肤，使皮肤干燥、干裂。

（5）下料、混捏。下料是将配制好的混合料给到混捏锅中或者连续混捏机中；混捏是把混合料和沥青混捏成糊。目前，下料一般采用了自动化下料装置，但个别企业也存在人工与机械相结合的加料方式。为此，生产安全应注意如下问题：

1）下料工要听从混捏工指挥，无信号或信号不清不下料。否则，把料下错就要出事故。混合料下错弄得工作面粉尘飞扬，影响工作；沥青下错更危险，130~170℃的液体沥青容易烫伤人，沥青粘满设备及工作面处理也很困难。下料工要求沥青熔化工送沥青或往称量罐放沥青时，要心中有数，做到准确无误，即不使沥青逸出，也不剩沥青，停产或停保温蒸汽时沥青罐中的沥青要处理干净。因为，如不处理干净，沥青凝固后就难处理了。再加热时也难熔化。下料工不要一面下沥青一面要求沥青熔化工送沥青，防止冲击使沥青逸出，发生事故。

2）混捏工清理混捏锅要站在侧面，不要把工具伸到搅刀活动范围，以防搅刀把工具带到混捏锅中发生事故。检查糊质量情况不要用手接触，糊料温度130~170℃，用手接触不但容易烫伤手，而且沥青还会侵蚀皮肤。

混捏工把装满糊的成型车推往冷却淋水道时，要注意瞭望。不要快速推车，因成型车较重惯性大，车无闸，车前发现有人时推车快了就不容易及时停下来。成型车脱轨时要用撬杠抬车，不用力过猛，防止扭伤事故及其他事故。

另外，混捏过程中有烟尘产生，特别是混捏糊出锅时沥青烟浓度较大，要站在上风口，避开烟气流，减少沥青烟对人体危害。

混捏工擦拭混捏锅转动部位等，要停机进行；注润滑油要把袖口、衣扣系紧，防止被转动部位，齿轮等刮伤、啮伤；混捏工擦拭设备时被传动皮带刮伤及被齿轮啮伤事故发生过多次。

（6）通风除尘。

1）通风除尘使用机械设备多，接触粉尘，因而要防滑，防摔碰伤，尽量避开粉尘，减少粉尘对人体损害，粉尘对人的影响前面已有叙述。

2）更换除尘器布袋或进入除尘器检查时，不得一人进行，应两人以上配合进行。一般除尘器布袋较长，布袋上口脱落容易砸伤人。

3）检查除尘器内部时应停机，除尘器工作负压较大，当打开除尘器口或其他盖时，容易因负压作用把手、脚、衣服等吸进除尘器中，以及转动齿轮，转向阀等把衣服啮入而发生事故。动用火电焊时要先把焦粉尘清理干净，在粉尘浓度较低时工作，因为焦粉是可燃的，火电焊可引燃焦粉，粉尘浓度过高时，遇见明火电有发生爆炸的可能。

（7）振动成型。振动成型是把混好的糊料装在模具中加压振动成型。成型岗位噪声大，达到100dB国家标准规定噪声不高于90dB机械高频振动，成型时有沥青烟逸出，为使脱模容易使用机械油擦涂模具，机械复杂。以上特点都对人身安全健康构成危害，因而生产中应注意下列事项。

1）强烈的噪声已对人构成了危害，使人容易疲劳、头昏、耳鸣、休息不好等。由于上述原因又容易导致出其他事故。所以，不要长时间在振动台前工作，应经常轮换在振动台前工作，减轻对人的健康影响。2）糊料装入模具时温度达到100℃以上，沥青烟逸出较多，应尽可能避开沥青烟，减轻烟气对人体的损害。企业应采取必要的防止污染物的排放措施。3）使用机械润滑油做脱模剂，因而造成了工作面有润滑剂、较滑，加上机械振动，安全上对人威胁较大，稍不注意就容易滑倒摔伤。另外，机械油也刺激人体皮肤。4）振动成型机操作上应注意下列问题。① 启动振动成型机要先开动振动台，振动台振动平稳后落下重锤，不要先落下重锤后启动振动台，以免因阻力过大启动困难或损坏机械，如因负荷大损坏电机等。停机时待振动台完全停止后再提起重锤，以免因阻力过小发生共振损坏设备，出现安全事故。② 用铲子平料面时，要站在侧面站稳，身体各部位不进入重锤模具下面。③ 振动机储料斗由于倾角偏小及糊易凝固等原因，经常篷料，需要清理。在窄小的料斗中工作安全非常重要，既要防止工具碰伤也要防止带保温层的料斗烫伤。5）用钢丝绳绑块吊块时要确认绑紧牢固，手要扶钢丝绳上面部分、防止挤伤手，吊起高度不要太高。成型块表面黏有润滑油、比较滑容易脱落。

成型块的垛放高度原则上不应高于4层，因成型块表面有润滑油及块之间的高度差，大量块放在一起不会很整齐、平稳，垛放高度高容易倒，也不便于操作。即使焙烧后的块也有这种现象，垛放不很整齐，块间有粘结不太牢固的填充料充当了滑动介质、也容易倒垛。

（8）焙烧炉多功能机组及桥式吊车。

1）机组及桥式吊车都是高空设备，为特殊工种，必须严格执行操作规程。操作工要休息好，保持精力充沛，操作前对设备进行全面检查，操作中精力集中，确保无误，因此工种出事故都是较严重的。严禁横跨桥式天车横梁的行为。2）焙烧炉机组和振型上料桥式吊车都处在烟尘环境中，沥青烟浓度较高，特别是焙烧炉机组还有较高温度环境，自身保护很重要，要防沥青烟侵害、防高温伤害。3）焙烧炉机组和桥式吊车各限位器只起限位作用，不能用作开关使用，要经常检查保证灵活好用，运行接近限位器时要用低速挡，振动成型上料桥式吊车发生过利用限位器控制吊车及接近限位时速度快限位器失灵造成的事故。

（9）机械电器操作注意事项。

1）由于铝用炭素生产的特点——设备多、粉尘烟尘多、粉尘烟尘恶化劳动条件，影响设备安全正常运转，构成了机械伤害是最大的伤害，机械打击、刮带、起重、刺割等伤害几乎存在于所有的工种中，因而进行每一项工作都必须严格遵守规章制度。2）电器伤害是炭素生产另一大伤害，与机械伤害不能截然分开，很多事故的发生是由于电器控制有误等机械伤人。触电事故更要引起我们的注意，焦炭粉的比电阻比较小，呈一定导电性，进入电器等设备中时，容易造成漏电等出现事故。3）为防止机械电器事故的发生，工作中遵守各项规章制度，做到：操作前穿戴好劳动防护用品；电、机械设备开动前要先检查、发出信号、试车，再转入正常运行；联动设备按顺序起动；身体各部位不进入设备壳内，防护外罩内等；运行中勤检查，不触碰运动部位；要积极学习技术、提高技术水平、降低事故发生率，一旦发生事故能采取果断、正确措施，消灭人身事故。

8.6　铝用炭素生产的安全生产职责

企业的安全生产是全员参加的活动，从董事长、总经理，到最基层的每一岗位上的操作员工都要有自己的安全生产职责。

因企业的性质、规模和采用的工艺方法等的不同，各企业的各岗位的安全生产职责也会不同，如下有关安全生产职责可供参考：

（1）班组长安全生产职责。

1）认真执行有关安全生产的各项规定，模范遵守安全操作规程，对本班组工人在生产中的安全和健康负责。2）根据生产任务、生产环境和工人思想状况等特点，开展安全工作。对新调入的工人进行岗位安全教育，并在熟悉工作前指定专人负责其安全。3）组织本班组工人学习安全生产规程，检查执行情况，教育工人在任何情况下不违章蛮干。发现违章作业，立即制止。4）经常进行安全检查，发现问题及时解决。对不能根本解决的问题，要采取临时控制措施，并及时上报。5）对已遂或未遂事故都要坚持“四不放过”原则，并按时登记上报。6）发生事故，要保护现场，立即上报，详细记录，并组织全班组工人认真分析，吸取教训，提出防范措施。7）对安全工作中做出成绩的员工给予奖励。8）负责当班期间辖区内的环境卫生。9）负责检查班组内员工正确使用劳动保护用品。10）负责当班期间事故信号、直通电话、消防设施、应急工具柜的检查维护工作；负责当班期间设备异常的及时处理和维护监控工作；认真执行交接班制度。

（2）班组安全员安全生产职责。

1）班组安全员接受分厂安全员的业务指导，做好本班（组）的安全工作。2）组织开展本班（组）的各种安全活动，负责安全活动记录，提出改进安全工作意见和建议；坚持班前安全讲话，班中安全检查，班后安全总结。3）对新工人（包括实习、代培人员）进行班组、岗位安全教育；组织岗位技术练兵和开展假想事故演练。4）严格执行安全生产的各项规章制度，对违章作业有权制止。5）检查监督本班（组）、岗位人员正确使用和管理好劳动保护用品、各种防护器具及灭火器材。6）发生事故时，及时了解情况，维护好现场，救护伤员。7）随时注意检查不安全因素和安全防护设施，并在力所能及的范围内提出改进措施，主动消除隐患。8）参加事故分析，积极协助领导落实防止事故的措施。

（3）工区长安全生产职责。

1）在各项生产活动中，模范遵守并具体贯彻执行上级和厂房有关安全工作决定和各项规章制度。2）经常对员工进行安全教育，严格要求员工遵守安全规章制度，定期组织学习、抽考、检查执行情况，发现问题及时提出修改补充意见。3）经常检查并保证本单位设备、工具、安全防护装置等处于良好状态，搞好本单位分管区域的环境卫生，及时消除安全隐患或采取临时措施。4）发生事故和发现危险情况时，应立即逐级上报，并采取紧急措施，防止危害扩大；事后应组织讨论，分析事故原因，提出改进措施。5）对已遂或未遂事故都要坚持“四不放过”原则，并按时登记上报。6）负责检查本工区员工正确使用劳动保护用品。

（4）全体员工安全生产职责。

1）安全生产，人人有责。每个员工都应在自己的岗位上，认真履行各自的安全职责，对本岗位的安全生产负直接责任。2）进入现场，必须穿戴符合现场规定的劳动保护用品，并自觉遵守现场有关规定，做到“三不伤害”。3）认真接受安全生产教育培训，掌握本职工作所需的安全生产知识，提高安全技能，增强事故预防和应急处理能力；严格遵守本岗位的安全生产操作规程，严格遵守劳动、操作、工艺、施工和工作纪律。4）认真学习并执行安全用火、安全检修、设备作业等直接作业环节的安全管理制度和规定，不违章作业。5）正确分析、判断和处理各种缺陷。发生事故时，及时地如实向上级报告，按事故处理制度正确处理，并保护现场，做好详细记录。

8.7 企业安全生产的劳动保护

加强劳动保护是党和国家的一项重要政策，是企业管理的一项基本原则，做好这项工作对于保证员工在生产过程中的安全健康，促进企业生产发展和社会稳定都有十分重要意义。

（1）劳动保护概要。劳动保护是为保障职工在生产过程中的安全与健康，在法律上、技术上、管理上和教育上所采取的一套综合措施。概括有四层含义：

1）表明了保护的对象是生产过程中的劳动者。2）表明了劳动保护的范围即生产过程，包括厂房建筑、生产场地、机械设备、工具、原材料、生产工艺和操作等。在生产过程中做到4个变：变危险为安全；变有害为无害；变笨重为轻便；变肮脏为清洁，以达到保护劳动者的目的。3）表明了劳动保护工作的任务，即保护劳动者的安全和健康，其任务是：开展与伤亡事故作斗争；开展同职业病、职业伤害作斗争；劳逸结合；女工保护。

“劳动保护”和“安全生产”两个名词和概念，严格的讲是有区别的，“劳动保护”不仅包括人身安全，还包括劳动卫生等方面的内容；“安全生产”从广义来说，不仅指劳动者的人身安全，还包括企业的设备安全、财产安全等。

（2）劳动保护工作的重要意义。劳动保护工作是党和国家的一贯方针，是企业管理的一项基本原则。我国现行宪法明确规定了“要加强劳动保护，改善劳动条件”是公民应享受的一种权利，我国刑法第113、114、115条规定，对于部违章指挥，工人违章作业，因而发生重大伤亡事故，造成严重后果的，要追究刑事责任。劳动保护是直接关系到劳动者切身利益的一件大事，党和国家颁发了一系列的劳动保护法规，详见本章开头所述的主要13部法律、法规和条例等。

（3）铝用炭素企业应重视劳动保护。

随着社会的进步和人们生活水平的提高，人们对企业的劳动保护要求也越来越高，为此，针对铝用炭素企业应重视和加强的劳动保护工作有如下几方面。

1）全方位强化安全生产中的劳动保护意识和劳动保护措施，完善并强化生产企业的劳动保护管理制度。2）加强特殊工种和岗位的劳动保护用品的质量提高，加强劳动保护措施的研究与应用。3）生产企业要本着以人为本的理念和负责人的态度，切实有效的开展职业健康体检和职业病防护工作；特殊工种和岗位的员工要实行定期的疗养制度。4）在进一步完善劳动保护措施的前提下，加大环境治理力度。

在我国的铝用炭素行业里，让全行业欣喜地使用了我们自主知识产权的安全劳动专业保护用品。苏州安保来防护用品有限公司是一家专业从事安全防护鞋设计、研发、生产及销售的规模化企业，“安保来”品牌安全鞋现拥有连帮注塑工艺和冷粘橡胶工艺两大生产线，年生产能力达到90万双。2008年，公司在现有的产业基础上，增设了服装生产线，实现了职业装、防护服、特种作业服等全系列劳动保护服装的生产，现年设计、生产能力突破100万套。公司的主要产品有：保护足趾安全鞋、电绝缘安全鞋、防静电安全鞋、防刺穿安全鞋、耐高温安全鞋、耐酸碱安全鞋和各种防寒鞋、商务行政鞋；防静电服、阻燃服、普通职业装、铝箔隔热服等。产品款式新颖、穿着舒适、防护效果明显、经济实用，大量服务于铝工业（氧化铝、铝电解、铝用炭素）、石油、石化、钢铁、冶金、化工、电力、造船、造纸、生物制药、机械加工、矿山开采等行业，得到了使用单位的广泛好评、青睐，见图8-2。

图8-2　苏州安保来防护用品及生产线

8.8　企业安全文化的建设

自古以来，中国文化特色里有一个元素叫“家”。“齐家、治国、平天下”的儒家思想，已成为几千年来中国人的最高追求。家，牵动着太多中国人的心，家之重要，家之美好，不言自明。家文化在企业文化建设中扮演着不可或缺的重要作用，它是所有员工在企业的大家庭里，以真情为基础，诠释着共同的理想、奋斗目标、价值观念、竞争意识、道德规范和行动准则等。

在铝用炭素工业企业里，安全文化建设是企业文化建设的重要组成部分，安全文化同样包含于企业家文化的内涵之中。建设平安之家，是为了企业的明天更好，是为了员工的“小家”更幸福，是企业和员工的共同期望。因此，企业安全文化建设，每一位员工都不可能置身事外。安全文化建设只有起点，没有终点，需要每位员工从小事做起，警钟长鸣，持之以恒，常抓不懈；从现在做起，珍惜生命，远离灾难，与安全一路同行。

（1）企业安全文化的作用。安全文化的作用是相当大的，文化主导人的行为，行为主导态度，态度决定后果。建立企业安全文化就是要让员工在安全的环境下工作，来改变员工的态度，改变行为，行为改变就是安全，企业才能在安全下运行。

要改变员工行为，首先要改变安全文化。所以要了解企业文化中哪些主导了员工行为，而这些行为是不希望出现的。要知道加入哪些因素，才能使得员工成功。就是说要了解哪些因素是要的，哪些因素是不要的。还要了解哪些因素是缺的，要加入到企业中来的。这样就完善了企业文化建设的要素，并且要巩固和发展。

企业文化对员工的作用是影响其态度、行为、后果、表现，员工行为是受到企业安全文化影响的。如果企业没有安全文化，员工在工作中就会表现出不安全的行为，后果就是造成不安全。文化还有间接的影响，员工的态度受到事故事实影响，发生安全事故了，员工相信这样做是错误的，也会改变行为。这同样说明，员工的行为是受到安全文化影响的。区别在于一个是从正面引导，一个是让事故去影响。所以，需要建立安全文化驱动员工的安全行为，企业安全文化要提供员工长期连续的行为安全教育。

要改变员工的行为不是一天两天，要有长远规划，是不断自我发现，反复教育的过程，让员工意识到自己的不安全行为、不安全态度对企业的影响，在自我发现中改变其态度、价值，最终改变其行为。

（2）安全文化的建立过程。

企业安全文化建设可分 4 个阶段：自然本能阶段、严格监督阶段、自主管理阶段、团队管理阶段。

1）自然本能阶段，企业和员工对安全的重视仅仅是一种自然本能保护的反应；缺少高级管理层的参与，安全承诺仅仅是口头上的，将职责委派给安全经理；依靠人的本能；以服从为目标，不遵守安全规程要罚款，所以不得不遵守。在这种情况下，事故率是很高的，事故减少是不可能的。因为，没有管理体系，没有对员工进行安全文化培养。

2）严格监督阶段，企业已经建立起必要的安全管理系统和规章制度，各级管理层知道安全是自己的责任，对安全作出承诺。但员工意识没有转变时，依然是被动的。这是强制监督管理，没有重视对员工安全意识的培养，员工处于从属与被动的状态。在这个阶段，管理层已经承诺了，有了监督、控制和目标，对员工进行了培训，安全成为受雇的条件，但员工若是因为害怕纪律、处分而执行规章制度的话，是没有自觉性的。在此阶段，依赖严格监督，安全业绩会大大提高，但要实现零目标，还缺乏员工的意识。

3）独立自主管理阶段，企业已经有了很好的安全管理制度、系统，各级管理层对安全负责，员工已经具备了良好的安全意识，对自己工作的每个方面的安全隐患都十分了解，员工已经具备了安全知识，员工对安全作出了承诺，按规章制度标准进行生产，安全意识深入员工内心，把安全作为自己的一部分。其实讲安全不是为了企业，而是为了保护自己，为了亲人，为了自己的将来。有人认为这种观念自我意识太强，奉献精神不够。当然国家需要的时候，我们还是有民族意识。但讲安全时，就要这么想，如果每个员工都这么想，这么做，每位员工都安全，企业能不安全吗？安全教育要强调自身价值，不要讲安全都是为了公司。

4）互助团队管理阶段，员工不但自己注意安全，还要帮助别人遵守安全，留心他人，把知识传授给新加入的同事，实现经验分享。

铝用炭素生产企业可以自我评估一下本单位安全文化建立过程处在哪个阶段，目标是要达到哪个阶段，还要多久才能达到目标，通过哪些途径、方法达到目标。

（3）改变安全文化的关键要素。打造建立一流的企业安全文化重要的是真抓实干。要员工注意安全，高级管理层首先要主动去做，承诺和建立起零事故的安全文化，工作上要重视人力、物力、财力，要有战略思想的转变，从思想上切实重视安全。要体现有感领导，要有强有力的个人参与，要有安全管理的超前指标，如果达不到这个指标，意味着要出事故，不要以出事故后的指标为指标。要有强有力的专业安全人员和安全技术保障，要有员工的直接参与，要对员工培训，让每个员工参与安全管理，这样才能实现零事故。要改变导向，从以结果为基础转变为以过程为基础，重视事故调查，不要等事故发生后给予重视，过几年又不重视然后又发生事故，又重视，反复震荡，要从管理层驱动转变为员工驱动，从个人行为转变为团队合作，从断断续续的方法转变为系统的方法，从故障探测转变为实况调查，从事后反应转变到事前反应，从快速解决到持续改进。要对自己的情况有评估，使管理层有能力管理，对现在评价，知道哪里要改进，进行持续改进，这就是安全文化发展的过程。

9 铝电解用炭素行业生产技术的进展与可持续发展

现代科学技术日新月异，铝电解用炭素行业也在快速发展和不断地取得进步，及时了解和掌握铝电解用炭素行业最新生产技术情况，为铝电解用炭素材料生产企业以及铝电解企业和相关科研机构把握行业发展方向具有重要的现实意义。在全球面临的种种挑战中，铝电解用炭素材料制造业的可持续发展问题，已引起世界高度重视，这不仅是企业追求利润最大化的需要，也是企业为人类文明的进步应尽的社会责任。

9.1 铝电解用炭素行业生产技术的进展

全面细致地讲明铝电解用炭素行业生产技术的进步情况，包括铝用炭阳极和炭阴极生产技术的进展情况是件很难的事情，我们力求从所掌握的智能化、所谓无碳技术、新型炭素阳极、石墨化阴极、复合阴极、铝电解槽新型侧部材料以及铝电解用炭素行业资源综合利用诸多方面做个简要介绍。

9.1.1 智能化在铝用炭素领域的技术进展

铝电解用炭素领域面临着重重挑战，已在本书中的绪论部分进行了分析。未来，铝用炭素工业向着智能化发展是方向，就世界铝用炭素工业的发展而言，智能化刚刚起步，相关工作内容正在开展工业试验阶段和开发阶段，目前主要开展如下有关工作。

9.1.1.1 大型煅烧炉的智能控制技术的开发与应用

煅烧是将石油焦进行高温热处理的过程，是预焙阳极生产的关键工序之一。我国用于生产煅后焦的煅烧技术主要是罐式煅烧炉技术和回转窑煅烧技术，罐式煅烧炉以罐内石油焦分解出的挥发分为燃料进行燃烧并对罐内石油焦进行煅烧，无需额外添加燃料，具有烧损率低、适应不同品级石油焦煅烧、煅后焦质量优质稳定、技术经济指标高于回转窑等特点在中国得到广泛应用。近年来，在其他国家也得到了推广应用。但是，罐式煅烧炉也存在着单罐产能低、自动化程度低等软肋。

为克服罐式煅烧炉存在的诸多不足，我国已成功开发并应用了 19 组 76 罐新型大型罐式煅烧炉。该大型罐式煅烧炉的热场和应力场采用了仿真模拟计算技术，对大容量炉体结构以及复杂的高温反应体系，包括挥发分燃烧系统、火道墙传热系统、石油焦煅烧系统和煅后焦冷却系统进行了系统计算研究，寻找出适合大型罐式煅烧炉的新型框架结构、耐火材料和保温材料，并实现了上料、加料、排料的机械化和控制技术的自动化，实现了对大型罐式煅烧炉火道内温度、负压在线监测及相关操作的智能自动控制。工业生产实践表明，新开发的大型罐式煅烧炉采用智能化技术后，其单位产能高、自动化程度高、节能减排效果好、产品质量优质稳定等良好效果。

大型罐式煅烧炉智能化开发的主要技术路线：新开发的大型罐式煅烧炉主要的技术有大容量炉体的仿真技术、新型炉体结构技术、热平衡技术和工艺自动控制的智能化技术等。

大型罐式煅烧炉自动加、排料技术：该技术包括将性质复杂多变、来源不同的石油焦的自动混配技术及预均化技术，自动上料、加料的工艺过程控制技术，煅后焦全密封自动排料技术。在生产实践中应用，取得了生产运行效率高、稳定可靠、改善了工作环境、实现了生石油焦加料的精确控制、保证煅后焦产品质量的良好效果。自动加料、排料的工业应用现场应用图分别见图 9-1 和图 9-2。

图 9-1　自动加料系统

图 9-2　自动排料及输送系统

大型罐式煅烧炉煅烧温度在线监控技术：新开发的大型罐式煅烧炉生产运行过程实现了每个火道内的温度、负压进行在线检测和控制，该在线检测控制系统能对所有火道的温度、负压进行有效的连续的在线检测和控制，从而实现全过程自动化控制，有效地控制了石油焦的煅烧质量，生产现场见图9-3。

图9-3　罐式煅烧炉的在线监控系统

该在线监控系统的主要特点：

（1）通过PLC完成系统的顺序控制、状态检测、故障报警、数据传输等功能。（2）在系统监控主机上实现工艺生产系统流程的动态显示。（3）在系统操作主机上对整套生产系统中的工艺参数进行实时设定及修正。（4）在模拟屏上实现整套工艺生产系统流程的静态显示，使系统中的任意工艺生产设备状态及运行情况一目了然。（5）可采集、记录工艺生产系统各种参数数据，并进行处理及监测。实现工艺生产系统的实时数据监测、实时故障报警、记录及打印。可查询和打印历史数据及历史事故。（6）多画面选择工艺生产系统实时监控方式，具备全公司级网联网功能。

9.1.1.2　炭素材料生产全流程人工智能系统研发及产业化

根据我国炭素材料产业发展现状，针对原材料多样性导致设备工艺参数适用性问题、混捏机内温度（场）分布控制问题、炭素糊料均匀性的客观评价缺失和在线监测问题、混捏机搅刀的快速消耗问题，提出应用智能传感技术、大数据技术、工业互联网技术对炭素制造装备与流程进行升级改造，突破炭素材料生产全流程过程中关键参数缺失、工序生产质量指标与相对应的系统及设备运行关键参数未建立有效联系的关键技术，选取铝用炭阳极生产为研究对象，通过工艺、质量及效率等分析，确定关键工序及关键参数，采用智能感知技术和设备实时采集相关参数信息，将生产过程工艺机理与采集数据有机结合，提取数据特征，采用支持向量机、集成学习、神经网络、深度学习等技术建立数学模型，进行生产全流程智能控制和优化管理，实现对糊料均匀性的评价和智能在线监测、生产运行关键设备的远程监控和健康管理，推动炭素材料行业和相关的有色冶金、钢铁冶金等产业向智能制造方向发展。

通过项目的实施，炭素材料产品合格率由96%提升至98%~99%、铝用炭阳极体积密度不小于1.59g/cm^3、铝用炭阳极电阻率不小于53μΩ·m、搅刀寿命延长1/4，减少因搅刀系统故障导致的异常停工50%以上的技术目标；进而实现炭素材料全行业年均节约成本不少于10亿元人民币；有效缓解人口老龄化造成的炭素材料行业人才短缺、单条生产线人员数量降低50人；搭建混捏半实物仿真平台模拟搅刀的运行参数和混捏效果，建立基于远程监测的搅刀故障预测与健康管理平台用于跟踪搅刀工作状况、为企业提供预见性专业服务；项目的实施，引领国际国内炭素行业的发展，在炭素材料领域实现炭素材料的绿色生产。

9.1.2 铝电解"无碳技术"的进展与探讨

所谓的铝电解"无碳技术"，就是先前大家讲的所谓惰性阳极技术，应该说"无碳技术"的称谓比"惰性阳极技术"的称谓更科学些。

国际上，美国、挪威、加拿大、中国等应用复合材料或氧化物陶瓷制作的所谓惰性阳极进行了实验室研究，腐蚀率达到10~20mm/a，距工业应用尚存在相当大的差距。

近年来，最具代表性的是我国某研究单位耗费巨资开展了"无碳技术"（或"惰性阳极技术"）电解铝的中间工业试验工作，其开展的主要工作和取得的结果为：

（1）设计并建造了一台40kA惰性阳极电解槽（见图9-4）。（2）惰性阳极铝电解槽采用竖直式电解槽结构，应用一槽多阳极、多阴极结构，阳、阴极电流密度均为0.5A/cm^2。（3）该工业电解槽采用钾盐为熔剂，电解质高度为10cm，电解温度800℃，铝水平为20~30cm。（4）阴极为硼化钛材料。（5）10个月的试验结果：电解槽工作电压为3.80~5.1V，电流效率为70%。吨铝直流电耗为21840~16305kW·h。

图9-4 40kA惰性阳极电解槽

到目前，该项研究工作已经停止。

所谓“无碳技术”（或“惰性阳极技术”）的开发研究工作应高度重视的诸多缺点：

（1）因阳极上析出氧气，过电压比现行的Hall-Heronlt法增加1.0V；（2）在Hall-Heronlt电解槽上Al_2O_3分解生成Al和CO_2的电化学反应的反电动势约为1.7V，而惰性阳极电解槽反应生成Al和O_2的反电动势约为2.7V，升高的反电动势会增加电解铝的能耗，若要减少能耗只能通过减少电解槽的热量散失和电解槽其他部分的压降，目前现有技术是难以解决的；（3）因阳极析出氧气，造成在高温下阴极析出的铝与氧气反应，极易与阴极析出的铝反应，降低了电流效率；（4）惰性阳极生产成本高昂；（5）生产满足大容量铝电解槽工业上应用的惰性阳极技术难度极大，要满足工业生产并非易事；（6）所谓的惰性，只是相对的，在以冰晶石为熔剂的电解质体系中，因氟离子的存在，化学侵蚀能力很强；（7）惰性阳极自身的导电性能差，比不上炭阳极等；（8）从科学研究的角度上看，尚存在诸多理论及实际问题需要探讨。不仅如此，惰性阳极工艺仍会因为生产Al_2O_3而生成赤泥，使用所谓的惰性阳极的Hall-Heronlt电解槽的废旧炉衬依然为有毒物质。图9-5为两种铝电解槽的示意图。

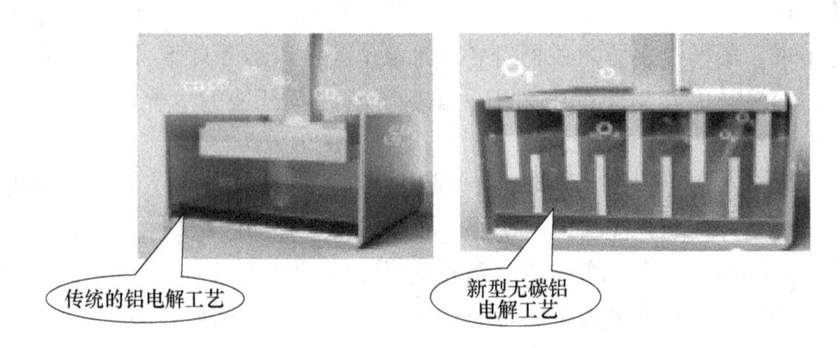

图9-5　两种铝电解槽

综上所述，要从科学的角度认真斟酌所谓的“无碳技术”（或“惰性阳极技术”）。目前，该技术只是“空中楼阁”，是个很美好想法。历次试验都没有得到实质性工业上能够应用的突破。近期报道的力拓与苹果公司联合开展“无碳技术”工业试验，作者认为其生产出铝是没有问题。但是综合经济上的可行性值得商榷。

9.1.3　复合阴极的研究情况

对于复合阴极材料的研究与开发，国内外已从事了很长时间的研究。在理论研究上，取得了一些共识。目前，在生产中得到试验过的所谓复合阴极就是在炭阴极上复合硼化钛（见图9-6）。但有些人夸大其词，说成是“惰性阴极”，这种称谓值得商榷。

图 9-6 TiB_2 陶瓷片材样件

无可非议，硼化钛是一种具有良好的导电性、耐高温性和抗腐蚀性的材料，特别是对铝液有良好的润湿性，几乎不吸纳熔盐电解质，从理论上讲是较理想的铝电解用阴极材料。诸如此类阴极，应称之为稳定性阴极，或称谓湿润性阴极。

所谓的惰性阴极的研究值得期待（The research of the so-called inert cathode is worthy of expectation）：

在铝电解工业中，采用高石墨质阴极和石墨化阴极的电解槽得到普遍应用，国际上有的槽寿命达到 10 年，平均槽寿命在 6~8 年。

复合阴极之所以没能在电解铝全行业推广，主要原因为：价格高、生产上基本体现不出其优越性。

应该指出的是，相关报道都是在说，铝电解槽使用复合阴极或称之可润湿阴极，阴极与铝液将保持良好的润湿性，可有效抵御冰晶石和钠对炭阴极的侵蚀，阴极吸收电解质极少，可防止阴极产生隆起，大大减少电解槽早期破损率，延长电解槽使用寿命。长期的生产实践证明，我国铝电解槽寿命问题，最大薄弱环节在阴极块周边缝和立缝，对于电解槽阴极隆起、破损的几乎都是在高温和电流的作用下，铝液（含有少量的钠）、电解质从阴极块周边缝和立缝渗入阴极块和底部的。因此，如何提高炭阴极糊的质量、筑炉技术和电解槽焙烧启动技术才是关键的因素。

硼化钛复合阴极技术以及其他的复合阴极技术尚存在着诸多问题。无论是理论上，还是生产工艺上都需要进一步探讨和不断实践。对于广义上的复合阴极（不仅限于硼化钛复合阴极）是未来的研究方向，要全方位、深层次、创新性地认真研究。

9.1.4 新型阳极的开发与应用

9.1.4.1 连续阳极的开发研究情况

连续阳极是对预焙铝电解槽生产方式的一个革新，德国和中国在连续阳极开发方面做了一些有益的研究工作。

德国 VAW 从 20 世纪 50 年代起在 Erft 铝厂进行了连续预焙阳极铝电解槽的研究与开发工作，其主要的技术是：连续预焙阳极铝电解槽同一般的侧插自焙槽的结构相似，只是两个阳极靠黏结糊黏结起来成为连续阳极，黏结糊由焦粒和沥青组成，每 60 天加一块阳极，阳极炭块完全可以用尽，没有残极的产生、没有阳极导杆及电解质的处理，也没有浇注磷生铁，整个阳极操作简单，阳极工厂小，铝液中的铁含量低，Erft 铝厂的所获得的主要技术经济指标为：

电流强度：129kA；槽平均电压：4.7V；电流效率：92%；吨铝直流电耗：15220kW · h；吨铝阳极净耗：415kg。

我国某研究机构，采用颗粒炭添加法实现阳极的连续，无阳极组装，无残极处理；简化操作工序；保证电解参数稳定连续。其结构示意图见图 9-7。

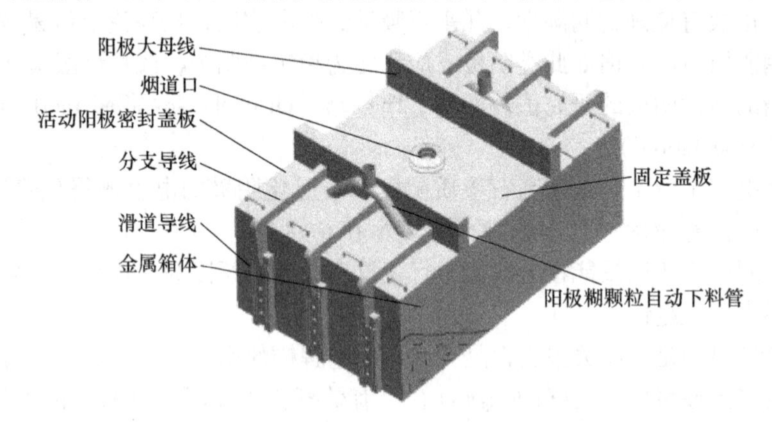

图 9-7　连续阳极技术——新型的电解铝装备

该技术的主要特点：除了保留自焙槽和预焙槽的优点，还具有可控性、可组合性、节能性、连续性、无拔棒打壳、无残极和无沥青烟等优点，实现低碳经济，洁净生产。该研究机构自己预测的工业效果为：吨铝电耗达到 12.5~11kW · h，铝电解的电流效率为 93%~94%。

纵观上述技术，从现行的生产实际出发，连续阳极技术的工业应用还有很大的差距，研究者提出的有关指标很值得商榷。

9.1.4.2　底部开沟阳极

为使铝电解过程中的阳极气体顺畅排出，降低槽工作电压和阳极效应系数，达到节电降耗的目的，底部开沟新型结构的阳极炭块得到工业应用。

该新型结构的炭阳极主要作用是将在铝电解过程中于阳极底面电化学反应产生的气体能够通过底部开沟排出一部分，减少气体排出的阻力，使气体排出速度加快，减少了阳极底掌电化学反应层的厚度，加快了离子的迁移速度，从而降低了阳极过电压和阳极效应系数，从理论上讲是有效的改进。但实际生产过程中，影响因素太多，采用该阳极似乎体现不出有多大益处，且理论上其截面积减小、电阻增大、阳极电流密度增大，同时，生产该新型阳极对成本略有增加，成品率略有下降。

9.1.4.3 无下棱新型阳极结构

无下棱新型结构的阳极炭块具有与开沟阳极类似的作用，有利于电化学反应气体的排出，也有利于阳极的成型加工，成品率得到提高。

9.1.4.4 抗氧化阳极

抗氧化阳极有两种：一种是在炭阳极表面涂层，起到抗氧化的作用；另一种是通过添加一种特殊的阳极添加剂，改善阳极结构，降低阳极氧化活性和消耗速度，从而达到降低阳极消耗、提高使用周期和减少电耗的效果。该添加剂具有无需改动阳极生产设备、添加方便、无污染、对电解铝质量无不利影响、能明显改善阳极质量的特点。

测试表明：加入添加剂后，阳极电阻降低 3.29μΩ·m，接触压降降低 50mV。

工业试验证明：加入添加剂后，阳极空气氧化损失率由 7.2%降至 0.6%，CO_2 氧化损失率由 9.6%降至 2.7%，可延长阳极使用周期三天以上，效果非常明显。

9.1.5 铝用炭素制品新型粘结剂的开发与应用

目前，国际上较普遍采用石油焦或焦炭为骨料，以沥青或煤焦油或人造树脂为粘结剂。石油焦经过煅烧后成煅后石油焦或焦煤经烧成后成为焦炭，将不同粒度的煅后石油焦或焦炭与沥青或煤焦油或人造树脂按照一定比例混合后，经成型、焙烧、浸渍、石墨化等，制成预焙阳极或石墨化阴极等制品。该传统工艺流程概述如下：

石油焦经煅烧（煅烧温度在 1150~1350℃）后得到的煅后石油焦，或者焦煤经烧成后得到的焦煤或无烟煤经电煅（或普煅）后得到的煅煤。根据不同产品的要求，按照不同粒度的比例与煤沥青或煤焦油或人造树脂在一定的温度下进行充分混合（粘结剂的重量比一般在 15%~20%间），混合好的物料经过振动成型或挤压成型得到半成品，将半成品进行焙烧后，在 2000~3000℃间进行石墨化过程，根据不同产品的要求，可分别制造出半石墨化产品和石墨化产品。

该工艺技术的缺点是：

一是采用沥青或煤焦油或人造树脂做粘结剂，生产过程中的沥青或煤焦油的熔化、混捏、焙烧、石墨化过程中都会产生大量的环境污染，生产过程中产生的烟气中含有二氧化硫、NO_x 化合物、焦油、沥青烟气、少量氟化氢、炭尘等各种有机物和无机物有害气体物质，环境污染严重。

在焙烧过程中，最主要的污染物是沥青挥发分，沥青挥发分对人体十分有害，即使只与皮肤接触也会损坏皮肤，何况它可能含有致癌的成分，氯气和 HF 是具有强烈剧毒性的，氰酸（HCN）和氰化物更是有剧毒。生产中排出的挥发分、烟气、分解气体、燃烧不完全的灰黑烟尘、炭粉、酚、苯等物质经过呼吸器官、肠胃道等进入人体，当超过一定量时都会引起中毒。即使是无毒性的炭粉尘，也不能吸入肺部等器官内，也不能过多的与皮肤接触。例如焦粉进入皮肤毛孔内，可形成皮肤小黑点。

二是采用沥青或煤焦油或人造树脂做粘结剂，在环境处理技术上，难度大，且投资巨大，虽然有一定效果，但还是难以根治有害气体物质对环境的污染和成本高的问题。

三是采用沥青或煤焦油或人造树脂做粘结剂，其配套的生产设施需投资较大；维护成本增加。

四是沥青、煤焦油、人造树脂都比较昂贵，生产石墨化制品成本高。

五是生产过程中的费用增加，造成综合成本增加。

六是安全性差，易发生沥青、煤焦油和人造树脂的着火等。

为此，以姜玉敬教授为核心的研究团队，经过不断的探索和深入研究，成功地研究出一整套采用煅后石油焦或焦炭或煅煤为骨料、以糖（包括但不限于单糖、低聚糖、多糖、结合糖，以及俗称的白砂糖、红糖等）为粘结剂的生产预焙阳极和石墨化制品的新方法，该方法已获得国家发明专利（专利号为201810796269.3）。

9.1.6　石墨化阴极和高石墨质阴极的生产与应用

在铝行业中，石墨化阴极和高石墨质阴极是有区别的，石墨化阴极炭块的骨料主要是石油焦，经焙烧后再经高温的石墨化处理而制成；高石墨质阴极炭块是生产中所配入的石墨含量高于30%的阴极炭块，为了与传统普通阴极炭块和半石墨质阴极炭块有所区别，故称高石墨质阴极炭块。

9.1.6.1　石墨化阴极炭块与应用

石墨化阴极炭块具有电阻率低、导电性好、导热性好、耐磨性较差的特点。

国际上，电解铝技术先进的国家在20世纪末已开始生产并使用石墨化阴极，并取得良好效果。法国铝业公司在280kA电解槽上使用石墨化阴极后，电流效率提高2.1%，阴极电阻下降0.25μΩ；300kA电解槽使用石墨化阴极后，电流效率提高2.6%，阴极电阻下降0.25μΩ；加拿大的Alma铝厂的300kA电解槽，采用石墨化阴极后电流强度提高到320~350kA，产量由原设计能力37.5万吨提高到40万吨，增产6.6%。

我国石墨化阴极炭块的生产技术起步较晚，在近年建起了石墨化阴极厂家，总体上还需要进一步丰富生产经验、开展相关技术的完善，如相关的理论研究、各工序适宜的技术条件与控制、装备的开发与利用等。

石墨化阴极的两大缺点：耐磨性较差和生产成本较高。如果能将耐磨性较差的缺点改进，使电解槽寿命得到延长，即便是石墨化阴极价格高，电解铝企业也能接受。因此，提高石墨化阴极的耐磨性是关键。近年来，国外为了克服石墨化阴极耐磨性较差的缺点，试图将石墨化后的阴极块再用煤沥青或石油焦进行整体或局部真空浸渍，然后在低于1600℃的条件下焙烧。如果需要，可以进行多次浸渍-焙烧循环，以便获得耐磨性能好的石墨化阴极。

另一个发展方向是，充分利用石墨化阴极的优点，改进石墨化阴极耐磨性能，采用石墨化阴极掺杂技术，或者采用复合石墨化阴极技术等措施，值得今后关注。

9.1.6.2 高石墨质阴极炭块及应用

在铝电解工业中，国内外已较普遍采用了石墨含量30%~100%的高石墨质阴极炭块。主要是因其抗腐蚀性能好、电阻率低、工艺相对简单、生产成本较低而被认可。

为满足现代铝电解工业技术发展和节能降耗的需要，高石墨质阴极炭块通常根据其用途可按30%、50%、80%等和100%配入石墨，含100%石墨的阴极炭块称全石墨质阴极炭块。

高石墨质阴极炭块生产工艺流程见图9-8。

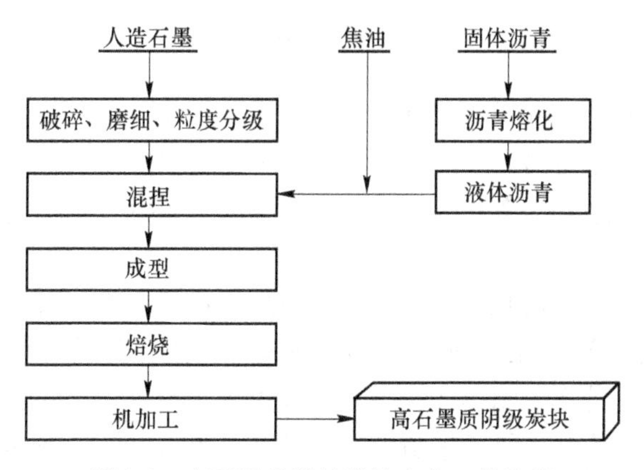

图9-8 高石墨质阴极炭块生产工艺流程

高石墨质阴极炭块生产用的主要原料有电煅无烟煤、人造石墨、煤沥青。

（1）电煅无烟煤。要求无烟煤具有晶格指数小、结构致密、抗钠侵蚀性能好和抗磨蚀性能强等优点。

（2）人造石墨。选择高纯度、石墨化度大于80%的人造石墨。人造石墨电阻率较低，可有效提高炭块的导电性能，并且其结构致密，杂质少，抗钠侵蚀性能较好。

（3）改质沥青。高石墨质阴极炭块的生产要求粘结剂具有较高的粘结性能和结焦率，且硫含量较低。因此，需要选用高软化点的改质沥青为粘结剂，改质沥青中含有较高的β树脂和较高的甲苯不溶物。这种改质沥青具有黏结性强、结焦率高的特性。

高石墨质阴极炭块在国内外较普遍使用，效果较为良好，与半石墨质阴极炭块相比，其导电性、抗钠侵蚀性均好。有效降低了铝电解的能耗和延长了电解槽使用寿命。

9.1.7　异型阴极炭块的开发与应用

随着铝电解工业节能减排的新要求和工艺技术的不断进步，我国在铝电解生产中开发了异型阴极阻流技术，该技术的核心就是采用异型阴极，见图9-9。

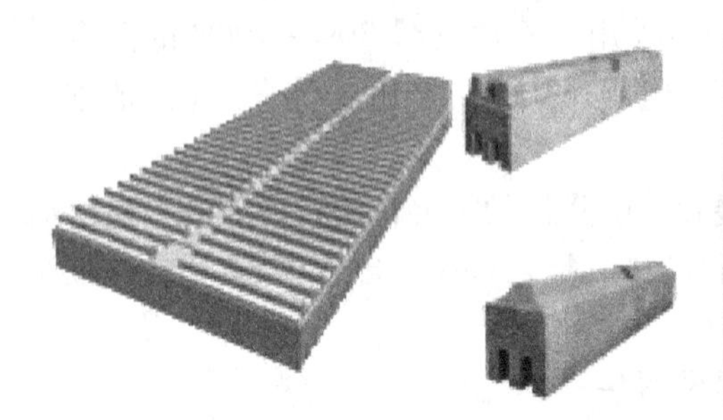

图9-9　异型阴极

采用异型阴极的铝电解槽可以减缓电解槽内阴极铝液的流动速度和降低铝液的波动高度，有效提高铝电解过程中电解槽中金属铝液面的稳定性，减少了铝的溶解损失，提高了电流效率和减小了极距，降低了铝电解生产的电能消耗和有效延长电解槽使用寿命。

据报道，工业试验表明，采用异型阴极阻流技术，铝电解槽的铝液波动可降低0.9cm，受不同槽型、凸台形式、电解槽运行状况等因素的影响，可降低电解压降150~270mV，节能效果明显，具有良好的应用前景。

特别值得关注的是：尽管报道的异型阴极炭块工业试验效果如何如何是好，但没有得到在铝电解槽工业生产实践中广泛应用，尤其是在500kA以上容量的铝电解槽上，目前没有一家电解铝企业应用异型阴极技术。究其原因，可能存在如下几方面：

（1）采用该技术的铝电解槽在焙烧启动时的难度增大；（2）长期工业生产实践证明，没有获得“公开报道”的工业效果；（3）长期生产过程中，电解槽不可能不发生阴极变形、炉底隆起现象，工业效果难以体现；（4）未见到有关采用该技术后电解槽寿命情况、“三场”平衡情况的报道等。

9.1.8 新型侧部材料的开发与应用

铝电解槽的侧部材料十分重要，传统的炭质侧部存在难以形成规整的侧部炉帮、水平电流大而造成电流损失和铝液波动、侧部被铝液和电解质冲蚀而造成炉帮发红或破损漏炉等。为适应现代大容量电解槽的生产要求，国内外已开发并使用氮化硅结合的碳化硅质的侧部内衬材料。

9.1.8.1 氮化硅结合碳化硅的性能

氮化硅结合碳化硅砖是用碳化硅、硅粉另加结合剂成形后，在1350～1450℃经氮化烧结成的耐火材料。用分子式表达为Si_3N_4-SiC。该产品的特点是：Si_3N_4以针状或纤维状结晶存在于SiC之间，具有良好的耐碱侵蚀性、抗熔融冰晶石侵蚀性、抗氧化性、耐磨性、高导热性、抗热震性和极低的导电性。主要性能见表9-1所示。

表9-1 铝电解槽用氮化硅结合碳化硅砖理化性能

SiC/%	Si_3N_4/%	表观密度 /g·cm^{-3}	耐压强度 /MPa	抗折强度/MPa		线膨胀系数 (1000℃)/℃$^{-1}$	热导率 /W·(m·K)$^{-1}$
				常温	1400℃		
≥73	≥18	2.66	193	50	48.5	4.15×10^{-6}	17 (800℃)
>75	>20	2.61	168	47	59.4	4.60×10^{-6}	

现代大容量铝电解槽的发展，要求其侧部具有合适的散热性能、尽可能低的导电率、良好的抗氧化性和抗铝液、电解质的侵蚀性能等，以便维持铝电解槽的运行稳定和高效节能。氮化硅结合碳化硅砖的较高导热性、低导电率、抗氧化性等，较符合大容量铝电解槽技术对侧部内衬材料的使用要求，是目前大容量铝电解槽侧部砌筑的较理想新材料。

9.1.8.2 氮化硅结合碳化硅砖产品的特性及形式

我国生产的氮化硅结合碳化硅砖产品具有如下特性：

（1）氮化硅结合碳化硅制品，质地坚硬，莫氏硬度约为9，在非金属材料中属于硬度材料，仅次于金刚石；（2）氮化硅结合碳化硅制品的常温强度高，在1200～1400℃高温下，几乎保持与常温相同时间的强度和硬度。随着使用气氛的不同，最高安全使用温度可达到1650～1750℃；(3) 热膨胀系数小，相比碳化硅等制品热导率高，不易产生热应力，具有良好热震稳定性，使用寿命长。高温抗蠕能力强，耐腐蚀，耐极冷极热，抗氧化，易制成尺寸精度高符合要求的制品；(4) 适合在铝电解槽中使用，具有比使用炭质侧部优越的特点。表9-2是我国典型的氮化硅结合碳化硅砖产品的技术指标。

表 9-2　典型的氮化硅结合碳化硅砖产品的技术指标

项目	指　　标	规格值
物理性质	体积密度/g · cm^{-3}	≥2.67
	显气孔率/%	≤16
	常温抗折强度（20℃）/MPa	≥42
	高温抗折强度（1400℃）/MPa	≥50
	导热系数（1000℃）/W · (m · K)$^{-1}$	≥15.5
	常温耐压强度/MPa	≥180
化学组成	SiC/%	≥72
	Si_3N_4/%	≥21
	Fe_2O_3/%	≤1.0
	游离 Si/%	≤0.5

氮化硅结合碳化硅砖主要有三种形式：前后复合型、上下复合型和纯氮化硅结合碳化硅砖。

(1) 前后复合型：一般使用厚度30～40mm的氮化硅结合碳化硅砖和60～80mm的半石墨质炭砖，黏结后作为侧部砌筑砖。其优点是造价低。见图9-10。

(2) 上下复合型：一般下部使用高度为240mm左右的半石墨质炭砖，上部使用高度为280mm左右的氮化硅结合碳化硅砖，上下块的厚度均为120mm。这样既利于侧上部散热、侧下部保温，又可节约一次性投资。见图9-10。

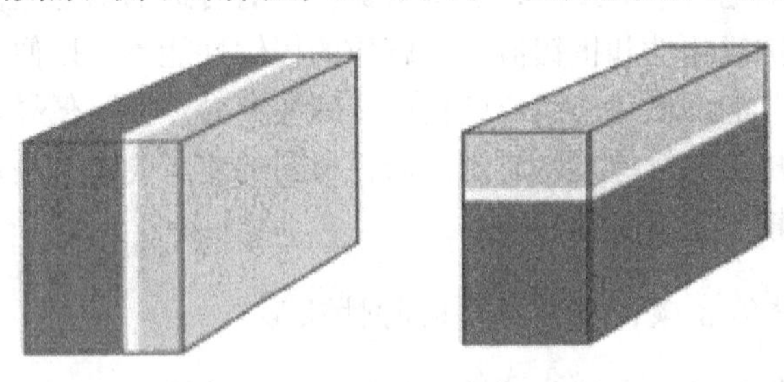

图 9-10　氮化硅结合碳化硅砖

(3) 纯氮化硅结合碳化硅砖：我国300kA及其以上容量的电解槽大都使用纯氮化硅结合碳化硅砖作为铝电解槽的侧部材料，一般规格为550mm×400mm，砖的厚度有 75mm 和 90mm 两种规格。

9.1.8.3 氮化硅结合碳化硅砖的工业应用情况

氮化硅结合碳化硅砖已在我国较普遍得到应用，现行的 300kA 及其以上的铝电解槽基本全部使用氮化硅结合碳化硅砖或及其复合材料砖代替全炭质的槽侧衬材料。

目前，我国生产氮化硅结合碳化硅产品的厂家有十多家，总产能约 5 万 t/a。国产的氮化硅结合碳化硅产品，除在国内大规模应用外，氮化硅结合碳化硅产品远销给加拿大 Alcan、美国 Alcoa、挪威 Hydro、Dubal、冰岛铝业和澳大利亚（Comalco）等国际知名企业，满足了他们的大型预焙铝电解槽发展的需要。

特别指出的是，氮化硅结合碳化硅砖在铝电解槽中使用的寿命尚需进一步提高。

9.1.9 新型加工设备的开发与应用

现代炭阴极加工技术完全采用数控万能精密炭块自动加工机械，生产线是集机、电、液、光一体化的全自动成套专用加工设备，具有生产效率高、加工精度高、能耗低、安全、清洁生产等特点，彻底改变了粉尘大、噪声大、能耗高的局面。详见本书“5.9.2 我国现行阴极块加工技术”。

9.1.10 资源与能源的综合利用新技术

在铝电解用炭素行业中，资源与能源的综合利用存在较大潜力。要彻底改变粉尘大、烟气污染严重、能源浪费严重的局面，尚需广大同仁们继续努力。近些年，通过努力，很多企业已实现了污水零排放、煅烧余热实现了利用、焙烧燃油自动化、粉尘回收并利用等。下面介绍两项成熟并有很好推广前景的项目。

9.1.10.1 煅烧余热发电技术已成熟可靠

根据我国炭阳极生产原料石油焦多以生焦形式供应的现状，各炭阳极生产厂还需对原料进行煅烧处理，煅烧的目的在于充分去除原料中的挥发分，使结构致密，相对收缩稳定，提高原料的真密度及导电性。煅烧温度一般在 1200～1300℃，生石油焦中的挥发分含量约 12%～15%主要是各种不同分子结构的碳氢化合物在煅烧过程中绝大部分会以烟气状态排出，同时煅烧过程中也会有大约 5%～7%的炭质材料的烧损，因此煅烧过程会产生大量的高温烟气。

我国目前用于石油焦煅烧的主要设备是回转窑和罐式炉，煅烧排出的烟气温度大约 700～11000℃，在回转窑、罐式炉后设置余热锅炉可回收利用高温烟气余热，产生过热蒸汽。将蒸汽送至汽轮发电机组，蒸汽在汽轮机中做功，使汽轮机转子转动，带动发电机发电。

（1）基本原理与工艺流程。余热锅炉原理：高温烟气经凝渣管束进入锅炉前部烟气通道，经过热器降温后，在其上部转向室转入对流管束，经对流管束后烟气温度下降，再从下向上流经钢管式光管省煤器，烟气温度降为230℃以下，最后经由锅炉尾部烟道后下部向后排出，烟气中的灰尘颗粒在竖直烟气流道内转向时惯性分离并存储在下部的灰斗内定时排出。

经过处理后符合质量标准的锅炉给水直接进入省煤器进口集箱，经省煤器加热后进入锅筒。炉水通过对流管束采用自然循环方式流动，形成自然水动力循环。锅筒内分离出的饱和蒸汽，经导汽管进入低温过热器形成过热蒸汽，再经过减温器调节后进入高温过热器，达到额定工况后外供。

汽轮机的工作原理：汽轮机以蒸汽为工质，并将蒸汽的热能转换为机械功。蒸汽在汽轮机中将热力势能转换为机械功的全过程是需要在喷嘴叶栅和动叶栅内共同完成的，一列喷嘴叶栅和相应的一列动叶栅便组成了汽轮机中能量转换的基本单元，称为“级”。一台汽轮机可由一级或若干级串列组合而成为单级或多级汽轮机。

蒸汽在汽轮机中的能量转换包含两个过程。首先，当一定温度和压力的蒸汽经过喷嘴叶栅时，将热能转换成蒸汽高速流动的动能；然后，当高速气流经过动叶栅时，将动能转换成转子旋转的机械能，从而完成利用蒸汽热能驱动各类机械做功的任务。即蒸汽的热力势能转换成蒸汽的动能和蒸汽的动能转换成推动汽轮机转子旋转的机械功，这种能量转换是在喷嘴和动叶中共同完成的。汽轮机转子转动，同时带动发电机转子转动，线圈在磁场中旋转，电流由此产生。余热发电系统工艺流程图见图9-11。

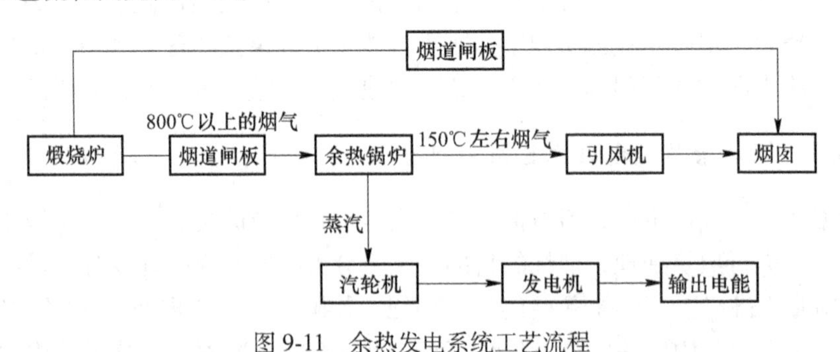

图9-11 余热发电系统工艺流程

（2）技术特点。

1）烟气余热回收完全，排烟温度可达到200℃左右。2）工艺流程充分考虑了煅烧工段的特点，不影响煅烧系统的正常运行。3）余热锅炉结构充分考虑了煅烧烟气的特点，在回收余热的同时，能沉降一部分烟尘，可避免发生结渣现象。4）排烟温度低，宜于炉后烟气除尘（脱硫），达标排放。5）达到现余热回收，节能减排的效果。

在我国已有多家企业成功应用了煅烧余热发电技术，如在25万吨/年的炭素阳极生产企业中，采用罐式炉煅烧工艺，建设了1台4500kW抽汽式汽轮机，获得如下指标：年发电量：30.23×10^6kW·h；年自用电量：3.023×10^6kW·h；年供电量：27.207×10^6kW·h。

经济效益和社会效益良好。如果铝用炭素行业推广应用，以2018年年底的产量计算，全国铝用炭素行业采用余热发电技术，年可发电2.35×10^9kW·h。

9.1.10.2 炭阳极煅烧余热加热导热油技术

回转窑或罐式炉煅烧石油焦产生的大量的高温烟气，还可利用来加热炭阳极生制品生产。在回转窑或罐式炉后设置余热导热油加热炉，回收烟气余热，加热导热油，再将高温导热油送至沥青熔化、干料预热及混捏车间各用户，间接加热工质后，返回余热导热油炉，重新加热，循环使用。

（1）基本原理与工艺流程。基本原理：高温烟气进入导热油加热炉，与从用户返回的低温导热油进行热交换，烟气走管外，导热油走管内，间接加热导热油。

工艺流程：1）高温烟气流程：回转窑（罐式炉）→余热导热油炉→除尘器（脱硫）→引风机→烟囱→大气。2）导热油流程：用户→导热油循环泵→余热导热油炉→用户。

（2）技术特点。

1）进入导热油炉的烟气量由供热量决定，排烟温度根据导热油供油温度决定。2）工艺流程充分考虑了煅烧工段的特点，不影响煅烧系统的正常运行。3）余热导热油加热炉结构充分考虑了煅烧烟气的特点，在回收余热的同时，能沉降一部分烟尘，可避免发生结渣现象。4）导热油炉不用烧重油或燃气，直接节省燃料。达到现余热回收，节能减排的效果。该技术已在国内多家企业应用，取得很好的效果。

9.1.11 高效环保技术的工业应用

9.1.11.1 焙烧烟气联合法净化技术

由多种烟气净化方法串联和集成的焙烧烟气联合法，是一种多级处理的烟气技术，可以将各种方法，如干法氧化铝吸附收尘技术、预除尘、电捕焦油、全蒸发喷淋等灵活运用，实现很好的净化和除尘效果。焙烧烟气联合法具有操作和管理方便、无二次污染、净化效率高的优点。经过该方法净化后的污染物排放指标很低，可以达到国际标准。

9.1.11.2　生制品沥青烟气治理技术

干料黑法吸附是一种常见的处理技术，而生制品沥青烟气治理技术具有系统流程合理、简洁的特点，也是干料黑法吸附的一种。这种技术主要用于生产车间，所采用的焦粉可以循环利用。生制品沥青烟气处理技术具有完全自主的知识产权，是一项自主创新的技术，使用起来安全可靠，吸附的效率很高。除此之外，在控制技术方面也较为先进，并且适用于新建工程或者生产线改造的项目。

9.1.11.3　烟气脱硫技术

开发应用烟气脱硫技术、大幅度减少企业 SO_2 和粉尘等污染物对环境的污染，实现石油焦煅烧废气达标排放，这是企业必须承担的社会责任，也是符合国家关于环境治理和节能减排政策要求的重要措施。

烟气脱硫技术大致可分为湿法、半干法和干法三种，其中以湿法运用最为广泛。每一种成熟的脱硫技术都有其特点，适用于不同的脱硫环境和要求。应依据具体的标准要求、现场情况、脱硫剂供应和原料含硫多少，选择投资省、技术成熟、运行安全可靠、成本低和无二次污染的实用脱硫技术。

9.2　铝电解用炭素行业存在的主要问题

我国铝电解用炭素材料工业的发展迅速，厂家众多。据不完全统计，到 2018 年年底炭素阳极和炭素阴极生产厂家有 200 多家，这里不包含专门的石油焦煅烧企业和炭阴极糊生产企业。在这众多的企业中，发展水平差距较大，无论是规模，还是生产技术和装备水平等均参差不齐。在资源、能源日益紧张和环保日趋严格的当下，铝电解用炭素材料工业的可持续发展尚存在诸多问题。

9.2.1　原材料资源问题

铝电解用炭素材料工业赖以生存的基础原材料主要是石油焦、无烟煤、煤沥青。目前，我国铝电解用炭素工业每年需消耗优质石油焦约 2200 万～2300 万吨、煤沥青约 360 万吨、无烟煤近 20 万吨。从我国铝电解工业的发展实际情况看，这些材料需求将进一步扩大。

随着我国经济的快速发展，石油焦产品的产量和消费量急剧增加。2000 年，全国石油焦总产量 452 万吨，到 2018 年达到 2700 万吨，年平均产量增长率为 10.44%。但我国生产的石油焦基本上采用国内原油与国外众多国家的原油各占约 50%，国产石油的含硫量相对较低，而进口石油的硫、钒含量较高，特别是使用中东石油的炼油厂生产的石油焦含硫量高达 3%～7%，而我国从中东进口的石油量越来越多。国产高硫焦的比例也逐渐增加，进口石油生产的生焦用于铝电解用炭素生产，除了含硫量高、污染严重、使炼油设备造成腐蚀的问题外，还由于其钒等有害元素含量高，能强烈催化碳与二氧化碳、空气的氧化反应，造成由其生产的炭阳极消耗增加。由于石油裂解和蒸馏技术的不断进步，石油的来源地复杂，生产出的石油焦质量越来越差和不稳定。世界范围内的石油焦的质量正在逐步恶化，能用来生产铝电解用炭素材料的优质石油焦的比例正在下降。铝用炭素工业的生产如何应对石油焦质量的变化是全球铝工业共同关注的问题。

煤沥青是炼焦工业的副产品。随着我国钢铁工业的发展和西方工业国家冶金焦生产能力下降，我国冶金焦产量迅猛增加，我国已成为煤沥青生产的大国，2018 年我国煤沥青产量达到 555 万吨。但我国煤沥青生产行业存在规模小、布局分散，主要分布在东北、华北、华东、中南和西南地区。近年来，山东、山西产能增加较快，质量不稳定，价格上涨较快。

我国无烟煤资源虽然非常丰富，但是可用于铝用炭素工业的无烟煤是有限的。目前，已知的有宁夏、贵州、云南、山西等省自治区的部分无烟煤，无烟煤的资源毕竟有限，且存在着乱挖滥采现象，对未来铝电解工业的发展是一种挑战。

9.2.2 生产能耗问题

近年来，我国铝用炭素行业在节能减排工作方面取得了长足进步，众多企业开发并应用了一系列先进技术，如余热发电技术、大型煅烧炉自动控制技术、焙烧炉的燃烧智能控制技术等。但是，我国铝电解用炭素工业的能耗与世界先进水平尚有差距，国内生产每吨普通炭素制品的综合能耗约为 0.95t 标准煤，高出国外先进水平 15%左右。按国内 2018 年炭素阳极、阴极产量约 1976 万吨计算，每年存在 280 万吨标准煤的能源节约空间，并可减少每年超千万吨的 CO_2 排放。

我国铝电解用炭素工业的能耗高主要体现在焙烧炉、石墨化工序上。

9.2.3 产品质量问题

我国各铝电解用炭阳极和阴极生产厂家应用的技术与装备水平参差不齐，炭阳极和炭阴极产品的质量相差较大。有的厂家的产品完全可以满足国外用户的需要，而有不少厂家的炭阳极和炭阴极质量不稳定、质量有待提高，主要体现在如下方面：

（1）我国现行炭阳极质量标准与国际标准存在差距，炭阳极块质量标准没有完全与国际对标，体现在一些重要的质量指标如微量元素含量、热膨胀率、CO_2 和空气反应性、空气渗透率等尚未纳入测定的指标体系，造成我国预焙阳极产品质量难以得到真正的保证；

（2）炭阳极块质量波动大，成品率偏低，电阻偏高、易氧化、阳极块内存在裂缝和鼓疱、掉渣严重等现象时有发生，影响了电解槽的平稳运行，破坏了电解槽热平衡制度，降低了电流效率，增加了电耗和炭耗。2018 年，全国电解铝的平均炭耗水平为：吨铝炭阳极毛耗 496kg，与世界先进水平相比，吨铝阳极炭耗高出 20~40kg。

我国生产的底部阴极炭块、侧部炭块和阴极糊的质量与国际先进水平的质量相比，存在差距较大。主要体现在：国外铝电解槽的使用寿命可达到 8~10 年，而我国的电解槽使用寿命短，平均在 4 年左右，最关键因素就是炭阴极材料的质量问题。阴极的抗侵蚀、抗破损的性能差，阴极块与阴极糊不完全“融和”，尤其是阴极糊的质量急待提高。

目前，我国大多数的铝电解槽使用的阴极炭块是以含石墨 10%左右的无烟煤质炭块为主导，其真密度为 1.90g/cm^3，电阻率为 45μΩ · m，运行一年的电解槽炉底压降一般在 370mV 左右，运行两年以上的电解槽炉底压降大都在 400mV 左右，平均槽寿命不到 1800d。而国外根据电解槽容量的不同，分别开发并应用相适应的高品质阴极材料，如高石墨质（石墨含量 30%~80%）阴极、石墨化阴极等，法国彼施涅的 AP30~AP50 系列电解槽普遍采用石墨化阴极。国外的石墨化阴极炭块的真密度达到了 2.18~2.23g/cm^3、电阻率 10~13μΩ · m、钠膨胀率小于 0.1%、热导率大于 100W/(K · m)，采用石墨化阴极的炉底压降仅为 250mV 左右。国外大型铝电解槽先进的寿命可达 2700~3000d。

在铝电解槽筑炉中，国内仍在采用传统的冷捣糊和热捣糊，糊料性能较差，筑炉作业环境恶劣。而国外已开发使用塑性好、可改善作业环境的室温糊和树脂糊，并开发了相应的检测方法与技术标准。我国在阴极糊的研究和开发利用方面，与国际先进水平差距较大，是影响铝电解槽寿命的关键因素之一。

9.2.4　炭素工业节能减排需解决的主要问题

我国铝用炭素行业在节能减排方面存在着较大潜力，生产企业工作的重心应放在炭素制品下游行业的提质增效和节能减排上。首先考虑的应该是炭素产品的质量、规格的定位，然后再考虑炭素生产的过程。炭素制品的单位产品的能耗指标同国外同类企业相比较高，尤其是一些特殊的工序，如石墨化和焙烧，会消耗很大的能源。因此，应从技术的角度，提高炭素制品生产的成品率、合格率和实收率，避免物料过程损失。

在制定各种产品的工艺控制条件和工艺流程时，要根据原料性能和产品质量要求来确定，加强生产过程管理控制和在线监测，建立和完善相关的检验制度。对于炭素生产造成的污染物的排放问题，应着重加以解决。目前，因炭素生产造成的环境污染问题已经成为炭素生产企业必须面对和亟待解决的重要问题。与普通工业生产不同的是，炭素生产较为特殊，在生产中的各个工序都会有废品产生，为了保护环境、减少浪费，应科学利用废品材料。

9.2.5 工艺与装备水平问题

在我国，无论是炭阳极生产工艺与装备，还是炭阴极的生产工艺与装备，与国际先进水平存在着一定的差距，体现在：

(1) 研究的基础条件薄弱，人才缺乏。从严格意义上讲，我国没有一家具有开发铝电解用炭素材料生产工艺和装备的研究单位或试验工厂，相当一部分研究人员缺乏生产实践经验，再加上科研经费的缺乏，影响了行业的跨越式发展步伐。(2) 从我国铝电解用炭素材料的生产质量、能耗水平、产品使用效果、环境污染及治理等多方面，体现了其工艺技术和装备水平的差距。具体情况在本书的相关工艺技术与装备章节中有详细的论述。我国在铝电解用炭素材料的工艺技术的研究开发和相关设备的开发等方面还需要进行大量的研究开发及应用工作。各级政府应给予相关政策上的大力支持。

9.2.6 环保问题

在我国的铝用炭素制造业中，因厂家众多，发展规模不同，采用的工艺和装备各异，环保治理方法和措施差异较大，环保意识也存在差异，导致了环境保护存在较大的差距，某些厂家存在着污染依然严重的情况。

全球性的温室气体效应引起国际社会的高度重视，世界各国对于铝电解用炭素行业节能减排工作相当重视。不但要考虑自身的节能减排，而且还需要考虑其下游企业的节能减排，以满足整个产业链和经济发展的需要。

铝电解用炭素材料生产过程中产生的粉尘、多环芳烃（PAHS）、氟化物、SO_2、污水等是主要污染物。我国炭素厂对破碎筛分过程中产生的粉尘收集效果不好，对沥青熔化、混捏成形、焙烧过程中产生的PAHS及其中毒性较强的苯并芘，采用的净化技术难以使排放真正达标。在现行的焙烧烟气净化工艺技术方面，也存在需要提高和改进的方面，如炭素生产过程中对沥青熔化、混捏成形、制品焙烧等产生的PAHS及其中毒性较强的苯并芘，多采用干式静电收尘方法进行净化，由于静电收尘工艺受温度、排气量等因素的波动影响，难以完全做到达标排放。同时，该工艺对HF和SO_2的净化效果不明显。要实现铝电解用炭素材料制造业全面达到清洁生产尚需作不懈的努力。

目前，在铝用炭素工业体系内，有关的烟气净化、粉尘治理等技术已成熟可靠，望行业内有关企业高度重视环境保护。

9.2.7 资源综合利用问题

面向未来的可持续发展，我国铝电解用炭素制造业中尚存在着巨大的浪费现象。

（1）有众多生产厂家的煅烧余热没有开展利用，存在着巨大的浪费；按照目前行业的总体情况，以2018年生产的实际数据计算，铝电解用炭素行业煅烧余热利用的潜力至少在2.35×10^{9}kW·h。（2）有的生产厂家的焙烧工艺采用传统方法，造成焙烧过程中大量挥发分排出，既浪费了能源，也造成了环境污染。（3）即便开展了煅烧余热发电和余热加热导热油的利用工作，但目前其低压部分的余热（不大于300℃的）还没有很好地开展利用。（4）不少厂家工业用水自然排放，没有开展利用、使之达到零排放。（5）生产过程中各工序产生的粉尘回收的效果不好，更谈不上合理利用问题。

9.3 铝电解用炭素行业的可持续发展

可持续发展是铝用炭素制造业的必然抉择，而且成为衡量铝电解用炭素行业发展质量、发展水平和发展程度的客观标准之一：因为企业的发展早已不是仅仅满足于物质利益的最大化，而是在追求利益最大化的同时，把建设舒适、安全、清洁、优美的环境和人与自然的和谐作为实现企业自身价值的重要目标。面对新的经济形势与新技术日趋月异的挑战，铝用炭素制造业的可持续发展问题是未来行业科学发展的关键。

9.3.1 原料资源的发展与出路

目前，影响铝电解用炭素制造业较大的原材料是石油焦和沥青，主要存在的问题上述已表明。

（1）针对石油焦质量下降与波动问题。我们主张不能以牺牲上游工序的利益而保下游副产品的质量。从总体产业链上看，要面对现实，高度重视，充分研究，采取积极的应对措施，针对粉焦比例高、硫分和钒等有害的微量元素含量升高等。加大科技攻关力度，以较低的成本、高效率地解决除杂问题，同时开发应用粉焦比例高的石油焦。

（2）沥青中的高硫含量和有害微量元素备受关注。如何将沥青中高硫成分去除或降低其含量是解决沥青原料的重要课题，目前尚没有良好的解决办法，需进一步加快研究。

（3）众所周知，现行的铝电解技术方法不是最科学的，但是是目前最经济的炼铝方法。要彻底解决资源和能源问题，最关键的是突破现行的铝生产技术，如国家集中国内技术人才队伍和科研资源，开展TAC技术的联合攻关等。

9.3.2 大力推广应用节能技术并不断开发新技术

正如前述，中国铝用炭素制造业存在着节能的巨大潜力，全行业应加快推广应用成熟的节能技术，并不断研发新技术：

（1）加大已成熟的煅烧余热发电技术和加热导热油技术的推广应用。目前国内行业中至少存在着每年浪费 2.35×10^9kW·h 的能源，有必要采取行业规范加以执行。

（2）煅烧、焙烧的低压烟气余热利用技术的开发。目前煅烧的高压部分的余热利用技术成熟可靠，但煅烧和焙烧的低压部分的余热（不大于 300℃的）还没有开展利用。开发低压部分的综合利用技术是走可持续发展的科学道路。国际上已开发了低压烟气余热利用发电技术，其工艺见图 9-12。

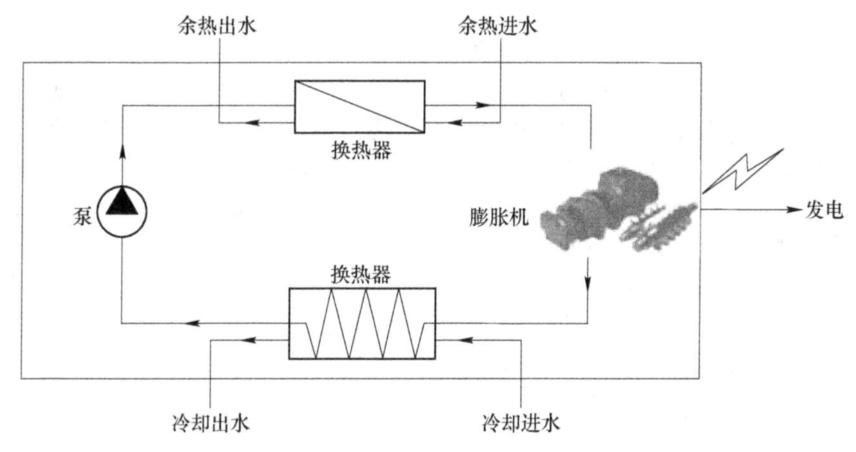

图 9-12 低压余热发电流程图

在铝用炭素行业中，低压余热利用的潜力巨大，开发成功不仅对我国的铝用炭素行业有重要意义，对我国的电解铝行业也有着重大的指导意义。

（3）开发和改进现行的焙烧炉。我国的焙烧炉能耗水平普遍较国际先进水平高，炉寿命也相对短，开展对焙烧炉全方位的热平衡测试与计算，通过电子仿真技术和先进的材料技术，优化出进一步节能环保的新型焙烧炉。

9.3.3 工艺技术与装备的改进技术

通过结合国外先进的技术经验，我国铝用炭素制造业的装备水平设备近年来有了突飞猛进的进步，实现了生产效率和产品质量提高，主要的进步有如下方面：

（1）PLC 全自动控制，网络通信方式预热机，可实时测量、显示、传递设备工作和状态参数（可选配置）。三种运行模式：网络自动、单机自动、手动。无论上下游设备是否具备自动化功能，均可实现设备自身的自动化运行。（2）网络运行模式混捏锅，采用 PLC 自动控制工作状态下完全自动工作：干料预热机自动完成干料预热过程（包括干料温度测量和干混时间计时）、排料，自动完成工作循环。（3）采用 PLC 全自动控制，网络通信方式糊料冷却机，可实时测量、显示、传递设备工作和状态参数对糊料冷却的同时，进行低温混捏。随温度的降低混捏效果增强，骨料表面沥青吸附层的形成更加活跃，同时沥青吸附层内部的分层结构更趋于有序排列。糊料冷却的同时，混捏质量进一步提高。（4）新型焙烧炉燃烧自动控制系统，实现阳极焙烧温度自动控制、系统负压自动控制、提高火道温度精准控制、冷却区下游零压控制防止反火。

我国铝电解用炭素材料生产工艺和相关设备需要进一步优化和改进，有以下几个主要的改进方面。

9.3.3.1　炭阳极生产工艺的优化与改进

（1）石油焦煅烧工艺技术的优化。采用回转窑煅烧石油焦生产工艺技术优化的主要方向是：采用新型耐火材料延长炉衬使用寿命和进一步改进热工制度，采用国外先进的技术优化目前国内回转窑燃烧室窑尾烟气燃烧的有效控制，进一步优化和提高控制水平、减少烧损率，开展热能的充分利用。采用罐式炉煅烧石油焦的生产工艺技术优化的主要方向是：实现石油焦煅烧配料均质化，提高罐式炉自动控制水平、实现加料的自动计量与控制，加强罐式炉配套设备的改进，加强煅烧炉的在线技术参数（负压、温度等）的测定与管理，向智能化方向发展。（2）加大破碎、筛分系统的粉尘收集技术的开发和应用，推广应用自动配料技术，降低磨粉系统的噪声等。（3）进一步改进沥青熔化、混捏、成型过程中沥青烟的回收治理技术。（4）炭阳极焙烧工艺技术的优化方向是：进一步开发新型结构焙烧炉和新型节能材料，优化和推广燃料自动控制技术，开展焙烧烟气余热的综合利用。

9.3.3.2　铝电解用炭素制造业重大生产设备的开发和改进

设备是生产效率、产品质量的保证。应该说我国设备制造业相对于发达国家存在差距，在铝电解用炭素材料生产中，我国引进、开发和应用了许多新型设备，大大提高了行业的技术装备水平，达到了一定的节能降耗、改善了生产环境及提高效率和质量的目的。未来行业在设备开发和改进的主要方向是：

（1）煅烧系统配套设备的开发与应用，包括加料的计量与自动控制，煅烧炉的热工制度的自动化控制，排料系统的自动控制完善等。（2）新型高效环保的破碎筛分一体化设备的开发与应用。（3）更高效连续混捏机的开发与应用。（4）大型真空振动成形机的开发与应用。（5）新型结构焙烧炉及其先进的控制系统。（6）新型节能环保式浸渍设备的开发。（7）高效节能型石墨化炉的开发与改进。（8）先进高效的残极清理设备。（9）研发生产系统全设备的运转与维护维修的远程监控系统。

9.3.4　智能化新技术的发展与应用

面对当下，铝电解用炭素行业面临诸多挑战，应采取科学的方法积极应对；

面向未来，铝电解用炭素行业应紧跟现代化技术进步的步伐，采用现代新技术成果改造和提升传统产业。为此，铝电解用炭素行业应高度重视并积极开展5G、互联网+AR/VR、人工智能等在铝用炭素制造业的开发与应用，从而实现从智能车间、智能工厂，到智能制造的发展目标。

在过去10年中，网络技术取得显著发展，越来越多的网络技术应用于控制系统。为了满足日益复杂的控制任务的需求，需要采集和存储的数据将会越来越多，控制系统必须能够处理这些海量数据，传统控制体系面临着控制系统越来越复杂、计算能力和存储空间存在约束等严峻挑战，迫切需要新一代控制系统具有智能计算、优化决策与控制能力。对此，我国科技界在国际上首次提出了“云控制”理念。在传统控制系统中引入云计算、大数据处理技术以及人工智能算法，通过各种传感器感知汇聚而成的海量数据，也即大数据储存在云端，在云端利用人工智能算法，实现系统的在线辨识与建模，控制任务的计划、规划、调度、预测、优化、决策，结合智能控制算法，如自适应模型预测控制、数据驱动控制等先进控制方法实现系统的自主智能控制，形成云控制。云计算具有强大的数据计算和存储能力，边缘计算有部署灵活，计算的实时性，在终端应用边缘控制，基于云端协作机制，提高控制系统的实效性。

9.3.4.1 5G在铝用炭素行业发展中的应用

5G是第五代移动通信系统，英文叫5th Generation Mobile Networks，仅从名字上讲，似乎是4G系统的延伸。但其实，在性能指标和功能模块上，5G平台具有3G和4G无可比拟的优势。

1G是实现了基本的移动通话；2G是实现了收发短信、语音通话和手机上网；3G则是拓展到了图片，让大家收发图片，彩信成为可能；现在使用的4G，是具有更大带宽和更快网速，能在移动网络里看视频、看直播等。

而5G最大的区别，就是它不再局限于移动互联网，而且还能支持物联网、AR/VR、自动驾驶、人工智能等海量的应用，让人们真的进入到万物互联的时代。2019年6月，工信部向中国电信等运营商发放了5G商用牌照，表明2019年将成为我国技术变革上里程碑的一年，我国正式进入5G商用元年。5G的到来，将是一场巨大的产业链革命。

为此，在铝用炭素工业中，从原材料、备品备件、燃料的采购、运输及储藏，到生产过程的各个环节，如煅烧、成型、焙烧、石墨化、产品机加工等操作的工人，5G将会全面改变他们的工作方式。5G可凭借更低的延时率，在控制室里远程给机器人发出指令，提高人机交互的效率和工作表现。

未来工业机器人将越来越多地代替工人，去恶劣危险的环境完成任务。而5G技术结合AR或者VR，能实现实时的人机智能远程交互和智能控制，这可以大大提高效率和安全性。

5G可以使得智能工厂向无线方向发展，体现在：

(1) 在工业应用场景上，可实现视频监控和操作维护等大量数据传输，控制数据等的传输，同时对数据的传输的实时性、可靠性、安全性要求高。(2) 在无线连接上，工厂无需布线，工厂和生产线的建设施工更加便捷，减少大量维护工作，减低成本；同时，机械设备活动区域不受限，方便在各种场景实现工作内容的平滑切换。(3) 在互联互通上，借助5G的D2D通信，可实现智能工厂内大规模制造装备的互联；制造装备5G与云端工业软件互联，促进工厂架构扁平化发展，实现物流跟踪、远程运维、分布设计、协同生产，实现整体有机联动和最有效的产能、质量优化。(4) 在智能制造过程中，可通过AR等技术实现人机协作、监控生产过程、生产任务分步指引、远程专家业务支撑、提高生产劳动效率；此外5G与工业AR结合使用，可进行员工培训等。

总体来看，在未来，5G将为各行各业提供全新的基础工具，而传感器、机器人、自动化设备、AI和独特设备的各种组合将释放出新一轮的重大机遇，并加速推动现有的旧技术和思维方式的淘汰。同时，5G将让工作方式和生活方式变得更加自动化，也将让很多曾经隐形、不透明的信息变得可见、可控、可预测。这种变化将比以往任何时候来得都快，影响的范围也会更广。

5G势必开启新一轮信息产业革命，将促进铝电解用炭素、物联网及智能制造等新兴行业。人工智能、5G应用于工业中，可以实现设备提供商对工厂设备的远程维护，对交通网络的监控，对能源、水和天然气等基础设施网络的控制；对生产各个环节的设备的运行与维护等控制，必将对铝电解用炭素工业产生深刻的改变。

9.3.4.2 工业互联网的发展与应用

工业互联网平台本质是通过工业互联网网络采集海量工业数据，并提供数据存储、管理、呈现、分析、建模及应用开发环境，汇聚制造企业及第三方开发者，开发出覆盖产品全生命周期的业务及创新性应用，以提升资源配置效率，推动制造业的高质量发展。

互联网让企业和消费者打破了时间和空间上的约束，有力促进了经济全球化，实现了全天候经济的发展，给广大消费者和用户提供了较大的便利。互联网也扩大了企业间的合作和竞争范围，使企业间的合作与竞争界限更加模糊，相同需求的企业能够快速建立合作关系。

各行业对互联网技术的应用不尽相同，其中应用最为成功的行业是零售业，传统制造行业因其复杂性对互联网技术的应用还比较滞后。为加快推动互联网在传统行业的发展，打造制造强国，我国制定了一系列战略规划和政策措施，推动我国制造业数字化水平不断提升。

（1）互联网对炭素行业的影响。

互联网对炭素行业影响最为直观的是沟通与管理的便捷性，近几年炭素行业的电子商务业务也在起步，互联网在炭素行业的发展虽不及零售业，但互联网技术和产品已经对炭素行业传统模式带来冲击。

1）改变传统生产运作模式。目前炭素行业仍延续传统的产销方式，不过新的产销模式也已经萌芽，比如代生产、定制化生产。随着互联网与炭素行业的深度融合，必将改变企业与客户间的关系，个性化定制，用户全程参与，服务化转型将成为炭素行业新生产模式。另外，互联网让炭素产品性能、价格、产量、区域差异等有价值的信息透明化，炭素企业的秘密愈来愈少，企业的竞争愈演愈烈，当然合作也更加紧密，最终将催生平台化、产业链、生态化的竞争，利于炭素行业健康、持续、有序的运作发展。

在生产工艺、设备控制、产品检测等生产环节炭素企业引入互联网技术，可减少人工操作流程，有利于降低因人为干预带来的产品质量下降以及生产安全隐患，可让炭素企业达到减员增效、降低成本的需要。另外，炭素产品的生产因种种因素会出现质量问题，通过对生产过程中的信息搜集，进行大数据的分析，找出影响炭素产品质量的原因，利于炭素企业降低因生产工艺带来的损失。

2）改变传统服务模式。互联网经济的快速发展，新型的服务模式也应运而生，比如 OTO 服务、体验服务、在线检测、远程运维等等，新型的服务模式让企业与客户之间的关系更加紧密。在炭素行业，企业就可通过在线检测、远程运维对生产过程中设备问题远程诊断与解决，此类服务已在其他传统制造企业使用，可直接复制应用于炭素领域。它不仅提高了设备运维的效率，提升了重大装备故障的预判率，还改变了当前设备运维的服务体系，侧面推动炭素设备生产企业的服务化转型。

互联网技术的应用，还让产品质量追溯成为可能。比如阳极炭块，通过信息化技术可实现从配料、生产加工、成品、运输、应用整个环节进行质量追踪，当客户提出质量问题，就可通过信息化手段发现在某个环节出现的问题，提高解决问题的效率，也避免了因此产生的纠纷。

3）改变炭素的发展环境。互联网网罗各类行业信息，将炭素企业置于信息透明的环境中，让行业竞争更加充分、质检监督更加充溢，倒逼企业通过技术创新、服务升级、资源共享、分工合作、平台运营的方式寻求发展突破，炭素企业传统的信息差、地域差带来的利润被不断压减，传统的生产和贸易的模式会被互联网摧毁，炭素企业的发展环境将会发生颠覆性改变。

这种改变还体现在互联网让炭素企业所能获取的资源及途径更加丰富。互联网+物流、互联网+金融、互联网+教育、互联网+工业……以互联网为中心，将各行各业连接在了一起，打破了传统经济模式下，各行业的隔阂，也为跨界颠覆提供通途。在此情况下，炭素企业可通过互联网快速获得资金、人才、技术支持，所能使用的资源更加丰沛。

4）创新将成为重中之重。互联网给炭素企业带来丰富资源的同时，也加速了炭素企业的优胜劣汰，创新将成为炭素企业在残酷竞争中立于不败之地的法宝。互联网与炭素行业的融合，改变了其生产模式、运营模式、服务模式，企业要想跟上互联网时代的发展，就要运营各种信息化手段，不断进行商业模式创新、产品创新、应用创新，以客户为中心，实现企业健康可持续发展。

（2）炭素企业应用互联网面临的问题。

对于传统制造业，比如炭素企业，互联网可节约中间环节的成本，提高生产效率，减轻人口红利消失带来的压力，促进企业的转型升级，但从行业实际应用来看，互联网对炭素企业的影响还比较有限，在问及互联网对企业发展有何影响时，多数人表示自己企业开通了微信平台，有些企业称已加入一些电商平台进行产品销售。炭素企业对互联网技术的应用仅浮于表面。当然，这也与行业特点和工业互联网发展环境有莫大的关系。

1）缺乏数据标准。制造企业涉及的应用场景非常复杂、工业设备繁多。比如在预焙阳极企业，虽然生产流程相比简单，但也要经过 8 道以上的生产工序，煅烧车间、制糊成型车间、焙烧车间和组装车间需要配合协作。因此，会产生大量的生产、管理、设备运维方面的数据，大量不同数据的传输交互，工业协议等还无法做到标准统一，这些都是阻碍互联网在工业领域应用的因素。

2）数据安全待提高。互联网时代，数据对每个企业都非常重要，而工业数据安全要求远远高于消费数据，工业数据如果存储出现问题一旦泄露，将威胁到生产企业的安全，甚至给社会安全带来隐患。

3）关键技术不足。工业互联网所需的嵌入式芯片、操作系统等核心技术被国外垄断，虽然我国有庞大的工业基础，也面临转型升级，但缺乏自主技术支持，也是阻碍工业互联网落地的关键因素。

4）企业接受度不高。工业互联网距离炭素行业稍显远些，企业能接触工业互联网技术不多，对互联网对行业发展的思考也不够深入，认为其对公司业务的影响有限，仍在按传统模式经营企业。有部分企业虽然能够认识到工业互联网是未来大势，但想要升级，需要大量的资金，对于炭素行业的中小型企业无法承担这部分费用，只能安于现状。

向互联网转型，不仅是炭素企业自身发展的现实需要，也是政府积极改善发展环境的需要。近年来，我国在完善工业互联网环境方面，积极出台了一系列战略规划和政策措施。工业和信息化部、财政部等部门相继印发《智能制造发展规划（2016~2020 年）》《工业互联网发展行动计划（2018~2020 年）》等，明确具体目标和重点任务。行业标准方面，全国信息技术标准化技术委员会、智能制造综合标准化工作组、工业互联网产业联盟等多个从事相关标准研发的机构，制定了《国家智能制造标准体系建设指南（2018 年版）》《工业互联网标准体系框架（版本 1.0)》等文件，以加快我国工业互联网的发展步伐，抢占制造业竞争制高点。

虽然工业互联网的进程存在各种困难，但是与其他工业企业相比，炭素行业更易于与互联网相融合。一方面是炭素企业生产环境相对简单，有效降低了数据采集难度；另一方面就是炭素企业同型号设备、重复性工作较多，更利于智能化控制、信息化管理、大数据采集以及大数据分析。互联网仅是炭素企业进入智能化的第一步，不论是炭素企业还是其他制造企业，最终的目标是实现无人化智能工厂。

(3）工业互联网在炭素企业的应用。

铝电解用炭素领域采用“互联网+”就是“互联网+各个有关传统行业”，利用信息通信技术以及互联网平台，让互联网与传统行业（铝用炭素行业的上下游、配套的机械制造、耐火材料、能源、物流等）进行深度融合，形成铝电解用炭素工业互联网，创造新的发展生态。它代表一种新的社会形态，即充分发挥互联网在社会资源配置中的优化和集成作用，又将互联网的创新成果深度融合于经济、社会各领域之中，提升全社会的创新力和生产力，形成更广泛的以互联网为基础设施和实现工具的经济发展新形态。

在我国铝电解用炭素领域中，中商碳素研究院是国内首家以“互联网+”（科技、产业、文化、金融）为一体的综合服务商，创立了“碳素网”和“铝行天下网”，见图 9-13。

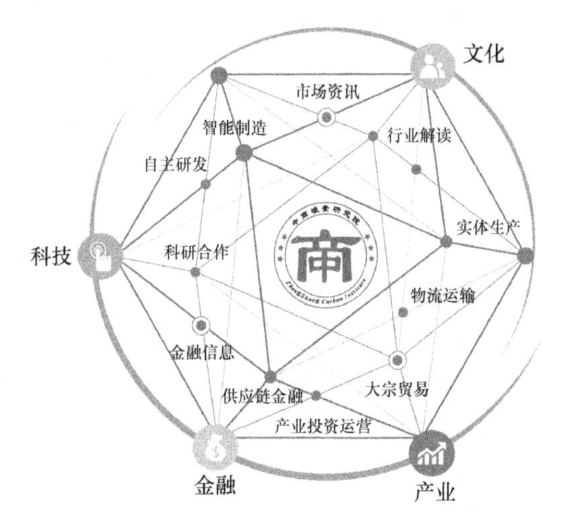

图 9-13 中商碳素研究院建立的工业互联网

9.3.4.3　物联网在铝用炭素产业的发展与应用

物联网是新一代信息技术的重要组成部分，物联网的英文名称叫“The Internet of Things”。顾名思义，物联网就是“物物相连的互联网”。物联网的标准定义是：通过射频识别（RFID）、红外感应器、全球定位系统、激光扫描器等信息传感设备，按约定的协议，把任何物体与互联网相连接，进行信息交换和通信，以实现对物体的智能化识别、定位、跟踪、监控和管理的一种网络。

这有两层意思：第一，物联网的核心和基础仍然是互联网，是在互联网基础上的延伸和扩展的网络；第二，其用户端延伸和扩展到了任何物体与物体之间，进行信息交换和通信。

物联网绝不是简单的全球共享互联网的无限延伸。即使互联网也不仅仅指我们通常认为的国际共享的计算机网络，互联网也有广域网和局域网之分。物联网既可以是我们平常意义上的互联网向物的延伸；也可以根据现实需要及产业应用组成局域网、专业网。现实中没必要也不可能使全部物品联网；也没必要使专业网、局域网都必须连接到全球互联网共享平台。今后的物联网与互联网会有很大不同，类似智慧物流、智能交通、智能电网等专业网；智能小区等局域网才是最大的应用空间。

中商碳素研究院着力打造大宗工业物联网服务平台，为全行业的工业企业实现快捷、高效、低成本、安全可靠的高质量一站式服务，满足全行业、全产业链的全部企业的互联网、物联网和未来智能工厂及智能制造的需要。中商碳素研究院已初步建立起山东所罗门物联网服务平台和山东派啦啦物联网服务平台。

物联网的目标是为了让物与物在线相联，让在线的一切变得更有效率，这样对于炭素生产企业，有很大的应用空间，例如企业可以给每个生产员工配备一个RFID 电子标签，通过在工厂内安装 RFID 读取设备，实施对人员的自动识别、位置定位，以此随时掌握人员的情况；同样的方法给每个工艺车辆配备一个 RFID 电子标签，通过在工厂内安装 RFID 读取设备，实施对工艺车辆的自动定识别和位置定位，从而实施对厂内物流的监控和管理，以提高运转效率，生产稳定后，可以制定各个工艺车的固定的轨迹路线，几点该干啥到哪里，为最终实现无人自动驾驶创造条件，无人自动驾驶在工厂里实现自动载货，比在大街上实现自动载人要容易得多，固定的线路、固定的货物、固定的上车卸货地点。想象一下，传感器的布置、线路轨迹的设置，安全措施的实施，是不是更好实现、效益也要好得多，节省车辆损耗、油料消耗，最大的发挥设备的投资回报率；其实在机器人概念大热前好多年，工业机械手是不是已经在工厂里得到了很广泛的应用，工业企业相比财力充足，节省看得见，效益更明显，所以物联网的应用肯定是在工业企业里开始，完善后再在其他行业推广的，所有有志做物联网的企业方向一定要放对，定位也一定要准确，服务对象没选对，投资大没回报。希望物联网企业尽快能和炭素行业结合，从而提高管理水平、降低成本，增加产品竞争力。

在设备管理方面，通过给每台设备配备一个 RFID 电子标签，可以实时监控设备的运行状况，维护、润滑周期，结合人员定位可以对设备的巡检、点检、润滑实施情况进行检查，从而提高设备的维护管理质量，有了突发故障，也可以找到最近的人员进行处理，避免故障扩大；计划检修时的检修时间，检修负责人，检修方案，更换的备件材料可以压缩到该设备的 RFID 电子标签里，再检修时，工作人员拿专用的扫码仪就可以把设备的生产厂家、投产时间、历史检修记录、备件更换记录、维护责任人、操作责任人等情况显示出来，提高设备管理的效率和水平；对于设备系统的智能化控制更容易实现，对于更换的大的备件，通过输入设备 RFID 电子标签，记录存储，内容包含备件的生产厂家，何时更换，价格多少，合格证号码等，保证用到正品配件，事后可以追溯；设备的点巡检，点巡检人员必须到设备前扫描设备 RFID 电子标签，设备的巡检才会在点巡检的管理中心服务器签到销号，否则就视为没有点检，会有适当的考核，督促设备的点巡检制度落实，诚如是，设备管理将极大克服人的惰性，简单而有效，设备制造商远程就能为用户保驾护航。

在生产管理方面，通过对各个生产过程产品出口数据的读取，可以完成生产数据的统计，实时反映每个生产单元，每个时间段的生产情况，对事后分析发现影响生产的位置和原因，都有非常重要的作用，在成品设备出口的地方设置传感器通过读取产品上的 RFID 电子标签，统计每班每日产量，直接上传工厂物联网服务器，物联网服务器通过统计各种成本，固定资产折扣、设备维护成本、水电成本、人工成本、原料成本等直接算出产品的成本，为分析成本的高低，如何有效降低生产成本减少浪费，找到可靠的途径。我们现阶段的生产管理和事故分析还做不到完全的精准和真实，为我们的正确改进质量和优化生产方案提供更准确的原始数据。关于已经部分实现自动化控制的煅烧温度控制，配料和成型工序，焙烧火焰控制系统等，结合物联网以后产量统计更有依据和对照，物料平衡更好做到，温度控制更好实现，设备更稳定，产品质量更稳定，自动化程度更高，控制更流畅，整个煅后焦产量报表，配料成型报表，焙烧块产量报表，结合整个公司的生产过程报表会更全面，更有参照。同时配料和成型的监控包含整个炭素生产工艺过程的监控控制都集中到一个集中的监控室，更直观，实现智能自动控制，减少了操作人员，更高效，直至实现无人值班工厂。

在质量管理方面，质量管理需要全员、全过程管理，以前的全员全过程都没有做到位，结合物联网技术，可以真正做到全员全过程的质量管理，对内可以通过物联网技术对生产过程的追溯，追溯到不合格产品从哪一个环节产生的，直至查到责任人，从而提高员工的责任心，更有利于查到一些不容易发现的废块产生的原因，从而提高生产过程，质量管理的精益化；对销售后的炭块也可以通过行业通用的 RFID 电子标签，在电解铝厂使用前对炭块的所有信息进行读取，可以具体到，哪里的石油焦、哪个班组生产、焙烧曲线、何人何时清焦入库等，让电解铝厂使用炭块的人可以明明白白的放心使用；同时产品的生产过程，使用情况，用户评价将通过连接行业产品质量监督的互联网数据中心，让全行业，全社会的人都可以登录查询，让好的品牌更好。

在安全管理方面，通过对每一个员工的位置轨迹记录分析，可以发现员工的行为习惯和性格特征，筛选出有隐患的重点员工的重点行为，进行重点预防；编制所有设备操作的不安全因素，通过事故案例得出最容易出现事故的重点设备、重点操作，重点设备需要操作时，通过红色、黄色、橙色等不同的安全级别色差悬挂在设备醒目的位置，重点人员进行设备的操作时通过公司安全平台发送微信或短信给操作者、监护者、班组长防范提醒，从而降低事故伤害，杜绝重大事故的发生。

通过物联网改造成功的工厂，工厂管理水平将大幅度提高，质量大幅度提高，用人大幅度减少，成本有效降低，该企业市场占有率会大幅度提高，品牌会越来越响亮，企业效益也会越来越好。

对于整个铝用炭素行业，除了生产企业以外，还有物流、原料供应、设备的运行及备品备件、炉窑的大中小修、销售市场等环节；物联网在整个行业的整合作用更明显，更有效，原料的质量与价格、哪里有供应与采购需求、库存多少、物流车辆有没有、有没有返程配货等，这些信息的收集整合，每个环节都蕴含着巨大的商机和财富。目前，整个产业现状基本还是各企业单打独奏、一盘散沙，行业内叫得响的品牌企业不多，也没有哪家企业有绝对实力可以整合，大家都是各干各的，上下游信息不畅通，人浮于事，资源浪费严重，运营效率低下，全行业运转率低，运营成本较高，缺乏竞争力。行业的上下游迫切希望有正规、有实力的能整合物流、货源、市场占主导地位的企业品牌出现，把行业乱象捋顺，把风险降低，把成本降低，实现全行业、全产业链企业物联网。

物联网是互联网的升级版，随着物联网的技术越来越成熟，物联网在工业制造业的落地，必将创造出万亿级的市场和几何级数的效益提升，对于企业提高在行业的竞争力，对于我国提高整个工业智能化水平，从而提高整个中华民族工业在世界工业里的位置和竞争力都有不可估量的作用，在物联网面前中国和发达国家的差距并不大，物联网在工业企业的应用是我国工业追赶发达国家工业弯道超车的最佳时机。

9.3.4.4　人工智能在铝电解用炭素工业上的应用

人工智能是社会发展和技术创新的产物，是促进人类进步的重要技术形态。

人工智能发展至今，已经成为新一轮科技革命和产业变革的核心驱动力，正在对世界经济、社会进步和人民生活产生极其深刻的影响。

在新一轮科技革命和产业变革的浪潮中，人工智能从感知和认知两方面模拟人类智慧，赋予机器学习以及推断能力，在与5G通信技术、物联网以及云计算的协同下，成为能够真正改变现有人类社会生产工艺的科学技术。自2010年人工智能在语音和视觉两个领域产生突破性进展以来，技术突破工业红线就成为社会的共同期待。在市场需求拉动和国家政策的支持引导下，中国爆发了人工智能创业热潮，成为了世界瞩目的人工智能摇篮。同时，由于资本市场的理性回归，创业企业必须快速成长。随着技术不断迭代，市场认知也逐渐完善，更多产业对人工智能报以热忱，人工智能也已经从讲技术教育市场的阶段，过渡到思考如何将技术与商业相结合、与合作伙伴共同重构传统产业价值链的阶段，时代进入了人工智能与传统产业广泛、深度融合的前夜。

就世界经济而言，人工智能是引领未来的战略性技术，全球主要国家及地区都把发展人工智能作为提升国家竞争力、推动国家经济增长的重大战略。对于铝电解用炭素行业的进步而言，人工智能技术为铝电解用炭素行业提供了全新的技术和思路，将人工智能运用于行业、企业、车间中，是降低生产成本、提升运营效率、保证安全和环境、提高竞争力的最直接、最有效的方式。

国家对人工智能的发展高度重视，2017年7月国务院发布了《新一代人工智能发展规划》，其核心内容见图9-14。

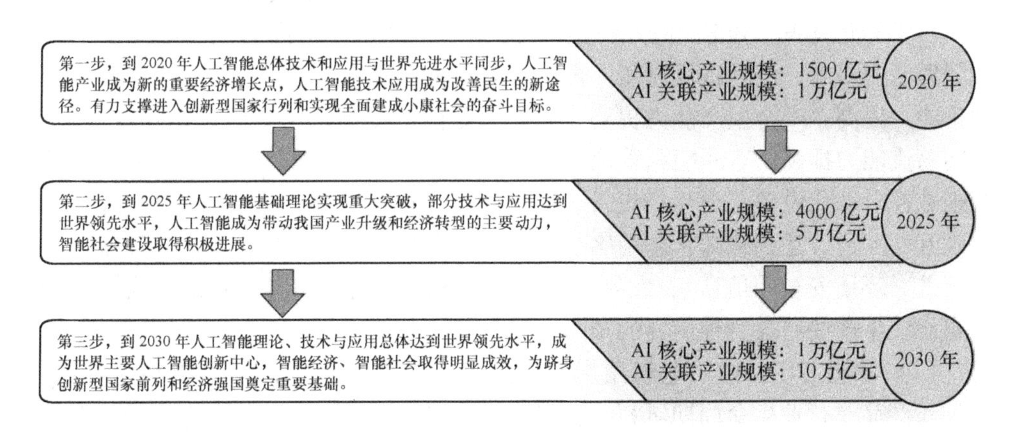

图9-14 国务院发布《新一代人工智能发展规划》奋斗目标

9.3.4.5 智能车间、智能工厂、智能制造的发展方向

铝电解用炭素企业智能制造的总体思路是以智能制造标准体系的构建、平台建设，提升铝电解用炭素企业数字化、网络化、智能化水平，打造铝电解用炭素

行业智能制造解决方案为着力点，从智能车间、智能工厂做起，再到实现智能制造；促进互联网、云计算、大数据、人工智能在企业研发设计、生产制造、经营管理、销售服务等全流程和全产业链的综合集成应用，推进铝电解用炭素行业与上下游产业的互联互通及全行业的智能化转型升级。

任何事物的发展不可能一蹴而就，需要有一个科学的发展过程。就铝电解用炭素行业而言，在发展智能化的道路上可以按照智能车间、智能工厂、智能制造 3 个不同层次发展。

智能车间，智能工厂，智能制造，3 个层级，各有不同，见图 9-15。

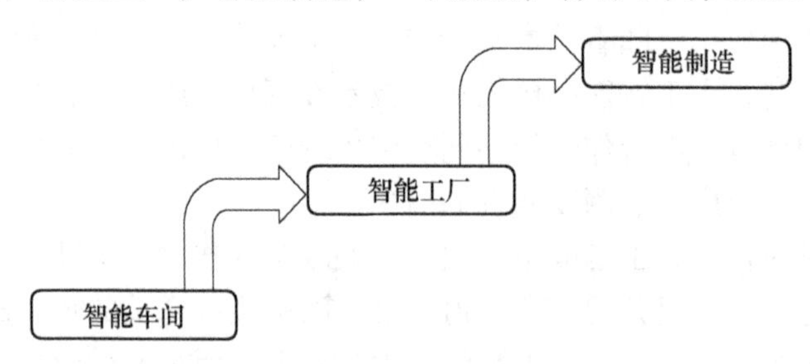

图 9-15　行业智能发展的 3 个层次

其中智能车间和智能工厂属于术的层级，智能制造才属于道的层级。术无穷，道亦无尽；道尽，术亦可无穷，但较难有质的突破。道未尽，术无穷，一直持续下去，终究会有质的突破，实现铝电解用炭素行业的智能制造。

（1）智能车间。以铝电解用炭素产品生产整体水平提高为核心。关注于生产管理能力提高，产品质量提高，客户需求导向的及时交付能力提高，产品检验设备能力提高，安全生产能力提高，生产设备能力提高，车间信息化建设提高，车间物流能力提高，车间能源管理能力提高等方面入手；通过网络及软件管理系统把数控自动化设备（含生产设备，检测设备，运输设备，机器人等所有设备）实现互联互通，达到感知状态（客户需求，生产状况，原材料，人员，设备，生产工艺，环境安全等信息），实时数据分析，从而实现自动决策和精确执行命令的自组织生产的精益管理境界的车间。

（2）智能工厂。以铝电解用炭素生产工厂运营管理整体水平提高为核心，关注于产品及行业生命周期研究，从客户开始到自身工厂和上游供应商的整个供应链的精益管理通过自动化和信息化的实现，从满足到挖掘，乃至开拓和引领客户需求开始的销售与市场管理能力提高；提高环境，安全，健康管理水平；提高产品研发水平；提高整个工厂生产水平，提高内外物流管理水平，提高售后服务管理水平，提高能源（电，水，气）利用管理水平等方面入手，通过自动化，信息化来实现精益工厂建设和完成工厂大数据系统建立和发展完善，通过自动化和信息化实现从客户开始到自身工厂和上游供应商的整个供应链的精益管理，这是智能工厂。智能工厂要具备三大特征：一是信息基础设施高度互联，包括生产设备、机器人、操作人员、物料和成品互联可控。二是控制和反馈的实时性，包括但不限于生产数据具有平稳的节拍和到达流，制造过程数据、数据的存储处理等具有实时性。三是学习和交互，即可利用存储的数据从事数据挖掘分析，有自学习功能，还可以改善与优化制造工艺过程。智能化工厂示意如图 9-16。

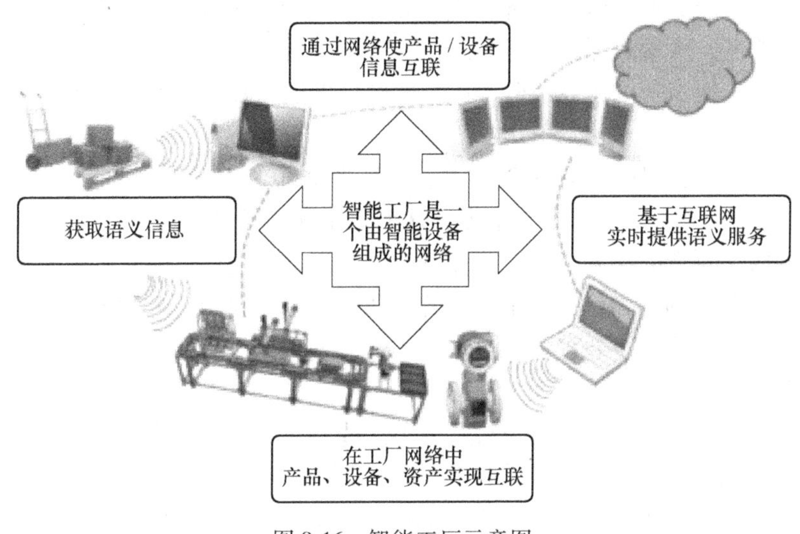

图 9-16 智能工厂示意图

在铝电解用炭素企业中，应建立覆盖制造全流程的实时数据采集与可视化生产管控系统，该系统的数据采集涵盖原材料仓库、配料、煅烧、混捏、成型、焙烧、石墨化、机加工等全流程、全方位，基于新一代物联网技术，可实现生产计划、投料、能源消耗、工艺过程、质量、物流等方面的一体化管理与控制，生产实绩直达生产管理者，大幅提升生产管理的精细化程度和协同效率。

建成生产能源指挥中心，实时监控风、水、电、气等能源介质的生产、输配和消耗数据。通过数据综合利用，支撑能源平衡及动态优化，实现系统性的节能降耗。

建立环境友好、生态绿色制造业，基于对铝电解用炭素生产过程中排放烟气的激光分析，煅烧炉、焙烧炉、石墨化炉的火焰图像识别以及声呐等技术的应用，建立全流程终点预报数字化模型。通过模型、专家智慧和人工经验相结合，提高命中率、缩短生产周期、提高产量、降低成本，智能化生产取得新的突破。

目前，我国铝用炭素行业智能化应用还处于初级阶段，工艺过程数学模型的适用性差、全流程计划调度水平不高、全流程周期质量管控尚待打通、供应链协同存在较大差距、管控一体化水平亟待提高、底层装备网络化基础较弱。

(3) 智能制造。智能制造是一个很大的体系，它不仅包含各种自动化技术和数字化技术，更主要的是能通过人工智能，是企业具备在生产经营过程中采集数据、分析数据、自我学习、自主判断、优化配置、升级能力等智能行为；具体应包括 5 个方面：生产方智能化、装备智能化、管理智能化、服务智能化和产品智能化。

智能制造是以提高国家竞争力为核心，关注整个制造业在全球产业和领域以及对应农业，服务业等国民经济组成部分的产业级管理水平的提高，结合智能工厂，智能服务，大数据系统（含软硬件建设）几个方面来实现精益管理思想文化，从而保证制造业的永续经营，国家的经济发展和长治久安，这才是一个“有智慧的”制造业。

我国是全世界唯一拥有联合国产业分类中全部工业门类的国家，拥有 39 个工业大类、191 个中类、525 个小类，从而形成了一个举世无双、行业齐全的工业体系。智能制造就是要为这个工业巨人的脑袋里面注入精益管理思想文化的灵魂和智慧，不然的话，就是一个空有各种各样软件的大脑，各种各样感应器和信息化技术的神经系统，各种各样自动化的骨骼和肌肉，虽然也是聪明强壮，但是没有大智慧。

工业 4.0 是德国为自己度身打造的国家战略。德国的定义是这样的，智能工厂偏重产品制造，类似于中国的智能车间；智能制造偏重运营，类似于中国的智能工厂。因为他们国家的工业体系没有那么多，与中国相比，如同一个小工厂，一招鲜也能吃饱饭；中国就不一样了，如同一个综合集团公司，就算几十招鲜，也不一定能混个肚子圆。

美国和日本以及其他国家也具有与中国不同的政治体制以及经济状况、技术能力的差异。所以不能死搬硬套到中国来，他们的只能作为借鉴，不能全盘效仿，中国必须要在自身的基础和特点上建立自己的智能制造战略。

我国推进智能制造的主攻方向，见图 9-17。

工业 4.0 在德国被认为是第四次工业革命，主要是指，在“智能工厂”利用“智能设备”将“智能物料”生产成为“智能产品”，整个过程贯穿以“网络协同”，从而提升生产效率，缩短生产周期，降低生产成本。它的典型特征是：融合性与革命性，是新一代信息技术与工业化深度融合的产物，是一种新的生产方式，推动传统大规模批量生产向大规模定制生产转变。

当前，我国大多数企业、行业智能制造系统还处于局部应用阶段，只有少数大企业单项业务信息技术覆盖面较高，关键业务环节应用系统之间实现了一定的协同和集成。大量企业处于工业 2.0 要补课，有些企业处于工业 3.0 待普及，有个别企业处于工业 4.0 要示范。对于我国铝用炭素行业而言，智能制造更是处于发展的初级阶段。

智能制造是系统工程，不能一蹴而就，切忌急功近利，需扎实推进管理优

图 9-17　我国推进智能制造的主攻方向

化。为避免企业在智能制造过程中走入误区，数字化和网络化是基础，智能化才是技术深水区，因此，企业首先应打好数字化、网络化这些强基固本的基础，进而充分挖掘智能化需求。需要以实事求是的态度，做好技术积累，应用多学科领域里的专业知识，通盘考虑，整体规划，按需实施智能制造需搭建行业智能制造服务平台，整合各方资源为铝电解用炭素行业提供专项服务，推动铝电解用炭素行业在新时代实现高质量的智能转型与升级。

9.3.5 铝用炭素产业环保新技术的应用

9.3.5.1 铝用炭素材料石油焦煅烧烟气脱硫

石油焦高温煅烧和预焙阳极焙烧过程中产生大量烟尘、SO_2 等污染物远超于国家 GB 25465—2010 中的排放标准。因此，烟气脱硫的治理在炭素产品生产环节中就体现的十分重要。

烟气脱硫的基本原理是酸碱中和反应。烟气中的 SO_2 是酸性物质，通过与碱性物质发生反应，生成亚硫酸盐或硫酸盐，从而将烟气中的二氧化硫脱除。最常用的碱性物质是石灰石、生石灰和熟石灰，也可用氨和海水等其他碱性物质。共分为湿法烟气脱硫技术、干法烟气脱硫技术、半干法烟气脱硫技术三类，分别介绍如下：

（1）湿法烟气脱硫技术。湿法烟气脱硫技术是指吸收剂为液体或浆液。由于是气液反应，所以反应速度快，效率高，脱硫剂利用率高。该法的主要缺点是脱硫废水二次污染；系统易结垢，腐蚀；脱硫设备初期投资费用大；运行费用较高等。

1）石灰石—石膏法烟气脱硫技术。该技术以石灰石浆液作为脱硫剂，在吸收塔内对烟气进行喷淋洗涤，使烟气中的二氧化硫反应生成亚硫酸钙。同时，向吸收塔的浆液中鼓入空气，强制使亚硫酸钙转化为硫酸钙，脱硫剂的副产品为石膏。该系统包括烟气换热系统、吸收塔脱硫系统、脱硫剂浆液制备系统、石膏脱水和废水处理系统。由于石灰石价格便宜，易于运输和保存，因而已成为湿法烟气脱硫工艺中的主要脱硫剂，石灰石—石膏法烟气脱硫技术成为优先选择的湿法烟气脱硫工艺。该法脱硫效率高（大于95%），工作可靠性高，但该法易堵塞腐蚀，脱硫废水较难处理。见图9-18。

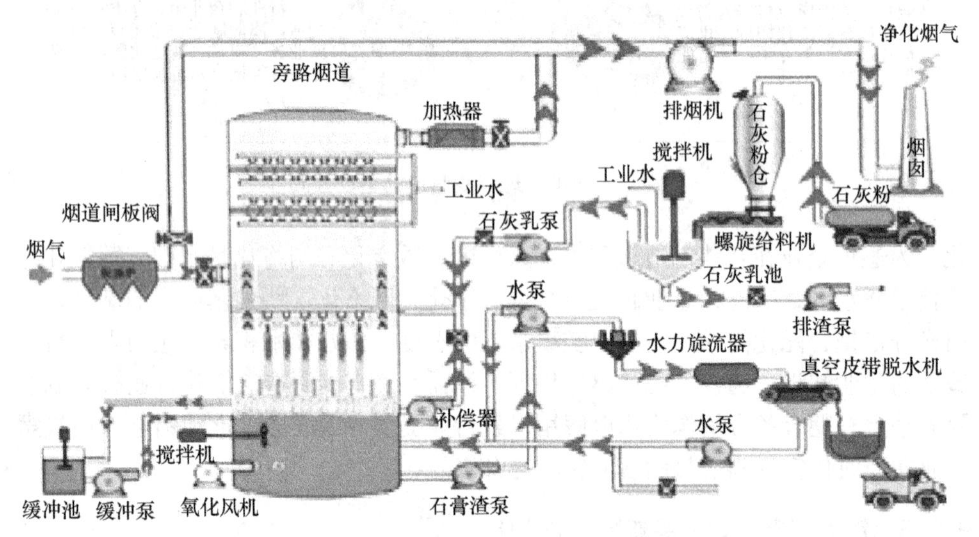

图9-18　石灰石—石膏法工艺流程

2）氨法烟气脱硫技术。该法的原理是采用氨水作为脱硫吸收剂，氨水与烟气在吸收塔中接触混合，烟气中的二氧化硫与氨水反应生成亚硫酸氨，氧化后生成硫酸氨溶液，经结晶、脱水、干燥后即可制得硫酸氨（肥料）。该法的反应速度比石灰石—石膏法快得多，而且不存在结构和堵塞现象。另外，湿法烟气脱硫技术中还有钠法、双碱脱硫法和海水烟气脱硫法等，应根据吸收剂的来源、当地的具体情况和副产品的销路实际选用。

3）半干法烟气脱硫技术。主要介绍旋转喷雾干燥法。该法是美国和丹麦联合研制出的工艺。该法与烟气脱硫工艺相比，具有设备简单，投资和运行费用低，占地面积小等特点，而且烟气脱硫率达75%~90%。

该法利用喷雾干燥的原理，将吸收剂浆液雾化喷入吸收塔。在吸收塔内，吸收剂在与烟气中的二氧化硫发生化学反应的同时，吸收烟气中的热量使吸收剂中的水分蒸发干燥，完成脱硫反应后的废渣以干态形式排出。该法包括 4 个步骤：①吸收剂的制备；②吸收剂浆液雾化；③雾粒与烟气混合，吸收二氧化硫并被干燥；④脱硫废渣排出。该法一般用生石灰做吸收剂。生石灰经熟化变成具有良好反应能力的熟石灰，熟石灰浆液经高达 15000~20000r/min 的高速旋转雾化器喷射成均匀的雾滴，其雾粒直径可小于 100μm，具有很大的表面积，雾滴一经与烟气接触，便发生强烈的热交换和化学反应，迅速的将大部分水分蒸发，产生含水量很少的固体废渣。

9.3.5.2 铝用炭素材料石油焦煅烧烟气脱硝

目前，烟气同时脱硝技术大多处于研究和工业示范阶段。

烟气脱硫脱硝技术是应用于多氮氧化物、硫氧化物生成化工工业的一项锅炉烟气净化技术。氮氧化物、硫氧化物是空气污染的主要来源之一，特别是随着对 NO_x 控制标准的不断严格化，同时脱硫脱硝技术正受到各国的日益重视。目前，SNCR 工艺广泛在大型燃煤电厂获得商业用途，在烟道位置加装尿素溶液喷射装置，向烟气中喷入尿素溶液，在无催化剂的条件下，尿素溶液与烟气充分混合，选择性的将烟气中的 NO_x 还原成 N_2 和 H_2O，从而去除烟气中的 NO_x。烟气脱硝后无二次污染产生。脱硝效率达到 60%。烟气处理装置的出力在回转窑额定工况 110%的基础上设计，最小可调能力 40%额定工况，与燃用设计煤种的烟气流量相适应；烟气处理装置应能在回转窑额定工况下进烟温度加 20℃ 余量条件下安全连续运行。故应用此项技术对环境空气净化益处颇多。

9.3.5.3 推广应用成熟环保技术和开发新的环保技术

随着国家对环境保护要求的日日严格和人类文明发展的客观要求，治理污染、减少排放是生产企业应尽的责任。

有关现行的先进的环境保护技术在本书的有关章节已进行了介绍，应积极推广应用那些已成熟的环保技术。

在铝电解用炭素材料生产过程中，目前难以完全控制的污染物是过程中的粉尘和沥青烟。需要尽快开发相关的烟气收集和净化的技术，粉尘收集技术，改变目前这种污染较失控的状况。主要的发展方向是：

（1）通过改进和开发工艺技术和相关设备的同时，达到污染物治理的目的，如开发破碎与筛分一体化设备，将粉尘直接回收利用；采用先进的可外加热源进行温度控制的新型沥青烟收集系统等。

（2）进一步改进阳极焙烧烟气净化技术。目前使用的几种焙烧烟气净化技术均存在不同程度的不足。湿法净化虽然可以有效控制烟气中的有害物及污染物，但存在水的二次处理与可能的二次污染；采用氧化铝吸附法时对氟化物及焦油、粉尘具有较好的净化效果，但对二氧化硫的净化效果不明显；采用预除尘器加干式电除尘系统能够较好地处理焦油，但对细颗粒的炭尘、二氧化硫及氟化物的治理效果较差。因此，要彻底治理焙烧烟气的污染，达到欧洲等发达国家的排放标准，尚需进一步开发和研究，关注的方向是：

1）采用优化的联合治理的方法，达到理想的治污要求，如湿法和干法的有机联合；如增设 $NaCO_3$ 溶液或石灰水先将二氧化硫转变成无污染的盐溶液或盐的沉淀物，再将烟气继续用氧化铝吸附法，然后排出干净的烟气；或者在氧化铝干法净化后，将烟气通过喷淋 $NaCO_3$ 溶液或石灰水的一个装着后，将干净达标的烟气排入大气。

2）开发高效燃烧净化技术，处理阳极焙烧烟气，使烟气中的焦油、炭尘等可燃物彻底燃烧并利用，然后接喷淋 $NaCO_3$ 溶液或石灰水的一个装着后，将干净达标的烟气排入大气。

3）开发干法吸附二氧化硫、氟化氢等物质的碱性吸附剂，使烟气完全得到净化。

9.3.5.4 打造绿色工厂

绿色工厂是制造业的生产单元，是绿色制造的实施主体，属于绿色制造体系的核心支撑单元，侧重于生产过程的绿色化。绿色工厂是指实现用地集约化、生产洁净化、废物资源化、能源低碳化的工厂。

我国是制造大国，工业快速发展所引发的资源能源消耗和污染问题给生态环境带来了巨大压力。党的十九大提出，建设生态文明是中华民族永续发展的千年大计，要坚持走绿色发展之路。实业兴邦，绿色制造，绿色工厂创建是工业企业结构优化、提质增效、可持续发展的必然途径，是中国制造向高端发展的必然选择。创建绿色工厂是《中国制造 2025》提出的战略性任务，国家有关部门正在组织推动绿色工厂创建，加快技术创新和产用合作，推动重点标准制修订，引导技术服务与评价等市场化机制建立。优先在钢铁、有色金属、化工等重点行业选择一批工作基础好、代表性强的企业开展绿色工厂创建，通过采用绿色建筑技术建设改造厂房，预留可再生能源应用场所和设计负荷，合理布局厂区内能量流、物质流路径，推广绿色设计和绿色采购，开发生产绿色产品，采用先进适用的清洁生产工艺技术和高效末端治理装备，淘汰落后设备，建立资源回收循环利用机制，推动用能结构优化，实现工厂的绿色发展。

绿色工厂以其生产过程的绿色化、用地集约化、生产洁净化、废物资源化、能源低碳化等优势，越来越为工业企业所重视，绿色工厂也将成为企业今后可持续发展和保持长久竞争力优势的重要举措。

总之，我国的铝用炭素工业已取得令世人瞩目的成绩，不仅仅是在产能、产量方面列世界最大国，更重要的是通过多年来同行业们的不断追寻和开发，充分利用石化行业产生的石油焦做原料，优化并创新工艺技术、开发先进装备与控制技术、应用5G和智能技术改造提升传统产业等，不但满足了世界最大铝生产国、最大电解槽容量的需要，而且每年向世界其他国家出口量在120万吨左右，为世界铝工业的发展做出了贡献。

但我国的铝用炭素行业发展过程中尚存在诸多问题，体现在产能过剩，目前产能过剩量约在45%；企业间发展的不平衡，相当一部分企业的环保问题亟待解决，提高环保意识和自觉加快推广应用成熟环保技术和开发新的环保技术，随着国家对环境保护要求的日日严格和人类文明发展的客观要求，治理污染、减少排放是生产企业应尽的责任，在我国铝用炭素行业生产过程中，目前难以完全控制的污染物是过程中的粉尘、二氧化硫、氮氧化物和沥青烟，需要尽快开发相关的烟气收集和净化的技术，粉尘收集技术等，确保全行业实现“清洁生产、绿色发展”；资源综合利用问题已到制约行业发展的突出问题等，尚需国家有关部门给予关注和支持，更需要业界同仁们坚持不懈地做更大努力。

参考文献

[1] 郎光辉，姜玉敬．铝电解用炭素材料技术与工艺［M］．北京：冶金工业出版社，2012.
[2] 姜玉敬．新政策下中国铝工业的发展［J］．轻金属，2017，(11)：1~4.
[3] 姜玉敬．世界电解铝工业的进展与启示［N］．中国有色金属报，2016（12）.
[4] 钱芬．炭素工艺学［M］．北京：冶金工业出版社，2004.
[5] 李其祥．炭素材料机械设备［M］．北京：冶金工业出版社，1993.
[6] 刘业翔，李劼．现代电解铝［M］．北京：冶金工业出版社，2008.
[7] 姜玉敬．我国铝用预焙阳极的发展与趋势［J］．世界有色金属，1998（5）.
[8] 姜玉敬．超大型预焙阳极炭块的开发与应用［C］．郑州：全国轻金属新技术交流会，2002，9.
[9] 科学技术百科全书，第七卷，无机化学［M］．北京：科学出版社，1980.
[10] 邱竹贤．铝电解原理［M］．徐州：中国矿业大学出版社，1998.
[11] 蒋文忠．炭素工艺学［M］．北京：冶金工业出版社，2008.
[12] 蒋文忠．炭素机械设备［M］．北京：冶金工业出版社，2010.
[13] 北京师范大学，华中师范大学，南京师范大学无机化学教研室．无机化学［M］．北京：高等教育出版社，2002.
[14] A. N. 别略耶夫．电冶铝［M］．北京：高等教育出版社，2002.
[15] Werner K. Fischer，Anodes for the Aluminum Industry R&D carbon Ltd.，Switzerland，1995.
[16] 梁和奎，许海飞．轻金属［J］．2010 年第 7 期．
[17] 中国长城铝业公司．炭素制品生产工艺．内部资料．1992.
[18] 姜玉敬．近 30 年世界铝电解工业的发展与启示［J］．世界有色金属，2008（5）.
[19] 宋来宗，姜玉敬．我国铝用炭素行业资源综合利用科学发展之路的探讨［J］．中国铝业，2011（11）.
[20]《炭素厂建设标准》，1994.
[21] 廖贤安等．我国优质阴极炭素材料急需开发［J］．轻金属，2003（4），P49~51.
[22] 何允平等．铝电解槽寿命的研究［M］．北京：冶金工业出版社，1998.
[23] D. Lombard et al. ALUMINIUM PECHINEY EXPERIENCE WITH GRAPHITIZED CATHODE BLOCKS［J］. Light Metals，1998：653~658.
[24] 姜玉敬．我国炼铝工业对炭素行业的影响［C］．济南：首届全国炭素市场研讨会，2009，6.
[25] R&D Caibon Ltd. Anodes for the Aluminium Industry. Switzerland. 1995.
[26] 姚广春主编．冶金炭素材料性能及生产工艺［M］．北京：冶金工业出版社，1992.
[27] 陈雪枫．中国无烟煤利用技术［M］．北京：化学工业出版社，2005（4）.
[28] M. 索列，H. A. 尔耶．铝电解槽阴极．邱竹贤，王家庆译，《轻金属》编辑部，1991（9）.
[29] 洪建中．铝用炭素国内外现状与分析［J］．炭素科技，2004（6）.
[30] 孙毅等．高品质铝用阴极炭块分析与展望［J］．炭材料科学与工艺，2005（3）.
[31] 谢有赞．炭石墨材料工艺［M］．长沙：湖南大学出版社，1988.

[32] 孙毅．高品质铝用阴极炭块的特性分析与展望［J］．第一届国际铝用炭素技术会议论文集，2004.
[33] 张家埭．碳材料工程基础［M］．北京：冶金工业出版社，1992.
[34] 郎光辉．铝用预焙阳极市场分析［C］．济南：首届全国炭素市场研讨会，2009，6.
[35] 张树朝．我国铝用炭素材料产品质量现状分析［C］．济南．首届全国炭素市场研讨会，2009，6.
[36] 曾正明．机械工程材料手册［M］．北京：机械工业出版社，1990，8.
[37] 本书编委会．有色冶金炉设计手册［M］．北京：冶金工业出版社，2007.
[38] 中南工业大学冶金系化工原理教研室．炭素材料热工基础，湖南．1988，7.
[39] 许斌，王金铎．炭材料生产技术600问［M］．北京：冶金工业出版社，2006.
[40] 孙毅，崔东生．我国铝用炭素发展方向与措施［J］．轻金属，2003（7）：45~48.
[41] 姜玉敬．中国预焙阳极国际贸易情况与分析［J］．世界有色金属，2017，474（3）：86~87.
[42] 姜玉敬．中国铝用预焙阳极工业运行特点研究［J］．中国金属通报，2017，977（2）：51~52.
[43] 姜玉敬．中国预焙阳极产业链分析及供需格局预测［J］．中国金属通报，2017，978（3）：25~26.
[44] 姜玉敬．世界泡沫铝的发展及其市场分析［J］．中国金属通报，2017，979（4）：25~27.
[45] 姜玉敬．索通发展股份有限公司的品牌发展探讨［C］．2017（第九届）中国铝用炭素年会暨产业上下游供需对接会，包头，2017年9月．14~26.
[46] 姜玉敬．喜迎十九大，铝用炭素行业谱新篇［J］．中国有色金属，2017（9）：42~43.
[47] 姜玉敬，郎光辉，刘瑞．中国铝用阳极生产技术的进展及工业可持续发展［J］．轻金属，2017，（9）：1~5.
[48] 姜玉敬．新政策下中国电解工业发展形势［C］．2017年卓创资讯第四届石油焦及下游行业高峰论坛，成都，2017（6）：13~25.
[49] 郎光辉，刘瑞，姜玉敬，李焰．大型罐式煅烧炉的开发与工业应用［C］．2018，TMS.
[50] 王恭敏，杨光等．有色金属工业企业管理学［M］．沈阳：东北工学院出版社，1991.
[51] 有色轻冶安全技术教材编委会．有色轻冶安全教材（试用）．北京：《有色轻冶安全技术编委会》编辑部，1988，5.
[52] Kirchner G. Recycling aluminium-the economic, ecological and technical challenges. Metall (1998) 3, p. 149~151 [in German].
[53] 全国有色金属保准化技术委员会．铝用炭素材料标准汇编［M］．北京：中国标准出版社，2013.

本书参与编写成员

山东华鹏精机股份有限公司：王　毅　郑艳珍　王永兴

北方工业大学：铁　军　赵仁涛　吕洪波

蒙　毅　李　纯

中商碳素研究院：杜海燕　沈建华　陈晓楠　谢海兵

李春虎　高　毅　赵　青　姜海漪

魏新国　邱　伟　赵泽伟　张晓东

李雅娟　沈毅峰　水心昳　陈　杰

张泽云　范　雯　白献强　卜　红

惠　静　彭　达　史闻朵　刘云龙